中国社会科学院文库
哲学宗教研究系列
The Selected Works of CASS
Philosophy and Religion

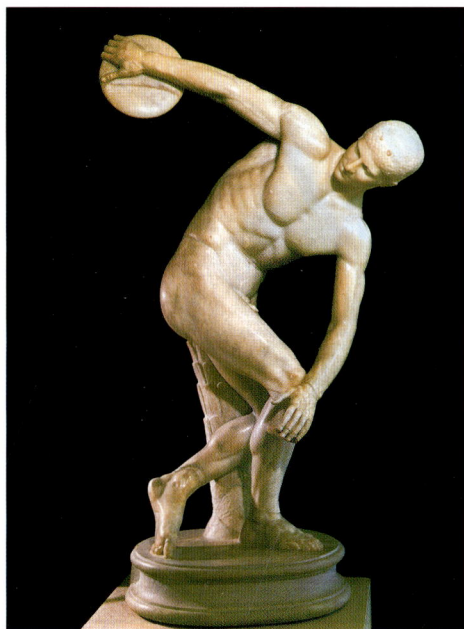

米隆:《掷铁饼者》

《米罗的阿芙罗德》

兰斯大教堂（法国）

达芬奇：《蒙娜丽莎》

拉斐尔:《雅典学院》

米开朗基罗:《大卫》

大卫：《贺拉斯兄弟的宣誓》

德拉克罗瓦：《自由引导人民》

罗丹：《永恒的爱》

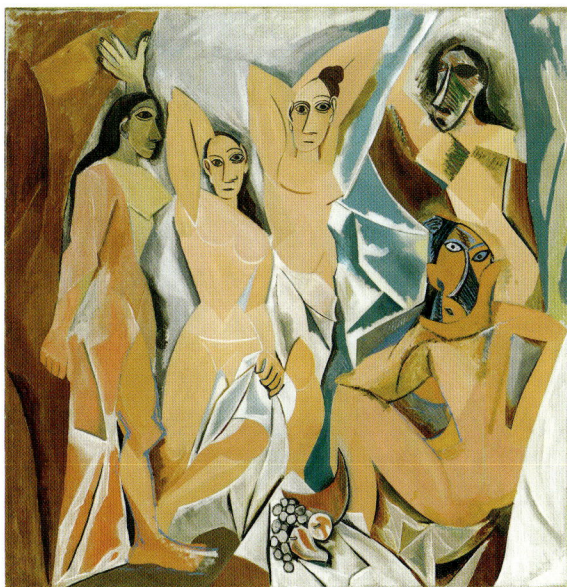

毕加索：《亚威农少女》

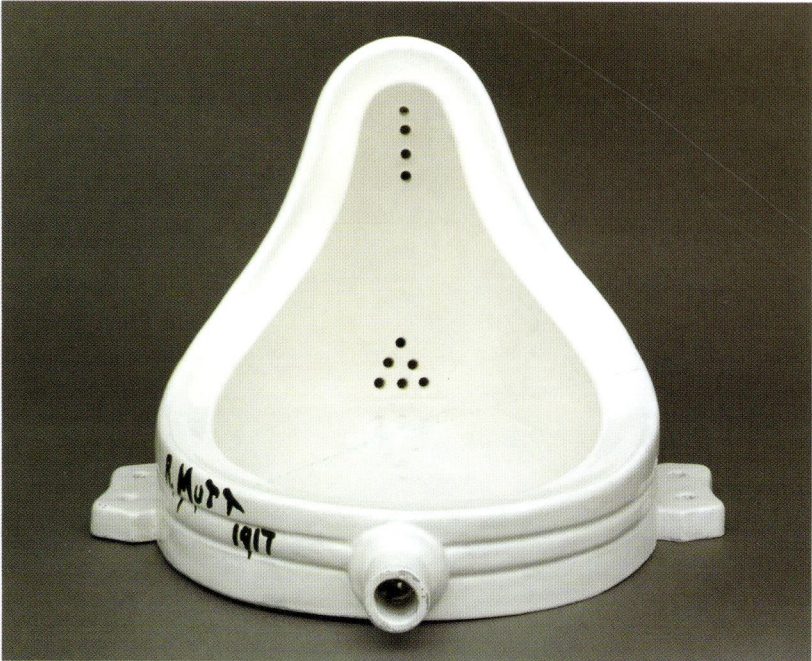

杜尚：《泉》

塞尚：《沐浴的女人们》

安迪·沃霍尔：《玛丽莲·梦露》

康定斯基：《黄—红—蓝》

中国社会科学院创新工程学术出版资助项目

中国社会科学院文库 · **哲学宗教研究系列**
The Selected Works of CASS · **Philosophy and Religion**

简明西方美学史读本

A CONCISE HISTORY OF WESTERN AESTHETICS

汝 信 主编

中国社会科学出版社

图书在版编目（CIP）数据

简明西方美学史读本／汝信主编 . —北京：中国社会科学出版社，
2014. 5
ISBN 978 – 7 – 5161 – 4179 – 3

Ⅰ. ①简⋯　Ⅱ. ①汝⋯　Ⅲ. ①美学史—西方国家　Ⅳ. ①B83 – 095

中国版本图书馆 CIP 数据核字（2014）第 073489 号

出　版　人　赵剑英
责任编辑　黄德志
责任校对　林福国
责任印制　王　超

出　　　版　中国社会科学出版社
社　　　址　北京鼓楼西大街甲 158 号（邮编 100720）
网　　　址　http://www.csspw.cn
　　　　　　中文域名:中国社科网　　　010 – 64070619
发 行 部　010 – 84083685
门 市 部　010 – 84029450
经　　　销　新华书店及其他书店

印　　　刷　北京市大兴区新魏印刷厂
装　　　订　廊坊市广阳区广增装订厂
版　　　次　2014 年 5 月第 1 版
印　　　次　2014 年 5 月第 1 次印刷

开　　　本　710 × 1000　1/16
印　　　张　41.75
字　　　数　725 千字
定　　　价　135.00 元

《中国社会科学院文库》出版说明

　　《中国社会科学院文库》（全称为《中国社会科学院重点研究课题成果文库》）是中国社会科学院组织出版的系列学术丛书。组织出版《中国社会科学院文库》，是我院进一步加强课题成果管理和学术成果出版的规范化、制度化建设的重要举措。

　　建院以来，我院广大科研人员坚持以马克思主义为指导，在中国特色社会主义理论和实践的双重探索中做出了重要贡献，在推进马克思主义理论创新、为建设中国特色社会主义提供智力支持和各学科基础建设方面，推出了大量的研究成果，其中每年完成的专著类成果就有三四百种之多。从现在起，我们经过一定的鉴定、结项、评审程序，逐年从中选出一批通过各类别课题研究工作而完成的具有较高学术水平和一定代表性的著作，编入《中国社会科学院文库》集中出版。我们希望这能够从一个侧面展示我院整体科研状况和学术成就，同时为优秀学术成果的面世创造更好的条件。

　　《中国社会科学院文库》分设马克思主义研究、文学语言研究、历史考古研究、哲学宗教研究、经济研究、法学社会学研究、国际问题研究七个系列，选收范围包括专著、研究报告集、学术资料、古籍整理、译著、工具书等。

中国社会科学院科研局

2006 年 11 月

《简明西方美学史读本》编写组

执　笔（按姓氏笔画为序）

　　　　王柯平　　汝　信　　刘悦笛　　李鹏程

　　　　吴予敏　　邱紫华　　周国平　　金惠敏

　　　　赵士林　　凌继尧　　徐恒醇　　彭立勋

　　　　霍桂桓

定　稿　汝　信　　凌继尧　　彭立勋　　李鹏程

　　　　金惠敏

前　言

汝　信

　　这本《简明西方美学史读本》是在我们编撰的四卷本《西方美学史》的基础上写成的。为了使读者能够对我们的编撰意图有所了解，我们在这里首先就西方美学史的研究对象、研究原则和研究方法等问题谈谈我们的认识和理解。

　　首先，在我们能够看到的，已经出版的西方美学史著作中，由于对什么是"美学"的理解各有不同，出现了几种不同类型的情况。总括起来，美学大体上被理解为"哲学美学"、"文艺论美学"和"审美意识与审美风尚研究"。

　　哲学美学把美学看作哲学的一部分，认为美学具有同伦理学、知识学、本体论、辩证法一样的哲学意义和价值。因而，哲学美学一般都是哲学家在哲学框架内对"美"和"美感"以及"审美"诸范畴和诸概念以符合语义逻辑的（或者符合话语规范的）方式进行的理性探讨。这种探讨表现着哲学家阐释美的智慧。

　　文艺论美学是文学、艺术这两个领域理论家、评论家和批评家对文学艺术作品的"美"的特质进行解释和评价的话语系统。在这里，对"美"的阐释总是与对具体文学作品的文本的解释和对具体艺术品（艺术表现过程）的表象的评判密切联系在一起；因而也必然从对文学文本和艺术表象的阐释涉及创作主体和接受对象所蕴含的"美"的特质。这种探讨，表现着文艺理论家、评论家和批评家通过建构"美学"话语系统而探求文艺作品的表象（文本）与美的理念之间的"张力"与"同一性"关系的思想努力。

　　对审美意识与审美风尚的研究从社会大众的日常生活中的个体的

（或者群体的）情感表达方式、日常行为方式和日常语言中的某种"美的"倾向与追求中，从大众对文艺文本和表演的某些审美形式和内容的爱好中，从大众对衣食住行的平凡生活中的"美的"形象、格调、风韵、比例和节律等的不断翻新的认可和设计中，从民间习俗、礼仪和节庆中"美的"传统性与时尚性的文化张力的非线性消长中，来把握人类的审美意识和审美风尚的恪守与流变。在这里，美学在主体方面属于大众"意识学"，在客体方面属于民俗学（"风尚学"）。

同时，这三种方式并不是完全被分隔的或者乃至对立的，而是相互交错的，或者是部分重合、部分相融的，或者是互补、互替、互释、互证的。所以，美学的研究者应该承认这三种不同美学在"总体历史"中的"共在"。

实际上，在西方学术史上，由于在历史的现实进程中物质文化与精神文化的复杂关系，由于精神文化各领域之间的复杂关系，由于哲学、艺术和社会风尚各自在不同的历史时期在具体社会、经济、政治、文化大环境中的不同处境和历史主体人格对它们的不同的"亲近度"，因而，它们在总体文化中的某个时期中，或者某个地区中，或者某个社会阶层中，或者某些重大社会事件中，或者社会现象中，其位势的强弱和影响力有很多的不同，沧海桑田，往往不可同日而语。所以，"什么是美学？"这个问题，之所以在不同的历史时期和不同的文化区域都有不同的具体答案，也就是这个原因。"美学史"如果要真实"传达"历史客观性，它就应该对所有时空确定性框架中的"美学""样式"进行包容性的综合阐述。我们力图进行一种这样的尝试性探索。

同时，我们认为，对作为研究对象的西方美学概念的探讨，除了要对其历史客观性做比较充分的研究外，还要对美学对象作为"史学遗存"的"主观性"进行必要的揭示和解释。历史留给每一个时代的美学研究者的思想遗产，按其文本的"原创性"或者文本的"解释性"分为两类。历史上的学术情况经常是：诸多后代研究者对先于自己生活时代的学术著作和思想的研究，往往有自己的主观偏好和观点倾向，或者方法论方面的侧重，因而导致他们在认可、确定和选择以前时代的思想资料作为自己的研究对象的时候，有不同的眼界和视角，使他们对"美学史研究对象"的确定就不尽相同。例如对于中世纪的美学，大多数西方美学史著作对于"教会世界"的这个主流意识形态的把握是共同的。但是，西方中世纪社会实际上是"宗教神权社会"与"世俗民间社会"的重合体。其"世俗性"与"民间性"虽非当时的主流，但它们是后来欧洲文艺复兴的起源和近代民族国家的根由之所在。因而，在阐述中世纪美学的时候，似乎应该对当时欧洲各民族区域中的艺术和"世俗"的审美风尚给予关注。同时，对中世纪的"西方"有两种解释：一种是"以罗马为轴心"的罗马教皇中心论的观点；另一种则是"罗马教会文化与东方拜占庭文化各为互动之一极"的双轴互动论。从 20 世纪后半期以来西方学界的研究动向来看，拜占庭文化关于"美的"思想，拜占庭艺术及其审美风尚，以及以拜占庭为中介的东方的"美的"思想、艺术风格和审美风尚"拜占庭化"的形式和内容等，它们对于中世纪欧洲社会的人的精神领域的作用不可小视。因而，对于中世纪的欧洲美学概念的完满化表述来说，适当论及拜占庭美学思想，把它作为一个补充的研究和论述对象，是必要的。我们的这部书，在这方面也进行了一些尝试性探索。

"西方美学史"概念中的"史"，作为研究对象的一个基本"要素"，体现着这个概念的"活力"（生命力）。正是由于把美学看成"历史科学"，才使它摆脱了诸如"绝对"体系的"真理性"的悖论，而使得美学成为一门对"不断成长着的真理"探求的思想史科学。因而，没有"历史"的美学只能是"独断论"。所以，任何美学的原理或者逻辑体系，都必然地是以其历史性（独特优越性与相对局限性）为实在基础的。

首要的，就是历史发展过程中的世代思想的前后联系。就是较前时代的美学家的思想对较后时代的美学家思想的影响，也就是较后的美学家对前代的思想的接受。美学史之所以是一门历史学科，其要义就是揭示历代美学思想之间的内在联系。因而，美学史所使用的概念应该主要是继承、接受和批判、扬弃等。搞清楚这种继承和批判的关系，才能让读者看清楚美学史上的创新是如何在前人的基础上"接着讲"出来的。

同时，在历史承续性大的总体框架内，美学思想的继承和批判关系并不是简单地按照"前后相邻"的原则进行的，在历史中，后者对于许多前者有着十分复杂的继承和批判关系，有直接、间接、跳跃等情况，也有一对一、一对多等情况。历史的这种复杂性，正是历史的活跃性和人类思想的丰富性的意义之所在。

而且，一旦把作为哲学理念、艺术元理论和审美风尚三者相结合的逻辑建构的美学思想放入历史框架中，一旦它们成为连绵和流动着的"历时性”思想，那么，三者的概念就都动态化了，形成审美风尚风俗之演变、艺术形式上思想流派之演变、“美的”哲学理念之演变。也就是说，在历史的框架中，三者各自有了其独立的历史。更重要的是，这三个演变都形成同时代的互动和先后时代的互动格局。它们相互影响、相互作用，使得美学思想成为更加多样多彩的、活生生的各个时代格局和风格的、各不相同的宏大而详细的历史和声和变奏。

在更大尺度的历史学视阈范围内，我们还应该把美学思想的历史与“大历史”（即人类生命存在和活动的综合史）及其各个分支（经济史、政治史、社会结构史和文化史）联系起来，对美学思想、美学意识与它们之间的实际关系（相互影响和作用）进行必要的描述和阐明。我们觉得，在社会意识史和社会思想史的界面中，尤其应该关注美学思想与其同时代的或者其前代的诸如科学思想、宗教思想、伦理道德思想、语言学思想、人类学思想和心理学思想等的相互促动关系。

总之，任何时代的美学，作为历史框架中的被限制的思想存在，它必然受到上述三重历史的影响。

这些情况都告诉我们，在研究和写作西方美学史的时候，必须采取历史主义的态度。我们所说的历史主义，就是马克思主义的辩证唯物史观。确立这样一个学术研究立场，就会使得我们的西方美学史研究获得正确的方向。当然，如恩格斯早就提醒我们的：“如果不把唯物主义方法当作研究历史的指南，而把它当作现存的公式，按照它来剪裁各种历史事实，那么它就会转变为自己的对立物。”（《马克思恩格斯选集》第 4 卷（下），人民出版社 1972 年版，第 472 页）

首先，我们在研究和写作中坚持美学思想的“客体性”原则。任何一个学说系统都只是时代的真理，而不可能是永恒的绝对真理。即使那些伟大的美学家们，尽管他们的卓越思想在历史上具有伟大的变革和转折的里程碑的作用，但是，他们的思想也必然有不可磨灭的时代烙印，有其历史局限性。唯有如此，美学史才能后浪推前浪，扬波涌进。所以，对任何美学史人物的思想的评价，应该尽可能地坚持客观公正，恰如其分。

同时，美学史作为思想史著作文本，它虽然是时代的产物，但它并不是只有被动的客体性。根据辩证唯物史观的基本原理，美学思想也具有一般思想在历史上所具有的影响历史进程的能动性的一面。当然，美学思想通过它所影响的哲学的价值观和方法论对各个层级的社会生活的影响，通过它所影响的艺术创作思想、艺术评论思想和艺术品对日常生活的影响，通过它所潜移默化地影响的历史中的审美风尚对日常社会生活的影响，等等，来间接地发挥自己的作用。我们强调历史辩证法，公正地、客观地阐释美学思想对社会思想，乃至对社会发展和人的发展的重要意义，应该是我们在 21 世纪中国现在的历史条件下研究美学史的一个必须重视的方法。

而且我们觉得，通过历史地阐述来展现西方美学思想发展的逻辑十分重要。思想的连贯渐变与飞跃突变，思想发展在一个人那里或者在一个时代中的前因后果，思想的大背景的变换，思想成果的必然性与偶然性，等等，都必然是人类思想的逻辑和辩证理性能够考察和解释的。因而，在美学史研究中贯彻历史与逻辑相统一的辩证法，我们才能真正地理解历史，真正理解"历史中的思想"的历史意义，从而防止与批判怀疑主义、不可知论、相对主义诡辩等方法论上的混乱、庸俗和猥琐倾向。

同时，我们还应该重视对马克思主义形成后现代西方美学思想的历史及其方法进行认真的考察、阅读和理解。应该重视它们的方法论和它们讨论的那些重大问题。要对它们的思路进行认真的思考，把握他们的思想真实。这有助于马克思主义的学术思想方法论的创新，从而有助于在西方美学史研究中坚持和发展马克思主义。也只有这样，我们写出来的西方美学史才会具有 21 世纪的时代气息，才会有中国学术研究的当代思想特色。我们力求朝着这个方向努力。

目　录

第二编　文艺复兴至启蒙运动美学

第三编　十九世纪美学

第 一 编

古希腊罗马至中世纪美学

古希腊美学指公元前6—前4世纪希腊人的美学。在世界民族之林中，希腊民族并不是最古老的民族，然而，它是历史的宠儿。它在古代创造的灿烂文化，成为西方文明的源头。它的瑰丽的文学艺术具有"永恒魅力"，"就某方面说还是一种规范和高不可及的范本"。[①] 在它的哲学中，"差不多可以找到以后各种观点的胚胎萌芽"。[②] 德国著名哲学史家策勒尔在他不断再版的《古希腊哲学史纲》中写道："希腊哲学和其他的希腊精神产品一样，是一种始创性的创造品，并在西方文明的整个发展过程中具有根本性的重要意义"[③]；"希腊哲学家所建立的体系不应当仅仅被看成是现代哲学的一种准备，作为人类理性生活发展中的一项成就，它们本身就具有独立的价值。"[④] 这些论述同样适用于古希腊美学。

与现代希腊相比，古代希腊的面积要大得多。它以希腊半岛为中心，包括爱琴海诸岛、小亚细亚西部沿海、爱奥尼亚群岛以及意大利南部和西西里岛的殖民地。希腊文明是海洋文明。希腊多山环海，岛屿密布，海岸绵长，航海条件良好。同时，希腊地势崎岖不平，平原少，土地贫瘠，只适合种植葡萄和橄榄，不适合种植粮食作物，希腊人只有通过海外贸易才能维持自己的生存和发展。公元前8—前6世纪，以氏族为基础的原始农村公社让位于城邦，希腊的奴隶制普遍地确立和繁荣起来。城邦在希腊语中为 polis，英译为 city-state，指拥有一个城市以及周围不大的一片乡村区域的独立主权国家。每个城邦有自己的法律、议事会、执政官、法庭和军队。为了寻找土地，解决人口增长造成的负担，希腊人约于公元前 750 年沿海岸向西推进，开始并延续了差不多两个世纪的大范围殖民扩张。据统计，希腊参与殖民的城邦有 44 个，在各地建立的殖民城邦超过 139 个。这些殖民城邦和母邦没有严格的政治联系，只有宗教和感情的联系。由此看来，希腊不是一个统一的国家，而是由数百计的、独立的"蕞尔小邦"组成的联合体。

---

① 《马克思恩格斯选集》第 2 卷，人民出版社 1996 年版，第 113 页。
② 《马克思恩格斯选集》第 3 卷，人民出版社 1972 年版，第 468 页。
③ 策勒尔（E. Zeller）：《古希腊哲学史纲》，山东人民出版社 1996 年版，第 2 页。
④ 策勒尔：《古希腊哲学史纲》，山东人民出版社 1996 年版，第 3—4 页。

许多希腊城邦的政治体制采取直接民主制度，城邦的政治主权属于它的公民，公民们直接参与城邦的治理，而不是通过选举代表，组成议会或代表大会来治理国家。"公民"（polites）原意为属于城邦的人，然而，希腊城邦的公民仅指祖籍在本城的 18 岁以上的男子，妇女、儿童、奴隶和异邦人不是公民。在希腊城邦中，奴隶和奴隶主是两个最基本的阶级。奴隶由战俘、异族人（指非希腊的蛮族人）和奴隶的子女充任，也有本部落的债务人沦为奴隶的。除这两个阶级外，还有平民或自由民这一阶级。平民包括小土地所有者和小手工工业者。奴隶主又分为氏族贵族奴隶主和工商业奴隶主。在与氏族贵族奴隶主的斗争中，平民和工商业奴隶主由于利益的趋同，往往携手联合。城邦对希腊人的生活方式和审美风貌产生重大影响。在小国寡民的城邦中，人们互相熟悉，共同讨论问题。希腊人酷爱交际和谈话，他们将大部分闲暇时间用于户外，他们很少享受家庭生活，他们过的是社交生活、宗教生活、艺术生活。

　　公元前 334 年，统治了希腊的马其顿王亚历山大率领大军开始东征。这标志着历史上的希腊化时期开始。经过 10 年征战，他逐渐建立了前所未有的、横跨欧亚的大帝国。公元前 31 年，埃及的托勒密王朝作为最后一个希腊化国家被罗马吞并，历时 300 年的希腊化时期终结，罗马时期开始。罗马原是古意大利的一个城邦，公元前 3—前 1 世纪，罗马不断向外扩张，并逐个地征服了希腊化国家。476 年，日耳曼雇佣军废黜了西罗马最后一位皇帝，西罗马帝国灭亡。罗马的奴隶制随之结束。

　　希腊化时期和罗马的美学指从公元前 322 年亚里士多德去世，到公元 529 年罗马皇帝查士丁尼下令关闭雅典所有学园这段时期的西方美学（这与历史上的希腊化时期和罗马时期不完全吻合）。它历时八百多年，比历时二百多年的希腊美学长得多。希腊化时期和罗马时期在历史上是两个时期。在希腊化时期，希腊美学传至东方；在罗马时期，希腊美学传至拉丁语区。这两个历史时期流行着同样的美学学派。

　　公元 476 年西罗马帝国被日耳曼雇佣军灭亡，欧洲奴隶制时代宣告结束。5—15 世纪是欧洲封建社会形成、发展和繁荣的时期，史称中世纪。不过，美学史和世界史的中世纪分期不完全一致，早期教父美学兴盛于2—4世纪，从世界史分期看，这一时期仍属罗马时期；而在思想形态上，早期教父美学属于中世纪美学，而不属于罗马美学。中世纪美学和罗马美学有一个长达几世纪的交叉期。中世纪美学指欧洲基督教背景中2—15世纪的美学。

中世纪美学和基督教关系密切。在公元初期，基督教只是从犹太教中分裂出来的一个下层派系，产生于罗马帝国统治下的巴勒斯坦和小亚细亚一带，三百多年间它遭到罗马帝国的迫害和镇压。后来，由于它的蓬勃发展和广泛传播，罗马帝国想利用它来巩固自己的统治，于392年宣布它为国教。就像罗马帝国分为东、西两部分一样，基督教也分为两大派：东方希腊派教会和西方拉丁派教会。1054年，基督教正式分裂。东方希腊派教会以君士坦丁堡（现土耳其首都伊斯坦布尔）为中心，称为东正教；西方拉丁派教会以罗马为中心，称为天主教。

在中世纪，基督教哲学经历过两个不同的时期，出现过两种不同的形态。第一种形态是2—5世纪的教父哲学。教父哲学指著名的基督教著作家们的哲学思想和理论体系。奥古斯丁是教父哲学的集大成者。第二种形态是9—15世纪的经院哲学，它指在"经院"（教会或修道院办的学校）以及大学里讲授的论证神学的基督教哲学。托马斯·阿奎那是最著名的经院哲学家。相应地，基督教美学也有两种形态：教父美学和经院美学。奥古斯丁和托马斯·阿奎那分别是教父美学和经院美学的最大代表。奥古斯丁代表了柏拉图路线，托马斯·阿奎那代表了亚里士多德路线。

从地域上看，中世纪欧洲分为两部分：西欧和拜占庭。324—330年罗马帝国皇帝君士坦丁在古老的小城拜占庭建立了帝国的新都，改名君士坦丁堡。395年狄奥多西皇帝将罗马帝国分为东、西两部，分别由他的两个儿子统治，西罗马帝国奠都罗马，东罗马帝国奠都拜占庭。后人习惯把东罗马帝国称为拜占庭。它包括巴尔干半岛、小亚细亚和地中海南岸地区，信仰东正教。1453年土耳其军队占领君士坦丁堡，拜占庭灭亡。拜占庭存在了一千多年（4—15世纪），拜占庭美学是希腊教父美学的继续，和西欧美学相比，它有自身的特点。

第 一 章

早期希腊美学

　　早期希腊美学指公元前 6 世纪到公元前 5 世纪中期的希腊美学。这段时期是希腊城邦的诞生和繁荣期。随着氏族关系的瓦解，希腊从原始社会进入奴隶社会，出现了城邦。城邦是以邻里关系，而不是以氏族关系为基础的社会组织形式。在各城邦中，经营农业的贵族奴隶主和经营手工业、商业的民主派奴隶主发生矛盾和斗争。一开始，贵族派占优势，因为贵族派的社会运作原则和氏族社会更接近。不过，民主派最终取得斗争的彻底胜利。在这种社会历史氛围中形成了毕达哥拉斯、赫拉克利特、恩培多克勒和德谟克利特等人的美学。他们研究的主要对象是人的自然环境和宇宙，寻找自然本原是他们共同的特点。

第一节　毕达哥拉斯及其学派

　　毕达哥拉斯（Pythagoras，约公元前 570—前 499）出生于小亚细亚沿岸希腊人建立的殖民城邦萨摩斯岛。40 岁时因为不堪忍受僭主的残暴统治，移居到意大利南部城邦克罗顿，在那里建立了一个从事宗教、政治和学术活动的盟会组织，盟会成员严守宗派秘密的程度令人吃惊。在受到当地政治势力的屡次迫害后，毕达哥拉斯迁往迈达朋托。他的弟子们的活动一直延续到公元前 5 世纪中叶。如果用最简单的语言来概括毕达哥拉斯学派美学的内容的话，那就是数的和谐。

　　原始社会进入奴隶社会后，哲学家们开始用自己的思维方式来代替原始社会的意识形态——神话。他们普遍企图寻找一种统摄世界万物的原则或元素，以便认识和掌握它们。在当时的经济生活中，随着商品交换的产生，数的作用得到增强。毕达哥拉斯学派大多是数学家，他们把数（arithmos）当作万物的本原与他们对数的崇拜和神化有关。

从前人们不能把数与用数来计算的事物本身区分开来。毕达哥拉斯学派发现，数绝对不是事物本身，事物是流动和变化的，而数的运算规则永远是一样的。这个发现令他们惊讶不已。数开始被神化，毕达哥拉斯学派直接宣称数是神，神首先是数。毕达哥拉斯学派的数本原说带有神秘色彩，和神话很接近，然而毕竟是对世界的形而上学的哲学思考。毕达哥拉斯是第一个使用"哲学"（爱智）这个术语的人。

为了理解数本原说，最好不要从我们现代关于数的概念出发，而要直接依据毕达哥拉斯学派自己的论述。该学派成员菲罗劳斯（Philolaos）写道："由此可见，万物既不仅仅由一种有限构成，又不仅仅由一种无限构成，显然，世界结构和其中的一切都是由无限和有限的结合而形成的，明显的例证是在现实的田野中所看到的情景：田野中内界线（即田塍）组成的一些部分限定了地段，由界线和界线以外无限的地段组成的另一些部分既限定又不限定地段，而仅仅由无限的空间组成的那些部分则是无限的。"①

这种有限和无限的结合就是毕达哥拉斯学派所理解的数，它不完全等同于现代科学关于数的抽象概念。无限是不能够被认识的，有限对无限作出限定，被限定的事物可以被认识。数具有认识论意义，它对某个事物作出规定，使它区别于其他事物，从而能被人的意识和思维所掌握。数是事物生成的原则，是事物的组织原则。按照苏格拉底以前的哲学家的说法，数是事物的灵魂。数是一种创造力和生成力。

菲罗劳斯问道：有限和无限是如此不同，它们怎样才能结合在一起形成数呢？它们应该处在什么关系中呢？答案是：它们应该处在和谐的关系中。所谓和谐，指一个事物发展到"真"的地步，即它以某种形式确定了自身的界限、形状和尺寸等，从无限的背景中剥离出来。和谐是一种结

---

① 第尔斯编，克兰茨修订：《苏格拉底以前的哲学家残篇》，第 44 章 B 部分第 2 则残篇。简注为 DK44B2，以下用简注。

构，数的结构。① 它使有限和无限相统一，使事物获得明确的规定性。和谐是从数本原说中自然而然地产生出来的。

毕达哥拉斯学派用数的和谐来解释宇宙的构成，创立了宇宙美学理论。宇宙（cosmos）的原意是"秩序"，赫俄西德在《神谱》中就涉及宇宙（秩序）和混乱的区别。在希腊美学中，宇宙是最重要的审美对象。早期希腊哲学家阿那克萨戈拉（Anaxagoras，约公元前500—前428）甚至认为，人的生活目的就是观照宇宙的秩序。在某些意义上可以说早期希腊美学就是宇宙美学或宇宙学美学。毕达哥拉斯学派宇宙学美学理论把数学、音乐和天文学结合起来，其主要内容是：数是宇宙的本原，宇宙内的各个天体处在数的和谐中。太阳和地球的距离是月亮和地球的距离的两倍，金星和地球的距离是月亮和地球的距离的三倍。每个个别的天体也都处在一定的比率中。天体的运行是和谐的，距离越大的天体运动越快，并发出高昂的音调；距离越小的天体运动越慢，并发出浑厚的音调。和距离成比率的音调组成和谐的声音，这就是宇宙谐音。可以听到、可以看到、可以触摸的宇宙，总之，具体可感的宇宙是最高的美。对宇宙美的观照是希腊美学的一个重要特点。希腊思维（无论是唯物主义还是唯心主义）具有静观性，因为它认可现有的存在，而不要求对存在作根本的改造。

和谐也适用于精神生活和物质生活领域。和谐更适用于艺术。在毕达哥拉斯学派的音乐理论中，和谐具有最重要的意义。高低长短不同的音调，按照某种数的比例组成音乐的和谐。

毕达哥拉斯学派的数不仅具有本体论和认识论意义，而且具有审美意义。从他们对数的理解中，产生出希腊美学一个极其重要的特征。在毕达哥拉斯学派看来，"一切事物的形状都具有几何结构，几何结构则与数字相对应：1是点，2是线，3是面，4是体。世界生成过程是由点产生出线，出线产生出面，出面产生出体，从体产生出可感形体，产生出水、火、气、土四种元素"。② 毕达哥拉斯学派从几何结构和几何形体的角度来理解数、理解世界，对希腊美学具有不可忽视的意义：它从一个方面说明了希腊美学的结构性、形体性、造型性的特征。审美对象不仅是可以看到、可以触摸的，而且是造型明确、几何形状固定的，这一切是由数来安

---

① 洛谢夫（A. F. Losev）：《希腊罗马美学史》第1卷，莫斯科1963年版，第270页。

② 赵敦华：《西方哲学通史》第1卷，北京大学出版社1996年版，第19页。

排的。甚至光和色在毕达哥拉斯学派看来也是造型的、有三维形体的，或者至少和三维形体有关系。

毕达哥拉斯学派关于数的学说虽然没有达到范畴的辩证法，但是已经达到数的辩证法，它在整个希腊罗马美学中起到重要作用，希腊罗马美学具有数学性。赫拉克利特的"尺度"具有数的痕迹，原子论者留基波和德谟克利特是毕达哥拉斯的学生。柏拉图从数的角度论述宇宙的构成和美的问题。新毕达哥拉斯学派存在于公元前 2—公元 2 世纪。普洛丁的《九章集》中有一篇论文叫《论数》。扬布里柯的《算术神学》阐述了毕达哥拉斯学派对前 10 位数的理解。

毕达哥拉斯学派的数作为确定边界的元素，是本体秩序的表述，它们使得造型性成为希腊美学的重要特征。18 世纪和 19 世纪上半叶西方学者多次论述了希腊美学的这种特征。雕塑是希腊艺术最杰出的成就。"在这里，雕塑不仅仅被看作为一种特殊的艺术，而且被看作为希腊艺术、文学、哲学和科学各个领域中创造艺术形象的共同方法。""可以直接地说，在希腊没有一种文化领域不以某种程度表现出这种造型性。"[①] 连数学和天文学这样的学科，在希腊人那里也具有明显的形体性。希腊数学几乎总是几何学，尤其是立体几何学。最能说明希腊美学的造型性特征的是毕达哥拉斯的一则残篇："毕达哥拉斯说，有五种形体，它们也被称作数学形体：由六面体产生土，由四面体（即锥体——引者注）产生火，由八面体产生气，由二十面体产生水，由十二面体产生宇宙的充填物（即以太）。"[②] 这种观点对希腊美学产生很大影响。恩培多克勒把土设想为六面体，把火设想为四面体，他用这些元素表明世界的几何形体结构。组成事物的元素处在合乎比例的相互关系中，就产生和谐与美。在数中宇宙表现出一种有序的关系。

第二节　赫拉克利特

赫拉克利特（Heraclitus，鼎盛年约为公元前 504—前 501）出身于爱菲斯王族。根据拉尔修《著名哲学家生平和学说》第 9 章第 1—6 节记

---

① 洛谢夫：《希腊罗马美学史》第 1 卷，莫斯科 1963 年版，第 50 页。

② DK58A15.

载，赫拉克利特高傲孤独，把王位让给了兄弟，自己隐居深山丛林中，以草根和植物度日。著有《论自然》一书，现有残篇存世，它们是一些以诗的形象表现哲理的箴言。

赫拉克利特明确主张艺术模仿自然。"模仿"（mimēsis）这个术语在赫拉克利特以前就已出现。传统观点认为，既然希腊美学主张艺术模仿自然（现实），所以，它是现实主义的。实际上，希腊模仿理论的原意和后人对它的理解很不一样。弄清希腊模仿的原意，有助于我们准确而深入地理解希腊美学和艺术理论。亚里士多德在《论宇宙》中记述了赫拉克利特的艺术模仿论："也许，自然喜爱相反的东西，且正是从它们中，而不是从相同的东西中，才求得了和谐，就像自然把雌与雄结合在一起，而不是使每对相同性别的东西结合一样；所以，最初的和谐一致是由于相反，不是由于相同。在这方面，艺术似乎也模仿自然。例如，绘画就是把白与黑、黄与红混和起来，才创造出与自然物一致的作品；音乐是糅合了高音与低音、长音与短音，才谱写出一曲不同音调的悦耳乐章；文法也是把母音与子音结合在一起，才从中形成了这门整体的艺术。"① 赫拉克利特所说的模仿自然不是再现现实，而是模仿自然的生成规律。

除了艺术模仿自然外，赫拉克利特还主张：对立面的斗争产生出和谐的概念，对立面的转化产生出尺度的概念，对立面的相比则产生出美的相对性。

赫拉克利特的和谐概念和毕达哥拉斯学派的和谐概念的不同之处在于，后者是静态的，侧重于对立面的同一；而前者是动态的，侧重于对立面的斗争。荷马在《伊利亚特》中写过这样的诗句："但愿争斗从神和人的生活里消失"，② 为此他受到赫拉克利特的谴责。"必须知道，战争是普遍的，正义就是斗争，万物都按照斗争和必然性而生成。"③ 这种观点导致赫拉克利特把对立面看作为最美的和谐的根源。弓弦和琴弦两种相反的力量相互作用，产生出和谐的乐曲。

对立面的转化是对立面之间的关系的另一种形式。赫拉克利特强调事

---

① 《亚里士多德全集》第 2 卷，中国人民大学出版社 1997 年版，第 618 页。"艺术"原译为"技术"。

② 荷马：《伊利亚特》，花城出版社 1994 年版，第 436 页。

③ 赫拉克利特残篇 80，见苗力田主编《古希腊哲学》，中国人民大学出版社 1996 年版，第 43 页。

物永恒的生成和转化。柏拉图在《克鲁底鲁篇》中写道："赫拉克利特在某处说，万物流变，无物长住。他把存在着的东西比作一条河流，声称人不可能两次踏入同一条河流。"① 事物的生成和转化是按照一定的尺度（metron）进行的。尺度作为重要的美学范畴经常出现在赫拉克利特的残篇中。例如，火"按照一定的尺度燃烧，按照一定的尺度熄灭"；土"散而再成为海，是按照以前海变成土时的同样的逻各斯为尺度的"。② 尺度这个术语荷马就曾使用过，在希腊美学中它一般有四种含义：1. 对时间或空间的测量；2. 周期性的更替或节奏；3. 界限或规范；4. 节制，不能过分，也不能不及。赫拉克利特虽然不属于毕达哥拉斯学派，然而他的尺度概念也带有数的痕迹，因为尺度是一种周期和节奏。

　　对立面的对比是对立面之间的关系的又一种形式。由于对同一事物的取舍有不同的标准，因而对事物的性质就会产生不同的评价。例如，海水对于鱼来说，它是能喝的和有益的；但对于人来说，它既不能喝又有害。这种对比导致美的相对性。赫拉克利特关于美的相对性的残篇共有三则："最美的猴子与人类相比也是丑的。"③ "最智慧的人和神相比，无论在智慧、美和其他方面，都像一只猴子。"④ "神的一切都是美的、善的和公正的；人们则认为一些东西公正，另一些东西不公正。"⑤ 这三则残篇在肯定美的相对性的同时，也肯定了美的绝对性和等级性。神的美、人的美和动物的美是三种不同等级的美，赫拉克利特虽然主张万物都在转化中，但是上述三种美却不能相互转化。赫拉克利特在肯定万物流变的同时，也不否定处于静止状态的美。他仅仅在和谐的概念中把斗争提到首位。

第三节　恩培多克勒

　　恩培多克勒（Empedocles，约公元前495—前435）出生于西西里岛南部阿克拉克一个民主派家庭，他集诗人、哲学家、政治家、雄辩家、医生、奥菲教徒等多种身份于一身。亚里士多德称他为修辞学的奠基人。他

---

① 苗力田主编：《古希腊哲学》，中国人民大学出版社1996年版，第40页。
② 拉尔修：《著名哲学家生平和学说》，第9卷第8节。
③ DK22B82.
④ DK22B83.
⑤ DK22B102.

的主要著作有《论自然》和《净化》两部诗篇，共 5000 行，现存若干残篇。

恩培多克勒美学的特点表现在对希腊美学重要范畴和谐的理解上，他把和谐理解为活的有机整体。他的这种观点产生于他关于世界构成的四根说或六本原说。他把火、土、气、水四种元素当作世界的本原，这就是所谓四根说。恩培多克勒的“根”指元素。从词源学上看，元素（stoi-cheion）是彼此分开的，然而处在同一序列中的物体，如字母表中的字母，森林中的树木，雁阵中的雁，队列中的士兵。在哲学著作中它指具有某种性质的最小单元，它强调这个单元的不可分性。元素具有审美的、结构的意义。恩培多克勒关于火、土、气、水的概念与现代人不同，他把土设想为六面体，把火设想为四面体，他用这些元素表明世界的几何形体结构，对这些元素作审美的理解。在早期希腊美学家看来，元素既是活的，又是美的。

西方哲学史研究把恩培多克勒说成是西方第一位主张多元论的自然哲学家。早期希腊哲学家中有人主张单一的元素如水、气或火是世界的本原。多元论和一元论虽然不同，但是它们都反映了人类思维发展的共同进程。希腊神话是一种自然神话，神是自然力量的极端概括。神话作用的减退消亡必然导致自然元素的绝对化，自然元素替代神成为支配世界的力量。

在恩培多克勒看来，火构成太阳，气构成天空，水构成海洋，土构成大地。火、气、水、土这四种元素不生不灭，它们有聚有散，它们的结合生成万物，它们的离散使个别事物消亡。使它们作聚散运动的本原是爱和恨（“恨”亦译为“憎”。由于“恨”在希腊文中的原意是“争吵”，所以又译为“争”）。爱使各部分联合，恨使各部分分离。四根加上爱和恨，被称为六本原说。恩培多克勒的六本原说和赫拉克利特的火本原说都是关于事物生成的理论。根据六本原说，爱处于支配地位时，事物处在和谐的状态中；恨处于支配地位时，这种和谐状态转化为混乱和无序；重新借助爱的力量，恨的状态转化为原初的、永恒的爱，世界再次成为一个美的圆球。这种和谐正是赫拉克利特的生成理论的内在展示，也是六本原说对美学的意义所在。

爱产生和谐和美，恨产生无序和丑。恩培多克勒通过爱把和谐理解为活的有机整体。他在残篇 17 中把爱称作爱神阿芙洛狄忒，这不是简单的类比，而是对爱的本质的准确说明。爱是一种相互吸引和结合的力量，是一种旺盛的、原始的生命力。恩培多克勒对和谐的理解不同于毕达哥拉斯学派，后者把和谐看作数的关系；也不同于赫拉克利特，后者把和谐看作对立统一。不过，恩培多克勒的和谐的有机整体中也包含着某种比例关系，这明显地受到毕达哥拉斯学派的影响。他既把滚圆的球体看作和谐和美（爱占支配地位时，世界是一个圆球），因为圆球从中心到每一边都距离相等，完全没有任何差别；又把按比例构成的物体看作和谐和美。

恩培多克勒还把和谐的原则运用到审美知觉上。要阐述这一点，首先要说明他的知觉认识论——流射说。恩培多克勒认为，任何物体都由四种自然元素组成，它们也放射出连续不断的、细微而不可见的元素。不管动物、植物、大地和海洋，还是石头、铜和铁，都是如此。人的感官如眼睛同样由四种元素组成。客观物体的流射粒子进入眼睛，同眼睛中的相同元素构成物相遇，进入合适的孔道，就形成视知觉。物体火的流射粒子就容易进入眼睛中由火组成的孔道，物体水的流射粒子则容易进入眼睛中由水组成的孔道。这就是所谓流射说。恩培多克勒主张感觉是"相似所造成的相似"，这种理论被称作"同类相知"的原则。眼睛和客观对象是否"同类相知"，会产生不同的视觉反应。

恩培多克勒通过感官结构和客观物体结构的"同类相知"来解释感觉，基本上出于猜测，也比较粗糙。然而这种理论对美学仍然具有重要意义，它从一个方面说明了审美知觉形成的原因。如果眼睛的结构和外界物体的结构相适合，那么，眼睛中的孔道畅通无阻，在这种情况下视知觉就会产生快感。反之，眼睛中的孔道就阻塞僵滞，视知觉则会产生痛感。现代某些审美知觉理论与恩培多克勒的这种理论相去并不太远。[①]例如，斯宾塞（H. Spencer）就利用筋力节省的原则来解释秀美。他认为，秀美的印象起源于肌肉运动时筋力的节省，运动越显示轻巧不费力的样子，越使人觉得秀美。[②]

[①]　洛谢夫：《希腊罗马美学史》第 1 卷，莫斯科 1963 年版，第 413 页。

[②]　对于这种理论，朱光潜作过详细的阐述。见《朱光潜全集》第 1 卷，安徽教育出版社 1987 年版，第 431—436 页。

第四节　德谟克利特

德谟克利特（Demcritus，约公元前460—约前370）是原子论的主要代表人物，生于希腊东北端的阿布德拉一个显赫家庭。他拥护奴隶主民主派，曾到埃及、波斯、埃塞俄比亚和印度旅行。他被称作西方第一位百科全书式的学者，通晓哲学的每一个分支，熟悉数学、教育和艺术。他坚忍刚毅，达观开朗。德谟克利特的美学观是原子论美学观，即原子论在美学领域里的具体运用。

原子论认为万物的本原是原子和虚空。德谟克利特的原子不是现代科学中的原子，它指不可分割的、内部充实而没有空隙的、肉眼看不见的物质微粒。在这种意义上，它类似于恩培多克勒四根说中的元素。所不同的是，四根说中的元素有火、水、土、气四种，而原子虽然数目无限多，外部形状也千姿百态，不过它们的性质却是一样的。原子论对万物本原的种类和性质作了进一步抽象，成为早期希腊哲学家关于世界结构理论的最高成就。原子的原意是"不可分割"，它和拉丁术语"个性"相同。原子论者提出"不可分割"的概念避免了物体无限分割的可能性使物体成为虚无。可以分割的物体是由不可分割的原子组成的。在恩培多克勒那里，火、水、土、气四种元素相互转化，每种元素都是通过其他元素来确定的。而原子与此不同，它是通过自身来确定的。

性质相同的原子怎样组成性质不同的事物呢？这取决于原子间的区别。亚里士多德在《形而上学》中写道："他们（指德谟克利特及其老师留基波——引者注）也认为原子间的区别是生成其他事物的原因。这些区别共有三种，即形状、次序和位置。他们断言存在只在形态上、相互关系上和方向上相区别。形态即是形状、相互关系即次序、方向即位置，如A和N是形状的不同；AN和NA是次序的不同；Z和N则是位置的不同。"① 原子形状、位置和次序实际上类似于毕达哥拉斯学派的数的比例。留基波（Leukippos）和德谟克利特都曾是毕达哥拉斯的学生，德谟克利特写过名为《毕达哥拉斯》的论文。亚里士多德屡次谈到原子论和毕达

---

① 亚里士多德：《形而上学》，Ⅰ，4。见苗力田主编《古希腊哲学》，中国人民大学出版社1996年版，第160—161页。

哥拉斯学派的相似。不过，德谟克利特的原子是自我确定的，这一点是毕达哥拉斯学派所没有的。

德谟克利特的原子具有多种多样的几何形状。视觉、听觉、味觉和触觉由占优势的原子的形状决定。例如，白色由光滑的原子产生，黑色由粗糙的和多角的原子产生，红色由大的和球形的原子产生。甜味由圆形原子产生，酸味由粗糙的和多角的原子产生，辣味由有棱角的、弯曲的和狭窄的原子产生，苦味由大的、光滑的和歪斜的原子产生。一切感觉都以几何形体为基础，于是，三维的形体成为原子论美学的主要审美对象，这种美学更适用于雕塑和建筑。这表明原子论美学和早期希腊美学的深刻联系，造型性、雕塑性、几何形体性是它们共同的特征。

按照原子论，虚空也是万物的本原。虚空是充实的原子的对立面，原子只有通过虚空才能得到自我确定。也只有在虚空中，原子才能够运动。虚空不是空气，也不是虚无的零。虚空是空无一物的空间，是非存在。非存在也存在着。原子在虚空中的产生和分离，造成具体事物的生成和消亡。虚空的理论运用到美学上，就要重视虚空在任何一种审美对象的形成中的积极作用。这里的虚空指审美对象存在的背景。只有在某种合适的背景中，审美对象的形状才能凸显出来。在绘画、雕塑和建筑中，背景的意义更加重要。

对于艺术问题，德谟克利特从人类社会进化和文明起源的角度作了探讨。他主张物质需要和经验产生各种艺术。关于艺术模仿自然，他说过一段著名的话："在许多重要的事情上，人类是动物的学生：我们从蜘蛛学会了纺织和缝纫，从燕子学会了造房子，从天鹅和夜莺等鸣鸟学会唱歌，都是模仿它们的。"① 比起赫拉克利特的模仿论，德谟克利特的模仿论前进了一步。他的模仿不是模仿术语出现初期对被模仿对象的直接再现，而是根据生活需要对被模仿对象的间接再现。关于音乐的起源，罗马美学家菲罗德谟记载了德谟克利特的论断："音乐是一种相当年轻的艺术，原因就在于它不是由需要产生的，而是产生于高度的奢侈。"② 在这里德谟克利特指的不是整个音乐的起源，而可能是音乐中比较发达的、细腻的形式。他的这种观点的重要性在于，他是从社会历史观点看待艺术的发

① DK68B154.
② DK68B144.

展的。

德谟克利特对后世，特别对柏拉图、伊壁鸠鲁和卢克莱修产生了重大影响。伊壁鸠鲁是德谟克利特的原子论的忠实继承者。卢克莱修在《物性论》中继承了德谟克利特的传统从社会历史观点看待艺术的发展。

德谟克利特是早期智者和苏格拉底的同时代人。公元前 5 世纪下半叶，希腊社会进入古典时期的繁荣阶段。希腊哲学和美学也发生了重大转折：从对自然的研究转向对人和社会的研究。智者和苏格拉底跨越了早期希腊的宇宙学美学，揭开了人本主义美学的序幕。

第 二 章

智者和苏格拉底

智者（Sophistes）来自古希腊语的名词"智慧"（Sophia），原指一切才智之士和能工巧匠。到公元前 5 世纪，它成为一批以传授知识、辩论术、语法和修辞学为业的"哲学家"的专有名称。智者又被称为诡辩者。诡辩者当然是一个贬义词。不过，"早期智者是高尚的、备受尊敬的人，他们常常被所在的城邦委以外交使命"。智者一词后来"获得吹毛求疵的咬文嚼字断章取义者的贬义"，"那是伟大智者的不肖的后继者，尤息底莫斯和狄奥尼索多洛斯连同他们的逻辑诡辩造成的"。①

在柏拉图的对话中，智者一般都被作为苏格拉底的对立面出现，受到苏格拉底和柏拉图的攻击和嘲讽，往往被描绘成夸夸其谈、洋洋自得的江湖骗子和傻瓜。柏拉图的对话《大希庇阿斯篇》是西方第一篇系统地讨论美学的著作。在这篇对话中，智者希庇阿斯（Hippias）在大智若愚的苏格拉底的层层诘问下窘态百出，不得不屡屡承认自己的无知。但历史上实际的希庇阿斯博闻强识，精通多种学问。《大希庇阿斯篇》有很大的文学虚构成分。尽管苏格拉底在很多地方和智者相对立，我们仍然把他们放在同一章中阐述，因为他们思考的主要对象是相同的，那就是人和人的生活，主体、意识和自我意识问题，而不是人的自然环境和宇宙。这是他们与早期希腊哲学家和美学家不同的地方。

---

① 策勒尔：《古希腊哲学史纲》，山东人民出版社 1996 年版，第 85 页。

第一节　智者

智者是希腊民主制度的产物。在希腊民主制度下，公民参与政治活动和文化活动的机会大增。在这些活动中，往往要发表演说，进行辩论。于是，能言善辩成为人们追求的一种本领。智者作为周游于希腊各城邦、收费"传授使人成为非凡雄辩家的艺术的教师"[①] 应运而生。西方哲学史研究往往把智者运动称作希腊的启蒙运动。[②] 智者运动是一种广泛的社会思潮，而不是统一的哲学学派。智者运动在希腊美学中的作用犹如伏尔泰和法国启蒙运动在近代欧洲美学中的作用。[③]

智者派人物众多，最重要的代表是普罗泰戈拉和高尔吉亚。普罗泰戈拉（Protagoras，约公元前490—前421）是德谟克利特的同乡，生于边远城邦阿布德拉。他在雅典当了40年的教师，是第一个自称智者的人。主要著作有《论真理》《论神》《相反论证》等。高尔吉亚（Gorgias，约公元前480—前370）生于西西里的列奥提尼，是恩培多克勒的学生。主要著作有《论自然和非存在》《海伦颂》《帕拉梅德斯辩护词》等。智者本人的著作绝大部分已经佚失，现存残篇散见于古代学者的著作中。

智者美学的最大特色是在西方美学史上第一次提出了审美主体和审美意识问题。他们向早期希腊美学所理解的存在发起挑战。早期希腊美学的存在是自在的存在，是一个物质问题。智者的存在是自为的存在，是一个意识问题。伴随着在各个城邦中穿梭往来的匆匆脚步，智者所追寻、所热衷的是变幻莫测、五光十色的人的生活中的美，早期希腊美学所膜拜的井然有序、恒常稳定的宇宙的和谐和宏伟渐渐淡出。

智者运动的思想基础和理论原则是普罗泰戈拉说过的脍炙人口的一句名言"人是万物的尺度"。紧接着这句名言的限定句子为："是存在者存在的尺度，也是不存在者不存在的尺度。"[④] 柏拉图对这句话作过解释："对于我来说，事物就是向我呈现的那个样子；对于你来说，事物就是向

①　柏拉图：《普罗泰戈拉篇》，312d。

②　苗力田主编：《古希腊哲学》，中国人民大学出版社1996年版，第173页。

③　洛谢夫：《希腊罗马美学史》第2卷，莫斯科1969年版，第14页

④　柏拉图：《泰阿泰德篇》，152a。中文有多种译法，这里的译文取自北京大学哲学系外国哲学史教研室编译《西方哲学原著选读》上卷，商务印书馆1981年版，第54页。

你呈现的那个样子。"① 比如风，有时候同一阵风吹来，你觉得冷，我觉得不冷。冷与不冷不在于风，而在于你和我的感觉。这样，存在就是被感知。普罗泰戈拉把个人的知觉和体验当作真实的存在。

"人是万物的尺度"这句话的积极意义是把人看作自然和社会的中心、主宰和标准，是对过去固定的思维模式的一种否定。西方哲学史研究把它评价为人在原始宗教和自然统治下第一次觉醒的标志，因此普罗泰戈拉可以被看作人本主义的先驱。然而，这句话的消极意义也是明显的，它是一种感觉主义、主观主义、相对主义和怀疑论。智者美学上的相对主义在约公元前 400 年前佚名作者的《双重论证》中得到淋漓尽致的表现。研究者们认为它的作者是一位受到普罗泰戈拉影响的智者。

《双重论证》遵循普罗泰戈拉已经失传的《矛盾法》的原则：任何事物都有正反两种说法。可以用这种方法来论证善和恶、正义和非正义、真和假、聪明和愚蠢的相对性。例如，饮食男女对病人是坏的，对健康人却是好的。所以没有绝对的好坏，它们都是相对的。《双重论证》共六章，它的第 2 章论证了美和丑的相对性：双重论证也适用于美和丑。一些人主张，美是一种东西，丑是另一种东西，它们的区别就像它们的名称所要求的那样；另一些人则认为，美和丑是相同的。我试图作如下阐述。成熟的男子爱抚所爱的人是美的，爱抚不爱的人是丑的。女子在室内洗澡是美的，在体育学校洗澡是丑的（而男子在体育学校和其他学校洗澡是美的）。和男子在有墙遮挡的僻静处性交是美的，而在有人看见的公开场合性交是丑的。和自己的丈夫性交是美的，和别人性交是丑的。丈夫和自己的妻子性交是美的，和别的女子性交是丑的。还有，男子化妆、涂抹香料、佩戴很多金饰物是丑的，而女子这样做是美的。向朋友行善是美的，向敌人行善是丑的。回避不愉快的事是美的，而在体育场上回避对手是丑的。杀害朋友和公民是丑的，而杀害敌人是美的。一切事情都是如此。

《双重论证》的作者表示要论证美丑的同一性，不过他仅仅罗列了大量表明美丑相对性的现象，而并没有作出进一步的论证。尽管如此，上述引文仍然值得重视。首先，它表明美不能脱离主体而存在。赫拉克利特也论述过美的相对性，但他实际上指的是美的不同等级。智者在论述美的相对性时，说的是同一个现象在不同主体（社会群体或个体）那里会得到

---

① 柏拉图：《克拉底鲁篇》，386a。

不同的审美评价。在这里智者最早区分了事实判断和价值判断。这种区分对美学非常重要。审美评价是一种价值判断。由于价值产生于客体和主体的相互关系，所以，离开主体和社会生活，现象和对象就无所谓美和丑。于是在人类社会之前、在脱离人的自然中没有美。美不是自然现象的天然属性，它只有在对主体、对人的关系中才会存在，只有在社会生活中才会存在。早期希腊美学在论述美的时候，着眼点放在客体的结构上，如和谐、比例、节奏、对称、尺度等；智者美学在论述美的时候，着眼点放在主体上。早期希腊美学把美看作齐整有度的几何形体，智者美学把美看作散乱零碎的感性知觉。虽然智者没有进一步分析，为什么同一个现象在斯巴达人那里是美的，而在爱奥尼亚人那里是丑的，然而，在审美关系中从审美客体向审美主体的转折是重要的，这在美学上是一个进步。

智者美学用社会替代宇宙，把人的生活提到首位。然而，对于希腊人来说，没有宇宙的人的生活还不是完满的。柏拉图和亚里士多德的美学既不仅仅局限于宇宙学，又不仅仅局限于人本主义，而是把这两者结合起来，把人的生活看作宇宙发展的结果。在这种意义上，智者美学（还有苏格拉底美学）是早期希腊美学和柏拉图、亚里士多德美学之间的过渡环节。没有这个中间环节，希腊美学就不完整。

智者美学和苏格拉底美学都转向了人、主体和意识问题，他们都热爱五彩缤纷的生活。然而苏格拉底美学比智者美学远为前进的是，他不仅仅满足于生活的纷繁多姿，而是分析生活，从各种生活现象中归纳出一般判断和普遍定义。智者的人是感觉的人，苏格拉底的人是理性的人。

第二节　苏格拉底

苏格拉底（Socrates，公元前469—前399）是柏拉图之前最重要的希腊美学家。他出生于雅典，适逢伯里克利的黄金盛世。苏格拉底整天奔忙于公共场所，与人探讨真理，针砭时弊，被雅典法庭以"亵渎神明"和"败坏青年"两条罪名判处死刑。这是希腊的悲剧。苏格拉底没有留下任何著作，他的言行主要见诸他的两个弟子——色诺芬（Xenophon，约公元前430—前355）和柏拉图的著作。色诺芬记述苏格拉底的著作有《回忆录》《苏格拉底在法官前的申辩》（这两本著作的中译本合称《回忆苏格拉底》，1984年由商务印书馆出版）、《经济论、雅典的收入》（中译本1981年由商

务印书馆出版）和《会饮篇》。苏格拉底美学不以自然为本原，而以灵魂为
本原，他对美学的贡献首先表现在对美的普遍定义的探求上。

一　美的普遍定义

流传下来的苏格拉底的美学文献比早期希腊美学和智者美学的文献要
多得多。然而，要准确地理解这些文献，必须首先考虑苏格拉底主要的哲
学活动和基本的哲学观念。

为了反对智者相对主义的感觉论，苏格拉底力图通过理性获得绝对的
知识，这是他的哲学的中心。他从理性出发探讨万物存在的原因时，追求
概念的普遍性定义。追求美的普遍定义是苏格拉底的哲学活动和哲学观点
在美学领域里的表现。

色诺芬在《回忆录》中记载了苏格拉底和他的弟子亚理斯提普斯关
于美的问题的对话：

亚里斯提普斯：你知道有什么东西是美的？

苏格拉底：我知道许多东西都是美的。

亚：这些美的东西彼此相似么？

苏：不尽然。有些简直毫无相似之处。

亚：一个与美的东西不相似的东西怎么能是美的？

苏：因为一个美的赛跑者和一个美的摔跤者不相似；就防御来说
是美的矛和就速度与力量来说是美的标枪也不相似。①

亚：那么，粪筐能说是美的吗？

苏：当然，一面金盾却是丑的。如果粪筐适用而金盾不适用。

亚：你是否说，同一事物同时既是美的又是丑的？

苏：当然，而且同一事物也可以同时既是善的又是恶的，例如
对饥饿的人是好的，对发烧的病人却是坏的，对发烧的病人是好
的，对饥饿的人却是坏的。再如就赛跑来说是美的，而就摔跤来说
却是丑的，反过来说也是如此。因为任何一件东西如果它能很好的
实现它在功用方面的目的，它就同时是善的又是美的，否则它就同时

---

① 色诺芬：《回忆录》，第 3 卷第 8 章第 3—4 节，采用朱光潜译文，见《西方美学家论美
和美感》，商务印书馆 1980 年版，第 18 页。

是恶的又是丑的。①

这段引文在西方美学史上很重要。它的重要性至少表现在两个方面。

第一，事物的美丑取决于效用和用者的立场。美不是事物的一种绝对属性，它依存于事物的用途，依存于事物对其他事物的关系。这里已经隐含着"美是价值"的观点，美是事物的价值属性，审美关系是一种价值关系。在苏格拉底那里，美和善是统一的，这并不是说美就是善，而是说美和善作为价值有其统一的本质。

第二，苏格拉底在西方美学史上第一次区分出美的事物和美本身。彼此不同的事物都可以是美的，同一个事物可以时而美、时而丑，可见美的事物和美本身不是一回事。美的事物是相对的、变化的，美的意义却是永恒的、不变的。美的事物是"多"，美的意义是"一"，原初的"一"。美的事物以美本身为前提，它们是美本身的实现，美本身是美的事物的原则。亚里士多德在《形而上学》中指出，苏格拉底从事哲学研究时，首先寻求对对象作出普遍定义，探索事物"是什么"，而"是什么"是推理的始点或本源："有两件事情公正地归之于苏格拉底，归纳推理和普遍定义，这两者都与科学的始点相关。"② 美本身就是苏格拉底对"美是什么"的探求，这已经是柏拉图的理式的雏形。

那么，在苏格拉底看来，美本身、美的意义、美的普遍定义究竟是什么呢？为了阐述这个问题，我们先看一下色诺芬在《回忆录》中记载的苏格拉底和智者欧绪德谟（Euthydemus）的一段对话：

> 苏格拉底：那么，任何一个事物，它对于什么有用处，就把它用在什么上，这就美了吗？
>
> 殴绪德谟：的确是这样。
>
> 苏：任何一个事物，不把它用在它对之有用的事上，而用在别的什么事上，它还会是美的吗？
>
> 欧：对于任何一件别的事都不能是美。

---

① 色诺芬：《回忆录》，第3卷第8章第6—7节，采用朱光潜译文，见《西方美学家论美和美感》，商务印书馆1980年版，第19页。

② 《亚里士多德全集》第7卷，中国人民大学出版社1997年版，第297页。

苏：那么，有用的东西对于它所有用的事来说，就是美的了？

欧：我以为是这样。①

这段引文和我们在前面援引的色诺芬《回忆录》第 3 卷第 8 章第 3—4、6—7 节的引文通常被理解为：苏格拉底把美等同于效用。于是，他所说的美本身就是效用。这种理解还没有抓住问题的关键。结合苏格拉底的整个哲学思想来看，有用的东西之所以美是合目的性。合目的性是美的基础，是美的本质。苏格拉底经常谈到合目的性问题。在《回忆录》第 1 卷第 4 章中他指出，为了一定的目的而制作出来的事物必定不是偶然性的产物，而是理性的产物。人的身体有一种非常好的和它的目的极相吻合的结构。例如，眼睛很柔弱，有眼睑来保护它。眼睑像门户一样，睡觉时关闭，需要看东西时打开。睫毛像屏风，不让风来损害眼睛。眉毛像遮檐，不让汗珠滴到眼睛上。在苏格拉底看来，这是神预先安排的。苏格拉底的合目的性是和神结合在一起的。美是合目的性，是一种新的学说。早期希腊美学家把宇宙也看作是合目的性的，然而这种合目的性是不脱离事物自身的，它在宇宙的节奏和对称中表现出来。而苏格拉底的合目的性是事物的逻辑原则，是与人相关的。苏格拉底关于美的问题不仅使人思考哲学概念，而且使人思考生活价值。

二　人本主义的艺术意识

苏格拉底人本主义的美学观也体现在他的艺术意识上。他的艺术意识仍然以人、人的生活为主要对象。这决定了他的艺术模仿理论的特征：艺术模仿生活。这种模仿理论在西方美学史上是第一次出现，它对希腊美学和以后的美学产生了重要影响。

苏格拉底对艺术模仿生活的理解可以分为四个层次。首先，艺术模仿生活应当逼真、惟妙惟肖。画家"用颜色去模仿一些实在的事物，凹的和凸的，昏暗的和明亮的，硬的和软的，粗糙的和光滑的，幼的和老的"。② 雕塑家在创作赛跑者、摔跤者、练拳者、比武者时，"模仿活人身

---

① 色诺芬：《回忆录》，第 4 卷第 6 章第 9 节。

② 色诺芬：《回忆录》，第 3 卷第 10 章，见《西方美学家论美和美感》，商务印书馆 1980 年版，第 19 页。

体的各部分俯仰屈伸紧张松散这些姿势", 从而使人物形象更真实。① 其次, 艺术模仿生活而又高于生活, 艺术模仿包含提炼、概括的典型化过程。苏格拉底问画家巴拉苏斯: "如果你想画出美的形象, 而又很难找到一个人全体各部分都很完美, 你是否从许多人中选择, 把每个人最美的部分集中起来, 使全体中每一部分都美呢?" 巴拉苏斯的回答是肯定的。②

再次, 艺术模仿现实不仅要做到形似, 而且要做到神似。苏格拉底认为模仿的精华是通过神色、面容和姿态特别是眼睛描绘心境、情感、心理活动和精神方面的特质, 如 "高尚和慷慨, 下贱和鄙吝, 谦虚和聪慧, 骄傲和愚蠢"③。这样描绘的人物形象更生动, 更能引起观众的快感。早期希腊美学强调艺术中的比例、对称等几何形体方面的特征, 而苏格拉底更强调艺术对人的内在心理、精神风貌的描绘。

最后, 艺术只要成功地模仿了现实, 不管它模仿的是正面的生活现象, 还是反面的生活现象, 它都能引起审美享受。苏格拉底问雕塑家克莱陀: "把人在各种活动中的情感也描绘出来, 是否可以引起观众的快感呢?"④ 对此, 苏格拉底和克莱陀都持肯定的态度。"各种活动中的情感"自然也包括仇恨、威胁等情感。由艺术模仿所引起的审美快感与模仿对象无关。不过, 苏格拉底在阐述这种观点时, 还不那么坚决, 还有犹豫。这从他对画家巴拉苏斯的提问中可以看出: "哪种画看起来使人更愉快呢? 一种画的是美的善的可爱的性格, 另一种画的是丑的恶的可憎的性格?"⑤ 这个提问隐隐约约地表明, 艺术带来的审美享受与艺术描绘的对象的美和善有关。直到亚里士多德才明确地主张, 艺术产生的审美享受不取决于它所描绘的对象。

从合目的性的观点看待艺术, 是苏格拉底人本主义艺术意识的又一种表现。他主张舞蹈不仅要轻盈美观, 而且要有益于健康。建筑要既美观又适用。有无合目的性, 是苏格拉底和早期希腊美学家对 "比例" 作出不同理解的症结所在。在和胸甲制造者皮斯提阿斯的谈话中, 苏格拉底准确

① 色诺芬:《回忆录》, 第 3 卷第 10 章, 见《西方美学家论美和美感》, 商务印书馆 1980 年版, 第 21 页。

② 同上书, 第 19 页。

③ 同上书, 第 20 页。

④ 同上书, 第 21 页。

⑤ 同上书, 第 20 页。

地区分了这两种不同的比例。皮斯提阿斯制造的胸甲既不比别人造的更结实，也不比别人造的花更多的费用，然而他卖得比别人的昂贵。苏格拉底问其原因，他说他造胸甲时遵循比例。

　　苏格拉底：你怎样表现出这种比例呢，是在尺寸方面，还是在重量方面，从而以此卖出更贵的价格？因为我想，如果你要把它们造得对每个人合身的话，你是不会把它们造得完全一样和完全相同的。
　　皮斯提阿斯：我当然把它造得合身，否则胸甲就一点用处也没有了。
　　苏：人的身材不是有的合比例，有的不合比例吗？
　　皮：的确是这样。
　　苏：那么，要使胸甲既对身材不合比例的人合身，同时又合比例，你怎样做呢？
　　皮：总要把它做得合身，合身的胸甲就是合比例的胸甲。
　　苏：显然，你所理解的比例不是就事物本身来说的，而是对穿胸甲的人来说的，正如你说一面盾对于合用的人来说就是合比例的一样；而且按照你的说法，军用外套和其他各种事物也是同样的情况。①

　　早期希腊美学所理解的比例是事物本身的比例，没有涉及这些比例的效用，不含有目的性原则。苏格拉底对比例作了人本主义的理解，他所理解的比例不是就事物本身来说的，而是就事物对使用者的效用关系来说的，包含了目的性。前者可以称作自在的比例，后者可以称作自为的比例。苏格拉底对这两种比例的区分在西方美学史上很重要。苏格拉底所理解的这种比例，即合目的性的美被后来的希腊人称作"适当"（prepon），而被罗马人翻译为"合适"（decorum）和适宜（aptum）。中世纪奥古斯丁在《论美与适宜》中也接受了苏格拉底的观点，区分出自在之美和自为之美，即事物本身的美和一个事物适宜于其他事物的美。自为之美总是包含着效用和合目的性的因素，而自在之美就没有这些因素。因此，自为之美是相对的，因为同一个事物可能符合这一种目的，而不符合那一种

① 色诺芬：《回忆录》，第3卷第10章第10—13节。

目的。

苏格拉底美学把美归结为人的理性的美、人的意识的美，人的创造是最完善的艺术作品。早期希腊美学则把美归结为感性宇宙的美，宇宙是最完善的艺术作品。在新的层次上对这两种对立的审美倾向的综合，出现在柏拉图和亚里士多德的美学中。他们的美学把希腊美学带入鼎盛时期。

第 三 章

柏拉图

柏拉图（Plato，公元前427—前347）生于雅典的名门望族，母亲是梭伦的后裔。幼年丧父，母亲改嫁，继父是伯里克利的朋友。柏拉图原名阿里斯托克勒（Aristocles），因为他的胸肩宽阔，一说额头宽阔，原名就被希腊文表示"宽阔"的谐音词"柏拉图"所替代。柏拉图出生那年伯罗奔尼撒战争已经进行到第四个年头。后来，雅典在战争中被斯巴达打败。被斯巴达人扶持起来的"三十僭主"执政集团在雅典取消了民主政制，实行寡头统治。柏拉图的母亲的亲兄弟查尔米德和堂兄弟克里底亚二人是三十僭主的核心人物。柏拉图有两篇对话分别以他俩的名字命名。作为一个如此显赫、古老的家族，其成员难免深深陷入国家事务和政治斗争的旋涡中。但是，柏拉图和他的兄弟们没有参与国家事务，他们都热爱书籍，勤奋好学。

第一节　学术生涯及著作风格

柏拉图从小受过良好和全面的教育。他20岁时成为苏格拉底的学生，在苏格拉底身边学习了七八年。三十僭主由于施行暴政，执政8个月后即被推翻。雅典恢复了民主政体，然而当局却以莫须有的罪名判处柏拉图深深尊敬的老师苏格拉底以死刑。

苏格拉底饮鸩服刑后，他的弟子们各奔东西，开始了独立的生活。雅典这块令柏拉图伤透心的地方使他无法继续居住下去，他离开雅典，开始周游各地，了解异邦的科学、哲学、宗教和习俗。在周游的过程中，他和毕达哥拉斯学派结下了深厚的友谊。当时的毕达哥拉斯学派成员主要是天文学家和数学家，特别是几何学家和音乐家。他们以数学上精密的逻辑思维著称，擅长在空间几何关系、数的结构关系上把握世界。毕达哥拉斯学派对柏拉图产生了重要影响。苏格拉底教导柏拉图追求知识和道德理想，毕达哥拉斯学派则使柏拉图重视思维的精确性、理论建构的严密性和考察对象的全面性。柏拉图在各地周游了 10 年，以公元前 389—前 387 年的西西里岛之行结束。

这是柏拉图第一次去西西里岛。西西里岛是一座富庶的岛，它是献给丰收和农业女神得墨忒耳（Demeter）的。它位于地中海的舒适环境，使希腊人在公元前 8 世纪就在这里建立了自己的领地。西西里科学文化发达。恩培多克勒和高尔吉亚就是西西里的希腊人。柏拉图去西西里是为了施展自己的政治抱负。苏格拉底被判死刑，给他留下了无法愈合的创伤。事隔 50 多年，他以 70 多岁的高龄在《第七封信》中追忆了自己当时的心情：他对城邦内部倾轧的罪恶活动感到厌恶，认为现存城邦无一例外地都治理得不好。只有真正的哲学家获得政治权力，或者政治家成为真正的哲学家，人类才会有好日子，这样的信念促使他三下西西里岛，然而他的政治理想始终未能实现，并且在第一次去西西里岛时因触怒叙拉古国王奥尼索斯一世，被当作奴隶拍卖，幸遇其他哲学家出资为他赎身。

公元前 387 年柏拉图从西西里岛回到阔别的雅典。他在雅典西北郊区购置了带花园的住宅，在那里居住并创办了哲学学校。由于学校地处希腊阿提卡的英雄阿卡德摩斯（Academus）的园林墓地，而被称作"学园"（Academy）。学园存在了 9 个世纪之久。除了两次又去了西西里岛外，柏拉图一直在学园中过着平静、俭朴、家庭式的生活。柏拉图是学园的第一任领袖，他生前就指定外甥斯彪西波为自己的继承人。学园领袖的更迭标志着学园发展的不同阶段。学园门口写着"不懂几何学者不得入内"，这表明柏拉图及其弟子对数学，包括几何学的重视。其中不难看出毕达哥拉斯学派对其的影响。学园授课分两类：一类课程较普通，适用于较广泛的听众；另一类较专门，适用于哲学奥秘的探索者。起初，柏拉图沿着学园的林荫道一边散步，一边和弟子们交谈。后来，他坐在室内设立的主讲席上讲学。讲学之余，柏拉图继续写他那著名的对话。

　　在希腊哲学家和美学家中，柏拉图和亚里士多德是幸运的，他们的著作保存了下来。柏拉图的对话现存 40 余篇，书信 13 封。其中 27 篇对话被确定为真品或者可信度很高的作品，4 封书信被确定为真品。

　　在柏拉图的对话中，柏拉图本人始终没有出场，出场担任主角的大部分是他的尊师苏格拉底。在这些对话中，究竟哪些像色诺芬的《回忆录》那样，是记载和复述苏格拉底的观点？哪些仅仅借苏格拉底之口，是在阐述柏拉图自己的观点？对于这个问题，西方哲学史研究者历来争论激烈，各种看法歧义迭见。有人把柏拉图的对话分为早期、过渡期、成熟期和晚期。早期对话表达苏格拉底的观点，过渡期对话表达柏拉图观点的酝酿，成熟期和晚期对话表达柏拉图的观点。

　　柏拉图早期对话主要讨论道德问题。过渡期对话虽然写得也很早，但是它们偏离了苏格拉底纯粹的道德问题，而开始阐述柏拉图自己的观点。对话中的苏格拉底是一个新的形象，即柏拉图的苏格拉底。这段时期涉及美学问题的对话有《伊安篇》《大希庇阿斯篇》。成熟期涉及美学问题的对话有《会饮篇》《理想国》和《斐德若篇》。晚期涉及美学问题的对话有《斐利布斯篇》《蒂迈欧篇》和《法律篇》。

　　除了《申辩篇》和书信外，柏拉图的其他著作都以对话写成。柏拉图对话瑰丽多彩的文风和严肃深邃的思想珠联璧合，相映生辉。哲学家柏拉图和诗人柏拉图紧密地结合在一起。例如，《斐德若篇》中苏格拉底的第二篇演说词是一首抒情诗；《理想国》的结尾是神话，描写了希腊勇士厄洛斯在一次战斗中被杀死，死而复生后讲述他漫游阴曹地府所见到的情景；《蒂迈欧篇》是宇宙生成的诗篇；19 世纪德国学者诺尔登（E. Norden）称《会饮篇》是一部戏剧。角色对话是戏剧的基本要素。在柏拉图的对话中，各个对话者富有鲜明的个性，所以，他的对话往往被称作思想的戏剧。《会饮篇》除了具有柏拉图对话的一般优点外，它的戏剧色彩尤为强烈，完全可以把它看作一部真正的戏剧艺术作品。泰勒指出，"《会饮篇》也许是柏拉图作为一个戏剧艺术家所有成就中最富于才华的作品"①。

---

　　①　泰勒：《柏拉图——生平及其著作》，谢随知等译，山东人民出版社 1996 年版，第299 页。

第二节　理式论

柏拉图美学的哲学基础是所谓理式论。柏拉图是一位观念论者，他把世界分成三种：第一种是理式世界，它是超验的（即超出经验范围，与经验无涉）、第一性的、唯一真实的存在，为一切世界所自出。第二种是现实世界，它是第二性的，是理式世界的摹本。第三种是艺术世界，它模仿现实世界。与理式世界相比，它不过是"摹本的摹本"，"影子的影子"，和真实"隔着三层"。

柏拉图在《理想国》第 10 卷中以床为例说明他的观点。① 床有三种，一种是床的理式，它是真实体，统摄许多个别的床。第二种是木匠制造的床，木匠不能制造"床之所以为床"的理式，只能制造个别的床，个别的床只是近乎真实体的东西。第三种是画家画的床，他画的床和真实体相去更远。理式论在美学中的运用，必然导致寻求统摄各种美的事物的美本身，即美的定义。

一　美的定义

柏拉图遵循苏格拉底的观点，区分出美本身和各种美的事物，提出了"什么是美"的问题。柏拉图更进一步，他按照他的哲学体系对"什么是美"的问题做出了回答。

《大希庇阿斯篇》"是西方第一篇有系统的讨论美的著作，后来美学上许多重要思潮都伏源于此"。② 在这篇对话里，柏拉图"问的不是：什么东西是美的？而是：什么是美？"③ 也就是说，他感兴趣的是美本身和美的定义，而不是各种美的东西的罗列。希庇阿斯一会儿把美说成是一位漂亮的小姐，一会儿又说黄金使事物成其为美。这样的回答当然不能使柏拉图满意："我问的是美本身，这美本身，加到任何一件事物上面，就使那件事物成其为美，不管它是一块石头，一块木头，一个人，一个神，一

---

① 柏拉图：《文艺对话集》，朱光潜译，人民文学出版社 1980 年版，第 67—73 页。
② 同上书，第 329 页。
③ 同上书，第 180 页。

个动作，还是一门学问。"① 可见，美本身的一个特征是：它既不由单个美的事物又不由某些美的事物的总和来确定，它对于许多美的事物来说是同一的。

在讨论"美是恰当"的定义时，希庇阿斯只注意到恰当和事物外在性质的关系："我以为所谓恰当，是使一个事物在外表上显得美的。"② 柏拉图则强调，美本身不是外在的性质，而是事物的内在内容："这种美不能是你所说的恰当，因为依你所说的，恰当使事物在外表上显得比它们实际美，所以隐瞒了真正本质。"③ 美本身是美的事物的本质，这是美本身的又一个特征。《大希庇阿斯篇》还涉及美本身在事物中的存在形式问题："美在部分，也在全体"，使各种事物成其为美的那种性质同时在全体（几种美的事物合在一起），也在部分（几种美的事物分开）。④ 这也是美本身的一个特征。像柏拉图的某些其他对话一样，虽然《大希庇阿斯篇》并没有对所提出的问题做出肯定的答复，然而我们仍然可以阐述这篇对话中所包含的关于美的定义的观点。

如果说在《大希庇阿斯篇》中美的理式的特征还是隐含的，需作仔细的分析才能够见出；那么，洋溢着欢乐和青春气息的《会饮篇》则斩钉截铁、酣畅淋漓地肯定了美的理式的永恒性、绝对性和单一性。《会饮篇》的中心议题是爱情。爱情的对象是美，这不只是寻常的美，爱情的极境是达到统摄一切美的事物的最高的美。"这种美是永恒的，无始无终，不生不灭，不增不减的。它不是在此点美，在另一点丑；在此时美，在另一时不美；在此方面美，在另一方面丑；它也不是随人而异，对某些人美，对另一些人就丑。还不仅此，这种美并不是表现于某一个面孔，某一双手，或是身体的某一其他部分；它也不是存在于某一篇文章，某一种学问，或是任何某一个别物体，例如动物、大地或天空之类；它只是永恒地自存自在，以形式的整一永与它自身同一；一切美的事物都以它为泉源，有了它那一切美的事物才成其为美，但是那些美的事物时而生，时而灭，而它却毫不因之有所增，有所减。"⑤

---

① 柏拉图：《文艺对话集》，朱光潜译，人民文学出版社 1980 年版，第 188 页。

② 同上书，第 191 页。

③ 同上书，第 192 页。

④ 同上书，第 206 页。

⑤ 同上书，第 272—273 页。

　　这段话常常为西方哲学史和西方美学史著作所援引，它集中而扼要地阐述了美的理式（也是一般理式）的四个特征。如果我们把这些特征和柏拉图在其他著作中各处说明的理式特征结合起来看，就会更加清楚。第一，美的理式具有永恒性。它不生不灭，不增不减。第二，美的理式具有绝对性。它不是在此点、此时、此方面美，而在另一点、另一时、另一方面丑，它也不随人而异。第三，美的理式具有超验性和单一性（一类中只有一个）。它不存在于个别事物中，无论是某一个面孔或某一双手，还是某一篇文章或某一种学问。它只是自存自在。《会饮篇》第一次使理式具有外在于物、与事物相分离的性质。第四，具体事物分有美的理式。各种美的理式却不因此有所增损。

　　苏格拉底的普遍定义是一种逻辑规定，柏拉图的理式则是一种客观存在，虽然这种存在是非物质的。这样，柏拉图在新的基础上回到早期希腊美学中的本体论。苏格拉底在探索普遍定义时专注于伦理问题而忽视了整个自然界，柏拉图把寻求伦理定义扩展到整个宇宙和人类社会。柏拉图的理式是宇宙和人类社会生活中一切事物的生成模式，柏拉图的理式美学是他以前的宇宙学美学和人本主义美学的综合，希腊美学的发展导致了这种综合的历史必然性。

二　理式的含义

　　"理式"是柏拉图哲学和美学中的核心概念，它在希腊文中分别以 eidos 和 idea 两个词来表示。一般来说，这两个词的含义没有区别，柏拉图在同样的意义上使用它们。据国外学者统计，在柏拉图的全部著作中，eidos 出现过 408 次，idea 出现过 96 次。[①] 由于 eidos 和 idea 本身的多义性，更由于柏拉图在使用中赋予它们各种各样的、有时甚至相互矛盾的意义，这给后人理解柏拉图的理式带来很多困难和分歧。

　　我国的西方哲学史著作通常把 eidos 和 idea 译为理念。柏拉图认为，在我们耳闻目见的现实世界以外，还存在一个理念世界。理念世界是原

---

　　① 里特尔在《柏拉图新探》（慕尼黑 1910 年版，第 228—326 页）中研究了这两个术语。在他的研究基础上，洛谢夫在《希腊象征主义和神话》（莫斯科 1993 年版，第 136—708 页，该书写于 1918—1921 年，初版于 1928 年）中花了五六百页的篇幅对这两个术语进行了更详尽的考察。里特尔和洛谢夫对柏拉图 eidos 和 idea 使用频率的统计均是手工进行的，当时还不可能用上计算机。两人的统计结果有出入，这里采用的是洛谢夫的统计结果。

型，而现实世界是以理念为范型铸造出来的。柏拉图力图从具体事物、从众多的个别事物中寻求一般性和共性。在他那里，理念和各种具体事物的关系就是一般和个别、普遍和特殊、共性和个性的关系。

朱光潜极力倡导采用理式的译名，由于受他的影响，我国美学著作中采用这种译名的较多。他写道："柏拉图所谓'理式'（eidos，即英文，idea）是真实世界中的根本原则，原有'范型'的意义。如一个'模范'可铸出无数器物。例如'人之所以为人，就是一个'理式'，一切个别的人都从这个'范'得他的'型'，所以全是这个'理式'的摹本。最高的理式是真，善，美。'理式'近似佛家所谓'共相'，似'概念'而非'概念'；'概念'是理智分析综合的结果，'理式'则是纯粹的客观的存在。所以相信这种'理式'的哲学，属于客观唯心主义。"① "理式"的原意是"见"，"所见"。它可以指事物的外部形状，也可以指事物的内在本质。前者由眼睛见到，后者主要由理智见到。理智所见到的事物的本质就是事物的理式。

三 理式论的评价

柏拉图总是坚定地把理式摆在高于物质的地位上，显然是唯心主义的。柏拉图甚至是公认的欧洲唯心主义的开山鼻祖（"唯心主义"在西文中的直义就是"观念论"）。他是对理式高于物质作唯心主义论证的第一人。在这种意义上可以说他过去曾经是并且现在仍然是唯心主义者的首领和导师。

不过，要准确、深入地评价柏拉图的理式论，我们应该弄清楚，为什么柏拉图如此陶醉于自己的理式。

柏拉图的理式论是在思考"物是什么，对物的认识怎样才可能"的问题时产生的。为了区分和认识物，应该针对每个物提出这样的问题：这个物是什么？它和其他物的区别在哪里？物的理式正是对上述问题的回答。柏拉图认为，每一种物都和任何一种其他物有所区别，因此，它具有一系列本质特征，而物的所有这些本质特征的总和就是物的理式。比如，房子是由某些建筑材料构成的东西，这是一。房子适用于不同的目的：居住，栖息，放置物品，从事某种活动等，这是二。房子所有这些本质属性

---

① 《朱光潜全集》第 12 卷，安徽教育出版社 1991 年版，第 109 页。

的总和就是房子的理式。如果我们不懂得房子的结构和用途，那么我们就没有房子的理式，也就根本不能把房子同其他事物如汽车、火车、轮船等区分开来。换言之，物的存在就要求它是某种理式的载体。为了认识物，同它发生关系，利用它，制造它，必须要有物的理式。任何物乃至世上存在的一切都有自身的理式。如果没有理式，那么就无法使甲区别于乙，整个现实就变成不成形和不可知的混沌。

任何一种物的理式不仅是对物的概括，而且是对物的极端概括。它是组成它的各种特殊性和个别性的一般性。一切个别性只有在同一般性、同理式的联系中才能得到理解。例如，北京的四合院是房子，上海的石库门也是房子，天津的小洋楼还是房子。如果我们不承认房子的理式的概括性，那么，立即消失的不仅是房子的理式，而且是房子本身和房子的一切局部的、个别的表现形态。理式是对它名下的所有个别物的无限概括。一切有限要求承认无限，一切个别都受一般管辖。作为物的一般性，理式是物的规律。柏拉图是第一个使用"辩证法"术语的人。他的理式论包含着一般和个别的深刻的辩证法。

朱光潜精辟地把柏拉图的理式称作"神"。[①] 但这已经不是希腊神话中的神，而是翻译成抽象的一般性语言的神。柏拉图的学说是沿着早期希腊哲学发展的。早期希腊哲学家用数和元素来代替希腊神话中的神，柏拉图则用理式来代替神。柏拉图的理式是以素朴的方式提出的自然规律和社会规律，他力图用这些规律来替代古老的神话。那个时代对自然规律和社会规律的探索刚刚开始，对这些规律的解释也是相当素朴的。不过，柏拉图对万物规律的探索表明了由神话向人的思维过渡的深刻变革。

然而，柏拉图夸大了理式的作用。他不仅主张理式高于物质，而且理式形成了一种独特的世界，理式世界向现实世界释放自身的威力，这导致了理式世界和物的世界完全脱离。而他后期的继承者们又进一步走入极端，使得客观物质世界在理式面前黯然失色并完全消失。物质世界只是每个人意识中观念的产物，从而，客观唯心主义为主观唯心主义开辟了道路：我们周围的世界完全取决于人的内心自我，或者人的"理式"。这些因素导致了理式论的变形。

---

① 朱光潜：《西方美学史》上卷，人民文学出版社 1979 年版，第 46 页。

第三节　模仿艺术

除了酒神颂以外的诗（悲剧、喜剧和史诗）以及音乐、舞蹈和绘画等都被柏拉图称作模仿艺术。我们主要阐述柏拉图对音乐和绘画的理解。

一　音乐

希腊语"音乐"（mousikē）有两种含义，广义上指教育的手段和内容，包括阅读、算术、绘画和诗歌，可以译为"缪斯艺术"。柏拉图称哲学是"最高的缪斯艺术"。在狭义上，mousikē 指现代含义上的音乐。在希腊，音乐和诗紧密相连，诗人既作诗又谱曲；另一方面，音乐和舞蹈紧密相连。不过，柏拉图对它们作出了明确的区分，音乐作为声音的运动，不同于以形体动作为基础的舞蹈，也不同于以词语为基础的诗歌。

按照柏拉图的理解，音乐有三个要素：歌词、乐调和节奏。柏拉图认为没有歌词的音乐是粗俗、野蛮的，不能够独立存在。在音乐三要素中，歌词起主要作用，不是歌词适应乐调和节奏，而是乐调和节奏适应歌词。柏拉图激烈地批评纯音乐，并非不理解这种音乐，而只是认为它没有明确的理性内容。

关于乐调，柏拉图讨论了四种：吕底亚式、爱奥尼亚式、多利亚式和佛律癸亚式。表现悲哀的吕底亚式遭到柏拉图的抛弃，因为这类乐调对于培养品格好的女人尚且不合适，更不必说培养男人。文弱的爱奥尼亚式用于饮宴，对于理想国的保卫者没有用处。那么，就只剩下多利亚式和佛律癸亚式了。柏拉图对多利亚式评价最高，"它能很妥帖地模仿一个勇敢人的声调，这人在战场和在一切危难境遇都英勇坚定，假如他失败了，碰见身边有死伤的人，或是遭遇到其他灾祸，都抱定百折不挠的精神继续奋斗下去"，这是一种勇猛的、表现勇敢的乐调。[①] 至于佛律癸亚式，它"模仿一个人处在和平时期，做和平时期的自由事业，或是祷告神祇，或是教导旁人，或是接受旁人的央求和教导，在这一切情境中，都谨慎从事，成

[①]　柏拉图：《文艺对话集》，朱光潜译，人民文学出版社 1980 年版，第 58 页。

功不矜，失败也还是处之泰然"，① 这是一种温和的、表现聪慧的乐调。
所有的希腊学者都认为佛律癸亚式是热烈的、奔放的、激越的乐调。唯有
柏拉图一人对它作出不同的评价。

像对待乐调一样，柏拉图也要求节奏表现某种道德品质。要区分适宜
表现勇敢、聪慧的节奏，以及卑鄙、傲慢、疯狂的节奏。节奏不应该求繁
复，不应该有许多音节。美与不美要看节奏的好坏。歌词的美、乐调的美
和节奏的美，都表现好性情。柏拉图的音乐是表现好性情的音乐。② 所谓
好性情，指灵魂在理性统辖下的尽善尽美。柏拉图的音乐还是有节制的音
乐，有节制的音乐不能过度，要爱美和秩序。③

柏拉图发现音乐中乐调和节奏的运动同人的心理活动相类似，因此能
够最有效地调节这种活动。按照柏拉图的理解，音乐除了和人的心理活动
相类似，除了具有道德意义外，它还是宇宙有规律的运动的反映。我们可
以这样概括柏拉图的音乐理论：音乐是有节制的、表现好性情的。从微观
上讲，它最能打动人的内心世界；从宏观上讲，它和宇宙相和谐；它是培
育人的德性的最有效的手段。

二　绘画

绘画（zōgraphia）是柏拉图经常论及的艺术。据拉尔修记载，柏拉图
从事过绘画创作。④ 柏拉图的对话提到过多名画家，并把他想要阐明的对
象和绘画相比较。例如，他把哲学家治国和画家画画相比较，画家在干净
的画板上"按照神圣的原型加以描画"，⑤ 哲学家接过城邦和民众，如同
拿过一块画板，先要把它擦抹干净，否则不会贸然立法。而理想国中不好
的卫士就像不能"注视绝对真实"、"注视着原样"的画家。⑥

柏拉图把世界分为可知世界和可见世界。可知世界就是理式世界，是
只有用思想才能看到的实在。可见世界作为现实世界，又可以分为两部
分：实物和影像。实物指我们周围的动物以及一切自然界和人造物，影像

① 柏拉图：《文艺对话集》，朱光潜译，人民文学出版社 1980 年版，第 58 页。
② 同上书，第 61 页。
③ 同上书，第 64—65 页。
④ 拉尔修：《著名哲学家生平和学说》，第 3 卷第 6 节。
⑤ 柏拉图：《理想国》，商务印书馆 1986 年版，第 253 页。
⑥ 同上书，第 229 页。

包括绘画等。实物是影像的原型，就像可知世界是可见世界的原型一样。
"影像与实物之比正如意见世界与知识世界之比"。① 这样，绘画处在第三
等的模仿地位。不过，柏拉图并没有否定实物作为被模仿对象在绘画中的
意义，只是他要求画家具有关于被模仿对象的知识。他常用字母来说明知
识的获得，比如有字母映照在水中或镜里，"如果不是先认识了字母本
身，我们是不会认识这些映象的"。② 他批评画家不懂得鞋匠、木匠之类
的手艺，却画出他们的像，以欺哄小孩和愚人。

在绘画和实物的关系上，柏拉图的态度是矛盾的。一方面，他肯定绘
画可以描绘现实中不存在的理想的东西："如果一个画家，画一个理想的
美男子，一切的一切都已画得恰到好处，只是还不能证明这种美男子能实
际存在，难道这个画家会因此成为一个最糟糕的画家吗？"③ 对这个问题
的回答当然是否定的。然而另一方面，对绘画和实物之间毕肖的强调使得
柏拉图否定了绘画中的透视理论。在《智者篇》中，柏拉图要求画家按
照原物长、阔、深的真实的比例来描绘。如果画家采用透视法，根据某个
视点看到的物象来作画，柏拉图就称之为求像不求真的幻象术④。他在
《理想国》中也批评了透视法："同一件东西插在水里看起来是弯的，从
水里抽出来看起来是直的；凸的有时看成凹的，由于颜色对于感官所产生
的错觉。很显然地，这种错觉在我们的心里常造成很大的混乱。使用远近
光影的图画就利用人心的这个弱点，来产生它的魔力，幻术之类玩艺也是
如此。"⑤ 绘画中的透视理论不仅在柏拉图之前的阿那克萨戈拉和德谟克
利特时代，而且在更早的埃斯库罗斯时代就已经流行了。据维特鲁威
《建筑十书》第七书记载，埃斯库罗斯的悲剧首次在雅典上演，公元前5
世纪的画家阿伽塔尔科设计舞台，并写了有关舞台的说明。德谟克利特和
阿那克萨戈拉也就这个题目写了说明。那是为了表明，怎样确定一个中心
点，使汇集到中心点的各条线自然地符合人的视线和光线的辐射，从而使
描绘在平面上的舞台布景产生纵深感。透视法要求再现的不是实物真实的
相等与和谐，而是人们眼中的相等与和谐；不是客观的比例与对称，而是

① 柏拉图：《理想国》，商务印书馆1986年版，第269页。

② 同上书，第108页。

③ 同上书，第213页。

④ 柏拉图：《泰阿泰   智术之师》，商务印书馆1963年版，第160—161页。

⑤ 柏拉图：《文艺对话集》，朱光潜译，人民文学出版社1980年版，第80页。

符合主观的，即视觉的比例与对称。柏拉图不可能不知道透视法，然而他对客观真实性的考虑却使他对透视法提出严厉的批评。

第四节 艺术灵感

在西方美学史上，柏拉图第一次如此强调艺术的政治思想内容和社会教育功用。他从严格的道德标准出发，批评和清洗各种艺术。他所敬爱的荷马的史诗中，几乎一切都是非道德的，不好的。抒情诗在理论上被他视为真正的诗（因为抒情诗不模仿外物，而表现诗人的内心），然而他也很少评价抒情诗。悲剧模仿本应受到节制的情感，而喜剧则投合人类本性中诙谐的欲念。对于异邦的诗，要建立检查制度。这些诗是否宜于朗诵或公布，应该由长官们加以判定，合格的颁发许可证。这些规矩被定为法律。自由创作的诗人应该被逐出理想国，禁止儿童诵读他们的作品。诗人只能写颂扬神和德行的诗。最好的艺术是埃及的艺术，几千年来不断重复同样的内容，代代相传，"丝毫的改动都在所不许"。①《法律篇》虽然谈到全国、全民应该唱歌、跳舞、游戏，"应该游戏地活着"，② 然而全国性、全民性的舞蹈以服从、恪守法律为基础。

柏拉图之所以要清洗艺术，是因为他深知艺术对人的情感的特殊作用。他认为情感是人性中的低劣部分，应当由理性加以控制，理应枯萎，而艺术却浇灌、滋润它们。越美、越悦耳的诗，作用就越坏。③ 从理性的、道德的立场来对待艺术，这是柏拉图著作中一种非常明显的倾向。与这种倾向截然对立的，是柏拉图在论述艺术创作时，又充分肯定了灵感、迷狂、激情和非理性的重要作用。这种观点明显地表现在《伊安篇》中。《伊安篇》作为西方完整保留下来的谈艺术灵感最早的文献（更早的德谟克利特只留下关于灵感的残篇），是柏拉图最短的对话。演员的表演和诵诗人的朗诵都是艺术创作，虽然是第二性的创作。《伊安篇》讨论的主题是：艺术创作是凭专门技艺知识还是凭灵感？答案是它只凭灵感："凡是高明的诗人，无论在史诗或抒情诗方面，都不是凭技艺来做

---

① 柏拉图：《文艺对话集》，朱光潜译，人民文学出版社 1980 年版，第 305—306 页。
② 柏拉图：《法律篇》，803e。
③ 柏拉图：《文艺对话集》，朱光潜译，人民文学出版社 1980 年版，第 36 页。

成他们的优美的诗歌，而是因为他们得到灵感，有神力凭附着。科里班特巫师们在舞蹈时，心理都受一种迷狂支配；抒情诗人们在做诗时也是如此。"①

柏拉图的艺术灵感论至少有三点值得注意。首先，在艺术创作需要天才还是技艺的问题上，他强调天才，否定技艺。驾车、盖房、医疗凭的是技艺，各种技艺有不同的知识，通过学习和训练，人能够掌握这些知识。然而，艺术创作和这些技艺不同，它靠的是先天的禀赋，而不是后天的训练。凭技艺的规矩从事的艺术创作只是匠人之作，而不是真正的艺术作品。其次，灵感达到高潮时，艺术家会失去平常的理智，进入迷狂状态。这时候非理性因素在艺术创作中起很大作用，感情和想象高度白热化。艺术家"失去自主"，"意思源源而来"，有时"满眼是泪"，有时"毛骨悚然"。② 最后，凭灵感的艺术创作具有极强的感染力。柏拉图用连在一起的铁环来比喻艺术感染力，听众是最后一环，诵诗人和演戏人是中间一环，诗人是最初的一环。而诗神像磁石，它首先把灵感传给诗人，诗人把它传给诵诗人，诵诗人又把它传给听众。"磁石不仅能吸引铁环本身，而且把吸引力传给那些铁环，使它们也像磁石一样，能吸引其他铁环。"这样，"许多铁环互相吸引着，挂成一条长锁链，这些全从一块磁石得到悬在一起的力量"。③

柏拉图的艺术灵感论对美学具有重要意义。希腊时期流行的是艺术模仿论，模仿论后来成为现实主义创作的理论基础，在这种理论中客体起着首要的作用。艺术灵感论把主体的作用提到首位，它成为浪漫主义创作的理论基础，浪漫主义运动提出的"天才"、"情感"和"想象"三大口号来源于艺术灵感论。柏拉图敏锐地觉察到艺术创作不是凭借理智的、按照某种程序可以不断重复的行为，它需要激情和狂热，从而强调了个性、自由、独创性和创造力的作用。柏拉图所说的灵感实际上是长期在潜意识中酝酿的东西猛然间显现于意识。当时心理学还不发达，柏拉图不可能对灵感的根源作出科学的说明，但是他准确地描绘了灵感的两个重要特征：它

---

①　柏拉图：《文艺对话集》，朱光潜译，人民文学出版社 1980 年版，第 8 页。

②　同上书，第 10—11 页。

③　同上书，第 7—8 页。

是突如其来的，它是不由自主的。① 柏拉图依据希腊神话把灵感解释为诗神凭附。在希腊神话中，阿波罗是负责诗和艺术的守护神，其手下还有9个女神缪斯。

柏拉图一方面从他的道德标准出发，强调艺术的理性内容，艺术只能基于知识，贬抑情感在艺术中的作用；另一方面又肯定艺术灵感，认为迷狂的诗要超过神志清醒的诗。这两种对立的倾向能不能统一呢？柏拉图的辩证法不得不在这两种对立面之间找到统一，他自己虚构的那些神话就是这两者的综合。例如，《会饮篇》中的厄罗斯就是纯粹的、不涉利害的审美形象和严格的道德规范的融合。

第五节　小结

柏拉图的美学思想很丰富，他的很多对话都广泛地涉及美学问题，美学在他的学说中的地位并不亚于伦理学、宇宙学和国家学说等。为了便于理解，我们简要地勾勒一下柏拉图美学的轮廓。

理式是柏拉图美学的核心概念，它高于事物，与事物相脱离。一方面，柏拉图的理式是静止的、永恒的；另一方面，他的理式又是事物的原则、模式，是事物的生成模式和结构模式，它要求在物质中得到体现。理式在物质中最完满的体现作品是宇宙，宇宙永恒的运动规律是最终、最高的美。

宇宙连同它的循环往复运动的天体是可以看得见的几何形体，宇宙本身是美的球体。宇宙不仅是可以看得见的，而且是可以触摸的，它由水、火、土、气四种自然元素构成。柏拉图把这四种元素看作几何形体：土是立方体（正六面体），水是正二十面体，气是正八面体，火是锥体（正四面体）。从形体、造型上看待审美对象，是希腊美学的一个特点，柏拉图美学保留了这个特点。宇宙不仅是可以看到、可以触摸的，而且是可以听到的。天体按照一定的比例排列，不同的比例产生高低不同的乐音。宇宙好比一个巨大的乐器，演奏出和谐的音乐。宇宙是最美的艺术作品，观照宇宙，观照纯粹的、永恒的理式是哲学家的职业。柏拉图美学具有观照性、静观性。

---

① 参见《朱光潜全集》第 1 卷，安徽教育出版社 1987 年版，第 396 页。

　　宇宙内部的万物应该和宇宙、和宇宙永恒的运动相协调。不仅自然中的万物是如此，人类社会也应如此。柏拉图理想国中的三个阶层处在某种等级结构中，它们之间协调的关系不仅是公正，而且也是美。

　　柏拉图的存在是分等级的，最完善的存在是真世界，即理式。最完善的存在也是最完善的美，真和美是统一的，善和美也是统一的。善和美是一切存在中最明亮的。[①] 因此可以说，美是善的明亮的表现。真、善、美的统一是柏拉图美学的本体论的基础。他的三位一体为后来的时代所采用。普洛丁论述过真、善、美的相互转换；奥古斯丁美学的中心是绝对美、绝对善、绝对真的三位一体，即上帝；托马斯·阿奎那谈到美和善的统一。

　　美存在于自然、社会和艺术中，我们可以观赏这类美；然而这类美是变化不居、有生有灭的，我们不如观赏永恒绝对、不生不灭的美，那是美本原、美本身，即理式。观赏美本原有两种途径：一种途径是从个别形体的美到全体形体的美，再到灵魂和制度学问的美，最后到美本身。另一种途径是不朽的灵魂投胎和肉体结合后，看到尘世事物的美，回忆起在天国里所见到的这些事物的蓝本的美。看到美本身能产生迷狂的情绪，这是一种强烈的爱。爱使人看到不爱的人所看不到的美。至于艺术，它低于生活，它应该服从社会的善和社会需要。于是，柏拉图把艺术的教育功用摆在首位。按照他的标准来衡量，绝大部分希腊艺术应该被逐出理想国。虽然他本人富有艺术才能，在第一次会见苏格拉底时留下了自己的诗作。然而根据他的理式论，艺术不过是物的感性显现，离真正的存在很远，因此在理想国中难有一席之地。

　　柏拉图的美学和他的哲学一样，产生了长久而广泛的影响。柏拉图之所以能够产生如此巨人的影响，首先在于他的理式论。理式是关于一般的概念，只有借助一般，个别才能被认识。一般是个别在其无限丰富的表现中的范型。物总是变化的，甚至可以消亡，而物的理式不会变化，也完全不会消亡。理式是物的最终原因和最终目的，它决定物的整个结构和一切变化形式，产生这些形式，是这些形式的原型。尽管现在已经没有人相信柏拉图的理式存在于天国或天国之外，也没有人相信他的灵魂轮回说，他关于星体排列位置的数学计算从现代科学的观点看也是幼稚的；然而，研

---

　　① 　柏拉图：《理想国》，518c。

究者们仍然在他的理式论中找到了积极的内容。其次，柏拉图是一位理想主义者。个性和谐、社会和谐、自然和谐是他一生始终不渝地追求的理想。尽管人们对柏拉图学说的具体评价不一样，甚至对它作出严厉批评，然而，柏拉图追求理想的热情使他的著作广为流行。再次，柏拉图是真理的永恒探索者。他从不以平静的、终极的方式阐述自己的思想。他总是不断提出新问题，对这些问题做出回答，然而又不满意这些回答，于是继续思考。他的对话展示了他的思维过程，他的怀疑、犹豫和艰难探索，使得读者和他一样思考他的概念。他的对话归根结底是他和自己心灵的交谈。柏拉图把他的哲学方法称作辩证法，他的哲学和美学是永无终结的辩证法。这些特点使得他的著作吸引了一代又一代的读者。

柏拉图的影响有几条线索可寻。第一条是柏拉图学园。柏拉图生前建立的学园在他去世后仍然存在，而且延续的时间很长，直到公元 529 年被东罗马皇帝尤士丁尼关闭，前后存在了 900 年。文艺复兴时期，在意大利佛罗伦萨建立了柏拉图学园，柏拉图甚至被当作神来供奉。大艺术家米开朗琪罗参加了学园的活动。不同思想倾向的文艺复兴理论家，如库萨的尼古拉、费切诺、布鲁诺等都信奉柏拉图的学说，柏拉图主义成为文艺复兴美学的哲学基础之一。

柏拉图产生影响的另一条线索是新柏拉图主义。在柏拉图生后 600 年诞生的新柏拉图主义虽然不是柏拉图主义的简单的复活，然而它对柏拉图学说的依赖是明显的。新柏拉图主义的最大代表普洛丁继承了柏拉图学说，并且吸收其他学说，根据新的时代要求和历史条件对柏拉图学说进行了重要的补充。通过新柏拉图主义，柏拉图对中世纪基督教哲学和美学的最大代表奥古斯丁产生了影响。柏拉图哲学逐渐融入基督教、犹太教和伊斯兰教，柏拉图成为绝对精神哲学的代表。在罗马时期、中世纪和文艺复兴时期，新柏拉图主义在哲学和美学中都起了重要作用。柏拉图主义和新柏拉图主义还对德国古典美学，比如对康德、谢林和黑格尔的美学产生过很大的影响。虽然新柏拉图主义受到以笛卡尔为代表的欧洲大陆理性主义和以培根为代表的英国经验主义的反对，然而，17 世纪下半叶英国还是出现了剑桥新柏拉图主义学派，美学家夏夫兹博里就是一位新柏拉图主义者，他对启蒙运动的领袖们也产生过广泛的影响。

柏拉图发生影响的第三条线索表现在浪漫主义运动中。如果亚里士多德和贺拉斯被现实主义者推为鼻祖的话，那么，柏拉图和朗吉弩斯则被浪

漫主义者奉为宗师。不必说柏拉图的灵感说和迷狂说是浪漫主义运动三大
口号——天才、情感和想象的来源，就是柏拉图的理式，后来也被浪漫主
义者理解为"理想"。理想成为浪漫主义艺术理论的基础。浪漫主义运动
时期，许多诗人和美学家在不同程度上都是柏拉图主义者和新柏拉图主
义者。

第 四 章

亚里士多德

亚里士多德（Aristotle，公元前 384/3—前 322）出生于马其顿南部的斯塔吉拉城。他是柏拉图以后最重要的希腊美学家，他和他的尊师柏拉图堪称希腊罗马美学的双峰。然而，和热情洋溢的诗人、哲学家柏拉图不同，亚里士多德的思考方式和写作方式是理性的。不过他的思想仍然是对现实生活的深度介入。在他看来，没有不被思想完全渗透的生活，也没有孤立于生活之外的思想。亚里士多德的生活中隐匿着他的哲学和美学的许多奥秘。

第一节 学术生涯及其特色

在柏拉图学园的生活，和马其顿王室的密切关系以及创立自己的吕克昂学园，是亚里士多德一生中最重要的三件事。

亚里士多德于公元前 367 年至公元前 366 年前往柏拉图学园，渴望成为柏拉图的忠实弟子。当时，他还只是个十七八岁的年轻人，而柏拉图早已是闻名遐迩的六旬哲人了。起先三年他还未能见到柏拉图，因为柏拉图正在西西里推行他的政治主张。亚里士多德在柏拉图学园生活到公元前347 年柏拉图去世为止，历时 20 载，和柏拉图的交往达 17 年。谈到和柏拉图的关系，亚里士多德说过一句名言："吾爱吾师，吾更爱真理。"尽管亚里士多德在许多哲学问题上和柏拉图有分歧，但他仍然把自己当作柏拉图的弟子们中的一员。彼此亲近的人们在理论观点上有分歧，这并非罕见的现象。

　　亚里士多德离开柏拉图学园后，于公元前343年应马其顿王腓力二世（公元前382—前336）的邀请，担任13岁的太子、后来成为半个世界征服者的亚历山大（公元前356—前323）的老师。亚里士多德的父母都是希腊人，后来迁居到马其顿，亚里士多德就出生在马其顿。亚里士多德的父亲尼各马科是一位医生。他虽然是一位外地人，然而，他在整个马其顿却极有声望，以致马其顿王阿明塔二世聘他为御医。尼各马科携妻扶雏（包括亚里士多德在内的三名子女）住进王宫，直到他去世为止。在希腊，医生的职业不仅受到一般的尊崇，而且希腊人认为，所有的医生都是医神阿斯克勒庇俄斯的后代。根据希腊神话，阿斯克勒庇俄斯是阿波罗和女神科罗尼斯（Coronis）的儿子。亚里士多德郑重地认为自己是阿斯克勒庇俄斯遥远的后代。从历史主义观点看，这点非常重要。亚里士多德并不是一个理性主义学者，他把哲学工作同自己民族幼稚的宗教神话情绪完美结合在一起。亚里士多德于公元前335年离开了生活达8年之久的马其顿王宫，回到雅典。不过他仍然没有中断同亚历山大的密切联系，亚历山大的慷慨相助极大地促进了他的学术探索活动。

　　亚里士多德作为一位成熟的哲学家来到雅典，他的首要任务是创立自己的学园"吕克昂"。吕克昂和柏拉图学园同在雅典，形成了明显的竞争和有趣的对比。两者的哲学学说不同，甚至在管理和习惯上也存在着很多区别。吕克昂附近有一座阿波罗神庙，柏拉图学园有雅典娜、英雄阿卡德穆和普罗米修斯的圣殿。在学园中，柏拉图沿着林荫道边散步边进行学术交谈。在吕克昂也有林荫道，供亚里士多德和他的弟子散步交谈。柏拉图学园是柏拉图的私人财产，而吕克昂直到亚里士多德去世后才由他的学生买下，因为亚里士多德作为一个外省人，无权在雅典拥有地产。吕克昂不同于柏拉图学园的最大特点是教学和研究中的实践性和具体性。

　　西方哲学史称亚里士多德的学派为"逍遥学派"，因为他和他的学生喜欢在林荫道上一边散步一边讲学讨论。"逍遥"一词来源于希腊语peripateō，原意为"散步"。边散步边讲学的传统来自柏拉图学园。柏拉图的弟子起初也被称作逍遥学派——"学园逍遥学派"，从而有别于"吕克昂逍遥学派"，即亚里士多德的弟子。只是后来，柏拉图的弟子被简称为学园派，而亚里士多德的弟子被称为逍遥学派。

　　亚里士多德比较完整地流传下来的著作是他的课堂讲稿，直到公元前

1 世纪才由逍遥学派的代表人物安德罗尼科（Andronicus）编辑成书，共
分五类：逻辑学，形而上学，自然哲学，伦理学和美学。不过，亚里士多
德的著作长期被湮没，直到 12 世纪以后，西方学者才通过阿拉伯哲学家
见到亚里士多德的著作，并把它们从希腊语译为拉丁语。14 世纪末期，
西方出版了原希腊语的亚里士多德的著作。从阅读柏拉图著作到阅读亚里
士多德著作，仿佛从一个世界来到另一个世界。柏拉图著作热烈奔放，汪
洋恣肆，融思辨与想象于一体；而亚里士多德著作严肃冷峻，"以表达的
简洁清晰和丰富的哲学语汇见长"。① 他十分善于把经验的、实践的研究
和平静的、怡然自得的纯理性状态结合起来。

　　按照安德罗尼科对亚里士多德著作的分类，美学著作包括《诗学》
和《修辞学》。这形成了一种传统：绝大部分研究者主要根据这两部著作
来研究亚里士多德的美学思想。实际上，亚里士多德的《形而上学》包
含着更重要的美学观点。并且，只有结合《形而上学》，以《形而上学》
为基础，才能对《诗学》作出深入研究。《形而上学》一书的原文名称为
《ta meta ta pbysica》，意为"物理学之后"，中译名根据《易·系辞》中
"形而上者谓之道，形而下者谓之器"定为"形而上之学"，也就是思辨
哲学之意。

第二节　本体论美学

　　研究存在的学问，叫做本体论。亚里士多德的本体论美学主要体现在
《形而上学》一书中。

一　四因说

　　亚里士多德的本体学说，是从他的四因说中引申出来的。他认为，任
何事物，不管人造物还是自然物，其形成有四种原因：质料因，形式因，
动力因和目的因。质料因是事物所由形成的原料，如构成房屋的砖瓦。形
式因是事物的形式或模型，如房屋的设计图或模型。动力因是事物的制造
者或变化者，房屋的动力因是建筑师。目的因指事物的目的和用途，房屋
的目的因是居住。有了这四个原因，事物才能够产生、变化和发展。质料

---

① 策勒尔：《古希腊哲学史纲》，山东人民出版社 1996 年版，第 181 页。

和形式就是亚里士多德所说的本体。四因中最重要的是形式因。

1. 形式因

亚里士多德的"形式"在希腊文中是 eidos，和柏拉图的"理式"是同一个词。亚里士多德对柏拉图的理式论作过尖锐的批判，但是他们都主张物的存在就要求它是某种理式的载体。柏拉图使物的理式与物相脱离，进而形成与现实世界相对立的理式世界，并把它移植到天国中去。亚里士多德在《形而上学》第 1 卷第 9 章和第 13 卷中，批判了柏拉图关于一般理式可以脱离个别事物而独立存在的观点。亚里士多德哲学的全部基础在于，他不脱离物来理解物的理式。他认为，在个别的房屋之外不可能还存在着一般的房屋，一般的房屋是我们的思想把它从客观对象中抽象出来的。他主张物的理式就在物的内部。他论证的逻辑很简单：既然物的理式是这个物的本质，那么，物的本质怎么能够存在于物之外呢？物的理式怎么能够存在于远离物的其他地方，而不对物产生一点影响呢？物的理式存在于物内部，在物的内部发生作用，理式和物之间没有任何二元论。这一论题是存在于亚里士多德和柏拉图之间基本的和原则性的分歧。

虽然亚里士多德对柏拉图的理式作了无情的批判，然而他并没有放弃柏拉图的理式。相反，柏拉图的理式几乎全部转移到亚里士多德那里。按照传统翻译惯例，亚里士多德所使用的希腊术语 eidos 在拉丁文中译成"形式"，为的是使物的 eidos 尽可能与物本身相接近，从而强调亚里士多德的 eidos 处在物之中。而在柏拉图的著作中，eidos 从来不被译成"形式"，只译成"理式"，为的是强调"理式"处在物之外。

柏拉图的理式论是"一般在个别之外"，亚里士多德的理式论是"一般在个别之中"。他认为，存在于物内部的理式既是一般性，又是个别性。就像准确地区分了一般性和个别性一样，亚里士多德还区分出必然性和偶然性。彼此孤立的东西是偶然性，如果在偶然性中发现了某种规律，那么，偶然性就不再是偶然性，而成为必然性。亚里士多德对一般性的理解和必然性、规律性密切相关。所以，物的理式是一般性、必然性和规律性。

在批判和发展柏拉图理式论的基础上，亚里士多德形成了自己的形式观：个别蕴含着一般、必然和规律，而这正是亚里士多德美学中典型理论的哲学基础。亚里士多德在《诗学》中比较诗和历史的一段著名的话常为人所援引："根据前面所述，显而易见，诗人的职责不在于描述已发生的事，而在于描述可能发生的事，即按照可然律或必然律可能发生的事。历史家与诗人的差别不在于一用散文，一用'韵文'；希罗多德的著作可以改写为'韵文'，但仍是一种历史，有没有韵律都是一样；两者的差别在于一叙述已发生的事，一描述可能发生的事。因此，写诗这种活动比写历史更富于哲学意味，更被严肃的对待；因为诗所描述的事带有普遍性，历史则叙述个别的事。所谓'有普遍性的事'，指某一种人，按照可然律或必然律，会说的话，会行的事，诗要首先追求这目的，然后才给人物起名字；至于'个别的事'则是指亚尔西巴德所做的事或所遭遇的事。"①

亚里士多德在这里所说的"诗"指文学乃至整个艺术。艺术虽然描绘个别现象，但是在假定的前提或条件下可能发生某种结果（可然律），或者在已定的前提或条件下必然发生某种结果（必然律），从而通过个别性揭示普遍规律。历史当然也应当反映规律，只是亚里士多德所理解的历史还仅是罗列现象的编年纪事史。亚里士多德的形式观蕴含着最早的典型论，是对美学史的一个重大贡献。

2. 质料因

在亚里士多德的四因说中，形式和质料密不可分，形式就存在于质料之中。亚里士多德的"质料"是希腊哲学家所说的物质性元素，如水、火、土、气之类，也是我们现在所说的"物质"。

要理解质料这个概念，先要弄清它和形式的关系。亚里士多德用"一般在个别之中"的命题批判了柏拉图"一般在个别之外"的观点。接下来的问题是：在亚里士多德自己的命题中，一般和个别的关系如何？是一般先于个别、决定个别，还是个别先于一般、决定一般？亚里士多德认为，个别事物中的一般先于个别，决定个别，形式是第一本体，个别事物是第二本体。形式和质料的关系是：形式是现实的，质料只是潜能的存在，现实先于潜能，形式先于质料。在这里，亚里士多德陷入了唯心主义，因为唯心主义的根本特征是观念、理式、形式先于和高于物质。

在现实生活中任何质料都有形式，它在变成人类所需要的某种物之前根本不可能没有形式。橱的质料是木板，木板是有形式的；木板的质料是原木，原木也是有形式的。即使最混乱、最无序的东西都有自己的形式。一堆沙在用于建房之前已经有自己的形式，即"堆"的形式。乌云在暴

---

①　亚里士多德：《诗学》，罗念生译，人民文学出版社 1982 年版，第 28—29 页。

风雨来临时似乎是完全不成形的，不过，如果乌云没有任何形式的话，那么，它对我们就不会成为能被认识的物。这样看来，究竟怎样理解亚里士多德的质料呢？"他认为，将具体事物的各种形式，也就是它的各种规定性——剥掉以后，最后才得出无形式的纯粹的质料。比如一座铜的雕像，将它的雕像形式去掉，剩下它的质料——铜；再将铜的形式去掉，剩下质料——土和水（当时认为铜是由水和土组成的）；再将水和土的形式去掉，剩下的质料就只是占有一定的空间即具有一定的长、宽、高的东西；再将这长、宽、高的空间形式也去掉，最后剩下的才是没有任何规定性的纯质料。"[①]

亚里士多德的质料不过是物成形的潜能，这种潜能是无限多样的。另一方面，没有质料，形式也仅仅是物的潜能，而不是物本身。只有物的质料和物的形式的完全结合，只有它们的完全同一和不可分割才能使物恰恰成为物。事物成形的原则是通过质料体现形式的原则，因而必然是创造原则。形式和质料相互关系的创造原则是亚里士多德在这个问题上的中心立场。

亚里士多德又把潜能和现实的关系与运动的理论联系在一起，他把这种从潜能到现实的过渡称为运动。世界万物都在运动，或生灭，或变化，或增减，或位移。既然万物都在运动，那么就存在着运动的原因。燃烧要有燃料，点火要有点火器。这样，除了质料因和形式因外，又出现了动力因。

在《诗学》一开头亚里士多德就明确指出，各种艺术"实际上是模仿"。质料因、形式因和动力因给亚里士多德的艺术模仿论注入新的、深刻的内容。这主要表现在两个方面：第一，肯定了艺术所模仿的现实是真实的存在。柏拉图也主张艺术是模仿，但是在他那里，理式世界是第一性的，是真正的实在。现实世界是理式世界的摹本和影子，是第二性的。而模仿现实的艺术则是第三性的，是摹本的摹本和影子的影子。而亚里士多德认为理式（形式）就在事物之中，他肯定了现实世界的真实性，从而也肯定了模仿现实世界的艺术的真实性。第二，在艺术模仿中把创造的原则而不是模仿的原则提到首位。如前所述，亚里士多德的质料和形式导致

---

① 汪子嵩：《亚里士多德》，《西方著名哲学家评传》第 2 卷，山东人民出版社 1984 年版，第 24—25 页。

每个物都是创造的结果。自然也是创造的结果，其中形式和质料融成不可分割的整体。对于亚里士多德来说，与其说是艺术模仿自然，不如说是自然模仿艺术，因为自然本身也是艺术品。

四因说的原则是创造原则，或者艺术创造原则。对于亚里士多德来说，一切存在都是艺术品，整个自然是艺术品，人是艺术品，整个世界，包括天体和苍穹也是艺术品。泛艺术性是亚里士多德的基本原则。如果不理解他的艺术性原则，不理解这种原则的独特性，那么就无法理解他的哲学和美学。

3. 四因的相互关系

亚里士多德四因说的最后一项是目的因。事物在运动，这种运动有某种原因。但是，物向何处运动呢？运动能够没有方向吗？显然，运动具有方向性。运动的方向性表明，在这种运动的每一点上有某种结果。如果事物运动的原因使事物进入某种状态，那么，这种原因以某种目的为前提。任何事物都是为了一定的目的而存在的，燕子筑巢，蜘蛛结网，都有其目的。我们逐条分析了四因说。实际上，它们在亚里士多德那里是不可分割的整体。四因可以最完满地体现在事物中，从而创造出美的和合目的性的有机整体。如果它们在事物中的体现缺少某种尺度，过分或不及，那么，整体就受到损害，从而失去美、艺术性、效用和合目的性。物质世界的多样性取决于四因不同的相互关系。四因可以出现在最美的事物中，也可以出现在最丑的事物中。这一切取决于四因相互关系的尺度。由四因说直接产生出亚里士多德的尺度理论。他写道："人们知道，美产生于数量、大小和秩序，因而大小有度的城邦就必然是最优美的城邦。城邦在大小方面有一个尺度，正如所有其他的事物——动物、植物和各种工具等等，这些事物每一个都不能过小或过大，才能保持自身的能力，不然就会要么整个地丧失其自然本性，要么没有造化。例如一指长或半里长的船干脆就不成其为船了，也有一些船在尺寸大小上还算过得去，但航行起来还是可能嫌小或嫌大，从而不利于航行。"[①]

亚里士多德把他的尺度理论运用到伦理学和国家学说中。他在《尼各马科伦理学》中分析道德范畴时指出，在情绪方面的道德是勇敢，它

---

① 《亚里士多德全集》第 9 卷，中国人民大学出版社 1997 年版，第 239—240 页。原译"美产生于数量和大小"改译为"美产生于数量、大小和秩序"。

的不及是怯懦，过就是鲁莽；在欲望方面的道德是节制，它的不及是吝啬，过就是奢侈；在仪态方面的道德是大方，它的不及是小气，过就是粗俗；等等。在《政治学》中，他指出国家必须保持适当的疆域，国土不能太小，否则缺乏生活所必需的自然资源；但也不能太大，否则过剩的资源将产生挥霍消费的生活方式。国家最好由中产阶级统治，因为中产阶级既不过强过富，又不太穷太弱。而巨富只能发号施令，穷人又易于自卑自贱，这两类人都不适合治理国家。

亚里士多德也把他的尺度理论运用到美学中。他在《诗学》中写道："一个美的事物——一个活东西或一个由某些部分组成之物——不但它的各部分应有一定的安排，而且它的体积也应有一定的大小；因为美产生于大小和秩序，一个非常小的活东西不能美，因为我们的观察处于不可感知的时间内，以致模糊不清；一个非常大的活东西，例如一个一万里长活的东西，也不能美，因为不能一览而尽，看不出它的整一性；因此，情节也须有长度（以易于记忆者为限），正如身体，亦即活东西，须有长度（以易于观察者为限）一样。"[1] 只有理解了亚里士多德的四因说和由此产生的尺度理论，才能够弄清这段貌似平常的言论的深刻内涵。

四因适中的、合度的关系产生出有机整体。"整体的意思是，整体的自然构成部分一个不缺。包容被包容者的东西形成某种一，这又有两种情况，或每一个体作为一，或者这些个体构成一。"[2] 按照亚里士多德的观点，一种整体的各个部分仅仅在某个方面相一致，另一种整体的各个部分则形成有机的统一。亚里士多德要求艺术成为有机整体。

对于一个完整的行动，"里面的事件要有紧密的组织，任何部分一经挪动或删削，就会使整体松动脱节。要是某一部分可有可无，并不引起显著的差异，那就不是整体中的有机部分"。[3] 亚里士多德的这一观点受到美学研究者的高度评价。四因说是亚里士多德的有机整体观念的哲学基础。与柏拉图美学关于一般性的概念相比，亚里士多德的有机整体观念前进了一大步。

---

[1]　亚里士多德：《诗学》，罗念生译，人民文学出版社1982年版，第25—26页。为了保持译文的统一，也为了译文的确切，原译"美要倚靠体积与安排"改译为"美产生于大小（megethei）和秩序（taxis）"。

[2]　《亚里士多德全集》第7卷，中国人民大学出版社1997年版，第139页。

[3]　亚里士多德：《诗学》，罗念生译，人民文学出版社1982年版，第28页。

二　宇宙理性

四因说的第三个原因是动力因。如果一个物在运动，那么，就必须有使这个物运动的第二个物。而这第二个物的运动又是由第三个物推动的。亚里士多德要求整个运动的链条有一个起点或终点。他不仅从自然科学的立场而且从哲学的立场来看待运动。他要解决运动的起源问题。他认为，有一种物，它的运动无须其他物的推动，它自身就能运动。也就是说，如果万物的运动都有某种原因，那么，必须承认一种自我运动，它自身就是运动的原因。这就是第一推动者，而它本身又是不动的。亚里士多德称它为"不动的第一动者"、"不动的始动者"。

亚里士多德所谓"不动的第一动者"究竟是什么呢？对此，他有过多种不同的表述。而最能代表他的思想的是他在《形而上学》第 12 卷第6、第 7、第 9、第 10 章的论述，不动的动者是"奴斯"（noy，或者译为"努斯"，意译为"理性"，亦译为"心智"、"理智"等）。阿那克萨戈拉和柏拉图已先于亚里士多德使用过这个术语，不过，亚里士多德赋予了它新的含义。他的奴斯的特点产生于四因说。从形式因看，奴斯是"形式的形式"。它是最高的存在，万物都依赖它。在这里一定要把"形式的形式"理解为"理式的理式"，免得把亚里士多德的形式论和柏拉图的理式论对立起来，实际上这两者是一回事。柏拉图的奴斯由理式组成，亚里士多德的奴斯也由理式组成。在这两位哲学家那里，奴斯都是宇宙理性。宇宙理性先于任何物质的东西，同它们相分离，不受任何物质因素的影响。

从动力因看，奴斯是宇宙运动的原则，是第一推动者。宇宙是美的有机体，宇宙在运动着，奴斯是一切运动的原因。同时，它又是永远不动的，因为它仅仅依赖自身，没有其他物推动它；又因为它已经包容了一切，没有地方可动，从目的因看，奴斯是一切运动的目的，是万物追求的绝对目的。它是最高的善，万物热爱它，趋向它。"善是生成和全部这类运动的目的。"[①] 亚里士多德的美学和他的哲学一样，实际上是一种目的论。希腊人认为，最高的善、最高的智慧是人不可企及、不可掌握的，人只能对它静穆观照和顶礼膜拜。正如柏拉图在《斐德若篇》里所说的那

---

① 《亚里士多德全集》第 7 卷，中国人民大学出版社 1997 年版，第 33 页。

样，"智慧"这个词太大了，只适合于神，而"爱智"却适合于人。① 亚里士多德的奴斯就是神（哲学上的神）。他实际上把神看作一个艺术家，② 这是他的哲学的泛艺术性的根源。神或第一动者"力量最强大、容貌最漂亮、生命永不朽、德行最高尚"。③ 他一方面承认运动的永恒性，一方面又肯定有一个不动的第一动者，为运动设立了终极，这是他的辩证法的严重局限，是他的哲学被中世纪基督教哲学加以利用和发展的原因，也是他把静观作为文艺最高理想的哲学根源。

在亚里士多德的本体论美学中，奴斯或宇宙理性的意义表现在三个方面。首先，宇宙理性作为最高的存在，也是最高的美、终极的美，而且这种美先于其他一切美。其次，宇宙理性是主体和客体、主观和客观的统一。希腊美学，包括柏拉图美学都把理想在现实中的体现看作美，亚里士多德发展了这种观点，在宇宙理性中找到理想和现实的统一。最后，在希腊哲学家中，没有人像亚里士多德那样肯定宇宙理性的独立自在性，从而没有人像他那样肯定美的独立自在性。对宇宙理性的观照是快乐和幸福的顶点，不涉功利目的和实用动机。这样，美在亚里士多德那里第一次获得如此独立的价值。后来康德明确地阐述过美的独立自在的理论，但主要是通过主观唯心主义的途径达到的。谢林和黑格尔也论述过美的独立自在，但是他们的美往往远离自然现实和艺术，是纯精神的。而亚里士多德的宇宙理性是第一动者，他的独立自在的美虽然不涉及物质，然而却是一切物质存在的动力因。④

第三节　诗学理论

亚里士多德的《诗学》是西方第一部最重要的文艺理论著作。在亚里士多德那里，"诗"可以被广义地理解为文学作品，包括史诗、悲剧和喜剧等。《诗学》的注释者和研究者不计其数，他们对《诗学》理解的分歧是如此之大，以致《诗学》的一位注释者科勒（H. Koller）在《希腊

---

① 柏拉图：《文艺对话集》，朱光潜译，人民文学出版社 1980 年版，第 175 页。
② 朱光潜：《西方美学史》上卷，人民文学出版社 1979 年版，第 69 页。
③ 《亚里士多德全集》第 2 卷，中国人民大学出版社 1997 年版，第 626 页。
④ 洛谢夫：《希腊罗马美学史》第 4 卷，莫斯科 1975 年版，第 69—70 页。

的模仿》一书（伯尔尼 1954 年版）中宣称，读者们应该忘掉所有研究者关于《诗学》的一切诠释，他要对《诗学》作出自己的阐述。

对《诗学》理解的分歧，在某种程度上与《诗学》本身有关。《诗学》是亚里士多德的讲稿，它长期被湮没，直到 1500 年西方学术界才知道它。由于传抄者和校订者增删、改动的缘故，《诗学》中有很多含混、矛盾、缺漏、不连贯、不确切的地方。研究者们屡次指出了这种情况。例如，在《诗学》第 6 章中亚里士多德主张，悲剧必然具有六个组成成分：情节，性格，台词，思想，情景（opsis），歌曲。① 他还用模仿说来解释这六个成分，其中之二（台词和歌曲）是模仿的媒介，其中之一（情景）是模仿的方式，其余三者（情节，性格和思想）是模仿的对象。但是他马上又表示，"情景固然能打动人心，但最无艺术价值，同诗艺的关系最少。因为悲剧的效果并不依赖表演和演员，至于产生情景的效果，舞台设计者的技术就比诗人的艺术更有权威了"。② 这样，悲剧组成成分就成为五个。亚里士多德之所以把情景排除在悲剧组成成分之外，是因为他把悲剧看作一种独立于演出的艺术样式。人们无须观看演出，只要听到悲剧事件如《俄狄浦斯》的发展，就会产生悲剧的特殊效果——恐惧和怜悯。悲剧作者若是借情景来产生这种效果，就显得他缺乏艺术手腕。《诗学》主要研究悲剧，它的书名和内容也不吻合。《诗学》第 18 章第 2 自然段提到悲剧《普罗米修斯》。埃斯库罗斯写过几种有关普罗米修斯的悲剧，如《被缚的普罗米修斯》《被释放的普罗米修斯》《带火的普罗米修斯》。这里究竟指哪一部历史剧，也令人费解。类似的问题还可以举出很多。为了准确地掌握《诗学》中深刻而丰富的美学思想，分清这些瑕疵是必要的。

从《诗学》的结构可以看出，《诗学》的研究对象是悲剧和史诗，而主要是悲剧。在研究悲剧时，亚里士多德提出了一系列重要的美学概念，其中有些概念我们在论述亚里士多德的本体论美学（本章第二节）时已有所涉及。

一　模仿

希腊美学把艺术与现实的关系看作模仿。根据流传下来的文献资料，

---

① 关于悲剧的六个组成成分，诸家的译法很不一样，我们择善而从之。

② 《缪灵珠美学译文集》第 1 卷，中国人民大学出版社 1998 年版，第 10 页。

荷马在《阿波罗颂》中第一次使用了"模仿"（mimesis）这一词语。在荷马那里，这个词语并不是指"再现"，而是指"表现"。后来，这个词语获得了准确地、逼真地再现外物的意思。柏拉图在《理想国》第 10 卷中谈到，一个画家"如果有本领，他就可以画出一个木匠的像，把它放在某种距离以外去看，可以欺哄小孩子和愚笨人们，以为它真正是一个木匠"。①

希腊哲学中个性、主体的概念还不发达，艺术模仿说表明了主体对客观现实的某种依赖，在与客观现实的关系中，主体处于某种消极状态。希腊艺术也把对外物的逼真再现看作优秀作品的标志。据说，马其顿王亚历山大的坐骑看到一幅栩栩如生的马的画而嘶鸣不已。希腊著名画家宙克西斯画的葡萄也曾使飞鸟受骗。这些传说用以赞叹画家技艺的高超。作为典型的希腊美学家，亚里士多德也信奉艺术模仿说。不过与前人相比，他的模仿带来了新的重要内容。

第一，亚里士多德批判了柏拉图的理式论，他所理解的现实是真实的，因此模仿现实的艺术也是真实的。第二，根据四因说，模仿是一种创造。亚里士多德在《气象学》和《物理学》中说"艺术模仿自然"指的是艺术模仿大自然的创造过程。② 在此基础上，我们对亚里士多德的模仿说作进一步的说明。《诗学》开宗明义地指出："史诗和悲剧、喜剧和酒神颂以及大部分双管箫乐和竖琴乐——这一切实际上是模仿，只是有三点差别，即模仿所用的媒介不同，所取的对象不同，所采的方式不同。"③

艺术模仿什么呢？答案似乎不言自明：艺术模仿我们周围存在的客观现实。实际上，这种回答并不确切。在《诗学》第 9 章中，亚里士多德明确指出，艺术不是模仿已经发生的事，而是模仿可能发生的事，即按照可然律或必然律可能发生的事。④ 也就是说，艺术不是模仿整个现实，而是模仿某种特殊的现实。在这种意义上，亚里士多德是最早提出艺术特殊对象的人。按照可然律或必然律发生的事，是体现某种一般性、普遍性和规律性的事。艺术模仿要通过个别体现一般，这是亚里士多德一贯的

---

① 柏拉图：《文艺对话集》，朱光潜译，人民文学出版社 1980 年版，第 72 页。
② 亚里士多德：《诗学》，罗念生译，人民文学出版社 1982 年版，第 113 页。
③ 同上书，第 3 页。
④ 同上书，第 28 页。

思想。

《诗学》第 4 章还有关于模仿的一段重要论述："人从孩提的时候起就有模仿的本能（人和禽兽的分别之一，就在于人最善于模仿，他们最初的知识就是从模仿得来的），人对于模仿的作品总是感到快感。经验证明了这一点：事物本身看上去尽管引起痛感，但惟妙惟肖的图画看上去却能引起我们的快感，例如尸首或最可鄙的动物形象。其原因也是由于求知不仅对哲学家是最快乐的事，对一般人亦然，只是一般人求知的能力比较薄弱罢了。我们看见那些图画所以感到快感，就因为我们一面在看，一面在求知，断定每一事物是某一事物，比方说，'这就是那个事物'。假如我们从来没有见过所模仿的对象，那么我们的快感就不是由于模仿的对象，而是由于技巧或着色或类似的原因。"①

这段论述包含着丰富的内容。艺术作品能够使我们产生快感，原因在于模仿。我们在欣赏绘画时，同时在求知，即"判定每一事物是某一事物"，也就是把艺术作品和原型相比较，通过比较作出艺术评价。快感是作品和原型的吻合引起的，也就是由艺术模仿引起的。可见，艺术知觉需要有原型存在。这里的原型，就是根据可然律或必然律可能发生的事。求知使艺术具有认识作用。这符合模仿的本性，人们最初的知识就是从模仿得来的。如果我们没有见过所模仿的对象，那么，我们对于绘画的快感就仅仅是由着色、技巧等外在原因引起的。此外，从科学的观点或伦理学的观点使人引起痛感的事物，如尸首或最可鄙的动物，对它们的艺术模仿也能使人产生快感。也就是说，描绘丑的现象的艺术作品可能是美的，自然丑可以化为艺术美。亚里士多德在《修辞学》中的一段论述可以与此相参照："既然学习和惊奇是令人快乐的，那么与此同类的事物必然也是令人快乐的，例如模仿的事物，如绘画、雕像、诗歌以及所有模仿得逼真的作品；即便是被模仿的原物本身并不令人愉快；因为引起愉快的并不是原物本身，而是观赏者做出的'这就是那事物'的结论，从而还学到了某种东西。"②

---

① 亚里士多德：《诗学》，罗念生译，人民文学出版社 1982 年版，第 11—12 页。原译中的"图像"改为"图画"。原译中的"那么我们的快感就不是由于模仿的作品"改为"那么我们的快感就不是由于模仿的对象"。参见《亚里士多德全集》第 9 卷，中国人民大学出版社 1997 年版，第 645—646 页。

② 《亚里士多德全集》第 9 卷，中国人民大学出版社 1997 年版，第 387 页。

亚里士多德使艺术及其内在规律成为独立自在的领域，使艺术体验和审美体验成为独立自在的领域。这是亚里士多德模仿论的特色和创新之处。①

二 悲剧过失说

《诗学》第 6 章给这部著作的主要研究对象——悲剧下了个定义："悲剧是对于一个严肃、完整、有一定长度的行动的模仿；它的媒介是语言，具有各种悦耳之音，分别在剧的各部分使用；模仿方式是借人物的动作来表达，而不是采用叙述法；借引起怜悯和恐惧来使这些情绪得到净化。"②

这个定义指出了悲剧的四个特征，前三个特征分别涉及悲剧模仿的对象、媒介和方式。然而，这三个特征并不是悲剧独具的特征。亚里士多德谈到，史诗也模仿严肃的行动，③ 完整、有一定长度的行动也是其他艺术模仿的对象。至于第二个特征，所谓"具有悦耳之音的语言"，指具有节奏和音调（亦即歌曲）的语言；所谓"分别在剧的各部分使用"，指某些部分单用韵文，某些部分则用歌曲。④ 此前亚里士多德就说过，几种艺术"都用节奏、语言、音调来模仿"。⑤ 第三个特征完全不符合希腊悲剧舞台的实际。希腊演出悲剧时，"合唱队跳舞、唱歌，对剧中人表示同情，提出劝告，并向观众解释或预示后来的情节，对剧中事件的发展表示感慨"。⑥ 希腊的悲剧演出不仅借人物的动作来表达，而且采用叙述法。这样，悲剧的特征就剩下最后一个："借引起怜悯和恐惧来使这些情绪得到净化。"然而，这句话又说得过于含混。据此推测，亚里士多德关于悲剧的定义已经不符合它的原貌。尽管如此，怜悯和恐惧的"净化"说仍然受到研究者的高度重视。它和悲剧主角的"过失"说是密切联系的。

---

① 洛谢夫：《希腊罗马美学史》第 4 卷，莫斯科 1975 年版，第 409 页。

② 亚里士多德：《诗学》，罗念生译，人民文学出版社 1982 年版，第 19 页。原译"陶冶"改为"净化"，"这种情感"改为"这些情绪"。

③ 亚里士多德：《诗学》，罗念生译，人民文学出版社 1982 年版，第 17 页。

④ 同上书，第 19 页。

⑤ 同上书，第 4 页。

⑥ 杨周翰、吴达元、赵萝蕤主编：《欧洲文学史》上册，人民文学出版社 1964 年版，第31 页。

我们先看过失说。《诗学》第 13 章专门讨论了过失说。此前（第 6 章）亚里士多德已经指出，悲剧各种成分中最重要的是情节，"即事件的安排"，"悲剧的目的不在于模仿人的品质，而在于模仿某个行动"。① "情节乃悲剧的基础，有似悲剧的灵魂。"② 希腊悲剧的情节（剧情的内容）通常利用某些神话故事，但是也允许虚构。有些悲剧"只有一两个熟悉的人物，其余都是虚构的；有些悲剧甚至没有一个熟悉的人物，例如阿伽通的《安透斯》，其中的事件与人物都是虚构的"。③

悲剧应给我们一种特殊的快感，这种快感是由悲剧引起我们的怜悯与恐惧之情，这是由诗人的模仿，即"通过情节来产生"的。④ 在情节的安排上，悲剧不应写好人由顺境转入逆境，不应写坏人由逆境转入顺境，也不应写极恶的人由顺境转入逆境，因为这些情节都不能引起怜悯与恐惧。那么，悲剧应该描写什么呢？悲剧应该描写"与我们相似"的人，他"不十分善良，也不十分公正"，即不是好到极点的人，不过，这种人甚至宁可更靠近好人，不要更靠近一般人。"而他之所以陷于厄运，不是由于他为非作恶，而是由于他犯了过失。"⑤

悲剧过失不涉及道德方面，这表明悲剧主角虽然不是尽善尽美的道德楷模，但仍然是和我们相似的有道德的人。他在不明真相或不自愿的情况下有了过失，遭受了不应遭受的厄运，他的这种"祸不完全咎由自取"使我们产生怜悯。例如，索福克勒斯的悲剧《俄狄浦斯》中的主人公由于"无知"弑父娶母，最后挖目自贬以赎罪。另一方面，悲剧"过失"是一个内涵丰富的概念。悲剧主角遭的祸又有几分咎由自取，俄狄浦斯的莽撞是引发悲剧的原因。这样，我们才会产生因小过而惹大祸的恐惧。不涉及道德方面的悲剧过失所产生的悲剧效果，却和我们的道德评价密切相关。

三　净化说

在西方美学史上，净化说是争论时间最长、分歧最大的理论问题之

① 亚里士多德：《诗学》，罗念生译，人民文学出版社 1982 年版，第 21 页。
② 同上书，第 23 页。
③ 同上书，第 29 页。
④ 同上书，第 43 页。
⑤ 同上书，第 38 页。引文中的"过失"原译为"错误"。

一。迄至 1931 年，西方研究净化说的文献已达 1425 种。在这之后，这类研究文献的数量又极大地增加了。虽然研究者们无法就净化说得出一致的结论，然而他们的研究工作从不同方面丰富了艺术知觉过程中审美体验的理论。"结果像一则尽人皆知的寓言所说的那样：一位父亲对儿子们说，果园里埋着财宝，儿子们挖遍整个果园，却什么财富也没有找到，然而，这样一来，葡萄园里的地被掘松了。"① 葡萄的丰收给儿子们带来了财富。

　　对净化说理解的分歧，是由《诗学》第 6 章中悲剧定义的最后一句话"借引起怜悯与恐惧来使这些情绪得到净化"的含混多义所引起的。现存的《诗学》已残缺，没有关于净化的详细解释。长期以来，参与解读这句话的不仅有美学家和文艺理论家，而且有语言学家。有的注释家甚至认为，这句话中没有一个词语是容易理解的。"怜悯"与"恐惧"貌似好懂，然而亚里士多德没有说明悲剧产生什么样的怜悯与恐惧，因为并非所有的怜悯与恐惧都是悲剧的。尤其令注释家伤透脑筋的是词组"这些情绪"（toioytōn pathēmatōn，亦译为"这种情感"、"这类情绪"、"这类情感"、"这些情感"）。如果把 toioytōn 译为"这种"或"这些"，那么，"这种情感"或"这些情绪"就指怜悯与恐惧。19 世纪以前的一些语言学家们就是这样译的，20 世纪也有人如罗斯塔尼（A. Rostagni）采用这种译法。这种译法的结果是：借引起怜悯与恐惧来使怜悯与恐惧得到净化。也就是感情通过自身来净化。这种译法遭到反对者的嘲笑。反对者主张把 toioytōn 译为"类似的"。"类似的情感"或"这类情感"就不仅仅指怜悯与恐惧。例如，高乃依就认为，悲剧涤除的是悲剧中表现的所有情绪，包括愤怒、爱、野心、恨、忌妒等。亚里士多德本人确实同怜悯与与恐惧相并列也谈到其他情感。《诗学》第 19 章与怜悯、恐惧一起，提到愤怒（orgē）。② 《修辞学》第 2 卷第 1 章指出："各种激情是能够促使人们改变其判断的那些情感，而且伴随有痛苦与快乐，例如愤怒、怜悯、恐惧和诸如此类的其他激情，以及与它们相反的激情。"③ 在《政治学》中，亚里士多德谈到，"这种情形当然也适用于怜悯恐惧以及其他类似情绪影响的

---

　　① 斯托洛维奇：《生活·创作·人——艺术活动的功能》，中国人民大学出版社 1993 年版，第 147—148 页。

　　② 亚里士多德：《诗学》，罗念生译，人民文学出版社 1982 年版，第 66 页。

　　③ 《亚里士多德全集》第 9 卷，中国人民大学出版社 1997 年版，第 409 页。

人"。① 不过笔者仍然认为把 toioyōn pathēmatōn 译作"这些情绪"更合适，因为亚里士多德认为，不同的艺术净化不同的情绪，悲剧引起怜悯与恐惧，又使它们净化。

对净化的关键论述见诸《政治学》第 8 卷："音乐应该学习，并不只是为着某一个目的，而是同时为着几个目的，那就是：（1）教育；（2）净化（关于'净化'这一词的意义，我们在这里只约略提及，将来在诗学里还要详细说明）；（3）精神享受，也就是紧张劳动后的安静和休息。从此可知，各种和谐的乐调虽然各有用处，但是特殊的目的宜用特殊的乐调。要达到教育的目的，就应选用伦理的乐调。但是在集会中听旁人演奏时，我们就宜听行动的乐调和激昂的乐调。因为像怜悯和恐惧或是狂热之类情绪虽然只在一部分人心里是很强烈的，一般人也多少有一些。有些人在受宗教狂热支配时，一听到宗教的乐调，卷入狂迷状态，随后就安静下来，仿佛受到了一种治疗和净化。这种情形当然也适用于受怜悯恐惧以及其他类似情绪影响的人。某些人特别容易受某种情绪的影响，他们也可以在不同程度上受到音乐的激动，受到净化，因而心里感到一种轻松舒畅的快感。因此，具有净化作用的歌曲可以产生一种无害的快感。"②

综合《诗学》中关于悲剧净化和《政治学》中关于音乐净化的论述，笔者认为，艺术净化就是通过艺术作品，舒缓、疏导和宣泄过分强烈的情绪，恢复和保持心理平衡，从而产生一种快感即美感。不同的艺术能够净化不同的情绪。悲剧净化怜悯和恐惧，产生悲剧的快感。宗教音乐净化迷狂的情绪，产生音乐的快感。艺术净化的快感又不同于模仿的快感和艺术技巧或着色所引起的快感。亚里士多德对审美快感的分析是很仔细的。

亚里士多德只谈到悲剧和音乐的净化，其实，其他艺术也有净化功用。不仅在艺术知觉过程中，而且在艺术创作过程中存在着净化。艺术史上很多例证表明，一些艺术家在强烈的情绪的驱动下从事创作，创作完成后会有摆脱重荷的轻松。除了知觉艺术作品外，审美地知觉自然、社会现象、人的外貌和行为也能产生净化。净化为任何一种审美体验所固有。在艺术功用系统中，净化功用和补偿功用相互毗邻、相互转化。补偿功用指

① 亚里士多德：《政治学》，VIII7, 1342a12—13。
② 亚里士多德：《政治学》，VIII7, 134b36—1342a15。这里采用的是朱光潜的译文，见《西方美学家论美和美感》，商务印书馆 1980 年版，第 44—45 页。

知觉者从艺术那里补充了精神上不存在的东西，是潜意识愿望的满足，净化功用则是现存的、压抑精神世界的那些东西的释放。亚里士多德提出的净化说极大地丰富了审美知觉和艺术创作理论。

第四节　小结

亚里士多德美学的哲学基础是所谓四因说。他认为任何事物都有质料因、形式因、动力因和目的因这四种原因，质料和形式是亚里士多德所说的本体，所以，以四因说为基础的美学是本体论美学。在四因中，最重要的是形式因。亚里士多德的形式就是柏拉图的理式。亚里士多德激烈批判了柏拉图的理式论，但是他并没有放弃理式这个概念。和柏拉图不同的是，亚里士多德的形式存在于物之中，而不存在于物之外，他的形式论（或理式论）是一般存在于个别之中。由此出发，他主张艺术通过个别表现一般，艺术的典型人物是普遍与特殊的统一。

一般存在于个别中，形式存在在质料中，那么，一般和个别、形式和质料孰先孰后呢？亚里士多德主张，形式先于质料，形式是第一本体，个别事物是第二本体。在这方面亚里士多德陷入了客观唯心主义。亚里士多德的唯心主义还表现为，在论述动力因时，他设定了"不动的第一动者"，这就是"神"或者"宇宙理性"。宇宙理性是最高的美也是最高的善，是万物追求的目的，亚里士多德的美学是一种目的论美学。

四因的原则是创造原则。任何事物的形成都是使质料获得形式，艺术也是如此。与其说艺术模仿自然，不如说自然模仿艺术。泛艺术性是亚里士多德哲学和美学的基本特点。在美的事物中，四因处在合乎尺度的相互关系中。这种相互关系产生出有机整体。亚里士多德把艺术看作有机整体。

当亚里士多德不依赖第一哲学而直接阐述美学问题时，他的审美对象就不是宇宙理性而是现实世界，包括植物、动物、人、宇宙、颜色、声音等。在这些审美对象中，球形的、作永恒的、匀速圆周运动的宇宙是最高的审美对象。人应该观照宇宙，并从中感到幸福。人本身是小宇宙，应该像宇宙那样和谐地生活。亚里士多德对美下过两个主要的定义。在《修辞学》中，他通过善来确定美，认为美是善和愉悦的结合，从而在西方美学史上第一次对善和美作出明确的区分，虽然他也承认它们的同一性。

在《形而上学》中，亚里士多德通过数学来确定美，认为美的最高形式是秩序、对称和确定性。与其说这是美的形式特征，不如说是美的结构特征。在这三个特征中，秩序最为重要。宇宙的真实名称就是秩序（cosmos）。亚里士多德的宇宙完美说对近、现代自然科学家也产生了重要影响。他们认为，宇宙是完美的，阐释宇宙的理论也应该是完美的。

在西方美学史著作中，很少有像亚里士多德的《诗学》那样引起如此众多的学者作历久不衰的研究和异常激烈的争论。由于后人的加工整理，也由于数百年来的窖藏造成《诗学》手稿的破损，《诗学》中有不少含混不清之处。《诗学》的这种历史命运更助长了对《诗学》内容的争议。尽管如此，《诗学》的价值和影响不容置疑。《诗学》和亚里士多德的其他著作涉及艺术的本质和功用。亚里士多德也把艺术看作模仿，不过他的模仿比柏拉图前进了一大步。亚里士多德明确地论述过艺术的多种功用：教育，净化，娱乐，消遣。他谈论艺术处处从心理学出发，艺术模仿出于人的天性，净化则是强烈的情绪的宣泄，他的音乐理论更是与人的心理有关。

第 五 章

希腊化时期和罗马早期的哲学美学

　　希腊化时期和罗马早期的哲学美学指当时最有影响的三个哲学流派——斯多亚派、伊壁鸠鲁派和怀疑论派的美学。以往的西方美学史著作大多数对他们的美学没有或很少研究，于是，从亚里士多德（公元前 4世纪末）到普洛丁（3 世纪）的五百多年间哲学美学出现了巨大的空白。实际上，仅就美学文献的数量来说，这也是一个不仅不容忽视而且值得仔细研究的新时代。新时代给哲学美学带来了新特点。与人物突出、主线清晰的希腊美学相比，以整体流派为特征的希腊化时期和罗马早期的哲学美学呈现出错综复杂、令人眼花缭乱的局面。如果说希腊美学偏重客体，那么，希腊化时期和罗马早期的哲学美学则偏重主体。尽管赫拉克利特论述过人的心灵的多方面表现，在柏拉图和亚里士多德看来，人的主体也起着非常重要的作用，但是在总的倾向上，希腊美学的基础是对世界和世界的美的客观理解，人是客观秩序的结果。希腊化时期和罗马早期的哲学美学则以人的主观感觉为基础，客观对象是人的思维和体验的结果。

第一节　斯多亚派

　　在希腊化时期和罗马早期的三个哲学流派中，斯多亚派的影响最大。"斯多亚"在希腊语中的意思是"画廊"。该派创始人塞浦路斯的芝诺（Zeno of Cyprus，公元前 336—前 264）于公元前 300 年左右在雅典开办了学校，在一个画廊讲学，他的学派因此而得名。经过 30 年的努力，他的画廊成为与柏拉图学园、伊壁鸠鲁花园齐名的雅典著名学校。斯多亚派历史悠久，可以分为早期、中期和晚期三个时期。早期为公元前3—前2世纪的希腊化时期，中期为公元前2—前1世纪罗马征服希腊化地区之后的罗马共和国时期，晚期为公元1—2世纪的罗马帝国时期。早期斯多亚派的代表有芝诺，他的弟子和朋友克里尼雪斯（Cleanthes，公元前331—前232），克里尼雪斯的弟子克吕西甫（Chrisippus，公元前280—前206）。他们是该学派的创始人。中期斯多亚派的代表有巴内修斯（Panaetius，公元前189—前109），他的弟子波西多尼（Posidonius，约公元前135—前51）。晚期斯多亚派的代表有塞涅卡（Seneca，公元前4—65），爱比克泰德（Epictetus，55—135），马可·奥勒留（Marcus Aurelius，121—180）。斯多亚派和上层统治阶级关系密切，其代表人物既有宫廷大臣塞涅卡，又有被称为"御座上的哲学家"的罗马皇帝奥勒留。

一　美在于适度和比例

在论述美时，斯多亚派经常提到对称的概念。根据柏拉图主义者伽伦（约129—200）的记载，克吕西甫在论述形体美时，"他认为健康在于各种元素的对称（下文作了解释，元素是冷暖干湿——引者注），而美在于各个部分的对称"。[①] 他在另一处也强调了这一点："人体四肢的对称或不对称导致美或丑。"[②] 5世纪编纂家斯托拜乌（Stobaeus）曾记载了斯多亚派类似的观点："身体的美是四肢在它们相互关系中以及与整体的关系中的对称，同样，灵魂的美是理性的对称，以及理性的各种因素在与灵魂整体的关系中和彼此的相互关系中的对称。"[③] "在身体中四肢有某种匀称的姿态，再加上某种悦目的肤色，这被称作为美；同样，在精神中，与某种有力和坚定联在一起的意见和判断的平稳的一贯性，被称作为美。"[④]

《斯多亚派流传残篇》还写道："身体美在于各部分的对称，美好的肤色和结实的肌体；……而理性美在于信条的和谐和德性的协调……"[⑤] 由此可见，对称作美的本质由斯多亚派作了充分论述。事物和人体的美是

---

① 《斯多亚派流传残篇》，第3卷第472节。
② 同上书，第3卷第471节。
③ 同上书，第3卷第278节。
④ 同上书，第3卷第279节。
⑤ 同上书，第3卷第392节。

各部分和整体的协调，内在心灵的美是各种心理因素和理性的协调。然而，对斯多亚派美学的研究不能到此止步，因为把和谐、比例和对称看作美是希腊美学的共同传统，这里还看不出斯多亚派美学独具的特征。只有说明斯多亚派的对称的本质及其专门的审美意义，才能认清他们美学的风貌。

斯多亚派在伦理学中宣扬和践履"不动心"（apatheia）和"心平气静"（ataraxia）的原则。在美的理论中，他们则把美说成是"中立的"、"无涉的"（adiaphora）。[①] 他们把美、富有、健康归入既非可取又非不可取的中立领域。美不是善，它处在道德之外；美没有益，它处在合目的性之外。美的这种观点是以前的美学中所没有的。在以前的美学中，美同善、合目的性往往很难区分。而在斯多亚派那里，美成为与实际生活无涉的、独立自在的。美在生活中可以起积极作用，也可以起消极作用，但是它不取决于这些作用。它在本质上是中立的，与实际无沾无碍的。显然，美的这种性质和斯多亚派对身外之物平淡甚至冷漠的态度有关，在这里斯多亚派的伦理学和美学融为一体。

早期斯多亚派关于美的本质的观点在中期斯多亚派那里发生了很大变化。中期斯多亚派代表巴内修斯把希腊化时期的斯多亚派哲学罗马化，把该派哲学中能为罗马接受并为罗马所需要的那些内容移植到罗马土壤上来。在总的思想倾向上，他对斯多亚派哲学和柏拉图哲学进行折中，力图恢复被早期斯多亚派中断的同柏拉图的精神联系，称柏拉图为神、最有智慧的人和"哲学中的荷马"。[②] 他喜欢平易温和的生活态度，摒弃了早期斯多亚派严峻枯冷、心如古井、可敬不可亲、不食人间烟火的形象，使美更加接近于尘世，更加接近于普通人的体验。他对自然中的合目的性感兴趣，热爱星空、自然、动植物、人体和人的精神的美。在他那里，美不仅是宇宙和宇宙逻各斯，而且是人的生活，这种生活充满了各种感情和思想，同时追求最高的理性。

如果哲学上巴内修斯偏离了早期斯多亚派，那么，在美学上他简直走到早期斯多亚派的反面。他主张美和效用有联系。美被认为是最高的效用，因为它能够帮助人们生活和相互交往。如果效用没有任何美，甚至不

---

① 参见洛谢夫《希腊罗马美学史》第 5 卷，莫斯科 1979 年版，第 139—140 页。

② 《巴内修斯残篇》，第 56 节。

成其为效用。当效用和某种丑的东西联系在一起时，其中就没有真正的效用。使人感到丑的东西，不可能有任何效用。[①] 巴内修斯指出，对感性事物外在美的欣赏能够导致行为美。只有人借助自己的本性和理性能力能够欣赏美，其他动物不能感受到感性事物的美和各部分的和谐。人在观照外在美时，这种美的类似物传达给人的灵魂，人的灵魂在自己的言行中遵循美和秩序，避免丑的和不良的举止，从而产生行为美。[②] 从总的方面说，巴内修斯美学思想的独特性表现为：美是有效用的，同时又是完全独立自在的，人们对美的欣赏与他们的物质需要无关。

晚期斯多亚派既不同于早期斯多亚派，又不同于中期斯多亚派。他们强烈地感到在混乱的社会生活面前软弱无助和微不足道，希望挣脱罪恶世界，对内心的宗教体验的兴趣大增。宇宙的美仍然存在，然而被他们道德化了，现在最要紧的是按照美的结构塑造自己的道德生活和内心世界。

二　艺术理论

与希腊美学家的自然观相比，斯多亚派的自然观发生了变革：他们不仅把自然看作客体，而且看作主体。因此，他们不仅把自然看作伟大的艺术作品，而且看作伟大的艺术家。芝诺就赋予自然这种称号，《斯多亚派流传残篇》写道："根据这个理由，整个自然是艺术的，因为它仿佛具有它所遵循的某种途径和规则。而对于吸纳一切和包容一切的世界本身，自然不仅被同一个芝诺称为艺术的，而且直接称为艺术家，称为一切有益的东西的保护者和制造者。"[③] 自然之所以成为一个艺术家，因为在斯多亚派看来，自然是有生命的，是一个巨大的活物。

虽然艺术和自然有着密切的关系，然而，早期斯多亚派对希腊传统的艺术模仿自然的观点却不感兴趣。据查阅，在早期斯多亚派的所有残篇中，仅有唯一的一处提到"模仿"的术语，那是在公元前 1 世纪伊壁鸠鲁派哲学家菲罗德谟批评斯多亚派的音乐理论时出现的。菲罗德谟指出，斯多亚派"既在模仿的涵义上，又在发明的涵义上"把音乐和诗相等

---

① 《巴内修斯残篇》，第 102 节。
② 同上书，第 98 节。
③ 《斯多亚派流传残篇》，第 1 卷第 172 节。

同。① 晚期斯多亚派代表塞涅卡沿袭柏拉图和亚里士多德的传统，重新阐述了艺术模仿自然的理论。塞涅卡是暴君尼禄的老师和大臣，西方哲学史研究常以他为例说明晚期斯多亚派道德说教和行为之间的矛盾。他经常谴责财富，然而他又非常富有。他反对残忍行为，然而他又为虎作伥。他的著作中与美学关系最大的是《致卢齐利乌书信集》中的第 65 封信。

塞涅卡写道："艺术模仿自然。因此，我关于整个世界所说的东西，也可以运用到人工制品上来。比如，雕像既要有质料，它由质料制成；又要有艺术家，艺术家赋予质料以某种形式。铸造雕像的青铜是质料，而雕刻家是原因。关于其他各种物也可以这样说，它们中有两种元素：物所由制成的东西，和使物产生的东西。"② 斯多亚派认为物的形成只有一个原因，就是使物产生的东西。而亚里士多德认为有四个原因。塞涅卡以雕像为例来解释亚里士多德的四因说。第一种原因是青铜，因为如果没有质料，雕像就无从浇铸或塑造。第二种原因是制作者，即雕刻家，因为如果没有雕刻家有经验的双手的工作，青铜就不可能获得雕像的形式。第三种原因是形式，亚里士多德称它为埃多斯（eidos），因为如果雕像没有某种形式，它就不会成为"持矛者"或者"束发的运动员"。第四种原因是目的，因为如果没有目的，也就不会有雕像。目的可以是金钱，如果雕刻家想出售雕像的话；目的也可以是荣誉，如果雕刻家想获取知名度的话；目的还可以是虔诚，如果雕刻家要把雕像赠给神庙的话。

令人感兴趣的是塞涅卡在亚里士多德的这四种原因之外，添加了第五种原因，即柏拉图所说的"理式"（idea），塞涅卡称之为"范型"。范型指画家在完成自己的构思时所观照的对象。它可以存在于画家的外部，或者仅仅存在于画家的想象中。塞涅卡认为，按照柏拉图的观点，事物的形成有五种原因：质料因，动力因，形式因，范型因和目的因。实际上这仅仅是塞涅卡的理解，柏拉图本人从来没有这样说过。现在的问题是，既然塞涅卡明确地区分了亚里士多德的埃多斯（eidos）和柏拉图的范型（idea），那么，这两者之间的区别何在？在《致卢齐利乌书信集》的第 58 封信第 16 节中，塞涅卡对此作了说明。如果一位画家为芝诺画肖像，那么，芝

---

① 菲罗德谟：《论音乐》，第 90 节。参阅洛谢夫《希腊罗马美学史》第 8 卷下册，莫斯科 1994 年版，第 65 页。

② 塞涅卡：《致乌齐利乌书信集》，第 65 封信第 2、3 节。

诺本人、画家画肖像时所依据的芝诺的面孔就是范型。而画家从芝诺的面孔中提炼出来的并使之入画的那些东西，则是埃多斯；客观存在的物是范型，包含了我们意识作用的物的形象是埃多斯；艺术作品作为艺术创作的结果和产物是范型，经过我们理解和诠释的艺术作品是埃多斯。

塞涅卡在第 28 封信中，还谈到埃多斯和范型（理式）的相互关系。同一个对象既可以是埃多斯，又可以是范型。物就它自身而言，即自为的时候，它是范型。但是，物一旦进入我们的阐释领域，即他为的时候，它就成了埃多斯。塞涅卡仍以雕像为例，说明所谓柏拉图的五因说：用什么做——青铜，由谁来做——雕刻家，为什么做——某种目的，照什么做——范型，这些原因的结果就是雕像（什么样的）。塞涅卡对范型和埃多斯的区分，在艺术模仿理论中迈出了重大的一步。他强调了主观意识的作用，主观意识应该在客体中寻找相关的东西。

斯多亚派美学于 2 世纪结束。它经过早期、中期和晚期的发展，为 3 世纪新柏拉图主义美学登上历史舞台准备了条件。

第二节　伊壁鸠鲁派

伊壁鸠鲁派的创立者伊壁鸠鲁比亚里士多德年轻。公元前 306 年他在雅典自己领地的花园创办的"花园"哲学学校，与柏拉图学园、亚里士多德的吕克昂和斯多亚派的"画廊"齐名。他后来把领地连同学校遗赠给自己的学生们。和斯多亚派一样，伊壁鸠鲁派也分为早期、中期和晚期。本节主要阐述伊壁鸠鲁本人和中期伊壁鸠鲁派代表菲罗德谟、卢克莱修的美学。

一　伊壁鸠鲁

伊壁鸠鲁（Epicurus，公元前 342/341—前 271/270）生于萨摩斯，早年学习柏拉图和德谟克利特的哲学。他生前享有盛名，他的学校接纳了众多学生，包括一些女生。他的朋友从四面八方来看望他，并住在他的花园里。他的著作有 300 多卷，大多失传，与美学和艺术直接有关的有《论音乐》和《论雄辩》。

伊壁鸠鲁快乐主义的伦理学、原子论的自然哲学和感觉主义的认识论，给他的美学打下了印记。把幸福等同于快乐是伊壁鸠鲁伦理学的基本原则。"快乐"一词在希腊语中是 hedonē，在拉丁语中是 voluptas。伊壁鸠鲁著作的一些翻译者为了使普通读者便于理解，把这个词译成"享乐"。这种译法对于许多希腊文献和拉丁文献来说是正确的，然而，如果用它来确定伊壁鸠鲁伦理学的基本原则的话，那就不确切了。因为伊壁鸠鲁的快乐主义不是后人误解的官能欲望的满足，更不是罗马贵族曲解的穷奢极欲。相反，在某种意义上伊壁鸠鲁是个禁欲主义者。他说过，只要给他大麦面包和水，他"就准备同宙斯本人辩论什么是幸福"。他的快乐仅仅以面包和水为基础，这两种食品就足以使他感到自己像神一样幸福。因此，准确地把握伊壁鸠鲁的快乐主义的含义，是深入理解他的美学的前提。

如果斯多亚派是从符合自然的理性出发，那么，伊壁鸠鲁派就是从符合自然的感觉出发。火是热的，雪是白的，蜜是甜的，快乐和痛苦从外在的、直接的感觉中产生。快乐是任何生物的目的，因为任何生物从存在之日起就自然而然地追求幸福，回避痛苦。拉尔修援引了伊壁鸠鲁在《论目的》中的一段话："如果我拒绝饮食的快乐，如果我轻视爱情的享乐，如果我不与我的朋友们一起聆听音乐和观看美的艺术品，那么，我不知道我还能设想什么善？"① 伊壁鸠鲁还说："胃的快乐是一切善的起始和根源，一切智慧和卓越也产生于这种快乐。"②

在这里，伊壁鸠鲁强调了官能的享受。然而，这仅是问题的一个方面。伊壁鸠鲁区分了人的三种欲望：自然的和必需的，如渴了饮水；自然的而非必需的，如名贵肴馔；既非自然又非必需的，如得到颂扬和为自己立铜像。他认为有智慧的人只应该产生第一种欲望，因为这种欲望如果得不到满足，就会感到痛苦。而消除痛苦也是快乐。因此，伊壁鸠鲁所说的"胃的快乐"仅仅指按照人的自然需要有节制的、有益于健康的饮食的快乐。他对此身体力行，一生过着俭朴的生活。

伊壁鸠鲁的快乐主义理论之所以应该进入西方美学史，因为被他当作"幸福生活的起始和终结"的快乐，被他当作德性的真正内容的快乐，其最高境界是宁静轻松的、无痛无求的心态。这与其说是一种伦理心态，不如说是一种审美心态，这是一种享受内在的、精神的、宁静的审美体验。

---

① 拉尔修：《著名哲学家生平和学说》，第 10 卷第 6 节。
② 《伊壁鸠鲁残篇》（乌塞纳编），第 409 节。凡引自该书的，不另注编者。

如果说不涉他物的美学原则使斯多亚派进入"不动心"的境界，或者对独立自在的美进行观照；那么，这种美学原则使伊壁鸠鲁派进行审美的自我享受，追求清朗的、绝对稳定的快乐，但是这种快乐并不是纵欲。因为任何过度的享乐都会妨碍内在的平静。

伊壁鸠鲁像德谟克利特一样，认为万物的本原是原子和虚空。虚空是物存在的地方和运动的场所，原子则是构成物的最小的、不可分割的单位。伊壁鸠鲁自然观中的虚空概念也和他的美的理想有关。在他看来，生活在虚空中、遁入这种不存在中是一种幸福。这时候你已分辨不出周围是梦还是真——一切如雾、如烟、如幻。伊壁鸠鲁的审美意识就是人似醒非醒的一种状态，这时候人有些醒了，感到自己躺在床上，回味着梦境，但是还不想离开梦境马上起床。换言之，伊壁鸠鲁的审美意识是一种令人愉悦的昏昏欲睡，人感受到自己的手脚不能动，然而也不需要动，对于别人和对于自己都不需要任何运动①。面对社会生活的矛盾和危机，伊壁鸠鲁找不到解决问题的办法和出路，感到失望甚至绝望，于是遁隐到内心世界，宣扬保持宁静的心境，并把宁静视为快乐。这种闲云野鹤般的遗世独立，这种漠视权力名位的大彻大悟②，这种于尘世喧嚣中的心如止水，是对社会现实的全面回避和彻底退隐。"不从事社会事务"就是他的一条律令，③ 连他的神都不过问世事。实际上，他的快乐和绝望结合在一起，是一个问题的两个方面。他的美是遁入虚空，遁入精神的虚静（虚空和宁静）。

二 卢克莱修

卢克莱修（Lucretius，约公元前99—前55）是罗马共和国时期的伊壁鸠鲁派哲学家和杰出的诗人。他的《物性论》（亦可译为《论事物的本性》）是用拉丁文写的长篇哲理诗，共有6卷，每卷都超过千行。

《物性论》不是一部美学著作，然而它以诗情和哲理的融合，形象地描绘了伊壁鸠鲁派的学说，揭开只有经过仔细研究才能了解的伊壁鸠鲁派

---

① 洛谢夫：《希腊罗马美学史》第5卷，莫斯科1979年版，第304页。

② 卢克莱修在《物性论》第2卷序诗中把营营于权力名位的人称作"惶惶不可终日的""可怜虫"。

③ 拉尔修：《著名哲学家生平和学说》，第10卷第119节。

哲学奥秘上覆盖的帷幔。对于理解伊壁鸠鲁派的美学，它所提供的东西比专门论述美学问题的著作还要多。不过，《物性论》不仅是对伊壁鸠鲁哲学的通俗阐释，还以伊壁鸠鲁的学说来思考他所处的血腥时代。他生活于罗马共和国行将崩溃而向罗马帝国过渡的时期。统治阶级内部的战争连绵不断，对奴隶的残酷镇压频频发生。卢克莱修正值盛年时，从罗马通往斯巴达克作为角斗奴隶生活过的加普亚的大道上，曾有 6000 名斯巴达克起义者被血淋淋地钉死在十字架上，其惨烈程度令人发指。罗马共和国的崩溃在某种程度上类似于希腊城邦在被马其顿王国占领前夕的崩溃。伊壁鸠鲁面对希腊城邦的崩溃感到走投无路而专注于内心的宁静，同样，卢克莱修对社会现实感到悲观而潜入内心的自我观照。他认为，"除了使痛苦勿近"，"除了要精神享受愉快的感觉，无忧无虑"，人"并不要任何别的东西"。[1] 以精神的宁静为至福，他的这种审美意识和伊壁鸠鲁是一致的。在《物性论》第 3 卷第 417—827 行中，卢克莱修用大量篇幅列举了 28 个证据，论述灵魂是有死的。[2] 灵魂如果不死，就会永远遭受痛苦和折磨。外物"叫它老在恐惧，用忧虑使它憔悴；而即使恶行已经属于过去的时候，旧时的罪过仍然会痛苦地啃啮着它"。[3] 为了求得彻底的宁静，宁可让灵魂死去，也不要让它活在永恒的黑暗中，不要像宗教那样否定灵魂的死亡。

卢克莱修继承了伊壁鸠鲁的原子论，不过又有所发展。这种发展首先表现在对原子性质的描绘上，正是这些性质使人产生不同的审美反应。由圆滑、光滑、平滑的原子构成的事物使人产生快感，感到美；反之，由粗糙、歪斜的原子构成的事物使人产生厌恶感，感到丑。在卢克莱修那里，圆滑、光滑和平滑是一种审美性质。

卢克莱修发展了伊壁鸠鲁原子论的另一个表现是对万物成形的多样化统一原则的阐述。他尖锐地提出了一个问题：既然万物都是由原子组成的，为什么"闪亮的谷实、快乐的灌木和树林"以及"在山岭间逡巡的野兽"都各不相同呢？即使同一个种类的动植物，也没有彼此完全相同的。造成这种状况的原因除了原子具有不同的形状外，还在于原子的排列

---

① 卢克莱修：《物性论》，商务印书馆 1981 年版，第 62 页。

② 同上书，第 151—173 页。

③ 同上书，第 173 页。

和物的结构。伊壁鸠鲁对物理学的结构不那么感兴趣，他只用关于原子和虚空的一般论述来解释物的起源，而卢克莱修把物的结构提到非常重要的位置。

为了理解卢克莱修的美学特性，还必须分析他的社会历史进化观中所蕴含的深刻矛盾。他在描绘社会历史进化的同时，也描绘了世界的进化。他浓墨重彩地描绘了大自然的美："以太父亲投到大地母亲怀里的雨点消失了，但是这之后金黄的谷穗就长出来，绿枝就摇曳在树林间，而树木自己也涨大起来，载满了累累的果实"，"而茂密的林地就回响着新的鸟声"，"幼畜就用弱小的四肢在嫩草上跳跃"。[①] 卢克莱修还特别喜爱"沿着天际铺开玫瑰色的早晨"的日出。然而，与大自然的美形成强烈反差的是社会现实的丑。权势者凶暴丑恶，"他们就用同胞的血来为自己积累好运，他们增殖自己的财富，他们是贪婪的，是死尸的堆积者"。[②] 在富人的住宅里，"黄金童子的雕像沿着大厅用右手举着明亮的灯火来照耀夜宴"。[③] 而奴隶"被贫困的巨力所迫"，从事繁重危险的劳动，"惯于在短时间内就死掉"。[④] 卢克莱修的这些描述被认为影射了苏拉（Sulla，公元前138—前78年）执政时期的罗马社会现实。苏拉把反对者列入不受法律保护的黑名单（Proscriptio），进行大规模屠杀，并以此作为敛财手段（被列入黑名单者的财产要被罚没）。社会退化到一个野蛮时期。这使得卢克莱修的美学具有内在矛盾和悲剧色彩，而不像伊壁鸠鲁美学那样一味地追求宁静的快乐。

在本节结束时，我们对斯多亚派和伊壁鸠鲁派作一个简单的比较。表面上看来，斯多亚派和伊壁鸠鲁派是截然对立的，因为一个安于贫贱，而另一个则追求快乐。他们之间的激烈争论和相互攻击也加深了人们关于他们之间彼此对立的印象。实际上，这两派之间有不少共同之处，有时候甚至很难把他们相互区分开来。我们首先看他们之间的相异点。斯多亚派认为世界起源于火，万物是火流溢的不同阶段；伊壁鸠鲁派认为万物由原子构成，它们的不同取决于原子的排列。斯多亚派的神是世界的主宰者，它

---

① 卢克莱修：《物性论》，商务印书馆1981年版，第14页。
② 同上书，第133页。
③ 同上书，第62页。
④ 同上书，第399页。

们自上而下地起着作用：伊壁鸠鲁派的神不干预世事，独立自主，仅仅自下而上地起作用。这两派都不畏惧死亡，斯多亚派把死亡看作火在一定尺度上的熄灭；伊壁鸠鲁派把死亡看作原子的彻底分解。斯多亚派既思考又行动，伊壁鸠鲁派仅仅满足于享受宁静。然而，他们之间也有重要的相似点。他们都承认存在的事物是有形体的，因而都是唯物主义者。他们都把内心的安宁看作幸福的最高状态，都追求清心寡欲的生活，主张有智慧的人应当摒弃过分的热情和欲望。他们都把神当作理想，幸福是和宁静的神结合在一起的。这些异同都在他们的美学中体现了出来。

第三节　怀疑论派

怀疑论作为一种思潮，始终贯穿在希腊哲学中。但是，怀疑论作为一个学派，存在于公元前 4 世纪到公元 3 世纪。这一学派对真理是否存在持怀疑主义态度，反对被称为独断论者的斯多亚派和伊壁鸠鲁派的观点，因为这两派相信发现了真理。不过，怀疑论派与斯多亚派和伊壁鸠鲁派也有共同之处，那就是追求心灵的宁静。这是由共同的社会历史条件造成的。西方哲学史对怀疑论派的分期有多种意见。我们从美学史研究的角度，把怀疑论派分为两部分来阐述：一是毕洛，二是恩披里柯。毕洛没有美学和艺术理论著作，他主要以自己的思维方式和生活方式对美学产生影响。恩披里柯则有专门的美学和艺术理论著作。

一　毕洛

在斯多亚派、伊壁鸠鲁派和怀疑论派的所有代表人物中，怀疑论派早期阶段的首领毕洛（Pyrrhon，约公元前 360—前 270）出生最早，他仅比亚里士多德晚生 20 多年。毕洛出生于希腊城邦爱利斯，跟随德谟克利特的继承者阿那克萨尔刻（Anakserhos）学习哲学。他做过画匠，喜爱荷马的诗，但是从不写作，他的言行见诸传记家的著述。

要理解怀疑论派的哲学和美学，有必要弄清毕洛首先或较早使用而后来广为流行的三个术语。第一个术语是"悬搁"（epochē）。悬搁的意思是避免，既不肯定，又不否定。毕洛反对以科学材料和论证为基础的独断论知识，要求按照现象，即事物向我们显现的那样看待事物。例如，一座山峰在远处看云雾缭绕，平平正正，在近处看则是犬牙交错。山有不同的现象。因此，山是不确定的，它的本性不可知，对山的判断也就不可能。既然我们不知道任何事物，甚至不知道"我们究竟是知道某事物还是什么都不知道"，那么，应该悬搁一切判断。恩披里柯在《毕洛主义概略》中举例说，蜜对我们显得是甜的，这我们承认，因为我们通过感官知觉到甜味了，但它本质上是否也是甜的，我们认为是一件可疑的事情，因为这不是一个现象，而是一个关于现象的判断。①

第二个术语是无动于衷、漠不关心（adiaphoron）。由于悬搁任何判断，所以对一切都无动于衷。拉尔修在记述毕洛的生平时写道："他的生活方式与他的学说相一致。他不注意任何事物，从不避免任何事物，而是面对着一切危险，无论是撞车、摔倒、被狗咬还是其他，总之从不让感官武断地断定什么。"② 有一次他的老师阿那克萨尔刻跌入泥潭，他径自走过而没去拉他一把。别人都谴责他，而阿那克萨尔刻却称赞他的冷漠和无动于衷。

第三个术语是不动心（apatheia）。怀疑论的起因是希望获得安宁。毕洛先于斯多亚派和伊壁鸠鲁派把灵魂的安宁当作生活目标。恩披里柯在《毕洛主义概略》中指出："'不作判断'是一种宁静的心灵状态，由于它我们既不肯定也不否定任何事物。'不动心'是心灵的不受干扰、安宁平静的状态。"③ 有一次毕洛和同伴们一起乘船出海，遇到了风暴，同伴们都惊慌失措，而他却若无其事，指着船上一头正在吃食的小猪，对他们说，这就是哲人所应当具有的不动心状态。毕洛把哲人的不动心状态理解为幸福。

怀疑论是一种生活方式，怀疑论派美学是一种生活美学。拉尔修在《著名哲学家生平和学说》第 9 卷中还记述了毕洛生活中的其他一些趣事。毕洛永远都镇定自若，泰然安详。即使你在他演说的时候离开了他，他也会在没有听众的情况下把话说完。有一次人们发现他自言自语，便问其故，他回答说正在培养善。他的个性特点和深刻思想受到尊敬。伊壁鸠鲁十分敬重他的生活方式。他的母邦人民选他为祭司长，并在他的故乡广场上为他树立了雕像。

① 苗力田主编：《古希腊哲学》，中国人民大学出版社 1996 年版，第 650 页。
② 同上书，第 650—651 页。
③ 同上书，第 648 页。

二 恩披里柯

塞克斯都·恩披里柯（Sextus Empiricus，生活在公元 2 世纪）是唯一有大量著作流传下来的怀疑论者。他不仅对存在了 600 年的怀疑论进行了系统的总结，而且他对怀疑论派所攻击的独断论哲学的阐述和批评，保存了希腊罗马哲学的丰富史料。在这方面能够和他相媲美的，只有拉尔修一人。而相比之下，拉尔修的著作生动有趣，但缺乏系统性；恩披里柯的著作以系统性和逻辑性见长，但比较抽象。恩披里柯与美学关系密切的著作有《反对修辞学家》和《反对音乐家》。

《反对修辞学家》分析、归纳了从柏拉图到斯多亚派的独断论哲学家关于修辞学的概念：修辞学是一门科学；言语是修辞学的材料；修辞学的目的是说服。恩披里柯对修辞学的驳斥就是围绕这三方面进行的。

首先，他证明修辞学不是一门科学。修辞学不像哲学或语法学那样有稳定的目的，也不像医学或航海学那样对某种事物占优势。修辞学不总是能够帮助人战胜对手。从这个观点来看它不是科学。不学习修辞学的人能成为修辞学家；相反，修辞学中的烦琐练习无助于法庭上的论辩。因此，雄辩家的存在与科学无关。科学是有益的，而修辞学无益。

其次，恩披里柯从修辞学的材料——言语出发，论证修辞学的非现实性。其他一切科学都使用言语，但是它们都没有成为修辞学，因此，修辞学使用言语时也不会成为一门科学。修辞学不创造好的言语，不为此提供科学规则。说得漂亮不是修辞学独具的特征。

最后，恩披里柯驳斥了修辞学的目的在于说服。他认为修辞学的目的不是说服。修辞学家在说服法官后，还要达到其他的目的。因此，修辞学的目的是紧跟说服之后的某种东西。修辞学言语同说服相对立，它不清晰，过滥，不能引起好感。能引起好感的是简洁的和真诚的言语。

关于音乐，古代有多种含义，恩披里柯在《反对音乐家》中所驳斥的音乐指的是关于旋律、音响、节奏创作的科学。有人认为，音乐以一种迷人的信服力达到哲学所达到的结果。这样的例证有：毕达哥拉斯借助扬扬格的拍子使喝醉酒的年轻人平静下来；斯巴达人和雅典人利用音乐以提高斗志；阿喀琉斯弹奏乐器以平息愤怒；柏拉图确认有智慧的人像音乐家一样灵魂和谐，苏格拉底年迈时不羞于向基法拉琴演奏者学习音乐。

恩披里柯对此展开批评。在他看来，不能认为一些旋律在本性上刺激灵魂，而另一些旋律则安抚灵魂。实际上，一切取决于我们的想象。例如，同一种旋律能够使马兴奋，却不能使人兴奋。音乐不具有安抚力，它仅仅具有吸引的能力，它没有治疗的属性，仅仅像梦游或酒一样起作用。至于毕达哥拉斯使醉汉平静下来，那是一种轻率的行为。如果真是音乐起了作用的话，那意味着长笛演奏者要比哲学家重要。斯巴达人想用音乐把自己从不安和软弱中吸引出来，而不是音乐能够导向勇敢。容易冲动的阿喀琉斯也是这样。不同的哲学家如柏拉图和伊壁鸠鲁都谴责音乐，这表明音乐不能导致幸福。

如果说怀疑论派的先驱者——智者派的怀疑论还是一种年轻的、有活力的理论，那么，恩披里柯的怀疑论已是一种衰老的、枯萎的理论。智者派的怀疑论是充满希望、带有启蒙色彩的怀疑论，而恩披里柯的怀疑论则是丧失任何希望的、带有保守色彩的怀疑论。在它之后，新的独断论——新柏拉图主义登上了历史舞台。

第 六 章

罗马文艺美学

在罗马文艺美学中，我们主要阐述修辞学、诗学和建筑学中的美学思想，而不拟涉及音乐理论和绘画理论。在修辞学中我们选出西塞罗和朗吉弩斯，在诗学中选出贺拉斯，在建筑学中选出维特鲁威。朗吉弩斯的《论崇高》虽然是一部修辞学著作，然而它的意义远远超出修辞学范围。朗吉弩斯论述了新的审美范畴——崇高，这标志着风气的转变，即从现实主义倾向到浪漫主义倾向的转变。

第一节　西塞罗

西塞罗（Marcus Tulius Cicero，公元前 106—前 43）是罗马著名的雄辩家（演说家）、政治家和哲学家。出身于骑士家庭，年轻时学习过修辞学、法学、哲学等。在哲学方面，先后师从斯多亚派和柏拉图学园派哲学家。诉讼的屡次成功给他带来巨大声誉，他成为站在罗马雄辩实践和雄辩理论顶峰上的人物。

一　修辞学理论中的美学思想

作为罗马第一雄辩家，西塞罗的美学思想首先体现在修辞学理论中。为了深入理解西塞罗的修辞学理论，有必要简略回顾一下希腊罗马修辞学发展的总背景。修辞学是关于公开演讲的艺术，亦可译为"雄辩术"或"演说术"。它是语言艺术的科学。在世界上没有一个民族像古代希腊人和罗马人那样重视修辞学。修辞学起始于公元前 5 世纪的大希腊时期。它的奠基者是智者派哲学家，他们高度评价词语的力量及其说服力。柏拉图虽然反对智者派，但是他并没有怀疑修辞学的艺术价值，而是想说明修辞学对知识和伦理学构成了威胁。亚里士多德和散步学派则把修辞学和逻辑学、辩证法结合起来。希腊罗马的著作，无论哲学著作还是历史著作，甚至医学著作都包含着修辞学的某些特征。修辞学是希腊罗马精神文化的重要组成部分。希腊罗马人甚至认为修辞学比纯粹的声乐和纯粹的乐器更富于音乐性，难怪有人把修辞学称为"希腊罗马真正的音乐"。

　　西塞罗在希腊传统的基础上，依据自己的实践经验，形成了一套修辞学理论。在他的修辞学理论中，"合式"是一个重要的概念。这个概念存在于希腊美学中，它的希腊语是 prepon，西塞罗用拉丁语 decorum 来表示，它在罗马美学中得到特别的强调。所谓合式，指的是秩序、适度、始终如一、和谐的结构和适宜的组合，合式就是美。这和艺术模仿自然的看法有关，因为大自然中一切都那样合式，模仿它的艺术也只有做到合式才能够美。西塞罗在《论雄辩家》中写道："我们看到，为了平安和安全整个世界由于大自然而这样安排：天是圆的，地处在中间，凭自身力量平衡地支撑着。太阳围着它转，逐渐重新上升；月亮或盈或亏，接收阳光；五颗星体以不同的速度、沿不同的方向在同一空间中运动。一切是如此匀称，以致极小的变化都会造成紊乱；这种秩序有这样的美，甚至无法想象还有比它更美的形式。"[1] 他在《论职责》中有一段话说得更清楚："躯体美以四肢适宜的组合吸引我们的视力，并用各个部分彼此优雅的协调使我们的视力感到愉悦。与此类似，一切言谈举止中的合式以秩序、适度和始终如一而引起称赞。"[2] 后来，合式成为贺拉斯美学中最重要的概念，它像一根红线贯穿于他的《诗艺》的始终。西塞罗把物质可感的、天体在其中作永恒的往复运动的宇宙看作为最高的美，以及他要求艺术具有合式的品质，符合希腊美学关于宇宙美和把艺术看作有机整体的看法。

　　西塞罗的修辞学理论还涉及艺术家的天才和技艺、灵感和训练的问题。他高度评价天才和灵感，认为"没有一个伟大的人没有神的灵感"。[3]

---

①　西塞罗：《论雄辩家》，第 3 卷第 45 章第 179 节。

②　西塞罗：《论职责》，第 1 卷第 28 章第 98 节。

③　西塞罗：《论合式的本质》，第 2 卷第 66 章第 167 节。

不过，西塞罗一点也不菲薄技艺和训练，对于它们的重要性他同样说得十分肯定和坚决。在艺术创作中坚持天才和技艺相结合，是希腊罗马美学一贯的思想。在艺术模仿现实、艺术作品的合式、艺术功能、艺术创作中天才和技艺的关系等问题上西塞罗基本上采用了前人的观点，同时他也有创新的地方。

西塞罗的创新首先表现为，他对美这个概念作了更精细的区分。他把美分为威严和秀美，前者是刚强的美，后者是温柔的美，从而赋予它们以明显的伦理色彩。他写道："因为有两种美，一种是秀美，另一种是威严，我们应该认为秀美是女性美的属性，威严是男性美的属性。"① 对美的这种区分，不仅适用于男性和女性，而且适用于自然和社会中不同形态的美，以及艺术中不同风格的美。这避免了过去比较空泛的美的概念，有助于更准确、更深入地把握审美对象，对以后的美学研究和审美欣赏产生了重要影响。

作为修辞学家，西塞罗对词义的辨析具有天生的敏感，他仔细地分辨了作为美的同义词使用的一些词语在含义、色调上的差异。在他的著作中，"美"用 pulchritudo 表示，"秀美"用 venustus 或 venustas 表示，这两者之间有什么区别呢？西塞罗在使用美这个术语时，指体现在和谐完善中的美，如人体的和谐美。它也可以表示体现在完善的艺术作品中的美，或者宇宙美，以及精美雕塑的美。它还表示视力可见的、某个对象中的美。至于"秀美"，它指能够使视力愉悦、给感觉带来快感、产生一种优雅的美。美确认完善、稳定，而秀美是对不那么完善的美的一种冲动性的、暂时性的反映。由此，秀美更多地适用于女性美，而不是男性美。尽管男性也可以是优雅的。秀美也指那样一种精致的艺术作品，它在瞬间令人醉迷，而很快就不再提供智慧。

西塞罗还阐述了美感的个人直觉性，并且高度评价作为主要的审美感官的视觉和听觉。他认为，人在欣赏美的过程中，无须借助理性思考和概念分析，在瞬间就能直接作出对象是否美的判断，在不知不觉中产生美的享受。西塞罗用"直接感觉"、"自然感觉"和"无识的感觉"等术语来说明美感的直觉性和直接性。诗的匀称的结构虽然是"由艺术理论发现

---

① 西塞罗：《论职责》，第 1 卷第 36 章第 130 节。

的",然而是"由听觉本身无意识的感觉规定的"。①

二 折中主义美学

除了作为雄辩家形成了修辞学理论外,西塞罗另一个引人注目的特点是他在哲学倾向和思维方式上的折中主义,这也表现在他的美学理论中。在哲学上,西塞罗的目的不在于建立一个独立的哲学体系,而在于以拉丁语阐述希腊哲学,给希腊哲学以一种罗马解释。

西塞罗的折中之中也有独创。这特别表现在他关于艺术创作描绘内在形象的观点上。希腊美学主张艺术模仿现实。根据这种理论,艺术家在创作中以现实存在的人和物为对象,当然也允许虚构,只是虚构要逼真。雕塑家菲底阿斯的雕像无与伦比,他是按照现实原型创作的,然而,西塞罗认为无论菲底阿斯的雕像多么美,无论他创作所依据的现实原型多么美,我们仍然能够设想出更美的形象,这就是存在于艺术家心中的内在形象。画家和雕塑家在创作时,其实并不专注于他所依据的现实原型,而是常常凝视自己心中的内在形象,内在形象指挥着他们的双手去创作。西塞罗的原话是这样的:"我坚决认为,无论在任何别的种类中,都没有一种东西会如此美,以致会超过最高美。任何一种别的美都是最高美的类似物,就像面模是面孔的类似物一样。最高美不可能由视觉、听觉或者其他感官来把握,我们只可以通过思维和理智理解它。例如,我们虽然没有见到比菲底阿斯的作品更完美的雕像,然而我们仍然能够设想出更美的雕像来,以及比我们提到的那些绘画更美的绘画来。画家本人也是这样做的,他在创作朱庇特或者米涅瓦时,不去旁顾他可能描绘其面貌的那些人,但是在他的理智中有一个最高美的形象,他凝神观照它,驱动自己的双手按照它去创作。"②

西塞罗在西方美学史上第一次提出了内在形象的问题,并用对它的模仿代替对现实的模仿。内在形象不是感性存在,它是人心中的理想,艺术家在创作时观照它,并把它体现在艺术作品中。西塞罗的内在形象说明显受到柏拉图的理式说的影响。他随即解释道,柏拉图把内在形象称作理式,理式是永恒的。但是内在形象毕竟不同于理式。理式是一种客观的、

---

① 西塞罗:《雄辩家》,第 60 章第 203 节。
② 西塞罗:《雄辩家》,第 2 章第 8 节。

形而上学的存在，而内在形象存在于主体的意识中，这时候主体成为理想的载体。内在形象具有内在内容，主体不断地与它相比照。这种内在性的根源来自斯多亚派。因为希腊美学侧重于对世界和美的客观理解，而斯多亚派美学侧重于人的主观感觉和体验，从主观体验描绘客观现实，西塞罗折中了柏拉图学说和斯多亚派学说，形成了内在形象的观点。这种观点的价值在于，它强调了艺术家在创作中的能动作用，避免了艺术家在模仿说中的被动地位。

在西塞罗以后，雄辩艺术发生了重要变化。罗马帝国时代学校雄辩教育发达。当时占统治地位的雄辩教学法由另一位著名雄辩家昆体良在他的《论雄辩家的教育》一书中加以阐述。昆体良赞同西塞罗的理论，但是已经不可能像西塞罗那样把雄辩活动和政治活动结合在一起。仅仅注重掌握语言技巧的学校把修辞学变成了一门纯艺术。

第二节　贺拉斯

贺拉斯（Quintus Horatirs Flaccus，公元前65—前8）是罗马帝国奥古斯都统治时期的著名诗人和文艺理论家，罗马的拉丁古典主义的奠基者（这种古典主义广泛流行于文艺复兴时期，并演变为十七八世纪的新古典主义）。他生于意大利南部一个获释奴隶家庭。他的父亲略具资财，送他到罗马受很好的教育，其后又送往雅典去学哲学。

奥古斯都时期是罗马文学的黄金时期，贺拉斯是这一时期文坛主流流派的代表人物。他的作品有《讽刺诗集》两卷，《长短句集》一卷，《歌集》四卷，《世纪之歌》一卷，诗体《书札》两卷等。其文艺理论和美学思想主要见诸《致皮索书》和《上奥古斯都书》。《上奥古斯都书》又名《诗话》，有人称它为"古典主义的宣言"。《致皮索书》是写给罗马贵族皮索父子三人（其中长子是诗人）的诗体书信，原来没有标题，1世纪罗马修辞学家昆体良首次把它定名为《诗艺》（*De arte poetica*）。

一　理论渊源

贺拉斯对后世影响最大的著作是《诗艺》。《诗艺》所研究的问题在罗马的其他学术著作中也广泛讨论过，但是，贺拉斯在《诗艺》中总结了整个希腊化和罗马时期的文艺批评思想。贺拉斯把《诗艺》分为诗和诗人，承袭了涅奥普托勒墨斯的做法。在罗马时期，这种分法（创作客体和创作主体）是普遍采用的手法，我们在维特鲁威的建筑学著作、昆体良的修辞学著作和其他哲学著作、音乐学著作中都可以看到。但是，这种划分的始作俑者是涅奥普托勒墨斯。贺拉斯关于天才和技艺不可分割、诗人要耐心雕琢自己的作品、诗能够引导听众的心灵、诗的娱乐功能和教益功能相结合、虚构要向真实、向生活和习俗学习、诗要整一和完善、诗要扼要而简约等观点，都来源于涅奥普托勒墨斯失传的《论诗艺》。

19世纪在发掘伊壁鸠鲁派哲学家兼诗人菲罗德谟于意大利的故居时，发现了他的一些著作残篇，其中《论诗歌作品》一书批评了亚历山大里亚时期的各种美学理论。菲罗德谟著作残篇的整理者、德国学者耶森认为，菲罗德谟的《论诗歌作品》匿名批评了涅奥普托勒墨斯的《论诗艺》。根据菲罗德谟的批评可以看出，涅奥普托勒墨斯的《论诗艺》包括三部分，即诗意论（poiesis），讨论诗的内容；诗法论（poiema），讨论诗的形式；诗人论（poieIes）。贺拉斯的《诗艺》也有同样相应的三部分。虽然耶森后来改变了自己的观点，然而很多学者宁可相信他原来的说法。

对贺拉斯《诗艺》理论渊源的研究对于西方美学史具有重要意义。它表明，斯多亚派的诗学理论经过贺拉斯移植到罗马土壤上后，成为具有世界意义的古典主义的源头。由涅奥普托勒墨斯等早期斯多亚派哲学家发端的古典主义，经贺拉斯确立后，成为了有广泛影响的文艺思潮，它在17世纪法国新古典主义者布瓦罗之前很少有变化，并一直存在到浪漫主义运动兴起之时。

《诗艺》在受到斯多亚派影响的同时，也受到希腊美学的影响。虽然《诗艺》中根本没有提到亚里士多德，然而，《诗艺》和亚里士多德的《诗学》不乏共同之处。《诗学》第4章指出，悲剧从"羊神剧"演变而来，诗格也由四双步变成短长格。因为四双步适合羊神剧，自从有了对白，短长格就适用了，因为它最接近于谈话的腔调。① 而喜剧模拟常人，用的就是短长格。这样，短长格在喜剧中的运用要早于悲剧。《诗艺》也持类似的观点。《诗学》第25章写道：诗人"正如写生画家或其他肖像

---

① 参见缪灵珠《诗学》中译（缪灵珠把贺拉斯的《诗艺》译作《诗学》），《缪灵珠美学译文集》第1卷，中国人民大学出版社1998年版，第7页。

作者，是摹拟的艺术家"。①《诗艺》一开头就批评了不模拟真实事物的画家，讽刺他们绘出"人头接马颈"的怪状奇形。《诗学》第 7 章强调了情节的圆满和完整。《诗艺》基本上重复了亚里士多德的这条基本原则。《诗学》第 15 章主张性格必须一贯，"即令所摹拟的人物是自相矛盾的，而且其性格确是如此，也必须把他写成始终一贯地矛盾"。② 关于性格的一贯，《诗艺》也写道："假如你搬上舞台一个新鲜的主题，假如你敢于塑一个崭新的烈士，他的性格必须始终前后一致。"（第 125—127 行，以下只注数字，采用缪灵珠译文，见《缪灵球美学译文集》第 1 卷）《诗学》第 23 章称赞"惟独荷马比诸其他诗人显得超凡入圣"，③《诗艺》则推崇"不作此等蠢事的荷马就高明得多"（140）。《诗学》和《诗艺》相同的地方还有：关于演员的数目（《诗学》第 4 章，《诗艺》第 192 行），关于情节中的"解"不要请神搭救（《诗学》第 15 章，《诗艺》第 191 行）等。

二　基本美学思想

贺拉斯对西方美学发展最大的影响是确立了古典主义。古典主义号召学习希腊，继承古典文化。《诗艺》里的一句劝告"朋友，请你日日夜夜揣摩希腊典籍"（269），成为 17 世纪新古典主义运动中鲜明的口号，布瓦罗等人都曾应声复述过。

《诗艺》中的一些观点现在看来未免是老生常谈，然而在当时并非如此。贺拉斯针对罗马文艺创作的现实，力图总结希腊罗马文艺创作的具体经验，把它们凝定成文艺家必须遵循的法式，把文艺创作纳入一定的规范中。根据合式的概念，贺拉斯要求诗在形式上朴素、统一、和整体相协调。这是艺术作品的基本形式。贺拉斯竭力嘲笑风格上的不协调。他把这种风格时而说成是"东拼西凑的肢体披上五彩的羽翎，随意挥毫画成上半身是美人艳影，下半身却是丑陋不堪的一尾鱼精"（2—4），时而说成是"蛇蝎同小鸟相爱，羔羊同猛虎谈情"（12）。这就像"为了斑斓夺目

---

① 缪灵珠《诗学》中译，《缪灵珠美学译文集》第 1 卷，中国人民大学出版社 1998 年版，第 25 页。

② 同上书，第 17 页。

③ 同上书，第 23 页。

缀上大红补丁几片"（14）。

对于诗的内容，贺拉斯要求具有正确的见识，把人物写得合情合理。要做到这一点，应该模仿现实，向生活寻找典型。他大体上接受了希腊传统的艺术模仿自然的观点。他尊重现实生活中的习俗和习惯，认为文艺作品和帝王事业都不会万古长青。许多久已废弃的词汇可能复兴，而今日盛行的可能衰落。这一切都取决于习惯，习惯是语言的标准和法令。贺拉斯反复强调文艺作品要完整、统一、首尾一致。他不反对创新，但是塑造一个新的角色，他的性格必须贯彻始终。这里最重要的还是合式。人物的言谈要与他们的个性和性格合式，要与他们的年龄和社会地位合式。喜剧的主题不能用悲剧的诗句，历史剧题材不能使用适合喜剧的日常谈吐。"让各种体裁守住它在所应在之处"（92），"悲歌适合于愁容，严词只宜于盛气，谑语则嬉眉笑脸，道貌则庄重其词"（106—107）。

根据合式的概念，贺拉斯对诗人提出了一系列要求。诗人应该反复琢磨自己的作品，"宛若雕刻家在石像上用指甲摩挲"（293）。诗完成后要束之高阁，过 9 年后才决定是否公开。诗人要删去繁缛的藻饰，把含糊其辞的地方改得更加明显。诗人既要有天生的禀赋，又要勤功苦学，使天才和技艺相结合。

《诗艺》表明，作为古典主义的确立者，贺拉斯在思维方式和审美趣味上具有中庸拘谨、平和恬淡的特点。他缺乏宏大的气魄和撼人的精神力量。他的美学关注艺术作品的形式问题，主张形式的完美和修饰。他在自己的颂诗《纪念像》中把诗人的创作比作浇铸铜像。从中我们可以看到罗马人所特有的在艺术创作活动中对明晰确定的、得到社会认可的形式的追求。贺拉斯孜孜以求的就是建立宛如浇铸铜像的模式和范型，来规范当时的文艺创作。作为一名诗人、一名文艺创作实践家，他力图把先前给定的、来自希腊的内容铸入民族的、罗马的形式中，他要求形式中的一切都平衡、单纯、简洁。由于把一切都纳入到固定的、有时未免刻板的规则中，他给诗人留下的自由空间相对较小。贺拉斯没有奔泻千里的激情，也不作攀越峭壁的探索，他没有醉人的狂喜，也缺少深沉的悲哀，对于他来说，一切都要端庄严整、规矩合度，一切都要按部就班、协调有序。这就是他为十七八世纪新古典主义者，特别是布瓦罗所喜欢而不能为欧洲浪漫主义者所接受的原因，他对西方美学的贡献和局限也在于此。

在分析贺拉斯的理论渊源时，我们曾提到《诗艺》和亚里士多德

《诗学》的相似点，然而它们的区别更为明显。在总的倾向上，亚里士多德对诗的形式进行了客观的分析，他很少告诫诗人，他的《诗学》是逻辑的、客观的。而主要论述创作方法的、仅有四百多诗行的《诗艺》却充满了对诗人的告诫。《诗艺》是伦理的、说教的。在具体观点上，这两者之间也存在着分歧。贺拉斯以理性主义修正了亚里士多德的《诗学》。例如，在谈到虚构时，贺拉斯强调："虚构也要像真实无讹。"（338）亚里士多德则在《诗学》中表示："假如诗人写出不可能有的事，那固然是错误。但是如果这能达到诗的目的（这目的上文已有论述），如果这样反能使诗中这段或那段更令人惊叹，那么，诗人是对的。"[1] 这段论述表明，对生活事实的再现中的错误，并不等于诗本身的错误。贺拉斯则不作这种区分，他排斥了亚里士多德许可的艺术的非理性因素。

在谈到《诗艺》和《诗学》的影响时，朱光潜指出："《诗艺》对于西方文艺影响之大，仅次于亚里士多德的《诗学》，有时甚至还超过了它。"贺拉斯"替后来欧洲文艺指出一条调子虽不高而却平易近人、通达可行的道路"。[2] 这决定了他的影响既广且远。

第三节　维特鲁威

维特鲁威（Vitruvii，公元前 1 世纪）是古罗马著名的建筑学家，出生年月、地点和生平都不详。根据间接资料，他生活于恺撒和奥古斯都时代，家庭富有，受过文化教育和工程技术教育，懂希腊语，学识渊博，除了掌握建筑、市政、机械和军工等技术外，还广泛涉猎几何学、物理学、气象学、天文学、哲学、历史、语言学、美学、音乐等方面的知识。他约于公元前 32 年到公元前 22 年，历经十载，撰写了《建筑十书》。"这十卷书是以向奥古斯都上书的形式用拉丁文撰写的。可惜原文不久就遗失，只流传下来抄本。到了中世纪，在修道院书库保存下来的抄本偶然为营造教堂的修道士所发现，非常珍视，便利用它指导建筑实践。在文艺复兴时期，古典文物逐步复兴，建筑师们热望通晓古典建筑技法，曾以这十卷书

---

① 缪灵珠《诗学》中译，《缪灵珠美学译文集》第 1 卷，中国人民大学出版社 1998 年版，第 26 页。

② 朱光潜：《西方美学史》上卷，人民文学出版社 1979 年版，第 107 页。

作为规范进行建筑创作。这时从意大利开始，西欧国家纷纷刊行了《建筑十书》的拉丁文版本，这些拉丁文版本就是近代各国版本的根据。"①
"这部著作不仅是全世界保留到今天的惟一最完备的西方古典建筑典籍，而且是对后世的建筑科学有参考价值的建筑全书。"②《建筑十书》也是部具有美学价值的著作，它的若干章节与美学有直接关系。

　　《建筑十书》的每一书中都有序言，它概述了该部分的内容。全书内容为：第一书论述一般建筑（第 1—3 章）和一般的建造条件（第 4—7 章）；第二书论述建筑材料，第 1—2 章为导论，第 3—10 章考察具体的建筑材料；第三书从总的方面论述神庙；第四书从细部方面论述神庙；第五书论述公共建筑，第 1—2 章论述国家建筑，第 3—9 章论述剧场，第 9—12 章论述浴室、体育场和其他建筑；第六书论述住宅；第七书论述建筑装饰；第八书论述水的问题；第九书论述日晷的制作方法；第十书论述机械，第 1 章论述机械的定义，第 2—3 章论述搬运重物的机械，第 4—9 章论述扬水的机械，第 10—16 章论述军事机械。

一 建筑的要素

　　维特鲁威和罗马人所理解的建筑，比我们现在所理解的建筑要宽广。除了建造房屋外，《建筑十书》中的建筑还包括制造日晷（以及水钟）和机械。对建筑本质的理解，维特鲁威深受修辞学理论的影响，他把建筑不仅理解为艺术，而且理解为科学，这和西塞罗对修辞学的看法相类似。维特鲁威认为，建筑不仅是手艺和技巧，而且是理论，理论可以"论证和说明以技巧建造的作品"。③

　　所谓建筑的要素，即指建筑的构成，也有人称之为建筑的范畴。维特鲁威关于建筑的要素的论述，是希腊罗马文献中仅有的。他在第一书第 2 章"建筑的构成"中写道："建筑是由希腊人称做塔克西斯的法式，称做狄阿忒西斯的布置、比例、均衡、适合，和称做奥厄科诺弥亚的经营构成的。"④ 建筑的六种要素是各自独立的，同时又有紧密的联系。

---

① 维特鲁威：《建筑十书》译者序，高履泰译，中国建筑工业出版社 1986 年版，第 7 页。
② 同上书，第 4 页。
③ 维特鲁威：《建筑十书》，高履泰译，中国建筑工业出版社 1986 年版，第 4 页。
④ 同上书，第 10—11 页。

我们先看一下维特鲁威对法式和均衡下的定义："法式是作品的细部要各自适合于尺度，作为一个整体则要设置适于均衡的比例。""均衡是由建筑细部本身产生的合适的协调，是由每一部分产生而直到整个外貌的一定部分的互相配称。"① 法式要求建筑的各部分之间相互适应，这种适应的目的是达到均衡。这样，法式就是建立均衡的活动。

布置和比例是又一组关系密切的要素。"布置则是适当地配置各个细部，由于以质来构图因而做成优美的建筑物。""比例指优美的外貌，是组合细部时适度表现的关系。"② 布置要求通过建筑师的实践——适当地配置各个细部，从而形成建筑物的美。它在内容上和比例相一致，比例是通过细部适度的组合，以达到美的效果。在建筑物各个细部的布置中，质起着重要的作用。维特鲁威虽然没有阐述质的概念，然而这显然是整体所具有的质，即建筑样式。如果法式说的是处在均衡整体中各个细部量的合适，那么，布置说的是整体本身。

建筑的第五要素是适合，维特鲁威对它下的定义是："适合是以受赞许的细部作为权威而组成完美无缺的建筑整体。"③ 这里的权威（auctoritas）是什么意思呢？第六书第8章第9节写道："当建筑物适合美观、比例和均衡而博得威名（auctoritem），才实在是建筑师的光荣呢！"④ 第七书第5章第4节写道： "心灵被不健全的判断所蒙蔽，竟不能以威信（auctoritas）与适合原理来验证实际可能存在的东西。"⑤ 这些论述表明，建筑物正确地实现自己的功能，它就会具有权威。

建筑的第六个要素是经营。"经营就是适当地经理材料和场地，还有计算和精细地比较工程造价。"⑥ 经营有两个阶段，一个阶段是材料的使用，"经营的另一个阶段就是对于业主使用、或显示财产富饶、或擅有雄辩声誉要建造各不相同的房屋的情况"。⑦ 有人把"经营"译作"节省"，仿佛经营纯粹是经济上的考虑，其实在更深的层次上经营包含着审美考

① 维特鲁威：《建筑十书》，高履泰译，中国建筑工业出版社1986年版，第11页。
② 同上。
③ 同上书，第12页。
④ 同上书，第148页。
⑤ 同上书，第165页。
⑥ 同上书，第13页。
⑦ 同上书，第13—14页。

虑。维特鲁威在第六书和第五书中分别写道："然而应当采用什么种类的材料，却不在建筑师的权限之内。"① "而且如果在工程中短缺某些材料，如大理石、木材以及其他备用品，就要进行稍微的加减，只要是经过充分考虑来做的，即使它有所过度而非严重过度，不会是不适当的。"② 这里说的是材料使用方法，材料的使用要最大限度地符合建筑物的需要。

这样看来，经营和适合是一组要素，就像法式和均衡、布置和比例分别是一组要素一样。在这三组要素中，前一项阐述建筑师的创作活动，后一项阐述创作原则，从而表现出一定的逻辑层次。

二　美的客观基础

建筑的布置由均衡决定，均衡由比例得来。没有均衡或比例，就不可能有建筑的布置。那么，均衡和比例的依据是什么呢？维特鲁威认为，均衡和比例作为美的规律，有其客观基础，那就是姿态漂亮的人体。自然构成了人体，人的肢体和整个外形保持着某种对应。建筑也应当按照人体比例，使局部和整体之间在计量方面保持正确。建筑师必须最精心地体会这种方法，从而建造完善的作品。

维特鲁威对人体比例作了有趣的观察："实际上，自然按照以下所述创造了人体。即头部颜面由腭到额之上生长头发之处是十分之一；又手掌由关节到中指端也是同量；头部由腭到最顶部是八分之一；由包括颈根在内的胸腔最上部到生长头发之处是六分之一；由胸部中央到头顶是四分之一。颜面本身高度的三分之一是由腭的下端到鼻的下端；鼻由鼻孔下端到两眉之间的界限也是同量；腭部由这一界线到生长头发之处同样成为三分之一。脚是身长的六分之一；臂是四分之一；胸部同样是四分之一。此外，其他肢体也有各自的计量比例，古代的画家和雕塑家都利用了这些而博得伟大的无限的赞赏。"

建筑师遵循人体的比例，对建筑的局部作出类似的安排，就能使这些局部和整体和谐一致。建筑和人体的类比表明，自然是艺术的范本。机械装置也取决于自然。人们在自然中寻找先例，模仿它们，以制造机械。例如，日月星辰的旋转启发人们制造了旋转机械。总之，美的规律客观地存

---

① 维特鲁威：《建筑十书》，高履泰译，中国建筑工业出版社 1986 年版，第 148 页。
② 同上书，第 115 页。

在于自然中，人们能够发现它们，但是不能发明它们。

在坚持美的客观基础的同时，维特鲁威也主张美要依从主观的知觉。为了满足观赏者的主观需要，对美的客观规律进行修正是允许的，甚至是必要的。他又一次达到折中的平衡。① 人的视觉在观看外物时往往会产生错误，心灵会因此作出错误的判断。粗细相近的柱子在不同的背景中，给观赏者留下粗细相差很多的印象，这就是视错。"眼睛有错觉的地方应当根据理论来补偿。"② 为了追求视觉上的美观，就要对粗细加以调整，对于建筑中规定的数量关系进行增加或缩减。

总的来说，《建筑十书》独创性较少，它更多地是以系统的、通俗的形式总结了希腊罗马的建筑技术，这种总结带有折中性。作者列举了许多建筑师的名字和著作，这些著作都已失传。作者也对哲学表现出浓厚的兴趣，他援引了毕达哥拉斯学派、赫拉克利特、德谟克利特、柏拉图、伊壁鸠鲁等哲学家的观点。然而作者对艺术作品更多的是技术体验，而缺少审美体验和哲学概括。《建筑十书》的技术性有余，而缺少理论的深度、广度和高度。与希腊时代相比，罗马时代更富于技术性和功利性。维特鲁威具有丰富的实践经验，对技术的观察仔细精确。他的趣味和思维方式符合罗马时代的特点，在这种意义上，他完全体现了罗马精神。直到 3 世纪，新柏拉图主义才在希腊之后对美学问题作了深入的哲学思考。

第四节　朗吉弩斯

除了贺拉斯的《诗艺》以外，古罗马时期的文艺理论著作对后世影响最大的当推《论崇高》。一般认为，这部著作的作者是 3 世纪的哲学家、政治家和修辞学家卡修斯·朗吉弩斯（Casius Longinus，213—273）。这位帕尔迈拉人是阿曼纽·萨卡斯的学生，也就是说，他是新柏拉图主义者普洛丁的同窗。他担任过叙利亚女王芝诺比亚的谏议大臣，曾劝女王不要与罗马帝国结盟。《论崇高》这部著作长期被湮没，10 世纪拜占庭（东罗马帝国）在编辑亚里士多德的《物理学》手稿的附记中首次披露了它。文艺复兴时期，意大利学者罗伯特洛于 1554 年将此书出版。1674 年

① 参见塔塔科维兹《古代美学》，中国社会科学出版社 1990 年版，第 364 页。
② 维特鲁威：《建筑十书》，高履泰译，中国建筑工业出版社 1986 年版，第 70 页。

法国新古典主义者布瓦罗把它译成法文，从而引起广泛注意。

一 《论崇高》的理论渊源

《论崇高》是写给罗马贵族特伦天的一封信。此前，凯齐留斯已有一部同名著作问世。凯齐留斯是公元前 1 世纪西西里修辞学家，犹太教徒，于奥古斯都时代曾在罗马讲学。罗马雄辩中的亚洲风格和雅典风格发生激烈斗争。作为雅典风格的支持者，凯齐留斯还写过两篇已经失传的著作：《反对亚洲风格者》和《雅典风格和亚洲风格的区别何在？》。在凯齐留斯较为年轻的同时代人、历史学家和修辞学家哈利卡纳苏的狄奥尼修（Dionysius of Halicarnassus，公元前 1 世纪下半叶）时期，雅典风格几乎成为公认的理论。朗吉弩斯则是亚洲风格的支持者，他对凯齐留斯的风格当然不满意，他的《论崇高》把自己关于崇高的意见辑录出来，以直接反对凯齐留斯的同名著作。他们的争论使人想起柏拉图热情奔放的风格和希腊历史家吕西阿斯（Lysias，公元前 445—前 380）冷峻简洁风格之间的对立。

《论崇高》的理论渊源来自希腊罗马，朗吉弩斯是一位古典主义者。《论崇高》是一部修辞学著作，但是它的意义远远超出修辞学范畴，它含有重要的美学内容。荷马、柏拉图和狄摩西尼是朗吉弩斯最钟爱的希腊作家，他使我们从新的视角阅读他们的作品，感受到这些作品的深刻和表现力。《论崇高》充溢着对希腊的感情，也具有它所分析的希腊作品的那种崇高风格。

二 古典主义传统

把艺术作品理解为活的有机整体，是希腊罗马美学所特有的。亚里士多德认为艺术是有机整体，部分应与全体密切联系，情节的内在逻辑要求布局有头有尾有中部。贺拉斯的"合式"概念也要求艺术作品首尾融贯一致，成为有机整体。朗吉弩斯继承了这种传统，他在《论崇高》第 40 章"结构"里写道："在使文章达到崇高的诸因素中，最主要的因素莫如各部分彼此配合的结构。正如在人体，没有一个部分可以离开其他部分而独自有其价值的。但是所有部分彼此配合则构成了一个尽善尽美的有机体；同样，假如雄伟的成分彼此分离，各散东西，崇高感也就烟消云散；但是假如它们结合成一体，而且以调和的音律予以约束，这样形成了一个圆满的环，便产生美妙的声音。"①

有机整体就是和谐，就是美。朗吉弩斯的有机整体观不仅表现在作品的结构上，而且表现在人物的塑造上。他在第 10 章写道："在一切事物里总有某些成分是它本质所固有的，所以，在我们看来，崇高的原因之一在于能够选择最适当的本质成分，而使之组成一个有机的整体。"② 把事物最有代表性的本质成分组成一个有机整体，这已经是很精确的典型理论了。朗吉弩斯的这种观点和亚里士多德的典型观相接近，而远远高明于贺拉斯的类型说。

古典主义号召学习希腊典范，日夜不辍。《论崇高》也多次重复这种观点。通向崇高境界的途径之一，"就是模仿古代伟大散文家和诗人们，并且同他们竞赛"③。柏拉图就是全心全意同荷马竞赛，所以他的哲学花园里百花齐放，并和荷马一起踯躅于诗歌和辞藻的幽林。长期沉浸在古典作品里，受到潜移默化，就会"获得灵感"。荷马、柏拉图和狄摩西尼"就出现在我们面前，宛若耀眼的明星，使我们的心灵扬举而达到心中凝想的典范"。④

古典主义主张艺术模仿自然和现实，朗吉弩斯也大体接受了这一信条。他认为"自然是万物的主因和原型"（第 2 章），雕塑要精确，符合原型，"人像须像人"，否则，有缺点的巨像就不如波利克里托的"持矛者"（第 36 章）。诗中可以有虚构和想象，但是这种虚构和想象仍就是以生活真实为基础的。荷马在《伊利亚特》中叙述神的受伤、争吵、复仇、流泪、囚禁，他是把神写成人。至于雄辩，其中"最美妙的想象却往往具有现实性和真实性"。⑤ 不过，《论崇高》对艺术模仿的论述要远远少于对想象的强调。

《论崇高》第 2 章批评了"崇高的天才是天生"的观点，指出"天才常常需要刺激，也常常需要羁縻"，所谓"羁縻"就是受到理性控制，受到规则的约束，不能任其盲目冲动。正因为在一些基本观点上朗吉弩斯保持了古典主义传统，所以布瓦罗把《论崇高》翻译成法语用于自己的目

---

① 《缪灵珠美学译文集》第 1 卷，中国人民大学出版社 1998 年版，第 119 页。
② 同上书，第 88 页。
③ 同上书，第 92 页。
④ 同上书，第 93 页。
⑤ 同上书，第 95 页。

的。他在译本序言中对朗吉弩斯作了高度评价。他想通过《论崇高》把希腊罗马诗学的一些原则变成教条，从而窒息艺术家的想象力。《论崇高》法译本似乎成为布瓦罗同年出版的《论诗艺》的补充。布瓦罗在1694年撰写了《阅读朗吉弩斯的深思》，援引《论崇高》的观点帮助当时古今之争中自己的一方。他在自己的晚年，于1710年又根据朗吉弩斯提出的崇高标准，为同时代的法国古典主义戏剧家高乃依和拉辛辩护。不过，这种情况很快发生了变化。英国、德国的启蒙运动者和浪漫主义者对《论崇高》作出不同于古典主义者的理解。这是因为《论崇高》除了与古典主义具有共同的传统和理想外，它和古典主义的分歧更加明显。朗吉弩斯的创新正在于此。而他的创新是围绕着作为一个审美范畴的崇高展开的。

三 崇高作为一个审美范畴

朗吉弩斯对西方美学史的最大贡献是把"崇高"作为审美范畴提出来。这不仅是他个人的功劳，而且是几个世纪以来亚洲风格酝酿、积淀和发展的结晶。在希腊罗马，"崇高"不是一个新名词。修辞学家在阐述风格理论时就用过这个术语。西塞罗在《雄辩家》（第 6 章）、昆体良在《论雄辩家的培养》（第 12 册）中就论述过修辞学的崇高风格。然而，朗吉弩斯不是在修辞学的含义上，而是在美学的含义上使用崇高概念的第一人。尽管他仍然把美和崇高当作类似的概念来用，还没有对它们的区别进行具体的界定，然而他对崇高的生动描述促使近代欧洲美学迅速承认崇高是一种独立的审美范畴。现代美学中的崇高理论是以朗吉弩斯的《论崇高》为起点逐步走向完善的。

按照朗吉弩斯的理解，崇高首先存在于自然界，存在于某些自然事物中。自然事物之所以显得崇高，或者因为它们的广袤无垠（海洋），或者因为它们的渺然穹远（星空），或者因为它们摧毁一切的惊人气势（火山爆发）。朗吉弩斯列举的这些对象已经显示出自然界崇高的美学特征：数量的巨大和力量的强大（后来康德以明确的语言阐述了崇高的这种特征，朗吉弩斯还只是描述了这两类崇高现象），威严可怕，令人惊叹，人的实践尚未征服的奇异。

崇高还存在于社会生活和艺术中。朗吉弩斯所理解的社会生活中的崇高主要限于人格的伟大、精神的高尚和感情的炽烈，还没有涉及社会生活更广阔的内容。《论崇高》通篇充满了对意志远大、激越高举、慷慨磊落的人格和精神的赞赏，以及对琐屑无聊、心胸狭窄、墨守成规、奴性十足的人格的鄙夷。《论崇高》把如痴如醉的感情也列入崇高的范围。

《论崇高》花了大量篇幅来论述不同艺术作品中的崇高。这种崇高有一个共同的特点，那就是激流急湍的劲势，春潮暴涨的热情，疾雷闪电的迅猛。总之，是惊心动魄，而不是玲珑雅致。值得注意的是，在朗吉弩斯那里，崇高不是和修辞形式，而是和内容相联系的。"雄伟的风格乃是重大的思想之自然结果，崇高谈吐往往出自胸襟旷达志气远大的人。""有助于风格之雄浑者，莫过于恰到好处的真情。"[1] 类似的论述在《论崇高》中屡见不鲜。修辞学传统主要注意形式，而朗吉弩斯更加重视精神状态、表达的真诚和力量。这是他超越同时代修辞学家的地方。但是，朗吉弩斯也不否认表现崇高的方式、规则的重要性。在《论崇高》的46章中，不少于30章论述了形式问题。

朗吉弩斯不仅论述了崇高的对象和范围、崇高的特征（形式的和内容的），而且着重论述了崇高的效果。崇高能够唤起人的尊严和自信。人天生就有追求伟大、渴望神圣的愿望。在崇高的对象面前，人感到自身的平庸和渺小。为了克服这种平庸和渺小，人奋起追赶对象，征服对象，超越对象，从而极大地提升自己的精神境界，感到一种自豪的愉悦。"天之生人，不是要我们做卑鄙下流的动物；它带我们到生活中来，到森罗万象的宇宙中来，仿佛引我们去参加盛会，要我们做造化万物的观光者，做追求荣誉的竞赛者，所以它一开始便在我们的心灵中植下不可抵抗的热情——对一切伟大的、比我们更神圣的事物的渴望。"[2]

《论崇高》多处号召要和崇高的对象展开竞赛、竞争，并援引了赫西俄德的话："竞争对于凡夫是有好处的。"凡夫俗子在和崇高对象的竞争中能够"心灵扬举"，"襟怀磊落，慷慨激昂，充满了快乐的自豪感"。[3]后人关于崇高效果的论述，明显地留下了朗吉弩斯观点的印记。

艺术中的崇高应该对人的感情产生强烈的效果，这是贯穿《论崇高》全书的一条主线。"天才不仅在于能说服听众，且亦在于使人狂喜。凡是

---

① 《缪灵珠美学译文集》第1卷，中国人民大学出版社1998年版，第84页。

② 同上书，第114页。

③ 同上书，第82页。

使人惊叹的篇章总是有感染力的，往往胜于说服和动听。因为信与不信，权在于我，而此等篇章却有不可抗拒的魅力，能征服听众的心灵。"① 在这里，朗吉弩斯超越了古希腊美学和古典主义传统。崇高的目的不是净化，不是模仿，也不是理智的说服。它的作用在于使人狂喜、惊奇。对人的感情能否产生强烈的效果，成为朗吉弩斯评价不同作家的优劣，或者同一个作家不同作品的优劣的首要标准。基于这种原因，如"野火燎原"的西塞罗不如"宛若电光一闪，照彻长空"的狄摩西尼。荷马的《奥德赛》之所以不如他的《伊利亚特》，主要是前者犹如"退潮的沧海"，"在四周崖岸中波平如镜"，而后者焕发磅礴的热情，能够产生惊心动魄的效果。

既然崇高的效果是"不可抗拒的"狂喜，朗吉弩斯就承认了它是非理性的，这意味着他偏离了希腊美学所培育的审美知觉的理性主义理论。朗吉弩斯特别指出，他的论敌凯齐留斯仅仅阐述崇高的形式特征，而他要把重点放在热情、激情上，热情中包含着非理性的、迷狂的成分，"它仿佛呼出迷狂的气息和神圣的灵感"（第 8 章）。

对艺术中的热情和强烈效果的强调，表明了朗吉弩斯也偏离了艺术模仿现实的传统。他虽然不否认艺术要模仿现实，然而他谈得更多的却是艺术要模仿古人。希腊作家的作品中已经包含了现实中的崇高内容，以他们的作品为典范，认真模仿，这是达到崇高的途径之一。与艺术中的热情和强烈效果密切相关的一个美学和心理学问题是想象。《论崇高》第 15 章专门讨论了想象。朗吉弩斯用来表示"想象"的希腊词是 phantasia，原意为"视觉形象"，朗吉弩斯在新的含义上使用了它："所谓想象作用，一般是指不论如何构想出来而形之于言的一切观念，但是这个名词现在用以指这样的场合：即当你在灵感和热情感发之下仿佛目睹你所描述的事物，而且使它呈现在听众的眼前。"②

对热情、想象的重视，对艺术的强烈效果的重视，使得《论崇高》成为启蒙运动者和浪漫主义者手中的武器。既然崇高是"非常的事物"（第 35 章），既然它唤起的是出人意料的、令人惊叹的感情，那么，它在

---

① 《缪灵珠美学译文集》第 1 卷，中国人民大学出版社 1998 年版，第 77—78 页。"狂喜"一词采用朱光潜译法，见朱光潜《西方美学史》上卷，第 112 页。缪译为"心荡神驰"。

② 《缪灵珠美学译文集》第 1 卷，中国人民大学出版社 1998 年版，第 93—94 页。

艺术创作中的体现必然要打破一切清规戒律，按照崇高要求的创作是完全自由的。虽然浪漫主义者的这种理解未必完全准确，然而《论崇高》同文艺创作中的教条主义和刻板公式无疑是格格不入的。朗吉弩斯以崇高这个审美范畴丰富了美学的内容，并对崇高的范围、特征和效果作了描述性的说明，对以后美学的发展产生了重要影响。《论崇高》反映了对艺术的目的和任务的新的理解，拓宽了艺术的概念和艺术作用的范围。

第 七 章

普 洛 丁

新柏拉图主义作为古希腊罗马最后一个哲学体系，流行于公元 3—6 世纪。据史载，阿曼纽·萨卡斯（Ammonius Saccas，175—242）是新柏拉图主义的开创者，但是他没有留下著作。实际上，构建起新柏拉图主义哲学体系的是他的学生普洛丁。

普洛丁（Plotinus，204/205—270）生于罗马帝国统治下的埃及的吕科坡利。根据他的学生波菲利（Porphyrius，233—305）的《普洛丁生平》记载，普洛丁 28 岁到亚历山大城师从阿曼纽·萨卡斯达 11 年之久。40 岁左右时在罗马定居，开始了讲学生涯。他宽厚仁慈，学识渊博，乐于助人，过着清心寡欲的生活。他 60 岁时，波菲利成为他的热忱追随者。在波菲利和他交往的 6 年中，据说他 4 次进入与神直接交往的迷狂境界中。在弥留之际，他表示要和神融为一体，这时候一条蛇从他的床下游过，钻进墙缝里，他也就撒手人寰了。波菲利可能带有虚构的这种记述，为普洛丁的死亡涂上一层神秘的色彩。

普洛丁长期述而不作，50 岁时才开始写作。临死前他把自己的希腊语著作交给波菲利，委托他整理出版。波菲利按内容把这些论文分为 6 集，每集 9 篇论文，所以他把每集都叫做《九章集》。以后，这 6 集也被总称为《九章集》。这样《九章集》共有 54 篇论文，波菲利给每篇论文加了标题。这 6 集书的内容分别涉及伦理学、自然科学、宇宙学、心理学、三大本体的学说和认识论。专门研究美学的论文有两篇：第 1 集第 6 篇《论美》和第 5 集第 8 篇《论理智美》。

第一节 新柏拉图主义美学的基本原则

新柏拉图主义形成于 3 世纪，那已是柏拉图身后 600 年的事了。新柏拉图主义的名称本身就说明了普洛丁对柏拉图的依赖。国外有的研究者作过统计，普洛丁《九章集》的内容很多出自柏拉图的著作，有 105 处出自《蒂迈欧篇》，98 处出自《理想国》，59 处出自《斐多篇》，50 处出自《斐德若篇》，41 处出自《斐利布斯篇》，36 处出自《会饮篇》，35 处出自《法律篇》，33 处出自《巴门尼德篇》，26 处出自《智者篇》，11 处出自《泰阿泰德篇》，9 处出自《高尔吉亚篇》，如此等等。

然而，新柏拉图主义不是柏拉图学说的简单复活，不能把柏拉图的影响绝对化。普洛丁也接受了赫拉克利特、阿那克萨戈拉、亚里士多德、斯多亚派的影响，他想总结古希腊罗马的全部哲学学说。

普洛丁新柏拉图主义哲学和美学的基本原则是关于三大本体的学说。第一本体是"太一"（hen）。太一有"原一"、"整一"、"一"的意思，是一个数的术语。普洛丁把太一视为世界的本原，太一是绝对的，超越一切存在，是唯一的实在和万物之源。

太一是普洛丁哲学的辩证过程的起点，世界万物从太一那里流溢出来。太一首先流溢出来的是第二本体——理智（nous 或 noys，音译奴斯、努斯，亦译为"精神"、"心灵"、"理智"，意即宇宙理性）。理智是绝对客观的因素——太一的产物，是存在的本体论状态，是宇宙潜能。它不是抽象的概念，而是一种客观现实的存在。柏拉图的各种理式或理式世界就是普洛丁的理智。它是万物的原型。

从理智中流溢出第三本体世界灵魂，世界灵魂是万物运动的起源。灵魂产生于理智，就像热产生于火。在普洛丁看来，物体或生或灭，或动或静。一个物体要借助另一个物体才能运动，另一个物体要借助第三个物体才能运动，这样就产生一个问题：是否有一种物体，它的运动无须其他物体帮助，而它能推动其他物体的运动。普洛丁认为这种自我运动的物体就是无形体的灵魂。人有灵魂，天地和动植物也有灵魂，各种灵魂就组成了世界灵魂。从灵魂中再流溢出物质世界，感性世界的末端是质料。人的任务就是从肉体生活上升到灵魂生活，从灵魂上升到理智，再从理智上升到与太一交融。这当然是一种神秘主义，不过，普洛丁强调了人摆脱粗俗的物质生活、追求自由的精神生活的重要性。另外，也应看到新柏拉图主义对逻辑演绎的重视。神秘主义和逻辑学在新柏拉图主义那里是并行不悖的。

普洛丁和柏拉图的联系和区别是，柏拉图所隐含的思想由普洛丁明确地表述出来。普洛丁的三个主要概念"太一"、"理智"和"灵魂"在柏拉图那里都可以找到，但是，柏拉图对它们的论述很简单，它们是分散出现的，只有仔细的哲学研究才能使它们明显起来，有的概念如太一在柏拉图的哲学中完全不占据中心地位。而这三个概念在普洛丁的著作中触目皆是，并且占有非常重要的地位。可以说，新柏拉图主义是对柏拉图主义的补充和发展。

新柏拉图主义不仅吸取了包括柏拉图在内的众多希腊罗马哲学家的思想成果，而且是罗马帝国封建化过程在意识形态上的反映。[①]在希腊罗马，没有一个哲学学派像新柏拉图主义那样热衷于确立存在的各种等级。虽然在柏拉图那里存在也分等级，然而只有几种，新柏拉图主义则确立了存在的几十种等级，其最高点是太一。太一高于一切，高于整个世界。产生这种概念的相应的社会条件是罗马帝国的封建化。当然，不是说新柏拉图主义关于存在的等级结构直接来源于等级森严的军事官僚制度，而是说这两种相似的现象具有共同的社会基础。

作为关于太一、理智和灵魂的学说，新柏拉图主义在研究美学时把美学本体论化。

第二节　作为本体论的美学

在希腊罗马，美学和本体论很少有区别。普洛丁把美学本体论化。在他那里，美学不仅与本体论相接近，而且就是真正的本体论。

在普洛丁那里，存在是分等级的。相应地，美也是分等级的，物体美、物质世界的美处在最低的等级。普洛丁从分析感性知觉的美入手，力图通过肉眼可见的物体来理解美的本质。然而，普洛丁感兴趣的不是美的现象，而是各种现象中的美本身的问题，他不断追问："是什么使得视觉在物体中见出美，听觉在声音中听出美呢？为什么一切直接联系到灵魂的

---

① 洛谢夫：《希腊罗马美学史》第 6 卷，莫斯科 1980 年版，第 169—171 页。

东西都美呢？是否一切事物之所以美，因为都具有同一的美？还是在不同的物体和其他对象中，美也是不同的呢？这许多种美或是这一种美究竟是什么呢？"①

为了寻找美本身，普洛丁首先把美的实质和物体的实质区分开来。同一物体，时而美，时而不美，物体的实质显然不同于美的实质。其次，普洛丁把美和比例对称区分开来。美在于比例对称是斯多亚派哲学家给美下的著名定义，他们指出，"美是物体各部分的适当比例，加上悦目的颜色"。这个定义在普洛丁时代和随后的中世纪都很流行。普洛丁批驳了这个定义。可见，普洛丁在讨论美时是与现实情况紧密联系的。

在论述物质美后，普洛丁转向灵魂美，即由感性知觉的美转入考察由灵魂知觉的美，这表明了他对美的等级态度。而这种等级态度产生于他的流溢说。他在《论美》中写道："至于更高的美就不是感官所能感觉到的，而是要靠灵魂才能见出的。"②"至于更高的美"指比感性知觉的物体美更高的内在美，比如事业和学术的美，美德的光辉，正义和节制的美等，普洛丁认为它们远远高于自然现象的美。

只顾满足肉体欲望的灵魂只能是个人的灵魂。普洛丁说的灵魂有两种：一般（世界）灵魂和个别（个人）灵魂。太一生理智，理智生世界灵魂。世界灵魂绝不同肉体相联系。然而，世界灵魂又产生出无数或大或小的灵魂。与世界灵魂相比，这些灵魂要弱小得多，这种弱小表现为，它们服从、讨好渺小的生命冲动，屈服于肉体。不过，个别灵魂也像世界灵魂一样不朽。实际上，个别灵魂并不具有欲望、苦恼、恐惧、妒忌等各种体验，所有这些体验为灵魂和肉体的混合物所特有。随着肉体的死亡，这种"混合"就自然瓦解了，但灵魂仍然不朽。为使灵魂不落入肮脏的质料中，需要理式在灵魂中发挥作用。灵魂美是理式在灵魂中的表现。

灵魂美高于物体美，理智美又高于灵魂美。理智美也是理式在理智中的表现。灵魂由理智溢出，它的使命就是上升到理智。按照普洛丁的观点，人应该从物体（肉体）走向灵魂，但是不能停留在灵魂上，因为灵魂时而美，时而丑。灵魂需要上升到理智，理智永远是美的。得到净化的灵魂，上升到理智的灵魂之所以更美，因为它这时已经是纯洁独立，与肉

① 《朱光潜全集》第6卷，安徽教育出版社1990年版，第408页。
② 同上书，第412页。

体欲望、与低级的黑暗无沾无碍的灵魂了。

关于美的等级，普洛丁的结论是：物体由灵魂而美，灵魂由理智而美，理智由善或太一而美。他描绘了美的等级结构，这种结构由三个等级组成。第一且最高等级是理智美。理智美的根源是太一或善，而主要载体为理智和世界灵魂。第二等级是自然的理式美，人的灵魂美，以及德行、学术、艺术（作为一门精神学科）的美。第三且最低等级是感性知觉的美，包括物质世界的现实美和具体的艺术作品的美。整个中世纪美学深受普洛丁关于美的等级划分的影响，并对此重新作了思考。

第三节　审美知觉理论

普洛丁的审美知觉理论主要有两方面的内容：一是认识美的历程：按照他所描绘的梯级逐步上升；二是观照美本身的方法："抑肉伸灵，收心内视。"

一　审美上升历程

普洛丁的审美历程与他的美的等级划分密切相关。美的等级结构按照流溢说自上而下地形成，而审美历程则自下而上，由低级美逐步走向高级美，最后返回太一。审美上升历程有两个阶段：爱美和爱善。爱美就是从物体逐渐上升到美本体，即理智，其手段是灵魂的净化。爱善是灵魂与太一融为一体，达到迷狂，其手段是对太一或美的观照。

《论美》论述了审美上升历程。首先由物体上升到灵魂，途径是拒斥感性知觉的美，"把肉眼的观照抛在后面，不再回头去看他过去所欣赏的肉体的光彩。如果看见肉体的美，就不应该跟踪追逐，应该知道，这些肉体美只是幻象和踪影，要追寻的是这些幻象和踪影所反映的美本身"。[①]如果追寻这些幻象和踪影，就会沉入理智是阴暗的深渊，"像一个瞎子落在阴魂界"。最好的忠告是"逃回到我们的亲爱的故乡"，即进入更高的精神美的梯级。普洛丁认为，荷马史诗《奥德赛》中的奥德修斯就以含混的语言暗示过这点，他逃离了女妖喀尔刻和女神卡吕普索，尽管她们那里有的是悦目的东西和形形色色的满足感官的美。

---

① 《朱光潜全集》第 6 卷，安徽教育出版社 1990 年版，第 417 页。

物体上升到灵魂，这种灵魂仅仅是和肉体结合的灵魂，还需要进一步上升到真纯的灵魂。真纯的灵魂不会有罪过，有罪过的只是和肉体结合的灵魂。然而，罪过在肉体，而不在灵魂。《九章集》第1集第1篇《论活物和人》指出，灵魂真正的生活不是肉体的生活，而是理智的生活。和肉体结合的灵魂要上升到真纯的灵魂，必须经过灵魂的净化。经过净化的灵魂是纯洁独立的灵魂，它要上升到理智，即返回故园（故乡）。普洛丁写道："我们的故乡是我们所自来的处所，我们的父亲就住在那里。"[①]

至此审美上升历程还没有结束。《九章集》第1集第3篇《辩证法》对审美上升之路作了具体的说明。普洛丁的辩证法不是论辩的规则，而首先是灵魂由尘世走向太一的上升之路。《辩证法》描述了灵魂到达"旅程的终点"即太一或善的历程。"旅程的终点"的说法直接取自柏拉图的《理想国》（532e）。普洛丁继承柏拉图《斐德罗篇》（248d）的观点，认为只有哲学家、爱乐者（"乐"指"音乐"，爱乐者泛指艺术爱好者，朱光潜译为"诗神"[②]）和爱美者能够走上审美上升之路。踏上这条道路，还要走很久才能达到旅程的终点。哲学家走上这条道路是出于本性，而爱乐者和爱美者需要外在的引导。[③]

哲学家在本性上就喜爱善和美，不需要外在的引导，只要向他指出美的道路的存在就够了，他能够借助数理学科和辩证法沿着这条道路走下去。[④] 普洛丁引用了柏拉图的说法，柏拉图在《斐德罗篇》中指出，完善的灵魂羽毛丰满，飞行上界（246c）。普洛丁辩证法的最后一个阶段是哲学观照。可见普洛丁的哲学也就是审美活动。因为哲学家本性上爱美，不满足于形体美，而追求灵魂美，并且上升到灵魂美的根源。

灵魂在审美上升历程中，面对美感到巨大的喜悦。美的等级越高，它所引起的审美体验越强烈。普洛丁浓墨重彩地描绘了这种审美心理感受。灵魂知觉美的物体时，和它相契，欢迎它。而接触到丑的物体时，灵魂就退缩畏避，拒绝它，把它看作异己的。在存在的等级上，灵魂与理式世界、理智相接近，"所以它一旦看到某些东西和自己同类或是有亲属关系

①　《朱光潜全集》第6卷，安徽教育出版社1990年版，第418页。
②　柏拉图：《文艺对话集》，朱光潜译，人民文学出版社1980年版，第123页。
③　普洛丁：《九章集》，第1集第3篇第1节。
④　同上书，第1集第3篇第3节。

的痕迹，就欣喜若狂地欢迎它们，因而回想到自己和属于自己的一切"。①普洛丁的这种观点来自柏拉图的《斐德罗篇》。

灵魂追求更高的美和更高的存在，即追求理智，就像恋人盼望期待已久的约会，恋人站在理智的门外，在入口处激动地颤抖。观照和欣赏最高的本原的美，能够产生无比幸福。"谁能达到这种观照谁就享幸福，谁达不到这种观照谁就是真正不幸的人。因为真正不幸的人不是没有见过美的颜色或物体，或是没有掌握过国家权势的人，而是没有见过唯一的美本身的人。"② 这些论述充分表明，普洛丁十分重视审美知觉中情感因素的作用，他把情感看作美感的要素之一。

二　"抑肉伸灵，收心内视"

"抑肉伸灵，收心内视"指观照美本身必须"闭起肉眼，抛开用肉眼去看的办法"，而唤醒"人人都有而人人都不会用的"收心内视的功能。借助内在视觉可以观照更高的美。在普洛丁看来，要回到故乡，即上升到理智世界，"依靠我们的这一双腿是办不到的，因为双腿只能把我们从这一块地上运到另一块地上去；车船也无济于事"。③ 唯一的办法是靠"内在视觉"。

《论美》第 9 节对内在视觉作了进一步的阐释，内在视觉"初醒觉的时候，它还不能看光辉灿烂的东西"。"光辉灿烂的东西"指最高的美，因此，"首先应该是使灵魂自己学会看美的事业，接着看美的行为"，这些事业和行为是"品德好的人所做出的"。然后"就看做出美的行为的人们的灵魂"。不过，"怎样才能看到好人的灵魂美呢？"普洛丁的回答是："把眼睛折回你本身去看。"④ 把眼睛折回自身内部、观照自己深层的内心世界，这是晚期柏拉图主义和早期基督教的一个重要原则，它由于教父哲学和中世纪宗教哲学而流行开来。它对美学思想的发展也产生了重要影响，因为这导致对人的心理的深层运动、对审美知觉和审美判断的过程等予以特别的关注。

---

① 《朱光潜全集》第 6 卷，安徽教育出版社 1990 年版，第 410 页。
② 同上书，第 417 页。
③ 同上书，第 418 页。
④ 同上。

显然，在观照自己的内心深处时，并不是都能在那里找到美，人常常有不足、缺陷和丑。因此，普洛丁强调，一个人如果在自身找不到美，那么，就应该像制作美的雕像的雕刻家那样创造美，从而达到内心的自我完善："凿去石头中不需要的部分，再加以切磋琢磨，把曲的雕直，把粗的磨光，不到把你自己的雕像雕得放射出德行的光辉，不到你看到智慧的化身巍然安坐在神座上，你就决不罢休。"① 达到这种境界，主体就成为"一种其大无穷，其形难状，不增不减的光辉"，成为能够知觉最高美的视觉。普洛丁认为，只有知觉者同被知觉客体相近似，知觉行为才有可能。"……因为眼睛如果要能观照对象，就得设法使自己和那对象相近似，眼睛如果还没有变得像太阳，它就看不见太阳；灵魂也是如此，本身如果不美也就看不见美。所以一切人都须先变成神圣的和美的，才能观照神和美。"②

也就是说，为了使自己的内心世界能够知觉客体，必须培育内心世界。在这里，普洛丁进入细致的心理观察。他表明，对美的知觉是主体的心理能动性得到充分发挥的过程。这时候主体充满了对客体的爱，同客体的美相契合，仿佛同它发生内在交融，在自身内部观照它。正如《论理智美》第 10 节所指出的那样，"凡是以慧眼观物的人都能见到自己心中有物在"。③

在各种感官中，普洛丁最推崇视觉，尤其是视觉以光作为自己的对象时。所以，他屡次谈到眼睛对太阳的知觉问题：眼睛如果没有变得像太阳，它就看不见太阳。对普洛丁来说，眼睛应当具有被观照对象的本质。他敏锐地感觉到，在知觉美的过程中，人的内心深处产生了客体的某种心理类似物，产生了近似于、几乎等同于客体的某种形象，这种类似物和形象激起人的精神愉悦。视觉与被知觉客体的相似原理如果转移到造型艺术领域，那么，就要求所描绘的形象和被描绘的对象之间具有直接的相似性。事实上，从普洛丁时代开始，在艺术中确立了对描绘的某些细节，比如眼睛的特别清晰的、浮雕式的描绘手法。

普洛丁在《论美》中所说的"内在视觉"指理智视觉。他专门写过

---

① 《朱光潜全集》第 6 卷，安徽教育出版社 1990 年版，第 418 页。

② 同上书，第 419 页。

③ 《缪灵珠美学译文集》第 1 卷，中国人民大学出版社 1998 年版，第 257 页。

论视觉的论文（《九章集》第 6 集第 5 篇）。在《九章集》第 5 集第 1、第 3、第 9 篇中他把视觉分为三种：肉体视觉（visio corporalis），我们用肉眼观看普通的客体；精神视觉（visio spiritualis），我们从自身内部观看客体的形象，我们根据经验或者表象知道这种客体；理智视觉（visio intellectualis），我们在自己的理智中观照抽象的、没有视觉形象的表象。最高的视觉当然是理智视觉，最低的是肉体视觉。没有精神视觉就不可能有肉体视觉，没有理智视觉就不可能有精神视觉，这三种视觉同时是对客体知觉的三个阶段。普洛丁的信徒、中世纪美学家奥古斯丁在《关于创世的通信》第 12 卷中用一个例子解释这三种视觉：当你读到"你要像爱你自己那样爱你的邻人"时，你是用肉眼（肉体视觉）看见了这句话（字词），用精神视觉即想象视觉看见了你的邻人，而用理智视觉、理智的直观看见了爱。普洛丁关于内在视觉的观点，肯定了美感比单纯感觉更为复杂的事实，丰富了审美知觉理论。

第四节　艺术是理智美的闪光

普洛丁没有专门的艺术理论著作，他的艺术理论散见在他的很多论文中。迄今为止，对普洛丁艺术理论的研究还很不充分。除了西方美学史著作涉及普洛丁的艺术理论以外，研究他的艺术理论的专著我们仅知道一种：德·凯泽（De Keyser）的《普洛丁〈九章集〉中艺术概念的意义》（卢汶 1955 年版）。为了分析普洛丁的艺术理论，有必要简略地描述一下普洛丁时代的艺术现实。凯泽在自己的专著中也正是这样做的。

在普洛丁时代，希腊文明的辉煌已经一去不复返，亚历山大城凋敝颓败，罗马日趋没落。艺术江河日下，音乐从学校课程中消失了，抒情诗死亡了，希腊时代鼎盛的悲剧离开了舞台，代之以华丽的舞蹈演出，伴有喧闹的乐队和解释情节的合唱。过去雅典人对职业演员抱有某种轻视，现在对演员的荣誉和声望则顶礼膜拜。亚历山大城的音乐趣味和绘画风格都不同于罗马，那里还存在古埃及艺术传统的影响。按照凯泽的见解，普洛丁应该接触到艺术形式和艺术风格的多样性。3 世纪罗马帝国的社会生活条件培植了对民族多元化和艺术多元化的容忍。正是在垂死的文明中出现了新世界的萌芽。① 在阐述普洛丁的艺术理论时，我们主要说明他对艺术美的本质和根源的理解，顺便指出他关于艺术功能的观点。

普洛丁的艺术理论和他的全部哲学、美学一样，以两条原则为基础：一是理智世界和感性世界的相互对立，二是从感性世界上升到理智世界②。普洛丁把艺术和艺术作品相区分，把艺术看作一门纯精神的学科，称音乐为音乐科学。艺术家掌握了这门学科，力图在它的基础上创作艺术的物质作品。艺术作品是某种理式的体现。在艺术领域，理式也是分等级的。最高的是艺术中的纯粹理式，次之是艺术家心中的理式，再次之是艺术作品中的理式。艺术家以自己的活动赋予理式即先验形式于质料，然而，粗俗的质料不允许艺术家彻底体现艺术的理式美，艺术作品只能在某种程度上反映这种美。

在普洛丁看来，美的理式要大大高于各种个别的物，各种物都分有了美的理式。美的理式仍然是自身，它不运转到石头上去，但是由它产生较低的、体现在质料中的理式。这种较低的理式不能在石头上保持艺术家心里原来所构思的那样纯洁，只能美到石头被艺术家降伏的程度。运转到质料上的理式不如原来的理式美，因为它分散到物体上，分散的东西总不如整一的、凝聚的东西。艺术中的理式美高于艺术家心中的理式美，后者又高于艺术作品中的理式美。

艺术作品虽然只能在某种程度上反映理式美，然而它实际上仍然是美的创造。普洛丁认为艺术美的根源在于理式或理智，艺术美仅仅是理智美的放射。这种放射具有许多等级，于是，艺术离开物质和它的实用意义越远，就越完美。最完善的艺术直接把我们带到理智世界，而实用艺术使我们疏远理智世界。

由于艺术是理智世界的反映，普洛丁在肯定艺术的模仿本质时提出了不同于柏拉图的模仿理论。"但是人们如果以艺术作品只模仿（原译为抄袭，下同——引者注）自然蓝本，来谴责各种艺术，我们就可以回答他们说，自然事物本身也还各按一种蓝本模仿出来的。此外，我们还须承认，各种艺术并不只是模仿肉眼可见的事物，而是要回溯到自然所由造成的那些原则。还不仅此，许多艺术作品是有独创性的，因为艺术本身既然

① 凯泽：《普洛丁〈九章集〉中艺术概念的意义》，卢汶1955年版，第19页。
② 洛谢夫：《希腊罗马美学史》第6卷，莫斯科1980年版，第547页。

具有美的来源，当然就能了解外在事物的缺陷。例如，菲狄亚斯雕刻天神宙斯，并不按着肉眼可见的蓝本，而是按照他的理解，假如宙斯肯现形给凡眼看，他理应像个什么样子。"①

在柏拉图那里，艺术模仿现实，现实模仿理式。所以，艺术是"摹本的摹本"，"影子的影子"，"和真理隔着三层"。虽然柏拉图也曾暗示过，艺术可以直接模仿理式世界，然而那仅仅是偶然提到的。例如，柏拉图要求理想国的捍卫者观照"最高的真，不丧失它，经常尽可能仔细地再现它"，"就像艺术家那样"。② 在普洛丁那里，各种艺术不仅模仿肉眼可见的事物，而且模仿理式。这对于他已成为一种真正的原则。艺术作品之所以成为艺术作品，因为它体现了彼岸世界的理式。尽管艺术美远远低于理智美，然而艺术仍然是真正的美。并且，艺术的模仿和独立创造结合在一起，例如，菲狄亚斯雕刻宙斯，与其说是模仿从来没有见过的宙斯，不如说是创造了他。在这里，普洛丁几乎在公开反对柏拉图。《论理智美》是普洛丁较晚的著作（按编年史顺序这是第 31 篇论文）。我们不清楚普洛丁此后是否完全不把艺术看作"模仿的模仿"，然而可以肯定的是，尽管他仍然使用模仿的术语，但他已经赋予这个术语以新的、重要的含义。

在他看来，高级艺术模仿的不是感性事物，而是非物质的理式；而低级艺术则追求和被模仿对象外表的相似。此外，普洛丁的模仿还有更深刻的含义，对理智世界的模仿引导人上升到更高的存在。和审美上升的结合，使得希腊模仿理论进入个新的高度，在普洛丁那里，真、善、美是同一的。

普洛丁的艺术理论还涉及艺术的作用问题。他多次谈到音乐对听众的作用。在他看来，音乐反映理智世界的和谐，也能使听众和理智世界相接触。音乐爱好者感觉敏锐，他着迷于声音的和谐，为它们的美所倾倒。他感到狂喜，仿佛展翅向美飞去，完全不能自持。各种音乐作用都会在他的身上留下烙印。人感觉音乐的这种能力是天生的，就像人天生是哲学家或者"道德美的朋友"一样。不过，普洛丁在强调音乐欣赏能力是一种天赋的同时，也不忽视后天对它的培养。他认为音乐爱好者应该从感性印象

---

① 《朱光潜全集》第 6 卷，安徽教育出版社 1990 年版，第 420—421 页。

② 柏拉图：《理想国》Ⅵ，484cd。

上升到对事物本质的理解，认识理智的和谐。也就是说，应当由科学、有
意识的教育来代替个人印象。而这种教育是循序渐进的：首先把理智和感
性相区分，接着领会抽象的比例，然后理解这些比例的和谐，最后观照隐
匿在和谐中的全部美。普洛丁遵循希腊传统，指出了音乐对道德的影响。
音乐能够改造人，使人变好或变坏。不过，音乐作用的不是意志，不是理
智，而是不可分割的灵魂。它净化灵魂，使灵魂摆脱对感性物质的迷恋，
上升到新的观照水平，理解和热爱太一。这样，音乐服务于最高的生话目
的。体现在艺术中的美，使人从感性上升到理智。在普洛丁那里，美学和
伦理学相互补充。

第五节   普洛丁美学的影响

在整个古希腊罗马美学中，普洛丁是仅次于柏拉图和亚里士多德的第
三位最重要的美学家。他生活于古希腊罗马和中世纪之交的时期，他对古
希腊罗马美学作了总结，同时又对中世纪美学发生直接的、重大的影响。

中世纪前期美学的思想来源主要有两个：一是新柏拉图主义，二是基
督教。中世纪第一位最重要的美学家是奥古斯丁，他奠定了长达千年的中
世纪美学的基础，整个中世纪没有一位理论家能够建立比他更完整的美学
体系。在希腊罗马哲学家中，奥古斯丁推崇柏拉图，他把亚里士多德看作
柏拉图的学生。他特别喜爱普洛丁，并且更加喜爱普洛丁的弟子波菲利。

普洛丁美学对奥古斯丁产生了深刻影响，奥古斯丁的某些美学理论甚
至是对普洛丁著作逐字逐句的复述。在普洛丁那里，美学是一种本体论，
美是分等级的。和普洛丁一样，奥古斯丁也把美学当作一种本体论，美是
存在的主要标志之一。在审美知觉理论上，奥古斯丁也深受普洛丁的影
响。奥古斯丁着迷于"人类意识的深海"，反对"把自身置于脑后"，[①]
屡次表达了"在我身内探索：我自身成为辛勤耕耘的田地"的强烈愿
望。[②] 他的审美知觉理论以感性知觉理论为基础，在这方面，他基本上以
普洛丁的观点为依据。

普洛丁对中世纪美学和艺术产生影响的不仅有美的理论和审美知觉理

---

① 奥古斯丁：《忏悔录》，商务印书馆1996年版，第194页。
② 同上书，第200页。

论，而且还有艺术理论。普洛丁认为，艺术作品模仿理智，即模仿神。艺术作品成为认识理智的工具，虽然是极不完善的工具。艺术作品的全部价值就在于此。作为一个多神教徒，普洛丁完全没有想到他的美学理论适合基督教艺术，基督教艺术家也没有想到，最适合他们的艺术理论是由异教徒普洛丁制订的。普洛丁关于艺术的论述并不多，然而这些论述对基督教艺术的影响却很大。基督教艺术接受了普洛丁的艺术理论，把艺术作品看作模仿上帝、表现上帝和认识上帝的工具。

关于普洛丁的艺术理论对中世纪艺术的影响，法国艺术史家 A. 格拉巴（A. Grabar）曾作过具体的分析。[①] 按照普洛丁的艺术概念，造型艺术家追求的是所谓真正的、理智的形象，而不是物质世界的现实特点；他们感兴趣的是对物的或深或浅的阐释，而不是对物的直接观照。艺术作品的作用不是供人自由地享受它的美，而是进行道德说教。这些正是中世纪艺术的特征。普洛丁的绘画理论为早期基督教艺术家所信奉，成为中世纪艺术的理论基础。如果我们从远处看一个客体，那么，它的体积就显得小，颜色会变淡，由于光线阴影的缘故，客体的外形会改变。普洛丁主张在绘画中要避免这些不足，使客体像在近处看到的一样，全都处在前景的位置上，让光线同样充分地照射它的各部分，一切细部都清晰可见。普洛丁所关注的是真实的体积、真实的距离和真实的颜色。这样，绘画中就不采用透视法来缩小远处的客体，客体的各个部分并列在一个层面上，而没有层次性。普洛丁认为，事物最重要的本质是理式在其中的反映，这种反映处在事物的表层。事物的深处是黑暗的质料，它同光线相敌对，不值得描绘。因此，绘画必须避免深邃和阴影，只描绘事物光亮的表面。这条原则在流传至今的始于罗马晚期的大量艺术作品中得到体现。

尽管普洛丁的理论被中世纪基督教美学和基督教艺术奉为圭臬，尽管普洛丁关于太一、理智和灵魂三位一体的逻辑对基督教关于圣父、圣子和圣灵三位一体的教义产生了重要影响，我们仍然"不能把新柏拉图主义基督教化"。[②]

普洛丁的著作经常提到神，然而，普洛丁的神不是基督教的一神，不

---

① A. 格拉巴：《普洛丁和中世纪美学的起源》，参见洛谢夫《希腊罗马美学史》第 6 卷，第 241—244 页。

② 洛谢夫：《希腊罗马美学史》第 6 卷，莫斯科 1980 年版，第 174 页。

是上帝，而是希腊诸神。新柏拉图主义者是基督教的反对者，波菲利在他的 15 卷《反基督教》中痛斥了当时方兴未艾的基督教。基督教的出发点是绝对的不可重复的个性（上帝），而新柏拉图主义的个性是可以重复的，归根结底是典型的自然现象。在新柏拉图主义中没有原罪的神秘，没有堕落灵魂的忏悔，没有赎罪的渴望。在普洛丁那里，每个神不是抽象的概念，而是有生命的。每个神是自然的某个领域的概括，而不是这种领域本身。因此，这些神是某种自然领域和它的概念的综合。神不是孤立存在的，他和其他神组成一个整体，这种整体性在每个神身上得到反映，同时每个神又有自己的特点。普洛丁的神话学具有泛神论的、宇宙学的意义，与基督教一神教相对立。对于普洛丁来说，神话学就是关于理智的学说，每个神就是宇宙某个领域中最一般的理式。所以普洛丁的美学不是一种神学，而是一种宇宙学。

从普洛丁对希腊罗马哲学思想的吸收、利用和改造的情况看，他是一位真正的、典型的希腊罗马思想家。虽然他也受到东方神秘主义的影响，然而他的美学和希腊罗马美学没有矛盾，没有越出希腊罗马美学的界限，没有越出多神教的界限。他沿着柏拉图、亚里士多德和斯多亚派的方向前进，他的思想是这些最主要的希腊罗马思想的某种集合。普洛丁美学深入到希腊罗马美学的内在精神方面，在这种意义上，它是希腊罗马美学的完成阶段和终结阶段。

普洛丁不仅对中世纪美学，而且对文艺复兴美学产生了重要影响。文艺复兴时期，在意大利佛罗伦萨创立的柏拉图学园里把柏拉图当作神来供奉。而对于文艺复兴时期的新柏拉图主义者来说，普洛丁和柏拉图是一回事。红衣主教库萨的尼古拉和坚定的反教会者布鲁诺都是新柏拉图主义的"太一说"的支持者。新柏拉图主义作为关于太一、理智和灵魂的学说，成为文艺复兴美学最重要的哲学基础之一。

普洛丁对德国古典美学，比如对康德、谢林和黑格尔，也产生过很大影响。新柏拉图主义对西方哲学和美学影响的断层发生在文艺复兴和德国古典美学之间的一段时间内，这时流行的是以笛卡尔为代表的欧洲大陆理性主义和以培根为代表的英国经验主义。虽然新柏拉图主义的余威犹在，比如 17 世纪下半叶英国出现了剑桥新柏拉图主义学派，但是总的来说，新柏拉图主义遭到启蒙运动的激烈反对。启蒙运动为什么反对新柏拉图主义呢？近代西方哲学是以主体和客体的分裂为基础的。理性主义重视主体轻视客体，经验主义重视客体轻视主体。而希腊罗马哲学和美学，包括新柏拉图主义是以主体和客体的交融为基础的，虽然主体或客体有时会占某种优势，但是绝对不会达到相互对立的地步。只有站在主客交融的立场，才能理解希腊罗马哲学和美学。对于普洛丁的哲学和美学来说也是这样。

第 八 章

奥古斯丁

奥古斯丁（Aurelius Augustinus，354—430）生于北非的塔加斯特（现位于阿尔及利亚），父亲是异教徒，母亲是基督教徒。他16岁时去迦太基学习修辞学，然后服膺摩尼教，又学习并力图实际利用亚里士多德的《范畴篇》。对摩尼教的失望使他走上怀疑主义的哲学道路。经过一系列紧张的精神探索，奥古斯丁于387年接受了名播西方的米兰主教安布罗乌斯的洗礼，正式皈依基督教。

奥古斯丁是中世纪著名的基督教哲学家，他第一次以哲学的方式全面而系统地论证了基督教的教义。在中世纪的西方哲学中，他占有统治地位。直到13世纪，他才遇到了有力的竞争者——托马斯·阿奎那。不过，托马斯·阿奎那仅仅在天主教教徒中享有权威，而奥古斯丁即使在新教徒中也有积极的支持者。奥古斯丁的思想来源主要有两个：新柏拉图主义和基督教。在美学史中奥古斯丁最重要的意义在于，他是整个希腊罗马向中世纪过渡的环节。这种过渡的标志是：他第一次把新柏拉图主义的太一称作人格神，即上帝。奥古斯丁的著作浩繁，代表作有《忏悔录》《上帝之城》《论三位一体》等，他专门研究美学的著作有两部：《论美与适宜》和《论音乐》。奥古斯丁建立了完整的美学体系，整个中世纪没有哪位美学家能够建立比他更完整的美学体系。我们分别阐述他关于美、审美知觉和艺术的理论。

第一节　美的理论

普洛丁和奥古斯丁是西方美学史上相互衔接和前后承续的两个环节的代表人物。在奥古斯丁的所有著作中都可以感受到新柏拉图主义的巨大影响。在奥古斯丁成为基督教的权威的思想家后，他仍然对新柏拉图主义者怀有深深的敬意，认为他们比其他所有哲学家都更接近于基督教，尽管普洛丁和他的学生波菲利是基督教不共戴天的敌人。

奥古斯丁关于美的理论深受普洛丁的影响。在奥古斯丁那里，美学是一种本体论，美是存在的主要标志之一。美是有等级的，美从高一级的存在向低一级的存在扩展。

普洛丁认为，最高的美是理智美，其根源是"太一"，其载体是世界灵魂。其次为人的灵魂美，德行和学术的美。位于最低级的美是感性知觉的美。和普洛丁一样，奥古斯丁主张在美的等级结构中，绝对美占有最高的等级。所不同的是，普洛丁把绝对美说成是希腊诸神或理智，而奥古斯丁在美学史上第一次把绝对美同基督教的上帝完全融合在一起。他视上帝为唯一的和真正的美，模仿这种美的万物是美的，但是它们和这种美相比就是丑的。上帝是"万美之美"，[①] 是其他美所由产生的"至美"。在《忏悔录》中，奥古斯丁用美学术语屡次把上帝描绘成理想的审美客体："是你，主，创造了天地；你是美，因为它们是美丽的；你是善，因为它们是好的；你实在，因为它们存在，但它们的美、善、存在，并不和创造者一样；相形之下，它们并不美，并不善，并不存在。"[②]

在奥古斯丁美的理论的下一个梯级上是精神美，精神美包括道德美和艺术美。在精神美方面，他特别重视人的心灵美。心灵美由"遵守教规的"思想、在道德上当之无愧的行为和德行等成分组成。可见，在这里审美和伦理紧密地联系在一起。奥古斯丁屡次强调，德行使心灵变得美，恶习使心灵变得丑。他写道："在某种方面，遵守教规是心灵美，由于这一点人成为美，甚至身材佝偻丑陋的人也往往成为美的。"[③] 他在《布道

---

① 奥古斯丁：《忏悔录》，商务印书馆1996年版，第41页。

② 同上书，第235页。

③ 奥古斯丁：《论三位一体》，第8卷第6章第9节。

书》中举例说明他的观点：如果有两个仆人，一个形体很美，但是不忠诚；另一个对我忠诚，然而是个丑八怪，我当然喜欢第二个人，对他的评价更高，尽管他的形体是丑陋的。精神美也包括科学美。奥古斯丁不仅指出科学的效用，而且指出科学的美，科学美是从事科学研究的动因之一。科学和艺术中最美的是哲学。当然，他这里所指的是宗教哲学，宗教哲学可以达到"真正的智慧"和对绝对美的认识。

　　比精神美低的是物质世界的美。奥古斯丁指出人对世界的三种态度。第一种像摩尼教徒那样，把整个世界看作恶，并且诅咒这个世界。第二种被世界的美本身所吸引，世界成为人所喜爱的对象。第三种态度最为重要，即人在世界的美中看见造物主和自己对造物主的敬爱①。上帝创造世界的基督教思想决定了奥古斯丁对物质世界及其美的态度。在他看来，上帝所创造的一切不可能是丑的，不过人们不善于理解许多植物、昆虫或动物的美，而把它们说成是丑的。这种观点和新柏拉图主义者对物质世界的轻视已经大异其趣，物质世界的美在奥古斯丁美学体系中的地位大大高于在普洛丁美学体系中的地位。虽然奥古斯丁也认为物质世界的美比起绝对美来是微不足道的，它只是上帝美的反映，然而，他对物质世界的美、人体美的赞扬值得重视。他对美的事物极其敏感，对自然美有很细腻的感受力，并对此作了微妙精细的描述。

　　罗马晚期普遍轻视人体美，与此相对立，奥古斯丁为人体美作辩护。尽管他认识到迷恋女性的肉体美会燃起欲望，导致罪孽，因此女性美是危险的，然而他在《上帝之城》等著作中仍然赞颂人体美，多次指出人体美来自上帝这个最高美和绝对美。女性肉体是美的，如果它不成为肉体享受和种系繁殖的对象，它会更加美，这时候它仅仅具有新的、非功利的美。人体和四肢五官为了完成某些功利功能，必须要有完善的和合理的组织和结构。不过，奥古斯丁强调，人体中的许多组织仅仅为了美，而不是为了效用。当时的解剖学家和医学家无法揭示人体的这种内在和谐，人们只能赞叹人体的外在美。例如，男性的乳头和胡须具有纯装饰作用。以此为理由，奥古斯丁得出有关人体的纯审美结论，认为人体中不涉利害的美要高于效用：没有一种人体器官只具有功利作用而不具有美，然而存在着只服务于美而不服务于效用的人体器官。在这一点上，奥古斯丁与希腊罗

---

① 奥古斯丁：《忏悔录》，商务印书馆1996年版，第321页。

马美学家相比迈出了新的一步。

在奥古斯丁之前，基督教就揭示了自然美和物质世界的美，奥古斯丁对感性美的重视并非继承了早期希腊美学的传统，而是发展了基督教的观点。如果普洛丁逃避物质美而趋向精神美，那么，奥古斯丁力图以上帝本原来证实物质美。物质美作为上帝的创造，被理解为上帝美的影像和指向上帝美的符号。在物质美和精神美的关系上，柏拉图美学也有类似的意图。不过，奥古斯丁的侧重点和他完全不同。柏拉图轻视物质美，因为物质美只是精神美的苍白的反映。而奥古斯丁赞扬物质美，恰恰因为物质美是上帝美的影像和符号，它局部地反映了上帝美，经常指向上帝美。

在奥古斯丁美的理论中，还有几点值得注意。首先，他在《论美与适宜》中区分出自在之美和自为之美，即事物本身的美和一个事物适宜于其他事物的美。这部书在奥古斯丁生前就佚失了，它的有关内容在奥古斯丁皈依基督教以后的著作中有所涉及。他在《忏悔录》中写道："我观察到一种是事物本身和谐的美，另一种是配合其他事物的适宜，犹如物体的部分适合于整体，或如鞋子的适合于双足。"① 他在一封信中给这两种美下了这样的定义："美（pulchrum）由于它自身被观赏和赞叹，它的对立面是畸形的丑。适宜（aptum）的对立面是不适宜（ineptum），它和美相反，仿佛表示某种依存，它不是由于自身而是由于它与之结合的事物而得到评价。"② 自为之美总是包含着效用和合目的性的因素，而自在之美没有这些因素。因此，自为之美是相对的，因为同一个事物可能符合这一种目的，而不符合另一种目的。

其次，奥古斯丁区分出静态美和动态美。静态美指颜色和形式美，动态美指运动美。静态美在希腊美学中已经得到研究，奥古斯丁进而研究了动态美，并且认为它更富有精神性，对它的评价也更高。在奥古斯丁看来，世界的美就在于世界诸成分经常的运动、发展和更替中。有节奏的运动是音乐、诗、舞蹈的基础，是它们美的因素。动态美也为人的生活所固有，因为快感、幸福和愉悦都是在时间中流逝的。因此，在奥古斯丁的美学中，节奏作为动态美的基础受到特殊的关注。

最后，奥古斯丁探讨了美的基本特征和原则。为什么美能够引起我们

---

① 奥古斯丁：《忏悔录》，商务印书馆 1996 年版，第 64 页。
② 奥古斯丁：《书信集》，第 138 封第 6 节。

的快感？为什么我们喜欢美的事物？类似的问题使奥古斯丁感兴趣，在回答这些问题时他总结了希腊美学的成果。他把形式和数看作感性的美的普遍特征，此外，他区分出美的较为具体的特征和规律，它们包括平衡、类似、适宜、对称、比例、协调、和谐等。这些原则中占首位的是整一。他运用这些原则分析了现实美。例如，平衡程度越高的几何图形越美。这样，等边三角形比其他任何三角形都美。但是，正方形又比等边三角形美。因为在正方形中等边对等边，而在三角形中与边相对的是角。不过，正方形也有不完美的地方，它的中心到角的顶端的距离，与中心到四边的垂直距离不等。从平衡的角度看，最美的图形是圆。由彼此相似和相互适应的成分能够组成美的事物，其例证是人体。"在人体中几乎没有什么东西可以取消，如果剃掉一边的眉毛，对美就会造成很大的损失。美不在于各种成分的量，而在于它们的平衡和对称。"①

奥古斯丁把物质美的一切形式规律看作最高的真和善的表现，绝对的整一同时就是绝对的真和最高的善。因此，感性美的形式规律归根结底是有内容的，它们并非自身具有意义。在这一点上，奥古斯丁美学根本不同于希腊美学。他认为美的形式规律是存在的最高规律，事物越美，在存在中占据的地位就越高，也就越真。

第二节　审美知觉理论

作为心理学家，奥古斯丁擅长分析人的深层心理活动，有的研究者甚至把他与现代著名心理学家作比较。在这方面，他也受到普洛丁的影响。他对普洛丁《九章集》的精神力量和深刻性惊叹不已。普洛丁向他指明了在自身隐秘的灵魂深处，而不是在外部物质世界中寻求真理的途径。

奥古斯丁的审美知觉理论以感性知觉理论为基础。他基本上依据普洛丁的观点，以视知觉为例来说明感性知觉问题。因为他认为视知觉是最完善的和最具精神性的知觉。在《论三位一体》第9卷中，奥古斯丁在分析视知觉时指出，我们观察任何有形物体时，有三个事物是紧密结合在一起的：外部对象，知觉过程，使感官固定在对象上的注意力或意志。在早期著作《论双重灵魂》第14节里，奥古斯丁把意志定义为"心灵趋于占

---

① 奥古斯丁：《上帝之城》，第11卷第22章。

有或保存某物的自发活动"①。意志将感官引向对象并专注于对象。这种注意力是知觉所必不可少的，奥古斯丁曾举例说明它的重要性："我在阅读时，常常是读完一页或一封信后对读了什么一无所知，不得不重读。原因是心不在焉，心意旁骛，字符固然映入了感官，感觉却并未被记忆所注意。"② 把意志引入感性知觉过程，是奥古斯丁的独创，这是普洛丁知觉理论中所没有的。按照奥古斯丁的理解，意志在视知觉的各个阶段都起着重要作用。视知觉不仅取决于知觉客体，而且首先取决于知觉主体的注意力指向何方。奥古斯丁的理论预测到视知觉心理学领域中的某些现代发现。

奥古斯丁的审美知觉理论主要体现在《论音乐》中。《论音乐》是他唯一流传至今的美学著作。他于 387 年，即接受洗礼的前几个月开始写这部书，该书在 389 年至 391 年之间完稿，这时他已经是基督教自觉的理论家了。《论音乐》第 1 卷研究音乐的本质、艺术、运动等问题，第 2—5 卷分析节奏、节拍，第 6 卷讨论了感性知觉和理智判断、永恒不变的数以及艺术和科学的地位和作用。第 6 卷是奥古斯丁美学的心理学部分，也是他的美学最有特色的部分。为什么奥古斯丁在精神探索最紧张、思想斗争最激烈的时候要详细研究音乐问题呢？因为他要建立艺术节奏、宇宙节奏和人的精神节奏的学说。这和希腊罗马美学家对音乐的理解有关。

希腊罗马美学家对音乐的理解和我们现在不同，他们首先把音乐理解为一门理论学科，即音乐科学或音乐理论，而不是音乐艺术。音乐的基本原理不仅适用于音乐艺术，而且适用于诗、舞蹈、戏剧和造型艺术。柏拉图甚至认为音乐是一门哲学，是"各种艺术中最高的艺术"。从毕达哥拉斯学派开始，古代对音乐的研究集中在两个问题上：一是音乐对人的心理的影响；二是音乐的数的理论。毕达哥拉斯学派把数的规律看作为各种艺术和宇宙的基础。在罗马晚期，音乐被当成一门数学学科，真正的音乐家不是作曲家和演奏家，而是音乐理论家。这样理解的音乐科学符合奥古斯丁从物质世界向精神世界转换的意愿。

奥古斯丁依据毕达哥拉斯学派的思想和普洛丁对数的理解，把各种对象、现象和过程看作数的组织。数的本质和规律属于永恒的和不变的真的

---

① 转引自蒙哥马利《奥古斯丁》，中国社会科学出版社 1992 年版，第 111 页。

② 同上书，第 106 页。

领域，因此，只能为理性所理解，而不能由感官在物质世界的对象中加以知觉。自然界、人的生活、人制作的一切、夜莺美妙的鸣啭、动物匀称的运动都是由于数的规律。数主宰着天体运动，它也是一切科学和艺术的基础，它还形成美和审美判断力的结构。

奥古斯丁以音乐作品为例，区分出五种数。第一种是声音本身中的数，即使听众没有听到它，它仍然客观存在于音乐作品中。第二种是存在于知觉主体的感官或感觉中的数。只有当客体的数作用于相应的感官时，这种数才会产生。对客体的直接知觉一旦停止，这种数就消失了。这里说的是在声音的作用下耳朵中所发生的生理过程。第三种数存在于声音的制作者（比如音乐家）的心灵中，它不依赖其他各种数，可以表现在脉搏的跳动和呼吸中。第四种数存在于记忆中，这是记忆能力。它可以脱离前三种数而独立存在，但是有一个前提条件，即前三种数要在它之前产生。第五种数存在于我们的判断中，数的平衡使我们愉悦，破坏这种平衡则使我们厌烦。这样，奥古斯丁在"艺术家—艺术作品—知觉者"的系统中区分出五个阶段：艺术作品的创作，艺术作品，对艺术作品的直接知觉，记忆以及根据快感或不快感对艺术作品的判断。

在《书信集》第 7 封信和《论三位一体》第 11 卷中，奥古斯丁详细研究了与记忆有关的两种表象。他用希腊术语把它们分别称作 phantasia 和 phantasma。前者是在过去的知觉基础上产生的表象、形象，即记忆影像。在各种各样，甚至对立的记忆影像的基础上产生新的精神运动，这种精神运动与以前的感官知觉和感性印象已经没有直接联系。奥古斯丁把它称作 phantasma，这是对记忆影像的重构，即想象、幻想。奥古斯丁说他设想自己见过的父亲是一回事，而设想从未见过的祖父是另一回事。前者的表象可以在记忆中找到，这是记忆影像；而后者的表象在发端于记忆的精神运动中找到，这是幻想。想象、幻想是对内心已有的事物表象进行增损组合的能力。例如，他以想象黑天鹅（当然他完全不知道世上确有黑天鹅）或四腿鸟为例，说明心灵借助想象，完全可能构造一个其整体从未在感官中出现过，但其各部分全都以各种不同的连接方式向感官呈现过的虚构的影像。

如果普洛丁把抽象的理式看作美的核心——平衡和协调的基础、看作知觉和创作过程的基础，那么，奥古斯丁把较为具体的数看作这种基础，他认识到知觉、创作、艺术理论和艺术作品的某种共同性。这在美学史上迈出了新的一步。

第三节　艺术理论

希腊美学把艺术分为自由艺术和机械艺术。在基督教教义中，这两类艺术的对立进一步加深。自由艺术有七种：语法、演说术、辩证法、代数、音乐、几何学和文学。前三种是所谓"三艺"，后四种是所谓"四科学"。机械艺术包括绘画、建筑、雕塑。

除了代数以外，奥古斯丁考察了各种自由艺术。人的理性在观察感性世界的规律时，需要在相应的学科中铭记自己的认识。于是，理性发明了语言、文字和词语搭配的规律，从而产生了语法。奥古斯丁所说的语法实际上包括了除诗以外的各种语言艺术。接着，理性把"科学的科学"——辩证法看作产生艺术的动力，辩证法能够使人变得有知识。但是，人有贤愚，愚者不能直接接受真理，于是，理性使辩证法充满娱乐色彩，以唤醒人的心灵，这样就产生了演说术。演说术作为辞令的艺术，是一种纯审美的学科。

理性转向听觉领域，在这里奥古斯丁接受了罗马学者瓦罗（Varro，公元前116—前27年）的观点，把声音分为三种：声乐、管乐和弦乐。声乐有歌咏，包括悲剧和喜剧。管乐有长笛和类似的乐器。弦乐有基法拉琴、竖琴、扬琴。理性要求声音材料按照一定的长短规律组织起来，这就是节拍，由它们可以构成诗和节奏。这样，理性就创造了诗和诗人。奥古斯丁所说的音乐学科成为一系列艺术的基础，它们就是现代所说的器乐、声乐、戏剧和诗。理性诉诸视觉领域，它观看天地，天地之美在形式，形式之美在匀称，匀称之美在数。由线条、圆形、事物的形式形成了几何学。天体按照数的规律的运动给理性留下了深刻的印象，理性创造了天文学。由几何学的规律产生了建筑，而绘画和雕塑也以数学规律为基础。在新柏拉图主义的影响下，奥古斯丁阐述了各种艺术的形成过程和特点。他把理性视为艺术的起源，把艺术的"合理性"看作艺术的主要价值。自由艺术在他那里是永恒不变的宇宙理性规律的总结。机械艺术的基础也是理性。"合理性"表现在作为美的基础的各种规律中，即表现在平衡、比例、节奏、合适中。

奥古斯丁把艺术看作吸收宗教价值的辅助手段，从而奠定了中世纪对艺术的地位和作用的理解。随着奥古斯丁对基督教信奉程度的加深，希腊所推崇的自由艺术在他那里越来越失去价值，而机械艺术的作用和意义得到提高，但这已经不是希腊的机械艺术，而是新的、基督教的、服务于教会的机械艺术。显然，机械艺术比自由艺术更容易用来影响人的内心世界。在《基督教教义》第 2 卷中，奥古斯丁详细论述了基督教对艺术的态度，这些论述成为中世纪艺术理论和实践的规范。奥古斯丁之所以主张艺术应该表现美和激起知觉者的快感，因为这样的艺术能够更好地为基督教服务，有助于人接受和掌握其中所包含的真理。在这方面他自己深有体会，在谈到聆听安布罗西乌斯主教布道的情景时，他说："我不注意他所论的内容，仅仅着眼于他论述的方式——我虽则不希望导向你（指上帝——引者注）的道路就此畅通，但总抱着一种空洞的想望——我所忽视的内容，随着我所钦爱的词令一起进入我的思想中。我无法把二者分别取舍。因此我心门洞开接纳他的滔滔不绝的词令时，其中所涵的真理也逐渐灌输进去了。"①

在奥古斯丁看来，艺术实现功能的途径有两种：一种是对知觉主体直接起审美作用和情感作用，另一种是通过符号系统来实现。因此，符号理论和审美知觉理论是他着力研究的课题。在上文中我们已经谈过他的审美知觉理论，这里我们看一下他的艺术符号理论。他对《圣经》本文的分析，实际上揭示了艺术本文的一系列组织原则，虽然他并不把《圣经》看作艺术作品或神话作品。他认为，《圣经》本文的多义性、不明晰性，其中的隐喻、寓意、谜语等加强了《圣经》的表现力和对人的精神的作用力，这是《圣经》传递特殊意义的一种专门手段。《圣经》本文的意义不仅仅在词语的字面含义和词组结构中，也在词语的转义中。奥古斯丁从两方面理解艺术的符号功能。第一，艺术引导人们从事物和词语的外部进入到它们深层所蕴含的精神真理。第二，艺术作品就是这些精神真理的符号。从奥古斯丁时代起，艺术的符号性成为中世纪审美思维的主要部分。

在结束本章时，我们对奥古斯丁的美学思想作一个小结。奥古斯丁美的理论在宗教神学的范围内形成，其中心是绝对美、绝对善、绝对真的三位一体，即上帝。他认为所有的物质世界和精神世界都是上帝的作品，因此都带有上帝的痕迹。美是存在的主要标志之一。丑证明了美的缺乏，因

---

① 奥古斯丁：《忏悔录》，商务印书馆 1996 年版，第 88—89 页。

而也就证明了存在的缺乏。精神美占有最高等级。这适用于一切，包括社会和人。奥古斯丁的审美知觉理论以心理学和数的理论为基础，把创作、知觉和艺术作品连成一个系统。在艺术理论方面，奥古斯丁论述了美和艺术的结构规律，以及符号理论的某些原则，他努力使艺术为基督教的教义服务。

第 九 章

拜占庭美学

　　拜占庭（Byzantium）原是博斯普鲁斯海峡岸边的一座古希腊时代的移民城市，地处黑海与地中海、欧洲与小亚细亚之间的交通要冲。公元330年罗马皇帝君士坦丁在此建成罗马新都，改名为君士坦丁堡（即今伊斯坦布尔）。6世纪上半叶以前，罗马帝国东部通称东罗马帝国，7世纪以后，由于在国家管理和社会发展上已与早期罗马帝国大不相同，故史称拜占庭帝国。拜占庭帝国横跨欧、亚、非三洲交界处，领土以巴尔干半岛和小亚细亚为中心，包括亚美尼亚、叙利亚、巴勒斯坦、美索不达米亚和埃及。作为一个多民族国家，曾对欧亚"蛮族"产生很大影响，同时外族人的入侵和影响也始终不断。

　　帝国初期，手工业和商业发达，城市繁荣，农业上以隶奴制占优势。5世纪时，拜占庭在经受"蛮族"入侵之后渡过了奴隶制的危机，未曾打破原有国家机器，经自上而下进行的改革，逐步演变为封建制国家，并加强军事化统治。自公元476年西罗马帝国灭亡后，拜占庭帝国继续存在了近千年。"拜占庭帝国在封建割据的世界中的特点，是它实行了严格的中央集权制。它掌握有高度发展的、一切取决于中央的国家机构，它进行了对世界各国的贸易。它的经济是建立在货币制度上并且有经常固定的收入"。[①]

　　拜占庭人自以为他们是奥古斯都恺撒帝国传统的唯一继承人和代表，

---

① 参见列夫臣柯《拜占庭简史》，三联书店1959年版，第5页。

基督教与罗马帝制的结合形成了基督教—帝国的观念。东部教会以君士坦丁堡为中心，并将希腊语作为礼拜仪式用语，称为希腊正教（Orthodox）。在5—6世纪时，由于东方教会是支持基督只具有神性的一性论观点，引起与罗马教会的基督二性（神性和人性）论之间在教义上的长期论争。查士丁尼一世（Justinianus I，483—565）掌权（527—565）后，正式接受基督教会正统教义，恢复罗马教会与东方教会（除埃及外）的交往，并四处征战空前扩大了帝国的版图。

马其顿王朝（867—1025）是拜占庭历史上的黄金时代，成为欧洲最强大和富裕的国家，此时内政稳固并开始向外扩张以收复失去的版图。对阿拉伯人的长期战争转为攻势，还恢复了拜占庭在东地中海的优势。除收复若干失地外，又占领了格鲁吉亚和保加利亚。它开展广泛的传教活动，使斯拉夫人和保加利亚人皈依了基督教，并使基辅罗斯正式接受基督教，自此俄国教会便隶属于君士坦丁堡总主教。当拜占庭帝国灭亡以后，甚至俄国沙皇还自认为是拜占庭皇室的继承者。

拜占庭帝国融合了罗马帝国的政治传统与希腊文化以及东方教会观念，广泛吸收了东方文化的影响，创造出具有独特风格的拜占庭文化。帝国在国际经济和文化交流方面发挥了联结东西方的桥梁作用，成为"丝绸之路"的终点。由于通用希腊语，使得古希腊和希腊化时期的文化遗产得以大量保存下来，这些古典文化对意大利文艺复兴运动的兴起发挥了启迪作用。

公元1054年罗马教会与君士坦丁堡教会彻底分裂，成为东西欧关系变化的转折点。1071年诺曼人占领了拜占庭在意大利最后一个据点，切断了它同意大利的最后联系，从此造成拜占庭的希腊世界与西欧的拉丁世界不仅在地理和政治上而且在宗教和文化上的永久分离。此后拜占庭只能偏安于一隅，至1453年，君士坦丁堡被土耳其人攻占，拜占庭帝国为奥斯曼帝国所取代。

第一节　拜占庭人的世界观与美学观

拜占庭美学是在全面继承和接受希腊教父美学的基础上形成的，它并非来自审美经验的总结，而是一种宗教观念的产物，反映了一种基督教——新柏拉图主义的世界观。这种世界观是二元论的，它把世界分为世俗的和神圣的、物质的和精神的，这两个世界反映了不同的存在等级，精神世界是物质世界的摹本，它是更高的和完善的存在。物质世界并非完全邪恶，因为它也是上帝创造的，上帝的隐秘性便是人的全部希望与慰藉的所在。尽管人们生活在世间，却属于一个更高的世界。正如拜占庭神学家奈斯福尔·布雷米德（Nicephorus Blemmides，1179—1272）所说："天国是我们真正的家园。"人生的目的便是设法走向这一家园，"我们降生于世，并非为了吃喝，而是为了显示造物主的美德，为其增辉"①。

在这种二元论世界观基础上形成的美学观，必然具有明显的超验的性质。它并不否定经验世界，但只是把经验世界看作引向精神世界的手段。正如拜占庭神学家大马士革的约翰（Joannes Damascenus，700—754）所说：

> 当我们崇敬我们从中听到上帝之声的《圣经》时，我们赞美上帝。同样，依据画出的外观，我们观看上帝的物质形态、伟业和人的活动的形象。我们变得纯洁了，认识到信仰的充实，喜悦非常，体验到极乐，我们自豪，我们尊崇并赞美上帝的物质形态。在看着他的物质形态时，在可能的范围内，我们也能洞悉他的神性的光辉。因为我们具有肉体和灵魂的双重本质，没有物质媒介我们无法认识精神事物。依此途径，通过对物质的观照，我们达到对精神的观照。②

与西欧美学相比，拜占庭美学与古希腊罗马美学传统具有更紧密的联系。这首先与通用语言的共同性有关。用希腊人写成的古希腊罗马哲学文献比在西欧更普及。同时在拜占庭，不像在西欧那样对古代异教（多神教）传统采取极端排斥的态度。如像拉丁教父德尔图良谴责古希腊罗马艺术淫荡腐化，视其为罪恶深重。拜占庭的作家们对古希腊罗马传统更加宽容，并竭力汲取其中适应自身需要的东西加以改造利用。在这方面希腊教父大巴赛尔兄弟成为他们的榜样。大巴赛尔被看作是晚期古希腊罗马美学传统的直接继承人。

拜占庭美学创立了与古代美学传统不同的新的范畴体系。它很少注意

---

① 参见塔塔科维兹《中世纪美学》，中国社会科学出版社 1991 年版，第 43—44 页。
② 同上书，第 57 页。

诸如和谐、尺度、美等范畴，却突出了崇高，特别是由（托名）狄奥尼修斯所提出的崇高范畴，把崇高视为"心中充满对神圣的敬畏"。这一范畴最大限度地与拜占庭美学和艺术中的心理描写相适应。正如 B. B. 贝奇科夫所指出："在拜占庭思想家们看来，任何一个古典范畴，如'尺度'、'和谐'、'美'等等（这一古典化过程早就从柏拉图开始了），自身都带有上述意义的崇高的痕迹，都必须把人提高、上升到超越于人类经验的角度来研究。这一点正是新的美学范畴体系的心理色彩所强调的。结果，在范畴体系本身中提高到首要地位的概念便是'形象'和'象征'，而不是古希腊罗马的'美'、'和谐'、'尺度'，尽管它们像整个古希腊罗马遗产一样对拜占庭思想家们任何时候都是重要的和有意义的。"[①]

在这里，（托名）狄奥尼修斯的《神秘神学》对于拜占庭美学的发展产生了相当重要的作用。君士坦丁堡的神学家克里斯普利士的马克西姆（Maximus de Chrysopolis，约580—662）为（托名）狄氏著作所作的注释也成了中世纪的神学经典。马克西姆同样表现出强烈的神秘主义色彩，他强调人的灵魂要超越感性领域而向理智领域复归，以便进而与上帝相融合。他说：

> 她（灵魂）在单纯观照中与上帝融合，不用思想、知识和语言，因为上帝不是与她的认识能力相对应的认识对象，他不是关系，而超越知识的统一体，不可言说与解释的道，只有上帝知道他，并将这一不可言说的恩典赋予一切值得消受的人。[②]

为了通过象征手段以观照上帝的形象，由此形成了对于圣像的崇拜和"圣像哲学"。圣像哲学的理论代表之一便是大马士革的约翰。他否认人类通过语言和概念能够认识上帝的本质，而是肯定感性直观可以体察上帝。所以他强调视觉艺术手段的重要性，由此把宗教膜拜与审美直观联系在一起。

对于画像的概念，他指出：

---

① 贝奇科夫：《拜占庭美学中的形象问题》，转引自舍斯塔科夫《美学史纲》，第64页。
② 参见赵敦华《基督教哲学1500年》，人民出版社1994年版，第200页。

　　画像是原型的一个外观上的复制品，但又与原型不尽相同，因为它与原型并非一样，基督是不可见的上帝的活的、真实可信的形象。在上帝心中，也存在着他的未来创造物的形象和模型。

　　除此之外，画像是象征不可见也无法显现的事物的可见物：画像对那些事物加以描绘以加强我们的不充分的推想。通过它们，我们认识了无法想象的事物，并使无形物在我们的面前有了形式。

　　其次，画像这个名称也用称呼那种以神秘的形式给出未来事物之轮廓的事物。

　　画像的概念还与过去有关，无论是回忆非凡事物，回忆荣耀还是羞辱、美德还是邪恶。它可为那些以后将观照画像的人提供帮助。画像具有双重性，它既可通过写在书里的词语来认识，也可通过感官观照来认识，因为画像是回忆的工具，一本书对于会书写者的意义，也就是一个形象。对于既不会读也不会写的人的意义，一词对于听觉的意义，也就是一个画像对于视觉的意义。①

　　总之，他认为在这种创造中，我们看到画像使我们朦胧瞥见神的光辉。

　　这就是说，在基督教的观念里，尽管神本身是纯粹的心灵的统一性，它也显现为现实中的人，因为基督是神性与人性的统一。同时，神性的东西在现实中一般都显现在凡人的感觉、情绪、意志和活动里，在凡人的心灵中都起作用，所以神的心灵所凭附的圣徒和殉道者就成为艺术表现的对象。

　　显然，这里形成了一个二律背反的悖论。因为当艺术把神性的东西当作表现中心时，"神性的东西本身既然就是统一性和普遍性，在本质上只能作思考的对象，而且它本身既是无形的，就不能纳入艺术想象所造的图形，所以犹太人和伊斯兰教徒就禁止画像，来供感官观照"②。正是在形象与原型的关系上，逻辑地产生了圣像崇拜与反圣像崇拜的对立，它为"圣像破坏运动"的产生提供了思想前提。

　　以形象问题为中心，拜占庭美学十分看重视觉的作用以及它给人的审

---

① 参见塔塔科维兹《中世纪美学》，第56页。
② 黑格尔：《美学》第1卷，商务印书馆1979年版，第224页。

美心理效应，它把视知觉看作形象化地认识真理的手段。奈斯福尔·布雷米德指出："往往是，智慧无法借助于所听到的话语来把握的东西，视觉只要领会得不错反而能解释得更加清楚。"① 迈克尔·普塞罗则针对视觉效果的心理影响写道："一般说我是一个圣像的鉴赏家，而其中有一幅圣像以其无法形容的美而特别使我为之倾倒，它像雷击电闪那样，使我失去情感，夺去了我的理智，使我丧失了处理（世俗）事务的力量。我并不完全相信，这一描绘会与其超自然的、神的原型相类似，但我坚定地认为，色调的混合确实表现了血肉之躯的本质。"② 因此，他把绘画看作一切科学和艺术创作的榜样。

但是，作为神学家的职责，他们不会让人的审美感受压倒宗教体验。因此奈斯福尔·布雷米德在另一个地方又指出：在宗教活动中不应引吭高歌，也不应时常改变旋律，"因为对于痛下工夫的人们来说，宁可在精神专一纯洁的状态中，毫无享受地飞升为神"③。

另一点与西欧中世纪美学不同的是，拜占庭美学涉及了形象创造中幻想的作用问题。他们认为幻想也是一种人的认识能力，它就像人的情感或理智一样是不可或缺的。君士坦丁堡修道士、历史学者斯图迪特修道院的西奥多罗（Theodorus Studita，759—828）指出："心灵的五种力量之一就是幻想；幻想可以想象成某个圣像，因为无论哪个圣像都包含着描绘在内。所以，与幻想相类似圣像并非无益的。"另一位学者格列高里·帕拉马在幻想—圣像中看到某种介乎情感与理智之间的东西，他说："心灵的幻想—圣像是从情感中领悟到的形象，把它们和对象与外表分开来……幻想—圣像甚至在没有对象本身的情况下包含着价值以达到内在的运用，并赋予价值自身（通过形象）看得见的东西……幻想—圣像是智慧和情感的界限……而经常回旋的智慧创造出各种形象，通过多种多样的方式对话着，类比着，推论着。"④

显而易见，幻想比想象具有更大的主观色彩，它并不需要现实性的依据。

---

① 参见舍斯塔科夫《美学史纲》，上海译文出版社 1986 年版，第 62 页。
② 同上书，第 61 页。
③ 参见乌格里诺维奇《艺术与宗教》，三联书店 1987 年版，第 106 页。
④ 参见舍斯塔科夫《美学史纲》，第 62 页。

总之，拜占庭美学的贡献主要不在于美的概念上，而是在其形成的独特的艺术观，它要求艺术表现为对上帝的膜拜服务，将人的心灵从物质提升到庄严神圣的境地。与古希腊摹仿说不同，它的艺术观强调了象征和光的照耀，以体现上帝的无限崇高和令人敬畏。在它的崇高的和精美的形式背后也隐藏着统治者的暴政和民众的迷信狂热和无知。

第二节　艺术的理念及其风格的传播

拜占庭艺术是拜占庭帝国政教合一体制的产物，是在其特定的神学美学思想指引下形成的。其表现的主题紧紧围绕基督教义而展开，它在东方文化与古希腊罗马文化的交融中创造了独特的艺术形式，并且产生了广泛而深远的影响。

一　艺术发展概况

随着帝国形势的变化，拜占庭艺术的发展经历了几起几落。它的发展一般分为三个阶段：前期4—6世纪，从君士坦丁大帝迁都君士坦丁堡开始，经狄奥西多二世（401—450）走向繁荣，到查士丁尼大帝（483—565）时代达到鼎盛；中期7—12世纪，其间经历了圣像破坏运动的冲击，从马其顿王朝（867—1056）到圣康尼努斯王朝（1081—1185）再次达到恢弘的发展；晚期13—15世纪，此时国力已经衰微，十字军于公元1204年攻占君士坦丁堡，使这个东部最繁华的城市遭到空前浩劫，无数艺术珍品毁于一旦，但其后在帕里奥洛加王朝时期教堂绘画和装饰艺术等又得到再次复兴。至1453年土耳其攻占君士坦丁堡，拜占庭艺术随着帝国的灭亡而告终。

民族构成的多元性反映出拜占庭文化根源的多元性。初期的拜占庭帝国地跨欧、亚、非三洲的要冲，其居民大多数为希腊人和希腊化的东方人——叙利亚人、犹太人、亚美尼亚人、埃及人和波斯人。在帝国的欧洲部分除意大利以外还有斯拉夫人、蒙古人和日耳曼人。斯拉夫人属于农业民族，到7世纪时不仅渗入日耳曼统治区以东的欧洲全境，而且成为巴尔干半岛人数最多的民族。蒙古人属于游牧民族，保持了剽悍和尚武的习性，与斯拉夫人融合产生了保加利亚和塞尔维亚人。①

对于拜占庭艺术所具有的民族和地域特性，卡尔·包斯尔（Karl Bosl）指出："拜占庭艺术的色彩斑斓和沉闷的照度给人一种神秘而威严的魔力。这些形式起源于叙利亚和小亚细亚。这种由东方向西方的新的文化运动，其起始点在萨珊王朝的波斯，来自聂斯托利派（即景教）从事手工艺叙利亚人和科普特的埃及人。这场运动一开始在拜占庭便卓有成效地达到了全盛。由此，东方的符号性装饰战胜了希腊的自然主义；色彩战胜了线条；穹隆和圆顶战胜了木质的屋顶构架；丰富的装饰性战胜了严格的简单性；丝质的法衣战胜了平滑的古罗马宽外袍。波斯君主制的专制主义通过戴克里先和君士坦丁征服了西方。新首都君士坦丁堡的艺术取向于小亚细亚和埃及。蛮族的西欧失去了辐射力。波斯帝国的胜利为东方艺术的涌入创造了条件。埃德萨（Edessa）和尼西比斯（Nisibis）是美索布达米亚文化的中心，这里融合着伊朗、亚美尼亚、卡帕多西和叙利亚的诸多因素。商人、僧侣和手工艺人将这些形式带到安条克（叙利亚旧都）、亚历山大城、伊非索斯、君士坦丁堡、腊文纳和罗马。"②

君士坦丁堡位于融贯东西方文化的交叉点上，它虽然是希腊化移民城市，保留有浓郁的希腊古风，但东方基督教艺术传入以后，它仍以一种温和的态度调和了东西方文化因素，在多元文化的基础上创造出拜占庭艺术的独特性。自公元330年以后，君士坦丁堡便成为帝王、宫廷和政府的所在地，后来又成为正教会的中心。它既是一个繁华的经济中心，又是一个富有吸引力的国际大都市。它还吸引了许多慷慨的艺术赞助人来这里投资于艺术以及奢侈工艺品的生产。在这里形成的艺术风格，又借助政教合一的权力杠杆的文化影响向周围传播开去。

公元6世纪是拜占庭艺术的第一个高峰期。当时，查士丁尼大帝妄图重建罗马帝国，经过长期征战重新夺回了北非，并在那里建筑了许多教堂。他一度占领了意大利，在腊文纳等地大兴土木，修建了圣维塔列教堂和新圣阿波利纳教堂等建筑。在君士坦丁堡，他还建成了著名的圣索菲亚大教堂（Hagia Sophia，意为神的智慧）。

圣索菲亚教堂初为巴西利卡式，是在君士坦丁大帝和狄奥西多执政期

---

① 伯恩斯、拉尔夫：《世界文明史》第1卷，商务印书馆1987年版，第424页。
② Karl Bosl：《中世纪的欧洲》，维也纳1970年版，第119页。

间所建，532 年被火灾烧毁，查士丁尼大帝决定重建。由小亚细亚建筑师特拉利斯人安泰缪斯（Anthemios of Tralles）和米利都人伊西多尔（Isidore of miletus）主持设计。大教堂的建筑平面呈方形，它是巴西利卡式与集中式相混合的产物，带有中厅和侧廊。教堂规模宏大，仅中间大厅的巨大圆顶直径就达 33 米，高达 60 米，几乎与古罗马的万神庙一样大。除了四根粗大的立柱支撑外，在圆顶的两侧有两个起支撑作用的直径相等的半圆顶，而这两个半圆顶本身又各有三个附属的小圆顶来支撑。中央圆顶底部开有一圈窗户，既减轻了大圆顶的沉重感，又改善了室内采光。它象征着宇宙苍穹，人们在这里可以仰望基督教的威严和崇高。

这一教堂是作为君士坦丁堡的标志和查士丁尼大帝的纪念碑来建筑和装饰的。教堂的外形直接反映出内部空间的容积，以其巨大的形体、简仆的轮廓给人以突出的印象。一位历史学家在谈到这种结构的组合时说："它们以令人难以置信的技巧在半空中彼此上下飘动，最后在这些构件上面矗立起的工程表现出无比杰出的和谐。"保罗在主持落成典礼时说："这圆顶好像是从天国上用金链子吊下来的。"① 当灿烂的阳光照进教堂，室内金底马赛克彩色镶嵌的壁画与带有神秘意味的圆顶显得辉煌壮观。当查士丁尼大帝看到这一杰作时，他感叹道："啊，所罗门王，我终于胜过了你！"

拜占庭教堂是以砖块作为建材的圆顶式建筑。砖块建筑技术来自东方两河流域。萨珊王朝的波斯（3—7 世纪）在古代两河流域拱券技术的基础上发展了圆顶。遍布波斯各地的火神庙多为正方形开间，上面加有圆顶，形成了最初的集中式建筑形制。在方形平面上覆盖圆顶，必须解决这两种几何形状之间的承接过渡问题，以保持圆顶的力学平衡。拜占庭建筑在借鉴巴勒斯坦等地传统建筑的基础上具有重大的创造。

对于教堂的内部装饰，拜占庭艺术家显示了巨大的创造热情。在相当长的时期内，教堂的内部装饰形成了一种模式。在低矮的部分墙面贴彩色大理石嵌板，靠窗的墙体则用马赛克镶嵌壁画，因为这里有较好的光线照明。马赛克也用于圆顶和拱券的弯曲表面，用半透明的小块彩色玻璃镶制而成。6 世纪以后，重要教堂建筑的马赛克全用金箔作底。彩色斑斓的马赛克统一在黄金的色调中显得格外明亮辉煌。人物形象上金色、银色的部

---

① 钮金斯：《世界建筑艺术史》，安徽科学技术出版社 1990 年版，第 151 页。

分则用金箔或银箔裹在玻璃外面镶成，其表面略作不同方向的倾斜，造成明灭闪烁的效果，给教堂增添一种神秘的幻觉效应。在这里光的辉煌与明亮成为上帝的至圣的象征。

在意大利的腊文纳，曾经是拜占庭帝国的一个重要艺术活动中心。那里的圣维塔列教堂和巴西利卡式的新旧两座阿波利纳教堂的创造，显示了拜占庭美学思想的成就，尤其是圣维塔列教堂精致华丽的内部装饰与粗犷的生动的柱头镂花雕饰相映生辉，装饰意味极为浓重。这里的镶嵌壁画《查士丁尼大帝和随从》及《皇后西奥多拉和随从》也是拜占庭早期造型艺术的代表性杰作。作品表现了皇帝和皇后朝访教堂的故事。皇帝作为上帝的代理人也属于圣徒之列，体现了皇权神授、政教合一的思想。艺术家一反古希腊罗马的艺术手法，将平面描绘的人物融入金色背景的抽象空间之中，对称的构图处理和正面肖像式的凝神的目光，形成静止的仪式般的场面。艺术家避免了人物个性的刻画，只保留了某些肖像特征，犹如进入一种抽象化的精神世界。镶嵌画那种独特的色调和分明的节奏、闪烁的色块都为画面带来一种生气。

《圣经》手抄本是当时人们携带和阅读的重要图书，其中以细密画装饰的插图成为拜占庭艺术创作的重要方面。由于创作的个人性质，很快形成了两个画派：即亚历山大画派和安提柯画派。前者是用优美高雅的希腊艺术来表达和体验信仰的存在；后者则更具有东方色彩也更写实，形成一种历史纪念碑式的风格。前一画派的作品未能存留下来，只有创作时期的记载。后一画派作品有由叙利亚修道士拉巴拉（Rabula）于586年所绘福音书插图，他从真实人物的观察出发画出了福音传教士的肖像，展现出历史性的场面特征，富有东方情调。现列入佛罗伦萨劳伦斯藏书目中。

奢侈工艺品的生产是拜占庭的一大特色。在塞浦路斯的凯里尼亚发现的由叙利亚作坊制作的金银器中，有一套9个银盘的餐具，制作于610—629年，在其凸纹饰的场面中展现了大卫的系列故事，这是根据《旧约·诗篇》而来。这套餐具看来是为拜占庭皇帝希拉克略专门制作的。许多拜占庭皇帝都喜欢把自己比作大卫，在排场考究的宫廷生活中处处体现出政教合一的原则和理想。同样，拜占庭制作的刺绣和纺织品也十分精美，蜚声于世。有的图案具有基督教象征意味，有的构图精巧色彩斑驳。

在世俗建筑艺术方面，由于保存下来的很少，难以反映整体面貌。但是，拜占庭在工程建筑方面绝不比罗马帝国逊色。君士坦丁堡的宫殿废墟在二战以前有几处出土，皇宫那精美的地板马赛克给人留下设施豪华的印象。皇帝的宫廷建筑紧挨教堂，同样是采用巴西利卡式的建筑平面以及圆顶的中央大厅。保留最好的是各种防卫设施和地下贮水池。君士坦丁大帝为他的城市建造了第一道城墙。随着城市的扩大狄奥多西二世时又扩建了城墙，并建成气势恢弘的凯旋门，称作金门，其中间的通道专供皇帝凯旋回师之用。后世巴黎的雄狮凯旋门即参照君士坦丁堡凯旋门建成。

公元 7 世纪，拜占庭帝国陷入军事和经济危机之中，先后失去了埃及、美不达米亚、叙利亚和意大利等地，由此文化艺术也受到不利影响。8—9 世纪间发生圣像破坏运动，宗教艺术受到极大冲击，而世俗艺术得到一定发展，并受到皇帝的青睐。

到马其顿王朝时，帝国经济复苏，国内矛盾也趋向缓和，由此迎来了文化艺术发展的第二个黄金期。圣像破坏运动的反作用，却激发和推进了宗教艺术的发展。这一时期是细密画发展最辉煌的阶段，艺术风格呈多种多样倾向，有摹仿古希腊罗马风格的，也有东方格调的。现藏巴黎国家图书馆的旧约《诗篇》手抄本（现通称《巴黎诗篇》），其大量插图是 10 世纪中叶拜占庭细密画的杰出代表。其中许多幅画面是描绘大卫和摩西等人的故事。在艺术构思和技法上接近于古典风格，整个画面格调雅致，带有抒情意味。这一时期的修道院成了手抄本生产和插图绘制的繁忙中心。

由于圣像供奉派的胜利，教堂装饰排除了以自然景物和十字架为中心的象征性抽象艺术，新的教堂建设为圣像画和装饰艺术提供了用武之地。教堂壁画主要表现从基督"受胎告知"到"磔刑"的传记式题材。在前期时选题比较混乱，也没有明确的规定。马其顿王朝之后，这些传记式题材基本上是按教会的十二个大祝祭来排列的。此外还有"最后的晚餐"、"给弟子们洗脚的基督"等与受难有关的内容以及"逃亡埃及"等基督幼年时期题材。不但题材是基本规定的，甚至连墙面位置的安排也不是随意的。教堂中央的圆顶中心是全能的基督，周围是天使们，祭室的半圆形顶上是正在祈祷的圣母像，其他墙壁则绘制旧约时代的族长、先知、使徒和殉教者等。

壁画在技法上不受镶嵌手段的制约，线条可以得心应手地自由运转，色彩的浓淡变化和中间色的运用也容易处理。奥尼达大教堂的《基督升天》中，人物和树木都有强烈的动感，这种动势成功地表现了惊奇地看到基督升天时使徒们的心理状态。这种动势的表现在 12 世纪的一系列壁画中都可见到。特别是逐渐兴起的与"受难"有关的图像，其悲剧性的情感表现已达相当高度。这一时期呈现不同的风格倾向，如"动态风格"（the Dynamic Style）、"激昂风格"（the Agited Style）或"风暴风格"（the Storm Style）等。

在十字军东征和拉丁人的掠夺破坏之后，拜占庭似乎已不再具有新的艺术创造力，但在马其顿地区和圣山地区，仍然出现了绘画艺术的复兴。在建筑装饰方面，壁画逐渐代替了镶嵌画，这一方面与财力不足有关，另一方面也因壁画更易于对形体的塑造和设色的自由，从而符合新的时代精神。这一时期壁画首次完全用于装饰教堂的整个墙面，出现了更多、更复杂的绘画作品，甚至用来图解祈祷、圣诗和圣歌的特定意义和内容。13世纪的拜占庭绘画，是欧洲绘画史上的重要成就之一，人物呈现出宁静、柔和及三度空间感。到这一时期，拜占庭的黄金饰品和宝石艺术在世界上仍处于前列，在威尼斯圣马可教堂中的珠宝便可展示出这一时期黄金宝石饰品的独特魅力。

二　艺术理念

拜占庭艺术是在神学美学思想指引下形成的一种极具成就的宗教艺术，无论从建筑到绘画，从手工艺到雕刻品，都是围绕着宗教信仰的内容和政教合一的题材展开的。政教合一的国家，即皇帝和教皇等，成为大型艺术作品的唯一委托人和顾主。由他们确定题材提出任务，要求这些艺术首先用于阐释基督教义并显示统治者的权威。这种艺术的基本特征是：辉煌、抽象、静穆、光与色的充分运用，两度空间的平面造型手法，人物于背景间组合的韵律感等。这些特征，不仅表现在教堂建筑、镶嵌艺术和壁画上，也表现在圣像艺术和福音书手抄本的插图中。大型的艺术项目都是由匿名的大师集体完成的。所绘的景象和人物要严格根据各自特定的象征意义来安排，由此逐步形成了一种程式化的规范。

正如尼可尔所指出："没有任何艺术门类像圣像画那样，与正教会的礼拜仪式结合得如此紧密和彻底。圣像的特殊地位使它完全取决于宗教活动的用场，所以，不论在题材还是形式上只是不惹人注目地随着时代的风格而变迁。"[1]

---

[1]　H. L. Nickel：《拜占庭艺术》，莱比锡1964年版，第112页。

要求恪守统一的规范，抵制任何创新的尝试和变革，由此势必造成一种保守的倾向和单调化的特征。受到神学思想和教会规范的束缚，艺术家容易养成仿制因袭的习惯。于是仿照比创新更值得提倡。所以在表现耶稣受难故事的作品中，愈是最初、最原始的作品，就被认为愈接近于它们的原型。艺术创作的审美本质与宗教艺术的社会职能之间在这里存在深刻的矛盾和冲突，因为教会要求为信徒提供一种一成不变的宗教形象，以便强化人们的宗教感受；而艺术创作只有从现实生活中吸收灵感、只有创新才能取得生命力。

表现神的圣洁和崇高成为宗教艺术的首要目标。用绘画以理想的形式表现个别的神，就要刻画与主题有本质的内在联系的方面而排除其他外在因素。这就是拜占庭圣像采用抽象和平衡静止形态的原因，由此使它所表现的神学理想获得一种静穆和崇高感，给艺术带来了新的要素。

新柏拉图主义的超验性和精神与物质、人性与神性的二元对立，这些都强化了拜占庭艺术源于东方的抽象风格。艺术中的人物形象不是作为表现肉体的物质存在而被描绘，而只是作为思想和信仰的居所。它要超越世俗生活中的过眼烟云，全神贯注于神性的永恒。因此，这种艺术更注重于精神的共性，而非对人物个性的表现。个性的形象受到限制，取而代之的是标准化的脸型，巨大的眼睛和锐利的目光，体形则是平面化的，不讲究形体的描绘，而是以生动的线条和色彩的平涂为主。服装的衣褶被简化为卷曲的线条图案。整个画面给人以灵魂超脱肉体的感觉。

拜占庭艺术的抽象化倾向，不仅表现在对人物形象的刻画上，也表现在人物之间的关系和背景的处理上。这种抽象化在观念上是将全部自然现象、人类生活和历史事件看作是一种暂时的和必朽的东西，把它们只是看作时间之外的、永恒的、精神的和神灵的东西的一种象征和符号。他们认为，历史事件在时间上的顺序是没有意义的，所以在同一幅圣像画里，描绘的每个特定的人物在时间上都处于彼此分割的状态。甚至发生在一个人物身上的两个不同历史时刻的事件，可以同时出现在同一画面上。例如一幅约翰的圣像里，施洗的约翰手托一钵，盛着的却是自己被砍下的首级。圣像用金色背景加以渲染，也突出了它的非现实性。它仿佛把每个形象从尘世的背景中拉出来，推到超自然的理想境界中。金色所代表的是神圣之光，它与任何物质性的色彩没有联系。这种金色背景看上去，使人物形象宛如悬浮于墙壁与观众之间的空间某处，突出了它的精神力量。

三　拜占庭艺术的传播

在拜占庭帝国存在的时期，由于政教合一的帝国权威，君士坦丁堡成为拜占庭艺术传播的中心，先后传入西欧各国和斯拉夫民族国家（基辅罗斯、保加利亚、塞尔维亚）以及高加索地区（格鲁吉亚、亚美尼亚和外高加索）等。拜占庭文明成为决定东欧发展进程最有影响的因素，它对东正教国家的艺术产生了深远的历史影响。当拜占庭帝国灭亡之后，拜占庭艺术的风格和形式仍然为这些国家所沿用和继承。此外拜占庭艺术也对阿拉伯即伊斯兰的萨拉逊人产生了影响。

在加洛林王朝时，法兰克的查理曼大帝曾经参观过意大利，他亲眼目睹了君士坦丁时代在罗马兴建的纪念碑式的教堂建筑以及查士丁尼大帝在腊文纳的建筑遗迹，他决心在自己的帝国通过建筑再现这种宏伟的威严。因此，加洛林王朝的教堂建筑便是以罗马早期基督教式样和拜占庭帝国初期的教堂为楷模。同时，查理曼在其亚琛宫殿内殿建造的帕勒泰恩礼拜堂也是摹仿腊文纳的圣维塔列教堂，采用了八角形平面设计。这一时期的维也纳加冕福音书手抄本，其插图的绘制者都是来自君士坦丁堡的拜占庭人，它们所掌握的绘画技法源于古代画室的传授。

意大利曾为拜占庭帝国的版图，持续达 500 多年。在圣像破坏运动期间又有大量僧侣由拜占庭逃亡于此，这些僧侣和东方商人都曾对拜占庭艺术传播发挥了作用。在 9 世纪时，威尼斯的一些商人从亚历山大城运回了福音传道者马可（ST. Mark the Evangelist）的遗体，并为他修建了一座神庙。11 世纪时神庙改建为圣马可教堂。该教堂是以查士丁尼大帝在君士坦丁堡建造的圣徒教堂为蓝本。它采用了希腊式建筑平面和 5 个圆顶。其立面给人以三层半圆形波浪式叠加的鲜明印象。底层有 5 个华丽的圆顶门道，第二层为 5 个半圆形山墙面支撑着的半圆形壁窗。它成为晚期拜占庭式建筑的代表，这一建筑使人们不断回想起威尼斯与拜占庭帝国的亲缘关系。在西西里岛上的罗马式建筑，也明显地受到拜占庭风格的影响。尤其在教堂装饰的马赛克镶嵌、墙壁和地板的五彩大理石装饰等方面，比之于建筑的平面设计和结构方面，影响更为突出。甚至在法国西部佩里格的圣弗朗特教堂，其平面图几乎与圣马可教堂一样，它建于 1120 年。在法国这一地区许多建筑物也都采用了拜占庭式的圆顶。

位于幼发拉底河以东高原上的亚美尼亚，在拜占庭帝国统治时期曾经辉煌一时。昔日曾以千座教堂闻名的首府 阿尼（Ani）如今已成荒原一片。公元 1001 年君士坦丁堡圣索菲亚大教堂的中央圆顶在地震中毁坏，便是邀请了建造过阿尼大教堂的建筑师拉达特（Tradat）参与其修复工作。

塞尔维亚、保加利亚等地也处于拜占庭风格直接影响之下。在黑海边的奥赛巴尔是中世纪建筑的兴盛之地，在 11—14 世纪兴建的教堂几乎都是带有中央圆顶的集中式构造。奥赛巴尔教堂的最大特色是外壁的装饰，它不仅包括砖石纹饰还加装了陶板，这一外壁装饰的手法是与拜占庭后期建筑的特色——即外观美化相一致。

早在公元 863 年，来自拜占庭萨朗尼卡的传教士兄弟二人，西里尔（Cyril）与美多迪乌（Me thodius），便将《圣经》译成斯拉夫语。为此，它们还创造了一种格拉哥里字母系统，并用这种文字去阐释斯拉夫人的世界，从而使这套字母系统在斯拉夫语中取得了正统地位。保加利亚的恰尔·波莫斯和基辅罗斯公国的弗拉基米尔大公先后于 864 年和 989 年皈依了东正教。

关于基辅罗斯接受基督教的过程，还有一段趣谈，说明宗教艺术对于信仰的传播具有的直观感染力。据涅斯托尔在《往年纪事》中记载，信奉伊斯兰教的伏尔加河保加尔人、信奉犹太教的卡扎尔人、信奉天主教的日耳曼人和信奉东正教的拜占庭希腊人都曾向弗拉基米尔大公推荐他们的宗教，但大公对伊斯兰教徒说，喝酒是罗斯人的乐趣，没有酒他们就活不下去。他也拒绝了犹太教，因为他觉得犹太教的神不够强大，甚至不能保护自己的子民留在耶路撒冷。而罗马天主教和希腊正教也有不足，它们都要实行一定时间的斋戒。于是大公派出了一个使团去考察信奉不同宗教的国家。使团回来后向他报告说，伊斯兰教徒中没有欢乐，在罗马天主教徒的仪式中看不到荣耀，而在拜占庭的东正教教堂里，能见到人间罕见的光辉壮丽，使人不知是置身天堂还是尘世。[①] 由此可见拜占庭宗教艺术给人的巨大感召力。

最先在罗斯得到传播的正是拜占庭的宗教艺术。罗斯受洗后，到处兴建起拜占庭风格的教堂。洋葱式穹顶（Onion dome）是罗斯对拜占庭风格的特殊贡献，也是拜占庭风格的巴洛克式化。圆形的顶部在向内收缩以前

---

　①　参见姚海《俄罗斯文化之路》，浙江人民出版社 1992 年版，第 8 页。

先向外膨起，这种屋顶好像更能承受北方冬季大雪的重压。到 11 世纪，仅基辅一地就有数百座教堂。基辅城中心建造的索菲亚大教堂从形制到名称都与君士坦丁堡大教堂一样。然而这座高大的石结构建筑却有 13 个葱头圆顶。在教堂内部同样用镶嵌画、壁画和雕塑等进行了装饰。受拜占庭的影响，圣像画的传播更为广泛。到 14—15 世纪时，罗斯的圣像画发展达到全盛。作为"通往天国的窗户"，圣像画不仅供奉于教堂和修道院，而且进入了寻常百姓之家，成为全家精神生活的寄托。圣像画的发展也从对拜占庭的摹仿走向形成具有民族和地域特色的独特风格。

　　罗斯教会在中央集权化过程中起了重要作用。13 世纪后期，当罗斯政治中心从西南向东北转移时，教会也从基辅迁到了弗拉基米尔。随着莫斯科公国的崛起，总主教驻节地便转到莫斯科。在拜占庭帝国没落之后，原来笼罩在君士坦丁堡的东正教世界中心的灵光，移到了莫斯科的上空。1497 年，拜占庭帝国君士坦丁一世的徽记——双头鹰首次出现在俄罗斯的国玺上，成为延续至今的国家象征物。罗斯教会的思想家们适时地制造出新理论，来迎合莫斯科大公需要。16 世纪初，普斯科夫叶利扎罗夫修道院的修道士菲洛伊在给莫斯科大公的信中宣称：莫斯科是罗马和拜占庭的继承者。现在莫斯科是真正的基督之都，第三个罗马，莫斯科的君主是普天之下所有基督徒的沙皇。[①] 皇权神授的思想和中央集权制的政体也使拜占庭的宗教艺术在俄国产生了更深远的影响。

---

　　① 　参见姚海《俄罗斯文化之路》，第 23—24 页。

第 十 章

托马斯·阿奎那和但丁

经院美学是经院哲学的组成部分。经院哲学是 9—15 世纪在"经院"（教会或修道院办的学校）以及大学里讲授的论证神学的基督教哲学。早期著名的经院有位于巴黎的夏特尔学校和圣维克多学校。13—14 世纪，巴黎大学和牛津大学的神学院是经院哲学繁荣期的中心。托马斯·阿奎那是经院哲学繁荣期的美学家。

第一节　托马斯·阿奎那

托马斯·阿奎那（Thomas Aquinas，1225—1274）生于意大利名门望族，家族与教廷和神圣罗马帝国皇帝关系密切。他 5 岁时被送到卡西诺修道院学习，接受了 9 年的初等教育。后来去那不勒斯大学学习，在那里阅读了亚里士多德的逻辑学著作和后人的评注，并于 1244 年加入多明我会。1248—1252 年托马斯·阿奎那就学于大阿尔伯特（Aibertucs Magnus，1200—1280），大阿尔伯特是德国多明我会的缔造者之一，是第一位全面、系统地介绍亚里士多德著作的拉丁学者。1252 年托马斯·阿奎那进入巴黎大学神学院学习，1256 年毕业，和波那文都同时获得神学硕士学位。

托马斯·阿奎那是经院哲学和经院美学最主要的代表，是中世纪最大的神学家。多明我会在中世纪大学中占据统治地位，倾向于亚里士多德的逻辑学。教父哲学和早期经院哲学运用柏拉图学说论证基督教教义，证明上帝是超验的、永恒的绝对存在，而世界万物作为上帝的创造物，是不完善的、有限的暂时存在。十二三世纪亚里士多德的著作由阿拉伯、犹太和西欧学者译成拉丁文，介绍到西欧。巴黎大学等大学出现了研究亚里士多德著作的热潮。亚里士多德的著作重视理性和自然哲学理论，对教父哲学、早期经院哲学和基督教造成极大的威胁。在这种情况下，托马斯·阿奎那试图运用亚里士多德理论来论证基督教教义，使经过改造的亚里士多德哲学适应多明我会反对异端邪说的需要。

托马斯·阿奎那的著作达 1500 万字，然而他的美学论述不多，这些论述散见于他的《神学大全》等著作中，没有形成完整的、独立的篇章。据统计，托马斯·阿奎那在 45 种著作（占他所有著作的 57%）655 处涉及美或者考察了它，其中 130 处是他本人的论述（不是援引他人的著作），并具有原则意义①。13 世纪经院哲学的范本是各种"大全"，其阐述程序是：提出问题；论述各种不同意见，说明作者的观点，进行逻辑论证，反对可能的和实际的异议。托马斯·阿奎那的《神学大全》就是按照这种方式写成的，他提的第一个问题是："除了哲学科学之外，是否需要其他学问？"第二个问题是："神圣的学问是否是一门科学？"《神学大全》的一些题条涉及到美学问题。《神学大全》不分章节，只列题目，每个题目下面列若干条。它的写作历时 8 年，全书 160 万字，分 3 集，有512 题，2269 条。

一 美的三要素说

托马斯·阿奎那在美学史上影响最大的美的理论是美的三要素说。他写道："美有三个要素。第一是整一（integritas）或完善，因为不完整的东西仅此一点就是丑的；第二是适当的比例或和谐（consonantia）；最后是明晰（claritas），所以色彩鲜明的东西被称作为美的。"② 在美的三种要素中，整一是从亚里士多德那里借用的，比例是从毕达哥拉斯那里借用的，明晰是从伪狄奥尼修斯那里借用的。

数字在中世纪基督教中具有象征意义。1319 年约翰·穆利斯在《音乐大全》中指出，"三"在音乐中经常可以见到。音区有高、中、

---

① 科瓦切（F. J. Kovach）：《托马斯·阿奎那的美学》，柏林 1961 年版，第 360 页。
② 托马斯·阿奎那：《神学大全》，第 1 集第 39 题第 8 条。

低，乐曲有开头、中间和结尾，乐器有弦乐、管乐和打击乐。教堂中有另一种"三"：信仰、希望、爱。这一切都与圣父、圣子、圣灵的三位一体相一致。托马斯·阿奎那在五个地方论述了美的三要素，其中三处是在阐述圣父、圣子、圣灵的三位一体时提出的，另外两处是在注释亚里士多德的著作时提出的。因此，美的三要素的"三"也具有象征意义。

1. 整一

美的三要素说总结了中世纪美的理论，对这三种要素我们逐一加以说明。第一个要素是整一，整一是完善的同义词。托马斯·阿奎那写道："相应于自身完善的尺度，没有任何缺陷的东西被称作为完善。"[1] 例如，人的身体有自身的尺度，如果肢体有残缺，人的身体就不完善，因而就不美。托马斯·阿奎那是从尺度的观点来谈完善和整一的。他对完善的确定接近于亚里士多德对中间的确定。在《尼各马科伦理学》第 2 卷第 6 节中，亚里士多德把中间说成是"既不过度也非不及"。

有的研究者认为，托马斯·阿奎那所说的"整一"和美的第二要素"比例"相类似，因此没有独立存在的价值，所谓美的三要素实际上是美的两要素。笔者不同意这种观点。亚里士多德把尺度的概念引入美学中，得出有机整体的理论。一个事物符合自身的尺度，没有过度或不及，它就是有机整体，就是美的。同样，托马斯·阿奎那从尺度的概念出发，得出整一是美的要素的结论。整一和比例有联系，但不同于比例。如果把时钟的指针取下来，时钟就不符合自身的尺度，失去了整一性，因而就不美，尽管它的其他部分仍然符合比例。

整一指物的不可分性，这是物存在的必要条件。托马斯·阿奎那写道："任何存在或者是单一的，或者是组合的。但是，单一的东西无论在现实的涵义上，还是在潜在的涵义上都是不可分的。相反，组合的东西当它的各个部分可分时，就不具有存在；只有在它的各个部分联合并组成物的整体时，它才具有存在。显然，任何物的存在在于它的不可分性。"[2] 任何物，即使在很小的方面失去整一性，它就成为丑的[3]。

[1]　托马斯·阿奎那：《神学大全》，第 1 集第 5 题第 5 条。
[2]　同上书，第 1 集第 2 题第 1 条。
[3]　同上书，第 1 集第 77 题第 2 条。

2. 比例

关于比例，托马斯·阿奎那写道："可以从伪狄奥尼修斯《论神名》第 4 章的论述中得出结论说，一般美（pulchrum）或具体美（decorum）的概念包括明晰和适当的比例。因为他说，上帝作为世界和谐与明晰的原因被称为美的。因此，身体美在于人的肢体很好地符合比例，同时具有适当颜色的明晰。"同样，"精神美"在于人的行为和"理智的精神明晰"之间合比例的协调①。

这段话表明，明晰作为美的要素并非是托马斯·阿奎那首先提出的，而是他从伪狄奥尼修斯那里接受过来的。不过，在伪狄奥尼修斯本人的著作中并没有托马斯·阿奎那所援引的"美包括明晰和适当的比例"这种说法。这种说法出现在转述伪狄奥尼修斯言论的其他著作中，托马斯·阿奎那显然了解这些著作。这里说的一般美和具体美是中世纪美学对美的一种区分方法。一般美指复杂的视知觉所感到的美，如形式的美；具体美指简单的视知觉所感到的美，如颜色的美。

托马斯·阿奎那写道："美与认识能力有关系，因为以自身的样式使人喜欢的对象被称为美的。美之所以在于适当的比例，乃因为感官（sensus）喜爱比例适当的事物，因为这些事物与感官相类似。感官像任何一种认识能力一样，是一种理解力（ratio）。因为认识借助于类似而形成，类似指的是形式，美本身和形式因的概念相联系。"② 引文中"样式"的拉丁文 species 是柏拉图和亚里士多德的希腊术语 eidos 的译名，它也可以译为"理式"或"形式"。引文中的"形式因"是亚里士多德使用过的概念，这里的"形式"等同于柏拉图的"理式"。托马斯·阿奎那把形式理解为事物的范型，对形式的观照也就是对合比例的整一性的观照。另外，我们要特别注意引文中的"类似"概念。虽然这里说的是感官和对象的类似，然而，"类似"也是中世纪艺术中的重要概念，它替代了希腊艺术中的"形象"。希腊艺术模仿现实，所以它重视艺术形象。中世纪艺术中一切物质的东西只是超物质的精神的反射，这种精神在艺术物质中只可能近似地、象征地得到表现。因此，应该寻求艺术和它所反映的精神之间的类似。从"形象"到"象征"的变化表明了希腊艺术向中世纪艺术

---

① 托马斯·阿奎那：《神学大全》，第 2 集第 2 部第 145 题第 2 条。

② 同上书，第 2 集第 1 部第 27 题第 1 条。

的过渡。"类似"是和"象征"密切相连的。

3. 明晰

明晰是中世纪形而上的光的理论向审美属性的生成。我们已经多次援引过中世纪美学中光的理论。与托马斯·阿奎那同时代的维特洛（Vitelo，13 世纪下半叶）写过 10 卷的著作《光学》。维特洛生于波兰，母亲是波兰人，父亲是德国移民。《光学》用拉丁语写成，书名"Perspectiva"是希腊语"光学"的拉丁语翻译，在整个中世纪是"光学"的意思，现在已是"透视学"的意思。维特洛的《光学》涉及几何光学、物理光学和生理光学的所有基本问题。他认为光（lux）创造了美，例证是太阳、月亮和星辰，它们仅仅借助光就是美的[1]。

维特洛关于光的理论涉及视知觉心理学，例如，他分析了动和静、糙和滑、断和续、稀和密、同和异等对视知觉的影响，指出美是事物的客观属性，同时审美经验、民族心理在美的认识中具有重要意义。托马斯·阿奎那的明晰概念也关注主体的审美知觉问题，这比伪狄奥尼修斯前进了一步。伪狄奥尼修斯的明晰指事物鲜明和闪光的颜色，这是上帝光辉的反映。托马斯·阿奎那的明晰不局限于此，它既指物体的明晰和精神的明晰，还指主体知觉的"明晰"。

以上论述表明，美的三要素说的出现不是偶然的，它有丰厚的理论背景。这是它能够产生重要影响的根本原因。既然美的这三种要素前人已经分别阐述过，那么，托马斯·阿奎那的贡献体现在哪里呢？主要体现在两方面。首先，他对三要素的理解与前人和同时代人相比有了新的内容，他对这些要素的论述使它们上升到审美标准的水平，从而确立了既不同于柏拉图又不同于亚里士多德的美的神学观点。在他看来，最美的比例是表现了"作为万物基础的神的美的那种比例"。他所说的明晰，主要指精神的鲜明和辉煌，因为物体的闪光来自精神的闪光。其次，美的三要素不是简单的罗列，而是有机的统一。统一的基础是亚里士多德的形式，即赋予质料以形式的那种形式。托马斯·阿奎那明确指出："美本身和形式因的概念相联系。"所谓明晰，是"放光辉"，或者说是形式向彼此协调的各部分质料的"放射"（resplendentia）。而光是比例的根源，所以明晰和比例相联系，或者说明晰是比例的因素之一。亚里士多德的形式是事物的结构

---

① 维特洛：《光学》，第 10 卷第 148 章。

规律和生成规律，它又和尺度、整一、完善相联系。

由此产生出美的三要素说的意义。它不仅关系到事物的现象，而且关系到事物的本质。因为按照经院美学家的理解，光是最纯的本质。如果事物因三要素而美，那么，美就在事物本身，而不像中世纪许多美学理论所主张的那样，认为美在象征或寓意。美的三要素说具有中世纪特有的精神性，然而也涉及感性美。神的美是绝对美，同时，这种美的基本特征也在现实对象的美中得到体现。托马斯·阿奎那明确肯定了审美快感的独立性，以及审美快感对象的独立性。他主张寺院、圣像和祭祀仪式能够成为美学的对象，成为无私欣赏的对象。美的三要素说不仅涉及审美客体，而且涉及审美主体，它关注主体的审美体验。

二　美学理论的其他要点

托马斯·阿奎那的其他美学理论主要涉及美和善的关系，以及艺术理论。关于美和善的关系，托马斯·阿奎那认为它们在现实中没有区别，例如，上帝既是绝对美又是绝对善。

美和善的区别仅仅是概念上的。他写道："对此需要说，美等同于善，它们只是在概念上有区别。因为善是大家所愿望的东西，它的特点是能够满足愿望。"善和目的相联系，因为愿望是趋向于对象的运动。对于美则要求更多的东西。"显然，美对善补充了和认识能力的关系。因此，单是满足愿望的东西应该被称作为善，而在对于对象的知觉本身引起愉快时我们说美。"[1] 这样，美是知觉时能够产生快感的善。托马斯·阿奎那对美和善的区分，在康德美学之前的几个世纪期间都没有失去意义。

阿奎那区分了审美快感和生理快感。生理快感如饮食的快感，不仅人有，动物也有。狮子在看到牡鹿或听到牡鹿的鸣叫时会产生快感，这预示着一顿美餐。而审美快感具有无私性，它只有在人那里才可能产生。因为人会欣赏形式美和旋律，人具有理性，理性和对美的认识相联系。托马斯·阿奎那特别强调了审美快感的理性认识因素，在这一点上他不同于波那文都。波那文都主张味觉和嗅觉也是审美感官，而托马斯·阿奎那只承认视觉和听觉是审美感官，"我们不把味道和气味称作为美的"。[2] 对于托

---

① 托马斯·阿奎那：《神学大全》，第 2 集第 1 部第 27 题第 1 条。
② 同上。

马斯·阿奎那来说，"明晰"也是逻辑的清晰。

中世纪和文艺复兴美学家屡次援引了亚里士多德用房子解释形式因和质料因的例子。房子由形式和质料组成，形式预先存在于艺术家的心中，并赋予给质料。按照亚里士多德的理解，形式不是创造出来的，而是预存的。如果用铜做一个圆球，并不是制成一个铜球，而是把圆球的形式赋予了铜。房子的情况也是如此。托马斯·阿奎那接受了亚里士多德的观点，并用它来解释艺术创作。他写道："希腊语称为理式的东西，拉丁语称为形式，因此，应把存在于物之外的形式理解为理式。存在于物之外的形式有两种：它或者成为某物的范型；或者成为认识的开始，因为被认识对象的形式存在于认识者心中。在这两种情况下，它必须被视为理式。"① 托马斯·阿奎那主张艺术理式是预存的。直到文艺复兴时期，艺术理式才被理解为艺术理念，它是艺术家创造出来的。

在艺术模仿现实的问题上，托马斯·阿奎那接受了亚里士多德的观点。但是，他赋予现实以理智性和合目的性原则。于是，艺术模仿现实变成对理智性和合目的性的认识，从而把艺术变成符号和象征，使艺术适应中世纪基督教的需要。

13 世纪的托马斯主义在时隔六七个世纪后在法国得到复兴。1879年在专门的教皇通谕中，托马斯·阿奎那的经院哲学被宣告为最优秀的哲学体系、永恒的哲学，托马斯·阿奎那本人则被宣告为各个时代最伟大的思想家。20 世纪，为了适应欧洲变化了的社会政治状况，根植于托马斯主义而又富于现代气息的新托马斯主义应运而生。新托马斯主义美学家吉尔松（Etienne Gilson，1884—1978 年）也谈到美的三个特征：第一是完整，第二是和谐，第三就是放射自己的光芒。

第二节　但丁

但丁（Dante Alighieri，1265—1321）是意大利诗人和美学家，生于当时意大利最大的手工业中心城市佛罗伦萨。他少年时代好学深思，成年后积极参与政治活动，曾被放逐。他被称为中世纪最后一位诗人和新时代最初一位诗人。作为中世纪最后一位诗人，他谙熟经院哲学，把早于自己

---

① 托马斯·阿奎那：《神学大全》，第 1 集第 15 题第 1 条。

40 年的托马斯·阿奎那视为先师，并对经院的传承作出了重要贡献；作为新时代最初一位诗人，但丁提出了一系列人文主义观点，这对文艺复兴美学和 14—15 世纪人文主义思想活动，甚至 17、18 世纪启蒙运动者都产生了无可置疑的影响。

但丁的著作有用意大利语写成的长篇史诗《神曲》和《飨宴》，用拉丁语写的《论俗语》，以及向维罗纳封建主康·格朗德呈献《神曲·天堂篇》的一封信。《飨宴》是但丁诠释自己诗歌的论文集，他要把它作为精神食粮献给读者，故得此名。《论俗语》阐述教会所用的官方拉丁语背景中的俗语，即意大利各区域的地方语言的优越性，并论述了形成标准意大利语的必要性。"这是第一部由一个意大利人来论述意大利问题的书。"《致康·格朗德书》说明了《神曲》的主题、目的和意义。

一　《神曲》的美学思想

《神曲》的美学意义在于，它以文学作品的形式再现了当时的美学理论，它是经院美学的形象化。《神曲》包括《地狱篇》《炼狱篇》和《天堂篇》，每篇各有 33 首"歌"，加上序曲全书共 100 首歌。地狱是现实，天堂是理想，炼狱是由现实到达理想所必经的苦难历程。这三种境界和全书的布局符合比例的原则。

《神曲》体现了中世纪光的美学理论。从地狱到达天堂，是从丑到达美、从暗到达光。光就是美，而光的源泉是上帝。"那不死的东西和那必死的东西不是什么，只是我们的'父'在'爱'的时候所产生的那个'神子'的回光而已。"[①] 地狱的色调是阴暗的，但丁用"黑色"、"昏暗"、"永恒的黑暗"、"烟雾弥漫"等词语形容它。炼狱是由黑暗向光明的过渡地带，它的色调柔和洁净。天堂则光芒四射，鲜明亮丽。这是一种神圣的光。上帝用光照耀万物，而本身并不因此有任何缺失，"还是像先前那样浑然如一"。但丁的这种观点和普洛丁的流溢说相类似。但丁把光理解为使人崇高、升腾的力量。光是至善，"有缺陷的东西"一到光里面"就成完整"。整个《神曲》展现的就是趋向神圣的光的过程。但丁用动情的诗句颂扬了这种光："至高无上的光明啊，你那么远远超出在人类思想之上"，"因为人在那辉煌灿烂的光明前，会变成这样，他永远不可能

---

① 但丁：《神曲·天堂篇》，上海译文出版社 1987 年版，第 105 页。

从那里移开眼光去看另外的景象"。① 新柏拉图主义把存在分成很多等级，存在的等级越高就越美，而丑是存在的缺失。《神曲》形象地描绘了存在的各种等级结构。地狱的形状像漏斗，下端直达地心，里面分成三部分。第一部分有五层，第二部分有三层，第三部分有四层，分别收容罪孽不同的灵魂。通过惩罚而得到宽恕的灵魂进入炼狱。炼狱分七级，灵魂每洗去一种罪过就上升一级，这样可以逐步升到山顶。天堂有九重天：月轮天，水星天，金星天，日轮天，火星天，木星天，土星天，恒星天和水晶天。上帝存在的等级最高，也就最美。在这等级森严的境界里，"一丝一毫的偶然性都不存在"。

《神曲》充分运用了象征手法。但丁游历地狱和炼狱的向导是罗马诗人维吉尔，他代表理性和哲学。但丁游历天堂的向导是他所爱恋的美女俾德丽采，她代表信仰和神学。对于但丁来说，信仰和神学高于理性和哲学。在《神曲》序曲中，但丁因迷路来到一座小山脚下，他遇到豹、狮、狼三只野兽，它们分别象征淫欲、强暴、贪婪。地狱分为三部分，分别隐喻三种罪恶：放纵、凶残、恶意。《神曲·炼狱篇》第 29 歌"神圣的仪仗"中的凯旋车是罗马教会的寓意描绘。《神曲》明确指出："你们有着明晰的理智的人啊，在这神秘的诗行之间，擅自读出那深奥的含义吧！"②

但丁在其他著作中发展了象征的学说。例如，他在《致康·格朗德书》中写道："为着把我们所要说的话弄清楚，就要知道这部作品的意义不是单纯的，毋宁说，它有许多意义。第一种意义是单从字面上来的，第二种意义是从文字所指的事物来的；前一种叫做字面的意义，后一种叫做寓言的，精神哲学的或秘奥的意义。为着说明这种处理方式，最好用这几句诗为例：'以色列出了埃及，雅各家离开说异言之民。那时犹大为主的圣所，以色列为他所治理的国度。'如果单从字面看，这几句诗告诉我们的是在摩西时代，以色列族人出埃及；如果从寓言看，所指的就是基督为人类赎罪；如果从精神哲学的意义看，所指的就是灵魂从罪孽的苦恼，转到享受上帝保佑的幸福；如果从秘奥的意义看，所指的就是笃信上帝的灵魂从罪恶的束缚中解放出来，达到永恒光荣的自由。这些神秘的意义虽有

---

① 但丁：《神曲·天堂篇》，上海译文出版社 1987 年版，第 263—264 页。

② 但丁：《神曲·地狱篇》，上海译文出版社 1987 年版，第 65 页。

不同的名称，可以总称为寓言，因为它们都不同于字面的或历史的意义。"① 类似的思想但丁在《飨宴》第 2 篇中早就详细阐述过。不过，《圣经》的四种意义前人已经指出过，但丁的论述有什么新的意义呢？新的意义在于，但丁不仅用四种意义来解释《圣经》，而且用它来解释世俗诗。托马斯·阿奎那曾用四种意义解释《圣经》，但是他否认世俗诗的象征意义，只承认它有字面意义。但丁认为世俗诗也有四种意义，并用这种方法阐释自己的诗作。但丁把诗的直接意义比作《圣经》的字面意义，把诗的隐喻意义比作《圣经》的寓言意义。但丁的观点说明了中世纪文艺的象征性。

　　但丁对艺术的理解和他对象征的理解密切相关。在这方面他受到新柏拉图主义的影响，认为艺术应该反映理式，只是他把理式和上帝直接联系在一起。理式具有绝对的完善，但是它体现在艺术中时原初的完善会有所减损。艺术的任务是趋近彼岸的理想。由于这种理想在理论上不可能实现，因此，艺术是更高的价值的象征。但丁的美学思想无疑受到亚里士多德的影响，但是更多地受到柏拉图、新柏拉图主义和伪狄奥尼修斯的影响。

二　《论俗语》

　　中世纪西欧教会的官方语言是拉丁语，这是西塞罗、昆体良使用过的语言。随着历史的发展，语言的使用情况发生了变化。拉丁语在罗马时代既是口语又是书面语，在中世纪它不再是口语，而成为跨民族、跨国家的书面语言，即文言。在文艺复兴时期，拉丁语受到嘲笑，因为它是经院学术的语言，不能充分地表现当时人们的思想，虽然文艺复兴时期重要的学术著作仍然用拉丁语写成。在新兴城市的基础上产生了各种民族语言——意大利语、法语、德语、西班牙语和英语。但丁的《论俗语》就是各民族语言替代拉丁语这种变革的前奏。在但丁之前，已经有人开始用俗语进行文艺创作，但是，像但丁用意大利俗语撰写《神曲》这样的鸿篇巨制还是首创。《论俗语》从理论上与《神曲》的创作实践相呼应。简而言之，但丁充分肯定了俗语贴近自然和人民大众的优越性，他在《论俗语》

---

① 采用朱光潜译文，见朱光潜《西方美学史》上卷，人民文学出版社 1979 年版，第 138 页。

中写道:"所谓俗语,就是孩提在起初解语之时,从周围的人们听惯而且熟习的那种语言,简而言之,俗语乃是我们不凭任何规律从模仿乳母而学来的那种语言。"①

在《飨宴》中但丁指出意大利语比拉丁语重要,因为它是俗语。他把意大利语比作大麦面包,可以让大众果腹。而拉丁语只有垄断文化的僧侣阶级和经过长期学习的人才能够理解。在《论俗语》中但丁更加详细地阐述了俗语问题。他认为,诗在各种艺术样式中具有特殊的意义,作诗可以用两种语言:自然语言,即俗语;人为语言,即文言。相比之下,俗语是更可贵的语言。由于当时意大利民族语言还未成熟,意大利有许多俗语。在但丁所处的"世界的一个小角落里"就大约有上千种方言。这上千种方言也约略相当于当时政治上的分野。俗语本身也有很多缺陷,有的发音和词汇极其粗糙,有的结构繁杂。但丁把这些俗语一一"筛过",去掉不符合标准的,留下符合标准的,力求形成统一的意大利俗语,"就是属于意大利一切城市而不专属于某一城市的那种语言"。统一的意大利俗语是四分五裂的意大利实现国家统一的需要。这种俗语的特征是光辉的、中心的、宫廷的、法庭的。"光辉的"指语言优美、清楚、完整、流畅;"中心的"指标准的,所有的语言都以此为准绳;"宫廷的"指统一的,意大利只有一个宫廷,虽然在形体上它已分散于四方;"法庭的"指经过仔细衡量的。

但丁不仅论述了诗的语言,而且论述了诗的内容。诗有三大主题:安全、爱情和美德。这是诗"应该大书特书的首要事情"。和经院美学相对立,但丁主张诗应该表现人的欲望,人的欲望不是一种罪孽。"最愉快的事情莫过于满足最优美的欲望,而这就是爱情。"

在论述俗语时,但丁论述了语言的起源问题。他指出,不是上帝而是自然赋予人类以语言的能力。"因为在一切生灵中,惟独人类获得自然赋予的语言,因为只有人类需要它。"② 语言作为人与人之间精神交往的工具,是感性和理性的结合。就它是声音而言,它是感性的;就它传达意义而言,它是理性的。人的行为受理性的支配,需要用语言来交换思想。语言是和思想联系在一起的,但丁提倡俗语,反对拉丁语,也

---

① 《缪灵珠美学译文集》第 1 卷,中国人民大学出版社 1998 年版,第 263 页。

② 同上书,第 264 页。

就是从一个方面反对经院学派的思维模式，虽然他的《论俗语》仍是用拉丁语写成的。《论俗语》对理性的肯定，对感情和欲望的高度评价，从发展的观点看待语言的变化以及对自然和人民大众的关注，都表现了人文主义思想。

第 二 编

文艺复兴至启蒙运动美学

第十一章

文艺复兴时期美学

　　文艺复兴是发生于 14 世纪的意大利的一场波澜壮阔的思想文化运动。据说是 16 世纪意大利史学家瓦萨里（Giorgio Vasari，1511—1574）在自己的著作《著名画家、雕塑家和建筑家生平》（1550 年）中创造了"再生"（Rinascita）一词，1751—1772 年的法国《百科全书》才第一次肯定性地使用了"文艺复兴"（Renaissance）一词，以此词来指明 14 世纪至 16 世纪欧洲文学和艺术的灿烂成果。文艺复兴运动是以复兴古希腊罗马文化为标志，全面推行一种新的人生观和新的生活方式，并引发了学术思想和艺术、美学观念上的全面变革。文艺复兴运动波及了整个欧洲大陆。这一运动预告了欧洲近代社会的产生，并为近代社会的发展奠定了文化和思想基础。

　　欧洲的文艺复兴运动长达三百余年之久。各国的文艺复兴有先有后，各国文艺复兴的背景又有很大的差别，所表现的思想方式又各自有不同的侧重。例如，有的民族通过哲学，有的民族通过艺术，有的民族通过宗教，有的民族通过文学和戏剧来表达赞美人性、尊重人的价值的革新意识。19 世纪的学者布克哈特把文艺复兴与人文主义简单地等同起来，把文艺复兴运动的特征概括为人文主义。其实，文艺复兴是一个非常复杂的思想运动，是人类社会某一历史时期的基本特征；而人文主义是一种知识体系，一种思想模式以及相关的观念。人文主义仅是文艺复兴这一复杂的历史过程中的一个重要的思潮流派，"人文主义"和"文艺复兴"这两者并不等同。但是，如果否认文艺复兴同人文主义的密切联系，就无法说明文艺复兴的基本特征。正是人文主义者对古代文明的憧憬和理想化的描述，才使人们从历史发展的角度而不是从上帝创世的角度来看待古代文明，才把它同现实的基督教文明加以比较，从崇敬神的权威转到尊重人的价值的立场上来。

文艺复兴时期艺术家们的作品无论从内容到形式都具有新旧混杂的时代特征。正如吉尔伯特和库恩所指出的："14世纪的美学并未出现军事性的急剧而确实的根本转变。更确切地说，文艺复兴始终在两个世界中徘徊着。……实际上，整个文艺复兴时期的主要特点之一，就是它的复杂性和完整性。即使在炼造新形式时，它也没有抛弃旧形式。"①

文艺复兴的艺术家们重新发现了自然的人体美，由此拓展了艺术的天地。基督教宣扬：人是上帝的杰作，上帝按照自己的形象创造了人类。然而赞美人体美、欣赏人体美对于基督教禁欲主义来说又是一个重大的罪恶，这是非常矛盾的观点。文艺复兴的艺术家在复兴古希腊罗马文化、发现自然之美的同时，巧妙地利用基督教"上帝造人"的理论来复活古代的艺术传统，开始表现鲜活而生动的人体美。文艺复兴艺术大师的人体艺术，开创了新时代的美学风格，拓展了艺术表现的题材领域，由此形成了近代和现代欧洲艺术的美学传统。

第一节　达·芬奇

列奥纳多·达·芬奇（Leonardo da Vinci, 1452—1519）是文艺复兴时期的巨人和全才。他在文化史上获得了多种荣耀的称呼：画家、发明家、科学家、艺术理论家和美学家。他的美学思想来自长期的艺术创造实践和科学实验，是经过允分哲理思考之后的理论提升，代表了文艺复兴时期最成熟的艺术美学思想。

一　论绘画艺术的性质与美学特征

在14世纪文艺复兴初期，艺术家们对于绘画艺术大都是重视技法上的研究，很少论及绘画的性质与美学特征。进入15世纪之后，就陆续有

---

① 凯·埃·吉尔伯特、赫·库恩：《美学史》上卷，夏乾丰译，上海译文出版社1989年版，第218—219页。

这方面的著作出版。1435 年列昂·巴蒂斯塔·阿尔贝蒂写了《绘画论》，该书已不是经验和技法的罗列，而是理论和实践相结合的绘画理论。1485年佛罗伦萨的画家皮埃罗·德拉·佛兰西斯卡（1416—1492）写了《绘画透视学》，把透视学发展到相当成熟和完善的程度。他们突出的成就在于对绘画空间的征服。到文艺复兴盛期，艺术家们在明暗处理、光线研究、艺术人体解剖学、人物心理刻画和比例学、色彩学等方面有巨大进展，而达·芬奇在上述各方面都有突出的理论研究成果和实践中的创造发明之处。达·芬奇所写的《绘画论》不仅在绘画理论和实践相结合方面有透彻的阐述，而且对绘画的性质和美学特征做出了深刻全面的论述，成为文艺复兴时期艺术美学理论的经典著作。

芬奇论绘画的性质是以感觉经验论为思维基础，从自然主义和科学主义相结合的角度展开的。首先，芬奇根据"我们的一切知识来源于我们的感觉"这一基本观念，指出在绘画与现实的审美关系中，绘画是人的审美感受的反映或表现，而人的审美感受又来自自然，因此，自然是绘画的源泉；"绘画是自然界一切可见事物的模仿者"，是"自然的合法的女儿，因为它是从自然产生的。……我们应当称它为自然的孙儿，因为一切可见的事物一概由自然生养，这些自然的儿女又生育了绘画"。[①] 绘画"可以让人在一瞥间同时见到一幅和谐匀称的景象，如同自然本身一般"。[②] 这就是说，绘画最贴近自然，最能够真实地再现自然。其次，芬奇通过绘画同诗与音乐的比较认为，在直观的真实性上，"绘画确实地把物象陈列在眼前，使眼睛把物象当成真实的物体接受下来。诗所提供的东西就缺少这种形似"。[③]"绘画包罗自然的一切形态在内，而你们诗人除事物的名称以外一无所有，而名称不及形状普遍。"[④] 绘画与音乐相比较，音乐是瞬间即逝的艺术，绘画却能够使事物永远地存在；音乐无法表现出直观的形象之美，也就是说，绘画最具有形象的直观性、客观性和视觉感受的真实性。绘画同雕塑相比较，雕塑是运用自然的固定的光线来表现，而绘画是创造各种方向的光线来达到真实感；在创造性和自由性上，绘画

---

① 《芬奇论绘画》，戴勉编译，人民美术出版社 1979 年版，第 17 页。

② 同上书，第 24 页。

③ 同上书，第 20 页。

④ 同上书，第 21 页。

更符合艺术的创造性原则。雕塑缺少自然的丰富的色彩美，绘画却可以最充分地运用色彩来表现大自然的所有色彩。这就是说，绘画是一门最富有创造性的、最自由的艺术。这样，达·芬奇就总结出了绘画的美学特征：自然性、真实性、直观性、客观性、永久性、创造的自由性。

二　艺术之美在于真实自然

既然绘画艺术最贴近自然，那么，绘画艺术的审美判断的标准必定就是"逼真"、"似真"或"酷似自然"，即像自然一样的真实，由此"真实性"就成为绘画审美判断中核心的范畴。对于"真实性"内涵的阐述，达·芬奇以"镜子"对自然物的反映为例加以说明：画家的"作为应当像镜子那样，如实反映安放在镜前的各种物体的许多色彩。作到这一点，他仿佛就是第二自然"。① 所以，"镜子为画家之师"。② 这是强调真实性是绘画的审美标准。但单纯的被动的反映绝不是艺术创造。芬奇指出："画家与自然竞赛，并胜过自然。"③ 他认为那些缺乏创造性的、"不运用理性的画家，就像一面镜子，只会抄袭摆在面前的一切东西，却对它们一无所知"。④ 那么，绘画作品怎样才能够超越自然之美呢？首先，达·芬奇认为应当"师法自然"：画家"要是他愿意向自然学习，就可以获得优异的成绩。一味崇拜权威而不师法自然，那就不是自然"。⑤ 对于想有所作为的画家而言，"更切实的办法还是面向自然的物体，而不是去跟随那些拙劣地模仿自然的东西，给自己养成恶习惯，因为能直接到泉水去的人就不再跑向水缸"。⑥ 芬奇强调："我们一切知识来源于我们的感觉。"他主张画家应当勤于观察自然事物，用心体悟自然，悉心研究自然，对自然事物精心写生。这一切活动应在理性的科学精神的引导下进行，因为"正确的理解来自以可靠的准则为依据的理性，而正确的准则又是可靠的经验，亦即一切科学与艺术之母的女儿"。⑦ 这就是达·芬奇的自然主义

---

① 《芬奇论绘画》，戴勉编译，人民美术出版社 1979 年版，第 41 页。
② 同上书，第 51 页。
③ 同上书，第 42 页。
④ 同上书，第 40 页。
⑤ 同上书，第 48 页。
⑥ 同上书，第 183 页。
⑦ 同上书，第 52 页。

的美学思想。其次，达·芬奇在创作实践中往往从大量的素材中选取最有情感冲击力的视觉形象加以全新的拼装、组合：在裸像素描中"选取最优美的四肢和身躯"；在人们自然的相貌中，"从许多美貌的面庞选取最佳的部分"；总之选取自然物中最具有典型性的、最具有特征性的部分加以全新的创造。这同古希腊艺术家宙克西斯画美人海伦的像所采用的方法是相同的。芬奇相信，只有通过突出事物的特征，只有创新，才能够使艺术超越自然之美。

那么绘画如何才能够创造出第二自然，如何才能够达到酷似自然的标准呢？达·芬奇提出了透视、光影色、比例等创造真实的美的形象的基本手段。这几方面正是文艺复兴时期自然科学同艺术创作实践相结合而不断创新发展的伟大成果。所以达·芬奇说："绘画，实际上是科学和大自然的合法女儿。"[①] 达·芬奇把透视学看得很重要，认为绘画以透视为基础："透视学是绘画的缰辔和舵轮。"[②] "对正确的理论来说，透视是先导和入口。没有透视，即便有了绘画机会，也不能画好任何东西。"[③] 尤其是线透视的运用，使"这么小的空间可以容纳整个宇宙的形象"。[④] 这就是说，线透视技术大大扩展了画面的表现范围，也使形象更符合视觉感受。在色透视方面，达·芬奇发明了"渐隐法"（sfamato），就是用极柔和的色彩和柔和的明暗对比使物体的轮廓线变淡，甚至消失。这种模糊不清的轮廓和柔和的色彩使得一个形状似乎融入了另一个形状之中，从而造成一种晕光的效果，不仅使物体层次感非常丰富，而且令人回味。达·芬奇这一创造性的色透视法，打破了欧洲两千余年来绘画以轮廓线为主体的传统。达·芬奇在绘画理论和创作上取得的成就，结束了"绘画是工艺"的时代，开创了"绘画是以科学为基础的艺术"的时代。

艺术同科学完美地结合在文艺复兴盛期的艺术创作中。无论透视或色彩，也无论比例和构图，都与当时的自然科学尤其是数字、物理学、几何学和解剖学等紧密联系在一起。达·芬奇非常重视自然科学在绘画中的作

---

① 阿·阿·吉贝尔、符·符·巴符洛夫：《艺术大师论艺术》第 2 卷，文化艺术出版社 1992 年版，第 120 页。

② 《芬奇论绘画》，戴勉编译，人民美术出版社 1979 年版，第 56 页。

③ 阿·阿·吉贝尔、符·符·巴符洛夫：《艺术大师论艺术》第 2 卷，文化艺术出版社 1992 年版，第 122 页。

④ 《芬奇论绘画》，戴勉编译，人民美术出版社 1979 年版，第 57 页。

用，尤其是数学和解剖学的作用。达·芬奇研究透视学、色彩学、解剖学、比例学和构图学等科学所获得的知识，其终极目的就是为了真实地再现自然，为了在艺术中创造"第二自然"，就是为了最大程度地获得真实的、符合人的视觉的美感。

三 审美观

达·芬奇的美学思想主要是形式美学。他的美学见解大多数是针对绘画创作的实践而发的。在《论绘画》中，他论及了对比与和谐、天然与简朴、生动与传神和自然美等重要的美学问题。芬奇的审美趣味表现在他欣赏的简朴之美和动态之美上。他说：人们之所以驻足来欣赏美人，往往"只在于容貌的美，不在于穿戴的华丽，……你们不见美貌的青年穿戴过分反而折损了他们的美。你们不见山村妇女，穿着朴质无华的衣服反比盛装的妇女美得多"。[①] 芬奇的审美趣味倾向于简朴之美的特点也在他的作品中体现出来：《蒙娜·丽莎》中的女主人公的穿着就显得非常简朴，几乎没有任何装饰品，这促使欣赏者的视线一下子就注目于人物的面孔和神态上。芬奇非常强调表现人物的动态，主张通过对人物动作的描绘来突出内心的情感和特定的精神状态："绘画里最重要的问题，就是每一个人物的动作都应当表现它的精神状态，例如欲望、嘲笑、愤怒、怜悯等。……在绘画里人物的动作在种种情形下都应当表现它们内心的意图。"[②] "一个用动作最完善地表达出激励了他的热情的人物，最值得赞许。"[③] 这就是达·芬奇领悟到的"以形写神"、"以动传情"的美学奥秘。

对于达·芬奇在艺术史和美学史上的贡献，16 世纪的艺术家、著名的传记作家瓦萨里的评价是公正而深刻的。"瓦萨里把他以下几点称之为'现代'风格：设计的果敢，一切自然细节精致入微的摹写，严谨的法则，出色的秩序，正确的比例以及崇高的美感，学识渊博并富于创造性，还赋予他笔下的人物以情感与生命。"[④] 达·芬奇以他惊人的胆识和智慧发展了经验主义的研究，把人文主义的自然观同科学的形式主义美学完美

① 《芬奇论绘画》，戴勉编译，人民美术出版社 1979 年版，第 188 页。
② 同上书，第 169 页。
③ 同上书，第 170 页。
④ 休·昂纳、约翰·弗莱明：《世界美术史》，国际文化出版公司 1989 年版，第 357 页。

地结合起来，为艺术家开拓了绘画史上伟大而又新颖的视野，创立了全新的艺术形式，成为了欧洲艺术史上难以企及的高峰。

16 世纪是意大利文艺复兴的鼎盛期，这一时期的标志性艺术是绘画、雕塑和建筑，而艺术方面的美学思想的代表则是达·芬奇、米开朗琪罗和拉斐尔。他们的美学思想都是从实践经验中总结出来的，具有很强的实证性和科学性。这三个巨人各自在艺术创造上都表现出极强的个性色彩，并且在相互冲撞中产生出启迪灵感和智慧的火花，却不能形成一个群体。但他们的作品在艺术风格上又有共同的特征：都具有明朗而崇高的精神，都洋溢着生命之气而又显示出含蓄内敛、伟大而又高雅的意蕴，其作品的艺术形式都美妙地昭示了理性智慧的内容，显示了古典式的平衡与和谐。在美学思想上，他们有的观点非常接近，尤其是达·芬奇和拉斐尔有更多相同之处，而米开朗琪罗的美学思想中则显露出某些新柏拉图主义美学的成分。可以说，这三位巨人的创作成就和审美观念，奠定了欧洲艺术的现代形式。

第二节　卡斯特尔韦特罗及"古今之争"

意大利文艺复兴时期的诗学理论，已经脱离了神学和宗教的影响，主要从文艺与现实的关系和文艺的教育与娱乐的功能等方面来为文艺辩护，而且就其他的一些重要文艺问题进行了科学的探讨和独立的思考。特别是受亚里士多德和贺拉斯等希腊罗马古典理论家的影响和启发，意大利文艺复兴时期的诗学理论家们特别关注古典理论家们重点讨论过的一些文艺基本问题，并结合当时的文艺创作实践，对那些文艺的基本问题进行了独立思考和重新阐发，这个时期的诗学思想主要表现在诗学理论的建构及"古今之争"两个方面。

一　卡斯特尔韦特罗的诗学思想

卡斯特尔韦特罗 （Lodovico Castelvetro，约 1505—1571）是意大利文艺复兴时期著名的文艺批评家，他是亚里士多德《诗学》的翻译者和诠释者，他的诗学思想主要体现在他的论文《亚里士多德〈诗学〉的诠释》中。他对亚里士多德的诗学理论进行了发挥，也提出了一些新的理论见解。

（一）诗与历史在语言和题材上各不相同

首先，卡斯特尔韦特罗指出，诗和历史著述都分为题材和语言两个部分，在这个意义上，它们具有近似关系；但他同时又指出，诗和历史在题材和语言上各不相同。他在《亚里士多德〈诗学〉的诠释》中，开门见山地指出："诗近似历史。历史分为题材和语言，诗也是分成这两个部分。但是在这两部分，历史和诗各不相同。"① 诗和历史在总体上具有相似性，但是在具体方面又各不相同，这是卡斯特尔韦特罗对诗和历史的关系的基本看法。

其次，诗和历史的题材不同：历史的题材是生活中发生过的事件或由上帝的意志提供的，而诗的题材是诗人凭借自己的才能找到或想象出来的。诗和历史的语言不同：历史的语言是推理用的语言，诗的语言不是推理用的语言，是韵文，是诗人运用自己的才能按诗的格律创造出来的。他说：

> 就题材来说，历史家并不凭他的才能去创造他的题材，他的题材是由世间发生的事件的经过或是由上帝的意志（显现的或隐藏的）供给他的。至于语言或表现，那倒是历史家所提供的，但是历史家的语言是推理用的那种语言。诗却不然，诗的题材是由诗人凭他的才能去找到或是想象出来的，诗的语言也不是推理用的那种语言，一般地说，没有人用韵文来进行推理；诗的语言是由诗人运用他的才能，按照诗的格律，去创造出来的。②

在这里，我们仿佛听到亚里士多德的声音的回响："历史家与诗人的差别不在于一用散文，一用'韵文'；……两者的差别在于一叙述已发生的事，一描述可能发生的事。"③ 可见，他的这些观点，基本上是对亚里士多德思想的继承，没有什么发挥和创见。

---

① 伍蠡甫、胡经之主编：《西方文艺理论名著选编》上卷，北京大学出版社 1985 年版，第 167 页。

② 同上。

③ 亚里士多德：《诗学》，罗念生译，人民文学出版社 1962 年版，第 28—29 页。

但是，他进一步指出，诗人借助自己的想象来处理故事，他的故事是"关于本来不曾发生过的事物的"，诗人在运用题材时比历史家更费力，可以显出"诗人的聪明"，从而"具有超过凡人的神明的气质"，得到赞赏。① 在这里，作者特别强调了诗人在处理题材上比历史家更能运用自己的聪明才智和丰富的想象力来虚构和创造的特点，既看到了作家在创作过程中可以充分发挥自己的主体性这一特征，也指明了作家的创造要付出艰辛的劳动。应该说，这是作者的独特发挥，是他在诠释前人理论时自己提出的创造性的诗学思想。吉尔伯特和库恩也对他的这一创造性理论进行了特别强调："对卡斯特尔韦特罗来说，诗人的发现不在于揭示自然界或古典著作中所隐藏的某种东西，而在于揭示诗人本人所建树的某种东西。"②

再次，在引起读者的审美快感和给读者接受上的真实感方面，诗不比历史著述差。他说，诗"在愉快和真实两方面，却并不比历史减色"。③这个观点显然受到了亚里士多德的著名理论"写诗这种活动比写历史更富于哲学意味，更被严肃地对待"④ 的影响，但遗憾的是，他并未能像亚里士多德那样，指出诗通过虚构可以超越生活真实或历史真实，达到更高境界的艺术真实，给读者心理上造成历史真实往往达不到的主观性、情感体验性的真实感，从而产生更强烈的审美愉悦感。这是作者在诠释亚里士多德的理论时所表现出的不足。

（二）　诗歌的目的就是运用奇异之物来娱乐普通民众

首先，卡斯特尔韦特罗强烈地反对给诗歌赋予道德目的，认为诗歌的目的就是给读者提供娱乐和消遣。诗歌的目的和功用是卡斯特尔韦特罗美学的中心问题，也是文艺复兴时期理论家们普遍关心和争论的焦点。但当时大多数人仍受亚里士多德的净化说和贺拉斯的"寓教于乐"说的影响，强调文艺的教育功能和功利目的。卡斯特尔韦特罗独树一帜，强烈反对

---

① 伍蠡甫、胡经之主编：《西方文艺理论名著选编》上卷，北京大学出版社 1985 年版，第167 页。

② 凯·埃·吉尔伯特、赫·库恩：《美学史》上卷，夏乾丰译，上海译文出版社 1989 年版，第 258 页。

③ 伍蠡甫、胡经之主编：《西方文艺理论名著选编》上卷，北京大学出版社 1985 年版，第167 页。

④ 亚里士多德：《诗学》，罗念生译，人民文学出版社 1962 年版，第 29 页。

"寓教于乐"说，明确提出诗的目的和功用只在娱乐的极端主张："诗人的功能在于对人们从命运得来的遭遇，作出逼真的描绘，并且通过这种逼真的描绘，使读者得到娱乐。"[①] 而不是像哲学家或科学家那样去发现真理。他还明确指出："诗的发明原是专为娱乐和消遣的。"[②] 强调娱乐是文艺的唯一目的，完全抛弃文艺的思想性和教益性，虽然不免矫枉过正，但对于强化人们对文艺的自身功能和最基本的目的的认识，特别是在反对中世纪神学美学和为文艺辩护方面，具有重大的历史意义。

其次，他指出诗的娱乐对象是人民大众，诗的"娱乐和消遣的对象我说是一般没有文化教养的人民大众"。[③] 他们不懂得哲学家和职业专家的高深理论，因此，"诗的题材就应该是一般人民大众能听懂的而且懂了就感到快乐的那种事物"。[④] 这些理论主张，比亚里士多德的理论明显前进了一大步，强化了文学艺术的人民性、民主性色彩，具有重大的进步意义。

再次，他认为诗歌要通过运用各种奇异之物，并通过用以克服困难的那种勤勉精神来引起民众的快感。他认为诗的题材要有新奇性，要独出心裁，不模仿古人。"卡斯特尔韦特罗比他的大多数同时代人都更坚决地主张，快乐就是诗歌的目的，同时他又坚决主张，诗歌作品要有新奇性。诗人不要模仿古人，因为，诗人若那样做就不会有所发现。"[⑤] 他认为诗歌的产生是借助自觉的艺术技巧和刻苦的学习，而不是借助"非理性的天才"。这是非常有见地的。"欣赏艺术就是欣赏对困难的克服；一幅画就是以其出色的技巧来吸引观众的。"在这里，所耗用的劳动及所需的科学知识的多少，几乎成了决定作品艺术成就高低的一个重要标准，这是当时造型艺术的审美标准在诗学中的运用。"作品的艺术性在于，在创作作品的过程中，艺术家耗费了大量劳动，大大地运用了他的天才；而作品的非艺术性在于，在创作作品的过程中，艺术家没有运用敏锐的天才，因为非

---

① 伍蠡甫、胡经之主编：《西方文艺理论名著选编》上卷，北京大学出版社 1985 年版，第 168 页。

② 同上。

③ 同上。

④ 同上书，第 169 页。

⑤ 凯·埃·吉尔伯特、赫·库恩：《美学史》上卷，夏乾丰译，上海译文出版社 1989 年版，第 258 页。

艺术性的东西本身就能够为普通的智力所识破。"在当时造型艺术家的一些说法中，也出现过对劳动的同样赞美，如米开朗琪罗曾宣称，伟大画家的技巧表现在，他对成就的疑虑同他的认识是相等的。[1] 卡斯特尔韦特罗的这些理论主张，很有 20 世纪俄国形式主义的"陌生化"理论的味道。可以认为，这是人类长期以来的一种艺术追求，或者说，他的这种理论间接地影响了俄国形式主义的"陌生化"理论。他的这些思想都是对亚里士多德的推进，表现了他的创见，对后世有深远影响。因此，朱光潜先生对这一理论给予了极高的评价："费力和困难的克服有助于美感的加强，这个把劳动的成功和美感联系起来的思想对美学也是一种可宝贵的新贡献。"[2]

（三）要求戏剧创作严格遵守"三一律"

所谓戏剧的"三一律"，是指剧中的情节、时间、地点三者都要保持整一性：情节必须单一且前后连贯；事件过程的时间必须在 24 小时以内；地点自始至终不能变换。虽然情节整一律可以上溯到亚里士多德的《诗学》，但一般认为，"三一律"始于文艺复兴时期，卡斯特尔韦特罗是其奠定者。在《亚里士多德〈诗学〉的诠释》的第三部分，卡斯特尔韦特罗明确提出："表演的时间和所表演的事件的时间，必须严格地相一致。……事件的地点必须不变，不但只限于一个城市或者一所房屋，而且必须真正限于一个单一的地点，并以一个人就能看见的为范围。"[3] "悲剧应当以这样的事件为主题：它是在一个极其有限的地点范围之内和极其有限的时间范围之内发生的，就是说，这个地点和事件就是表演这个事件的演员们所占用的表演地点和时间；它不可在别的地点和别的时间之内发生。"[4] 而且规定"事件的时间应当不超过十二小时"。[5] 在这里，他不但规定了戏剧的时间整一、地点整一，而且极端地要求：戏剧的地点"只限于一个城市或一所

①　凯·埃·吉尔伯特、赫·库恩：《美学史》上卷，夏乾丰译，上海译文出版社 1989 年版，第 223—224 页。

②　朱光潜：《西方美学史》上卷，人民文学出版社 1979 年版，第 165 页。

③　伍蠡甫、胡经之主编：《西方文艺理论名著选编》上卷，北京大学出版社 1985 年版，第 169 页。

④　同上书，第 169—170 页。

⑤　同上书，第 170 页。

房屋”，“以一个人就能看见的为范围”，戏剧的时间“不超过十二小时”，他同时还规定戏剧的情节只能在极有限的时空中发展，从而间接地规定了情节的整一性。

　　基于此种理论，卡斯特尔韦特罗还指出，在较短的时间和较小的地点发生戏剧性的转变和冲突，比在较大或变化的时空中的效果要奇妙：“在一个极其有限的时间和极其有限的地点之内完成的主人公的巨大幸运转变，比起在一个较长时间和不同而范围较大的地点内完成的幸运转变来，它要奇妙得多。”① 这里，作者看到了极其有限的时空对于凸显、强化尖锐的戏剧冲突具有特别重要的意义，是难能可贵的。遗憾的是，在对戏剧“三一律”的追求中，作者混淆了生活真实和艺术真实的界限，不懂得生活时空与艺术时空的区别。他指出，戏剧“表演的时间和所表演的事件的时间，必须严格地相一致”。② “不可能叫观众相信过了许多昼夜，因为他们自己明明知道实际上只过了几个小时。”③ 虽然为了强化尖锐的戏剧冲突，也有些戏剧作品努力追求舞台时空和戏剧情节中时空的尽量趋近，但将戏剧时空和舞台时空完全等同起来，仍然是很难做到甚至根本不可能做到的。即使能机械地做到，也是非常拙劣的，况且，这根本就不是真正的戏剧艺术的正常追求。实际上，艺术时空几乎不可能和生活时空完全等同；相反，艺术总是追求以最少的时空显示最大量的时空里发生的事情，追求以少胜多、以小见大，对这种高度浓缩的假定性的艺术时空，读者不但不会难以接受，反而觉得意味隽永、韵味无穷。

　　总之，卡斯特尔韦特罗的戏剧理论深刻地触及了戏剧创作的一些根本性的问题，对强化戏剧冲突确实很有意义，是对亚里士多德“情节整一律”的发展，但他的理论过于机械、僵化，又束缚了戏剧的发展，对以后的戏剧理论和戏剧创作的发展产生了较大的消极影响。

二　诗学理论的“古今之争”

　　意大利文艺复兴诗学理论建设中有一次引人注目的思想论争，这就是

---

　　① 伍蠡甫、胡经之主编：《西方文艺理论名著选编》上卷，北京大学出版社 1985 年版，第170 页。

　　② 同上书，第 169 页。

　　③ 同上书，第 170 页。

"古今之争"。当时意大利的学者对古典作品和理论观点有新旧两派的不同态度。早期保守派较多，以维达的《论诗艺》、屈理什诺的《诗学》、丹尼厄罗的《诗学》、明图尔诺的《论诗艺》和斯卡里格的《诗学》等著作为代表。亚里士多德《诗学》中的每字每句都经过他们反复的、不厌其烦的注释和讨论。他们自己的论著也很少越出《诗学》所论及的范围，所讨论的问题还是史诗、悲剧、情节的整一、人物的高低、哀怜与恐惧的净化、诗与历史和哲学的关系等老问题。贺拉斯的"学习古人"的号召也被广泛传播。斯卡里格甚至尊亚里士多德为"诗艺的永久立法者"，并将他的一些经验总结性的理论尊为牢不可破的普遍的、永恒的"规则"。

但也有一批人强调理性与经验，拒绝盲从古典权威。他们已经自觉地认识到，文艺是随着时代的发展而发展的，即使是古典权威定下的老规律也不一定适用于新型作品。喜剧家拉斯卡在他的一部剧本的序言里说过这样一段极具代表性的话："亚里士多德和贺拉斯只知道他们的时代，我们的时代却和他们的不相同。我们的风俗习惯、宗教和生活方式都是另样的，所以我们写剧本，也必然要按照不同的方式。"① 更有甚者，朗底大骂当时的保守派"竟心甘情愿把牛轭套在自己的颈项上，把亚里士多德那个蠢畜生捧上宝座，把他的言论当作圣旨"。② 还有些新派虽然也尊重亚里士多德，却不"把他的言论当圣旨"，在讨论《诗学》时往往各抒己见，表示异议，甚至改变《诗学》的原意，论证和阐发自己的主张，卡斯特尔韦特罗的《亚里士多德〈诗学〉的诠释》就是最典型的代表。

这些新派理论家大半是从意大利成功的文学作品中得到启发的。当时的意大利文学是一种不同于古典的新型文学。如但丁的《神曲》既非史诗又非戏剧，彼特拉克的抒情诗深受民间诗歌影响，薄伽丘的《十日谈》在希腊、罗马也找不到渊源，阿里奥斯托的《罗兰的疯狂》发扬了中世纪传奇体的叙事诗的传统。这些新型作品如果拿古典规则来衡量，就会一无是处。究竟是这些新型作品破坏古典规则是错误的呢？还是古典规则本身僵化过时了呢？这就是当时的"古今之争"的核心问题。问题在于，古人是否就绝对正确，今人是否就绝对一无可取呢？当时的保守派拜倒于

① 转引自朱光潜《西方美学史》上卷，人民文学出版社 1979 年版，第 155 页。
② 同上。

古典权威的脚下，但新派却认为当时的意大利文学同样伟大甚至更伟大。皮柯在 1512 年写给邦波的信里说："我认为我们比古人要伟大"，"如果古人比我们伟大，学他们的步伐也跟不上他们；如果我们比他们伟大，我们放慢步伐来迁就他们，不就显得蹒跚可笑吗？文风是应该随着时代变迁的"。① 可见，在 17 世纪的法国文坛轰动一时的"古今之争"，在 16 世纪就已经在意大利开端了。

在对古典规范与新型创作方法的看法上，意大利学者的意见不管有多么大的分歧，但这种争论对活跃和传播当时的文艺思想的意义是不可低估的。总的来说，他们是结合着当时的文艺创作实践来对古典理论加以批判和吸收的。这场"古今之争"并没有得出一个最后的公认的结论，但它的意义非常深远，它直接引发了 17 世纪法国古典主义时期的"古今之争"②。

第三节　蒙田

米歇尔·蒙田（Michel de Montaigne，1533—1592）是法国文艺复兴时期著名的人文主义思想家和作家。他创造了新的文体形式"随笔"（Essays），这个名词来自法语 essayer（"尝试"）。在他的《随笔集》中包含着不少美学思想。

一　美是相对的

蒙田关于"美是相对"的观点是其怀疑论哲学在美学上的表述。他怀疑中世纪神学美学所谓的"绝对美"产生出了万物之美的说法，反对普遍性的美决定个别的美。相反，蒙田认为："想从事件的相似性中得出结果是靠不住的，因为事件永远不相同：在事物呈现的图景里，没有一种品质比差异性和多样性更具有普遍性。……相似性作不到的事差异性却能作到。大自然必定只能创造不相似之物。"③ 所谓"相似性作不到的事差异性却能作到"的哲学表述就是：事物之间的差异性是绝对的，同一性

---

①　转引自朱光潜《西方美学史》上卷，人民文学出版社 1979 年版，第 156 页。

②　朱光潜：《西方美学史》上卷，人民文学出版社 1979 年版，第 156 页。

③　《蒙田随笔全集》下卷，潘丽珍等译，译林出版社 1996 年版，第 340—341 页。

是相对的。按这一思想，美的差异是绝对的，美的共同性是相对的。可见，是怀疑论决定了蒙田的"美的相对论"。蒙田所理解的"美的相对论"实质上是说，美既不存在于客体之上，也不存在于主体之中。具体地说，美的相对论有三个方面的含义：

首先，从本体论看："说到头来，人的实质和事物的实质都没有永久的存在；人们的判断，一切会消失的东西，都在不停地转动流逝。因而谁对谁都不能建立一个固定的关系，主体和客体在不断地变换更替。"① 由于事物流变和消逝的绝对性，美的因素不可能永远属于某一客体，也不可能永驻于某一客体，所以，就客体而言，美从来就不是客体的不变的属性。

其次，从人们的感觉的变化看，美感会因对象与自身的关系的转化而变化，美感会因不同的审美主体和各人不同的感觉方式而出现巨大的差别："两个人对同一事物的判断从不可能相同，两种见解也不可能完全相似；不仅人不同看法也不同，甚至同一个人在不同的时间看问题也不一样。"② 因此，在人与审美客体之间不可能存在那种一成不变的"审美关系"。蒙田指出：在"生黄疸病的人，眼睛中东西都是带黄的，还比我们看到的淡"；③"我们爱的东西看起来要比实际美。……我们讨厌的人会比实际丑"。④ 在具体的感觉过程中，"当我们眯缝眼睛，我们看到的东西更长更扁，……那么，这个物体的真正形状是又长又扁的，不是我们眼睛平时看到的那样。我们的眼睛从下往上眯，看到的东西就会是双份的"。⑤ 这说明，即便是同一主体，他以不同的方式、不同的角度、不同的心境观看审美对象时，对象所给予他的感受是有很大差别的。

最后，从不同民族之间客观存在着的审美差异性方面看，蒙田认为，某一民族视为美的那一东西，其他的民族并不以为美，甚至被看作丑；同一民族中的人也有不同的审美趣味和审美标准。蒙田指出："印度人认为黝黑的皮肤，厚而突出的嘴唇，扁平的鼻子是美。在鼻孔上的柔软部分插上金环下挂到嘴边；下嘴唇也挂了宝石圆环，盖住下巴；露出牙齿直到牙

---

① 《蒙田随笔全集》中卷，潘丽珍等译，译林出版社 1996 年版，第 291 页。
② 《蒙田随笔全集》下卷，潘丽珍等译，译林出版社 1996 年版，第 343 页。
③ 《蒙田随笔全集》中卷，潘丽珍等译，译林出版社 1996 年版，第 287 页。
④ 同上书，第 285 页。
⑤ 同上书，第 287 页。

根也是一种娇态。在秘鲁，耳朵愈大愈美，他们还尽量用人工往下拉。今天有一个人说，在一个东方国家见过这种热衷于拉开长耳朵、戴沉重珠宝的做法，以致耳孔大得可以把一条手臂连同衣袖穿过去。有的国家把牙齿细心染黑，看到白牙齿要耻笑。有的地方把牙齿染成红的。不但在巴斯克，在其他地方也是，女人觉得光头更美；据普林尼说，甚至在某些冰天雪地的国家也是这样。墨西哥女人认为前额小是美，她们身体其他部位的毛都拔光，而巧妙地移植到前额上；还特别欣赏大奶子，有意让奶头提到肩头上给孩子喂奶。这些在我们看来都是丑。意大利人认为肥胖是美，西班牙人认为瘦骨嶙峋是美；而我们法国人，有人认为白皮肤美，有人认为褐色皮肤美；有人认为纤弱温柔美，有人认为健康丰腴美；有人要求娇美，有人要求威严。"① 此外，蒙田指出，不仅在人类中，对同一事物的美感有多种差别，而且人类对动物界美的感受，也是具有差异性和相对性的："不管怎么样，大自然在美的方面，如同在其他共同的规律方面没有给人以特权。如果说我们觉得自己不错，我们也可以看到有的动物在这方面比我们差，也有的动物——而且大多数——在这方面比我们好。'许多动物都比我们美。'尤其是陆地动物，我们的同类。至于海洋动物（不谈形状，这是完全不同的，没法类比），在颜色，干净、光洁和肢体分布，我们比不上它们；对空中动物，更远远不如。"②

　　蒙田关于美的相对性的观点，在人们死心眼儿地追求用一个定义去把握"美的本质"的思维方式的影响下，一直没有受到美学理论界的重视。柏拉图在《大希庇阿斯篇》中对"美是什么"的提问方式就是一种很深刻的可怕的误导。这一提问方式很容易使人们采用陈述句的方式回答"美是……"，也就是说，很容易使人以实体性名词来充当宾语。这样，回答问题者的思想就紧紧地被限定在实体事物的范围内来思考。事实上，希庇阿斯对"美"的全部回答，都是在柏拉图所设定的实体名词范围内进行的。柏拉图追寻的"美本身"是不会因为个别的美消失而消失的，是永恒不变的。如果我们找着了这个描述永恒的美的真理的定义，那就能一劳永逸地解说千秋万代的审美现象了。20世纪的思维科学和哲学早已作出了结论：任何真理都是相对的，既没有永恒真理，也没有永恒不变的

---

① 《蒙田随笔全集》中卷，潘丽珍等译，译林出版社1996年版，第156页。
② 同上书，第157页。

事物，更没有普遍性的美的标准。所以，美的差异性是绝对的；美的普遍性、共同性只是相对的。蒙田从怀疑论角度认为，美只是主体感觉中的存在，美随着主体感觉的变化而变化。由此可推论出：世界上没有那种单纯的作为美而存在的事物，所谓美，只是主体对客体的一种感觉的情感的判断结果，它只存在于主体和客体的相互关系之中，而且，主体起着决定性的作用。因此，世间不存在一成不变的美。应该说，蒙田对美的看法，倒是接近 20 世纪后期的美学思想。在美学史上，蒙田以怀疑论观察美的现象，得出了美的相对性的结论，这一结论对于破除中世纪以来神学美学的独断论具有相当的进步意义。

二 天然之美是理想之美

同文艺复兴时期的其他人文主义者一样，蒙田尊崇大自然及其运行法则。他借西塞罗的话说："一切符合自然的东西都值得敬重"；" '必须深入了解事物的天然状态并准确认识天然状态要求的东西。' 我到处搜寻天然状态的踪迹：因为我们把天然状态的踪迹同人为的痕迹混同起来了"。①这种观念也表现在美学思想上，蒙田处处赞赏天然之美，反对人工的、矫饰之美："我把那种非自然的、造作的美算在一等的丑陋里。……在我看来，一个又老又丑还拼命涂脂抹粉，磨光打滑的人，比一个又老又丑却顺其自然的人更老更丑。"②蒙田抨击当时贵妇人的矫饰之风，诸如"像女人掉了牙，镶上了象牙；为了恢复面孔的好气色，就用其他材料涂上一层；还有谁人不知，哪个不晓，她们拿棉花毡片垫在身上，装出丰乳肥臀，炫耀这种人工做作的美"③。"她们却让外来的美遮盖了自身的美。抑制着自己的光华却靠借来的光彩发亮，这是多么幼稚。她们被技巧和手段葬送了。'她们仿佛从香粉盒里走出来。'"④蒙田对当时法国社会生活中普遍推崇装饰美的时代风气予以了抨击。南方的意大利在 15 世纪就流行装饰美的观念，这对于抵制基督教的禁欲主义和改变中世纪以来的清苦、单调的生活内容是有一定进步意义的。随着意大利文艺复兴文化的影响向

① 《蒙田随笔全集》下卷，潘丽珍等译，译林出版社 1996 年版，第 404 页。
② 同上书，第 129 页。
③ 《蒙田随笔全集》中卷，潘丽珍等译，译林出版社 1996 年版，第 220 页。
④ 《蒙田随笔全集》下卷，潘丽珍等译，译林出版社 1996 年版，第 39 页。

法国的扩展，装饰美的观念也在法国盛行起来，并且在 17 世纪达到了顶峰，而且持续到 19 世纪。蒙田对天然之美的崇尚以及对人工的矫饰之美的抨击，足见他美学观点的独特性。

三　论人体美与心灵美

蒙田生活的时代基督教禁欲主义在法国社会生活中的影响依然浓厚。在此以前，意大利作家薄伽丘因为写作了《十日谈》而受到教会猛烈的攻击，他自己在晚年对此也深感忏悔。但蒙田却依然大胆真诚地在《随笔集》中大谈两性爱欲和人体美。在整个文艺复兴时期，像蒙田这样正面而认真谈论两性情爱和人体美的作家是罕见的。蒙田站在人本主义者的立场，把人的肉体放在神圣的地位，对人体美给予了肯定和赞美。蒙田利用基督教关于上帝创造人的神话来说明人类肉体的神圣性：“我们伟大的天主的每一个思想，我们都应认真地、虔诚和崇敬地去接受，天主也不忽视肉体之美：‘你比世人更美’。”① 这后一句话引自《圣经·旧约·诗篇》。蒙田认为：“美在人们的关系中是一种伟大的力量，最能使人们互相吸引，一个人即使十分粗野、阴郁，也不会对美的魅力无动于衷。肉体是我们的存在中十分重要的部分，在其中占有重要的地位。因此，它的构造和特点理所当然地受到特别的注意。”② “对人们进行区分的首要标准，使一部分优于另一部分人的首要条件，很可能就是美貌。”③ 蒙田在上述议论中公开宣称：人的肉体之美是神圣的、动人的，是区分人的高低和评价人的优劣的“首要标准”与“首要条件”。这一美学观点是前所少见的。蒙田旁征博引，以期说明他的上述看法具有普遍真理性：“马略不喜欢接见身高低于六尺的士兵。《侍臣论》希望贵族最好具有中等身材……是有道理的。我认为对于一个军人来说，高于中等身材比低于中等身材要来得好。亚里士多德说，矮个子的面容可爱，但并不漂亮；在高个子的人中可看到伟大的心灵，就像高大的身躯显得美一样。……埃塞俄比亚人和印度人在选择自己的国王和行政官员时注意人的美貌和高大的身材。……

---

① 《蒙田随笔全集》中卷，潘丽珍等译，译林出版社 1996 年版，第 342 页。
② 同上书，第 340 页。
③ 同上书，第 341 页。

柏拉图要求他共和国的官员除了节制和坚强之外，还需要漂亮的外貌。"①
这说明，对于人体美的重视和欣赏是各民族、各时代共有的普遍性的
心理。

蒙田进一步阐明了自己的人体审美观。蒙田反对从古希腊以来那种把
人分为精神和肉体两部分的做法。他认为："当我们还活在人世的时候，
我们身上没有任何东西是纯肉体的，也没有任何东西是纯精神的，我们把
人活生生地分裂为肉体和精神两部分是不公平的。"② 肉体和精神应该是
一个统一体。同时，他又认为，人体的美丑是天生的，而"美好的心灵
从不是天生而成的"。③ 因此，人体的美丑与心灵的善恶并不是重叠的、
对应的。蒙田说："我非常看重女人的心灵，但她的肉体也必须令人赏心
悦目。因为，平心而论，如果心灵的美与肉体之美二者必须舍其一，那么
我宁可舍弃前者；心灵可以在更重大的事情上派用场，而在爱情这件与视
觉和触觉特别有关的事上，没有美好的心灵还可以有所作为，没有美好的
肉体却绝对不行。"④ 他强调说："形神一致、形神交融比别的任何东西都
更具可能性。"⑤ 上述看法既真诚又独到。可以看出，蒙田追求的是肉体
美和心灵善的完美统一，尤其是对于女性而言，这种统一更是必需的
要求。

蒙田立足于相对主义的美学观点发挥了对丑的看法。他说："无一长
处的丑女正如无一缺点的美女，是不存在的。"⑥ 也就是说，对于人体美，
美与丑是相比较而言的，不存在绝对的美或绝对的丑。他认为，丑有两
种：一种是"诸如脸色、斑点、粗鲁举止以及在整齐完好的四肢上出现
的某种难以解释清楚的原因"。这种丑虽然不美，但"对人的精神状态损
害却比较小，而且对评价人起不了可靠的作用。另一种丑陋，其确切的名
称叫畸形，则是更实质性的丑陋，这种丑陋通常对人的打击更深重"。⑦
前一种丑是外貌上的某些缺陷，它往往掩盖不了人的心灵的美；后一种丑

---

① 《蒙田随笔全集》中卷，潘丽珍等译，译林出版社1996年版，第342页。
② 《蒙田随笔全集》下卷，潘丽珍等译，译林出版社1996年版，第126页。
③ 同上书，第332页。
④ 同上书，第44页。
⑤ 同上书，第332页。
⑥ 同上书，第42页。
⑦ 同上书，第332页。

则容易影响或改变这个人的正常的心理习惯和内心原本善良的精神世界，即是说，外表的缺陷容易导致心灵的缺陷。文艺复兴时期的美学注重探讨美的特征的理论家较多，而探讨丑的美学家较少。蒙田从相对主义角度研究美与丑，这是较全面的。

第四节　锡德尼

菲利普·锡德尼（Philip Sidney，1554—1586）出生于名门贵族之家。写有诗学著作《为诗辩护》。《为诗辩护》写于 1580—1583 年间，1595 年（即他死后 9 年）才出版。他写这部著作的原因是：1579 年英国有一位清教徒作家斯蒂芬·高森（Stephon Gosson）写了一本题为《罪恶的学堂》的小册子，未经锡德尼允许就题词"献给锡德尼"，锡德尼于是写了《为诗辩护》作为回应，从人文主义的美学立场上全面批驳了高森对诗的谴责。《为诗辩护》不仅是英国伊丽莎白时代文学批评理论的代表作，而且在西方文学批评史上占有重要的地位。

一　英国人文主义的美学宣言

锡德尼在《为诗辩护》中，针对高森对诗歌的攻击，首先为诗歌正名，以表明人文主义者对诗歌的根本看法。首先，锡德尼从人类精神文化发生学的角度指出，诗是人类思想和一切知识的源泉，诗的地位是崇高的。他指出，诗"在一切人所共知的高贵民族和语言里，曾经是'无知'的最初的光明给予者，是其最初的保姆，是它的奶逐渐喂得无知的人们以后能够食用较硬的知识"。[1]"诗是一切人类学问中的最古老、最原始的；因为从它，别的学问曾获得它们的开端；因为它是如此普遍，以致没有一个有学问的民族鄙弃它，也没有一个野蛮民族没有它。"[2] 锡德尼在此论及了两个重要问题：人类最早的语言是诗性的语言，是诗歌传递了人类最早的知识；在人类的各种学术类型中，从诗歌中分化出、衍生出了其他的学科和知识。锡德尼是较早从发生学角度论及原始语言和原始思维特征的理论家。稍后的意大利理论家维柯在《新科学》中对此进行了系统的论

---

[1]　锡德尼：《为诗辩护》，钱学熙译，人民文学出版社 1998 年版，第 4 页。

[2]　同上书，第 37 页。

述。维柯提出，人类最早的思维方式是"诗性智慧"，诗是人类最早的语言形式。诗性智慧在发生的时间上在先，理性思维来源于非理性的、诗性的思维，理性的逻辑语言来自诗性的语言，而不是相反。维柯指出：原始人"因为能凭想象来创造，他们就叫做'诗人'，'诗人'在希腊文里就是'创造者'"①。所以，各门学问起源于诗性的智慧，"从这种粗糙的玄学，就像从一个躯干派生出肢体一样，从一肢派生出逻辑学，伦理学，经济学和政治学，全是诗性的；从另一肢派生出物理学，这是宇宙学和天文学的母亲，天文学又向它的两个女儿，即时历学和地理学，提供确凿可凭的证据——这一切也全是诗性的"。② 20 世纪的思维科学和文化人类学对此已有定论。由此可以看出锡德尼的判断是先知先觉的。

锡德尼据此而批评那些对诗歌加以诋毁和污蔑的人"是近乎于忘恩负义了"③。锡德尼旁征博引古代史实，说明古代最早的、最伟大的学者都是诗人，他们都以诗歌的形式来表达他们的智慧和思想。锡德尼指出，即便是高森为了诋毁诗歌而被他利用的柏拉图，"虽然他的作品的内容和力量是哲学的，它们的外表和美丽却是最依靠诗的"。④

其次，锡德尼针对高森"拉大旗做虎皮"即借用柏拉图的观点来攻击诗歌的行径进行了有力的驳斥。锡德尼一针见血地指出，高森之类道学家利用柏拉图的思想，"在他的狮皮之下他们常作骡子式的号叫来反对诗"⑤。他又进一步把批判的锋芒直指当时备受尊崇的柏拉图。针对柏拉图及其追随者对诗歌提出的主要罪状，即诗歌激发人们的情欲，是淫秽和罪恶的根源，会导致人们伤风败俗，锡德尼立足于事实，雄辩地证明这种指责是荒谬的，是站不住脚的。他说："我认为，应当用哲学家所用的挑剔来回报哲学家对于诗人的攻击，如同劝人读一读柏拉图的《斐德若》或《会饮》或普鲁塔克的《论爱》来看看有没有任何人像他那样容许肮脏的事情。"⑥ 同时，锡德尼进一步指出，柏拉图把诗人从理想国里驱逐出去所据的理由是毫无道理的，可笑的。因为"事实上，是从他自己准

---

① 维柯：《新科学》，朱光潜译，人民文学出版社 1986 年版，第 162 页。
② 同上书，第 155 页。
③ 锡德尼：《为诗辩护》，钱学熙译，人民文学出版社 1998 年版，第 4 页。
④ 同上书，第 6 页。
⑤ 同上书，第 50 页。
⑥ 同上书，第 49 页。

许公妻的社会里""把诗人驱逐出去"①。"所以显然，这驱逐不见得由于
妇女方面的放荡了，因为人们既然可以随他高兴得到任何女人，恋爱小诗
也不会有多大害处了。"② 最后，锡德尼嘲笑柏拉图："就是柏拉图本人、
任何好好研究他的人都会发现，虽然他作品的内容和力量是哲学的，它的
外表和美丽却是最为依靠诗的。"③

在欧洲美学史上，锡德尼的《为诗辩护》是第一次正面地对柏拉图
的诗与艺术有害论的思想发起的勇敢挑战。他把柏拉图提出的关于诗的几
条罪状加以批驳，这以后，很少有人再依据柏拉图的诗论而对诗歌大胆攻
击了。

二　论诗歌的本质及社会功用

锡德尼在《为诗辩护》中详尽地分析了诗歌本身的特点，并把这些
特点同其他学科进行了细致的比较，指出无论从表现形式上或思想内容
上，对人类的教化以及给人的欢乐上，诗歌都处于优先的地位，从而得出
了诗歌优先于任何一门学术的结论。《为诗辩护》是英国文学史上第一部
系统性的诗学理论著作。

锡德尼在他对诗歌多方面的探讨中，主要突出了诗歌的本质以及诗歌
的社会功用这两个方面。十分明显，锡德尼的艺术思想是对亚里士多德和
贺拉斯文学思想的继承，并在两个方面有具体的发挥。

锡德尼指出其他学科，如哲学、历史等只是按照自然的法则进行工
作，它们听命于自然，只能忠实地记录自然，在自然既定的轨道中对规律
性进行研究。从这个意义上说："没有大自然，它们就不存在，而它们是
如此依靠它，以致它们似乎是大自然所要演出的戏剧的演员。"④ 因此，
在对自然的关系上，其他学科处于被动的地位。

他指出，诗的本质在于创造，不仅创造思想，而且创造出光辉动人的
形象。因此，诗歌对于自然处于主动的地位。他说："只有诗人，不屑为
这种服从所束缚，为自己的创新气魄所鼓舞，在其造出比自然所产生的更

① 锡德尼：《为诗辩护》，钱学熙译，人民文学出版社1998年版，第49页。
② 同上。
③ 同上书，第6页。
④ 同上书，第9页。

好的事物中，或者是完全崭新的、自然中所从来没有的形象中，如那些英雄、半神、独眼巨人、怪兽、复仇神等等，实际上，升入了另一种自然，因而他与自然携手并进，不局限于它的赐予所许可的狭窄范围，而自由地在自己才智的黄道带中游行。自然从未以如此华丽的挂毯来装饰大地，如种种诗人所曾作过的；也未曾以那种悦人的河流，果实累累的树木，香气四溢的花朵，以及别的足使这为人爱得够厉害的大地更为可爱的东西；它的世界是铜的，而只有诗人才给予我们金的。"[①]　在这段生动的论述中，锡德尼第一次明确地把创造性作为艺术创作的一个主要特征提了出来。在他看来，诗的本质在于创造。在此以前，也有人曾涉及有关诗的创造性的某些方面。如朗吉弩斯就谈到过想象在艺术创作中的作用，斐罗斯屈拉塔斯也曾谈及过在模仿之外，还要"用心来创造形象"，等等。但他们都是一鳞半爪地接触到艺术的创造性中的某些特征，并没有把人所具有的创造性的主观能动作用同艺术创作结合起来。而锡德尼却认识到艺术作品是人的创造性活动的结果，这种创造性乃在于艺术家的主观能动作用，并且正是因为这种创造性才使艺术所创造的美高于生活中实际存在的美，从而明确地肯定了艺术高于生活，艺术美比自然美更集中，更鲜明，更迷人。这样，也就正面地指明了艺术美与生活美的差异。关于艺术美高于生活美的见解，后来在黑格尔那里得到了更为透彻的论证。自黑格尔以后，艺术美高于生活美的观点便作为艺术的特质在理论上确定了下来。

在指出艺术的本质在于创造后，锡德尼又进一步论述到这种创造表现在哪些方面，以及是通过什么方式创造的。

锡德尼指出了艺术的创造主要表现在艺术形象上。艺术创作就是运用形象给人"以一种亲见亲闻的人所有的真正活知识的满足"。[②]　这就指明了艺术反映生活的独特方式——以形象反映生活，表现诗人的思想和情感。艺术不仅是要创造出"能言的画"，更主要的是创造出如现实生活中一样的、众多的栩栩如生的人物。他指出：大自然和历史绝对造就不了希腊罗马文学中那些众多的，感情丰富、思想卓绝的完美人物。大自然和历史可以造就一个居鲁士，而艺术却可以"给予世界一个居鲁士以造出许

---

① 锡德尼：《为诗辩护》，钱学熙译，人民文学出版社 1998 年版，第 10 页。
② 同上书，第 19 页。

多居鲁士"①。同时，这种艺术创造的人物形象还有这样的特点："如此他就结合了一般的概念和特殊的实例"②，即这种人物形象具有普遍性的代表意义，而且又是以个别的形式出现。这里，已经隐约地蕴含了后来人们对典型人物的理解的一个重要特征了。

锡德尼还认为，艺术的创造手段，主要在于虚构。他关于虚构的见解来自贺拉斯，并在贺拉斯的基础上更深入地对虚构进行了探讨。他肯定了艺术虚构的重要性："只有那种怡悦性情的，有教育意义的美德、罪恶或其他等等形象的虚构，这才是认识诗人的真正标志。"③ 又说："在诗里本来只寻求虚构"④，"因为，谈到感动读者，这是明显的：虚构是可以唱出激情的最高音的"。⑤ 在锡德尼看来，艺术家虚构的基础在于想象的自由驰骋："那种为诗人所特有的高翔的想象自由，确实似乎有点神力在其中。"⑥ 这样，他把想象作为诗人创作的一种思维方式来看待，就已经摆脱了那种把艺术创作仅仅看成是模仿的片面观点，而在立足于对大自然和社会的模仿基础上，强调想象、虚构的主观方面的因素的重要。同时，他还指出了决定诗的内容的主要因素是创造和虚构。这种创造和虚构不是凭空的胡思乱想，正如他说的那样："不是完全凭想象、像我们常说的那些构造空中楼阁的人所做的那样"⑦，"不是搬借过去现在或将来实际存在的东西，而是在渊博见识的控制之下进入那神明的思考，思考那可然和当然的事物"⑧。至于诗的形式则是由内容所决定的："使人成为诗人的并不是押韵和写诗行，犹如使人成为律师的并不是长袍，律师穿着盔甲辩护也还是律师而不是军人"⑨，"因为诗行只是诗的装饰而非诗的成因，因为曾经有过许多诗人，从来不用诗行写作，而现在成群的诗行写作者却绝不符合诗人的称号"⑩。

---

① 锡德尼：《为诗辩护》，钱学熙译，人民文学出版社 1998 年版，第 11 页。
② 同上书，第 19 页。
③ 同上书，第 14 页。
④ 同上书，第 43 页。
⑤ 同上书，第 24 页。
⑥ 同上书，第 8 页。
⑦ 同上书，第 11 页。
⑧ 同上书，第 13 页。
⑨ 同上书，第 14 页。
⑩ 同上。

锡德尼立足于"诗的本质是创造"这一观点，并从此生发开去论述诗歌的多种特点，可谓抓住了实质，显示了他独具的艺术慧眼。他对艺术的创造作用的认识和理解，较之他所尊崇的古典艺术理论家们来说，明显地向前跨出了一大步。

仔细研究锡德尼对诗的道德教益的论述就不难发现，他实际上并没有论证诗为什么应当服务于道德教益，而仅仅是谈到了如果诗要宣扬道德教益的话，肯定比其他任何学科更好、更感人、影响更大而已。因此，他在本书中通过内容、形式、形象性，尤其是感染力等几个方面同其他学科比较而得出诗比其他任何一种学科更能有助于道德教化。他认为，如果诗歌应当以宣扬道德教化作为自己的目的的话，那么，由于诗歌运用形象，直接把人和事件观照于人们的心目之中，它的感染力和取得的效果则将大大超过历史和哲学。因为哲学家是"凭箴规"，历史是"凭实例"[①] 来教训人们，那么谁愿意洗耳恭听他们干瘪的说教呢？他认为，"使人家被感动得去实行我们所知道的，或者被感动得愿意去知道，这才真是工作，真是功夫"。[②] 一般来讲，人们是热爱引起自己愉悦的东西的，而诗正是最能引起人内在的愉悦感情的，只要诗歌里有着善存在，那么人们"也就不知不觉地逐渐见到了善的形状——善既被见到，他们就不得不爱——这就犹如吃了放在樱桃里面的药一样"。[③]

三　论诗歌的形式规范

对艺术形式的研究与重视，可以说是从亚里士多德、贺拉斯、锡德尼到布瓦洛的艺术理论所共有的一个特点。锡德尼在《为诗辩护》的后半部分中，对诗歌进行了详细的分类探讨。尽管这种探讨有人认为是烦琐的，是形式主义的，但如果历史地看待这一问题，就会看到这种探讨还是必要的、有意义的。

因为在锡德尼时代，英国文学正处于自己的"古典时期"，即诗歌的兴起阶段；那时，英国诗歌仅仅经历了自己短短的途程。当时的诗坛尚未给文学史贡献出一位成熟的、卓越的诗人。英国文艺复兴初期（16 世纪

---

① 锡德尼：《为诗辩护》，钱学熙译，人民文学出版社 1998 年版，第 18 页。
② 同上书，第 28 页。
③ 同上书，第 30 页。

上半叶）的诗歌从三个方面汲取自己的养料：首先受意大利文艺复兴时期诗歌的影响，例如十四行诗体就是直接搬用意大利诗歌的形式；其次受欧洲中世纪宗教文学和骑士文学的影响；再就是本国民间诗歌和古代歌谣。因此，从诗歌的题材、内容到形式，主要还是受外国的影响。这样，英国诗歌的艺术形式与风格方面，还呈现着一种芜杂、混乱的状况，英国的民族诗歌尚未正式建立，直到莎士比亚的十四行诗及戏剧创作出现才标志英国诗歌的成熟。在这种背景下，锡德尼一方面作为诗歌的辩护者，旁征博引地阐明诗歌的特质以及诗歌的社会功用；另一方面又作为诗歌的园丁，为英国诗歌的健康成长与发展进行形式方面的研究与探索，他所起的拓荒者的作用，我们是不应当忽视的。锡德尼及其同时代理论家对英国诗歌的艺术形式的开创性的研究和身体力行的创作，对英国诗歌的发展与成熟起了催化剂的作用。在他之后不久，马洛、本·琼生和莎士比亚的诗体戏剧所达到的光辉成就，也证明了前人对诗歌形式研究的必要和意义。正是由于与锡德尼同时代的"大学才子"的努力，尤其是李雷与马洛的创作成绩，才奠定了产生本·琼生和莎士比亚的坚实基础。

第十二章

法国古典主义美学

进入 17 世纪，欧洲文学艺术的中心转移到了法国。17 世纪法国的文学艺术创作和美学理论是继意大利文艺复兴之后欧洲艺术和美学思想的又一个新的高峰。在一个多世纪中，法国的古典主义美学原则成为欧洲各国美学思想的指导原则，其文学艺术创作方法成为欧洲各国艺术家效法的楷模。法国古典主义思潮的影响一直持续到 19 世纪初，直到新兴的浪漫主义和现实主义思潮对它进行冲击为止。法国人把这一思潮称为"古典主义"，为了区别于文艺复兴时期效仿古希腊罗马的人文主义的古典主义文化运动，也有人把法国古典主义称为"新古典主义"。

第一节　笛卡尔

笛卡尔（René Descartes，1596—1650）是法国哲学家，近代理性主义哲学的创立者。17 世纪在欧洲迅猛发展的理性主义哲学，尤其是笛卡尔哲学，是法国新古典主义美学重要的思想来源。欧洲思想史上有着推崇理性精神的传统：自古希腊哲学起，理性主义就深深地根植于哲学之中；文艺复兴时期，在复兴古希腊罗马文化的思潮中，理性主义又成为反对中世纪神学独断论和蒙昧主义的思想旗帜；从 16 世纪开始，人类理性已经在不同的领域和不同的学科中宣告了它的权威性和独立性。进入 17 世纪，理性主义成为自然科学研究和哲学、人文科学发展重要的动力。"我们可以适当地把 17 世纪称之为哲学史上的'理性主义'时代，因为几乎所有这一时期的伟大哲学家，都试图把数学证明的精确性引入知识的所有部分，包括哲学本身。"① 17 世纪在美学史和文艺史上则被称为"新古典主义"时代，这预示了新古典主义美学思潮同理性主义有着内在的必然的联系。在科学和理性哲学精神的思潮中，笛卡尔哲学浸染了人们的生活，也间接地影响了当时官方的和上层社会的审美观念和审美趣味。

一　崇尚理性的审美判断标准

笛卡尔崇尚理性，他认为理性是神授的天赋能力，因而理性是普遍人性的重要部分，具有永恒性；理性是人类认知真理的唯一正确的方法。感性认知常常导致谬误想象的思维方式应当予以排斥。他说："在感觉之中，的确是从来没有上帝和心灵的观念的；在我看来，他们要想用自己的想象力来理解这些观念，情况正如想用自己的眼睛来听声音和闻气味完全一样；……可是无论我们的想象力或我们的感官，如果没有我们的理智参加，是都不能使我们确知任何事物的。"② 笛卡尔的理性认知和判别原则对审美判断和文艺批评标准产生了重大影响。他认为"所谓美学和愉快所指的都不过是我们的判断和对象之间的一种关系"③。人们判断的尺度不同，对美和愉快的感受自然也不同。在笛卡尔看来，理性既是衡量一切的尺度，当然也就是判断真假、善恶、美丑的标准。凡是符合理性的事物就是美的，违背理性的事物就是丑的。17 世纪法国古典主义文学批评家布瓦洛把笛卡尔哲学的理性原则引入文学批评之中，宣称文学"永远只凭着理性获得价值与光芒"。④ 这对于重视文学创作的思想性无疑有着重要的推动作用，但是，只强调理性，轻视感性的情感体验，排斥或削弱想象能力在文学创作和文学欣赏中的重要作用，这就违反了艺术特质，必然导致重理轻情、重说教的严重后果。

---

① S. 汉姆普尔希：《理性的时代》，光明日报出版社 1989 年版，第 8 页。
② 笛卡尔：《方法谈》，《16—18 世纪西欧各国哲学》，北京大学哲学系外国哲学教研室编译，商务印书馆 1975 年版，第 151 页。
③ 北京大学哲学系美学教研室：《西方美学家论美和美感》，商务印书馆 1980 年版，第 78 页。
④ 布瓦洛：《诗的艺术》，任典译，人民文学出版社 1959 年版，第 4 页。

二 追求"永恒真理",以真为美

笛卡尔在《方法谈》中说:"一切科学的原则都应当是从哲学里面取得的。"① 所谓"原则",就是科学研究最基本的方法以及按照这种方法所发现的事物的存在和运动的规律。就像牛顿所发现的规律和原则一样。这些规律和原则,一经发现,就具有永恒真理的性质。笛卡尔认为,"我思故我在"这一命题就具有永恒真理性。"我思故我在"是笛卡尔全部哲学的第一原理。其含义是,我怀疑说明我在思考,可以思想者的我的存在是不容置疑的。追求发现永恒真理的冲动,成为笛卡尔时代哲学家和科学家们共同的目标。这种思维方式,导致了后来的哲学家们不断地创建自己完备的哲学思想体系。笛卡尔曾强调:"因为理性是一种普遍的工具,可以使用于任何一种场合。"② 所以,这种追求发现永恒真理和基本规律、原则的冲动直接影响到 17 世纪的美学家和文艺理论家。法国著名的古典主义文艺理论家约翰·沙坡兰所系统论证的"三一律"原则和布瓦洛的《诗的艺术》,都致力于发现并制定文学创作中的永恒真理或法则,企图把这些真理和法则范型化、经典化。

笛卡尔哲学中还有一个重要命题是:"凡是我们十分明白、十分清楚地设想到的东西,都是真的。"③ 具体地说,"我们的观念或概念,既然就其清楚明白而言,乃是从上帝而来的实在的东西,所以只能是真的"④。同理,美的观念是人人心中所有的,完美的观念也是大多数人都具备的,这是十分清楚、十分明晰地设想到的东西,所谓"美"的直觉,就是由清澄而专一的心灵所产生的概念,可见,美是观念,是概念,因此,美即是真。对此,布瓦洛也附和说:"只有真才是美,只有真的才可爱,真应该统治一切,虚构也不是例外。"

就欣赏真实之美而言,笛卡尔说:即便是梦想中出现的东西,也"只有摹仿某个实在的、真实的东西,才能够形成"⑤,这就是说,任何虚

① 笛卡尔:《方法谈》,《16—18 世纪西欧各国哲学》,商务印书馆 1975 年版,第 144 页。
② 同上书,第 155 页。
③ 同上书,第 148 页。
④ 同上书,第 151 页。
⑤ 笛卡尔:《形而上学的沉思》,《16—18 世纪西欧各国哲学》,商务印书馆 1975 年版,第 158 页。

幻、虚构的东西，其形状都来自真实的存在，并且，画家们在创作任何奇形怪状的形象来表现美人鱼、半羊仙人时，"也仍然不能给予它们任何完全新的形式和性质，而只是把各种不同的动物的肢体混合起来，凑在一起；……同样理由，纵然像［一个身体］、两只眼睛、一个头、两只手之类的这些一般的东西是可以想象的，却一定要承认至少有一些别的更简单、更普遍的东西是真实的、存在的，我们思想中的那些事物的形象，不管是真实的、实在的，还是捏造的、虚构的，都是由这些简单、普遍的东西混合而成的，就同由一些真实的颜色混合而成一样"①。笛卡尔在这里所强调的，依然是理性的真就是美，任何幻想、虚构的形象也是以简单明确的事实为根据、基础的。笛卡尔认识论中排斥幻想、想象和虚构，注重存在事物的真实性的思想主张，与古典主义文学理论的写实主张，与艺术应当关注和表现当前社会生活的审美要求，是紧密联系在一起的。

三　美在于部分与整体的和谐

笛卡尔认为，上帝是完满的，所以，在上帝所创造的东西中，在上帝所赋予人类的审美直觉中，完美也是美的观念中的应有之义。完满即完美表现为事物形式上和内部结构上的秩序和统一，完美包含着和谐、匀称、明晰、单纯、简洁、规律性等特性，总之，完美的东西具有鲜明的秩序感、和谐感，这是把握完满的事物的一个重要的方法和标准。在笛卡尔哲学的认识论中，凡是在对待简单与复杂、整体与部分、真实与虚构等之间的关系时，也都是以前者为依据、为基础的，追求明晰与秩序是笛卡尔哲学认识论的重要特点之一。笛卡尔表示："即便是那些彼此之间并没有自然的先后次序的对象，我也给它们设定一个次序。"② 笛卡尔的上述观点得到了后期古典主义思想家伏尔泰的肯定，伏尔泰认为："哲学的真正的装饰应该是井然有序，清晰明了，特别是真理。"③ 就欣赏简单、简洁、单纯之美而言，笛卡尔就曾表示："我观察到凡是组合而成的东西都表明有所依赖，而依赖显然是一种缺点，所以我由此断定，由这种本性组合而

---

① 笛卡尔：《形而上学的沉思》，《16—18 世纪西欧各国哲学》，商务印书馆 1975 年版，第158 页。

② 笛卡尔：《方法谈》，《16—18 世纪西欧各国哲学》，商务印书馆 1975 年版，第 144 页。

③ 伏尔泰：《路易十四时代》，吴模信、沈怀洁、梁守锵译，商务印书馆 1982 年版，第474 页。

成，决不能是上帝的一种完满性，因此上帝决不是组合而成的"①；"如果我们常常有一些包含虚假成分的观念，那只能是一些包含着混乱不清的东西的观念"②。

就欣赏整体之美而言，笛卡尔在《给友人论巴尔扎克书简的信》中进一步写道："美不在某一特殊部分的闪烁，而在所有部分总起来看，彼此之间有一种恰到好处的协调和适中，没有一部分突出到压倒其他部分，以致失去其余部分的比例，损害全体结构的完美。"③ 这就表达出了笛卡尔对于事物形式美的一个重要观点：事物形式上的整体的完美结构是引发审美愉快感的基本条件。这里的"完美"就是指事物整体与部分之间的和谐，整体的完美重于部分之完美。这一见解，无疑是西方传统美学思想"美在于和谐"的表达，笛卡尔无意中又赋予了这一美学命题以时代的政治意义。笛卡尔认为："那些由许多零碎的片断构成、并且由一些不同的匠人的手造成的作品所包含的完满性常常没有由一个人独自做出来的那些作品那么大。所以我们看到，由一个建筑师一手设计和建成的那些房屋通常总比由许多人利用一些本来为了别的目的而砌的旧墙联缀而成的房屋要来得漂亮整齐。"④ 这就是说，统一比杂多更有序，单一的主创人的思想比众多人观念的混合更明晰。这一审美理念符合了大一统的路易十四王朝的政治理想。笛卡尔哲学深深浸染了那一时代的意识形态，所以，有的学者评论说："17 世纪的文学界，各方面都体现了笛卡尔连第一句话也从未写过的笛卡尔美学。"⑤

第二节　沙坡兰

法国新古典主义艺术最大的成就是戏剧。它是继莎士比亚戏剧的辉煌成就之后的又一高峰。它为现代戏剧提供了完美的形式。把戏剧形式提升到完美的高度并使戏剧成为民众生活中一种普遍需要的却是法国的高乃

① 笛卡尔：《方法谈》，《16—18 世纪西欧各国哲学》，商务印书馆 1975 年版，第 150 页。
② 同上书，第 151 页。
③ 《西方美学家论美和美感》，商务印书馆 1980 年版，第 80 页。
④ 笛卡尔：《方法谈》，《16—18 世纪西欧各国哲学》，商务印书馆 1975 年版，第 142 页。
⑤ 埃米尔·克兰茨（Emile Krantz）：《笛卡尔的美学学说》，转引自凯·埃·吉尔伯特、赫·库恩《美学史》上卷，夏乾丰译，上海译文出版社 1989 年版，第 264 页。

依、拉辛、莫里哀这三个巨人。高乃依是第一位取得卓越成就的新古典主义戏剧作家。伏尔泰指出："高乃依写悲剧的时候周围只有一些颇为拙劣的榜样"①，"高乃依是靠自己的努力成长起来的"②。那时，专制王权的文艺政策和规范尚未明确，高乃依的创作具有一定的自发性和自创性，两者之间的思想差距必然会导致碰撞和论争。1636 年高乃依的《熙德》上演，此剧为他带来了声誉，被人们誉称为"伟大的高乃依"；但也带来了同行的妒忌和严厉的指责。剧作家斯居代里和迈烈等人撰文强烈抨击高乃依，而高乃依及其拥护者也进行了猛烈的辩护和反击，形成轰动一时的"熙德论战"。这场论争难分轩轾，斯居代里便把这一文坛论争提交给刚成立的最有权威的法兰西学院仲裁，在黎世留的授意下，法兰西学院对这一论争加以了讨论，1638 年由诗人兼文艺批评家沙坡兰执笔写了《法兰西学院关于悲喜剧〈熙德〉对某方所提意见的感想》（简称《对熙德的感想》）一文，其中既细致分析和批评了《熙德》的成功与不足，又借这一契机发表了法兰西学院的古典主义文艺的主导思想。

一 "诗歌应该使人受到教益"

自从贺拉斯提出诗歌的功能特征在于"寓教于乐"后，文艺复兴时期的理论家在阐释这一命题时，对"教育"或"娱乐"这两方面都有不同的侧重。例如，意大利著名的文艺理论家卡斯特尔韦特罗就因为反对把文艺变成服务于罗马教廷的工具而主张追求快感是诗歌唯一的目的。新古典主义时期，对此有三种观点：第一种主张诗歌（戏剧）除了娱乐之外别无目的；第二种主张诗歌最根本的目的在于使人获得教益；第三种就是沙坡兰所代表的法兰西学院的新古典主义主张，即诗歌既有教育的目的，又有娱乐的目的，由此重申了"寓教于乐"的主张。但是，沙坡兰对此加以了阐明和廓清。他指出："娱乐也有几种，诗的娱乐则是合乎理性的娱乐。根据这种学说，一个剧本仅能供人娱乐，如果这种娱乐不以理性为根据，如果娱乐的产生不通过某些使它合乎正规的道路，正是这些道路使娱乐成为有教益的东西，那么这个剧本仍旧不

---

① 伏尔泰：《路易十四时代》，吴模信、沈怀洁、梁守锵译，商务印书馆 1982 年版，第 475 页。

② 同上书，第 477 页。

能算作好的剧本。"① 由此，沙坡兰在传统的"寓教于乐"的说法上凸显了"教义"中的理性的内容，强调了娱乐中的思想性和道德性。因为"娱乐"有多种不同的内涵：有高雅的，也有庸俗的；有激发情感的，也有启迪智慧的；有放纵欲望的，也有符合、宣扬规范的，等等。同样，"教益"所包含的内涵也非常宽泛，有实践经验的，有思维理性的；有道德的，有非道德的；有个人情感方面的，有共同伦理规范方面的。所以，沙坡兰提出以理性内容来规范教益和娱乐。那么，沙坡兰代表新古典主义宣扬的"理性"是什么意思呢？一般来说有三层含义：从哲学上讲，理性是天赋予人的能力，是普遍人性的重要内容，是人类认知真理的唯一正确的方法；从伦理上讲，理性是指个人利益服从家庭利益，家庭利益服从国家利益即服从君主利益；从心理上讲，感情服从意志，意志服从理智。这几方面构成了新古典主义的"理性"，这也就是新古典主义的"人性义理观"。应该说，这是沙坡兰对传统的"寓教于乐"学说所加以的新古典主义的阐释和发展。以此来审视《熙德》中的主角施曼娜，就不符合理性规范："读者不能否认施曼娜是个过于多情而不识羞耻、有违女训的姑娘；是忘了父亲养育之恩的不孝的女儿。不管她的爱情多么深厚，使她无力抵抗，她也绝不该忘掉为父报仇的义务，更不应同意下嫁杀死父亲的凶手。在这里，施曼娜的行为即便不能说不道德，至少也应认为是可以非议的。作品也就由于有这些描写，显然是有缺点的。"② 沙坡兰指责高乃依的剧本"太明显地表示"了施曼娜"为私情而忘了天伦大义，太公开地为私欲找掩护"③，"让施曼娜置一切天伦之道于不顾。这种做法无论对剧作的内行和外行都会引起巨大的反感"④。因此，沙坡兰判定"《熙德》的主题是有缺点的，结局是不完善的"⑤。

　　沙坡兰还论证了诗歌教益与娱乐的辩证关系。他指出：诗歌（文艺）能给人快感，具有娱乐性，因此，在诗中任何教益都不能是抽象的、空洞的说教，它必须以艺术的方式蕴藏在审美的快感之中；另一方面，一部作

　　① 沙坡兰：《对熙德的感想》，《古典文艺理论译丛》第 5 辑，人民文学出版社 1963 年版，第 101—102 页。

　　② 同上书，第 109 页。

　　③ 同上书，第 110 页。

　　④ 同上书，第 121 页。

　　⑤ 同上书，第 125 页。

品如果不符合正常人的行为规范和道德习俗，不管它多么使人愉快，也不可能达到教育人的目的。

二　戏剧创作必须遵循"三一律"

"把艺术中的科学方法化成公式，并向亚里士多德求援，这在意大利继续了不止一个世纪。……在干巴巴的鲜明性，在分析的精确性，以及在方法的自觉运用等方面，法国的批评家超过了意大利的批评家。"① 沙坡兰代表法兰西学院所坚持的戏剧创作的"三一律"就是个典型。在对《熙德》的批评中，沙坡兰重申了这一原则。这一原则表现了君主专制政治要求把一切事物秩序化、规范化的统治意图。

"三一律"产生于意大利文艺复兴时期，是文艺理论家们在误读、曲解亚里士多德《诗学》的基础上加以阐释的产物。所谓"三一律"是指戏剧创作必须遵循"情节一致"、"时间一致"、"地点一致"的规律。亚里士多德在《诗学》中，仅仅明确论述了"情节一致律"。他根据美是"有机统一"的思想而倡导戏剧的情节应单纯一致，前后事件紧凑衔接，使整部戏形成一个有机整体。《诗学》中也提及了悲剧的演出时间"以太阳运行一周为限或稍超过一点"的观点。意大利文艺理论家卡斯特尔韦特罗则把这一意见曲解为"戏剧中的故事情节所展现的时间为一天"。其实，戏剧的"演出时间"同"剧中故事情节发展的时间"是两码事。正如司汤达所指出的："舞台上的时间与剧场中的时间不一样，舞台上的时间以另一种步伐前进。"② 演出时间是演出现场的真实时间，故事情节的时间是故事情境所虚拟的、假设的时间过程。古代节庆狂欢中的戏剧演出，一部剧的演出可长达几天几夜，这必然导致剧情松散，因此亚里士多德提出以"一天"为限，正是为了使戏剧更紧凑，更显得有机统一。如果把这一观点改变为对戏剧情节发展的时间限定，那必然对戏剧创作带来极大的限制，形式将严重束缚内容。例如，17 世纪著名的法国新古典主义戏剧批评家奥比尼亚克在《戏剧实践》（1657）中就主张故事中人物行动的时间应限定为三小时，即在表演的实际时间之内。按照这一主张，戏

---

① 凯·埃·吉尔伯特、赫·库恩：《美学史》上卷，夏乾丰译，上海译文出版社 1989 年版，第 264 页。

② 司汤达：《拉辛与莎士比亚》，王道乾译，上海译文出版社 1979 年版，第 9—10 页。

剧家根本无法创作。

"地点一致"意指戏剧表现情节内容的场景、地点自始至终不得更换。这一定律是意大利文艺理论家根据古希腊悲剧作品的创作实践总结出来的。由于古希腊悲剧不分幕、不分场，相当于后来的独幕剧，不存在地点的不一致。但以此要求后世的多幕剧就是刻舟求剑，显得迂腐僵化。应当说，文艺复兴时期形成的"三一律"是对戏剧创作的内在规律深化认识之后的结果，它适应了近代戏剧的发展需要，对奠定现代戏剧的雏形是产生过积极作用的。雷纳·韦勒克指出，"三一律"的引用"使戏剧形式变得紧凑了，而这对于抵制早期戏剧那种较松散的形式结构是有益的。但是，人们无法否认，规则，特别是在戏剧和史诗这两种为人研究分析得最多的体裁中，即便对于最伟大的作家也有着束缚的影响"①。事实上，在新古典主义的优秀戏剧作品以及 19 世纪以来的优秀戏剧创作中，"三一律"一直在其中潜在地发挥它的效力，只不过后世的戏剧家们不再把它当作神圣的、不可逾越的金科玉律而已。

三　戏剧题材和情节必须具有"像真性"

沙坡兰以亚里士多德的《诗学》第 15 章的论述为规范，强调戏剧的题材和故事情节必须合情合理，即必须符合"或然律"或"必然律"。他指出："悲剧和史诗的题材在大体上应该是真实的，或者被认为是真实的。"② 沙坡兰以法文 Vraisemblable（像真性）来翻译和表述希腊文《或然性》或《必然性》的字义。他认为："史诗和剧诗的目的既在使听众或观众得益，也只有用近情理的事而非实事才能达到这种目的。"③ 也就是说，戏剧的题材和情节应该具有合情合理的"像真性"，而不是直接运用生活中的实事，才能"取得神奇这样一种难能的效果"。因为，只有"像真"而不是"实事"，"才是史诗和剧诗的用武之地"。沙坡兰的"像真性"指的就是文艺的真实性，它不是生活实事。生活中的具体的实事是个别、偶然的东西，"艺术所要求的是事物的普遍性，它须要把历史由于

---

① 雷纳·韦勒克：《近代文学批评史》第 1 卷，杨岂深、杨自伍译，上海译文出版社 1987 年版，第 25 页。

② 沙坡兰：《对熙德的感想》，《古典文艺理论译丛》第 5 辑，人民文学出版社 1963 年版，第 106 页。

③ 同上书，第 104 页。

它严格的规律而不得不容纳的特殊的缺点和非正规的东西从这些事物里排除出去"①。这就是文艺不同于历史的地方。艺术的真实在于它近似生活原状而又具有普遍性的意义，表现出普遍的人性因素。艺术的"像真性"是依靠"近情理性"即合情合理来达到的。合情合理就是符合人们普遍的情感趋势和对生活事理的基本要求。沙坡兰指出："诗人应该重视其近情理性，而不是重视真的事实；他宁可用一件虚拟的、但合乎理性的事件作为题材。如果他不得不挑选这类性质的历史故事，拿到舞台上来，他也应该使它适应礼节的限制，即使事实的真相要受些影响；这时诗人必须把事实加以彻底改造，而不能留一个与艺术的规律不相容的污点。"② 这说明了"像真性"要求近似生活，允许改造生活原状并加以虚构。"像真性"主要表现在作品中人物性格与行为的一致性上："为产生近情理之感，必须注意几种条件，即时间、地点、环境、年龄、习性、情感的不同，其中最重要的是在诗里面，每一个角色必须依照已经给他认定的性格来行动。譬如一个歹人便不应该有善良的意图。"③ 沙坡兰指出，《熙德》剧中"爱乐维不过是施曼娜的女仆，伯爵和她的一次谈话，是不相称的。因为伯爵主要同她谈到为西班牙王储选择太傅一事，和他自己准备在其中应起的作用"④。这就是不近情理的败笔。他认为类似的地方在《熙德》中还有多处。

　　沙坡兰指出，与近情理相联系，《熙德》在"情节的一致"方面存在着明显的缺陷。他认为，此剧头绪太多，内容太丰富，"将许多不寻常的事情包括在 24 小时之内，……在如此短促的时间之内，堆砌这样多的事实，未免缺少办法"⑤。而且，主人公情感变化太快，作者让施曼娜在短短的一天之内，就把追究杀父之仇和同意与杀父仇敌结婚这两种"永久互相排斥的"情感思想急剧转换并统一起来。就"地点一致"而言，《熙德》一剧中"一个场面时常代表几个地点，这是我们剧作里常见的毛病，……因为地点一致的必要性正不亚于时间的一致，而由于这方面的疏

---

　　① 沙坡兰：《对熙德的感想》，《古典文艺理论译丛》第 5 辑，人民文学出版社 1963 年版，第 105 页。

　　② 同上。

　　③ 同上书，第 104 页。

　　④ 同上书，第 111 页。

　　⑤ 同上书，第 107 页。

忽，剧本在观众的心目中产生了许多混乱和不解"①。此外，该剧的结局也不合情理：作者让费迪南国王来判决、解决这尖锐冲突的"结"，也是不合常情的。如果历史地、客观地看待沙坡兰这篇论文，他的批评是有风度的，基本上采取了具体问题具体分析、条分缕析的说理的方式，没有采取以权压人、强词夺理、一棍子打死的粗暴态度。作为法兰西学院的代言人，沙坡兰借批评《熙德》之机，较系统地阐明了新古典主义的美学原则和文艺思想。该文具有专制王权文艺政策的性质，它起着指导与规范当时文艺创作的重要作用。

第三节 布瓦洛

尼古拉·布瓦洛·戴普雷奥（Nicolas Boileau-Despreaux，1636—1711）是 17 世纪法国著名的批评家和古典主义理论权威。在文坛上，布瓦洛与高乃依、莫里哀、拉封丹等人志趣相投，成为当时名噪一时的文坛"四君子"。布瓦洛在当时文坛享有盛名是由于他文思敏捷、笔锋犀利的文学批评。1674 年布瓦洛发表了古典主义文艺的美学法典《诗的艺术》，该书力图把希腊、拉丁的"诗艺"同法国当时的创作实践结合起来，成为了古典主义诗学的"巴纳斯山的立法者"。

一 以理性为文艺最高准则

布瓦洛的哲学基础是笛卡尔的理性主义哲学。笛卡尔认为理性是神授予人的天赋能力，人皆有之，因此，人类中间有着普遍人性，也就有着普遍的情感、思想和审美观念，也就有着普遍真理和原则。所谓真理就是真实性、普遍性和完满性。笛卡尔认为哲学正是要揭示出这些普遍性的东西。

布瓦洛生活于理性的时代，他追随笛卡尔哲学而推崇理性，把理性（有的中文译者从文学作品主题思想或作品中所表达的观念、思想的角度，把它译为"义理"——引者注）作为他美学的基本原则和审美标准。他宣称：

---

① 沙坡兰：《对熙德的感想》，《古典文艺理论译丛》第 5 辑，人民文学出版社 1963 年版，第 122 页。

　　首先你必须爱义理，愿你的一切文章，
　　永远只凭着义理获得价值与光芒。①
　　凭理智从善如流。②
　　凭理智判别是非。③

　　义理是绝对的、恒常的、有普遍性的，而真正美的东西也是具有普遍性的、恒常的、人人赞同的，因此，义理与美是合一的。坚持义理的标准和主导地位就是坚持美的标准和主导地位。"义理之向前进行常只有一条正路"④，如果偏离了它，就偏离了真理和标准。"我们，对义理要服从它的规范"⑤，因此，理性在文学创作中就具有统率一切的主导作用。对此，布瓦洛论述说：义理是诗歌用韵的决定因素："音韵不过是奴隶，其职责只是服从……韵不能束缚义理，义理得韵而愈明。但是你忽于义理，韵就会不如人意；你越想以理就韵就越会以韵害义。"⑥ 不仅如此，义理还决定诗歌和文章的总体构思，谋篇布局；还决定诗歌的语言风格和语言表现的简明、生动、清晰透彻；义理决定诗人和作家主体的智慧、巧思和气质修养。可见，布瓦洛认为理性是文学创作中最重要的基因、要素。

　　其次，理性是真理，而真理是完满的，正因其完满而显示出它的完美，文学作品应该显示出强烈的秩序感而趋于完美：

　　里面的一切都能够布置得宜；
　　必需开端和结尾都能和中间相配；
　　用精湛技巧求得段落的匀称，
　　把不同的各部门构成统一和完整。⑦

① 布瓦洛：《诗的艺术》，任典译，人民文学出版社1959年版，第4页。
② 同上书，第62页。
③ 同上书，第63页。
④ 同上书，第4页。
⑤ 同上书，第32页。
⑥ 同上书，第3页。
⑦ 同上书，第13页。

这个"完美"的有机统一的原理应用在戏剧上，就要求："戏剧则必须与义理完全相合，一切要恰如其分，保持着严密尺度。"①

最后，理性不仅能够发现永恒的、普遍的真理，而且能够揭示出普遍的人性。理性对文学的主导作用，就是发现文学和诗歌创作的普遍的规律、法则，揭示出普遍人性的特征。这些规律和法则一经发现出来，就具有文学创作的永恒真理的性质；而揭示出普遍人性的特征，就使人们深刻认识到人性的本质。《诗的艺术》一书致力于发现文学创作上大大小小的规律，揭示各类文体的种种特征，并总结出普遍规律，在此基础上制定出具有客观真理性质的创作法则。另一方面，布瓦洛力图揭示出普遍人性与艺术表现之间的关系，也就是说，布瓦洛力图回答文学如何成功地表现普遍人性的各种共性特征这一理论问题。就发现文学创作的永恒的、普遍性的真理而言，布瓦洛热衷于总结规律，对于他认为不成功的作品即违背规律的作品加以具体细致的分析和批评；就热衷于揭示普遍人性的各种共性特征而言，他把史诗和戏剧诗中的人物加以分析和比较，总结出了类型化的人物形象的塑造方法。

二　普遍人性与诗的"自然"原则

布瓦洛和法国古典主义者都认为存在"普遍人性"，即人人皆有的某些人类共性、天性，如各种生理、心理的欲望；各种共同的情感及体验；人与人关系中的"人之常情"和人与事物之间的"常情常理"等。这些人性是天赋的，自然而然、恒定不变的，上述内容就是古典主义者所理解的"自然"。布瓦洛从理性主义的角度认为，人是认识的主体，认识的目的就是求真；社会生活中的各种各样的普遍人性因素，就是认识活动的对象，人的认识把握住了这些对象，也就把握了自然之理，也就把握住了"真理"。所以，在古典主义者那里，自然同真理同一，都在理性的统辖之下。文学和艺术是对社会生活中各种普遍的自然人性的"模仿"和表现。因此，对于诗人和艺术家来说，最重要的是："我们永远也不能和自然寸步相离。"②"自然就是真，一接触就能感到。"③"你们唯一钻研的就

---

① 布瓦洛：《诗的艺术》，任典译，人民文学出版社1959年版，第39页。
② 同上书，第57页。
③ 布瓦洛：《诗的艺术》引言，人民文学出版社1959年版，第4页。

该是自然人性。"① 因此，诗人和艺术家就应该："好好地认识城市，好好地研究宫廷，二者都是同样地经常充满着模型。"②

布瓦洛的《诗的艺术》强调艺术表现必须遵循自然原则，其目的就是为了把握"真"。但是艺术的真不是自然的原生态之真，它只是"像真"；因为，艺术的真毕竟不是生活的原生状态，而只是虚拟的、逼近生活的"像真"。"像真性"这一美学范畴是古典主义美学中的重要思想，此前沙坡兰已经发挥了较深刻的看法。新古典主义时期，关于艺术是写真或像真，曾有过争论。主张写真的人，认为艺术就是对生活的不折不扣的真实的摹仿；主张艺术写实、要对生活进行忠实模仿的观点，到了 19 世纪，形成了自然主义的创作理论。主张艺术像真的人，认为艺术是对生活加以选择、提炼和加工之后的一种表现，因此，艺术所表现出来的，不是生活的偶然的、个别的、或然的现象，而是生活中某些恒常的、普遍的、人人都曾反复感受到的现象。这种观点可以看作后来人们所宣扬的艺术表现生活的"本质论"的滥觞。从艺术是对生活的再创造的角度来说，艺术的确是对生活素材的提炼和加工，艺术创造的情景是"第二自然"，这无疑是正确的。但是，如果把对自然的提炼与加工变成为过分人工化的矫揉造作，只凸显自然事物中那些普遍性的、本质性的真实，而忽略自然现象和情感的真实，那么，艺术创作就很容易走向抽象化和教条化。布瓦洛所谓的模仿大自然中的"自然"是经过人工净化了的、修饰过的、除去了原有的粗糙性的"自然"，事实上，古典主义的"自然"原则就是表现那些经过理想化或概念化的抽象的现实，古典主义作为现实主义的一种形态，其根本的弊病就在这里。布瓦洛既然要制订新古典主义的永恒的创作规范和原则，当然就要坚持艺术表现"普遍人性"的"像真性"原则。他说：

> 切莫演出一件事使观众难以置信：
> 有时候真实的事很可能不像真情。
> 我绝对不能欣赏一个背理的神奇，

---

① 布瓦洛：《诗的艺术》，任典译，人民文学出版社 1959 年版，第 54 页。
② 同上书，第 55 页。

感动人的绝不是人所不信的东西。①

可见，布瓦洛强调的艺术所表现的事件要"像真"，就是指它内在的情感是合情合理的，符合人的自然情感的发展趋势即情感逻辑的，也就是符合普遍人性的，大家都感觉是自然的真实的。如果一件事，尽管事件是真实发生了的，但如果它违背了常情常理的话，那就是不可取的，也是反真实的，因为人们不愿意认同它、接受它，感到它不可理喻。在这一思想中有其合理的内核。

其次，布瓦洛的自然原则要求戏剧作品或其他文学作品在表现人物性格时，要按不同的类型刻画人物性格，鲜明地表现不同类型的人物特征；应该做到使人物的性格与他的年龄相符，也要与其时代、社会地位相符合；作家要能够表现出不同社会阶层的人物的共性特点；表现出各类不同性格的人物的共性特征；所描写的人物的性格要始终如一。

> 谁能善于观察人，并且能鉴识精审，
> 对种种人情衷曲能一眼洞彻幽深，
> 谁能知道什么是风流浪子、守财奴，
> 什么是老实、荒唐，什么是糊涂、吃醋，
> 则他就能成功把他们搬上剧场，
> 使他们言、动、周旋，给我们妙呈色相。
> 搬上台的各种人处处要天然形态，
> 每个人像画出时都要鲜明色彩。
> 人性本陆离光怪，表现为各种容颜，
> 它在每个灵魂里都有不同的特点。②

就人物性格与年龄相符合而言，布瓦洛说："光阴改变着一切，也改变我们性情；每个年龄都有其好尚、精神与行径。"不能"使青年像个老者，使老者像个青年"③。

---

①　布瓦洛:《诗的艺术》，任典译，人民文学出版社 1959 年版，第 33 页。
②　同上书，第 54 页。
③　同上书，第 55 页。

就人物性格与其时代、社会地位相符合而言，布瓦洛认为：

> 写阿伽曼侬就该写他骄蹇而自私；
> 写伊尼就该写他对天神虔敬之情。
> 凡是写古代英雄都该保持其本性。
> 你对各国、各时期还要研究其习俗：
> 往往风土的差异便形成性格特殊。①

布瓦洛反对作品中人物性格的变化、发展，他强调人物性格应当一贯而不变：

> 你打算单凭自己创造出新的人物？
> 那么，你那人物要处处符合他自己，
> 从开始直到终场表现得始终如一。②

布瓦洛根据自然原则所提出来的塑造人物性格的方法，就是西方美学史上早已形成的传统的类型化的人物塑造方法。早在古希腊时期，亚里士多德就主张按自然人的性别、年龄分类和不同的社会阶层地位来分类，以此为根据来描写人物，表现出这些人物的类群的共同特点。他说："不同种类或不同习惯的人各有自己适当的风格。所谓'不同种类的人'，按年龄而论，有儿童、成年人和老年人；按性别而论，有女人和男人；按种族而论，有拉孔人和帖撒罗斯人。"③ 亚里士多德还强调：在描写人物时，"如果他抉择的是善，他的'性格'就是善良的。这种善良人物各种人里面都有，甚至有善良的妇女，也有善良的奴隶，虽然妇女社会地位比较低，奴隶比较贱。第二点，'性格'必须适合。人物可能有勇敢的，但勇敢或能言善辩与妇女的身份不适合"④。亚里士多德的上述见解在贺拉斯的《诗艺》中得到反响和继承，由此形成人物性格类型化的创作理论。

---

① 布瓦洛：《诗的艺术》，任典译，人民文学出版社 1959 年版，第 38 页。
② 同上书，第 39 页。
③ 亚里士多德：《修辞学》，罗念生译，三联书店 1996 年版，第 165 页。
④ 亚里士多德：《诗学》，罗念生译，人民文学出版社 1982 年版，第 47 页。

法国古典主义戏剧家的创作实践以及布瓦洛的理论总结，使人物性格类型化的塑造方法成为古典主义诗学的法则之一。但是，类型化的方法很容易导致戏剧家们在创作中从某一预定的抽象观念出发去表现人物，诸如高尚、勇敢、吝啬、凶狠等，并且抽取某类人中突出的、最有代表性的特征来表现。例如，守财奴的主要特征是吝啬；恶棍的主要特征是凶狠等，以这个特征为中心展开故事情节，人物的全部活动都以凸显这一特征为目的，性格的其他方面则被排斥掉、消解掉了。高乃依、拉辛、莫里哀笔下的大多数人物都以这种性格单一、静态及共性特征非常鲜明而著称。所谓"悭吝人"、"伪君子"等形象就成为这一类型人物的代名词、符号和标签。类型化的塑造人物性格的方法，在艺术概括方式上，通常是重视共性忽视个性，重表现本质而忽视偶然性的现象，重视性格的普遍性而轻视刻画性格的独特性和复杂性，从而塑造出一些性格单一的"平板人物"。所以，19世纪的作家们都力图超越古典主义的类型化方法，尽力塑造性格复杂多面的、有个性特征的典型人物，即所谓"圆形人物"。

三　诗的道德教化作用

布瓦洛写作《诗的艺术》的目的是为文艺创作立法。除上述的理性原则、自然原则之外，布瓦洛还试图为文艺确立道德原则。文艺与道德的关系问题，在古希腊时期苏格拉底、柏拉图和亚里士多德就有不少的论述；罗马时期贺拉斯在《诗艺》和文艺复兴时期英国人文主义理论家锡德尼在《为诗辩护》中也把文艺与道德的关系作为重要的理论问题加以论述，他们都指出了文艺的"寓教于乐"的功能，都赋予文艺以道德教益的使命。在文艺的道德教益问题上，与前人相比，布瓦洛更具有自觉性和明确的目的性：布瓦洛重申道德原则的目的是为了整饬诗坛风气，提倡艺术的教化作用，以迎合专制王权的政治需要。

布瓦洛在猛烈批评了文坛道德的败坏以及强调作家道德的自我修养之后，终于亮出了他的最重要的政治观点，这就是要求"文艺为当前的政治和政权服务"的主张：

我们在当今时代还有什么可怕？
一切的文艺事业都浴着爱日（指国王路易十四——引者注）光华；
我们有贤明君主，他那种远虑深谋，

使世间一切才人都不受任何困苦。

发动讴歌吧，缪斯！让诗人齐声赞美。①

诗人们！振发诗情！来歌颂这些战绩；

像这样丰功伟烈不容许平凡手笔。②

　　布瓦洛在《诗的艺术》中论述了诗的自然原则，即像真性原则，论证了诗的道德原则，即诗人应具备的主观的道德修养和诗的教化作用；这两个原则同他的理性信仰一起，表明了他要求真、善、美统一的美学理想。布瓦洛原则对人们的影响极大，有三代之久，法国的诗歌及散文，均努力遵守他的正统规则。

---

① 布瓦洛：《诗的艺术》，任典译，人民文学出版社 1959 年版，第 69 页。
② 同上书，第 71 页。

第十三章

英国经验主义美学

英国经验主义美学的产生有其特殊的社会历史和文化背景。16世纪以来，经过圈地运动、兴办工业和海外掠夺，资本主义经济迅速成长，英国成为西方最先进的资本主义国家。1640年反对查理一世专制统治的革命开始爆发。1688年代表工商业资产阶级和新贵族利益的辉格党和代表地主贵族利益的托利党联合发动政变，史称"光荣革命"。经过这次政变，英国确立了君主立宪制。资产阶级和新贵族在政治上的统治地位逐步得到巩固。英国资产阶级革命是历史上资本主义对封建制度的第一次重大胜利，它对英国和整个欧洲都产生了巨大影响。

随着资本主义经济的发展，从16世纪到17世纪，近代自然科学在英国也开始迅速发展起来。和实验自然科学的发展相伴随，英国经验主义哲学获得了深入而系统的发展。经验论哲学家强调感性认识的重要性和实在性，强调认识的经验来源，强调观察、实验，倡导经验归纳法。英国经验主义哲学不仅是英国经验主义美学形成的哲学基础，而且几乎所有经验主义哲学家都是重要的经验主义美学家，对英国经验主义美学发展作出了直接贡献。

英国经验主义美学的发展不仅同英国经验主义哲学直接相关，而且同英国当时的文艺实践密切相关。从16世纪中叶到17世纪初，随着资本主义经济的发展和民族国家的形成，英国文学出现文艺复兴时代的繁荣时期，诗歌、戏剧、小说、散文都很发达，产生了大批作家，人文主义思想在新文学的园地里结出丰硕成果。18世纪英国的绘画艺术也取得突出的进展，出现了不少杰出画家。威廉·荷加斯（1697—1764）、乔舒亚·雷诺兹（1723—1792）不仅是著名画家，也撰有美学和艺术理论论著，对英国经验主义美学的发展作出了直接的贡献。

英国经验主义美学特别重视对审美主体和审美经验的研究，这与经验主义哲学的基本原理和方法直接相关。经验主义哲学强调感性认识，重视感觉经验。经验主义美学家把这一原则和方法贯彻和应用于美学具体问题的研究中，必然会将注意力集中于观察和研究审美主体在审美鉴赏和艺术创造中的感性经验，分析审美主体经验的性质、特点和形成的规律。经验主义美学家的著作中虽然对美和艺术的本体论问题也有所涉及，但它们已不像西方古代美学家那样，主要努力于寻找美的本质和来源以及艺术的本质和来源这类形而上学的问题的答案，也不像古典主义者把研究兴趣主要放在艺术作品的内容和形式本身，寻求艺术作品创作的规范和原则，对艺术作品进行分类等。"相反，这个美学学派感兴趣的是艺术欣赏主体，它努力去获得有关主体内部状态的知识，并用经验主义手段去描述这种状态。它主要关心的不是艺术作品的创作，即艺术作品的单纯的形式本身，而是关心体验和内心中消化艺术作品的一切心理过程。"①

和研究对象从审美客体、美的本质开始主要转向审美主体、美感经验相伴随，英国经验主义美学在研究方法上也由形而上的思辨研究开始主要转向形而下的经验研究，而且特别侧重对审美现象进行心理学和生理学的科学研究。这也是经验主义美学的一大特色。这种从经验出发，侧重对审美现象进行心理学和生理学研究的方法，对近代美学的走向产生了引导作用。但经验主义美学对审美现象所作的经验的、心理学的描述，难以达到哲学应有的理论高度，显示一定的局限性。

英国经验主义美学从萌生、发展到尾声，大约经历了 17 世纪和 18 世纪两个世纪，成为主导当时英国美学的主要思潮，并且成为英国启蒙运动美学的主要形态和主要特点。如果从不同程度地受到经验主义哲学和方法的影响，以及在美学体系、范畴和观点上具有各种各样的内在联系来看，那么，英国经验主义美学的代表人物应当包括培根、霍布斯、洛克、艾迪生、舍夫茨别利、哈奇生、巴克莱、霍姆、荷加斯、休谟、雷诺兹、伯克等。

---

① E. 卡西勒：《启蒙哲学》，顾伟铭等译，山东人民出版社 1988 年版，第 310 页。

第一节　培根

弗兰西斯·培根（Francis Bacon，1561—1626）是英国近代唯物主义和实验科学的真正始祖。他所创立的唯物主义经验论为英国经验主义美学奠立了哲学基础，因而他也是经验主义美学的创始人。

一　论人的美和"美在整体"

在《论美》中，培根集中论述了他对人的美的一些独到的看法。他说："论起美来，状貌之美胜于颜色之美，而适宜并优雅的动作之美又胜于状貌之美。"① 又说："美的精华在于文雅的动作。"② 培根所说的颜色之美固然是外在形式之美，而状貌（相貌、形体）之美也主要是外在形式之美，所以它们都不属于至上之美，而只有优雅而适宜的动作之美才被他称赞为美的精华或至上之美。为什么优雅而适宜的动作是美的精华呢？因为优雅而适宜的动作不仅表现为外在的物质的和形式的美，而且显示着内在的精神的和内容的美，是外在美与内在美、物质美与精神美、形式美与内容美的统一。在培根看来，这种形于外而蕴于内的美远胜于单纯的形式美，因而是美的精华。

从反对片面强调美在形式因素的观点出发，培根也批评了美在比例的看法。他说："没有哪一种高度的美不在比例上现出几分奇特。"③ 在评论德国画家杜勒的绘画主张时，他写道："很难断定在亚帕利斯和杜勒两位画家之中哪一位比较肤浅，杜勒要按照几何比例去画人像，而亚帕利斯却从许多面孔中选择最好的部分去画一个最美的面孔。我认为这两种画像不能叫任何人满意，除掉画家自己。"④ 亚帕利斯是古希腊大画家，这里所批评的他的画最美面孔的方法是一种拼凑法。上述两种画法虽有不同，但有一点却是共同的，就是都从人体各部分或形式因素的孤立存在中去寻找美，而忽略了整体美。为此，培根特别指明道："我们常看到一些面孔，

---

① 《培根论说文集》，水天同译，商务印书馆 1983 年版，第 157 页。
② 《西方美学家论美和美感》，商务印书馆 1980 年版，第 78 页。
③ 同上书，第 77 页。
④ 同上。

就其中各部分孤立地看，就看不出丝毫优点；但是就整体看，它们却显得很美。"① 这是说，物体或人体的美不在其各个孤立的部分，而在其整体。这种看法与形式主义美学观点也是大相径庭的。

二　诗的想象和虚构

在《学术的进展》一书中，培根把人类的理性能力分为记忆、想象和理性三种。与此相适应，把学术划分为历史、诗和哲学。在培根看来，诗虽是学术的一部分，但它与哲学有根本区别，哲学属于理性的领域，而诗歌则属于想象的领域。他说："诗是学问的一部分，在语言的韵律上大部分是受限制的，但在其他各方面是极端自由的；诗是真实地由于不为物质法则所局限的想象而产生的。"② 这里从心理能力、思维方式的角度突出了诗产生于想象，想象是诗与哲学、历史相区别的根本特点，这就使对想象的研究在后来在经验主义美学的发展中受到高度重视。

由于诗是创造想象的产物，所以诗具有虚构的特点，这是它和历史的区别。培根说："诗无非是虚构的历史，它的体裁可用散文，也可用韵文。"③ 就是说，诗和历史的不同不在于形式是用散文还是用韵文，而在于内容是否可以和应该虚构。这一论断和亚里士多德在《诗学》中对历史家和诗人差别的论述可以说是一脉相承的。培根认为诗作为"虚构的历史"可以起到在某些方面给予人心以满足的作用。他说："'虚构的历史'之所以能予人心的一些满足，就是由于它具有一种比在事物本性中更宏伟的伟大、更严格的善和更绝对的变化多彩。因为真实历史中的行动和事迹见不出使人心满足的那种宏伟，诗就虚构出一些较伟大，较富于英雄气概的行动和事迹；因为真实历史所提出的成功与行动的结局不能那样符合善与恶的真价，诗就把它们虚拟得在报应上更为公正，更能符合上帝的启示；因为真实历史所表现的行动与事件比较普通，不那么错综复杂，诗便授予它们更多的离奇罕见的事物、更多的意外与互不相容的变化，这样，诗就显得有助于胸怀的宏敞和道德，也有

---

① 《西方美学家论美和美感》，商务印书馆 1980 年版，第 78 页。
② 伍蠡甫主编：《西方文论选》上卷，上海译文出版社 1979 年版，第 247 页。
③ 培根：《学术的进展》，《外国理论家作家论形象思维》，中国社会科学出版社 1979 年版，第 14 页。

助于愉快。"① 这显然是从诗对人心的满足和作用上来分析诗的虚构的必要性，对亚氏的论述作了新的阐发和补充。

培根非常重视诗的作用，他认为诗通过对人心的满足，可以增进人的道德，也可以使人得到愉快享受，"诗所给予的是弘远的气度、道德和愉快"，这和贺拉斯关于诗的功用是寓教育于娱乐的观点是一致的，但培根在阐明这种作用时，更注重诗对于人的情感的影响和性情的陶冶。他说："诗在过去一向被认为分享得几分神圣性质，因为它能使事物的景象服从人心的愿望，从而提高人心，振奋人心。"② 培根对诗的作用的肯定，和锡德尼的观点是相呼应的，是对于文艺复兴人文主义传统的发扬。

第二节　霍布斯

霍布斯（Thomas Hobbes，1588—1679）是英国经验主义哲学另一个重要的先驱人物。他"把培根的唯物主义系统化了"③，并使经验论夹杂了更多的唯理论成分。霍布斯将机械唯物主义的哲学和心理学交织在一起，对审美活动和艺术创造等问题作了富有创见的阐述。"他可以说是英国经验派心理学的始祖"④。

一　想象、判断与诗歌

霍布斯将想象分为两种。一种他称之为"简单的想象"，"是按原先呈现于感觉的状况构想整个客体"⑤，例如构想以往曾经见过的一个人或一匹马时的情形就是这样。这实际上还是回忆。至于另一种想象，他称之为"复合想象"：

> 另一种想象则是复合的。例如把某次所见到的一个人和另一次所

---

① 培根：《学术的进展》，伍蠡甫主编《西方文论选》上卷，上海译文出版社 1979 年版，第 248 页，译文有所改动。

② 培根：《学术的进展》，转引自朱光潜《西方美学史》上卷，人民文学出版社 1979 年版，第 203 页。

③ 《马克思恩格斯全集》第 2 卷，人民出版社 1979 年版，第 163—164、165 页。

④ 朱光潜：《西方美学史》上卷，人民文学出版社 1979 年版，第 205 页。

⑤ 霍布斯：《利维坦》，黎思复、黎廷弼译，商务印书馆 1985 年版，第 8 页。

见到的一匹马在心中合成一个人首马身的怪物时情形就是这样。又如，当人们把自身的映象与他人行动的映象相结合时，就像爱读小说的人往往把自己想象为赫尔克里士或亚历山大那样，都是一种复合想象，确切地说来，这只是心理的虚构。①

关于这种复合想象，霍布斯在《论人》中也有类似描述。如说："感觉在一个时候显示出一座山的形状，在另一个时候显出黄金的颜色，后来想象就把这两个感觉组合成一座黄金色的山。"② 从霍布斯对复合想象的论述看，这种想象的突出特点在于对记忆中的表象进行加工改造、重新组合，而独立地创造出新形象。所以它是创造想象。霍布斯指出这种想象"只是心理的虚构"，并且直接将它与文学的创造和欣赏联系起来，这对于揭示艺术创造和审美欣赏的特点和规律是有重要意义的。

霍布斯把想象和判断看作不同的心理能力，他对想象和判断的区别也有独特的见解："有时候，事物之间相似的地方是常人观察不到的，谁能观察到，人家就说他'聪明'。'聪明'在这里指'善于想象'。观察事物之间差异和不同，叫作辨别、分析，或判断。有时候事物之间不同的地方不容易看出来，谁能看出来，人家就说他善于判断。"③ 由此可见，想象是认识事物间相似的能力，判断则是认识事物间差异的能力。这两种认识能力是互相联系又互相补充的。但霍布斯又认为这两者之中判断力更为必要。"想象没有判断的帮助不是值得赞扬的品德，但是判断和鉴别无须想象的帮助，本身就值得赞扬。"④ 但具体到诗歌创作，霍布斯又认为想象更为重要，想象与判断必须兼备。他说：

　　　　好的诗歌，不论史诗或戏剧，不论十四行诗，讽刺短诗，或其他体裁，里面判断与想象都是必需的。可是想象应该更重要些，因为狂放的想象能讨人喜欢，但是不要狂放得没有分寸以致讨厌。⑤

---

① 霍布斯：《利维坦》，黎思复、黎廷弼译，商务印书馆 1985 年版，第 8 页。

② 转引自朱光潜《西方美学史》，人民文学出版社 2002 年版，第 205 页。

③ 霍布斯：《利维坦》，《外国理论家作家论形象思维》，中国社会科学出版社 1979 年版，第 15 页。

④ 同上。

⑤ 同上。

在英国经验论美学家中，培根第一个科学地论述了诗歌与想象的联系。霍布斯在培根美学思想的基础上，强调在诗歌创作中想象比判断更为重要、更为突出，这也就是肯定了诗歌乃至一切艺术的创作主要是形象思维。同时，霍布斯又指出想象需要有判断的帮助，在诗歌创作中想象与判断应当兼备和结合，这就说明形象思维和抽象思维并非绝对对立的，形象思维中也需要理性的指导和作用。

霍布斯关于想象与判断相区别的观点，后来在洛克关于巧智的论述中得到发展。洛克写道："巧智主要见于观念的撮合。只要观念之间稍有一点类似或符合时，它就能很快地而且变化多方地把它们结合在一起，从而在想象中形成一些愉快的图景。至于判断力则见于仔细分辨差别极微的观念，这样就可避免为类似所迷惑，误把一些事物认成另一件事物，这种办法和隐喻与影射正相反，而隐喻与影射在大多数场合下正是巧智使人逗趣取乐的地方，它们很生动地打动想象，受人欢迎，因为它的美令人不假思考就可以见到。"① 这里不但分析了巧智和判断力在认识方式上的区别，而且揭示了巧智的审美特点，对后来形象思维和审美心理研究产生了很大影响。

二 善恶与美丑及喜剧感

霍布斯结合对人性的研究，探讨了善恶问题。他认为，善有三种，一种是预期希望方面的善，谓之美；另一种是效果方面的善，就像所欲求的目的那样，谓之令人高兴；还有一种是手段方面的善，谓之有效、有利。与此相对应，恶也有三种，一种是预期希望方面的恶，谓之丑；另一种是效果和目的方面的恶，谓之麻烦、令人不快或讨厌；还有一种是手段方面的恶，谓之无益、无利或有害。这里特别值得注意的是霍布斯将美与善、丑与恶直接联系起来，认为美是善之一种，即"预期希望方面的善"；丑也是恶之一种，即"预期希望方面的恶"。关于美、丑与善、恶之间的关系，霍布斯还有一段颇为明确和深刻的论述：

---

① 洛克：《人类理解论》，转引自朱光潜《西方美学史》上卷，人民文学出版社1979年版，第210页。

　　拉丁文有两个字的意义接近于善与恶，但却不是完全相同，那便是美与丑。前一个字指的是某种表面迹象预示其为善的事物，后一个字则是指预示其为恶的事物。但我们的语言中，还没有这样普遍的字来表达这两种意义。关于美，在某些事物方面我们称之为姣美，在另一些事物方面则称之为美丽、壮美、漂亮、体面、清秀、可爱等等；至于丑，则称为恶浊、畸陋、难看、卑污、极度可厌等等，用法看问题的需要而定。这一切的语词用得恰当时，所指的都是预示善或恶的外表。①

　　在霍布斯看来，美、丑和善、恶二者既有联系，又有区别。美"是某种表面迹象预示其为善的事物"，是"预示善的外表"。这里的"预示"、"表面迹象"、"外表"，在朱光潜先生的《西方美学史》中分别译作"指望"、"明显的符号"、"形状或面貌"，从而使意思更为显豁。换句话说，美是善在"形状或面貌"上的"明显的符号"，使人见到这种符号，就可以"指望"到善。② 由此可见，美以其外在表现形式预示着善，善是美的体现内容，美是善的表现形式。从体现内容上看，美与善是相联系的；从表现形式上看，美与善又是相区别的。霍布斯上述见解的独创性不仅在于他既看到美与善的联系又看到美与善的区别，更在于他提出了美是以鲜明的外在形式体现出人可预示、指望的善的内容这一新鲜思想，从而丰富、深化了人们对美与善相互关系的认识。

　　霍布斯对笑的情感或喜剧感也提出了自己独特的看法。他认为大家习以为常的事平淡无奇，不能引人发笑。凡是令人发笑的必定是新奇的，不期然而然的。笑的原因是由于发笑者突然感到自己的能干和优越。他说：

　　　　笑的情感不过是发现旁人的或自己过去的弱点，突然想到自己的某种优越时所感到的那种突然荣耀感。人们偶然想起自己过去的蠢事也往往发笑，只要那蠢事现在不足为耻。人们都不喜欢受人嘲笑，因为受嘲笑就是受轻视。③

---

① 霍布斯：《利维坦》，黎思复、黎廷弼译，商务印书馆1985年版，第37—38页。
② 朱光潜：《西方美学史》上卷，人民出版社1979年版，第209页。
③ 同上。

以上这段论述见于《论人》。而在《利维坦》中，霍布斯也有类似观点。他说："骤发的自荣是造成笑这种面相的激情，这种现象要不是由于使自己感到高兴的某种本身骤发的动作造成的，便是由于知道别人有什么缺陷，相比之下自己骤然给自己喝彩而造成的。"① 这些看法的独特之点在于把笑或喜剧感的性质、原因解释为"突然的荣誉感"或"骤发的自荣"，从而在美学史上形成颇具影响的喜剧美感"鄙夷说"。他强调笑是一种不期然而然的突发情感，这直接影响了康德。康德在《判断力批判》中提出："笑是一种从紧张的期待突然转化为虚无的感情。"② 同样强调了笑的情感的突发性。另外，霍布斯关于笑是一种自我荣耀感的看法也在后来的许多著名美学家那里得到发挥。如黑格尔指出："人们笑最枯燥无聊的事物，往往也笑最重要最有深刻意义的事物，如果其中露出与人们的习惯和常识相矛盾的那种毫无意义的方面，笑就是一种自矜聪明的表现，标志着笑的人够聪明，能认出这种对比或矛盾而且知道自己就比较高明。"③ 所谓"自矜聪明"，也就是一种自我优越感或荣耀感，应该说，黑格尔这种看法和霍布斯对笑的看法是有很大关联的。

第三节　舍夫茨别利

17—18 世纪的英国美学，除了作为主潮的经验主义美学思想和颇有影响的新古典主义美学思想之外，还有一种多少受剑桥柏拉图主义影响，在经验主义和新古典主义之外另辟蹊径的美学思想。舍夫茨别利（Shaftesbury, Anthony Ashley Cooper, 3rd earl of, 1671—1713）便是这股美学思潮的开拓者。他首创"内在感官"说，对经验主义美学发展产生了重要影响。

一　美在"形式或赋予形式的力量"

舍夫茨别利对美的看法是建立在宇宙和谐论的哲学思想基础之上的。这种宇宙和谐论深受新柏拉图主义的影响，肯定神是整个宇宙的灵魂，宇

① 霍布斯：《利维坦》，黎思复、黎廷弼译，商务印书馆 1985 年版，第 41—42 页。
② 康德：《判断力批判》上卷，宗白华译，商务印书馆 1987 年版，第 180 页。
③ 黑格尔：《美学》第三卷下册，朱光潜译，商务印书馆 1981 年版，第 291 页。

宙是一个和谐整体，各部分都处于相互和谐和合目的性的统一体中。"这整体就是和谐，节拍是完整的，音乐是完美的"，整个宇宙就是一件美的艺术品，它使所有的形式和现象处于令人惊叹的协调之中。舍夫茨别利还受到新柏拉图主义关于人天相应学说的影响，认为人是小宇宙，反映大宇宙，人心中善良品质所组成的和谐反映大宇宙的和谐，两者在精神上有密切联系。正是基于这种对宇宙和谐整体的认识，舍夫茨别利指出了美与和谐的内在一致性。他把大宇宙的和谐看作"第一性的美"，而人在自然界和自己的内心世界所见到的美则是"第一性美"的影子。[1] 同时，他又把和谐看作美的一个本质特征，指出：

> 凡是美的都是和谐的和比例合度的，凡是和谐的和比例合度的就是真的，凡是既美而又真的也就在结果上是愉快的和善的。[2]

舍夫茨别利所说的和谐，包含着有机整体合规律性与合目的性的意思，所以它不仅是美的本质特征，也是美和真、善相联系的内在根据。他还把美与和谐同事物的旺盛状况和功用便利相联系，从而明显表明了它们所具有的合规律性和合目的性的内涵。他说："比例合度的和有规律的状况是每件事物的真正旺盛的自然的状况。凡是造成丑的形状同时也造成不方便和疾病。凡是造成美的形状和比例同时也带来对适应活动和功用的便利。"[3] 这就是说，美在于生命的健康和活动的便利，而丑在于疾病和不便利。这种看法和舍夫茨别利的目的论和宇宙秩序的概念是有联系的。

舍夫茨别利对美的看法受到自然神论的影响。他认为和自然融为一体的神是支配世界的超人力量，是宇宙的创造者。宇宙这个和谐整体是由作为最高艺术家的神或"造形的普遍的自然"所造成的，神才是第一造物主，因而才是美的根源。由于受到新柏拉图主义的影响，舍夫茨别利在物质和精神的关系上，强调精神决定物质，认为只有精神注入到物质之中，物质才会有形式和生命。由于把精神和物质、形式和材料割裂开来，并且把精神和形式看作首要的、第一性的，所以，他认为美不在物质和物体本

---

[1]   参见朱光潜《西方美学史》上卷，人民文学出版社 1979 年版，第 215 页。
[2]   舍夫茨别利：《论特征》，《西方美学家论美和美感》，商务印书馆 1980 年版，第 94 页。
[3]   同上。

身，而在形式和精神。他说：

> 美的、漂亮的、秀丽的都决不在物质上面，而在艺术和构思设计
> 上面，决不在物体本身，而在形式或赋予形式的力量。①

按照舍夫茨别利的理解，美不在物质或物体本身，而在形式或赋予形式的力量。所谓"赋予形式的力量"，就是"构图设计"或"构思"，就是精神和智慧。他说："没有形式的物质本身就是畸形或丑。"② 可见，物质必须具有形式才美，没有形式的物质就是丑；而只有智慧才能赋予形式，所以体现智慧的东西才是美，不体现智慧的东西就是丑。只有智慧即精神才是决定物质或物体本身美丑的本源。

舍夫茨别利认为美所由形成的形式分为三类，与此相对应，美也分为三类。这三类美由低级到高级排列。第一类美是"死形式"，"它们由人或自然赋予一种形状，但是它们本身却没有赋予形式的力量，没有行动，也没有智力"③。如金属、石头和人工制造的物品，还有作为一种物质现象的人体，都属于这一类。第二类美是"赋予形式的形式"，"它们有智力，有行动，有创造"，"这类形式具有双重美，因为在这类形式中既有形式（精神的产品），也有精神本身"④。像智力和心灵完美的人以及艺术创造的美，便属于这类美。第三类美是最高级的美，"这种美不仅创造了我们称之为单纯形式的那些形式，而且创造了赋予形式的形式本身"⑤。如果说是智力和心灵赋予无生命的物质以形式，那么，这种美就是赋予形式的智力和心灵本身，所以它是"一切美的本原和源泉"。这个所谓"一切美的源泉"，也就是创造宇宙这个和谐整体的自然神。

二　审美的特殊感官及其特性

舍夫茨别利对美学的另一个重要贡献，是他首先提出了审美的"内

---

① 舍夫茨别利：《论特征》，《美学：综合选集》，S. M. 恰亨、A. 迈斯金编，布莱克威尔出版公司 2008 年版，第 80 页。
② 同上。
③ 同上书，第 81 页。
④ 同上。
⑤ 同上。

在感官"说 。所谓"内在感官",就是指人天生就有的审辨善恶和美丑的能力,它既指审辨善恶的道德感,也指审辨美丑的审美感,这两者根本上是相通的、一致的。舍夫茨别利也把它称作"内在的眼睛"、"内在的节拍感"等。在他看来,审辨善恶美丑不能靠通常的五官——视、听、嗅、味、触,而只能靠这种在心里面的"内在的感官"。所以,"内在的感官"是在五种外在的感官之外的一种特殊感官,是专为审辨善恶美丑而设的感官,后来有人又把这种感官称为"第六感官"。舍夫茨别利认为,这种审辨善恶美丑的能力虽然不同于外在的感官,但是它在起作用时却和视觉辨识形色、听觉辨识声音具有同样的直接性,不需要经过思考和推理,所以,它在性质上还不是理性的思辨能力,而是类似感官作用的直觉能力。他说:

> 眼睛一看到形状,耳朵一听到声音,就立刻认识到美、秀丽与和谐。行动一经察觉,人类的感情和情欲一经辨认出(它们大半是一经感觉就可辨认出),也就由一种内在的眼睛分辨出什么是美好端正的,可爱可赏的,什么是丑陋恶劣的,可恶可鄙的。这类分辨既然根植于自然,那分辨的能力本身也就应该是自然的,而且只能来自自然,这怎么能否认呢?①

这里明确指出了两点,一是"内在的眼睛"或"内在的感官"对善恶美丑的辨识是直接的,不假思考的;二是这种分辨善恶美丑的能力是自然的,也就是天生的。就"内在的感官"具有直接性而言,它不同于笛卡尔的抽象理性的"天赋观念";就"内在的感官"是天生的能力而言,它又和洛克的"人心生来如一张白纸"的说法是正相反的。

然而,"内在的感官"毕竟和外在的感官有别,它不仅仅是一种感觉作用,而且是与理性密切结合的。舍夫茨别利将人分为动物性的部分和理性的部分,他认为认识和欣赏美不能依靠前者,而需要借助后者。他说:"如果动物因为是动物,只具有感官(动物性的部分),就不能认识美和欣赏美,当然的结论就会是:人也不能用这种感官或动物性的部分去体会

---

① 舍夫茨别利:《论特征》,《美学:综合选集》,S. M. 恰亨、A. 迈斯金编,布莱克威尔出版公司 2008 年版,第 83 页。

美或欣赏美；他欣赏美，要通过一种较高尚的途径，要借助于最高尚的东西，这就是他的心和他的理性。"① 如果照这种说法，人的审美能力或"内在感官"就不是属于动物性部分的低级的感官，而是属于理性部分的高级的感官。

　　舍夫茨别利之所以强调人的审美感不是属于动物性的部分，而是属于人心和理性的部分，根本原因在于他把审美感和道德感看成是一致的。他说："在心灵的内容或道德的内容上，与平常的物体上或普通感官的内容上，有同样的情形。平常物体的形状、运动、颜色和比例，显现于我们的眼睛内，按照它们的各部分不同的尺寸、排列和布置，必产生美或丑。而在举止或动作中，一旦显现于我们的理解内，按照那内容的规则或不规则，也必定可见有显著的差别。"② 就是说，审辨举止、动作的规则或不规则（善或恶）的道德感，与审辨物体形式、比例的美或丑的审美感，在内容上是同样的。

　　由于舍夫茨别利把美与善、审美感与道德感看成是统一的、一致的，所以自然地也就强调艺术和道德之间的密切联系。他说："内在的节拍感，社会美德方面的知识及其实践，对道德美的熟识及热爱，这一切都是真正的艺术家和正常的音乐爱好者必不可少的品质。因此，艺术和美德彼此结成了朋友，并从而使艺术学和道德学在某种意义上亦结成了朋友。"③突出地强调艺术对形成人的道德面貌和塑造人的心灵的教育作用，显示出舍夫茨别利美学思想的启蒙主义特点。

第四节　哈奇生

　　哈奇生（Francis Hutcheson，1694—1746）是舍夫茨别利之后另一个英国著名的道德哲学家和美学家。他继承并发展了舍夫茨别利的道德和美学思想，使之具有了较为系统的形式。如果说舍夫茨别利是"内在感官"新思潮的开拓者的话，那么，哈奇生则是"这个新思潮第一位通晓专业

---

　　①　舍夫茨别利：《论特征》，转引自朱光潜《西方美学史》，第 213 页。

　　②　舍夫茨别利：《论美德或功德》，《西方伦理学名著选辑》，周辅成编，商务印书馆 1964 年版，第 758 页。

　　③　舍夫茨别利：《论特征》，转引自 K. E. 吉尔伯特、H. 库恩《美学史》，纽约麦克米伦公司 1939 年版，第 240 页。

的代表人物"①。

一　"内在感官"和美感的特质

哈奇生对美感的分析是以舍夫茨别利提出的基本概念——"内在感官"作为出发点的。他进一步发挥了这一概念，建立起完整的"内在感官"学说。他认为人具有两种根本不同的知觉，即对物质利益的知觉和对道德善恶的知觉。前者引发人的物欲，后者则引起对人的行为的热爱与厌恶。与此相对应，人也有两种感官：一为接受简单的观念、感知对自己身体的利害关系的外在感官，即视、听、嗅、味、触五种外部的感官；一为接受复杂的观念、感知事物价值（善恶美丑）的内在感官。他有时又用"内在感官"特别地指称人们接受美的观念和分辨美丑的能力。他写道：

> 这种由我们所观察的客体的某些形式或观念获得快感的能力，作者称之为感觉。为了区别我们通常以这个名称所称谓的那些能力，我们将把我们感受匀称美、秩序美、和谐美的能力称之为内在的感官；而把那种由情感、行为或有思维能力的人，即我们称之为德行的东西取得快感的先天能力，称作道德感。②

这里哈奇生明显地将审美的"内在感官"和"道德感"与一般的感觉能力即外感官相区别，同时也指出了审美的内在感官和道德感具有内在的联系和一致性。在分析审美的"内在感官"和耳目等外在的感官的区别时，哈奇生指出，外在的感官只能接受简单的观念，感到较微弱的快感，而内在感官却可以接受复杂的观念，获得较强大的快感。他说："许多哲学家仿佛认为只有一种感官的快感，那就是伴随知觉的简单观念所产生的快感。但是叫做美、整齐、和谐的对象所产生的复杂观念却带有远较强大的快感。"③为了充分说明审美的内在感官和普通的外在感官的这种

---

① K. E. 吉尔伯特、H. 库恩：《美学史》，纽约麦克米伦公司 1939 年版，第 236 页。

② 哈奇生：《论美和德行两种观念的根源》，转引自奥夫相尼科夫《美学思想史》，陕西人民出版社 1986 年版，第 125 页。原译文中"内在的感觉"统一改为"内在的感官"。

③ 哈奇生：《论美和德行两种观念的根源》，《美学：西方传统经典读本》，D. 汤森编，波士顿 1996 年版，第 121 页。

区别，哈奇生还以经验证明，人可以有视觉、听觉而没有美与谐调的感觉。

尽管哈奇生对内在感官和外在感官作了区分，而且把内在感官称作"高级的知觉能力"，但是，他又认为内在感官具有和外在感官相类似的直接性，正是根据这一点，他才把审美能力称作一种"感官"。他说："把这种高级的感知的能力叫做一种感官是恰当的，因为它和其他感官有类似之处：它的快感并不起于对有关对象的原则、比例、原因或效用的知识，而是立刻就在我们心中唤起美的观念。"① 就是说，审美的内在感官具有一接触对象立刻便在我们心中唤起美的观念并直接引起审美快感的特点，它和对"有关对象的原则，原因或效用的知识"无关，因为知识要通过理性认识才能获得，不具有感觉的那种直接性。这就排除了知识和理性在美感中的作用。

结合美感的直接性，哈奇生还论述了美感不涉及个人利害打算的观点。他说："美与谐调的观念，像其他感性观念一样，是必然令人愉快，而且直接令人愉快的；我们自己的任何决心或利害打算，都不能改变一对象的美丑。"② 又说："显然有些对象直接是这种美的快感的诱因，我们也有适宜于感知美的感官，而且这种快感不同于因期待利益的自私而生的快乐。"③ 在哈奇生看来，美感或审美的内在感官不涉及利害观念，这和道德感不涉及利害观念是相同的、一致的。

和舍夫茨别利一样，哈奇生也强调审美的内在感官和分辨美丑的能力是自然的、天生的，正如道德感也是自然的、天生的一样。他说："对事物的美感或感觉力是天生的，先于一切习俗、教育或典范。……教育和习俗可能影响我们的内在感官，如果它们原已存在，它们可以提高人心记住复杂结构的各部分并且加以比较的能力；在这种情形之下，如果最美的东西呈现在我们面前，我们所感觉到的快感就远远高于通常进行程序所能产生的。但是这一切都须先假定美感是天生的。"④ 这里，哈奇生虽然没有

① 哈奇生：《论美和德行两种观念的根源》，《美学：西方传统经典读本》，D. 汤森编，波士顿1996年版，第122页。

② 同上书，第123页。

③ 同上。

④ 哈奇生：《论美和德行两种观念的根源》，《西方美学家论美和美感》，商务印书馆1980年版，第100页。

否认教育、习俗等后天因素对提高和扩大美感能力的影响作用，但重点则是在说明美感先于教育、习俗等而存在，是天生具有的。在他看来，美感是天生的，就像视觉、听觉、味觉等是天生的一样。这种把美感等同于生理感官而忽视它的社会性的看法，比起舍夫茨别利来显然是倒退了。

二　绝对美与相对美

哈奇生对美的基本看法是把美作为内在感官所唤起的一种"观念"。他说："美，是指'在我们心中唤起的观念'；美感，是指'我们接受此种观念的能力'。"① 前者，他又称之为"美的观念"，后者又称之为"内在感官"。把美看作观念，这是经验论美学流行的一种看法，哈奇生是明确地提出这一看法的一位美学家。虽然他也认为事物本身的某些属性是能唤起我们美的观念和快感的，但是，他却否定这些事物属性本身是美的，也否定美在事物本身。在分析绝对美或固有美时，他明确指出："所谓绝对美或固有美不是说事物的某些属性其本身就是美的，与感知的心灵无关。因为美，像其他感性观念的名称那样，当然指某一心灵的知觉。……假如没有一颗美感的心灵来观照事物，我真不知道那些事物怎样能够称为美。"② 哈奇生认为是"美感的心灵"才决定了事物的美，进而肯定美即是"心灵的知觉"。所以从他对美的基本观点来看，仍然属于美的主观论者。

哈奇生对美的问题的主要贡献是对美所作的分类。他把美分为固有的（或绝对的）和比较的（或相对的）两种。在谈到这种分类的原则时，他指出："这种美的分类法，是根据我们的审美快感，而不是根据事物本身。"③ 这和他否定美在事物本身的观点是一致的，所谓两类美，是从审美快感的两个来源来加以分别的。绝对美是单就一个对象本身看出来的，相对美是拿一个对象与其他相关的对象作比较才看出来的。他说：

> 我们所了解的绝对美是指我们从对象本身里所认识到的那种美，不把对象看作某种其他事物的摹本或影像，从而拿摹本和蓝本进行比

---

① 哈奇生：《论美和德行两种观念的根源》，《缪灵珠美学译文集》第 2 卷，中国人民大学出版社 1987 年版，第 58 页。
② 同上书，第 61 页。
③ 同上。

较；例如从自然作品、人工制造的各种形式、人物形体、科学定理这
类对象中所认识到的美。比较美和相对美也是从对象中认识到的，但
一般把这对象看作另一事物的摹本或与另一事物相类似。①

由于绝对美是指从对象或事物本身所认识和感知的美，所以哈奇生进
一步分析了对象或事物的什么属性能唤起或诱致美的观念。他首先讨论在
整齐形象上所见到的那种简单的美，指出"凡是能唤起我们美的观念的
形状，似乎是那些具有多样中统一的形状"②，再推而广之，认为对绝对
美的感知和愉快感觉都来自具有多样中统一的事物，引起绝对美观念的事
物或对象本身的属性就是统一性与多样性的相互关系：

> 我们这里所说的事物之美，用数学的话来说，就好像是统一性与
> 多样性的复比；所以，当物体的统一性相等，美按多样性而增减，当
> 多样性相等，美则按统一性增减，这大致如此，而且一般适用。③

尽管哈奇生对绝对美的分析还是沿袭了西方美学中形式美的思想传
统，不过他更具体地论述了多样统一的形式规律在宇宙中的广泛存在和丰
富表现，并明确指出统一性是我们认可任何形式为美的普遍基础。他认为
不仅视觉所感知的美体现了多样统一规律，听觉所感知的声音之美也是体
现了多样统一规律。

相对美或比较美是指在模仿某一原型的对象上所感知的美，主要是模
仿性艺术的美。哈奇生进一步解释道："我们之所谓相对美，是指在一般
被认为是模仿某一原型的事物上所领会到的这种美。这种美基于原型与摹
本之间的符合，或者说一种一致性。原型，或为自然中的事物，或为某些
既定的观念，因为如果有了一个已知的观念作为标准，而且有了确定这个
观念或形象的规律，我们就可以作出美丽的模仿。"④ 艺术家或诗人在艺

---

① 哈奇生：《论美和德行两种观念的根源》，《西方美学家论美和美感》，商务印书馆 1980
年版，第 97—98 页。

② 哈奇生：《论美和德行两种观念的根源》，《缪灵珠美学译文集》第 2 卷，中国人民大学
出版社 1987 年版，第 62 页。

③ 同上。

④ 同上书，第 68 页。

术作品中可以模仿自然中已有的事物，也可以按照既定观念及其规律模仿想象中的任何事物，只要摹本与原型相符合或一致，便可以使我们产生愉快，形成相对美。哈奇生又认为"只为了获得相对美，就不一定需要原型也有什么美"①。模仿绝对美固然可能作出一个更美的作品来，但如果原型完全缺少美，一种正确的模仿也是可以很美的。哈奇生关于两种美的学说，涉及自然美与艺术美、形式美与内容美的区分，对后来美学研究产生较大影响。狄德罗对实在美和相对美的区分，康德对自由美和附庸美的区分，也都和他对绝对美和相对美的区分有些类似。

第五节　休谟

休谟（David Hume，1711—1776）是英国经验论哲学的完成者，同时也是近代欧洲不可知论的创始人。他把自己的哲学称为"人的科学"或"人性科学"，并将逻辑学、伦理学、美学和政治学作为人性科学的最基本内容。他不仅发展了经验主义认识论，而且也是经验主义美学的集大成者。他明确指出了美学（批评学）和逻辑（认识论）在研究对象和范围上的区别，提出伦理学和美学属于情感研究领域，以趣味和情感为对象，而不是以理智为对象。这不仅总结和概括了英国经验论美学研究的基本特点，而且对以后的美学研究，特别是康德的美学，产生了重要影响。

一　美的本质和成因

休谟强调人的科学或精神哲学必须建立在经验和观察之上，他对美、丑问题的研究也是以经验和观察为出发点的。同时，他对美、丑的考察同对人的情感和伦理问题的考察是密切联系在一起的。休谟以感觉论观点考察人的情感，认为情感的本性是关于快乐和痛苦的感觉，善和恶、美和丑都是建立在这些特殊的感觉基础上，因此，快乐和痛苦的本质也是美和丑的本质。休谟写道：

如果我们考察一下哲学或常识所提出来用以说明美和丑的差别的

---

①　哈奇生：《论美和德行两种观念的根源》，《缪灵珠美学译文集》第2卷，中国人民大学出版社1987年版，第69页。

一切假设，我们就将发现，这些假设全部都归结到这一点上：美是一些部分的那样一个秩序和结构，它们由于我们天性的原始组织、或是由于习惯、或是由于爱好，适于使灵魂发生快乐和满意。这就是美的特征，并构成美与丑的全部差异，丑的自然倾向乃是产生不快。因此，快乐和痛苦不但是美和丑的必然伴随物，而且还构成它们的本质。①

这一看法虽然是休谟归纳哲学或常识的假设而得出的，但他表示同意这种意见，并随即按照这个意见作了许多发挥。这段论述值得注意的有两点：第一，明确指出快乐构成美的本质，是美的特征及美和丑的全部差异，这实际上就是把美等同于审美主体的快乐情感。第二，分析作为美的本质的快乐产生的原因，一方面是对象的各部分之间的秩序和结构，这是客体方面的条件；另一方面是人的天性的原始组织、习惯、爱好，这是主体方面的根源，审美主体的快乐就是由于对象的条件适宜于主体心灵而产生的。

从上述对美的本质的基本观点出发，休谟从不同方面对美作了考察和分析。首先，休谟认为美不是对象的一种性质，它只是对象在人心上所产生的效果，所以只存在于观赏者的心里。最能表达休谟这一观点的，是他以下这段论述："欧几里得充分解释了圆的所有性质，但是对于圆的美在任何命题中都未置一词。理由是不言而喻的。美不是圆的性质。美不在于圆的线条的任何一部分，圆周各部分到圆心的距离是相等的。美仅仅是这个图形在那个因具备特有组织或结构而容易感受这样一些情感的心灵上所产生的一种效果。你们到圆中去寻找美，或者不是通过感官就是通过数学推理而到这个图形的一切属性中去寻求美，都将是白费心思。"② 人们还经常提到休谟在《论趣味的标准》中所表述的一个论断："美不是事物本身里的性质，它只存在于观赏者的心中。"③ 这虽然是休谟在转述一种哲学观点中讲的，但也是他本人赞同的看法。

休谟在对美的本质的论述中也有侧重另一方面的看法，就是肯定对象

---

① 休谟：《人性论》下册，关文运译，商务印书馆 1983 年版，第 333—334 页。

② 休谟：《道德原则研究》，曾晓平译，商务印书馆 2001 年版，第 143 页。

③ 休谟：《论趣味的标准》，《美学：西方传统经典读本》，D. 汤森编，波士顿 1996 年版，第 139 页。

的性质是引起审美主体快乐情感的必要条件。他说："虽然美和丑比起甜和苦来，可以更加肯定地说不是事物本身的性质，而是完全属于内外感官感觉到的东西，不过我们还是应该承认，对象本身必有某种性质，按其本性是适于在我们的感官中引起这些特殊感受的。"①　就是说，美虽然不是对象的性质，却不能脱离对象的性质。美虽然属于感觉、感受，但这种感觉、感受并不是心灵独自引起的，而必须以对象的某种性质为条件。休谟不但多次提到对象的秩序、结构、形式、比例、关系、位置等，是美的产生所依赖的对象的性质和条件，而且认为对象的方便和效用对形成它的美来说也是必要的。尽管休谟在美的论述中，既讲到产生美的客观因素，也讲到产生美的主观原因，但他的基本观点是把美的本质看作对象适合于主体心灵而引起的愉快情感，正是审美主体的这种情感和感受决定着对象的美与丑，换言之，不是美引起美感，而是美感决定美。所以从主导方面来看，休谟还是属于美的主观论者。

从快乐的情感构成美的本质这一认识出发，休谟进一步从人心构造和心理功能上探讨了快乐情感发生的原因，提出了美和同情作用相关的"同情说"。休谟认为，大多数种类的美都是由同情作用这个根源发生的。同情是人性中一个强有力的原则。凡能打动一个人的任何感情，也总是别人在某种程度内所能感到的，一切感情都可以由一个人传到另一个人，而在每个人心中产生相应的活动。这种人与人之间在感情上的互相感应和传达便是同情作用。同情对于我们的美感有一种巨大的作用，"我们在任何有用的事物方面所发现的那种美，就是由于这个原则发生的"。②　"例如一所房屋的舒适，一片田野的肥沃，一匹马的健壮，一艘船的容量、安全性和航行迅速，就构成这些各别对象的主要的美。在这里，被称为美的那个对象只是借其产生某种效果的倾向，使我们感到愉快。那种效果就是某一个其他人的快乐或利益。我们和一个陌生人既然没有友谊，所以他的快乐只是借着同情作用，才使我们感到愉快。"③　按休谟的解释，同情作用是基于因果关系的观念的联想。当我们看到任何情感的原因时，我们的心灵

①　休谟：《论趣味的标准》，《美学：西方传统经典读本》，D. 汤森编，波士顿 1996 年版，第 143 页。

②　休谟：《人性论》下册，关文运译，商务印书馆 1983 年版，第 618—619 页。

③　同上书，第 618 页。

也立刻被传递到其结果上，并且被同样的情感所激动。看到对象的效用，我们便会联想它可以给其拥有者带来利益和引起快乐的效果，所以借着同情也感到愉快。

休谟所理解的同情作用并不限于人，也可以推及无生命的对象。而且关于构成对象形式美的一些规则，如平衡、对称等，他也认为和同情作用相关。他说："绘画中有一条最为合理的规则，就是：把各形象加以平衡，并且把它们非常精确地置于它们的适当的重心。一个姿势不平衡的形象令人感到不愉快，因为这就传来那个形象的倾倒、伤害和痛苦的观念：这些观念在通过同情作用获得任何程度的强力和活跃性时，便会令人痛苦。"① 这已经接近后来出现的移情说了。

二 趣味的心理特点和标准

和美的本质问题相关联，休谟还对审美趣味的标准问题作了专门探讨。所谓"趣味"，在休谟著作中就是指鉴赏力、审美力，它是休谟和英国经验论美学考察和阐述美感或审美心理时运用的一个核心概念。按照休谟的理解，人性主要由理智和情感两个部分构成，前者关系知识和认识问题，后者则关系道德和审美问题，所以，趣味不同于理性。他说：

> 这样，理性和趣味的范围和职责就容易确断分明了。前者传达关于真理和谬误的知识；后者产生关于美和丑、德性和恶行的情感。前者按照对象在自然界中的实在情形揭示它们，不增也不减；后者具有一种创造性的能力，当它用借自内在情感的色彩装点或涂抹一切自然对象时，在某种意义上就产生一种新的创造物。②

按照上述论述，趣味具有以下几个主要特点：第一，情感性。它不是像理性那样，根据已知的或假定的因素和关系，引导我们发现隐藏的和未知的因素与关系，以获得真假的知识，而是在一切因素和关系摆在我们面前之后，使我们从整体感受到一种满足或厌恶、愉快或不愉快的情感。第二，主观性。它不是按照对象在自然界中的实在情形反映它们，而是基于

---

① 休谟：《人性论》下册，关文运译，商务印书馆1983年版，第402页。
② 休谟：《道德原则研究》，曾晓平译，商务印书馆2001年版，第146页。

人心特定的组织和结构，用借自内在情感的色彩涂抹一切自然对象。第三，创造性。这是与趣味的情感性和主观性密切相关的。正因为趣味不是像理性那样如实认识对象，而是要以主观感情渲染和改造对象，所以它就具有一种创造性的能力，能产生一种新的创造物。趣味的创造性正是借助于想象和情感的互相作用，按照虚构方式对感觉印象进行加工改造的一种无限的能力，它实际上是形象思维的一种体现。

基于以上对趣味和理性不同的特点的分析，休谟也肯定了趣味的多样性和相对性。他说："如果你们是些聪明人，你们每个人就应当承认别人的趣味也可以是正当的。许多趣味不同的事例会使你承认，美和价值这二者都仅仅是相对的，它们存在于一种使人感到满意的感受之中。"① 尽管如此，休谟却没有把趣味的多样性和相对性加以绝对化，成为相对主义。恰恰相反，他在承认审美趣味存在差异性和多样性这个客观事实的前提下，却要寻找和探求一种"足以协调人们不同感受"的共同的"趣味的标准"，论证作为一种普遍性褒贬原则的"趣味和美的真实标准"是确实存在的。他说："尽管趣味仿佛是千变万化，难以捉摸，终归还是有些普遍性的褒贬原则；这些原则对一切人类的心灵感受所起的作用是经过仔细探索可以找到的。按照人类内心的原本结构，某些形式或性质应该引起愉快，其他一些引起不愉快……"② 这里，休谟不仅指出趣味的普遍原则是存在的，因而趣味的共同标准是可以找到的，而且认为这些普遍原则和共同标准是基于共同的人性，即"人类内心原本结构"，也可以说是"人同此心，心同此理"。

休谟对造成离开趣味标准的差异和分歧的原因也作了详细分析。他非常重视想象力或趣味的敏感在审美中的作用，认为只有具有一种趣味的敏感性，才能产生出对于各种美和丑的易感性。"如果你让具有这种能力的人看一首诗或一幅画，那种敏锐精细的感觉力就会把他领进诗与画的全部情景中去，他不仅能对其中的神来之笔尽情入微地品玩，那些粗疏或谬误之处也逃不脱他的感受，他会感到厌恶不快。"③ 为说明敏感性的差异，

---

① 休谟：《论怀疑派》，《休谟散文集》，杨适等译，三联书店1988年版，第7页。

② 休谟：《论趣味的标准》，《美学：西方传统经典读本》，D. 汤森编，波士顿1996年版，第142页。

③ 休谟：《论趣味和激情的敏感性》，《休谟散文集》，杨适等译，三联书店1988年版，第172页。

休谟引述了《堂吉诃德》中的一段故事：两个善品酒的人品尝一桶酒，一个人说酒虽不错，但有一点皮子味，另一个人说有一股铁味，两个都受到别人的嘲笑。可是等把酒桶倒干后，发现桶底果然有一把拴着皮条的旧钥匙。休谟由此指出，审美趣味和口味很相似，只有趣味敏感的鉴赏者才能辨别出美与丑的精微差别，获得更多的美的感受。休谟认为趣味和理性、鉴赏力和判断虽然有区别，却是互相联系的。"理性尽管不是趣味的基本组成部分，对趣味的正确运用却是不可缺少的指导。"① 在对美的感受和品鉴中，固然主要依靠趣味和鉴赏力，但理性和判断力的作用也是不可忽视的。

休谟认为真正有资格对所有艺术作品进行判断并且把自己的感受树立为审美标准的人是不多的，所以，他把确立趣味的普遍原则和真实标准的希望寄托在少数杰出批评家身上。他说："即使在风气最优雅的时代能对优美艺术作出正确判断的人也是极少见的。卓越的智力，结合着敏锐的感受，由于训练而得到增进，通过比较而进一步完善，并且还清除了一切偏见，只有具备这些可贵品质才能称得上是真正的批评家。这类批评家，不管在哪里找到，如果彼此判断一致，那就是趣味和美的真实标准。"② 至此，休谟对于如何找出和确定趣味的普遍原则和真实标准问题终于做出了明确的回答。他认为依靠这种普遍的、真实的标准，就可以协调趣味的千差万别，肯定一种趣味，否定另一种趣味。但是，休谟又进一步指出，有两种原因所形成的趣味差异是审美中的正常表现，也是无法避免的，因而是不能找到一种共同标准来协调和评判不同的感受的。这两个趣味差异的原因，一个是个人气质的不同，另一个是当代和本国的习俗与看法。

总之，休谟对于审美趣味的研究，既承认趣味的多样性和差异性，又肯定趣味的一致性和普遍性。他虽然承认趣味的多样性、差异性、相对性，却没有走向相对主义，而是要努力确立趣味的普遍原则和标准，借以协调趣味的差异，提高人的鉴赏力。他尽管肯定趣味有普遍原则和标准，却没有把它们绝对化，而是认为有些趣味的差异是正常的、难免的，不能

---

① 休谟：《论趣味的标准》，《古典文艺理论译丛》（5），人民文学出版社 1963 年版，第11 页。

② 休谟：《论趣味的标准》，《美学：西方传统经典读本》，D. 汤森编，波士顿 1996 年版，第 147—148 页。

也不必用一种共同标准去协调。这些看法对于解决长期以来在趣味标准问题上的疑难和争论，起到了积极而重要的作用。尽管休谟并没有也不可能以辩证的观点去看待趣味的相对与绝对、差异与一致的关系，也没有深刻揭示趣味的普遍原则和标准形成的社会历史原因，但他对审美趣味的研究和观点，却代表了那个时代所达到的最高水平。

三 诗歌与悲剧感

像其他英国经验主义美学家一样，休谟很重视诗歌和艺术在培养人的优良品性方面所起的特殊作用。他说："对于改进人们的气质和性情来说，没有什么比学习诗歌、雄辩、音乐或绘画中的美更有益的了。它能给人以某些超群脱俗的优雅的感受；它所激起的情感是温和柔美的；它使心灵摆脱各种事务和利益的匆忙劳碌；愉悦我们的心灵；使我们宁静；产生一种适当的伤感情绪，这种伤感是一切心情中最宜于爱情和友谊的。"[1]这里讲到诗歌和艺术可以陶冶人的优美的情感，并使人得到休息和娱悦，已接触到文艺的审美教育作用的特点。关于诗歌的这种特殊作用，休谟还用不同方式对它加以阐明，例如他认为诗歌和雄辩、历史在作用和目标上是有区别的。"雄辩的目标是说服，历史的目标是教导，诗歌的目标是用移情动魄的手段给人快感。"[2]

诗歌之所以具有移情动魄的作用，是和诗歌创作的情感特点紧密相关的。休谟认为，诗歌的突出特点就是以生动形象真实地表现情感。他说："通过生动的形象和表现而使每一种情感贴近于我们，并使它看上去仿佛真实和实在，正是诗的任务。"[3] 在诗歌形象表现的各种激情和感情中，休谟特别推崇崇高的激情和温柔的情感。他写道："诗的巨大的魅力在于崇高的激情如恢宏大度、勇敢、藐视命运等的生动的形象，或温柔的感情如爱和友谊等的生动的形象中，这些生动的形象温暖人心，向人心传播类似的情感和情绪。"[4] 依他的看法，尽管所有种类的激情被诗激发出来时，

---

① 休谟：《论趣味和情感的敏感性》，《休谟散文集》，杨适等译，三联书店 1988 年版，第 175 页。

② 休谟：《论趣味的标准》，《古典文艺理论译丛》（5），人民文学出版社 1963 年版，第 11 页。

③ 休谟：《道德原则研究》，曾晓平译，商务印书馆 2001 年版，第 73 页。

④ 同上书，第 112 页。

都可以让人得到一种情感的满足，然而那些更崇高或更温柔的情感却有一种特殊的影响力。这里值得注意的是，休谟明确提出了"崇高"这一审美范畴，并将它与温柔并列为两种不同的情感形象。

休谟还将他的观念联想的理论应用于说明诗歌创作，充分肯定了想象在诗的创作中的作用。他说："诗歌中甚至雄辩中的美，许多是靠虚构、夸张、比喻，甚至滥用和颠倒词语的本来意义形成的。要想制止这种想象力的奔放，叫各种表现手法都合乎几何学那样的真实性和准确性，那是极其违背文艺批评规律的。"[1] 这里已涉及诗歌的形象思维和科学的抽象思维的区别问题。

在《论悲剧》一文中，休谟试图对悲剧何以能使观众从悲哀、恐惧等不快的情感中得到快感这一美学中的老问题，作出新的解释。他认为悲剧的这种奇特效应和雄辩一样，是来自描述悲惨场面的雄辩和悲剧艺术本身。在雄辩中，以栩栩如生的方式描述对象的天才，集中一切动人情景的技巧，安排处理这些对象和情景的判断力，所有这些杰出才能的运用，加上语言文字的表达力量，修辞和韵律之美，就能综合地在读者心中产生极大的满足感，激发起无比愉快的活动。这种想象和表达的美如果和激情结合起来，是可以给人心以美的情感享受的。悲伤、怜悯、义愤的冲动和激情，在美的情感引导下，就能向新的方向发展。这些美的情感由于成为主导的情绪，支配了整个人心，就把悲伤、怜悯、义愤等情感转变为自身，至少给它们以强烈的渲染，从而改变它们原来的性质。心灵由于同时被激情所振奋，为雄辩所陶醉，整个地感到一种强烈的运动，并由此产生愉悦之情。休谟认为，上述对雄辩的分析同样适用于悲剧，但还应补充一点，即悲剧是一种模仿，而模仿总是自然而然地使人快意。这一特点使悲剧唤起的激情更易变得柔和，并使全部情感转变为一种一致的强烈的愉快享受。总之，休谟认为悲剧的悲伤、愤怒、怜悯之所以能转化为快感，是由于艺术表现的技巧。"想象的生动真切，表达的活泼逼真，韵律的明快有力，模仿的惟妙惟肖，所有这些都自然而然地自发地使人心愉快。"[2] 按照休谟的解释，悲剧艺术表现技巧所引起的想象活动和愉快感觉必须超过

---

[1]　休谟：《论趣味的标准》，《美学：西方传统经典读本》，D. 汤森编，波士顿 1996 年版，第 140 页。

[2]　休谟：《论悲剧》，《外国美学》（1），商务印书馆 1985 年版，第 335 页。

痛苦感情，上升为主导的活动，才能使后者向前者转化；如果相反，想象活动和愉快感受没有居于主导，那就会使前者从属于后者，转化为后者，增加我们所感受到的痛苦。所以，他指出悲剧中描写的某一情节不可过于残忍和凶暴，否则，它可能刺激起强烈的恐怖感情，以致不能柔化为快感。休谟虽然也接受了亚里士多德关于悲剧的模仿引起快感的观点，但只是着眼于形式、技巧方面的考察，而忽视了悲剧内容、作用和悲剧快感形成的关系，因而比较片面，也不够深刻，但他试图从心理过程上说明悲剧唤起的不同性质感情的相互作用和运动，还是有一定新意的。

第六节　伯克

伯克（Edmund Burke，1729—1797）是英国经验主义美学思潮的最杰出、最重要的代表之一。他最坚决、最彻底地把经验主义哲学原理具体应用于美学研究，充分表现出英国美学的感觉论倾向和唯物主义倾向，并使之带有心理学和生理学的显著特点。无论是从对一系列重要美学范畴的阐述来看，还是从美学研究方法来看，伯克都可以说是英国经验主义美学的总结者。

一　崇高感和美感的心理生理基础

伯克的美学名著《关于崇高与美两种观念根源的哲学探讨》是在朗吉弩斯和康德之间西方关于崇高与美这两种审美范畴的最重要的文献。在分析崇高和美两种观念的起源时，伯克首先从人的情欲和情感出发，着重探讨了崇高感和美感形成的心理和生理基础。他认为大多数能对人的心情产生强有力的作用的感情，几乎都可以简单分成两类：一类涉及"自我保存"，一类涉及"社会交往"。这两类感情符合不同目的，前者是要维持个体生命的本能，后者是要维持种族生命的生殖欲和满足互相交往的愿望。总的来说，崇高感源于自我保存的感情，美感则源于社会交往的感情。

在分析崇高感和自我保存的感情的关系时，伯克指出，涉及自我保存的感情大部分主要与痛苦和危险有关，它们一般只在生命受到威胁的场合才被激发起来，在人的情绪上主要表现是恐怖或惊惧，而这种恐怖或惊惧正是崇高感的基本心理内容，而令人恐惧的对象便成为崇高的来源。他说："凡是必然适合于引起痛苦和危险观念的事物，即凡是必然令人恐怖的，或者涉及可恐怖的对象，或是多少类似恐怖那样发挥作用的事物，就是崇高的一个来源。"① 崇高感的主要内容是恐怖，它本来也是一种痛感，但崇高对象引起的恐怖和实际生命危险产生的恐怖，两者在情感调质上却显得不同。对实际生命危险的恐怖只能产生痛感，而对崇高对象的恐怖却能由痛感转化成快感。这是为什么呢？伯克对此的解释是："当危险或痛苦太迫近时，它们就不能产生任何愉快，而只是单纯的恐怖。但是如果相隔某种距离，并得到了某些缓和，危险和痛苦也可以变成愉快的。"② 这就是说，崇高感的形成既要使人感到危险，又要使危险不太紧逼，相隔一定距离，不致成为真正的危险。这样，由于危险受到缓和，加上其他原因，崇高对象引起的恐怖便可由痛感转化为一种愉悦。这种看法已经隐伏着以后的所谓"心理距离"说的萌芽。

在分析美感和社会交往的感情的关系时，伯克将属于社会交往的感情分成两种：首先是两性的交往，它满足种族繁衍的需要；其次是一般的交往，除了一般人与人之间的社交要求外，还有与其他动物，甚至无生命世界的交往。如果说属于自我保存的感情总体上注重痛苦和危险，那么属于社会交往的感情则主要是喜悦和快乐。美感即起源于此。关于两性交往的感情，伯克认为它的目的在于生殖和绵延种族生命，属于性欲。但他指出在这方面人和动物是有显著差异的。由于人把两性间的情欲与社会性质的观念相结合，从而将它提升为爱的情感，所以，这类社会交往的感情才成为美感的起源。因为这种爱的情感正是一般美感的主要心理内容。关于另一种社会交往的感情，即一般人与人之间社交的要求，伯克认为它是和"孤独"相对的。人要求社交或群居，是为了摆脱孤独的痛苦，享受交往的快乐。伯克认为，第二种社会交往的感情和第一种社会交往的感情，虽然都属于社会的感情，但两者也有不同，因此和美及美感的关系也有差别。第一种社会是两性的社会，属于这种社会的情感被称为爱，包含色情的混合，其对象是女性的美；第二种社会是人与人乃至其他动物的大社会，属于这种社会的情感也类似地被称为爱，但是它不混有色情，其对象

① 伯克：《关于崇高与美两种观念根源的哲学探讨》（以下简称《论崇高与美》），A. 菲利普斯编，牛津大学出版社1990年版，第36页。

② 同上书，第36—37页。

是美。总之，属于社会交往的感情是一种爱和类似爱的感情，正是这种感情构成了美感的心理基础。伯克说：

> 美是一种名称，我将它用于引起我们的爱和温柔的感觉，或者与此最相似的其他情感的一切事物的这种性质。爱的情感产生于积极的愉快。①

如果说崇高是以自我保存所形成的痛苦和恐怖的情感作为心理基础的，那么美就是以社会交往所形成的爱和快乐的情感作为心理基础的。崇高的快感是由痛感转化而来的，而美的快感则是直接和爱的情感相依存的。这就是伯克在分析崇高感和美感的不同起源时所形成的总体认识。它不仅在方法上是独特的，而且在内容上也是具有独创性的，对后来西方有关这一问题的深入研究产生了重要影响。但是他在从人的情欲出发解释崇高感和美感的成因时，脱离了人的社会实践和历史发展，因而难免存在局限性。

伯克认为，第二种社会交往的感情种类复杂，可以派生出多种形式，符合不同目的。其中主要有三种，即同情（sympathy）、模仿（imitation）和竞争心（ambition or emulation），它们分别符合于不同的美的种类，形成不同的美感。在三种涉及交往的感情中，伯克对同情谈得最多。他把同情看作社会交往必需的感情，同时又带有自我保存的性质。"同情是我们关心别人的基本情感，我们像别人感动一样被感动，从不会对别人所做或受难冷漠旁观。同情应该看作一种代替，由此我们设身处在别人的地位，在许多方面别人怎样感受，我们也就怎样感受。因此，这种情感可能还带有自我保存的性质。"② 他认为文艺欣赏和悲剧效果主要基于同情：

> 主要地就是根据这种同情原则，诗歌、绘画以及其他感人的艺术才能把情感由一个人心里传递到另一个人心里，而且常常能在不幸、苦难乃至死亡上嫁接上愉快。大家都看到，有一些在现实中令人震惊的事物，放在悲剧和其他类似的艺术表现里，却可以成为高度快感的

---

① 伯克：《论崇高与美》，A. 菲利普斯编，牛津大学出版社 1990 年版，第 47 页。
② 同上书，第 41 页。

来源。①

　　这里涉及悲剧何以产生快感的问题。西方美学中向来有一种颇具影响的看法，就是认为悲剧能产生快感的原因在于它是虚构的。伯克也不赞成此说。他指出，对于并非虚构的、真正的悲惨事件和人们的厄运，我们也会因受感动而感到愉快。悲剧与真正的灾难和不幸的差别，是在于它可由仿效的效果而产生快感，但实际上，真正的灾难和厄运比仿效的艺术和悲剧，能激发更大的同情，引起更大的快感。他为此举了一个美学史上颇为著名的例子：如果有一天观众正在紧张地等待观看由最受欢迎的演员表演的现有的最崇高、最感人的悲剧，忽然有人报告说：在剧院附近的广场上正要处死一个地位显赫的要犯，这时，剧场就会空荡无人，大家会争着去看处死要犯。这就"宣告了真实的同情的胜利"。据此，伯克指出："悲剧越接近现实，使我们离虚构的观念越远，它的力量就越大。但是不管它的力量如何大，它都比不上它所表现的事物本身。"② 这个结论是建立在真正的灾难比悲剧还能激发更大同情的看法的基础上的。它要求悲剧接近现实，有其正确的一面。但完全否定艺术虚构的作用，甚至认为艺术总不如现实本身具有影响力，这就未免失之片面。

　　二　崇高和美各自对象的品质
　　在分析了崇高和美的主观方面的心理和生理基础之后，伯克转向讨论崇高和美的客观方面的对象的品质。这部分讨论最集中地表现出他的美学研究的感觉论和经验论的特点。

　　（一）崇高的对象的品质
　　伯克是从崇高的主观经验即崇高感开始，探讨崇高的客观对象的特性的。他认为崇高的对象在人心中产生的主要效果就是恐怖，"一切对于视觉是恐怖的事物也是崇高的"③。那么，对象的哪些品质是能产生恐怖感并形成崇高的呢？伯克认为，形成崇高的对象的感性品质主要是：

---

①　伯克：《论崇高与美》，A. 菲利普斯编，牛津大学出版社 1990 年版，第 41 页。
②　同上书，第 43 页。
③　同上书，第 53 页。

体积的巨大。"度量的巨大是崇高的一个很重要的原因。"① 这也是崇高与美在对象的特性上一个最显著区别。例如广阔无垠的海洋。在度量中，高度不如深度重要，从悬崖绝壁向下看时比向上看同样高度的物体更使我们心惊肉跳，因而更具产生崇高的力量。

晦暗或模糊。为了使事物显得恐怖可怕，晦暗或模糊似乎很有必要。当我们知道危险的真实程度时，当我们的眼睛习惯了危险时，恐惧就会大大减弱。无论在自然中，还是在诗中，晦暗、模糊、不确定的形象比清晰、确定的形象还能产生更大的效果，形成更崇高的情感。

力量。崇高的事物，无一不是力量的某种变形。力量、强暴、痛苦与恐怖是相互关联的。上帝的力量是最显著的，无论是上帝作出的公正的定罪还是它所恩赐的仁慈，都不能完全消除那种不可抗拒的因力量而自然产生的恐怖。

无限。无限具有使精神充满某种令人愉快的恐惧的倾向，这是崇高最真实的效果。如果某一巨大物体的各部分连续成无限的数量，我们就以类似的方式产生错觉，想象就不会受到妨碍物体随意延伸的阻挡，从而产生无限的效果。

壮丽。大量本身辉煌或有价值的事物是壮丽的。星光灿烂的天空，总会产生壮丽的观念。数量是形成壮丽的一个原因。此外，外观的无序也增强了壮丽感。

除了以上主要特性外，伯克提到的崇高对象的品质还有空无（如空虚、无知、孤寂、静默），困难（如需要巨大力量和劳动来实现的工作），响度（如风暴、雷电或炮击的声响），突然性（如强大的声音突然开始或停止），等等。具有这些品质的对象，除自然物和自然现象外，还有人造物、社会现象乃至艺术作品。

（二）美的对象的品质

伯克认为美和崇高不仅源于不同的心理基础，而且在对象的品质上也是完全不同的。如果说，崇高的对象的品质主要是与引起恐怖的情感有关，那么，美的对象的品质主要是与引起爱的情感有关：

----

① 伯克：《论崇高与美》，A. 菲利普斯编，牛津大学出版社 1990 年版，第 66 页。

　　我所谓美，是指物体中能引起爱或类似情感的某一性质或某些性质。我把这个定义只限于事物的纯然可感觉的性质……我同样地把这种爱也和欲念或性欲分开；所谓爱指的是在观照一个美的事物时……心灵所产生的那种满足，欲念或性欲却是驱使我们占有某些对象的一种心灵力量，这些对象之所以能吸引我们，并不是因为它们美，而是由于依靠完全不同的手段。①

　　这个美的定义有三点值得注意：第一，承认美的客观性，肯定美是属于对象本身的客观的性质。第二，认为美是物体中引起爱的一种性质，它不是欲求的对象，不涉及欲念。第三，把美限于事物的纯然可感觉的性质上，认为美只和感觉、感性有关，不涉及理性、理智。这充分表现出经验主义美学片面强调感觉经验的特点。

　　在提出美的定义以及考察美的对象的特质的原则之后，伯克分析了"美的真正的原因"，即"在我们凭经验而发现美的那些东西里，或者激起我们的爱或某种与之相当的情感的东西里，这些感性品质是以什么方式配置起来的"。② 他列举的美的对象的感性品质主要有：

　　体积小。在这里也可以看出美与崇高的对立："崇高作为崇敬的原因，总是发生在庞大而可怕的对象上；而后者（指爱——译者注）则发生在小而惹人喜欢的对象上；我们屈服于我们所崇敬的东西，但我们却爱屈服于我们的东西。"③

　　光滑。这一品质对美来说是必不可少的。植物叶子的美，园林小溪的美，动物毛皮的美，美女皮肤的美……无不与光滑相关。随便哪一个美的对象，假如它的表面凹凸不平，那么，不管它在其他方面可能样子很好，它也再不能使人喜爱。

　　渐次的变化。美的物体不是由带棱角的部分所组成的，它的各个部分从不沿着同一条直线一直向前延伸。它们在人眼前通过不断的偏离而发生变化，但你却很难确定一点作为这种偏离的起点或终点。据此，伯克认为画家荷加斯关于"美的线条就是蛇形曲线"的观点正好印证了他的理论。

---

①　伯克：《论崇高与美》，A. 菲利普斯编，牛津大学出版社 1990 年版，第 83 页。
②　同上书，第 55 页。
③　同上书，第 56 页。

娇柔。一种娇柔的外貌，甚至纤弱的外貌，对美来说几乎是不可缺少的。花类最显著的是它的柔弱和转瞬即逝的持续期，但它却给予我们最生动的美和优雅的观念。女性的美在颇大程度上是由于她们的纤弱或娇柔。

颜色之美。美的物体的颜色不能晦暗混浊，而必须明快洁净。但它们不能是最强烈的颜色，而是每种颜色中较柔和的颜色。假如它不得不有一种强烈的颜色，那这种颜色就必须同其他颜色一起构成多样的变化，使每种颜色的强度大为减弱。

总的来看，伯克对崇高与美的对象的特质的分析，肯定了崇高和美都是属于对象本身的客观的品质，从而表现出唯物主义立场。但他在阐明这些品质时，主要着眼于强调对象的形式因素，严重忽视内容因素，这种形式主义倾向使他的许多结论很难经得起人们列举其他事例的反驳，因而也缺乏充分的说服力。

三　趣味的内涵和普遍原则

伯克的《论趣味》一文是他的美学著作《关于崇高与美两种观念根源的哲学探讨》于 1757 年再版时补加进去的。恰好休谟的《论审美趣味的标准》也是在这年发表的。从《论趣味》的主要观点看，伯克在许多方面似乎都受到休谟的影响，但他对趣味的性质和内涵以及趣味的普遍原则形成的基础等问题，又作了比休谟更进一步的研究和探讨。

关于趣味的性质和内涵，伯克明确指出："我对趣味这词的解释只不过是指心灵的能力，或是那些受到想象作品与优雅艺术感动的官能，或是对这些作品形成判断的官能。"① 他认为趣味涉及三种心理功能：感官，想象力，判断力或推理能力。

> 所谓趣味，就其最普遍的词义说，不是一个简单的概念，它分别由感官的初级快感的知觉，想象力的次级快感，以及关于各种关系、人的情感、方式与行为的推理能力的结论各部分组成。所有这一切都是形成趣味的必要条件，所有这一切的基本组成在人心中都是相同的。②

---

① 伯克：《论崇高与美》，A. 菲利普斯编，牛津大学出版社 1990 年版，第 13 页。
② 同上书，第 22 页。

在构成趣味的各种心理功能中，伯克认为感官和感觉是最基本的，"因为感觉是我们一切观念的伟大本源，因此也是我们一切愉快的来源"。① 感觉的缺陷会产生缺乏审美鉴赏力。在感觉的基础上，想象力和情感成为审美趣味中最活跃的因素。他说："想象力是愉快与痛苦的最广阔的领地，它也是恐惧与希望以及有关的一切情感的区域。"② 想象力可以按照新的方式改变从感官接受的观念或形象，所以它是一种创造力，和愉快、恐惧等审美情感的内容直接相关。

伯克把判断力或推理列为趣味的组成部分和必要条件之一，这是他在《论趣味》中提出的一个新观点。他指出，对于事物可感知的特性的认识几乎只涉及想象，表现情感也只涉及想象，它们可以不借助任何推理。"但是如同许多想象的作品不局限于表现感觉的对象，也不局限于依靠情感的力量，而是将本身延伸至人的风俗、性格、行为、计划，他们的关系、德行、罪恶，进入判断的领地，通过注意、推理的习惯得到提高，所有这一切构成了被认为是趣味对象的很大一部分。"③ 因此，良好的趣味不仅要依赖于感觉和想象力，还需要依赖于理解和判断力。伯克说：

> 一涉及处理，妥帖得体，融贯一致，总之，一涉及最好的有别于最坏的审美趣味的地方，我坚信在那里理解力在起作用，而且只有理解力在起作用。④

伯克在这里强调理解力或判断力对审美趣味的作用，与他在《关于崇高与美两种观念根源的哲学探讨》中强调美感只涉及感觉和想象等感性作用的观点明显是矛盾的。这反映出他的美学思想的发展变化。伯克在这一观点上的改变，可能和受到休谟《论审美趣味》的影响有关。但他比休谟更进了一步，把理性和判断力纳入趣味之中。这种观点对后来的德国古典美学产生了影响。

---

① 伯克：《论崇高与美》，A. 菲利普斯编，牛津大学出版社 1990 年版，第 22 页。
② 同上书，第 16—17 页。
③ 同上书，第 22 页。
④ 伯克：《论崇高与美》，转引自朱光潜《西方美学史》，人民文学出版社 2002 年版，第 241 页。

　　伯克在《论趣味》中提出的另一个重要问题是关于趣味的普遍原则和共同基础问题。他首先驳斥了那种认为趣味没有确定的原则和标准的看法，肯定趣味存在有确定的原则和规律。然后，他探讨了形成趣味的普遍原则和标准的基础，认为人性在感官、想象力和判断力三个趣味的组成部分方面大体上都是一致的。他说："人的感觉器官的构造是几乎或完全相同的，因此所有的人感知外界对象的方式是完全相同或很少差异的。"①所以，对美的事物也存在着感觉的一致："任何一个美的东西，无论是人、兽、鸟，或是植物，即使是展现在一百个人面前，他们都会很快地同意说：它是美的，尽管有人认为它不尽如人意，或者还有其他东西比它更美好。我相信没有人会认为鹅比天鹅更美，或认为弗里斯兰母鸡胜过孔雀。"②　不仅人的感觉具有一致性，想象力也具有一致性。"人们的想象力的一致性与人们的感觉的一致性同样是非常接近的。"③　就审美趣味属于想象而言，其原则对所有人都是相同的。至于推理或判断力，伯克认为如果感觉不是不确定和任意的，对于对象的推理就有了充分的基础。总的来说，在趣味方面比起依赖直接推理的事物来，人类存在更少分歧。伯克对趣味的普遍原则的分析是以脱离社会实践和历史发展的抽象的人性作为前提的，这也表现了旧唯物主义的一般局限性。但伯克坚持美感和趣味的普遍原则和客观标准，对反对美学中的主观主义和相对主义仍然起到了一定的历史作用。

---

①　伯克：《论崇高与美》，转引自朱光潜《西方美学史》，人民文学出版社 2002 年版，第13 页。

②　同上书，第 15 页。

③　伯克：《论崇高与美》，A. 菲利普斯编，牛津大学出版社 1990 年版，第 17 页。

第十四章

大陆理性主义美学

理性主义美学产生于 17 世纪初，延续和发展至 18 世纪中叶，主要发生在欧洲大陆的法国、荷兰和德国。从 16 世纪末开始，欧洲已进入了早期资产阶级的反封建的革命时期，并且随着 17 世纪荷兰、英国资产阶级革命的胜利，而使人类历史进入到一个资本主义的新时代。由于西欧各国的历史发展是不平衡的，西欧大陆一些国家的资本主义在发展程度和方式上，与英国呈现出一定的差异，因而在这些国家的经济和政治发展中也就表现出各自的特点。

在理性主义哲学和美学发源地的法国，资本主义发展较英国缓慢。17 世纪的法国，是西欧典型的封建君主制的国家。法国君主专制的阶级基础是封建贵族阶级，但它在相当大的程度上也照顾和适应资产阶级的利益。绝对王权在维护封建统治的同时，也给资产阶级以发展余地，它本身就是建立在资产阶级与贵族阶级平衡妥协的基础上的。这种情况决定了 17 世纪法国资产阶级反封建的软弱性。

在理性主义哲学和美学得到重大发展的德国，其资本主义经济的发展甚至比法国更缓慢。17 世纪初爆发的"三十年战争"使德国的社会经济遭到严重破坏，大批村庄被毁，人口损失极为严重，土地荒芜，工商业凋敝。农奴制的恢复和封建割据严重阻碍了德国资本主义发展，甚至使其长期处于停滞状态。处在这样的历史条件下的德国资产阶级必然在经济上对封建贵族有很大的依赖性，在政治上屈从于封建权力。法国和德国资产阶级具有的软弱性必然在哲学等意识形态上反映出来。

　　理性主义美学的理论基础是理性主义哲学，正如经验主义美学的理论基础是经验主义哲学。理性主义哲学和经验主义哲学都是近代哲学的重点从本体论转向认识论的结果。两派的分歧主要表现在感性和理性的关系即知识的起源和途径这一认识论的要害问题上。"也就是说，一派认为思想的客观性和内容产生于感觉，另一派则从思维的独立性出发寻求真理。"①

　　大陆理性主义美学是在理性主义哲学的基础上形成和发展起来的。它的特点和理性主义哲学的特点密切相关。经验派哲学强调认识的经验来源，强调感性认识的重要性和实在性，注重经验和与经验相关的问题，倡导经验归纳法；而理性派哲学则强调认识的理性来源，强调理性认识的可靠性和必要性，注重理性和与理性相关的问题，倡导理性演绎法。由此，理性主义和经验主义在美学研究的途径和方法上是完全不同的。如果说，经验主义美学是从审美和艺术的感觉经验出发，通过由下而上的经验归纳，对美学现象作出经验的描述和理论的说明，那么，理性主义美学则是从既定的理性观念和体系出发，通过由上而下的理性思辨，构建关于美学现象的概念、范畴和理论体系并对此作出阐明。理性主义美学家不是把自己仅仅限制在美学现象之内，不是停留在对审美感性经验进行观察和描述，而是从理性观念和体系出发，超越感性现象和经验，对美学问题进行理性的推导和思辨。这为美学成为一门科学作出了重要贡献。但是由于它企图将主要用来研究认识的理性主义学说直接扩大运用到远比认识问题复杂得多的审美和艺术现象上来，这就使其在理论上忽视了审美和艺术的特点和特殊规律，表现出理性主义美学的历史局限性。

第一节　斯宾诺莎

　　在欧洲近代哲学史上，斯宾诺莎是继笛卡尔之后的另一个理性主义哲学的代表人物。他在哲学著作中广泛涉及美学问题，并与其哲学和伦理学思想浑然一体，以独特视角对许多美学问题作了新的思考和论述，丰富了理性主义美学思想。

────────────

① 伯克：《论崇高与美》，A. 菲利普斯编，牛津大学出版社 1990 年版，第 8 页。

一　美丑观念与事物的圆满性

在《伦理学》和《书信集》中，斯宾诺莎多次直接谈到美、丑问题，这些谈论实际上是对人们一般持有的美丑观念所作的阐释和评论。在他看来，美、丑观念和善、恶观念一样，并非指自然和事物本身的性质，而是人按照事物给予人的感受和作用，而对自然事物所作的解释和评价。他说："我绝不把美或丑、和谐或纷乱归给自然，因为事物本身除非就我们的想象而言，是不能称之为美的或丑的、和谐的或紊乱的。"① 这就是说，美、丑不在自然事物本身，而是人对事物的一种想象。在另一处，斯宾诺莎对这一观点作了更详细的阐述。他写道：

> 美并不是在知觉者心中引起的一种被知觉对象的性质。如果我们的眼睛的网膜长一些或短一些，或者我们的气质不像现在这样，那么现在对于我们表现美丽的事物将表现是丑陋的，而现在是丑陋的事物将对我们表现是美丽的。最美的手通过显微镜来看是粗糙的。有些事物远处看是美丽的，但是近处一看却是丑陋的。因此，事物就本身而言、或就神而言既不是美的，也不是丑的。②

斯宾诺莎在这里所讲的美丑其实是指美丑观念。在他看来，美、丑观念和善、恶观念一样，都不是对于事物本性的理智的了解，所以不是表示自然事物本身性质的事实判断，而是"以想象代替理智"，依据自然事物对人的作用和感受，来解释和评价自然事物，因而都是反映着自然事物对人关系的价值判断。他说："只要人们相信万物之所以存在都是为了人用，就必定认其中对人最有用的为最有价值，而对那能使人最感舒适的便更加重视。由于人们以这种成见来解释自然事物，于是便形成善恶、条理紊乱、冷热、美丑等观念。"③ 这种从自然事物与人的关系来解释美丑观念的看法，也是包括笛卡尔、霍布斯在内的 17 世纪许多哲学家的共同主张。

---

① 《斯宾诺莎书信集》，洪汉鼎译，商务印书馆 1996 年版，第 142 页。
② 转引自 W. 塔塔科维兹《美学史》第 3 卷，海牙·巴黎 1974 年版，第 380—381 页。
③ 斯宾诺莎：《伦理学》，贺麟译，商务印书馆 1997 年版，第 41 页。

在上述引文中，斯宾诺莎认为善恶、美丑观念的形成是来自一种成见，这种成见就是他所批驳的"万物有目的"论。按照这种成见，自然万物无一不有目的，它们与人一样，都是为了达到某种目的而行动，无一非为人用。正是基于这种成见，人们便想象着自然事物对于人的作用和价值，于是便形成善恶、美丑观念，并把这些观念当作事物的重要属性。他指出："像我早已说过那样，他们相信万物都是为人而创造的，所以他们评判事物性质的善恶好坏也一概以事物对于他们的感受为标准。譬如，外物接于眼帘，触动我们的神经，能使我们得舒适之感，我们便称该物为美；反之，那引起相反的感触的对象，我们便说它丑。"① 在斯宾诺莎看来，美丑、善恶观念既是来自万物有目的的成见，当然也不能正确说明自然事物本身的性质，它们仅仅是人们依照事物对人的作用和价值，对事物所作出的想象和评价。

斯宾诺莎在论述美、丑和善、恶两对概念时，还经常与圆满性、不圆满性这一对概念相提并论。他甚至明确指出："圆满性和不圆满性的名称类似于美和丑的名称。"② 圆满一词，拉丁文原文作 perficere，有完成、圆满或完善多重意义。在斯宾诺莎看来，圆满和不圆满这一对概念，和善恶、美丑概念一样，都不是表示事物本身性质的概念。"圆满和不圆满其实只是思想的样式"，"应用圆满和不圆满等概念于自然事物的习惯，乃起于人们的成见，而不是基于对自然事物的真知"③。斯宾诺莎明确指出，应当严格区分两类根本不同的解释自然的概念。他说："我认为那些由平常语言习惯而形成的概念，或者那些不是按照自然本来面目而是按照人类的感觉来解释自然的概念，绝不能算作最高的类概念，更不能把它们和纯粹的、按照自然本来面目解释自然的概念混为一谈。"④ 在他看来，上述作为思想样式的圆满和不圆满概念就是属于按照人类感觉来解释自然的概念，与之相一致的美丑、善恶的概念亦是如此。他认为，用于表示事物本质和本性的圆满性的概念应是不同于上述内涵的另外一种概念。他说："正如善恶一样，圆满性也是相对的术语，除非我们把圆满性认作事物的

---

① 斯宾诺莎：《伦理学》，贺麟译，商务印书馆 1997 年版，第 42 页。
② 《斯宾诺莎书信集》，洪汉鼎译，商务印书馆 1996 年版，第 216 页。
③ 斯宾诺莎：《伦理学》，贺麟译，商务印书馆 1997 年版，第 167 页。
④ 《斯宾诺莎书信集》，转引自洪汉鼎《斯宾诺莎哲学研究》，人民出版社 1993 年版，第 471 页。

本质。在这个意义下，正如我们上面已经说过的，神具有无限的圆满性，即无限的本质和无限的存在。"① 在斯宾诺莎的哲学术语中，"圆满性" 是一个用来表示实体、神或自然性质的重要概念，其内涵十分确定。如他所说："我所谓圆满性仅指实在性或存在而言。"② " 圆满性就是实在性。换言之，圆满性就是任何事物的本质。"③ 它表示事物的存在、本质及其必然性。事物的实在性或存在越多，其圆满性程度就越高。正是在这种意义上，斯宾诺莎指出，实体、神或自然具有最高的圆满性或绝对圆满性。这种绝对圆满性也就是自然的永恒秩序和固定法则。显然，斯宾诺莎这里所说的作为事物的实在性、本质和必然性的圆满性，和他上面提到的作为思想样式的圆满和不圆满的概念，在内涵上是完全不同的。所以，斯宾诺莎说："我这里所说的并不是指人们由于迷信或无知所欲求的美或其他圆满性。"④ 毫无疑问，斯宾诺莎认为美和圆满性是相联系的，事物所包含的圆满性和实在性越多，也就更为完美。由于斯宾诺莎对于事物圆满性的内涵的理解不同于作为思想样式的圆满和不圆满的概念，所以，和这种圆满性相联系的美，也必然不同于作为思想样式的美丑概念。因为后者是人们对事物加以比较，按照事物给予人的感受和作用而形成的概念，而前者则只与自然事物的本性、本质、实在性和必然性相关，也就是上面所说的"只须以事物的本性及力量为标准"。这种以自然事物的本性的必然性为依归的美，当然不是前面论到的按照人的感觉来评价自然的美丑观念。它应当被理解为斯宾诺莎所说的 "人的心灵与整个自然相一致的认识"，⑤亦即从对于神的某一属性的正确观念而达到对于事物本质的直观，由此可产生最高的精神满足。它是至真，也是至善，同时也是至美。这种美显然不是那种从人的感觉和感受来认识的美，而是超越感性的理性和直观的美，是与神或自然的本性的必然性和谐一致的美。它也就是斯宾诺莎哲学要达到的最终追求——"最高的人生圆满境界"。

① 斯宾诺莎：《笛卡尔哲学原理》，王荫庭、洪汉鼎译，商务印书馆1997年版，第151页。
② 同上书，第67页。
③ 同上书，第169页。
④ 同上书，第67页。
⑤ 斯宾诺莎：《知性改进论》，《16—18世纪西欧各国哲学》，商务印书馆1975年版，第232页。

二　想象、虚构与文艺创造

斯宾诺莎在论述人的心灵的性质和认识活动时谈到想象、联想、梦幻和虚构等问题。这些阐述本身虽然不是针对文艺问题讲的，却和文艺的创造、欣赏及批评有着非常密切的关系，从而构成斯宾诺莎美学思想的另一个重要组成部分。

在斯宾诺莎的认识论中，想象被看作是和理智互相区别的一种认识方式。关于这种认识方式的性质和特点，斯宾诺莎有清晰、明确的阐述。他说：

> 凡是属于人的身体的情状，假如它的观念供给我们以外界物体，正如即在面前，即我们便称为"事物的形象"，虽然它们并不真正复现事物的形式。当人心在这种方式下认识物体，便称为想象。①
>
> 想象是心灵借以观察一个对象，认为它即在目前的观念，但是这种观念表示人的身体的情况，较多于表示外界事物的性质。②

从以上界说来看，斯宾诺莎强调想象是人的身体的情状的观念，它以"形象"的方式去认识事物。想象作为一种观念，它的对象是人体受外物激动所产生的情状。按照斯宾诺莎的理解，外物激动人体所产生的情状是物理的和生理的产物，即广延的样式；而关于人体的情状的观念，则是思维的和心理的产物，即思想的样式。这种人的身体情状的观念，供给我们以外界物体，"视如即在面前"。所以，斯宾诺莎将其称为"事物的形象"或"事物的意象"。他说："事物的意象乃是人体内的感触，而这些感触的观念表示被当做即在目前的外在物体。"③ 又说："必须仔细注意观念或心灵的概念与由想象形成的事物的形象二者之区别。"④ 由此可见，以形象的方式而不是以概念的方式来认识事物，是想象最基本的性质和最主要的特点之一。正因为如此，想象成为文学艺术认识和反映现实的主要心理

---

① 斯宾诺莎:《伦理学》，贺麟译，商务印书馆 1997 年版，第 64 页。
② 同上书，第 177 页。
③ 同上书，第 120 页。
④ 同上书，第 89 页。

构成因素和思维方式。

按照斯宾诺莎的看法，想象作为人的身体情状的观念，它表示人的身体的当前的情状，多于表示外界事物的性质。人的身体的情状的观念是通过人对外界事物的感触以认识外界事物，它既包含有外界事物的性质，也包含有人的身体的性质，可以说是一种混淆的观念。由于想象产生的事物的形象并不完全表示外物的性质，而是更多地表现被感知的人自己身体的性质，所以它可以说是客观事物的主观观念，在很大程度上要受人自己主观条件的制约和影响。"每个人都可以按照其自己的身体的情状而形成事物的一般形象。"① 所以，想象必然因人而异，"各人都各按照他习于联结或贯穿他心中事物的形象的方式，由一个思想转到这个或那个思想。"② 对此，斯宾诺莎举例说，如果一个军人看见沙土上的马蹄痕迹，他将立即由马而转到骑兵，再转到对战事的联想；而一个乡下农夫则会由马转到对于他的犁具、田地等事物的联想，因而形成不同的想象和思想。这对于理解文艺创作和欣赏中想象与联想的个别差异性以及形象的独特性产生的心理原因是很有意义的。

对于与文艺创造密切关联的创造想象以及想象与虚构的联系问题，斯宾诺莎也有专门论及。他认为想象可以构想"不存在的事物"，"一个人想象着一匹有翼的马，但是他并不因此即肯定此有翼之马的存在"，③ 这就是指创造出新的表象的创造想象。而虚构则是想象借以创造新表象的重要手段之一。他说："我所谓虚构只是指虚构一物的存在而言"，"虚构的观念是关于可能的事物的，而不是关于必然或不可能的事物的"。④ 通过虚构或创造想象形成的观念，是对已有的各种表象重新进行改造、综合而创造出来的。这实际上已经涉及文艺创作中想象的特点问题。斯宾诺莎认为，人们对自然界所产生的各种离奇幻想以及神话中创造的精怪和幽灵的故事，都是创造想象和虚构的产物，"如树木说话，人在转瞬之间就变成石头或变成泉水，鬼魂出现在镜子里面，无中生有，甚或神灵变成野兽，或转成人身，以及其他类似的东西，不可胜数"⑤。

---

① 斯宾诺莎：《伦理学》，贺麟译，商务印书馆 1997 年版，第 79 页。
② 同上书，第 66 页。
③ 同上书，第 91 页。
④ 斯宾诺莎：《知性改进论》，贺麟译，商务印书馆 1986 年版，第 35—36 页。
⑤ 同上书，第 39 页。

　　在斯宾诺莎的认识论中，想象和理智的区别是一个基本问题。他认为想象和理智作为两种不同的认识方式，在产生过程、依据法则和认识作用上都存在着巨大的差别。想象作为人体情状的观念，只是包含有外界事物的性质，但并不表示外界事物的性质。所以，想象不可能提供对于外界事物的正确知识。只有通过理智，才能达到对事物本质的正确知识。斯宾诺莎对于理智的推崇和对于想象的贬抑，鲜明地表现出他的理性主义的立场。但他并没有否认想象作为一种认识方式存在的必要性，并且在实际上肯定了想象对于文学艺术创造的重要意义和特殊作用。

三　情感、快乐与审美经验

　　斯宾诺莎在其早期著作《神、人及其幸福简论》中已经论述了人的情感问题，而在《伦理学》中更是用了两个部分专门讨论情感问题，由此可见情感研究在斯宾诺莎的哲学—伦理学中的地位。在斯宾诺莎之前，笛卡尔和霍布斯都曾论述过情感的种类问题。斯宾诺莎可能受到他们相关论述的影响，但他对情感的种类另有看法。在《伦理学》中，他提出三种基本情感作为人类一切情感的原始情感，这就是快乐、痛苦和欲望。欲望是指人的一切努力、本能、冲动、意愿等情绪；快乐是心灵过渡到较大完满的情感；痛苦是心灵过渡到较小完满的感情。所谓较大的圆满和较小的圆满，即指增加或促进人保持自己存在的努力和减少或妨碍人保持自己存在的努力。所以斯宾诺莎说："快乐与痛苦乃是足以增加或减少、助长或妨碍一个人保持他自己的存在的力量或努力的情感。"[1] 欲望、快乐和痛苦都是以人保持他自己存在努力或冲动为基础的，因而都是人的本质自身。正是在这个意义上，斯宾诺莎将这三种情感确定为人的原始情感，认为所有其他情感都是从三种原始情感而来的，它们或者是由这三种情感组合而成（如心情的波动），或是由这三种情感派生出来（如爱、恨、希望、恐惧等）。

　　在《伦理学》中，斯宾诺莎对于从三种原始情感派生出来的各种情感样式都作了考察和界说。他认为这些情感样式均属于被动的情感。所谓被动的情感，是就人是被动的而言的情感，或者说，它们是当人的心灵具有混淆的观念或被外在的原因所决定而引起的情感。与此相反，主动的情

---

[1]　斯宾诺莎：《知性改进论》，贺麟译，商务印书馆1986年版，第147页。

感则是就人是主动的而言的情感，就是当人的心灵具有正确的观念、心灵是主动时所产生的情感。主动的情感只是与快乐或欲望相关联。如斯宾诺莎所说："就心灵是主动的而言，在所有与心灵相关联的一切情绪中，没有一个情绪不是与快乐或欲望相关联的。"① 因为痛苦乃是表示心灵的活动力量被减少或限制的情绪，所以就心灵是主动的而言，没有痛苦的情绪会与它相关联，但唯有快乐和欲望的情绪才能与它相关联。正是从这种主动的情感出发，斯宾诺莎充分肯定了包括审美情感在内的快乐情感。他说：

> 没有神或人，除非存心忌妒的人会把人们的软弱无力，烦恼愁苦，引为乐事，或将人们涕泣，叹喟，恐惧以及其他类似之物，即所谓精神薄弱的表征认作德性。反之，我们所感到的快乐愈大，则我们所达到的圆满性亦愈大，换言之，吾人必然地参与精神性中亦愈多。所以能以物为己用，且能尽量善自欣赏（只要勿因过度而感厌倦，因享受一物而至厌倦，即不能谓为欣赏），实哲人分内之事。如可口之味，醇良之酒，取用有节，以资补养，他如芳草之美，园花之香，可供赏玩。此外举凡服饰，音乐，游艺，戏剧之属，凡足以使自己娱乐，而无损他人之事，也是哲人所正当应做之事。②

这里直接论到对于自然之美和艺术之美的欣赏以及所获得的娱乐，在斯宾诺莎的著作中是突出的。而他对于包括审美活动在内的快乐情感的充分肯定，则体现出反封建和反宗教迷信的鲜明倾向，而且和他追求人生至善的伦理思想是完全一致的。

在斯宾诺莎列举和界定的情感样式中，还有两种样式同审美经验有着密切关系。那就是和崇高感相联系的惊异和恐惧，以及和滑稽感相联系的轻蔑和嘲笑。关于惊异，斯宾诺莎认为它是由对象的新奇以及心灵凝注于对象的想象造成的。所以，惊异也就是"关于新奇事物的想象"。③ 由于引起惊异的对象不同，惊异可以表现为不同的情绪，包括惊骇、敬畏和恐

---

① 斯宾诺莎：《知性改进论》，贺麟译，商务印书馆1986年版，第149页。
② 斯宾诺莎：《伦理学》，贺麟译，商务印书馆1997年版，第206页。
③ 同上书，第152页。

怖，就是后来伯克和康德在解释崇高感时都提到的几种情绪因素。伯克和康德对崇高感中痛感何以会转化为愉快感，分别作了各自不同的解释。值得注意的是，斯宾诺莎也谈到了在想象中恐惧如何会转为快乐。他说："我们每一想象着危险，总是认为祸在眉睫，便被决定感到恐惧，但是这种决定能力，却受到脱险的观察所阻碍。我们既已脱险，我们便将危险的观察与脱险的观念联在一起，而这脱险的观念重新使得我们摆脱恐惧，所以我们又感觉到快乐。"① 这种通过联想作用以摆脱危险从而使恐惧转变为快乐的看法，是颇为新颖独特的。后来伯克指出，崇高的对象虽然引起我们危险的观念，却又并不使人们真正陷入危险，所以才能由恐惧转化为愉快。这和斯宾诺莎的看法是十分相似的。

斯宾诺莎认为，与惊异相反的情绪就是轻蔑。"轻蔑是对于心灵上觉得无关轻重之物的想象，当此物呈现在面前时，心灵总是趋于想象此物所缺乏的性质，而不去想象此物所具有的性质。"② 和轻蔑相结合的情绪就是嘲笑。"嘲笑（irrisio）是由于想象着我们所恨之物有可以轻视之处而发生的快乐。"③ 嘲笑起于对我们所恨或所畏惧的对象的轻视。只要我们一轻视所恨对象，则我们便因而否认它的存在，由此也可感觉快乐。斯宾诺莎还特别指出，嘲笑和笑之间是有很大的区别的。"因为笑与诙谐都是一种单纯的快乐，只要不过度，本身都是善的。"④ 这些精当的分析，对于解释滑稽感的性质和成因是很有意义的。在斯宾诺莎之前，霍布斯也论述过笑的情感。他也认为嘲笑起于对被嘲笑对象的轻视和鄙夷，笑的情感就是发现对象弱点、突然想到自己优越时引发的"突然荣耀感"。斯宾诺莎的见解和霍布斯的见解都对后来关于滑稽感的研究产生了影响。

第二节　莱布尼茨

莱布尼茨（Gottfried Withelm Leibniz, 1646—1716）是 17 世纪末到 18 世纪初德国最重要的哲学家和数学家，近代欧陆理性派哲学的主要代表之

---

① 斯宾诺莎：《伦理学》，贺麟译，商务印书馆 1997 年版，第 136—137 页。
② 同上书，第 153 页。
③ 同上书，第 154 页。
④ 同上书，第 206 页。

一。他的思想不仅对德国启蒙运动产生了巨大影响，而且作为德国理性主义美学形成的主要思想来源，对 18 世纪德国美学和文艺理论的发展起了决定性的作用。

一　美的本质与"前定和谐"

莱布尼茨对美的本质和来源的看法，是建立在他的"前定和谐"说的哲学理论基础上的。"前定和谐"说是莱布尼茨的单子论哲学在解释单子之间的相互关系及其发展变化如何能形成一个连续整体时提出的一种新学说。根据这种学说，上帝在创造每一个单子时，就已经预先规定了一切单子的变化发展的历程和内容，因而所有单子的变化发展便达到相互和谐和一致。莱布尼茨不仅用前定和谐说来论证身心之间的和谐一致，而且推而广之，将它运用到一切单子和一切事物之间。在他看来，这世界好比一架钟，其中部分与部分以及部分与全体都安排得十分妥帖，各部分虽然各走各的却又自然彼此一致，成为一种和谐的整体，而上帝就是作出这种安排的钟表匠，这个由上帝精心安排并作为和谐整体的世界，是一切可能的世界中最好的世界。从美学观点看，它也就是最美的，因为它充分体现了和谐、秩序与美的统一。莱布尼茨写道：

> 因为事实上我把知觉给予了所有这些无限的存在物，其中每一个都像一个动物一样，赋有灵魂（或某种类似的能动原则，使之成为一个真正的单元）以及这个存在物要成为被动的所必需的东西，并且赋有一个有机的身体。然而这些存在物从一个一般的至高无上的原因接受了它们既是能动又是被动的本性（也就是说它们所具有的非物质性和物质性的东西），因为否则的话，如作者所很好地指出的，它们既是彼此独立的，就绝不能产生出我们在自然中看到的这种秩序，这种和谐和这种美。①

这段论述清楚地表明，莱布尼茨认为美与秩序、和谐是统一的，它们都是按照"至高无上的原因"（即上帝的预先规定和安排）所产生的结果。也就是说，美的本质在和谐，而美的起源则在上帝。在《论智慧》

---

① 莱布尼茨：《人类理智新论》下册，陈修斋译，商务印书馆 1982 年版，第 517—518 页。

中，莱布尼茨进一步阐明了美在和谐、秩序以及和谐在多样性中的统一性
的思想：

> 　　的确，全部存在是某种力，这种力越大，存在就越高、越自由。
> 进而言之，这种力越大，源于统一性和统一性之中的多样性就越丰
> 富，因为——支配着外在于它的多，并在自身内部预先形成多。多样
> 性中的统一性不是别的，只是和谐，并且由于某物与一物较之与另一
> 物更为一致，就产生了秩序，由秩序又产生出美，美又唤醒爱。由此
> 可见，幸福、快乐、爱、完美、存在、力、自由、和谐、秩序和美都
> 是互相联系着的，……当灵魂感到自身中有一种伟大的和谐、秩序、
> 自由、力或完美，从而欢欣鼓舞时，就引起快乐。①

　　这里所说的"力"，是莱布尼茨单子论中的一个重要概念。针对当时
机械唯物主义者强调物质完全依赖外力推力而不成其为自身独立的实体的
观点，莱布尼茨提出了实体本身就具有能动的"力"，因而能够自己运动
变化的观点来与之相对立。他认为，每一个单子也就是一个"力"的中
心，单子就是在"力"的推动下不断变化发展而又与其余一切单子的变
化发展保持和谐一致的。正是在这种能动的"力"的推动下，产生了
"多样性中的统一性"，产生了"和谐"和"秩序"，又产生出美。

　　莱布尼茨的"前定和谐"说认为，上帝是形成整个世界的和谐一致
的原因，因而上帝也就是一切美的源泉。他明确指出："一切美都是上帝
光辉的一种发射物（emanation）。"② 上帝要给这个世界以最大限度之完
善，所以，"关于宇宙的美和善，我们平常总归之于上帝所做的工作"。③
由于上帝是全智、全能、全善的，因此他所创造的世界也必然是"一切
可能的世界中最好的世界"。莱布尼茨并不否认世界上有丑恶的存在，但
他认为恶的存在正可以衬托善，使善显得更善，所以，部分的丑恶适足以
造成全体的和谐。这种所谓"乐观主义"，固然也体现出启蒙运动者的一

---

　　① 莱布尼茨：《论智慧》，转引自 E. 卡西勒《启蒙哲学》，顾伟铭等译，山东人民出版社
1988 年版，第 118 页。
　　② 《莱布尼茨集》卷二，雅克编，巴黎 1842 年版，第 3 页。
　　③ 同上书，第 3—4 页。

般倾向，但在实际上却起到了为当时德国的现存秩序进行辩护的作用。

莱布尼茨对于美的本质的看法，也表现在他对音乐美的论述之中。他说"音乐令我们陶醉，尽管它的美仅仅在于数的协调与和谐。我们不断地感受着发音体每隔一段时间重复出现的节拍和振动，虽然事实上我们的心灵是不知不觉地受到影响。依靠协调带给视觉的愉快是同一性质，来自其他感觉的愉快也是如此。而这一切可以归结为某种东西的相似性，虽然我们不能说明那种东西是什么"①。这段论述不仅指出了音乐的美在于数的协调与和谐，而且指出了作用于视觉和其他感觉的艺术所引起的审美愉快，也都与协调与和谐相关。虽然音乐的美在于数的协调与和谐，但我们在感知音乐美时却是不知不觉、未加注意的，也就是知其然而不知其所以然。莱布尼茨说："音乐，就它的基础说，是数学的；就它的显现说，是直觉的。"② 这里所谓"直觉"的显现，按照吉尔伯特和库恩的解释是，"音乐和谐的这种直觉表现显然象征着，它提供了上帝为现实世界所拟定的最为美好的蓝图，他的天意创造了一个最大可能的多样性同最大可能的秩序性相结合的世界"③。实际上，莱布尼茨认为建立在数学基础之上的音乐的和谐，是具有更深广的理性意义的。"音乐仅仅是大自然奇妙和谐的一种预示，一种小小的迹象。"④ 也就是按上帝安排形成的世界整体的和谐的一种象征。这和莱布尼茨关于美来自上帝"前定和谐"的总的看法是完全一致的。

二 审美趣味与"混乱的知觉"

莱布尼茨关于美感或审美趣味的理论是他的哲学认识论的组成部分。按照莱布尼茨提出的"连续性"原则，任何事情都不是一下完成的，而是要经过程度上以及部分上的中间阶段，才能从小到大或者从大到小。他把这一原则贯彻到认识论中，认为观念并非一下完成、一成不变的，而是有个发展过程。按照观念由模糊到清晰的发展过程，莱布尼茨将观念区别为"明白的和模糊的"以及"清楚的和混乱的"四种。"一个观念，当它

---

① 莱布尼茨：《基于理性的自然与神恩的原则》，转引自 W. 塔塔科维兹《美学史》卷三，海牙·巴黎 1970 年版，第 382 页。

② 同上书，第 227 页。

③ 同上。

④ 《莱布尼茨哲学著作集》卷二，卡西勒编，莱比锡 1906 年版，第 132 页。

对于认识事物和区别事物是足够的时，就是明白的。"① 比如，如果对一棵植物有一个明白的观念，就能够把它从邻近的其他植物中辨别出来。否则，观念就是模糊的。明白的观念又分为"清楚的"和"混乱的"两种。"我们并不是把能作区别或区别着对象的一切观念叫做清楚的，而是把那些被很好地区别开的、也就是本身是清楚的、并且区别着对象中那些由分析或定义给予它的、使它得以认识的标志的观念叫做清楚的；否则我们就把它们叫做混乱的。"② 莱布尼茨对此种"既是明白的又是混乱的"观念作了专门论述："一个观念是可以同时既是明白的又是混乱的；而那些影响感官的感觉性质的观念，如颜色和热的观念，就是这样的。它们是明白的，因为我们认识它们并且很容易把它们彼此加以辨别；但它们不是清楚的，因为我们不能区别它们所包含的内容。因此我们无法给它们下定义。我们只有通过举例来使它们得到认识，此外，直到对它的联系结构都辨别出来以前，我们得说它是个不知道是什么的东西。"③ 在莱布尼茨所作的观念的区分中，审美认识或鉴赏力、审美趣味，大体上是属于"既是明白的又是混乱的"观念。对于审美趣味在认识上的这种特点，莱布尼茨有更明确的说明：

　　我们看到画家和其他艺术家对于什么好和什么不好，尽管很清楚地意识到，却往往不能替他们的这种审美趣味找出理由，如果有人问到他们，他们就会回答说，他们不欢喜的那种作品缺乏一点"我说不出来的什么"。④

既清楚地意识到审美对象的好与不好，又说不出好与不好的理由，也就是知其然而不知其所以然。这里"我说不出来的什么"（je ne sais quoi），正如朱光潜先生所指出的，它在当时特别在德国成为美学家们的一种口头语，指的正是还不能认识清楚的美的要素。它和莱布尼茨论明白的又是混乱的观念时所说的"不知道是什么的东西"的意思颇相近似。

---

①　《莱布尼茨哲学著作集》卷二，卡西勒编，莱比锡1906年版，第266页。
②　同上书，第267—268页。
③　莱布尼茨：《人类理智新论》上册，陈修斋译，商务印书馆1982年版，第267页。
④　莱布尼茨：《关于知识、真理和观念的默想录》，《西方美学家论美和美感》，商务印书馆1980年版，第85页。

　　莱布尼茨不仅从认识等级和认识特点上对审美趣味作了分析，还将审美趣味、鉴赏力与理解力进行比较，进一步揭示其特点。他说：

　　　　与理解力不同的审美趣味是一些混乱的知觉，人们不能对它给予充分地说明和解释。它是某种接近本能的东西。①
　　　　人们永远无法探明，事物的令人愉悦性是什么，或者，这种愉悦性为我们提供了哪一类完善。因为这种令人愉悦的事被感知，是通过我们的情绪，而不是通过我们的理解力。②

　　这里指出了审美趣味与理解力的区别之点，强调审美趣味是一种不同于理解力的感知活动，并且明确指出"审美趣味是一些混乱的知觉"。所谓"混乱的知觉"，莱布尼茨认为它是由一些察觉不到的"微知觉"组成的。对于这些"微知觉"，我们在混乱的知觉中虽然不能辨别出来，却能在总体中感觉到它的效果。作为混乱的知觉的审美趣味，同样是由微知觉组成的。微知觉不仅形成了趣味，而且也是引起情绪和快乐的原因。从莱布尼茨把审美趣味归入混乱的知觉来看，他基本上是把审美趣味看作一种感性活动，而不属于理性认识的活动。但是，按照莱布尼茨的单子论，每个单子凭它的知觉就能反映整个宇宙。混乱的知觉也都包含着无限的物体给予我们的印象，以及每一件事物与宇宙中其余事物之间的联系，也是包含着它们自身的理性内容和意义的。审美趣味虽然不是理性思考，但它却是联系着理性内容的。莱布尼茨明确指出，审美的感官快感"在实际上都是混乱认识的理智的快感"。③ 这表明他试图在感性和理性之间作出某种调和，从而使美感在认识论体系中找到定位。后来，鲍姆加登正是在他的认识论学说和美学思想的直接影响下，将美学定义为以感性认识的完善为对象的科学。

---

　　①　转引自 K. E. 吉尔伯特、H. 库恩著《美学史》，纽约麦克米伦公司 1939 年版，第 228 页。
　　②　同上。
　　③　莱布尼茨：《基于理性的自然与神恩的原则》，转引自门罗·C. 比尔兹利《美学简史：古希腊至当代》，纽约麦克米伦公司 1966 年版，第 154 页。

第三节   鲍姆加登

在欧洲近代美学发展史上，鲍姆加登具有独特地位。他在西方美学史上第一个将美学命名为"Aesthetica"并使其成为一门独立学科，因而被称为"美学之父"。同时，他继承和发扬了莱布尼茨—沃尔夫的美学思想，形成为一个完整的理性主义美学体系，从而成为大陆理性主义美学的终结者。他的美学思想对德国启蒙运动产生了重要影响，因而他也是 18世纪德国启蒙运动的先驱之一。

一   美学作为独立学科建立的意义

鲍姆加登在美学史上的最主要的贡献，就是通过为美学命名和定义，使美学成为一门独立的学科，并使其在哲学中获得了与逻辑学分立和并列的地位。他在博士论文《关于诗的哲学默想录》中，第一次提出用"Aesthetica"（意为"感性学"）这个名称来称谓一种特殊的科学。鲍姆加登认为认识理性事物的高级认识能力和认识感性事物的低级认识能力应分别由两门科学来研究，前者属于逻辑学，后者属于感性学——美学。1750 年，他的一部研究感性认识的专著出版，书名就是《美学》。这也标志着美学作为一门新的独立的科学的正式诞生。正是在这部著作中，鲍姆加登第一次为美学下了一个定义，并明确提出美学应是一门独立科学。他说：

> 正确，指教导怎样以正确的方式去思维，是作为研究高级认识方式的科学，即作为高级认识论的逻辑学的任务；美，指教导怎样以美的方式去思维，是作为研究低级认识方式的科学，即作为低级认识论的美学的任务。美学是以美的方式去思维的艺术，是美的艺术的理论。①

鲍姆加登所处的 18 世纪上半叶，在德国占统治地位的哲学是莱布尼

---

① 鲍姆加登：《美学》，转引自朱光潜《西方美学史》，人民文学出版社 2002 年版，第289—290 页。

茨和沃尔夫的理性主义哲学。莱布尼茨是德国理性主义哲学最重要的代表
人物，他建构了以单子论为核心的形而上学体系。沃尔夫直接继承了莱布
尼茨的哲学，他的哲学从内容上说，不过是把莱布尼茨哲学系统化了，因
而也被称为莱布尼茨—沃尔夫哲学。鲍姆加登直接受业于沃尔夫。沃尔夫
对哲学作了有系统的分门别类，他将哲学分为属于知识能力的"理论哲
学"和属于意志能力的"实践哲学"两大部分。同时，他对心灵能力作
了分类，认为认识能力包括低级能力和高级能力两类，前者是指感觉、想
象、创造能力、记忆；后者是指注意、思索、悟性。尽管沃尔夫在心理学
中注意到感觉、记忆和想象的能力，但他和莱布尼茨一样，认为它们仅仅
是低级的感性认识活动。在沃尔夫构建的庞大的哲学体系和各分支学科
中，研究理性认识的逻辑学被放在哲学及其各学科总导引的地位，唯独感
性认识没有专门学科进行研究，它实际上被排斥在哲学认识论之外。鲍姆
加登认为理性主义哲学忽视感性认识是不合理的，如果不对包括审美和艺
术在内的感性认识进行深入的理性思考和分析，那么人类的知识体系就不
可能是完善的。在以往的哲学体系中，研究理性认识的有逻辑学，研究意
志的有伦理学，而研究感性认识却没有专门学科。因此，他提出应当有一
门新学科——美学来专门研究感性认识，并使这一学科在哲学的领地内赢
得一席之地。尽管鲍姆加登仍然是在理性主义哲学的前提下提出这一问题
的，但是他的这一主张却突破了理性主义的某些片面性和局限性，也弥补
了以往哲学体系的缺陷。正如鲍桑葵所说："鲍姆加登在美学同逻辑学和
伦理学之间，划分了明确的界限。这本身就是对哲学的重大贡献。"①

鲍姆加登在《美学》中力陈将美学立为一门独立的哲学学科的必要
性和正确性，并且回答了各种对于这门新学科的诘难。在他看来，真正的
哲学家应该关注一切与人性相关的东西，感性认识作为人类认识中重要的
部分，不应在哲学家的视野之外。对于人的审美或以美的方式思维的艺术
进行共相的理论考察，是哲学家的一项重要任务。鲍姆加登坚持了莱布尼
茨关于认识或观念具有从模糊到清晰的发展过程的思想。同时，他进一步
认为："明晰的认识和混乱的认识二者并不互相排斥。"② 感性认识作为理

---

① 鲍姆加登：《美学》，转引自朱光潜《西方美学史》，人民文学出版社 2002 年版，第
244 页。

② 同上书，第 15 页。

性认识的基础,是发现真理的必要前提。美的思维和艺术作为一种特殊的认识形式,也能通向真理。如果对混乱的认识或感性认识不闻不问,不对其加以完善,那就会大量地、广泛地出现谬误。而美学的功用正在于"推进认识的提高,使之越过能明晰认识的界限",既"为一切内省的精神活动和一切自由的艺术打下基础",也"为那些主要以知性认识为基础的科学提供适当的材料"。[①] 这样,鲍姆加登就将过去受到轻视的美学提升到应该享有的重要地位。

二 美学和美的定义

鲍姆加登的《美学》按他原有的构想划分为"理论美学"和"实践美学"两部分。但这部著作在 1750 年只出版了第一卷,1758 年又出版了未完成的第二卷。由于疾病折磨,鲍姆加登未能全部完成他的著作便去世了。在《美学》第一卷的开头,鲍姆加登便为美学下了一个定义。

> 美学(自由艺术的理论、低级认识论、美的思维的艺术和与理性类似的思维的艺术)是感性认识的科学。[②]

这个定义将美学界定为研究感性认识的科学,同时又从四个方面对这一界定作了具体解释。这四个方面是:自由艺术的理论、低级认识论、美的思维的艺术和与理性类似的思维的艺术。其中,"低级认识论"和"感性认识的科学"实际是同一的概念,它们都是来自沃尔夫的哲学中的提法。沃尔夫将人的认识能力明确划分为低级能力和高级能力。研究高级认识即理性认识的逻辑学,也就是他的哲学体系中的认识论。鲍姆加登认为认识论不应只包括研究理性认识的科学,还应包括研究感性认识的科学。所以,他把逻辑学称作高级认识论,与此相对立,把美学称作低级认识论。这里并无贬低美学的意思,而是要强调美学与逻辑学在研究对象上的区别,并使两者彼此并列,同属于哲学认识论。在鲍姆加登看来,美学作为感性认识的科学或低级认识论,其研究范围是相当广泛的。他说:"感

---

① 鲍姆加登:《美学》,转引自朱光潜《西方美学史》,人民文学出版社 2002 年版,第 14 页。

② 鲍姆加登:《理论美学》,汉堡 1983 年版,第 2 页。

性认识是指，在严格的逻辑分辩界限以下的，表象的总和。"① 在他所列举的"低级认识能力"中，既包括了沃尔夫所说的感觉、想象、虚构、记忆力，也包括洞察力、预见力、判断力、预感力、表述力、情感力等。

关于美学是"自由艺术的理论"。这应是美学作为感性认识的科学所包括的内容的一个方面。在西方，"艺术"这一词所包含的含义非常广泛。它既可泛指人类活动的技艺，包括一切非自然的人工制品；也可专指绘画、雕塑、建筑、音乐、舞蹈、戏剧、文学等专供欣赏的各种艺术作品。鲍姆加登所说的"自由艺术"就是后一种含义，它又称作"美的艺术"，是 18 世纪通用的概念。他说："美学理论的法则——它好似各别艺术理论的北斗星——分散在一切自由的艺术中，它包含的领域更为广阔。"② 这类似于将美学看作艺术哲学。

关于美学是"美的思维的艺术和与理性类似的思维的艺术"。这是美学作为感性认识的科学所包括的内容的另一个方面。它所要研究的主要是认识的美或美的认识问题，也就是审美问题。所谓"美的思维"，也就是"以美的方式进行思维"。鲍姆加登说："美学是同人的心灵中以美的方式进行思维的自然禀赋一起产生的。"③ 可见，"以美的方式进行思维"是人天生的审美能力。这种审美能力和人天生的逻辑推演能力是并存的。后者即是"以严密的逻辑方式进行的思维"。鲍姆加登在此将审美能力、审美认识称为"美的思维"或"以美的方式进行思维"，是为了更好地阐明它与"逻辑的思维"或"以逻辑方式进行思维"之间的区别和联系，同时也是为了显示美的认识中所包含的理性成分。他说："如果说逻辑思维努力达到对这些事物清晰的、理智的认识，那么，美的思维在自己的领域内也有着足够的事情做，它要通过感官和理性的类似物以细腻的感情去感受这些事物。"④ 这里已接触到两种不同的思维方式，即抽象思维与形象思维。

在《美学》中，鲍姆加登还有一段重要论述是与美学的研究对象相关的。他说：

---

① 鲍姆加登：《美学》，简明、王旭晓译，文化艺术出版社 1987 年版，第 18 页。
② 同上书，第 36 页。
③ 同上书，第 22 页。
④ 同上书，第 43 页。

美学的目的是感性认识本身的完善（使感性认识完善），这就是美。与此相反的是感性认识的不完善，这就是丑，它是应当避免的。①

这里，鲍姆加登不仅将美、丑作为美学研究的对象，而且替美、丑下了一个定义。这个美的定义——美是感性认识的完善，虽然不能算是鲍姆加登的独创，但也表达了他对美的独特理解。"完善"（perfection）这个概念是理性主义哲学中一个重要概念，它在笛卡尔、斯宾诺莎和莱布尼茨的思想中起过很大作用。沃尔夫继承了这一概念并将它用于解释美。他说："美在于一件事物的完善，只要那件事物易于凭它的完善来引起我们的快感。"② 这里把完善看作事物的一种性质，当这种事物的性质引起主体快感的反应，就产生了美。按照沃尔夫的理解，"完善"意味着整体对部分的逻辑关系，即多样性中的统一。对象完整无缺，整体与部分互相协调，这种整体的性质就是完善。但沃尔夫哲学中的"完善"概念和莱布尼茨的"前定和谐"说是相联系的，因而也具有目的论的色彩。照莱布尼茨看来，现存的世界由于上帝精心安排，成为一个寓多样性于统一性之中的和谐整体，因而是最完善的，也就是美的。鲍姆加登从沃尔夫那里直接接受了"完善"的概念，也接受了他对于美的解释，同时又将它们与感性认识结合起来，提出了美是感性认识的完善的定义，从而赋予"美即完善"说以新的内容、新的理解。

鲍姆加登关于美的定义是直接承接沃尔夫的美的定义。在沃尔夫的定义中，完善指的就是事物和对象的一种属性。但鲍姆加登也明确指出美是感性认识本身的完善或完善的感性认识，并对此作了阐明。他还明确指出："感性认识的美和事物的美，本身都是复合的完善，而且是无所不包的完善。"③ 所以，美是感性认识的完善，既指认识的事物和对象的完善，也指主体认识本身的完善，是主体和客体两方面的结合。否则就无法理解鲍姆加登所说的"丑的事物本身可以被想为美的，而美的事物，也可以

① 鲍姆加登：《理论美学》，汉堡 1983 年版，第 11 页。

② 沃尔夫：《经验心理学》，转引自朱光潜《西方美学史》，人民文学出版社 2002 年版，第 288—289 页。

③ 鲍姆加登：《美学》，《人类困境中的审美精神——哲人、诗人论美文选》，刘小枫主编，知识出版社 1994 年版，第 5 页。

被想为丑的"。① 从这方面来说，鲍姆加登的美的定义还是富于新意的。

三　美的认识与诗的创造

鲍姆加登在《关于诗的哲学默想录》和《美学》两部著作中，对美的认识的本质特征和诗的创造的特殊规律作了深入分析。按照鲍姆加登的理解，美的思维或美的认识从本质上说也是对真的认识。但是美的思维或美的认识所要达到的是审美的真，而逻辑的思维或逻辑的认识所要达到的是逻辑的真。审美的真同逻辑的真（狭义的）是有根本区别的。逻辑的真和审美的真都是客观的真、形而上学的真在特定的主体的心灵中获得的一种形态，但两者却分属于人的不同的认识能力把握的对象。

这种形而上学的真一会儿展现在纯精神意义上的知性之前，也就是说，它包含在知性清晰地构想出来的客体之中，这种真我们也可以称为狭义的逻辑的真；这种形而上学的真一会儿又是与理性相类似的思维和低级认识能力的对象，而且仅仅是或主要是它们的对象，这样，我们就把它叫做审美的真。②

可见，审美的真和逻辑的真在认识和把握真的途径和方式上是不同的。逻辑的真是通过知性和理智才能认识和把握的真，它要达到对于事物本质的清晰的理性认识，是一般的、抽象的真。审美的真是通过感官、感受和理性类似物去认识和把握的真，是个别的、具体的真。"严格意义上的真实事物所具有的真，只是当其能被感官作为真来把握时，而且只有当其能通过感觉印象、想象或通过同预见联系在一起的未来的图像来把握时，方始为审美的真。"③ 显然，这里对审美的真和逻辑的真所作的区分和界定，已经触到了人类认识和把握现实世界的两种不同的思维方式——形象思维和抽象思维的区别。所谓审美的真，就是要通过表象、想象、幻想、情感以及理性类似物，在富于个别特征和丰富细节的感性形象中表现

---

① 鲍姆加登：《美学》，《西方美学史资料选编》（上），马奇主编，上海人民出版社 1987年版，第 694 页。

② 鲍姆加登：《美学》，简明、王旭晓译，文化艺术出版社 1987 年版，第 41 页。

③ 同上书，第 52 页。

出客观事物的真实和真理，它应当体现出感性与理性、个别与普遍、形象与思想的结合和统一。这正是美的认识和形象思维不同于逻辑的认识和抽象的思维的基本特征。它标志着形象思维的研究在那个时代所达到的一个新的水平。

　　鲍姆加登在阐明诗的概念时，给诗下了一个定义，称"诗是一种完善的感性的言辞"。[①] 所谓感性的言辞，就是"含有感性表象的言辞"，[②] 它由感性表象、表象的互相关系以及作为其符号的文字所组成。一篇感性言辞，如果其各组成部分都为领悟感性表象而发并能充分唤起感性表象，那就是完善的感性言辞。显然，鲍姆加登这个诗的定义的关键词——感性表象和完善，都是来自莱布尼茨和沃尔夫的哲学，所谓感性表象，是混乱的认识或低级认识能力形成的表象，它和明确的概念是相区别的。诗与哲学的根本区别，就在于它不求概念之明确，而只求表象之明晰。所以，鲍姆加登认为，富于诗意的表象不是明确的，而是混乱的但明晰的表象。他始终强调的是诗的感性形象以及形象的明晰性、生动性、丰富性和独特性，这也就是他后来反复强调的"感性认识的完善"，亦即美。所以，他在这里所要揭示的正是诗歌的审美特点。德国启蒙运动美学家赫尔德曾经说，鲍姆加登的诗的定义是有史以来最好的定义。[③]

　　鲍姆加登非常重视想象和情感在诗的创作中的地位和作用。他把从想象中分离与混合的成分产生的混合表象称为"心象"，心象就是由想象新造的表象。心象不仅具有类似感觉的鲜明性和生动性，而且具有形象的丰富性和概括性。"当表现了某一种或某一类的一个心象，同种或同类的其他心象会重新浮现。"[④] 所以，由想象创造的心象是局部与整体、个别与一般的统一，它更富于诗意。从表现心象出发，鲍姆加登还谈到了诗与画的区别。他认为"画只在平面上表现一个心象"，而诗则可以表现众多心象和任何观念。"所以，在诗的心象上比在画上，有更多事物倾向于统

---

　　① 鲍姆加登：《关于诗的哲学默想录》，转引自《缪灵珠美学译文集》第 2 卷，中国人民大学出版社 1987 年版，第 89 页。译文稍有改动。

　　② 同上书，第 88 页。译文稍有改动。

　　③ 参见克罗齐《鲍姆加登的〈美学〉》，《外国美学》第二辑，商务印书馆 1986 年版，第479 页。

　　④ 鲍姆加登：《关于诗的哲学默想录》，《缪灵珠美学译文集》第 2 卷，中国人民大学出版社 1987 年版，第 100 页。

一。因此诗比画更为完善。"① 这种强调诗画有别的看法和后来莱辛强调诗画界限的观点是颇为一致的。鲍姆加登进一步指出，由想象所创造的富于诗意的表象，是"混合地显示为对我们或好或坏的事物的表象"，这种表象必然唤起我们热烈的情感。"所以，唤起最热烈的情感是最大限度富有诗意的。"②

　　鲍姆加登是一个理性主义者，始终完全服从严格的理性规则，"但是，他却在理性法庭上为纯审美直觉辩护。他想证明，直觉也是受内在法则支配，并借此来挽救直觉。即使这种法则同理性法则并不一致，但却是与理性相类似的"③。鲍姆加登这些重大的观点转变不仅为美学思想作出了独到的贡献，而且使他"处在一个新运动的门槛上"④。

---

　　① 鲍姆加登：《关于诗的哲学默想录》，《缪灵珠美学译文集》第 2 卷，中国人民大学出版社 1987 年版，第 103 页。

　　② 同上书，第 97 页。

　　③ E. 卡西勒：《启蒙哲学》，顾伟铭等译，山东人民出版社 1988 年版，第 342 页。

　　④ 鲍桑葵：《美学史》，张今译，商务印书馆 1985 年版，第 242 页。

第十五章

法国启蒙运动美学

　　启蒙思想以及由这一崭新思想所带来的深刻的思想文化运动，构成了欧洲18世纪文化生活的主流。启蒙运动的特点，是以理性之光驱散纠缠人们头脑上千年的宗教迷信和经院哲学，挣脱压抑在社会躯体上的沉重的封建—宗教专制制度，启迪人类建立理性的思想王国。

　　如果说，资产阶级的崛起和启蒙思想的昌盛在欧洲是一个历史时代的共同现象，那么，在法国、德国、意大利等资本主义国家，又因为他们各自的民族文化传统、社会经济状况的不同，表现出各自不同的特点。这些特点决定了启蒙运动是一个多样性和统一性相互交缠的波澜壮阔的思想文化运动。

　　18世纪的法国，是国王和封建领主与农民、城市资产阶级、城市平民相互斗争的场景。从14世纪开始在法国的土地经营上已经产生了资产阶级占有形式。到18世纪，带有资产阶级性质的大地主在他们通过各种手段集中起来的土地上，引进先进的机械设备，实行集约化的耕种。新型的农业，不仅反映着先进生产力对旧的农业基础的彻底改造，更预示着新的社会生产关系的根本改变。资产阶级领导的产业革命和社会革命，加速了传统农村的解体，同时解构了封建势力和村社体制。另一方面，在工商业贸易上，资产阶级地位和实力急剧上升，通过海外贸易掠夺，集聚了大量财富。在国内和国外的贸易中，工业产品的交换非常频繁，贸易额不断扩大，商业利润率不断攀升。活跃的工商业资产阶级，一方面大踏步的前进，强烈要求冲破那些设置在商品和资本自由流通方面的障碍；另一方面又强烈的感觉到在政治文化上处于无权地位的痛苦。资产阶级强烈要求按照自己的面貌改造世界，改造国家，改造民族。启蒙运动就是一场社会变革的思想舆论的准备。

启蒙运动的思想核心是确立人在世界中的中心地位。从当时封建制度下解放出来，是人类进步的必经历史阶段。人在世界上的中心地位的信念，尽管不是一个科学的、公正的、真理的信念，在当时也仍然是一个进步的、合理的、代表历史前进方向的信念。理性主义哲学及经验科学方法论，论证了启蒙思想的内在逻辑性与合理性，不仅具有极大的说服力，而且在社会生产、经济生活、社会交往、制度设计等各个层面产生了巨大的思想能量。这个重要的哲学成果，使得统治了人类上千年的经院哲学彻底破产。启蒙时代的理性主义精神，在理论体系上更加完善，更加彻底，更加全面，特别是它与社会政治思想、伦理思想形成了高度的统一，这是和笛卡尔时代所不同的。理性主义真正展现出它的批判的光辉是在 18 世纪。康德曾经写道："启蒙运动就是人类脱离自己所加于自己的不成熟状态。不成熟状态就是不经别人的引导，就是对运用自己的理智无能为力。……要有勇气运用你自己的理智！这就是启蒙运动的口号。"[①]从历史发展的趋势来说，启蒙运动有其形成的社会根源和阶级基础；同时，启蒙运动也是人类的整体性的觉醒，历史的觉醒，它意味着人类从自我身上找到了前进的动力，表明人类文明的进步。正如恩格斯所说："在法国为行将到来的革命启发过人们头脑的那些伟大人物，本身都是非常革命的。他们不承认任何外界的权威，不管这种权威是什么样的。宗教、自然观、社会、国家制度，一切都受到了最无情的批判；一切都必须在理性的法庭面前为自己的存在作辩护或者放弃存在的权利。思维着的悟性成了衡量一切的唯一尺度。"[②]

第一节　伏尔泰

伏尔泰（Voltaire）本名弗朗斯瓦·马利·阿鲁埃（Francois Marie Arouet，1694—1778），伏尔泰是他的笔名。他既是法国古典主义后期的

---

① 康德：《历史理性批判文集》，何兆武译，商务印书馆 1991 年版，第 22 页。
② 恩格斯：《反杜林论》，《马克思恩格斯选集》第 3 卷，人民出版社 1972 年版，第 56 页。

理论代表，又是 18 世纪法国启蒙运动的先驱和领袖人物之一；是著名的哲学家、历史学家、文学家、政治家和美学家，更是一位捍卫真理，反对宗教迷信和专制制度的思想斗士。主要哲学著作有《形而上学论》《牛顿哲学原理》《哲学通信》《哲学辞典》《论灵魂》等。

一 对新古典主义的突破

伏尔泰认为，在历史上仅仅出现过四个伟大的思想鼎盛的时代。他带着民族自豪的情感，将路易十四的时代，与历史上希腊的菲里普—亚历山大时代、罗马的凯撒—奥古斯都时代、意大利文艺复兴时代相媲美，甚至认为它超过了以往这些时代，而接近于尽善尽美之境。他写道："总的说来，人类的理性这时已臻成熟，健全的哲学在这个时代才为人所知。"[①]因此，他高度评价高乃依、拉辛和莫里哀的创作，将这些作品看作体现了时代精神的艺术象征。

作为新古典主义理论的后期代表，伏尔泰一方面坚持了新古典主义的基本美学原则，另一方面又试图突破古典主义的过分强调理性的理论偏失。伏尔泰认为："几乎一切的艺术都受到法则的束缚，这些法则多半是无益而错误的。""荷马、维吉尔、塔索和弥尔顿几乎全是凭自己的天才创作的。一大堆法则和限制只会束缚这些伟大人物的发展，而对那种缺乏才能的人，也不会有什么帮助。"[②] 伏尔泰的这个观念，突破了新古典主义的理性法则，将艺术理论还原到艺术实践和艺术发展历史的实际。在他看来，艺术创作是活生生的过程，这是一个尚未经过习惯定出标准的未知世界。"各种艺术，特别是那些依赖于想象的艺术，跟物质世界的一切是不同的。我们可以给金属、矿物、元素以及动物等下定义，因为它们的性质永远不变；可是人的作品，就像产生这些作品的想象一样，是在不断变化着的。"[③] 他的这种重视艺术想象力的特殊性、重视艺术创新的变化、重视艺术家的个性特点的观点，是明显和新古典主义信条有所不同的。

伏尔泰打破了关于艺术文体和艺术内容与风格之间关系的刻板的观

---

① 伏尔泰：《路易十四的时代》，吴模信、沈怀洁、梁守锵译，商务印书馆 1982 年版，第 7 页。

② 伏尔泰：《论史诗》，《西方文论选》上卷，伍蠡甫主编，人民文学出版社 1964 年版，第 318 页。

③ 同上书，第 319 页。

念。他在讨论悲剧的时候，谈到"如果英国的作家们能将更加自然的风格、合宜的内容和整齐的形式跟赋予戏剧以生命的行动结合起来，他们很快就能超越希腊人和法国人了"。① 这似乎反映出他心目中的艺术标准：自然的风格、合宜的内容、整齐的形式、赋予戏剧以生命的行动。在这四个要素中，我们可以分辨出，"赋予戏剧以生命的行动"来自亚里士多德的诗学观念；"合宜的内容、整齐的形式"显然是古典主义的遗产，而"自然的风格"却似乎是古典主义时期争论最多，也是最为模糊，最有理论弹性的概念。

伏尔泰深受牛顿和洛克哲学影响，在本体论上主张自然神论，把宇宙看作一架巨大的奇妙无比的机器，这个机器的制造者就是上帝。上帝创造了宇宙，规定了宇宙运行的规律，是宇宙运动的第一推动力。自然神论是唯物主义哲学观念的原始的和初级的表达形式。伏尔泰的自然神论思想和狄德罗、莱辛一样，是一种和天主教的天启哲学相对立的"理性宗教"、"自然宗教"。尽管在关于世界构成的最初推动力的解释上，存在着唯心主义的特点，但是毕竟强调自然本身具有独立性、自在性和规律性，正如马克思和恩格斯所说，这"不过是摆脱宗教的一种简便易行的方法"。② 伏尔泰批判了莱布尼茨的"前定和谐"概念，认为世界并不存在什么预定的和谐。运动固然必须求助一个最初的推动者，但是，自然本身依然有它的规律和偶然性。他也批判了笛卡尔的"天赋观念论"，认为人的内心里根本没有天赋的观念，所有观念不外乎感觉的经验的集合。人的理性能力，是感觉、知觉、记忆、组合、整理能力的综合。在哲学观念上的突破，是导致伏尔泰美学观念突破新古典主义的思想方法根源。

二 论艺术鉴赏力

在法文中，goût 这个字同时包含了鉴赏力、趣味和风格的意思。鉴赏力也就是人们的美感能力及审美趣味。伏尔泰认为，鉴赏力"表示感知在所有艺术中的美和丑的能力；这种认知是在瞬息之间完成的，正如我们的舌头和上颚马上可以辨别所尝的食物的味道一样；在这两种情况下，认

---

① 伏尔泰：《论史诗》，《西方文论选》上卷，伍蠡甫主编，人民文学出版社1964年版，第319页。

② 《马克思恩格斯选集》第2卷，人民出版社1972年版，第165页。

知都超越思想"①。显然，伏尔泰的审美鉴赏力的观念，是来自感官经验的认识理论。

伏尔泰强调，审美鉴赏力是一种感觉和直觉。这是一种不同于且大于、先于思想（思维）的能力。瞬间完成是审美鉴赏力的表现形式，不同于理性思维的积累、组合、整理的复杂过程。因此这是一种感觉的能力和情感的能力。但伏尔泰并没有刻意强调美感能力和理性思维的不同，而是认为，这种美感能力不仅仅是认知，也不仅仅是感觉和直觉，它同时具备理性思维的一些优点：

> 超凡的鉴赏力——这不仅仅是一种认知这个作品是否美的能力，也不简单的是对整个作品是否美的承认，而且还是在与这个美的事物接触时感觉、体验到激动的能力。
> 超凡的鉴赏力——这不仅仅是一种直觉的感觉倒霉的能力，也不仅仅是在与美接触时产生的无以名状的激动，而且还是体细察微的分析技能。②

伏尔泰认为，正常的审美鉴赏力是人的健全的理性能力的一部分。什么是伏尔泰心目中的健全的审美鉴赏力？我们从他的论述中可以概括出：第一，审美鉴赏力是一种敏锐而准确的判断和分辨力，能够在一件事物、一件作品中准确发现美与丑；第二，审美鉴赏力不是对人工美过于偏爱，而是对自然美保持着敏感，认为自然和质朴更加令人愉快；第三，审美鉴赏力固然是一种审美偏好，一种趣味，它们却是和僵化的心灵、反常的理智、精神的病态格格不入的，审美鉴赏力有高雅的性质，不同于世俗的癖好，世俗的癖好只能产生出时髦而不能产生出艺术；第四，审美鉴赏力是个性化的，但是也并非没有标准，因为在自然和艺术作品中，存在着明显的美，鉴赏力就是将人们引向这种美的能力；第五，因此可以确定说，存在着"一切时代一切民族共有的美，但也有个别性质的美"。什么是美的呢？就是在人们的心目当中能够引起惊赞和快乐的东西。

———————————

① 伏尔泰：《论鉴赏力》，《西方美学史资料选编》上卷，马奇主编，上海人民出版社1987年版，第591页。

② 同上。

伏尔泰非常强调民族的社会发展历史在审美鉴赏力形成过程中的作用。这里，各个民族审美的共同性和不同民族审美的特殊性应当如何有机统一在一起？就拿史诗为例。从审美的共同特点来说，"一篇史诗必须建立在判断的基础上，并且需要由想象来加以丰富"。史诗的普遍审美特点是：简单而统一的情节轻松地逐步展开；情节超越出日常生活的范围，带着强烈的鼓舞性；情节是动人的，能够打动一切心灵；叙事内容完整再加上适当比例的插曲，形成自然展开的结构。伏尔泰说，这些就是"大自然给一切创造了文学的民族所制定的主要法则。但是选择什么样的结构，是否写神力的干预以及故事插曲的性质等等问题，却是由不同的习惯和鉴赏趣味来决定的。在这个问题上存在着千百种不同的见解，没有什么共同的法则"①。他认为，在艺术当中，存在着"永恒的普遍的美和局部的暂时的美"。后者就是和民族国家的地理环境、历史、民俗、社会状况与文化传统相关的。这就构成了欧洲乃至人类艺术的整体性和丰富性。

伏尔泰是一位在一定程度上超越了新古典主义视野，也超越了法国民族传统视野的思想家。他指出，在欧洲民族国家建构的历史上，逐渐形成了不同国家之间的艺术特点和艺术偏见。往往艺术特点和艺术偏见是连在一起的。一个研究文学的人，考察一下产生于不同国家和民族的文学作品，考察那些不同类型的史诗和悲喜剧，用健全的审美心态来阅读，摒弃民族虚荣心和学者的偏见，就能够清晰地看到世界文学艺术的诞生、发展和衰落。审美鉴赏力是在互相比较中产生和培育的。"如果欧洲各民族不再互相轻视，而能够深入地考察研究自己邻居的作品和风俗习惯，其目的不是为了嘲笑别人，而是为了从中受益，那么，通过这种交流和观察，也许可以发展出一种人们曾经如此徒劳地寻找过的共同的艺术欣赏趣味来。"②

三　论艺术想象和艺术创造

伏尔泰关于艺术想象力的观点集中体现在《哲学辞典》中的"论想象"词条中。关于想象的形成，他是这样来看的："想象——这是每一个

---

① 伏尔泰：《论史诗》，《西方美学史资料选编》上卷，马奇主编，上海人民出版社1987年版，第576—577页。

② 同上书，第579页。

有感觉的生物所具有的在自己的大脑中感知各种现象的能力。这种能力依赖于记忆。""对这些现象的感知是通过感觉实现的；记忆保有这些感知，想象以这些或那些组合方式将它们联合到一起。"这种观点，并没有什么新奇之处，不过是洛克经验论的一个翻版。伏尔泰的贡献主要在于区分了"消极想象"和"积极想象"两种想象形式，这就预示着为后来的艺术心理学家提出所谓"再造性想象"和"创造性想象"开了先河。

在伏尔泰看来，想象有两种形式："一种只保留得自事物的简单印象；另一种则以成千种方式将所获印象予以分配和组合。前者叫做'消极想象'，后者叫做'积极想象'。"① 消极想象是一般人都具备的能力，这种想象的形式，结合了不同的事物，但是在想象中发生作用的还不是思维能力，而是记忆的印象累积。消极的想象不需要人们的意志力，不依赖人们的情感，它会在睡梦中突然光顾我们，它会出乎意料的发生。有时候人们在睡梦中会发出连贯的语言、美妙的诗，并不取决于人们的思维，反而是人们往往会由此发生错误观念的原因。他说，"这种不依赖于理智的消极想象，是我们激情和错误的源泉，它不仅不依赖于我们的意志，而且还决定了意志本身"，它决定了我们对于事物的亲近与否的态度，产生出恐惧和喜爱的欲念，产生追求荣誉和宗教狂热的精神疾病。"积极想象是一种将思考和创造于记忆联结到一起的东西。它使遥远的事物靠近，让彼此混杂的事物分离，把它们组合起来，予以变化。""这种积极的想象就其实质来说，是一种能力，正如消极的想象一样，也是不依赖我们的"，"这种禀赋被称作天才，在其中人们看到了某种自天而降的灵感和仙气。这种天生的禀赋是艺术中的想象的财富"。②

伏尔泰没有说明对于艺术创作来说，是否只有积极的想象才有意义。从他的陈述里，我们看到他是将消极想象归到精神病之列的。梦境、想象与精神病的关系也是在他的著作中首次提到。他在艺术创造中更加重视积极想象的作用。

艺术创作中的积极想象有两种方式。第一，依靠想象，诗人创造出自己的主人公，赋予他们典型的特征、激情，构思故事情节，整体上完成宏

---

① 伏尔泰：《论想象》，《西方美学史资料选编》上卷，马奇主编，上海人民出版社1987年版，第597页。

② 同上书，第598页。

大的框架结构，同时又完成极其细腻的局部思索。第二，依靠想象创造出单个的细节，形成艺术氛围的描写、场面的魅力以及新的表现题材。它生动的描绘出冷冰冰的理智所不可能表现的画面，自然的涌流出精辟的词语。伏尔泰认为："诗人创造的积极的想象会在诗人心中产生灵感，也即根据这个词的希腊文原意，产生出内在的激动，使诗人心里充满感情，迫使他变成所描绘的那个主人公。"① 这种魔力般的艺术想象，是艺术天才的自然呈现。伏尔泰固然正确地总结了艺术创造的想象特点，但是在他的观念中，对于艺术想象的论述，还是多少拘泥于古典主义法则，还不是真正符合艺术创造规律的自由想象。在伏尔泰的美学观念中，充满了新与旧、本民族与外来文化的两种因素的混同，从而反映了法国新古典主义美学的终结和新的美学思维的开端。

第二节　卢梭

卢梭（J. J. Rousseau，1712—1778）是法国启蒙运动的重要代表人物，也是西方近代浪漫主义文学运动之父。他的思想在所有启蒙思想家中是最为平民化和最为激进的，对启蒙运动进程乃至对 18 世纪和 19 世纪西欧的社会运动与社会革命，都产生了巨大而深远的影响。

一　文明观与艺术观

卢梭的哲学思想基本上和启蒙运动的指导思想——自然神论相一致。他彻底否定自然界是上帝创造的神话，但同时又承认神的存在和对宇宙的影响。卢梭是强烈主张返回自然的。他所说的自然，不只是物质世界，还包括人类创造的原初文明。他认为近代以来的政治和社会的罪恶，都是反自然的。他的"自然"，具有和资本主义文明截然对立的特点。他的论文《论科学与艺术的复兴是否有助于敦化风俗》（简称《论科学与艺术》）集中的表现了这个思想。

在启蒙运动中，卢梭所代表的不是一般意义上的理性之光，而是另一种致思取向，即强调感性的解放。他说："身体是社会的基础，精神就是

---

① 伏尔泰：《论想象》，《西方美学史资料选编》上卷，马奇主编，上海人民出版社1987年版，第 599 页。

社会的装饰。"这个言简意赅的论断许多年来一直是欧洲思想革命的资源。卢梭指出，人类本来是为了自由而生的，追求自由的情操是人类的天性，但是文明和精神创造出来，将人类禁锢在被奴役的状况里。卢梭深刻地揭示了文明的悖论：人类创造文明是自己自由自觉的天性的发展的必然结果，另一方面，文明一旦创造出来，就又成为禁锢人类天性的桎梏；人类希望哲学创造智慧，礼仪产生道德，艺术提供娱乐，然而，事实上一切都是相反的，人们越是发展哲学就越是离生活常识越远，人们越是讲究礼貌就越是变得虚伪堕落，人们越是想通过艺术教导情感，却越是表现出矫揉造作。在他看来，文明纯粹是一种浮夸，是一种多余的标志。他对于一切文明的形式都表现出一种蔑视。

卢梭对人类文明的批判在某种程度上是与启蒙运动的基调不大和谐的。启蒙运动大力推进科学思维的进步，同时也大力鼓吹民族文艺和世俗艺术的发展。但卢梭对此一概否定，显然是出于另一个维度的思考。这个维度就是自然主义的维度。他认为，文明的种种发明多数是无用的和浪费的。无论是豪华的建筑、精妙的语言、华丽的装饰、雅致的礼仪或精致的艺术，都构成了一种灵魂腐化的氛围。科学和艺术培育了人类的怠惰、虚荣和奢侈，因此科学与文艺的罪过要大于它们的贡献。他说："我们的灵魂是随着我们的科学和我们的艺术之臻于完美而越发腐败。""随着科学与艺术的光芒在我们的天边上升起，德行也就消逝了。"① 科学与文艺摧毁了人类的天才、正常的趣味和勇气。"当生活日益舒适、工艺日臻完美、奢侈开始流行的时候，真正的勇敢就会削弱，尚武的德行就会消失；而这些仍然是科学和艺术在暗中起作用的结果。"

科学与文艺败坏了人类的教育，使教育变得毫无意义。在卢梭的思想中，教育应当是一种顺应天性的，自然的、朴素的和个性化的教育。美的教育应当主要是一种自然美的教育。科学和艺术则付出了巨大的代价，建立了无数的机构、创造了各种难懂的语言和诗歌，来驯化青年。结果，教育开始偏离人的本质 。腐朽平庸的教育制度对于人的摧残是罪恶的。

卢梭的浪漫主义的启蒙理想中，包含着很多正义的批判与激励人心的东西。他的言论反映着被压迫的社会底层、被压抑的人类智慧和人类感性

---

① 卢梭：《论科学和艺术》，《西方美学史资料选编》上卷，马奇主编，上海人民出版社1987年版，第609页。

生命的深层的呼唤。他的反叛，可以说是有很强的社会感召力和思想启迪作用的。当然，毋庸置疑的是，卢梭的论述中，带着明显的观念偏颇。他似乎彻底否定了科学与文艺，主张回到原始自然社会的看法，是一种虚幻的憧憬。这既不是现实的，也不是合乎历史发展规律的。不过需要指出的是，卢梭在这里所抨击的科学与文艺，不是一概而论的，主要指的是片面发展的科学理性和体现时代风气的艺术，特别是指那些被制度化了的、僵死的知识、虚假的艺术形式。所有这些，都被卢梭纳入到一种压迫人的社会制度体系里。卢梭的批判不只是对科学与文艺的批判，更重要的是对阶级社会的文明状况的批判，因而成为人类能不断反思文明的一个起点。

二　戏剧观念

卢梭关于戏剧艺术的观念主要表现在他的一封致达朗贝的公开信中。发表这封信的缘起是狄德罗曾经邀请达朗贝为《百科全书》撰写"日内瓦"词条。达朗贝在词条中主张在日内瓦建立一个剧院，卢梭看了这个发表出来的词条后，不以为然，就给达朗贝写了一封长信。卢梭在这封信里提出了自己关于戏剧艺术的见解。

第一，卢梭提出了戏剧艺术的社会功能问题。

卢梭在信中十分强调戏剧艺术的社会功能和道德标准。他说："戏剧演出是为了娱乐；但是假如人是需要娱乐的话，那么它们只是在需要的范围之内才能允许，而一切无益的娱乐对于人都是坏事，因为人的一生是太短促了，而时间是太宝贵了。"[①] 卢梭在这里提到的一个标准，就是娱乐与社会道德、社会公益的关系问题。他认为，不能抽象地提出戏剧是有益还是有害的问题。"剧院是为人民建立的，只能根据对人民的影响去判断它们的优劣。"[②] 戏剧的本质在于它的社会性和民族性。离开了社会性和民族性，戏剧就失去了生存的环境和条件。卢梭重视艺术的社会性，重视艺术和人民的关系，这是一种超越了贵族传统的艺术观念的进步思想。卢梭承认艺术的娱乐功能。但他认为，娱乐功能和社会功能是紧密联系、不可分割的。

---

① 卢梭：《给达朗贝论戏剧的信》，《西方美学史资料选编》上卷，马奇主编，上海人民出版社1987年版，第622—623页。

② 同上书，第623页。

卢梭主张，戏剧应当体现大众化的风尚，或者说，时代风尚决定了戏剧的命运。因此不是固定的戏剧法则决定了戏剧艺术的生存，而是变化中的时代风尚决定了戏剧艺术。"但愿我们不要认为戏剧有改变感情和风尚的能力，戏剧只能遵循它们和美化它们。""优秀的剧本任何时候也不败坏自己时代的风尚。""任何想让我们看看异乡风俗的作者总是努力使自己的剧本适合我们的风尚。不这么办他就没有成功的希望。"① 卢梭在这里并不是否定戏剧艺术的社会能动作用，而是强调戏剧艺术必须顺应社会生活，顺应时代风尚。

戏剧艺术一方面要顺应时代，另一方面又要引导时代。卢梭指出，戏剧还需要"适合渴求新颖和独创精神的观众的心理。对于他们来说还能有什么比自然本身所引起的思想更新的呢？正是对日常事务的厌恶有时促使他们去追求简朴。"② 戏剧引导人们超越日常生活的沉闷，焕发一种激情。卢梭说："演剧可以巩固民族性格，加强对自然的爱好和赋予一切激情以新的力量。"③

第二，卢梭对传统的戏剧理论"净化说"提出了反驳。

亚里士多德的"净化说"在西方戏剧理论上长期占据统治地位。按照这个理论，人们在观赏戏剧的过程中，获得审美享受，在悲剧中激发同情和怜悯，从而使日常的情感得到净化和升华。卢梭反对这个传统的理论，认为这个理论是空洞的，在社会的意义上是站不住脚的。他指出，戏剧没有启发理性的能力，因此不能通过理性的唤起而净化情感。传统的戏剧理论贬低感情的意义，认为戏剧的价值就在于通过剧情可以帮助人们适度的释放感情，最后净化感情，扬弃感情，回到社会理性。这种理论是卢梭所不能同意的。他问道："在看戏期间所引起并一直延续到演剧结束的兴奋、惊恐、惋惜等精神状态难道有利于克服和抑制激情吗？生动的和感人的印象对我们是习以为常的，因为我们经常可以碰到，难道它们有助于抑制我们的激情吗？……借助其余的激情而把一种激情制服，这是向所有其余的激情敞开心扉的可靠方法吗？唯一可以用来净化激情的武器是理

---

① 卢梭：《给达朗贝论戏剧的信》，《西方美学史资料选编》上卷，马奇主编，上海人民出版社 1987 年版，第 625—626 页。

② 同上书，第 626 页。

③ 同上。

性，但如我前面所讲，理性在舞台上是无用武之地的。"①　在他看来，戏剧必须表现的不是什么理性法则，不是什么作家自己的情感态度，而是要和大多数人的情感愿望相一致。戏剧在不同的民族和国家必须符合大多数人民的情感态度和心理愿望，这是"一切艺术法则的基础，是它成败的关键。因此，戏剧是我们没有经历过的激情净化，又把我们所喜爱的激情点燃起来"②。

第三，卢梭对戏剧艺术的魅力和价值提出了质疑，提醒人们要认识到艺术的虚幻性。

启蒙主义者十分重视对于人民的思想教育和智慧启迪。卢梭和其他的启蒙主义者的分歧在于，他否定了将艺术的作用夸大到不适当的地步。对于艺术的价值趋向于否定的理解，是他的基本思路。他认为，戏剧艺术不足以改变社会风俗。真正能够影响人民风俗的只有法制的力量、社会舆论的力量和娱乐的力量。人们没有戏剧也可以在生活中识别善恶、美丑，人民的真实的激情不是来自艺术，而是来自社会生活。"对美的爱正如对自己的爱一样是人心生来就有的，它不是由于舞台演出才产生；作者不能把它放进人的心里去，而只能在那里发现它。"③　卢梭认为戏剧艺术的本质是虚幻的，它所引起的情感是空洞的。他说悲剧通过恐怖场面引起的怜悯只是一种瞬息即逝、空洞的感情波动，这种被引起的情感将会随着形象幻觉的消失而消失，丝毫无助于人类的爱心的产生。卢梭在这里否定艺术的虚幻性，更多的是出于他的人民性的主张。他认为，戏剧会使人们忘记现实生活的苦难，忘记人自身的现实责任，忘记人需要从内心世界里启发道德感和责任感。卢梭所面对的是新古典主义的戏剧遗产，他对戏剧艺术的局限性的批判，反映了他的那个时代的精神生活以及启蒙思想运动的斗争状况，他所面对的任务不是书斋学者的纯粹知识性的思考，正如他自己所说，他要做的就是迫使人们"丢开有关演戏可以给世道人心带来好处的理想境界的空论"。④

---

① 卢梭：《给达朗贝论戏剧的信》，《西方美学史资料选编》上卷，马奇主编，上海人民出版社1987年版，第627页。
② 同上书，第628页。
③ 同上书，第629—630页。
④ 同上书，第633页。

第三节　狄德罗

狄德罗（Denis Diderot，1713—1784）是法国启蒙运动的主要领袖，杰出的哲学家、文学家和美学家，法国《百科全书》的主编。他实际上领导了以《百科全书》的编撰工程而聚合起来的阵营坚强的启蒙学派的思想家们，在人类思想史上留下了光辉的业绩。

一　"美在关系"论

狄德罗在哲学上从启蒙思想的自然神论走向了唯物主义的无神论，这是他超越于其他启蒙思想家的可贵之处。他充分利用了18世纪自然科学研究的成果，总结了历史上的朴素唯物论思想遗产，揭露了上帝存在的虚幻性，肯定了物质世界存在的第一性。他还是一位有着辩证法思想的哲学家，看到在世间一切事物之间，存在着复杂的多样性的联系，指出了运动的绝对性和静止的相对性。这种先进的哲学思想和进步的世界观，是他的美学思想的基础。

狄德罗一生写过很多关于美学、文学、艺术的理论著作和评论。其中，集中反映他的美学理论的是他为《百科全书》撰写的"美"的词条。这个词条发表在1752年出版的《百科全书》第2卷。后人将这篇文献编入他的论文集，添加了一个标题《关于美的根源及其本质的哲学探讨》（简称《论美》）。

在这篇重要的文献中，狄德罗列举了柏拉图、圣·奥古斯丁、沃尔夫、克鲁萨、哈奇生、安德烈神甫等人的美学观念，一一作了批驳，提出了自己的美学理论。

狄德罗的美学理论的逻辑起点是立足于人们与外在世界发生联系后形成的感觉经验。人们根据实践的效果形成关于好与坏、完整与否、简便与否、美与丑的观念。人们的需要和人们的感官机能的最直接的运用，是人们美的观念产生的根源。"这些概念，与其他一切概念一样，建筑于经验之上；我们也是通过感官而获得这些概念的。""不管人们用什么崇高的字眼来称呼这些关于秩序、比例、关系、和谐的抽象概念——人们愿意的话，也可称之为永恒的、本原的、至高无上的、美的法则。这些概念总是通过我们的感官进入我们的悟性。"① 狄德罗对于美的认识和以往的思维路径有根本的不同。他不是仅仅满足于抓住事物的某些个别特征给美下判断，也不是将人们的美感经验抽象出来，片面地归结为人的心理作用，而是深刻地看到，美的观念来自人的社会实践。尽管他没有使用社会实践这个字眼。

　　进一步，狄德罗正确指出，美是物体的品质，是指"一切物体都具有一种以美为其标记的品质"。"很明显，我以为只能是这样一个品质：它存在，一切物体就美"，"美因它而产生，而增长，而千变万化，而衰退，而消失"。狄德罗所要揭示的是关于美的普遍性本质特征。那么，这是一种什么品质呢？他说：

　　　　我把凡是本身含有某种因素，能够在我的悟性中唤起"关系"这个概念的，叫做外在于我的美；凡是唤起这个概念的一切，我称之为关系到我的美。②

　　"外在于我的美"是指外在世界中的事物本身具有某种因素，使人能够形成"关系"的概念。关系，固然是人的概念，可是这个概念确实反映着外在事物的某种客观因素（它可能是和谐、比例、秩序、对称等）。因此这是所谓客观的美。对于审美的主体来说，这是一种美的存在的可能性和纯粹客观性。"关系到我的美"是指已经唤起了我的"关系"概念的那些事物，这些事物，由于在我身上唤起的是"关系"概念，因此对于我有意义，是被我所感觉到的美。这是一种美的存在的现实性，是主客观统一的结果。狄德罗明确指出："必须把物体所具有的形式和我对它们所抱有的概念这两者很好地加以区别。我的悟性不往物体里加进任何东西，也不从它那里取走任何东西。……由此得出结论，虽然没有绝对美，但从我们的角度来看，存在着两种美，真实的美和见到的美。"这里讲得再清楚不过，真实的美是不以人的意志为转移的外在事物的美；见到的美，则是人所感觉到的美。

　　那么，究竟什么是狄德罗所说的"关系"？狄德罗说："一般说来，

_____

　　① 《狄德罗美学论文选》，人民文学出版社 1984 年版，第 23—24 页。
　　② 同上书，第 25 页。

关系是一种悟性的活动，悟性在考虑一个物体或者一种品质时往往假定存在着另一物体或另一品质，……由此得出结论，尽管从感觉上说，关系只存在于我们的悟性里，但它的基础则在客观事物之中。""一个物体之所以美是由于人们觉察到它身上的各种关系，我指的不是由我们的想象力移植到物体上的智力的或虚构的关系，而是存在于事物本身的真实的关系，这些关系是我们的悟性借助我们的感官而觉察到的。"① 在这个意义上说，一切事物都可以是美的，只要我们从中看到了"关系"，这就是真实的美。

狄德罗进一步分析了人们的审美经验的差异性。他将这些审美认识的差异归结为十二个原因，或者说，他从"美在关系"的学说中拓展出一系列的美感经验的讨论。他说："从单一的关系的感觉得来的美，往往小于从多种关系的感觉得来的美。"人们审美判断的分歧常常产生在人们的经验和知识的深浅上。一般来说，知识和阅历比较深厚的人，可以把握复杂事物的关系，也有能力欣赏到复杂事物的美。在事物的关系中有不确定的和确定的。单纯的不确定的关系，本身就可以引起人们的兴趣，确定的关系则进一步引起人们对价值的要求，满足价值要求的关系才能唤起美感。这显示出人们审美判断的层次和深度。狄德罗认为，最真实的关系是自然的关系（也就是客观的关系），但是人们由于利益、情欲、偏见、风俗习惯、信仰、政治观点形成了思想的分歧，于是就会对自然的关系视而不见，建立起一些偏颇的和偶然的关系概念。人们在知识和才能上的差别，在认识能力上健全与否也影响到审美判断。狄德罗非常深刻地指出，美的认识和符号的作用是不能分开的。不同的民族、不同的时代会有不同的表现美的认识的符号。一个人感情状态、偶然场合或个别经验形成的判断都会造成审美判断的差异。狄德罗通过详细分析造成人们审美差异的原因，更加深入地探讨了审美规律。他指出，我们不能因为人们在审美经验上有这么多的差异，就否定"美在关系"的原则。事物总是在运动的，"运动常常建立起多得出奇的令人惊异的关系"②。关系是各种偶然结合的结果，但是在多种偶然性的变化中，我们没有理由认为真实的美是虚幻的。在千变万化的世界上，也许没有两个人会在同一事物上看到完全相同

① 《狄德罗美学论文选》，人民文学出版社1984年版，第31页。
② 同上书，第41页。

的关系，会体会到同等程度的美，但是人们却可以从不同的角度发现各种不同的关系，这也就证明了"美在关系"的论断，比较过去的任何关于美的论断有更大的普遍性和适用性。

总的说来，狄德罗还是秉持着自然哲学的观念，主要从自然美、人与自然的审美关系的角度来论述美和美感。他的美学理论还是一个观念表述，没有形成严格的逻辑体系，特别是对于真实的美与见到的美、绝对的美与相对的美、普遍的美与个别的美两者如何相互统一，还没有作出清晰的论述。狄德罗提出了"美在关系"的论断，这是一个可以发挥的命题。对于理性主义和新古典主义来说，狄德罗也打破了那种对于绝对理性秩序的信仰，回到了人类的社会生活的多样性和丰富性的现实。同时他也在一定程度上避免了经验主义哲学在美学问题上的局限性和片面性，将审美经验还原到人的复杂多样性，从人的认识能力、实践能力和社会生活复杂互动关系的层面来考察。这是一个非常大的进步。

二　论艺术与现实的审美关系

艺术与现实的审美关系历来都是艺术理论的核心问题。狄德罗从自然神论走向无神论和唯物主义，反映在他的艺术理论上，就是深刻而正确的论述了这个关系。他坚持了西方文艺传统中的模仿理论，认为艺术是对自然和社会现实的模仿。"艺术每一门类本身的目的都是模仿自然"，问题是，艺术究竟模仿自然的什么，和其他精神形式相比，艺术的模仿有什么特点。狄德罗从他的美学理论出发，认为构成自然、社会和历史本质的是事物内在的关系，而不是浮在表面的现象。他说："我不大注意出于偶然而连续发生或同时发生的两件事，而更相信那些用我们的日常经验——这个戏剧真实性的不变的尺度——加以衡量就能现出其中相互牵引的必然联系的大量事件。"[1] 事件内在的关联性，就是事物存在和发展的规律。艺术需要超越表面的现象的真实，形象地揭示内在的规律性。

在《关于〈私生子〉的谈话》中，他写道：

> 只有建立在和自然万物的关系上的美才是持久的美。如果把万物设想在时移物易的一刹那之中，一切描写只不过代表转瞬的时刻，那

---

[1] 《狄德罗美学论文选》，人民文学出版社1984年版，第45页。

么，一切模仿就将是无益的了。艺术中的美和哲学中的真理有着共同的基础。真理是什么？就是我们的判断符合事物的实际，模仿的美是什么？就是形象与实体相吻合。①

艺术和哲学有着共同的特点，这就是对于事物的普遍规律的揭示。但是，它们却有着形式的区别。艺术的真实不同于现实的真实和自然的真实。艺术真实要比人们在现实世界中感受到的更加具有普遍性。狄德罗强调艺术表现的普遍性，就是要求某种典型性。

狄德罗认为，艺术真实不同于历史的真实。他在评价理查逊的历史小说的时候这样说："理查逊啊，我敢说最真实的历史是满纸谎言，而你的小说却字字真实。历史只描写几个人，你描写人类；……历史只捕捉时光的一瞬间，地球表面的一个点儿，你却抓住了各个地方和各个时代。人的心曲在过去、现在和将来始终如一，它是你临摹的范本。"② 艺术的模仿对象是人的性格，是普遍的人性，是人性在各个时代和各个历史事件中的具体表现形式。这个普遍的人性是艺术最应该模仿的"自然"。

他还指出，艺术真实不同于哲学的真实："诗里的真实是一回事，哲学里的真实又是一回事。为了真实，哲学家说的话应该符合事物的本质，诗人说的话则要求和他所塑造的人物性格一致。"③ 艺术逻辑不是抽象的理性逻辑，而是人物性格和行动的逻辑，是关于社会生活的逻辑。狄德罗认为，在优美的绘画和优美的文学作品中，真实性必须体现为逼真性。真实只是一种可能的状态，逼真是从可能状态转入了存在的状态。因此才更加可信，更加动人。④

三　论戏剧艺术

狄德罗的戏剧理论体现了他的革新观念。法国古典主义戏剧是文艺复兴以后的法国近代文学的艺术高峰。狄德罗吸收了古典主义戏剧的创作和理论成就。但是他更关心的是，如何按照启蒙主义的理想，将法国戏剧带

---

① 《狄德罗美学论文选》，人民文学出版社 1984 年版，第 114 页。
② 同上书，第 257 页。
③ 同上书，第 196 页。
④ 同上书，第 387 页。

出古典主义的藩篱，使戏剧告别宫廷和贵族沙龙，回到社会和人民当中。他不仅自己身体力行进行创作，而且在理论上对戏剧艺术作了全面的探讨。可以说，他的戏剧理论是他的美学思想的具体运用。

狄德罗基于艺术模仿自然、艺术表现社会现实的理念，试图突破传统的悲剧和喜剧的定式，开创严肃剧这一新的剧种。在他看来，"喜剧和悲剧是戏剧创作的真正界标。但是，如果说，喜剧求助于滑稽就不能不使自己降格，悲剧扩张到神奇就不能不失真，那么，这两个处在两头的剧种就是最感人、最难写的剧种了"①。严肃剧的提出，是针对悲剧和喜剧脱离了现实的情况。一方面要还原到真实，另一方面又要保持较高的艺术格调。把散文引进悲剧和喜剧，意义就在于使戏剧更加符合生活情态，对话更接近日常交流，剧情结构更加自由。一句话，戏剧更加符合自然。他这样说明所提倡的严肃剧：

> 只要题材重要，诗人格调严肃认真，剧情发展复杂曲折，那么即使没有使人发噱的笑料和令人战栗的危险，也一定有引起兴趣的东西。而且，据我看来，由于这些行动是生活中最普遍的行动，以这些行动为对象的剧种应该是最有益、最具普遍性的剧种。我把这种戏剧叫做严肃剧。②

严肃剧的基本要素是：第一，重视戏剧题材的开掘。狄德罗认为喜剧题材要注重市民及家庭生活场景。"题材必须是重要的；剧情要简单和带有家庭性质，而且一定要和现实生活很接近。"③ 第二，重视戏剧场景。他一反传统的重视戏剧冲突和人物性格的戏剧理论，改为突出剧情场景。场景是人物性格的根据和条件，是社会历史关系的凝聚和浓缩。场景提供了性格发展的内在合理性。他说："到目前为止，在喜剧里，性格是主要对象，处境只是次要的。今天，处境却应成为主要对象，性格只能是次要的。过去，人们从性格引出情节线索，一般是找些能烘托出性格的场合，然后把这些情景串起来。现在，作为作品基础的应该是人物的社会地位、

---

① 《狄德罗美学论文选》，人民文学出版社 1984 年版，第 91 页。
② 同上书，第 90 页。
③ 同上书，第 93 页。

其义务、其顺境与逆境等。依我看，这个源泉比人物性格更丰富、更广阔，用处更大。因为只要人物性格渲染过分些，观众心里就会想，这人物并不是我。但他不能不看到在他面前展示的情境正是他的处境；他不能不承认自己的责任。他不能不把耳朵听到和自己联系起来。"① 第三，注重人性刻画。他说："最先精心研究人性者的第一件事是注意分清人的七情六欲，认识它们，标出它们的特征。有一个人找出七情六欲的抽象概念，这个人就是哲学家；另一个人给概念以形体和动作，这个人就是诗人。"② 第四，注重社会悲剧性的表现。他认为严肃剧虽然是界于悲剧和喜剧之间的剧种，但是相比之下，严肃剧更加接近于悲剧而不是喜剧。"这种悲剧距离我们比较近。它描写了我们周围的不幸。"③ 狄德罗关于严肃剧的理论建设和倡导行动，对于法国的戏剧艺术的发展起了重要的推动作用，同时，也成为整个欧洲启蒙运动在文艺上的一个重要的尝试，它和德国的莱辛所掀起的"市民剧"运动相互呼应。

四 论天才、艺术想象和情感

"天才"是启蒙运动艺术思想中的一个重要概念。狄德罗在《百科全书》里专门撰写了"天才"词条。他说："广博的才智，丰富的想象力，活跃的心灵，这就是天才。"天才人物不是仅仅对于和他自身直接相关的事物才有感觉的人，"天才人物心灵更为浩瀚，对万物的存在深有感受，对自然界的一切兴致勃勃，他接受的每一个概念，必然唤起情感；一切使他激动，一切存于其身"④。天才的概念使启蒙运动的伟大人物们异常激动，这不仅是因为那个时代，突然涌现出一大批在哲学、科学、政治、艺术领域里呼风唤雨的天才人物，就连他们自己也多少自认为是天才。他们崇尚个性解放，崇尚怀疑和批判，崇尚感性的探求和情感的自由表现。这是一个激情喷涌的被内在的创造性所激动了的时代。

狄德罗认为，天才是一种天赋的心灵的品质，它特殊、隐秘、无可名状，缺乏这种品质，就不可能创造出伟大的作品。它不是单纯的想象力、

---

① 《狄德罗美学论文选》，人民文学出版社 1984 年版，第 107 页。
② 同上书，第 112 页。
③ 同上书，第 103 页。
④ 同上书，第 541 页。

判断力、风趣、敏感、情趣等单独的品质。可以说，天才包括了这些品质，还要加上特殊的观察力和预见性，天才是这些能力的有机综合。他所说的天才，不仅指艺术，也包括哲学和其他的精神活动。在艺术创造中，"天才给物质以生命，给思想以色彩；在兴奋的激情中，它支配不了天性，也支配不了思想的连贯性；它被移植在他所创造的人物的处境中，它取得它们的性格"。这是一种艺术思维的高度的聚焦和渗透，是天才和对象之间的互渗与转移。狄德罗赞赏莎士比亚身上闪烁着崇高和天才，好比长夜中的闪电；荷马充满了天才，在貌似粗糙中表现出原创性。天才不是后天学习和时间濡染的结果。"天才人物的趣味是：喜爱自然所特有的永恒之美"，它不是屈从于时代的审美规则，屈从于人们的鉴赏习惯，而是敢于打破禁锢了天才的种种规则，创造崇高、悲怆、伟大的境界。

　　狄德罗之所以作出上述睿智的论断，主要是他对想象力的特征有深入的认识。天才的心灵主要表现为非凡的想象力。艺术想象和理性的关系，在狄德罗的艺术理论中得到了非常深刻的表达。他说："想象，这是一种素质，没有它，人既不能成为诗人，也不能成为哲学家、有思想的人、有理性的生物，甚至不能算是一个人。"[1] 那么究竟什么是想象呢？狄德罗的回答是：首先，想象是人们追忆形象的机能。人具有视觉、听觉、嗅觉、味觉和知觉。人的现实生活中通过各种感觉器官接受了外界的印象，用字句来区别这些印象，然后运用字句和形象来追忆它们。狄德罗在抽象思维和形象思维之间作出了深刻的分辨：

　　　　把一系列必然相联的形象按照它们在自然中的先后顺序加以追忆，这就叫做根据事实进行推理。如已知某一现象，而把一系列的形象按照它们在自然中必然会先后相联的顺序加以追忆，这就叫做根据假设进行推理，或者叫做想象；按照你所选的不同目标，你就是哲学家或者诗人。[2]

　　狄德罗在区分抽象思维和形象思维的特点时，将它们看作人类的两种逻辑思维的能力。什么是逻辑？在他看来就是事物内在的必然联系。哲学

---

① 《狄德罗美学论文选》，人民文学出版社 1984 年版，第 161 页。
② 同上书，第 163 页。

家的推理和诗人的想象，都要遵循事物的必然。所不同的是，哲学家"根据事实进行推理"，而诗人"根据假设进行推理"。他的想象论，廓清了在形象思维上的种种神秘主义、唯心论的谬误。

狄德罗对于教会和理性主义者都十分忌讳的"情欲"给予了充分的肯定。他认为艺术情感是艺术魅力的集中体现，也是艺术风格的感染力的基础。"在正剧里，激情表现得越强烈，剧本的趣味就越浓。""没有感情这个因素，任何风格都不可能打动人心。"① 艺术想象力和艺术情感不仅来自诗人的心灵，也来自民族和时代。想象力的发挥的高度，情感的深刻与抒发的强度，是民族审美风尚的体现。狄德罗说："什么时代产生诗人？那是在经历了大灾难和大忧患以后，当困乏的人民开始喘息的时候。那时想象力被惊心动魄的景象所激动，……天才是任何时代都有的，然而有天赋的人常常无所施展而僵化，除非有非常的事变振奋起群众的精神，促成天才人物出现。这时，情感在胸中积聚酝酿，凡是具有喉舌的人都感到有说话的迫切需要，必欲畅抒胸怀而后快。"艺术家的想象力，是这种民族想象力的具体表现，艺术情感的深刻与广博，也来自这种时代激情的总体氛围。狄德罗所呼唤的，正是诗所需要的"巨大的、野蛮的、粗犷的气魄"②。

---

① 《狄德罗美学论文选》，人民文学出版社 1984 年版，第 135 页。
② 同上书，第 206—207 页。

第十六章

德国启蒙运动美学

　　德国作为欧洲大陆的国家，长期以来处在封建制度的控制之下。1618年，北部的新教联盟和南部的天主教联盟两大教派的争斗终于爆发了战争。这场战争一下子持续了三十年之久。连年的战争极大地摧毁了德国的经济基础，工农业凋敝，商业不景气。当三十年的宗教战争平息以后，勃兰登堡公国崛起为普鲁士军事帝国，德意志开始走向容克地主和军国主义结合的新的带有明显封建性胎记的资本主义道路。德国资产阶级的庸俗习气和市侩习气，来自其根性的软弱，这是德国启蒙运动不同于法国的阶级原因。在18世纪上半叶，德国启蒙运动在曲折中发生了。这是历史的必然性和欧洲大陆思想激荡的结果。不过，德国启蒙运动有自己的双重目标：第一，传播新的文明思想，反对封建的、宗教的专制主义；第二，争取民族统一，特别是国家的统一，以便为发展资本主义经济创造前提条件。德国与法国不同的地方还在于，德国社会没有为资本主义革命准备好社会阶级基础，德国没有具有革命的坚定信念的"第三等级"，有的只是目光短浅的庸俗的市民阶级。这就使得德国的思想运动被分裂为两个极端：一个是处于社会底层的、披着新教改革外衣的市民思想；另一个是被束之高阁的抽象的哲学理论，曲折地反映着时代的趋势。

　　三十年战争的浩劫大大阻碍了市民文学的发展。文学依附宫廷，为王公贵族服务，一味模仿法国古典主义，玩弄华丽的形式游戏，形成了文学上的"巴洛克"风格。这种宫廷文学几乎统治了整个17世纪的德国文坛，一直延续到18世纪上半叶。德国模仿法国却缺少法国古典主义的辉煌准备，不具备支撑文坛的那种国家统一的精神气质和理性原则，德国文学是浮华的，依附性的，不能构成民族精神的支撑点。

德国的启蒙运动在哲学上的先驱是莱布尼茨和他的继承者沃尔夫。他们的理性主义哲学体系，决定了德国启蒙运动的总的思想基础。德国启蒙主义的序幕是由两个理论对立的派别的论争而开启的。这两个理论派别是莱比锡派和苏黎世派。莱比锡派的代表人物是高特舍特。高特舍特的思想基础是莱布尼茨—沃尔夫的理性主义哲学，他的文艺理论蓝本是法国的布瓦洛，他的主要贡献是将新古典主义理论运用于德国文坛，主张采取典范的形式建立德国戏剧和艺术。和高特舍特对立的主要是接受了英国经验主义哲学思想，并且在文学传统上认同英国文学的苏黎世学派。苏黎世学派主要是由居住在瑞士苏黎世的诗人波特马和布莱丁格为代表的。他们不是盲目地追随法国，而是将借鉴的眼光转向了英国，翻译介绍了弥尔顿的诗歌以及一些英国民歌。波特马认为艺术的主要任务不是寻求与自然的对应关系，而是某种审美理想。诗歌所要描写的是美好的理想世界。这表明浪漫主义的审美倾向开始初现端倪。

德国思想从 18 世纪 70 年代以后加速进步，莱布尼茨—沃尔夫理性主义哲学体系开始瓦解，代之以激烈的感觉主义、主观论、天才论、原始主义的一轮混乱的冲击。狂飙运动骤然爆发。这场运动因德国剧作家克林格的剧本《狂飙与突进》而得名，在历史上被称为"狂飙突进运动"。这场运动的历史意义在于对新古典主义的终结。神秘主义的宗教美学家哈曼对早期启蒙主义者只强调理性的倾向提出了异议，而强调感情的力量。赫尔德又净化和提高了哈曼的思想，将其发展成自己的思想体系。歌德接受了赫尔德的思想，经过自己的加工和提高，把它体现在自己的文学作品和理论著作中，从而影响了几乎所有的狂飙突进运动中的作家。如果说歌德是狂飙突进运动的旗手的话，那么赫尔德就是这个运动的实际精神领袖。狂飙运动为德国文学在古典时期的辉煌创造了一个重要的预先铺垫。

第一节　温克尔曼

温克尔曼（Johann Joachim Winckelmann，1717—1768）是 18 世纪德国新古典主义美学家，欧洲艺术考古学的先驱。他将唯理主义的哲学与经验主义哲学的方法论运用于艺术史研究，试图以复古的形式振兴德国乃至欧洲艺术的精神。歌德后来评价说，是温克尔曼打开了德国人的眼界，发现了古希腊文化。温克尔曼是德国迟到的文艺复兴的代表。

一　古希腊艺术与美的理念

温克尔曼是带着无限的虔敬走向古代希腊艺术的。在他的眼前，这是一个和当代社会完全不同的艺术的圣殿。那么，为何古希腊创造了如此杰出的艺术成就而永不衰败？温克尔曼将这个原因归结到希腊的地理位置和气候条件。这里常年气候温和，大自然的种种条件适合于这里的人们能够有表现的自由。希腊人体质健康，并有着良好的锻炼身体的习俗，奥林匹克运动和自由裸体展现了人体的俊美。竞技成为艺术的学校。适度的温度不仅调节冷暖，而且调节人们的心性和语言。人们的心情永远宁静平和。希腊艺术的美，就产生于这样的环境中。

古代希腊艺术的主要精神特质究竟是什么？温克尔曼作了很多精致的分析，给予了深刻的概括。他认为，希腊艺术的发展分为四个阶段：第一阶段，远古风格。第二阶段，崇高风格。第三阶段，典雅风格。第四阶段，模仿风格。在温克尔曼看来，典雅才是希腊艺术的高峰，是精神与艺术形式的和谐统一。温克尔曼认为，希腊艺术的精神表现在一种理想的美。他说："希腊作品的行家和模仿者，在他们成熟的创造中发现的不仅仅是美好的自然，还有比自然更多的东西，这就是某种理想的美。正如柏拉图的一位古代诠释者告诉我们的，这种美是用理性设计的形象创造出来的。"[1]"艺术家从可以感知的美那里汲取优美的形，而在描绘面部崇高的特征时，又从理想美那里汲取了优美的形：他从前者那里得到的是人性的东西，从后者那里得到的是神性的东西。"[2] 温克尔曼将希腊美学的观念简要地概括为两个层面：与人性欲求相一致的感性的美和与神性智慧相一致的理性的美。在自然事物背后的形式以及超越自然形式的美，都是希腊人所追求的理想的美。

这种精神的美的领悟，是希腊艺术总体风格的内在气质的来源。温克尔曼在研究了大量的希腊艺术作品后，发现"希腊杰作有一种普遍和主

①　温克尔曼：《关于在绘画和雕塑中模仿希腊作品的一些意见》，《希腊人的艺术》，邵大箴译，广西师范大学出版社 2001 年版，第 3 页。

②　同上书，第 9 页。

要的特点，这便是高贵的单纯和静穆的伟大。正如海水表面波涛汹涌，但深处总是静止一样，希腊艺术家所塑造的形象，在一切剧烈情感中都表现出一种伟大和平衡的心灵"①。这是温克尔曼最具有争议性的言论之一。他当时精心研究了古希腊雕塑《拉奥孔》，得出这样的结论。他说："希腊雕像的高贵的单纯和静穆的伟大，也是繁盛时期希腊文学和苏格拉底学派的著作的真正特征。"② 温克尔曼对古希腊的美的观念的概括，反映了他的古典主义美学思想的旨趣。

在美的概念的问题上，温克尔曼重复西塞罗的名言：与其说清楚美是什么，不如说清楚不美是什么。对古希腊艺术家来说，形式的美是艺术创造的首要目的。美正是由和谐、单纯与统一这些特征构成的。他写道："哲人们在一般地思考何处包含着美这个课题时，研究了创造形象上的美，并努力深入到最高美的源泉，确认美是在创造与其预先目的、在它的各部分相互关系以及整体与各部分之间的完善和谐中形成。但因为这一定义与完善的概念意义相同又非人类能力所及，所以我们关于美的普遍概念仍然是不确定的，我们只能从一系列个别的认识中形成这种概念，假如这些人能使之正确，它们就被我们综合和归纳到人类美的最高观念之中；我们越是能超越物质，这种观念也就越被我们所升华。"那么这种美的概念有什么特点呢？在温克尔曼看来，希腊艺术表现的美的观念，是直达神性的。

神是最高的美；我们愈是把人想象得与最高存在相仿和近似，那么关于人类的美的概念也就愈完善，最高存在以其统一和整体的概念区别于物质。关于美的这个概念与从物质中产生的精神相似，这精神经过火的冶炼，竭力按照由神的理智设计的最早的有智慧的生物的形象和模样来创造生物。其形象的形式单纯，连续不断，在统一中丰富多样，因而也是协调的。③

---

① 温克尔曼：《关于在绘画和雕塑中模仿希腊作品的一些意见》，《希腊人的艺术》，邵大箴译，广西师范大学出版社 2001 年版，第 17 页。

② 同上书，第 19 页。

③ 温克尔曼：《希腊人的艺术》，邵大箴译，广西师范大学出版社 2001 年版，第 124 页。

温克尔曼的美的观念，是将美的最高存在与神性联系起来。这正是新古典主义和唯理主义结合的特点。所不同的是，温克尔曼的最高的美，是一种高度的从个别到一般的抽象，是理性对于激情的扬弃。却也并非纯然地排除了感情的理性，而是将感情容纳在理性的掌握中，经过理性的洗刷，陶冶得非常透明和纯净。我们也可以就此理解，温克尔曼用来解释希腊审美精神"高贵的单纯和静穆的伟大"的思想的本源。

二　论优雅风格

温克尔曼特别推崇的艺术最高境界"宁静的美"是对古代希腊艺术的诠释。他说："身体状态越是平静，便越能表现心灵的真实特征。在偏离平静状态很远的一切动态中，心灵都不是处在他固有的正常状态，而是处于一种强制的和造作的状态之中。在强烈激动的瞬间，心灵会更鲜明和富于特征地表现出来；但心灵处于和谐与宁静的状态，才现出伟大与高尚。"① 这种艺术的宁静气质，被温克尔曼解释为古代希腊艺术的基本精神风貌，由此他推出了审美的"优雅风格"作为最高的艺术典范的主张。温克尔曼对于审美的风格范畴作过这样的划分：崇高与优雅。他认为，优雅比起崇高来是更高、更加成熟的艺术境界。这更能够契合他的新古典主义的审美理想。

古希腊艺术的风格是一种优雅。这种概括本身就包含着对古典艺术的一种曲解。但是，这并不是问题的关键所在。我们真正需要弄清楚的是，温克尔曼的优雅范畴的内涵，和他在当时强调这一风格有何种针对性。他在《论艺术作品中的优雅》一文中写道：

> 优雅，是一种理性的愉悦。这是扩散到一切行动中的相当广泛的概念。优雅，是天国的恩赐，但其意义又与美不同。因为天国仅仅赋予与它相近的禀赋与才能。它通过培养和思维加以发展，并能转变成特殊的、与其相适应的自然属性。
>
> 它包含在心灵的单纯与宁静之中，在激情澎湃时，为狂暴的火焰所遮掩。它赋予人的一切行为和动作以愉悦感，并在优美的人体中以

---

① 温克尔曼：《希腊人的艺术》，邵大箴译，广西师范大学出版社 2001 年版，第 18 页。

其难以超越的魅力独占鳌头。①

优雅呈现为一种外在的姿态，在身体、修饰、姿势和举止上都表现出优雅。而更深刻的在于内心情感状态和智慧修养。内心的喜悦不是表现为大笑，而是透露内心幸福的淡淡微笑；内心的痛苦不是恐怖的呻吟或呼喊，而是在表现茫然若失的状态时，依旧表露出的坚定和尊严。在温克尔曼看来，崇高风格中表达的情感固然强烈，但是没有经过理性的陶冶，是一种近似自然的情感。这种情感还不能算是审美的情感，在深度上，也多少流于外在。优雅的情感，却是经过了理性的陶冶，成为与理性相和谐的、有节制的、含蓄从容的样态。优雅不是直接的自然情感，却比外在的自然情感更加显得自然。

温克尔曼对于优雅风格的推崇，在当时主要是针对巴洛克艺术风气的。在他看来，巴洛克艺术过度强调动感和激情，过度表现色彩绚丽、冲突的画面，在人物造型上，也并不完全尊崇客观形式的规定，往往出于激情表达的需要而突破自然真实的形式。巴洛克艺术对于古典艺术形式美的破坏（突破），令温克尔曼感到很不适应。他将米开朗琪罗和贝尼尼与古代艺术家相比，认为他们的艺术过分粗犷，力图用夸张的手法将种种"鄙陋自然"的形体变得典雅崇高，描绘的形象犹如暴富的贱民。在这里我们可以看到温克尔曼的贵族趣味局限性。

三　艺术模仿与诗画比较

一般来说，古典主义美学家大多主张模仿说。在承认了不可企及的古典艺术的崇高性之后，后来的艺术们所能做的事情，就只是对自然和古典进行模仿。温克尔曼与一般的古典主义者不同的是，他并不特别推崇模仿，相反他认为模仿是艺术衰落的现象。

温克尔曼反对对古典艺术的模仿，却并不反对对自然的模仿。对自然的模仿，不是模仿而是创造。他说："作为对自然进行模仿的艺术，为了创造优美应该永远追求自由的表现，避免可能产生的任何拘谨，因为拘谨的动作甚至可能歪曲生活中的美。"② 温克尔曼的早期文论和他后来的观

---

① 温克尔曼：《希腊人的艺术》，邵大箴译，广西师范大学出版社 2001 年版，第 75 页。
② 同上书，第 105 页。

点相比似乎有些变化。他在早期文章《关于在绘画和雕刻中模仿希腊作品的一些意见》中，还是主张模仿古代典范作品的。他甚至说，模仿古代的作品要比模仿自然更稳妥，更有效果。温克尔曼认为存在着两种模仿：

> 对于自然中优美的模仿，或者专注于单一的对象，或者是把一系列单一对象集中于一体，前者得到的是酷似的摹写——肖像，这是通向荷兰形式和人像的道路；后者则得到了概括的美和理想描绘的美——这是希腊人发现的道路。

这两种模仿，一种重在集中与客观，另一种重在概括与表现，都不是完全意义上的单纯模仿。温克尔曼将模仿分为"真实的模仿"和"理想的模仿"两类。在两类模仿中，都存在着创造性。正如他所说，"我认为和独立的思维相对立的是仿造，而不是模仿。仿造我以为是一种奴隶式的屈从，假如使用理智来进行模仿，结果可以产生某一种新的、独创性的东西"[1]。

温克尔曼对诗与画的界限也提出了他独到的见解。他说："诗人在什么地方沉默，那里便会出现艺术家。""艺术的神奇在于使思维掠过他体力完成的功绩之后，指向他心灵的完善，正是在这一跳跃——在献给他的心灵纪念碑这方面，任何一位诗人都无所作为，他们只歌颂了他双手的力量——而美术家超过了他们。"[2] 在这里，他显然认为，艺术家和诗人有高低之分。诗人描述的是人物的形体，外在的真实。艺术家描述的是人物的灵魂，是内在的真实。在另一个地方，他又说："艺术家在描绘英雄方面不如诗人自由。诗人可以把英雄描绘成他们的感情还没有受到法则或共同生活准则控制的那些时间里，因为诗人描绘的特点与人的年龄、状况相适应，所以可以与人的形象毫无关系。艺术家则不然，他需要在最优美的形象中选择最优美的加以表现，他在相当程度上与感情的表现相联系，而这种表现又不能对描绘的美有所损害。"[3] 温克尔曼将诗人看作一个叙述

---

[1]　温克尔曼：《希腊人的艺术》，邵大箴译，广西师范大学出版社 2001 年版，第 69 页。
[2]　同上书，第 64 页。
[3]　同上书，第 140 页。

者，专善于描写人物的成长和发展，而艺术家则表现的是人物最完善的部分，艺术家的表现要更加集中。温克尔曼所讨论的艺术家，主要是指造型艺术家。他还说："看来，有一点是毫无疑义的，即：绘画和诗一样都有广阔的边界。自然，画家可以遵循诗人的足迹，也像音乐所能做到的那样。画家能够选择的崇高题材是由历史赋予的，但一般的模仿不可能使这些题材达到像悲剧和英雄史诗在文艺领域中所能达到的高度。"这些看法对莱辛产生了重要的影响。

第二节　莱辛

莱辛（G. E. Lessing，1729—1781）是德国启蒙运动中的主要代表人物之一，是近代德国重要的思想家、文艺理论家和戏剧艺术家。可以说他是德国新古典主义的掘墓人，也是新思潮的先驱。

一　诗与画的界限及对现实的模仿

莱辛于1766年撰写的著名美学著作《拉奥孔》是西方启蒙主义美学思想最重要的文献，这部经典的著作，在当时是彻底廓清新古典主义美学信条的战斗的硕果，而且在推进人类对于艺术规律的认识方面也有十分可贵的贡献。这部著作中要阐明的一个中心观点就是：诗歌艺术和造型艺术有各自不同的规律。

关于诗歌与绘画的比较，是西方美学史上一个绵延很久的问题。新古典主义艺术理论家将诗歌与绘画的界限模糊化，主张直接从古代诗歌里吸收当代艺术绘画的题材，从而大大限制了艺术家走向现实，走向自然。莱辛的理论和新古典主义是对立的。他固然看到了诗歌和绘画之间的联系，看到了艺术都是对现实的模仿，但是，他更加看重在诗歌和绘画（造型艺术）之间仍然存在着根本的区别。这个区别包括模仿对象的区别，也有模仿方式的区别。绘画的手段主要是利用可以存在于空间中的造型和色彩，而诗歌则利用时间绵延中的分节声音。在表现手段和表现对象之间存在着固定的联系。诗歌可以将事件和历史完全展开，在叙述中构成一个故事，或者将人的心理情感、思绪逻辑完全展开，表述出来龙去脉，而造型艺术只能将情感或心理凝聚为一个片刻、一个场景来加以表现。因此，艺术媒介的物质属性决定了不同艺术的表现的局限和特点，构成特定艺术的

"边界"。在莱辛看来，一切艺术固然都能反映现实，但是由于各种艺术所使用的都是特殊的手段和特殊的艺术语言，也只能够以不同程度的完整性来表现现实的各个方面。同样的道理，在每个艺术的特定的优势层面，其表现现实的深度和广度都是无限的，可以最充分有力地达到很高的境界。因此，艺术理论的研究，不仅仅要看到普遍的艺术规律，还要研究特殊的艺术规律。

莱辛认为，在希腊的造型艺术中，美是艺术的最终目的。"美的人物产生美的雕像，而美的雕像也可以反转过来影响美的人物。""美就是古代艺术家的法律；他们在表现痛苦中避免丑。""必然的结论就是：凡是为造形艺术所能追求的其他东西，如果和美不相容，就须让路给美；如果和美相容，也至少须服从美。"① 为此，艺术家只能把他的全部模仿局限于某一顷刻。但是诗歌没有这么多的限制。诗人没有必要集中去写某一个顷刻，而是可以随心所欲地叙述每一个情节。莱辛在这里将造型艺术和诗歌艺术判然分别开来，认为造型艺术是以美的表现为特点的艺术形式，诗歌艺术则不拘泥于美的表现。莱辛对于诗歌的艺术特征的理解，强调诗歌是对动作的模仿，因此提出了"化美为媚"。美是静止形态的，而媚则是在关系当中展示的，是符号在语境中的表现。他认为，诗歌尤其不适合表现无生命的美，诗歌描绘物体，只是通过运动去暗示，将可以眼见的特征化为运动。绘画（造型艺术）则是在连续性的动作过程中，选择一个"最富包孕的瞬间"来加以表现。莱辛的主张，并非仅仅强调绘画表现静态的美，而是依然突出动作的模仿。因而，"最富包孕的瞬间"的提出，是将艺术的典型特征和意象性联系起来。过去，我们认为，莱辛的理论仅仅指出了诗歌与造型艺术的区别，而没有注意到莱辛已经在某种程度上突破了静态的表现观念。只有意象性的介入，才有可能将一个瞬间的表现展开为（想象地还原为）一个连续的动作，也才能从静态的画面中发现符号的意义结构和关于动作的隐喻结构。

在莱辛之前，对于艺术内部规则的研究，特别是形式规律的研究，媒介形式对于艺术的对象和内容的限制，都没有比较科学的解释。莱辛的观点，正如歌德在他的自传中所说的，给予当时的启蒙学者一道思想的光亮，将人们的观念从经验的直观带到了理性的澄明境界。这种思想

---

① 莱辛：《拉奥孔》，朱光潜译，人民文学出版社 1979 年版，第 13—14 页。

解放的意义，特别是方法论革新的意义，远远大过了他的各个具体的结论。他提出了艺术和现实运动的关系，主张在现实的运动和矛盾中描绘生活、表现事物，而不是在静止的直观中和模仿古代的典范中进行艺术创作。

二　民族戏剧与市民戏剧

18 世纪的德国还没有今天的戏剧形式，也没有剧场表演。类似于法国路易王朝的宫廷戏剧，在各个大公的宫廷中，上演着巴洛克的矫揉造作的艺术表演。在民间，是各种流动剧团在江湖上行走，临时搭台演出，剧本不固定，随时变更。对于启蒙主义者来说，改革戏剧是开发民智、传播文明的任务。莱比锡学派的代表人物高特舍特开始了改革戏剧的第一步。莱辛对于德国戏剧的作用，和高特舍特有所不同。他的意义在于将高特舍特的戏剧革新推到了一个前所未有的阶段。不仅仅满足于建立严肃戏剧的形式，更在于彻底革新戏剧的内容。将重点引进和学习法国戏剧转向重点发展德国的民族戏剧和市民戏剧，完成在内容和形式上的创造。

德国民族戏剧和市民戏剧是同时诞生和成长的。它的对立面是法国宫廷戏剧及古典主义典范作品。在莱辛的《汉堡剧评》中，他将论战的对象确定在法国古典主义戏剧家身上。他说："王公和英雄人物的名字可以为戏剧带来华丽和威严，却不能令人感动。我们周围的人的不幸自然会深深侵入我们的灵魂"；"我们的同情心要求有一个具体对象，而国家对于我们的感觉来说是过于抽象的概念。"他所主张要表现的是，普通人朋友、父亲、情人、妻子、儿子、母亲。一个正直的人、一个正处在饥寒交迫中的人，而不是什么有高贵出身的人或者上流社会的人。[①] 他从英国的新兴市民戏剧中汲取了营养，创作了以描写市民生活为题材的戏剧。

莱辛的戏剧理念是和民族精神的振兴联系在一起的。这是他的民族戏剧的灵魂所在。莱辛吸收了法国戏剧中的民族精神，却摒弃法国戏剧的非人民性因素，极力打破法国戏剧已经形成的思想和艺术的桎梏。他认为，亚里士多德的戏剧理论已经被法国古典主义者完全曲解了。人们错误地将法国戏剧和亚里士多德的戏剧原则看作一回事。莱辛在美学理论上一个重

---

① 莱辛：《汉堡剧评》，张黎译，上海译文出版社 1981 年版，第 74—75 页。

要的功绩是廓清了新古典主义美学对于亚里士多德诗学原则的歪曲，恢复了亚里士多德诗学的本来面目。

　　莱辛的市民化的艺术主张不仅表现在对戏剧题材的看法中，更表现在他对戏剧语言的观点中。他在剧评中，曾经发展了狄德罗关于戏剧语言的观点。狄德罗认为，法国戏剧吸收了来自古典戏剧的诗韵学，用一种审慎的、夸张的语言风格表演戏剧，却失去了人物对话的纯朴和真实。莱辛发挥说，现代的人们有什么必要依然操着那种严格遵守分寸的、精心选择的、不断修饰的语言？"任何处于行动之中、并为情绪所控制的人，都不会采用这种语言说话。""感情绝对不能与一种精心选择的、高贵的、雍容造作的语言同时产生。这种语言既不能表现感情，也不能产生感情。然而感情却是同最朴素、最通俗、最浅显明白的词汇和语言风格相一致的。""没有什么比朴素的自然更正派和大方。"①

三　论典型性格与审美情感

　　就戏剧艺术而言，莱辛贯穿性的思想是关于典型性格与审美情感的刻画与表现。莱辛非常重视性格的表现。他说：

> 　　一切与性格无关的东西，作家都可以置之不顾。对于作家来说，只有性格是神圣的，加强性格，鲜明地表现性格，使作家在表现人物特征的过程中最当着力用笔之处。②

　　关于性格的表现，莱辛作了多方面的阐述。其一，性格必须是真实的、具有内在的必然性的。他说："我们把事件看作某种偶然的、许多人物可能共有的东西。性格则相反，被看作某种本质的和特有的东西。前者我们让作家任意处理，只要它们不与性格相矛盾；后者则相反，只许他清清楚楚地表现出来，但不能改变；最微小的改变都会使我们感到抵消了个性，压抑了其他人物，成为冒名顶替的虚假人物。"③　其二，性格必须是高度统一的。"按照我们对天才这一概念的解释，我们有理由要求，作家

---

① 莱辛：《汉堡剧评》，张黎译，上海译文出版社1981年版，第307—309页。
② 同上书，第125页。
③ 同上书，第177页。

塑造和创作的一切性格，具有一致性和目的性"，"性格不能是矛盾的，必须始终如一，始终相似"。① 其三，性格在不同的戏剧形式中所起的作用是有区别的。"在喜剧里，性格是主体，情节只是表现性格，使人物活起来的手段。所以，确定一出戏是原作还是仿作，不是考察情节，而是考察性格。悲剧则相反，在那里性格不是主要的，恐惧与怜悯主要自情节产生。"② 莱辛对性格的理解，在此是一种定型的模态，是一种类似于脸谱化的东西。喜剧适合于表现脸谱化的东西，悲剧则不适合表现脸谱化的东西。其四，性格要有一定的道德的感召力。其五，性格既具有普遍性也具有特殊性，更重要的是普遍性。在莱辛看来，普遍的性格是在他的身上集中了许多个别人或者从个别人身上观察到的东西，这是一个"超载性格"。与其说是性格化的人物，不如说是拟人化的性格观念。普遍性格体现了一种中间状态的平均值，也可被说成是"常见性格"。莱辛是继狄德罗之后对于艺术性格的表现问题作了深入思考的理论家。他强调性格表现的真实性，也谈到性格的表现需要将所有特征集中起来。但是他对于性格表现的特殊性即个性方面，性格的个性与普遍性的关系，还没有作出更全面的讨论。

莱辛高度重视审美情感的价值。审美情感是通过艺术唤起和引导的。审美情感首先是建立在娱乐的基础上。他说：戏剧"不需要一个唯一的、特定的、有情节产生出来的教训；它所追求的，要么是由戏剧情节的过程和命运的转变所激起的热情，并能令人得到消遣，要么是由风俗习惯和性格的真实而生动的描写所产生的娱乐"。③ 这个主张是和新古典主义的道德艺术论背道而驰的。莱辛表达了启蒙运动的指导思想，将个体的人置放在理性独立的境地里，不是用外在的道德教训去驯化人，而是通过生动的艺术形式感染人。

第三节　赫尔德

约翰·高特夫利特·赫尔德（Johann Gottfried Herder，1744—1803），

① 莱辛：《汉堡剧评》，张黎译，上海译文出版社1981年版，第181页。
② 同上书，第270页。
③ 同上书，第185页。

是德国启蒙时代的重要思想家，民间文化研究的总结者和开拓者，德国狂飙突进运动的领袖之一。

一　对新古典主义信条的突破

赫尔德与莱辛一样，是德国启蒙时代美学的具有革命性的人物，对于新古典主义来说，他们才是真正的掘墓人。赫尔德思想继承了莱辛，也发展了莱辛。尽管赫尔德的思想汪洋恣肆，兴趣波及面广，在思想理论上显得不如莱辛那么严谨和系统，但是他还是贡献了新的思想视角和新的方法。

首先，他批判了对于诗歌和绘画的界限的古典主义论断。莱辛写作《拉奥孔》固然主张用理性的形式原则判断诗歌和绘画的区别。但他的现实动机却是反对18世纪中叶德国市民文学中的静态的诗歌描写，提出了诗歌的时间艺术的特点，必须在时间的绵延中，在事物的动态中表现事物。赫尔德对于莱辛的理论作了更多的发挥。他指出，在诗歌中，音乐的因素不起主要的作用，不能独立构成表现的手段，而是用词句作为传达意蕴的载体。词句调动人们的想象，影响人们的感情。他指出莱辛的关于诗歌是表现延续动作的论断是不严谨的，诗歌并不是都要表现向前发展的行动。在绘画和诗歌中，都可以提出表现情感和想象的要求，感情和想象在造型艺术中的作用，与诗歌艺术中的作用没有本质的不同。他认为，诗歌的基本法则主要在能够主观地作用于人的心灵的效能，而不是描绘外界现实。这样，赫尔德的理论就开启了从狂飙运动到浪漫主义的思想的端倪。

关于希腊艺术的价值的肯定和借鉴是新古典主义美学所依托的重要内容。赫尔德批判地继承了温克尔曼《古代艺术史》的研究。温克尔曼将希腊艺术放在起源、成长、变化和衰落的时间线索上，放在气候、地理位置等空间因素上进行讨论。赫尔德认为还需要研究造成希腊艺术的社会制度、政治环境、生活方式、宗教类型、语言特点、艺术传统等因素，这些因素综合起来才能见出希腊艺术的特点和源流。赫尔德高度肯定希腊艺术的伟大成就，却并不固守希腊传统，不把希腊文学看作不可逾越的高峰和一切艺术的典范。他认为，那种言必称希腊，将希腊当作一切文化的规范，将一切非希腊文化都看作野蛮文化的看法完全是一种文化偏见。

二 美与审美

1771 年，康德发表了《判断力批判》。赫尔德则发表了《喀里贡》同康德的形式主义美学理论进行论争。康德的美学理论中重要的定理是：美是无目的的合目的性；艺术是建立在无利害的直观的基础上的，在艺术中没有认识和道德评价的因素；艺术的快感类似于游戏的冲动；美是一种纯形式，一种超乎社会利害之上的形式游戏。赫尔德激烈反对康德的这些观点。他强调：任何艺术都是有目的的；艺术来源于社会需求，满足社会需求；没有社会需求或实践目的，艺术对于人就没有任何益处，也就不会有任何作为，从而也就谈不上有真正的艺术。赫尔德不承认有所谓纯粹的美。他说，在社会和大自然中，完美无缺的纯粹的美是根本不可想象的。他也反对艺术是游戏的观点。他认为这种观点是上流社会的虚伪的说法。艺术就其本质来说，根本不同于游戏。艺术的社会实践目的是很明白的。他从人民性的立场批判康德美学是上流社会的东西，任何艺术都不能够允许将自己变成一个枷锁，将某些人规定为艺术的（游戏的），而将另外一些人规定为只能从事奴隶般的"艺术"活动。赫尔德还反对康德的形式主义美学。他坚持认为，美一定要和语言联系起来。语言是美的形式，而且不可或缺。没有内容的形式，只是一个空架子。一切形式都是固有的内容的本质体现。

赫尔德在与古典主义的论战中申明，艺术的趣味完全是历史的概念。艺术趣味没有一成不变的形式，它是随着人类的精神发展而变化的。世界上各个地方的人民有着不同的天性，他们的感觉的类型和结构也有种种区别，加上社会教育和环境的作用，更加剧了人与人的趣味差异。有的人喜欢中国式的美，有的人喜欢希腊的美，也有人喜欢意大利式的美。时间、习惯、民族以及传统都是塑造审美趣味的要素。在赫尔德看来，审美趣味和人类的历史一样，丰富多彩，无边无际，尽管有着某种共同的东西，但是共同的东西总是通过各式各样而表现出来的。

三 民间文学与诗歌

在整个启蒙运动史上，赫尔德毕其一生致力于重建民族文学。除了重新发现和阐释古代希腊罗马文化，还重新发现和翻译欧洲民间文化与文学，从这些文化遗产中吸收新文学的营养。他期待当时的德国文学吸收民间诗歌中的智慧与情感，感受到民间文学的纯朴形式中蕴含的自然的力量，以此来复兴文化。他最早在《论德意志性格与艺术》中，通过讨论莪相的诗歌讨论了民间文学所特有的魅力和价值。他认为，莪相像荷马一样是一位民间歌手，这是一些"尚未发达的、但却具有直接情感的民族的歌谣，是多年或在口头传统中世代相传下来的歌谣"。他在广阔的历史比较的基础上，指出民间的歌谣是野蛮的，生气勃勃的，自由奔放的，充满了感性的、抒情的美丽的想象。赫尔德主张立即开始收集流散在民间的诗歌，这些民间歌谣、方言歌谣、农民歌谣，都有生动的旋律和生动的语言，默默地在社会底层生长。他说，一些伟大的民族文学都具有溯源于往日民间创作的民族传统。在英国，民间传统创造了乔叟、斯宾塞、莎士比亚。对于德国人来说，伟大的不可企及的希腊传统也是从野蛮发展到文明的。希腊最伟大的歌手荷马同时是最伟大的民间诗人。赫尔德在 1778 年到 1779 年间出版了大型的《民歌集》。这些民歌的搜集和出版，极大地推动了德国启蒙学者和浪漫主义文学深入德国民间社会和德国历史，建立优秀的民族传统。

赫尔德比以往的理论家更加重视诗歌的语言特点。他认为诗歌的基础是语言和语言的音响。诗歌是应当被吟诵的，被听觉感知的，抒情诗必须以最为和谐的韵律来表现情感。他将语言的天才和诗歌的天才看作一回事。人类最初的语言，就是诗歌；诗歌就是语言。两位一体不可分割。诗歌语言是最有特点的、最感人的语言。赫尔德说："诗，它是感官上的最富有表现力的语言，它是充满热情的并且是能唤起这种热情的一切东西的语言，是人们经历过、观察过、享受过、创造过、得到过的想象、行动、欢乐或痛苦的语言，也是人们对未来抱有希望或心存忧虑的语言。"[①] 不过赫尔德只是提出了语言的问题，在收集民歌的过程中，整理了大量的语言材料，他并没有提出语言的理论和关于语言的内部规律的研究，只有经过哈曼，才算建立了近代民族文化语言学。

---

① 赫尔德：《论诗的艺术在古代和现代对民族道德的作用》，《欧美古典作家论现实主义和浪漫主义》（二），中国社会科学出版社 1981 年版，第 272 页。

第十七章

维　柯

　　维柯（Vico，1668—1744）是卓越的意大利思想家，他的代表作《新科学》第一版于 1725 年发表，它由《论诗性的智慧》和《论真正荷马的发现》这两部专论组成。《新科学》长期被湮没在书海之中，直到 20 世纪克罗齐等人对《新科学》作出充分的介绍和赞颂之后，它才受到 20 世纪人文学者的普遍称赞，20 世纪 60 年代以来，对《新科学》的研究形成了热点。19 世纪以来不少学者都把维柯推崇为"历史哲学"、"现代思维科学"和"文化人类学"的创立者。维柯企图建立起一个关于人类社会发生和发展的共同的理论模型。他把《新科学》研究的逻辑起点放在寻找各民族自然本性起源的共同性和一致性上，即从发生学的角度比较各民族的自然本性在不同的发生过程中所展示出来的一致性上。他强调从人类的历史发展中、从人类的社会实践过程中来揭示人的本性、来透视人类社会。为此，维柯从人类最早的共同的思维方式——诗性思维（即原始思维）的特点着手，来阐释原始宗教（诗性的宗教）、原始伦理观念（诗性的伦理）和原始民政制度（诗性的政治）等社会意识形态的产生与形成。他"把各种科学都安排成为一种秩序，其中各种科学都凭一些最紧密的纽带互相联系在一起"[①]，并以此构建了《新科学》的理论模型。

---

① 　维柯：《新科学》，朱光潜译，人民文学出版社 1986 年版，第 652 页。

第一节　"诗性智慧"——早期人类的思维特征

维柯在思想史上的重大贡献在于，他率先认识到人类思维经历了发生和发展的历史过程。这一过程表现为两种形态：诗性智慧和理性的逻辑思维。两者的关系是：首先，诗性智慧在发生的时间上在先，理性思维从诗性智慧中生发出来，两者都是人类思维的重要形式："诗人们可以说就是人类的感官，而哲学家们就是人类的理智。……凡是不先进入感官的就不能进入理智。"①　其次，它们又是互相对立的，这种对立清晰地表现在诗与哲学的思维方式之中："哲学语句愈升向共相，就愈接近真理；而诗性语句却愈掌握殊相（个别具体事物），就愈确凿可凭。"②　就强调区别和对立而言，维柯的观点很接近后来的法国文化人类学家列维·布留尔的观点。

维柯的重大贡献不仅在于他率先指出了"诗性智慧"这一原始人类的思维方式，而且他还详细论证了这一思维方式的重要特点。这充分地表现出了他思想的独特性、深刻性和超前性。

一　"以己度物"的认知思维方式

原始人类是如何思维的？维柯发现，原始人类认知外物最基本的特点在于，他们都是以自己为中心，以自己为"万物的尺度"来想象事物，来揣度事物，来猜测人与自然事物之间在关系，从而以此方式来认知和把握事物："人在无知中就把他自己当作权衡世间一切事物的标准，……人在不理解时却凭自己来造出事物，而且通过把自己变形成事物，也就变成了那些事物。"③　这就是"以己度物"的思维认知方式，它包括两个方面的含义：其一，从认识方式上看，人从自我出发，以自己的身体感受为基准，来体验外物、比附外物，从而认识和把握外物。"人类的心灵还有一个特点：人对辽远的未知的事物，都根据已熟悉的近在手边的事物去进行

---

① 维柯：《新科学》，朱光潜译，人民文学出版社 1986 年版，第 152 页。
② 同上书，第 105 页。
③ 同上书，第 181 页。

判断。"① "在一切语种里大部分涉及无生命的事物的表达方式都是用人体及其各部分以及用人的感觉和情欲的隐喻来形成的。"② 所以,"最初的诗人们给事物命名,就必须用最具体的感性意象"来表达。③ 这说明了运用比喻、象征是原始人类最基本的、必然的认识手段。其二,从另一方面看,人类在以自己为中心去揣度万物时,又力图从外物中反观自己的心灵,从外物中发现和认识自己。维柯指出:"人类心灵自然而然地倾向于凭各种感官去在外界事物中看到心灵本身"④,而理性时代的人类,"只有凭艰巨的努力,心灵才会凭反思来注视它自己"⑤。这清楚地说明,原始人类是在实践中不断地通过认识外物来反观自己,发现自己。

二 诗性思维的特征

维柯指出,诗性思维以肉体感觉和情感体验为认知的基础,以想象为思维的动力,从而揭示出原始的诗性思维具有强烈的情感性特征。情感性特征具体显示为思维的"移情"作用:"诗的最崇高的工作就是赋予感觉和情欲于本无感觉的事物。儿童的特点就是在把无生命的事物拿到手里,戏和它们交谈,仿佛它们就是些有生命的人。"⑥ "最初的诗人们就是用这种隐喻,让一些物体成为具有生命实质的真事真物,并用以己度物的方式,使它们也有感觉和情欲。"⑦ 这说明了原始思维之所以要以己度物,正是因为在原始人类的信念中,物我同一,物我同情,相互交流,物我互渗,这就是原始人的"生命一体化"信念。可见,情感性是原始思维的重要特征。

原始思维的具体性特征。维柯指出,"当时人类心智也还没有发展成运用近代语言中那么多的抽象词去进行抽象的能力"⑧,所以,"他们的心都局限到个别具体事物上去"⑨。同样,列维·布留尔也指出:原始语言

---

① 维柯:《新科学》,朱光潜译,人民文学出版社 1986 年版,第 83 页。
② 同上书,第 180 页。
③ 同上书,第 181 页。
④ 同上书,第 108 页。
⑤ 同上。
⑥ 同上书,第 98 页。
⑦ 同上书,第 180 页。
⑧ 同上书,第 362 页。
⑨ 同上。

最突出的特征就是"特别注意表现那些为我们的语言所省略或不予表现的具体细节"①。可见，原始思维的具体性特征是指原始人类无法用抽象的词语来表达某些精神性的意念或事物的普遍性质，每当要表现某些抽象观念时，他们总是把抽象性的观念转化成"具体的物质形式"②来加以表达。例如，"时间"是抽象的观念，原始人为了表达"年"这一时间概念，往往就以具体的活动或现象来表达："人类花了一千多年，各民族才开始用'岁'或'年'这个星象方面的名词；就连到现在，佛罗伦萨农夫还说'我们已收获若干次了'来指'过了若干年'。"③"他们都通过与这些意象或观念有自然联系的姿势或具体事物去表达自己，例如用三枝麦穗或三次挥动镰刀来表示三年。"④维柯指出，原始思维的具体性最明显地表现为原始语言缺乏抽象的形容词，在原始思维状态下，人还不能自由地思维对象的属性，只能思维现实中的具体对象，因而只能以借喻"具体的事物"来说明事物："例如用'首'（头）来表达顶或开始，用'额'或'肩'来表达一座山的部位，针和土豆都可以有'眼'，杯或壶都可以有'嘴'，耙，锯或梳都可以有'齿'，任何空隙或洞都可叫做'口'，麦穗的'须'，鞋的'舌'，河的'咽喉'，地的'颈'，海的'手臂'，钟的'指针'叫做'手'，'心'代表中央，船帆的'腹部'，'脚'代表终点或底，果实的'肉'，岩石或矿的'脉'，'葡萄的血'代表酒，地的'腹部'，天或海'微笑'，风'吹'，波浪'呜咽'，物体在重压下'呻吟'，拉丁地区农民们常说田地'干渴'，'生产果实'，'让粮食胀肿'了，我们意大利乡下人说植物'在讲恋爱'，葡萄长的'欢'，流脂的树在'哭泣'……"⑤维柯所揭示的原始思维这一特征具有广泛的普遍性和重要性。正因为这种"诗性的"表达方式，维柯说古代的英雄都是"诗人"。

原始思维具有创造性。维柯充分地认识到原始思维的核心和动力是"想象"。维柯进而对原始人的"想象"功能进行了细致的剖析。他指出，想象就是人凭借记忆中的感觉材料，把原型的内容变形、放大，按照情感

---

① 维柯：《新科学》，朱光潜译，人民文学出版社1986年版，第132页。
② 同上书，第250页。
③ 同上书，第182页。
④ 同上书，第194页。
⑤ 同上书，第180—181页。

的趋向去改变、复制和发明创造。这说明了原始人不仅是用想象去认知事物，而且在认知和想象中就蕴含着创造性，这就是维柯著名的见解，即"认识事物就是创造事物"。原始人按照他们的情感趋向和想象的程序，把各种事物的性质、功能或形式加以选取，进行重新的排列组合或叠加在一起而创造出符合他们情感和想象需要的东西或形象，例如，半人半兽、狮身人面、三面湿婆等显得十分怪诞的形象。这些形象尽管因变形而怪诞不经，但它们却符合原始人类的情感需求和想象力的程序。

第二节　维柯的美学思想

维柯的美学思想深受英国经验派美学的影响，尤其是受洛克的"白板说"和培根的实证论的影响，也通过斯宾诺莎受到"泛神论"和新柏拉图主义的影响，自然地也受到意大利文艺复兴美学的影响。这些综合的影响力渗透到维柯在"诗性的智慧"、"美感的发生"、"审美移情"、"形式美"等问题上所发挥的见解之中。意大利著名美学家克罗齐指出："维柯的真正的新科学就是美学，至少是给予了美学精神的哲学以特殊发展的精神哲学。"① 这"美学精神的哲学"就是艺术哲学，而"特殊的发展的精神哲学"主要指维柯对"诗性智慧"研究的卓越贡献。维柯在美学上的贡献也是由此而生发出来的。

一　美感产生于社会生活实践

维柯在美学史上最大的贡献在于，他从历史哲学的高度所发挥的一个重要思想：人类的美感产生于社会生活的实践之中，美感的价值标准来源于自然事物的实用性、功利性价值，美感是在自然事物的实用性价值观念基础上的一种精神性的超越和提升。维柯说："人们首先感到必需，其次寻求效用，接着注意舒适，再迟一点就寻欢作乐。"② 这说明对事物的实用性的快感远比美感产生得早。在维柯看来，水、火、大地是人类最早的审美对象；并且，从对大地的崇拜进而产生出对大地的自然产物及人工产

---

① 克罗齐：《作为表现的科学和一般语言学的美学的历史》，王天清译，中国社会科学出版社1984年版，第75页。

② 维柯：《新科学》，朱光潜译，人民文学出版社1986年版，第109页。

物的崇拜和热爱，例如，橘子与谷物，人们"发现这种粮食经过荆棘柴火的烘烤，有助于人类营养。从此他们就运用一种很美妙的既自然而又必然的比喻，把谷穗叫做金橘。把橘这种自然果实夏熟的观念转注到用人工也在夏天使其成熟而收割起来的谷穗"①。这里，"金色"就是一个重要的美的类概念，它既是对众多客观事物形式特征的抽象，又是人们审美观念的创造性的表达。由上述"金色"的美的观念产生出来的类比联想，也就把许多类似的自然事物染上了金色的、美的色彩。维柯还特别说明，不是事物的商品交换价值先于实用价值，而是相反，也就是说，是事物的实用价值导致了美感的产生，不是事物的商品交换价值产生了美感。"我们发现谷物是世界上最早的黄金。"②"当英雄们把谷穗称之为金橘时，谷物一定还是世上唯一的黄金。"③"后来由于重视和珍藏的观念进一步推广，人们必然就把'黄色的'这个词运用到优质羊毛上。"④维柯在这里又一次运用他的"返本溯源方法"，从人类社会实践的角度清晰地说明了美感的发生和发展，这就不可辩驳地说明，美感或美之中蕴含着实用性和功利性；只是在文明发达很久之后，美感中的这些实用性、功利性因素更加隐退甚至被人们所忽略而已。维柯认为，"金色"这一美的类概念是诗性的类概念，是想象的类概念，一方面它具有抽象的普遍性，另一方面它又是同事物的具体形式特征联系在一起的。

二　美的种类

维柯在谈到美的种类时指出：由最初的美感生发出来的自然美，已经开始从直接的实用性上升为、抽象为某些形式美的要素。这就是说，自然美已经从最初的实用性、功利性升华为抽象的形式因素了。维纳斯是希腊的"美神"，她的人体形式就是自然的人体美的表征。维柯的这一思想来源于古希腊和文艺复兴的"美是有机体的多样化统一与和谐"的美学传统。

维柯认为，品德的美是最高尚的美，只有哲学家才能够理解。所谓品

---

① 维柯：《新科学》，朱光潜译，人民文学出版社1986年版，第261页。
② 同上书，第5页。
③ 同上书，第264页。
④ 同上。

德的美就是古代希腊美学中苏格拉底的"美德"即"善"。古希腊哲学中，"'善'原义是指一个东西的好处和用处"①。"因为 agathon 本来有有益、有用、有利的意思。"② 更准确地说，善是使事物成为有益或有利的那个原因。这种美不仅超越了事物的实用性、功利性，而且也超越了事物的感性的形式美，显示了理想中的人格精神之美。因此，只有那些富于理智和哲思的哲学家才能够欣赏。

维柯上述对美的分类，有一个明显的从物质性向精神性发展的上扬线路，即物质性的感性的美是低级的美，精神性的美是高级的美的思想。这也体现了维柯对美的分类的标准和尺度。这是文艺复兴以来流行的美学观念，这种轻视物质美重视精神美的倾向，在后来 19 世纪德国美学中，尤其是在黑格尔的美学思想中得到最明显的体现。

三　审美移情与诗性思维

维柯是在论述到诗性智慧的"以己度物"特征时，较充分地论述了移情现象。在他看来，想象、联想、移情、拟人化都是诗性思维中的个中之意和必然结果。

维柯说："人们在认识不到产生事物的自然原因，而且也不能拿同类事物进行类比来说明这些原因时，人们就把自己的本性移加到那些事物上去。"③ "人类心灵自然而然地倾向于凭各种感官去在外界事物中看到心灵本身。"④ "儿童的特点就是把无生命的事物拿到手里，戏和它们交谈，仿佛它们就是些有生命的人。"⑤ 由于移情，人类早期的语言中自然地就大量运用隐喻，而隐喻就是"使无生命的事物显得具有感觉和情欲。最初的诗人们就用这种隐喻，让一些事物成为具有生命实质的真事真物，并用以己度物的方式，使它们也有感觉和情欲"⑥。因此，"在一切语种里大部分涉及无生命的事物的表达方式都是用人体及其各部分以及用人的感觉和

① 汪子嵩等：《希腊哲学史》，人民出版社 1993 年版，第 784 页。
② 同上书，第 442 页。
③ 维柯：《新科学》，朱光潜译，人民文学出版社 1986 年版，第 97 页。
④ 同上书，第 108 页。
⑤ 同上书，第 98 页。
⑥ 同上书，第 180 页。

情欲的隐喻来形成的"①。因此，移情的结果是，人们"把自己变形成事物，也就变成了那些事物"②。正是因为移情和想象，早期人类才能够把各种事物的形象加以自由地任意地嫁接、拼凑和组合，产生出变形的怪诞的形象，并能从中获得审美的快感。维柯的移情理论应当说是最早的、具有超前性的移情理论。

可以看出，在西方古典诗学理论中，维柯的诗学理论的特点和独特的贡献是非常突出的：第一，他第一次较全面地揭示了文学创作的诗性思维特征，并充分地论证了古代诗歌和文学语言的拟人化、移情化、形象性、情感体验等特征，以及文学运用比喻、隐喻、象征等描写手法和塑造类型化人物形象的必然性。第二，他运用"返本溯源"的方法，力图还原历史上那些产生古代伟大文学作品的社会生活状况，借以证明一定时代的文学就是那一时代的真实的写照。这就是后来的"社会历史批评方法"的最初形式。

---

① 维柯：《新科学》，朱光潜译，人民文学出版社 1986 年版，第 180 页。
② 同上书，第 181 页。

第三编

十九世纪美学

第十八章

德意志观念论美学导论

19 世纪西方美学史，主要应该包括三个部分的内容：19 世纪德意志观念论哲学家的美学、19 世纪德意志浪漫主义等美学流派、19 世纪英国和法国美学。本编把这三部分内容分为三大部分来论述。

通观 19 世纪德意志美学，我们可以看到，从启蒙运动以来，德意志美学思想中就一直存在着两种潮流：理性主义的哲学潮流和浪漫主义的文学艺术潮流。这两种潮流是互相对立、互相缠绕又互相影响的。为了叙述的方便，本编的第一部分（第十九—二十一章）就集中阐释理性主义哲学潮流的美学：我们把它称为"德意志观念论哲学家的美学及其在 19 世纪的影响"。"影响"有正反两方面的内容，既包括继承，又包括对它的批判。在第二部分（第二十三—二十五章），我们则主要阐述浪漫主义美学潮流、意志论美学潮流以及其他重要的美学流派。

本部分名为"德意志观念论美学"①，意指德意志近代经典哲学（即人们通常所说的"德意志古典哲学"）的几位大师康德、黑格尔和谢林的美学思想，还包括了在这些大师的思想影响所涉及的德意志和欧洲思想界对他们的观念论美学思想的继承和反对。

---

① "德意志"是一个语言和文化的民族概念，其区域大于现在的"德国"的地理范围，涉及奥地利、瑞士和第二次世界大战以前德意志民族在中欧和波罗的海沿岸生活的区域。

第一节　美学史上的"哥白尼革命"

大家知道，"美学"作为术语起源于德意志。在"美学"这一术语的创始人鲍姆加登（Baumgarten）那里，美学与逻辑学相对，是指人凭借低级认识能力来认识感性事物并提升人的低级认识能力到"完善"的实践科学。在这个意义上，"美学"即"感觉学"。这个感觉，仍然是人的"经验感知"的性质。也可以说，鲍姆加登所力求建立的是一门经验感觉的"逻辑学"，这个逻辑学同一切经验科学一样，是以对象的性质为依据、为转移的。德意志观念论哲学家的美学思想，虽然继承了其关于"美学"作为"感性学"的文化学术传统，仍然以"感性"（感官感受性）范畴为中心来展开论述，但对鲍姆加登的"美学"概念却是进行了一个本质性的改造。这个改造对于西方美学史的意义，有如德意志观念论哲学对整个西方哲学史一样，是一次伟大的"哥白尼革命"。这个改造主要表现在如下方面：

第一，它已经不是研究客体知识的"科学"，而成为研究主体性情感的"观念"学说。

第二，它所谈的"感性"，不是"经验感性"，而已经是"先验感性"或者主体性的"理念"。所谓先验，是指先于经验并使经验知识或为可能的条件。

第三，从而，它所谈论的"美"的概念，已经不是客体事物的属性，而是人关于客体事物的主体性表象的一种"观念"。

第四，所以，美学已经不再如此前那样被包括在知识论的学问之中，而是关于人的生存论的哲学学说。说到底，是一种文化哲学的学说。

尽管在康德、黑格尔和谢林那里对观念（理念）的表述各不相同，而且，他们对观念在形而上学层面的主体性质或者客体性质的看法也差别很大，但他们都反对把美简单地看作经验客体对象的固有属性。

在康德那里，美被作为人的"审美能力"在自然对象物上的"表象"能力的体现。这种审美能力就是先验的判断力，或者先验感性能力。而判断力是康德哲学的一个重要概念，它贯穿于康德哲学的三大批判之中。康德美学所涉及的主体性的合目的性的先验判断力，同客体性的合目的性判断力合起来，充当康德的知性判断力和（道德习俗的）理性判断力之间的过渡桥梁。就康德的三大批判统而言之，判断力（包括审美判断力）是康德哲学中具有"打通"全部体系的中介环节的作用。所以，在这个意义上我们可以说，"判断力"（审美的判断力和目的论的判断力）是康德整个哲学动力学的基地和核心。

黑格尔把美学看作他的绝对理念的哲学总框架中的应然之物，并具体地把美和艺术看作绝对理念在其能动性自我展开（发展）过程中达到其最高层次——绝对精神——之后的一个高级环节，但这一高级精神又必然地"牵扯到""感性"：美是绝对理念的"感性显现"，即美作为高级的绝对精神，它需要以感性形式把自身"开显"出来。

谢林美学也是先验论的，但它与康德美学的先验性不同。谢林美学被称为"艺术哲学"。在谢林看来，艺术哲学并不属于人们通常所说的理性的哲学体系，而是有自己的意义；或者说，艺术哲学是整个（广义）哲学体系的"拱顶石"；或者说，在广义哲学的体系中，艺术哲学同理性哲学是两个不同的（子）哲学，它们是向着"绝对者"皈依的、具有同等价值的两条不同的哲学道路；或者说，前者（作为关于美的哲学）比后者（作为关于真的哲学）更能够接近于"绝对者"。谢林甚至把他的艺术哲学称为"宇宙哲学"。这是谢林的美学，也同时就是谢林的哲学。谢林的艺术哲学是绝对者把理念"分赋于"（或者"分有于"）具体之物之中的"构造"及其过程。神话在其中起到了"中介之物"的作用。在这里，谢林把整个人类精神客体化为"绝对者"的"流溢"。

在了解德意志观念论哲学家的美学的上述基本内容的基础上，我们应该对观念论大师们之间的相互关系以及对他们的思想作实事求是的理解和评价。

本部分对观念论哲学的美学思想的一些主要的继承者和反对者的美学思想也有所涉及。这里涉及的人物主要有：作为黑格尔的继承者的费舍尔和罗森克朗茨，作为黑格尔的反对者的费尔巴哈；作为康德的继承者和批评者的赫尔曼·柯亨；被称为"最后一位拟定形而上学体系的德意志人"和"唯心主义尾声"的爱德华·哈特曼（他把观念论美学的思想同叔本华的悲观主义的意志论美学思想结合起来，形成一种"无意识美学"）；

把莱布尼茨的单子论同斯宾诺莎的泛神论相结合形成有自己特色的美学的洛采；以及早年曾受黑格尔影响而后来则反对黑格尔的美学观念的丹麦思想家克尔凯郭尔。

第二节 观念论美学及其时代

与德意志观念论哲学家的美学密切相关的，当然首先是德意志的观念论哲学。这是因为德意志观念论哲学家都把美学看作自己的哲学体系的"基本内容"，而不是把美学看作其哲学思想向文学艺术领域的应用。因而，在他们那里，美学并不是其基本哲学体系之外的"分支学科"，也并不只是文学艺术思想的元理论。这一点同19世纪其他民族的很多美学以及20世纪大多数美学有根本的差异。所以，要学习和研究德意志观念论美学，首先就要学习和研究德意志观念论哲学。

对于德意志观念论哲学家的美学思想，我们首先必须从哲学的角度去研究，也就是说，必须把它们作为当时的各个思想家的哲学体系的"有机的"（不可分割的）组成部分去看待，而不能首先只从文学理论或者艺术理论（哪怕是看作文学艺术的形而上学的元理论）的角度去看待。只有这样，我们才能够明白文学艺术中所包含的审美思想（理念）在德意志观念论思想家的心目中的"哲学"位置。例如，我们阅读康德的美学，就应该明白这个"第三批判"与前两个批判（"第一批判"、"第二批判"）之间的关系，应该明白第三批判中"审美判断力批判"与"目的论判断力批判"的关系，应该明白在审美判断力批判中的"分析学"与"辩证法"的双重建构与《纯粹理性批判》中的同样的双重建构在逻辑上的同一性关系，应该明白康德在描述两个"感性"（"经验感性"和"先验感性"）的关系及区别时所用的那些"区分性概念"。例如"快适"、"愉悦"、"愉快"、"快乐"等的区别与联系；例如"感觉"与"情感"的区分和联系；例如区分上述诸概念在理念的三大区域［知性、智性（理性）和判断力］中的不同归属；例如区分经验感性、欲求和情感三者的关系，以及"认识能力"（Erkenntnisvermögen）与"一般认识力量"(Erkenntniskräfte überhaupt) 的根本区别，等等。如果不能把这些哲学概念以及它们之间的区别与关系搞清楚，对康德美学思想的理解就会出现与原意较大的偏差。所以，从观念论哲学的美学的根本性质上来说，它们

"本身"就是哲学。

德意志观念论哲学是德意志民族在 18 世纪下半叶和 19 世纪这一历史时代特有的精神思想财富。追溯其文化史渊源，可以前涉到德意志 16 世纪的宗教改革思想家马丁·路德（1483—1546）的"个人主体的信仰学说"，即基督新教的"因信称义"说。其后莱布尼茨（1646—1716）的"单子论"强调"个体的独立自主性"、"内在意识"、"思想自由"和"预定和谐的目的论"，所有这些，都对 18 世纪德国启蒙运动产生了重大影响。而莱布尼茨的学生沃尔夫（1679—1754）把演绎和推理的理性逻辑方法万能化，开启了后来的德意志观念论哲学的形式主义的普遍思维方式的先河。而托马修斯（1655—1728）的人文主义启蒙思想和莱辛（1729—1781）的理性主义，以及与观念论哲学家同时代的"魏玛四杰"（维兰德、赫尔德、歌德和席勒），也都以他们的各有特色的哲学和人文思想（及其文学表现）不同程度地影响了观念论哲学家中某些人的思想发展。当然，如上所述，德意志精神中的另外一条线索、情感论的即浪漫主义的线索（如从哈曼、雅可比到狂飙突进运动的情感主义），也不时对理性主义的观念论形成冲击，使得观念论哲学家们的思想体系中或多或少地在不同程度上包含着对情感和意志的承认，并在精神的意识深层为情感和意志保留一块地盘。这种情况在康德和黑格尔那里表现得较少但较深沉，而在费希特和谢林那里（尤其是在后者那里）表现得比较突出。所以，我们可以清楚地看出，德意志观念论哲学是对 18 世纪德意志民族精神的一个重要文化赋向——理性主义的继承和推进，但同时，它也受到这个民族另一个重要的文化赋向——对情感和意志的推崇（非理性主义）——的影响。因而在这个时代，德意志观念论哲学家都或者力图在理性的框架内，调和理性与情感和意志的关系，调和理性想象力和情感想象力的关系；或者像谢林那样，把对这种关系的调和推向对整体生活（生命）原型的设定。① 在这里，我们应该把德意志观念论哲学的意义，尤其是它的美学意义，从哲学与文学的相互激荡和相互渗透的关系上加以

① 参见 Windelband，W. *Die Philosopie im Deutschen Geistesleben des 19. Jahrhunderts*，*Fünf Vorlesungen*，Tübingen：Verlag Von J. C. B. Mohr（Paul Siebeck），1909. 威廉·文德尔班：《19 世纪德意志精神生活中的哲学，五次大课讲演》，图宾根，J. C. B. 莫尔出版社（保尔·西柏克出版社）1909 年版，第一讲"美学的和哲学的体系的形成"。

审视，才能把那个时代的哲学乃至美学的历史放到一个比较全面的文化史高度的背景中去理解。

　　在这里还应该从社会思想史的角度理解德意志观念论哲学家的美学在当时的精神建构中具有的社会功能。从欧洲社会历史发展的大框架来看，德意志民族在18世纪下半叶至19世纪上半叶这段历史时期的社会政治经济情况是比较落后的。弗里德里希大帝的"开明专制"使得学者和文学艺术家有一些相对自由的思想条件，但在政治方面，与西欧的近代化发展形势相比，德意志各邦国仍然都普遍地处于封建专制体制之中。在这种条件下，如恩格斯后来所说，政治领域"荆棘丛生"，人们很难涉足其中，于是反对宗教（即教会体制）的斗争成为人们力图推动社会发展的主要的斗争领域。① 而当时德意志思想界主要用来反对宗教的不是政治经济的革命或改革，而是文艺复兴和启蒙运动的伟大成果——人文主义。在高扬人文主义反对宗教的具体斗争中，主要的方式被归结为人自身的"精神教化"和思想修养，就是开发人的内在心灵世界的卓越的理性和丰富的情感。因而，"理性"和"情感"成为当时社会进步的关键词，而并不只是哲学和美学的专业术语。在当时的德意志进步思想家那里，这两个词甚至具有至高无上的地位。而美学作为关于情感和理想的学说，在当时的情况下，就成为最具有吸引力和说服力的思想武器，同时也就成为人本身必然应该具备的人性修养。正如席勒在《审美教育书简》中所揭示的，这种观念论哲学家的美学，并不是一般所理解的文学艺术鉴赏理论，其意义远在文学艺术的学术层面之上，其目的在于促进人的德性，从而使人为自己缔造理想而完美的人生。正因为这样，德意志观念论美学家甚至把美学（审美教育）看成改造德意志国家的具体方案。席勒在《审美教育书简》第27封信中写道："动力国家只能使社会成为可能，因为它是以自然来抑制自然；伦理国家只能使社会成为（道德的）必然，因为它使个别意志服从于普遍意志；惟有审美国家能使社会成为现实，因为它是通过个体的天性来实现整体的意志……只有美才能赋予人合群的性格，只有审美趣味才能把和谐带入社会。"② 席勒认为只有建立审美国家这样的理性社会，

---

　　① 参见恩格斯《路德维希·费尔巴哈和德国古典哲学的终结》，《马克思恩格斯选集》第4卷，人民出版社1972年版，第217页。

　　② 席勒：《审美教育书简》，冯至、范大灿译，北京大学出版社1985年版，第152页。

人才能解决当时现实存在的社会问题。而在第 2 封信中，席勒表述了他心目中美学（审美教育）与政治的直接关系："人们在经验中要解决的政治问题必须假道美学问题，因为正是通过美人们才可以走向自由。"①

德意志观念论美学已经远离我们 200 年。但它并不是一段僵死的历史，而是人类学术思想史上的一笔永恒的宝贵财富。它启发我们要重视对人的精神境界和内心世界的更为深入和详尽的研究、探索与批判。在这个哲学美学的方向上，它的典范作用和深入的学术内涵，还有待于我们在人类生存的新的历史境况下不断地进行继续挖掘。

19 世纪德意志观念论哲学的美学思想，是西方美学史上最重要的文化遗产，几位德意志哲学家在几十年时间内，给人类提供了如此丰富而深刻的理性思想，这种现象在人类思想史和美学史上确实是很罕见的。因而，把 19 世纪德意志观念论哲学家的美学思想看作西方美学史上一朵几乎是空前绝后、无与伦比的奇妍大花朵，并不为过。

但是，德意志观念论哲学家的美学，正如其思想框架——观念论哲学——那样，由于它把观念的能动力量推到了几乎极致的地步，过高翱翔的思想雄鹰在空气稀薄的极高处会因失去空气的浮力而在筋疲力尽之后跌入尘埃。德意志观念论美学随同观念论哲学在经历了半个多世纪的荣耀之后走向极致，而最后跌落于尘世。接下来尽管仍然有观念论哲学美学的余波，但它们已经不再是时代的思想主流，而不得不让位于其他新的思想流派。

---

① 席勒：《审美教育书简》，冯至、范大灿译，北京大学出版社 1985 年版，第 14 页。

第十九章

康　德[①]

第一节　生平和著作

伊曼努尔·康德（Kant, Immanuel）1724 年 1 月 22 日生于当时德国东普鲁士的柯尼斯堡（今俄罗斯国的加里宁格勒）的一个笃信虔信派教义的马鞍匠家庭里。他少年时期就学于本城的弗里德里希公学拉丁文班，16 岁进入柯尼斯堡大学读书。在大学里他深受牛顿物理学说和沃尔夫哲学体系的影响，同时热爱欧洲古典学术。他于 1745 年（21 岁）从柯尼斯堡大学毕业。

毕业后，康德在本城任家庭教师八年。1746 年他发表第一部著作《对活力的真实价值的思考》，1755 年 3 月发表研究自然科学史和天文学的著作《自然史和天体理论通论》，同年康德又以论文《对形而上学知识的基本原理的新说明》获得在大学授课的编外讲师资格。

康德在 18 世纪 50 年代后半期至 60 年代中期主要进行自然哲学、逻辑学和神学研究，并阅读卢梭著作，深受其自由观念的影响。

1764 年，康德写作《对优美的与崇高的情感的考察》，从艺术心理学

---

① 本篇所引康德《判断力批判》文本的德文版为：IMMANUEL KANTS WERKE, V；S. 233 – 568：Kritik der Urtheilskraft, Herausgegeben von Otto Buek, Verlag Dr. H. A. Gerstenberg, Hildesheim, 1973. （伊曼努尔·康德著作，第 5 卷，第 233—568 页：判断力批判。奥托·毕尤克编辑，H. A. 盖尔施腾堡博士出版社，黑尔德斯海姆，1973 年版）。注释简写为 IKW, V（康德著作，第 5 卷）。"S. 234" 即 "第 234 页"。

的角度而不是像后来那样从批判哲学的角度研究优美与崇高。

在经过 15 年的研究和教学工作经历后，康德在 1770 年 3 月（46 岁时）以题为《论感性世界与知性世界的形式和原则》的论文申请教授资格，通过答辩后他被授予"逻辑学和形而上学"教授职称。从此以后，康德一直在柯尼斯堡大学教书。

康德最著名的学术著作《纯粹理性批判》是在 1770—1771 年写作的。在 1775 年，他发表了《论人种的差异》。

18 世纪 80 年代是康德思想的全盛期。1781 年 5 月，他的第一批判即《纯粹理性批判》出版。1783 年，他发表《未来形而上学导论》，对《纯粹理性批判》中的精要思想进行系统阐述并作了补充。1784 年 11 月，康德写了《根据世界公民的观点编写世界史的设想》，在其中系统提出了消除国家而构建世界大同的观点。当年 12 月，康德写成《什么是启蒙?》一文，对欧洲启蒙运动的意义作了精辟论述。1785 年康德发表了《道德形而上学基础》一书，为写作《实践理性批判》作准备。1786 年夏天他被任命为柯尼斯堡大学校长，年底又被柏林科学院聘为院外成员。1787 年，他的《纯粹理性批判》再版。1788 年 1 月他发表了《论目的论原理在哲学中的运用》，该文是《实践理性批判》的先声。当年春天，《实践理性批判》完稿。夏天，康德第二次被任命为柯尼斯堡大学校长。两年后的 1790 年，康德的第三批判——《判断力批判》——出版，他的批判哲学体系的构建完成。

在其后的 14 年里，康德最重要的人生事件有两方面。一方面，是他对宗教的研究以及由此而引发的他同普鲁士国家当局的冲突；另一方面，就是康德对世界主义和人类永久和平的强调。1793 年春康德发表《论理性范围内的宗教》标志他与官方及教会发生了观点冲突。次年该书修订再版，明确地用自然神论和人类道德精神的学说解释宗教，深受当时进步人士欢迎。但这本书招致教会和政府对他的谴责。1794 年 6 月，康德还写了《论万物的终结》。教会和政府当局认为其中有"亵渎"宗教的观点。虽然当年 7 月 28 日康德被选为彼得堡科学院院士，但这一荣誉并未能阻止两个多月后（10 月 1 日）国王发敕令对他进行斥责和警告，康德被迫对国王作出承诺，保证不再发表自然神论和"道德宗教"的观点。

康德晚年热心于倡导世界和平。1795 年，他发表了《论永久和平》，次年再刊印；1797 年 7 月，他又发表了《在哲学上缔结永久和平条约的宣告》。

1797 年，康德辞去大学教授职务。1798 年 4 月 4 日，康德被选为意大利锡也纳科学院院士，这是他一生的最后一个学术荣誉。1804 年 2 月12 日上午 11 时，康德逝世，享年 80 岁。

康德一生极端勤奋，孜孜不倦地进行哲学研究和教学。他虽身处欧洲的非中心区域，但他对当时欧洲最重要的思想问题和现实问题几乎都作出了自己独特的哲学式回答，提出了许多崭新的观点。从这个意义上说，康德是当时欧洲启蒙运动的最重要的思想家之一。他实现了当时欧洲哲学和思想方式上的"哥白尼革命"。

第二节　审美判断力批判在康德哲学中的位置

康德的美学思想主要在他的著作《判断力批判》（即第三批判）中得到了集中和系统的表述。

康德虽然曾于 1764 年写过一本题为《对优美的与崇高的情感的考察》的小册子，从艺术心理学的角度对"优美"和"崇高"这两个概念作了很有意义的研究，但康德全面系统的美学思想，是在他的《判断力批判》一书中详尽表述的。

康德的《判断力批判》全书的内容分为三个大部分：1. 导言；2. 第一部分，审美判断力批判；3. 第二部分，目的论判断力批判。导言和第一部分的内容是康德美学思想的基本建构。

在《判断力批判》中，康德把人的判断力分为两种：一种是"确定的判断力"，即辨别某一特殊事物是否属于某种概念或规律的能力；它具有构成性；另一种是"反思的判断力"，如审美判断力，是一种关系性的判断能力。它具有调节人的心灵的能力；它既不提供概念，也不追求道德的完美，只涉及愉快和不愉快的情感，因而是一种情感判断，即审美判断。审美判断的调节功能可以作为纽带把知性判断和道德理性判断这两个判断连接起来。它是"想象力与知性的自由游戏"。

康德的三部著作合在一起构成了批判哲学的完整体系。《判断力批判》又是一个严密细致、丰富深奥的子体系，是康德整个哲学体系中不可缺少的组成部分。

康德研究美学，不是直接地为了解决与人对自然美的欣赏态度以及与艺术和文学的美感有关的理论问题，而是出于他构建自己的独特的理性主义哲学体系的完整性的需要。

康德强调，从先天的构成性原则的意义上来看，知性的领地是在认识能力的领域内；而实践理性的领地是在欲求能力的领域内。在《纯粹理性批判》和《实践理性批判》中，探讨了认识领域的先验原理以及道路领域行为原则。

康德认为，人类的"先验的纯粹理性"不只是由知性和实践理性这两个部分构成的，人还有一种先天的纯粹理性能力，那就是"判断力"。判断力是介于知性（理解力）能力和欲求能力之间的一种理性能力，其特征就是形成和持有"愉快和不愉快的情感"的能力。

对判断力的研究，正是康德写作《判断力批判》的旨要。康德认为，判断力的诸原则，是依附于知性的先天原则或者实践理性的先天原则的；判断力总是在"指称"着知性概念，而并不是要通过这个概念来认识事物，这概念仅仅使判断力成为有规则的，这里所说的规则，就是"先验感受的"（ästhetisch，审美的）规则。

在《判断力批判》的导言中康德指出，哲学在惯常情况下被划分为理论哲学和实践哲学。这种划分是根据哲学对事物进行"理性认识"的各种原则来进行的。但哲学的这种划分实际上是科学划分，它从根本上导致哲学科学化的危机。

康德认为，人类的全部认识能力有两个领地。即自然概念的领地和自由概念的领地。哲学据此被划分为理论哲学和实践哲学。它们二者的立法原则是并存不悖的。然而，这两个领地在经验的感官世界中虽互相牵制却不能构成一体。在这两个领域之间，"固定下来了一道不可估量的鸿沟"，"好像这是两个各不相同的世界"。自由概念总是要把自己提出的目的应用于感官世界，并力图在这个领域中实现。自由的这种要求，使得自然概念的领域可以被设想为："自然界的形式的合规律性"，应该是与"自由概念希望在自然界实现的目的"这二者之间存在着某种协调关系，因而也就必定有某种可能被称为"过渡"的思维方式。

康德指出，纯粹认识能力的批判，超越于（理论的和实践的）哲学之上。既然必定存在着高于认识能力且又限定认识能力的判断力，同时这判断力又不能属于哲学的两个部分的任何一个，那么，判断力就是哲学的两部分之间的中间环节。而作为知性与理性的中间环节，判断力并没有自己独特的先天立法。

康德指出，人的心灵有三种能力（机能），认识能力、愉快和不愉快的情感、欲求能力。愉快和不愉快的情感就是判断力起作用的领域。这种从"心灵机能"来看判断力，比单从认识能力的"家族亲缘关系"看得更清楚。康德说，在认识能力和欲求能力之间，包含的是愉快的情感；这正好与在知性和理性之间包含的是判断力相应。再从欲求能力方面来看。判断力自身包含着一个先天的（认识能力）原则，而且欲求能力必然与愉快和不愉快的情感是结合着的，所以，判断力就使从纯粹认识能力向欲求能力的过渡，即从自然概念向自由概念的过渡成为可能。

康德认为，判断力批判是把他所说的哲学的两个部分（即作为理论哲学的纯粹知性批判和作为实践哲学的实践理性批判）结合为一个整体的"手段"。

根据反思判断依据于知性原则而又不被归结于知性范畴的特点，康德形成了自己的目的论学说的思想起点。为此，康德在《判断力批判》中使用了两个关键词："目的"（Zweck）与"合目的性"（Zweckmäßigkeit）。康德说，如果一个客体包含着它的现实性的根据，这个客体就叫目的。如果一个事物与其他事物只有按照目的才能协调一致的性状，就叫做该事物的形式的合目的性。根据这两个概念，康德指出，"判断力的原则"就是"处于多样性之中的自然的合目的性"①。"自然的合目的性"作为一个先天概念，它只是反思性的，是知性能力不可能达到的；它把自然不是当作因果性的链条，而是当作合目的性的联结。

康德进一步认为，判断力准则为以先天的方式进行的自然研究奠定基础。它们虽然是从人的认识能力中"闪现出来的"，但它们都不是经验性的，而是先验的原则。在谈论自然合目的性的时候，人们就必须就自然的单纯性经验的规律，思考无限多样的经验性规律的可能性。这最终导致人们对自然统一性和经验统一性的可能性的思考。在知性看来是一个个偶然的东西，在判断力看来却成为联结在一起的（统一的）某种具有目的的、合目的性事物。康德指出，知性追求普遍规律和目的的每个意图，都和"愉快的情感"结合着。

康德为了进一步阐明自己关于"合目的性"的哲学思想，他区分了

---

① 参见 IKW，V，S. 249。

客体事物的表象的两种情况。第一种情况：凡是主观的表象，即构成表象与主体的关系的情况，就是该表象的审美性状；第二种情况：凡是表象中对客体进行规定、以规定性描述形成客体知识的东西，就是该表象的逻辑有效性。

康德说，只有在表象中不能成为任何客体知识的那种主体的东西，就是"与这表象结合着的愉快或不愉快"。这时，主体的愉快所表达的，就是客体对主体进行的反思判断中的有效的认识能力的契合性；一个这样的判断，就是对客体的合目的性的审美判断。这愉快是所有判断者的共同感觉。能够引起判断者的如此感觉的对象，就被称为"美的"对象。而引起这种美的感觉的愉快（一种普遍有效的愉快）的体验，或者说进行判断的能力，就是"鉴赏"。

康德认为，审美判断的内容包含了两个区域：一个是鉴赏判断，它与"美"有关；另一个区域是"出于某种精神情感的判断"，它与"崇高"有关。

关于自然合目的性的逻辑表象。康德写道，在经验对象上，可以表象出两种不同的合目的性：一种是出自单纯主体原因的合目的性，另一种是出自客体原因的合目的性。

根据上述区分，康德认为，我们可以把"自然的优美性"看作对形式的、单纯主体性的"合目的性"所做的概念表述；而把"自然目的"看作对一个实在的、客体性的合目的性所做的概念表述 ①。对于自然的优美性，我们是通过鉴赏（以美学的方式、借助于愉快的情感）来判断的；而对于自然目的，我们则是通过知性和理性（以逻辑的方式、按照概念）来判断的。

这两种不同的判断方式构成了判断力批判的两个不同部分：一个是"审美判断力的批判"，而另一个是"目的论判断力的批判"。

康德强调说，在判断力批判中，对审美判断力的批判是"本质"的。因为只有在这种判断力中，才包含有判断力自身对自然进行反思的基础原则。同时，审美判断力在自然合目的性的理念层面用自己的调整性原则使知性与理性因相适应而联结，而且这种适应的联结促进着道德理性能力的发展。

---

① 参见 IKW，V，S. 262。

第三节　美的分析学

在"审美判断力批判"这个大题目下，康德仿照他的前两个《批判》①的结构模式，设置了两章内容：第一章"审美判断力的分析学"和第二章"审美判断力的辩证法"。

第一章又被分为三个小部分，前两个部分都叫做"卷"。第一卷是"美的东西的分析学"，第二卷是"崇高的东西的分析学"，第三个小部分是"审美判断力的演绎"。

康德把他的"美的分析学"分为四个特性来论述：

第一个特性：按照质来看的鉴赏判断；

第二个特性：按照量来看的鉴赏判断；

第三个特性：按在其自身中被观察到的与目的的"关系"来看的鉴赏判断；

第四个特性：按照"对'对象'愉悦"的模态来看的鉴赏判断。

我们从康德的文本可以清楚地看出，康德的研究对象是"某物"。所以，"das Schöne"②应该是"美的东西"或者"美的事物"，而不是抽象的"美"。

康德把对美的东西的"鉴赏"作为主体（鉴赏者）的能力来研究。这四个特点就是对四个概念（范畴）的研究。第一个概念就是"质"，第二个是"量"，第三个是"关系"，第四个是"模态"（Modalität）。这四个概念（范畴）就是康德在《纯粹理性批判》（第一批判）的"先验逻辑"的"先验分析学"的"概念分析学"中所说的纯粹知性概念（或范畴）。这是因为，如康德所说，根据判断的逻辑功能，"在鉴赏判断中总还是含有对知性的某种关系"③。同时，康德认为，对"美的东西"进行"先验感性的"（"美学式的"）④判断，首先考虑的是"质"。

---

① 指《纯粹理性批判》和《实践理性批判》。

② 参见 IKW，V，S. 271。

③ 参见 IKW，V，S. 271，注①。

④ 康德用的德文原词是"ästhetisch"。该词与"Ästhetik"（美学，先验感性学）属于同根词。国内现在一般翻译为"美学的"、"审美的"。但该词的实际意义是康德所说的"先验感性的"（本文作者注）。

在康德看来，鉴赏（力）其实就是审美判断力；判断力就是具体的鉴赏力。可见，康德美学研究的核心，就是在把先验的审美判断力与具体对象联系起来后，揭示对象是否能够（或者不能）被称为"美的"必要条件。

一 按质来看的鉴赏判断

康德指出，为了分辨某物是不是"美的"，我们就应该用我们的想象力来考察该物，看它是否让主体（我们）产生愉快或者不愉快的情感。康德强调，鉴赏判断决不是"认识"判断；不是"逻辑的"；相反，它只能是主体的。在这种情感中"主体是像它被这表象刺激起来那样感觉着自身"。① 所以，他认为，对对象是否美的评价，其实是在评价人自己心中的表象。鉴赏是主体的一种内在的自我精神活动。

康德继续指出，规定鉴赏判断的那个对对象的愉悦是并不带有功利的。反过来说，人们在以实用的功利的观点看待某物时，只是表现出对实存物质的欲求，而决不可能是鉴赏。

接下来，康德对人的感官活动的心理机制进行了仔细的分析。康德解释说，有一种"快适"感，它使感官处于"感觉"状态在这里，"感觉"具有双重意义：一方面，感觉即一种"愉快"，就是一切形式的"愉悦"；另一方面，"快适"的各个种类：妩媚、可爱、好看、使人喜欢，等等，都可以既被作为感官印象，又被作为意志原理，还可以被作为被单纯反思的直观形式来看待。如果混淆了这种区分，似乎快适的上述各种不同原因和形式的效能，都可以被与愉快情感的效能同样看待了。康德认为，实际上，快适的愉悦是功利性的，不能与鉴赏判断所获得的愉快相提并论。

康德强调，当我们把愉快或不愉快的情感的规定称之为"感觉"的时候，这与我们把通过那个属于认识能力的接受性的感官所得来的事物的"表象"称为感觉的情况完全不同。在后一种情况下，表象是客体的知识表象；而在前一种情况下，表象则是主体自身的表象，既不被用于认识客体，也不被用于"通过他物"来"认识"主体。

为了不使阐释被误解，康德决定使用"情感"这个词来称呼只是停

---

① 参见 IKW，V，S. 272。

留在主体自身的，而并不构成任何客体对象的表象的鉴赏活动的心理状态。康德举例说，当人说"草地是绿色的"时候，这是一个"对客体"的感觉，是导致知识的知性判断，它是一种对客体对象的"知觉"；而当人们说"草地的绿色使人快适"的时候，这个判断却表达的是主体的感觉，在其中并没有知性对象被表象，而表达的是人的"情感"。在这时，对象是被作为使人愉悦的客体而被人观看的。

康德更明确地说，当人得出的判断是"快适"的时候，人的感觉激起了自己对这个对象的欲望。"快适"所表达的是对象不只"吸引人"，而且使人"快乐"。而从这欢喜就甚至产生出"偏好"来。所以，康德认为，"快适"并不包含对于客体"本生性状"的任何判断，甚至于从快适的感受可以发展到只追求"享受"。

康德接着指出，对于善的愉悦，也是与功利联系着的。善是理性的工具（手段），它以单纯概念吸引人。他指出了两种善：一种可以被称为"手段善"或者"工具善"：人们把一些东西称之为（对某物）是"善的"，也即"有用的"；这些东西仅仅是作为手段（工具）吸引人的；另外一种善，即"自在善"，它以"自为的方式"吸引人。这两种善都包含着"目的"概念，因而，也就是包含着理性与意愿的关系。即包含着对一个客体的现实的功利性的兴趣。所以，手段的善的和自在的善都不是美的东西。

康德认为，"快适的东西"、"美的东西"和"善的东西"三者标示着表象对"愉快和不愉快的情感"的三种不同的关系。第一种关系："快适的"，意味着一个对象使人"快乐"；第二种关系："美的"，意味着一个对象吸引人并使人喜欢；第三种关系："善的"，意味着一个对象被人珍重和赞同，即表示确认在这个对象中有一种"客体的价值"。

康德把三种愉悦同对待客体的三种态度联系在一起：快适的愉悦与"偏好"相关联；美的愉悦与"宠爱"相关联；而善的愉悦则与"注重"相关联。唯有"宠爱"的态度是唯一的"自由的愉悦"。

康德最后这样概括由第一特点引出的"美的东西"：

> 鉴赏是由一种愉悦或者不愉悦对一个对象或者一种行为方式进行判断的能力；它不带任何功利。一个这样的令人愉悦的对象就是

"美的"。①

二 按量来看的鉴赏判断

接下来康德论述鉴赏判断的第二个特点。他说，美的东西是以无概念的方式被表象为"一种普遍愉悦"的客体的那个东西。

康德认为，人对美的东西的认可具有人类共通的普遍性。当一个人把一个事物看作对他是无功利关系的、令其愉悦的客体的时候，他必定认为，这个事物对于他人"也同样是"无功利关系的令其愉悦的客体。

这就形成了鉴赏判断的第二个特点：

> 鉴赏判断具有在其自身同一切功利相分离的意识。它必定要求对于每个人的有效性，而并不依赖在客体上设定的普遍性；从而也就是说，它必定要求与主体的普遍性相联结。②

鉴赏判断也同快适判断不同。康德指出，快适判断是建立在"私人感受"的基础上的。但鉴赏判断预设了人的共通感。当一个人"表达出"某物是"美的"时候，他就必定期待着别人与他自己有"共同的"看法。

"鉴赏判断"与对善的判断也不同。康德指出，对于善的判断，人们也要求对每个个人的普遍有效，但善的普遍性愉悦是指向客体的愉悦；而鉴赏的愉悦是主体的内在的先验愉悦。

康德强调，鉴赏判断的"普遍性"并不以客体的概念为基础，也不以经验为基础，而且也不是逻辑的；它是审美的，即先验感性的。它并不包含判断所涉及的客体的量，而仅仅包含主体的量。这个主体的量用"共同有效性"来表达。

康德指出，从逻辑的量的概念来看，鉴赏判断是"单一的"判断。因为在鉴赏判断中，"愉快和不愉快"的情感是直接把握具体对象，即单一对象的。当我"凝视""这一朵"玫瑰花的时候，鉴赏的对象当然就是"一"朵玫瑰花；然而，当人们对（在感性能力所能区分的）颜色、形状、大小各不相同的（在视觉中的）玫瑰花进行了多次"单一性"鉴赏

---

① 参见 IKW, V, S. 279。
② 参见 IKW, V, S. 280 - 281。

判断之后，得出了一个"归纳"判断："一般来说玫瑰花是美的。"这个判断就已经成为一个"以审美判断为基础的逻辑判断"。

就此康德比较了鉴赏判断在量上与知性经验判断以及善的理性判断的异同。康德强调：

> 在考虑到"没有概念作为中介"的愉悦的时候，在鉴赏判断中所预期的不是别的什么，而只是一个这样的"普遍响应"；因而，也就是一个审美判断的可能性。[①]

康德认为，在鉴赏判断中由于表象方式的主体性的、普遍的可传达性是成立的，而且它并不以一个被规定的概念为前提，它只是处于想象力和知性的协和一致的自由游戏中的心灵状态。因而，对对象的单纯主体性的审美评判，是先于对对象的愉快的。而且，这种评判是使各种认识能力能够和谐并形成愉快的根据。

从鉴赏判断的这个特性可以得出的关于"美的东西"的说明是：不以概念的方式而普遍地吸引人使人喜欢的东西。

三　按与目的的"关系"来看的鉴赏判断

康德首先提出了"一般的合目的性"的概念。他说，从先验的规定来看，目的就是一个"概念"的"对象"；而这概念被看作那对象的原因，那对象就是目的。如果一个概念被从作为它的目的的客体对象来考察，即在与目的的关系中来考察，这概念就是具有"合目的性"的概念：这概念被作为目的的形式来看待。

康德进一步探究了鉴赏判断的先天根据。他认为：在有对象的表象那里，对形式合目的性（它处于主体的各种认识能力之中）的意识，就是"愉快"。这个愉快意识是主体激活自身的诸种认识能力的"活动性"（Tätigkeit）。

康德把先验感性判断分为两类：一类是"经验性的"先验感性判断，它们陈述的是"快适或不快适"；另一类是"纯粹的"先验感性判断，它们阐述的是对象的，或其表象的"美的性质"，它们是（形式的）本真的

[①] 参见 IKW, V, S. 285。

鉴赏判断。

康德把"美"分为两种：一是自由美，它并不预设"对象是什么"的概念；二是依附美，它预设这样的概念，并根据这个概念预设对象的完满性。他说，许多鸟类、贝类、卷叶饰图案、无标题幻想曲、无词音乐等都是"自为的美的"，它们的自由和自为使得人们感到被吸引而喜欢。它们没有任何含义，也不表现什么，是自由美。但是，所谓的"一个人"的美、"一匹马"的美、"一座建筑物"的美，都是预设了一个目的概念的。这种以概念为前提的"美"，就都是"固着的"美，即依附美。

康德为此区分了两种"鉴赏"：一种是按照出现在鉴赏者"面前的"先验感性表象进行的鉴赏；另一种是按照出现在鉴赏者思想中的概念对象的表象进行的鉴赏。前者是对"自由美"的鉴赏，而后者是对"依附美"的鉴赏；前者所作出的是一个"纯粹的鉴赏判断"，而后者作出的是一个"应用的鉴赏判断"。

为探讨"美的普遍标准的鉴赏原则"，康德论述了"美的理想"。

康德认为，美的理想是一个"感觉的普遍可传达性"问题，即关于一切时代和一切民族在对象表象中的情感"一致性"问题。鉴赏的"原型"就是一个"单纯理念"。这个理念必定从这一时代或者这一民族的每个人的心灵中产生出来。

康德指出，美的理想只能期望于"人的格式塔"，在于风尚礼俗的表达。美的理想的这种"道德性"就把道德的崇高同纯粹理念和想象力的巨大威力在最高的合目的性中结合在一起。这种评判不是纯粹审美的，因而也不是单纯的鉴赏判断。

从这里康德得出关于"美"的第三个特点的结论："美"是一个对象的合目的性的形式，而这种合目的性在没有目的表象的情况下在对象身上被知觉到了。

四　按"对'对象'愉悦"的模态来看的鉴赏判断

康德在这里仍然按照《纯粹理性批判》的"先验要素论"的"范畴表"的思路，用"模态"范畴来论述鉴赏判断的"可能性"与"必然性"。

康德认为，美的东西同愉悦有一种"必然性的"关系，但这种必然性，是一种特殊的必然性。它既不是"理论的"客体性的必然性，也不是"实践的"欲求性的必然性。

康德强调，"审美必然性"作为在审美判断中"被思考的"必然性，仅仅是"范例式的"的必然性，即一切人都会对那虽然是必然的，但其规则无法被明示的规则的审美表象（这表象仅仅作为"范例"）的愉悦表示赞同。

鉴赏判断本身的必然性是有条件的。这个条件就是：对一个表象的审美判断的愉悦对于一切人的内心来说是普遍的、共同的；在我们面对同一个表象的时候的心灵的"契合"和"相印"是一种偶然的共同表象。也就是"共同感的理念"。

在这里康德区分了两类"共同感"：一种是在概念基础上的共同感，另一种是在情感基础上的共同感。很显然，鉴赏判断的必然性所依据的共通感是"情感的"而不是概念的。

康德认为，知识、判断和确信，都必须是能够普遍传达的。不然，它们就只是表象力的主体性的游戏。这恰好就是怀疑论者的主张。如果说知性表象可以使想象力活动起来形成概念，表现出自己的普遍可传达性；那么，情感能力也就可以用"类似的办法"在表象上形成愉快，以类似的方式表现出自己的普遍可传达性。

所以，在对美的东西进行的鉴赏判断中，这判断不是通过概念而是通过情感，这情感不是私人情感而是共同情感。在这个判断中，我们预设的"每个人的协调一致"的必然性是以一个"应该"为中介的。这种判断所包含的关于鉴赏判断的共同感的"主体性的必然性"，这时就以"客体性的形式"被表象出来。

由此，康德得出对美的对象进行鉴赏判断的第四个特点：没有概念而被认识为一个"必然"的愉悦的对象的东西，就是"美的"。

五　审美判断中想象力的作用和表象能力

康德在阐述了鉴赏判断的四个基本特点之后，他特别地研究了审美判断中想象力的作用和表象能力的问题。

首先，康德指出，处于自由状态的想象力是原初的而不是"次生的"；它不是服从于"联想律"的，而是"产生着的"（即不是"被产生的"），是自主性的。它是可能的直观的"任性形式"（即自由自在的形式而不是被规定的形式）的最初的创造者。

康德进一步认为，感官对象是被给予的，是领会想象力的限定形式，似乎是对想象力的一种束缚；但从想象力的自主性的角度来看，这对象的形式毋宁说是对自由的想象力的能动性的一种激发，使这形式成为想象力自由活动的一种"道具"，即这形式被想象力看作想象力与知性的合规律性的协调而进行的一种预先的（合目的性的）设计。

据此，康德评论了"几何学的美"。他认为，"几何学的美"并不是"纯粹的美"。他指出，一切"刻板的合规则的"东西，都与数学的合规则性相近似。它们的知性意图或者实践欲求的显露使人觉得"无聊"。

康德指出，审美的愉快情感是心灵的诸种能力那种被人们称作为"美的东西"来进行"自由的"、无规定的合目的性的娱乐。康德认为，"知性的合规则性"实际上是为想象力的"无目的的合目的性"服务的。他强调说，想象力能够自如地与之进行合目的游戏的东西，就是人永远不会厌倦的永远新鲜的东西。

总结康德的美的分析学的全部内容，我们可以看出，康德强调审美判断的非功利性、主体性地普遍愉悦、无目的的合目的性以及主体性的共同感的必然性。这些论述使康德美学具有浓厚的主体性的观念论的特色。这种特色是与康德整个哲学的主体先验性密切吻合的。

第四节 崇高的分析学

康德《判断力批判》的审美判断力的分析论的第二卷，是"崇高的分析论"。康德在这里研究关于"审美判断力"的另外一个基本概念——崇高。

一 从美向崇高的过渡

为了研究审美判断力的第二种形式——崇高，康德首先论述的是从对美的判断能力到对崇高的判断能力的"过渡"。这个"过渡"主要地是论述"美"与"崇高"的异同。

康德首先研究崇高同美的共同之处。第一，它们二者都是"自为地""吸引人"并"令人喜欢"的。第二，它们都是以"反思性的判断"为前提的。第三，虽然它们都不取决于概念，但毕竟是与概念有联系的。它们是对知性和理性的概念能力的促进，并与之协和一致。第四，这两种判断都是单一（即具体个别）的，但它们对于每个主体都是普遍有效的。这种有效性是在情感的领域。

康德重点论述崇高同美的区别：第一，自然美所涉及的是对象的（固定）形式；而崇高涉及的对象是无固定形式的（formlos），是一种"无边界线的性质"，即一种"无限"的、"总体"的状态。第二，"美的东西"可以被看作对某一个不确定的"知性"概念的表现，而"崇高的东西"则可以被看作是对某一个不确定的理性概念的表现。第三，在美的东西那里的愉悦，是与对象的"质的表象"结合在一起的；而在崇高的东西那里的愉悦，是与对象的"量的表象"结合在一起的。第四，美的愉悦"直接地"具有促进生命的情感，它是同刺激、同游戏性的想象力结合在一起的；而崇高的情感只是"间接产生的"愉快，它是被对生命力的瞬间的阻挠以及马上随之而来的生命力的更强烈的涌流而产生的。因而，崇高的激动并不如美那样是游戏，而是一种严肃态度。第五，美是在被对象所吸引的情况下所产生的情感，而崇高则是被对象既吸引又排斥的轮番作用情况下所产生的情感。第六，崇高的愉悦不但包含着积极的（实证性的）愉快，更重要的（或者说更本质地）是包含着惊异和敬重。第七，最重要的和更内在的区别在于：美是合目的性的，而激起崇高的情感的是"违反目的"的东西，是同人们的表象能力不相适应的东西。①

康德更进一步指出，崇高表明的是心灵运用形成人的情感的某种内在合目的性的东西。正因为如此，崇高并不是与自然美相提并论的第二种审美判断方式，而只是对自然合目的性的审美评判的一个"补充"。

康德对崇高的分析也按照范畴表的四个范畴来进行，分别是"量"、"质"、"关系"和"模态"。康德认为，崇高判断也是审美"反思判断"，所以其愉悦也必定在量上表现为是"普遍有效的"；在质上表现为是"无功利的"；在关系上表现为是"主体性的"、"合目的性的"；在模态上是把这"主体性的合目的性"表现为"必然的"。他还提示：如果对美的鉴赏的心态是"静观"的话，那么，对于崇高的鉴赏的心态就是"激动"。这就是崇高的本质特点。

---

①　参见 IKW，V，S. 316。

二　数的崇高与力的崇高

康德把崇高划分为两类："数的崇高"和"力的崇高"。康德首先从数量的角度解释"崇高"这个"名称"（概念）。他写道，我们把那"全然大的"东西称作为"崇高"。为了说明这种定义，康德区分了关于"大"的两种不同的判断：康德认为，"某物是大的"判断必定是一个"判断力"的概念，而"某物'是'某种大小（尺寸）"的判断必定是一个知性概念。

康德认为，那种并不对客体的实存感兴趣，而只对其大小（即使这大小是无形式的）感兴趣的情感，就是一种愉悦，是一种基础性的反思判断。人们的这种观照就表现为一种"敬重"的情感。

康德区分了两种对自然物的"估量"。一种估量是通过"数目"、"尺度"而逻辑式地进行的，它属于知性的范围；另一种则是对自然物的"凝神瞩目"式的估量，它形成审美表象。后一种估量是直观估量。前一种估量必定是以后一种估量作为基本的理性起点的。因而，对自然物的一切大小估量从根源上讲，都是审美的。

康德认为，在人对自然物进行大小估量的同一种表象能力中，包含着两个不同的主体性的判断行为：一个是"把握"，另一个是"统握"。康德强调地应用了"aesthetica"这个词，表明这种"统握"是在先验感性层面上进行的。

康德强调，要领会这种崇高感，应该到"大自然"那里去寻找。自然界的"无限性"是超越于数学的。

康德认为，在对自然的崇高的评判中，通过想象力与经验感性直观表象的冲突，想象力同理性随后才达到了协和一致，产生了心灵能力的"主体性的合目的性"。这时，"对象"作为"崇高的"对象，以"不愉快"为中介被以"愉快"的方式所接受。

对于力的崇高的论述，康德是从对"强力"的界定开始的。康德说，"强力"是战胜"很大的障碍"的能力。当它战胜那本身具有强力的东西的抗争时，它也可以被称为"强制力"。

自然的崇高，在康德看来，必须以那自然之物具有使人"恐惧"的表象为前提。但同时，人的心灵却并不真正恐惧它。这时，它激起的人的情感就是崇高。

康德认为，从自然的不可测度性和人的能力对自然的领地"作审美大小估量"的"尺度不足"这两点出发，促成了人的两个发现：一方面，使我们发现了自身的局限性；另一方面，则使我们在自身的理性能力中发现了一种"非经验感性的"尺度，即我们的心灵对"处于其自身的不可量度性之中的自然"的优越性。人心灵中"把自然评判为崇高"的那种主体性，在心灵内部唤起我们的非自然的力量即精神性的力量，从这种视角来看，人们惯常所关心的财产、健康和生命（生活）等属于物理性的东西都是渺小的。这种精神性的崇高，是康德所极力推崇的人的生活态度。

三　崇高判断的模态

康德接下来研究崇高判断的可通达性。

康德认为，崇高情感的心灵情调的普遍性的基础，就是人对理念的感受性。自然的崇高，它对经验感性的威慑力和同时的吸引力，都是在理念及想象力把自然当作理念的图象来对待的情况下才能形成的。所以，崇高的情感是理性对经验感性的一种强制力，因而，崇高的情感是在人的道德理念发展到一定尺度、具备一定的文化教养之后才具有的。没有文化修养的"粗俗人"在自然的强大面前只会表象出恐惧而不会有崇高的情感。

所以，如果说不懂得欣赏自然美的人是缺乏鉴赏力的话，那么，不懂得体会崇高的人就是缺乏先验的理性情感。所以，崇高的审美判断以内在的道德理性为基础。这就是崇高的可传达性即共同性的普遍必然性的根基。

四　审美判断力的范畴总论及其廓清

至此，康德论述了他的审美判断力批判中分为两个部分的"分析学"：美的分析学和崇高的分析学。

在这个基础上，康德回过头来从"纯粹理性批判"的角度，综合性地对审美判断力进行进一步的阐明，强调审美判断力的"纯粹反思性"，即它的主体性、内在性和先验性。

康德再次把"快适"、"美"、"崇高"和"善"四个概念按照纯粹理性批判的"范畴表"中的"量"、"质"、"关系"和"模态"这四个范畴进行对应性地阐释。

康德把"快适"看作"量"的范畴，认为快适的感觉只取决于刺激的量。它并不能（对人）"进行教化"，而只属于导致人的"单纯享受"的概念。

"美"（"审美判断"）却要求客体具有"质"的表象。它与快适不同，它进行"教化"，因为它教导人在审美的愉快情感中重视合目的性。

"崇高"的特点则在于"关系"，在这个关系中，处于自然表象中的经验感性之物，通过审美判断力的评判而可能被以"超'经验感性'的方式"加以应用。

康德认为，"无激情性"概念是一种"崇高"：人执著于自己心灵内部的那些不可变更、不可动摇的"原理"，这种执著有"纯粹理性的愉悦"，康德称这为"高贵的"（edel）。康德还论述了"激情"的变型："具有英勇性质的激情"在审美上是"崇高的"，而"具有'消融着'的性质的激情"可被归入"气质之美"。但康德指出，任何没有真实的内心情感的虚假卖弄的激情都不足以感动人。同时，宗教的训导激情，社会功利的文化激情，任何亢奋的想象力的激情，都不是"崇高"。

康德强调了审美愉悦和崇高愉悦二者同社会的相关性。他认为，审美判断有其普遍的可传达性，它与社会相关联可以获得某种兴趣，因为愉悦在社会中可以传达。而与社会脱离也可能会是一种"崇高"，因为它在一定意义摆脱了经验感性的功利性。康德认为"清高"的厌世和建立在理性之上的"哀世"都是一种崇高，但同情的"悲哀"则可能会被视作一种"美"。康德还指出，艰苦荒野中的"忧郁"，如果还夹带着对社会的留恋而不是绝对的弃世，就可以被算作一种"粗犷的激情"。但"沮丧"的消极决不是崇高。

第五节　艺术论、天才论以及审美判断力的辩证法

一　艺术的概念及其审美意义

为了弄清艺术的局限性及其（可能地）审美意义，康德对"艺术"进行了专门研究。

康德首先对艺术概念进行了三个界定。第一，艺术与自然不同。康德说，通过人的理性（思考）而自由或者任意的生产过程，叫做艺术，其产品就是艺术品；而自然的产品则是自然物的本能的产品。第二，艺术与

科学不同。虽然艺术和科学都是人的熟练技巧，但艺术是人的"实践能力"，科学是"理论能力"；艺术作为"技术"，与科学"理论"不同。第三，艺术与"手工艺"不同。前者是"自由的艺术"，后者是"雇佣的艺术"。前者是"游戏"，而后者是为取酬的"辛劳"。

康德认为艺术有自由的一面，也有"强制性"和"机械构造"的一面。例如"诗艺"中的语言的正确性和丰富性，韵律学和节奏学关于质、规则和程式的规定等。康德同时认为：没有"关于美的科学"，而只有"对美的批判"；没有"美的"科学，而只有"美的艺术"。

关于"美的艺术"，康德指出有两种：1. 机械的艺术：人们拥有关于对象的知识，而为使对象作出人所要求的行动的工艺（技术）；2. 美的艺术就是以愉快的情感作为直接意图的艺术。

审美的艺术可分为两种："快适的艺术"和"美的艺术"。快适的艺术是以享受和消遣为目的的艺术。而美的艺术却是一种合目的性的表象方式，它促进对人在社会交往中的传达（可传达性）能力的培养。所以，康德强调，"审美的艺术"作为"美的艺术"，必须把反思判断力作为自己的准则，而不能把经验感性的感觉作为准则。

康德指出，美的艺术品虽然不是自然之物，但"它的形式的合目的性"，却"必须""像"是自由的自然之物。但在这种"像"自然之中，却暗含了艺术品"创造"同"规则"的"精湛的契合"。

二　天才与美的艺术

要使艺术品对自然的"模仿"惟妙惟肖，同时暗含十分严格的创作规则，康德认为，只有"天才"才具有这样的"才能"。康德特别强调：艺术的规则必须由自然来提供，自然只能通过（具有某种主体素质的）艺术家来向艺术提供先天规则，这个规则似乎就是艺术家本人的素质。

康德阐述了天才的四个特点：第一，天才就是具有"人的理性不能为之提供任何规则"的才能；第二，天才又是严格遵循某种规则的一种素质，而不是"任意胡闹"；第三，天才艺术家并不能以自己的"经验"来指导人们创造出天才的艺术品；第四，自然"通过天才"只为"美的艺术""制定"规则，而并不为科学制定规则。

康德说，所有对天才的模仿都不是达到天才的路径。天才的灵巧是不能传承的。但康德强调要学习"典范"。通过学习虽然不能学成天才，但能"更接近于"天才的禀赋。

康德认为，只有天才才能把自然中丑恶的东西诸如自然灾害、战争、疾病和死亡等以美的形式描绘出来，使人得到欣赏愉悦。

关于天才的本质，康德说：天才就是把概念加以自由地运用（超出知性和智性的规则），给作品"灌注精神"，使作品形成具有审美意味的"辇状"，[①] 从而使人激奋起来[②]。

康德强调，天才是一种艺术才能，而不是科学才能；尽管天才以确定的知性概念为前提，但它更多地使想象力在摆脱一切规则的自由活动中为概念创造在表象上的合目的性；这种才能是由主体的本性所产生的。

康德不但强调美的丰富和原创，而且要求"想象力在其自由中与'对象的合规律性'的适宜性"。康德指出，如果过于的精神洋溢和自由，就会成为"胡闹"。因而，鉴赏力作为一般判断力，是对天才的"狂放"进行"驯化培养"的能力。

康德强调鉴赏对于美的艺术的优先性。他认为"鉴赏"在美的艺术的四个能力中占有把其他三种能力（"想象力"、"知性"和"精神"）统一起来的地位。

三 "美的艺术"：分类、结合与比较

为研究这个问题，康德首先阐明了"一般美"的概念，以及"美的艺术"同"美的自然"的区别。康德把美的艺术划分为三个类型：1. 言说的艺术；2. 造型的艺术；3. "感觉的游戏"的艺术。

第一，"言说的艺术"就是"讲演术"和"诗艺"。前者把知性的事务活动作为想象力的自由游戏来推进；而诗艺是把自由游戏作为知性的事务活动来阐释。

第二，"造型艺术"表达经验感性直观中的理念。它有两类：1. "经验感性的真实性"的艺术就是"塑形"；2. "经验感性的映相"的艺术就是"绘画"。

康德把"塑形"艺术分为：1. 雕塑艺术：以形体表现事物的概念在自然中的"可能的实存"；2. 建筑艺术：把一种目的作为意图以艺术性表

---

① 参见 IKW, V, S. 390。
② 参见 IKW, V, S. 391。

现出来。

康德把"绘画艺术"也分为两类：1."对自然进行美的描述"的艺术；2.对自然的产物进行美的"综合安排"的艺术。前者指本意上的绘画艺术，后者则指园林艺术。

康德认为，上述所有造型艺术都通过形象（格式塔）来表达艺术家的精神。

第三，感觉的"美的游戏"的艺术。可分为"听觉的"和"视觉的"，即"音乐"和"色彩"。康德指出，这两种感觉只有在进行"美的游戏"的时候才是"美的艺术"；不然就是"快适的艺术"。

康德指出，以上三大类美的艺术及其子分类可以组合而形成新的"美的艺术"的种类：例如讲演术和绘画可以组合为"戏剧"，诗和音乐可以组合为"歌唱"，而歌唱和绘画又可组合为"歌剧"，音乐中的诸感觉的和诸形象的游戏可以组合为"舞蹈"。一些对崇高的表演例如"朗诵式的悲剧"、"教喻诗"和"圣乐"等都可归入美的艺术。康德指出，在这些形式中，愉快同时也就是文化教养。

康德还对各种美的艺术的审美价值进行了比较。他认为："诗艺"在所有美的艺术中居于"最高等级"的地位。而康德认为讲演术是通过美的映象捉弄人的艺术。但康德把修辞学看作语言的美的艺术①。康德把"音调的艺术"看作在仅次于诗艺的美的形式，指出它"唤起"人的自然感觉，但游戏成分太多而知性内涵不足故教化功能不够。康德认为造型艺术的教化功能远远高于音调艺术。而在造型艺术中，绘画占有最优先的地位，其中的素描艺术是一切造型艺术的基础。

康德在对美的艺术的研究的最后篇幅，解释各类美的艺术的心理、生理机制。康德强调，"吸引人并令人喜欢的东西"同在经验感性上令人快乐的东西有本质区别。快乐是一种对人的整体生命有促进作用的情感，但快乐如果作为一种经验感性的享受，就与人的理性处于既适合又有差异，甚至对立的复杂关系中。康德认为不包含任何意图的"自由游戏"使人从激情获得愉悦并促进健康。康德认为，人的生命力在游戏中显得朝气蓬勃。

---

① 参见 IKW，V，S. 403 - 404，以及 S. 403 - 404 的注。

四　审美判断力的辩证法以及美的道德性

在结束了"审美判断力的分析学"的研究之后，康德按照他的前两个《批判》的构造思路，对审美判断力的"辩证法"进行研究。什么是"辩证的判断力"呢？康德指出，由于在鉴赏判断的可能性的基础上出现了"自然的方式"和"不可避免的方式"之间的相互冲突的概念，所以，"鉴赏的批判"具有辩证的性质，而且必须对此予以消解。

这个辩证的一方命题是：在鉴赏中每个人都有自己的不同的概念表象，故鉴赏是私人的事情。这是个别性的主体主义的立场；而另一方的命题是：鉴赏的愉悦是共同感，似乎有一个客体概念作为其根据。这是客体性的普遍主义的立场。

康德提出了消解这个二律背反的任务。他认为，在这两个判断中，与客体相关的"概念"实际上不是同一个而是两个不同的概念。正题说的是：鉴赏判断不是以确定的"知性概念"为根据的；反题说的是：鉴赏判断是以"某种超越于经验感性之上的人性奠基之物的概念"为根据的。这两个概念的"合题"是一个"单纯反思的审美判断力"的概念。它是关于"先验自由"的"概念"。"自由"是批判哲学中的三个二律背反的共同消解之道。它要求人们把"经验感性对象"看作"现象"，并在其之下放置一个先验理性作为奠基之物。也就是说，三种二律背反分别根据的三种认识能力，即知性、判断力和理性，都有着比自己更高一级的先天原则，都可以在同一个"先验理念"的维度上被归纳，从而被消解。

在审美判断力批判的最后小节，康德提出了美是道德习俗的象征的著名论断。

康德指出，理性概念不可能有任何直观，它能够得到的表象方式就是象征。而美就是"道德习俗之善"的象征。

在审美判断力批判的结尾，康德概述了"鉴赏的方法论"。康德强调，由于美不是科学，因而它的传授方法也就不同于科学。它的传授只能依靠"风格"。这是一种模式，它并不是艺术的本质之点。为了得到"真传"，后人最应该重视的东西应该是天才的"艺术理想"。虽然人们并不可能"完全"实现艺术理想，但艺术必须关注"理想"。艺术的传授就是"唤醒学生的想象力"并使其与给定的概念相适合。康德强调，"美的艺术"的"入门"，并不在于对规范的把握，而在于使心灵力量具有"人文学科"的"预备知识",获得人文的"教化"。人文有两方面的意义,一方面是"同情心",另外一方面就是人对自己最内在的东西的一种普遍传达能力。康德认为,时代的发展使人离自然越来越远,如果不能有意识地保存和维护典范,一个民族就很难具有把自己的"最高文化的""合法则的强制"同"感受到这种价值的力量和正确性"的"自由本性"结合起来。康德强调,正是在"对道德习俗理念的情感的'感受性'"中,形成了鉴赏的愉悦的普遍有效性。

康德的审美判断力批判的最后一句话是:

> 鉴赏的"真正入门"的奠基,就是对"风尚习俗"理念的"拓展"和对道德情感的"教化"。因为只有当感性同道德情感协和一致时,真正的鉴赏才能够具有一种确定不变的形式。①

可以说,在一部思想深邃的《判断力批判》中,这是康德最后留给人们的值得隽永深思的美学格言。

第六节　康德美学的历史意义

康德的《判断力批判》一书的前半部分"审美判断力批判",是康德最重要的美学著作。康德在该书中阐明的美学观点,概括起来主要是:1."判断力"(作为愉快和不愉快的情感)是一个哲学范畴,它是联结(沟通)认识能力(即自然之知性,也即理论哲学)和欲求能力(即自由之道德理性,也即实践哲学)二者的桥梁;2.审美的鉴赏判断是一种无功利的、普遍愉悦的、自由的主体情感;3.对自然界的崇高的愉悦是审美想象力对审美主体的自由加以剥夺,而后又以意识参与而赋予人自身以数与力的无限性的情感;4."艺术"是以理性为其行动基础的自由活动(或者审美游戏),美的艺术是合目的性的自由表象方式,它基于模仿自然而又超越自然,天才是美的艺术的创造者,他的创造在于使艺术品获得精神灌注并激发自由想象力;5.作为普遍人性意识的审美鉴赏和艺术的旨要,在于使人得到人文陶冶,促进人本身以及全民族的同情感、普遍交

---

① 参见 IKW, V, S.433。

往能力和道德水平的提升。

康德的这部美学著作的意义，首先在于他的哲学意义。康德的美学，是属于他的批判哲学的思想体系之中。"审美判断力批判"中的审"美"并不是审文学艺术的美感，而是审一种"感觉"，它不是"经验"感觉而是"先验"感觉。这个先验感觉是与经验感觉、知识、道德理性以及"纯粹的先验理性"、"先验认识能力"等概念在一起，共同描述康德的哲学思想体系的基本概念。

康德关于"美"的非概念的、非功利的、可普遍传达的、必然性的规定，严格地划分了审美与科学（概念性）、与道德（意志）、与个人嗜好、与偶然性现象（事件）等的界限。康德关于崇高的"内在性"而非"对象性"、正反向感觉的相互作用、它与概念和理性的离合关系、它所具有的或质的巨大或数的无限的性质的哲学式的揭示，开了文学艺术观念的新生面。上述这些基本观点，确实具有学术史上的"划时代"意义，对西方在康德以后的美学观念和研究兴趣都产生了巨大的影响，使人们对自然美、对艺术美、对文学艺术的创作的路径以及对文艺"天才"有了新的看法，但对审美和功利的观点，后世颇有争议。康德对艺术理想超越审美而道德化的看法，他对艺术种类的美育功能的哲学式的、和心（生）理学式的揭示，都对人们从事、喜爱或者研究这些艺术种类具有很大的理性说服力和心理引导意蕴，尽管康德的一些评判表现了他个人的偏好。今天，在进入 21 世纪之后的审美的时代，人们的审美理念和行动尽管已经和康德时代大相异趣，但读一读康德的这部著作，我们就会意识到，他的许多论述似乎就是为了回答当代人们所面临的文学艺术难题而写的。

第二十章

黑格尔

第一节　生平和著作

格奥尔格·威廉·弗里德里希·黑格尔（Georg Wilhelm Friedrich Hegel）1770 年 8 月 27 日生于德国斯图加特。少年时期受到了系统的古希腊罗马的传统文化教育。黑格尔于 18 岁进入图宾根大学神学院主修哲学和神学。1789 年法国大革命爆发后，黑格尔和同学热烈拥护，并种了一棵自由树以示纪念。黑格尔从此一生高度评价法国大革命。他 23 岁从神学院毕业，先后曾经到伯尔尼和法兰克福当家庭教师。

1801 年年初，黑格尔离开法兰克福赴当时德国进步思想的中心城市耶拿，开始了他一生中第一个学术探索阶段。他在这里认识了歌德。并在谢林推荐下成为耶拿大学的编外讲师。后成为该大学的教授。在耶拿任教的 6 年是黑格尔哲学、美学的形成期。在授课的基础上，他完成了《逻辑学、形而上学和自然哲学》、《实在哲学》和《伦理体系》等重要著作。从 1805 年起，黑格尔着手写作被后世公认为哲学名著的《精神现象学》，1807 年 3 月该书正式出版，它标志着黑格尔哲学体系的形成。

1807 年 3 月，黑格尔到班堡担任《班堡日报》主编。不久由于报纸停刊，他于次年年底到纽伦堡任文科中学校长。黑格尔在这里当了 8 年校长，在此写作了他最重要的著作之一《逻辑学》第一卷等作品，系统地表述了他的客观唯心主义哲学体系的建构。

1816 年，黑格尔应聘到海德堡大学担任哲学教授。同年冬天，他的

《逻辑学》第二卷出版，次年夏，他的《哲学全书》出版。《哲学全书》中的美学部分是黑格尔讲授美学课的一个提纲，它确立了美学在他的哲学体系中的地位。后来黑格尔讲过多次美学课。在他去世后他的学生把听课笔记整理成《美学讲演录》出版，即我们现在所看到的黑格尔《美学》。

黑格尔将美学作为《精神哲学》体系中绝对精神阶段的第一个环节。他认为，理念的漫游要经过逻辑阶段、自然阶段，再升华到精神阶段；在精神阶段又经过主观精神（个体意识）、客观精神（社会制度、文化）然后达到绝对精神（主客观精神的统一）。理念的绝对精神阶段又包括艺术、宗教和哲学三个逐渐升高的环节，它们分别是对理念的感性、表象和概念的三种把握。而艺术是理念在感性方式中的显现。黑格尔认为，美学的任务就是描述理念在艺术阶段的运动方式和过程。

1818年，黑格尔应聘到柏林大学任教。他在这个学校度过了他一生中最后的十三年。在柏林大学，他的哲学体系逐步更趋完善。众多学生被他的讲课所吸引，围绕他形成了"黑格尔学派"，他的哲学的影响遍及全德意志，柏林大学因此成为当时德国哲学的中心。1829年黑格尔被任命为柏林大学的校长。在柏林期间，黑格尔出版了他的《法哲学原理》，在这部论及国家、法律和道德习俗风尚的著作中，他表现了政治上的保守立场。他被视为官方的哲学代言人。但在1830年法国爆发七月革命后，黑格尔又一次表示了对法国革命的赞同，并肯定了法国资产阶级新秩序的恢复和重建，认为法国革命所带来的是"一个光辉灿烂的黎明"。

1831年德国流行霍乱，61岁的黑格尔不幸染病，于当年11月与世长辞。

黑格尔一生不只浸沉于抽象的思辨王国，而且也热爱文学艺术。无论是文学、戏剧、绘画还是音乐，都是他的兴趣领域。黑格尔从年轻时起，就结交了许多文艺界的朋友，尤其是与歌德和荷尔德林的交往，对他的美学思想产生了深刻的影响。他的美学体系是建立在他对艺术的丰富的感性体验和深入的理性思考基础之上的。

黑格尔是他那个时代资产阶级思想家的伟大代表，资产阶级的两重性在他身上打下了明显的烙印。如恩格斯所说："黑格尔是一个德国人，而且和他的同时代人歌德一样拖着一根庸人的辫子。歌德和黑格尔在各自的领域中都是奥林波斯山上的宙斯，但是两人都没有完全摆脱德国庸人的习气。"①

　　黑格尔美学思想的代表作是他的名著《美学》。如前所说，它是黑格尔的学生豪托以几本听课笔记为基础整理而成的，因而其德文版、英文版书名也叫《美学讲演录》。德文版最早出版于 1835 年。

第二节　黑格尔哲学体系与美学体系

　　黑格尔美学是黑格尔哲学体系的一个"有机"组成部分，在《美学》中黑格尔写道："对于我们来说，美和艺术的概念是由哲学系统供给我们的一个假定。"② 因此，要理解黑格尔美学，就首先必须了解黑格尔的哲学体系。

一　哲学体系

　　黑格尔认为世界的本原不是物质而是理念。③ 他说的"理念"是指独立于个人之外的"自在自为"的客观理念，它是整个世界（包括自然界、人类社会和思维）的本质和本原。

　　黑格尔的全部哲学就是对理念辩证发展和运动过程的描述。这个发展过程分为三个阶段，即逻辑阶段、自然阶段和精神阶段。

　　关于逻辑阶段。黑格尔认为，逻辑范畴是内蕴于客观事物之中决定事物的本质的"客观思想"，是存在的本质。在此阶段，理念通过纯粹思维和纯粹理性的形式来发展自己。各种逻辑范畴结合起来构成不断向前推演的有机统一体。这个运动被描述为从"存在"（正题）到"本质"（反题）再到"概念"（合题）的过程，其中三阶段的每一段又分为若干个小的三阶段，完整地组成了理念由单一到复杂、由贫乏到丰富、由片面到全面、由抽象到具体的发展过程，最后达到绝对理念在逻辑阶段的发展揭示自己全部丰富性后，就否定自身，突破纯粹精神和纯粹思维的范围，而"外化"为自然界，从而进入自然阶段。

　　①　《马克思恩格斯选集》第 4 卷，人民出版社 1995 年版，第 218—219 页。
　　②　黑格尔：《美学》第 1 卷，商务印书馆 1979 年版，第 30 页。
　　③　黑格尔：《小逻辑》，第 130 页。

关于自然阶段。黑格尔认为，理念扬弃自身的抽象性而异化进入自然界后，潜蕴于自然之中主宰自然界的发展。它在自然界的发展要经过三个阶段：从"机械性"（正题）到"物理性"（反题）再到"有机性"（合题）。在有机阶段生命个体出现了，它又由植物、动物和人构成。"人"的出现标志着理念突破自然界进入精神阶段。

关于精神阶段。在黑格尔看来，人高于动物之处就在于人能够"思考自己"，具有自我意识；人能够摆脱物质束缚而达到独立自决的自由。精神哲学的任务就是描述"绝对理念"通过"人"而回复到自身，实现思维与存在同一。精神哲学的"正题"是主观精神，"反题"是客观精神，它外化为法、道德、习俗风尚。而"合题"是"绝对精神"，即主观精神与客观精神的统一。在绝对精神中，"意识"的三种形态是艺术、宗教和哲学。这三种形态都是绝对理念实现自己、认识自己的方式：艺术以感性形象把握理念；宗教以虔诚的信仰态度用表象形式显现理念；哲学以概念把握理念。"绝对理念"在哲学中最终认识了自己；达到思维与存在的同一。

黑格尔哲学的合理内核是：世界处于永恒的矛盾运动和变化发展之中，而且这种运动和变化是有规律可循的；绝对精神不是一个抽象的、孤立的、静止的、僵死的实体，而是一个包含着"一往直前的内在运动"的活生生的整体，它通过在历史过程中的自我发展使自己具体丰富起来。绝对精神的对立统一规律、否定之否定规律，从量变到质变的规律，都真实反映了客观事物发展的辩证过程。

二 美学体系

黑格尔美学体系以绝对理念为核心展开对美的本质、象征型艺术、古典型艺术和浪漫型艺术的论述。

美学在黑格尔哲学体系中属于绝对精神自我认识的低级阶段，它通过感性的形象来显示自己。黑格尔认为："美就是理念的感性显现。"[①] 它"不是在哲学逻辑里作为绝对来了解的那种理念，而是化为符合现实的具体形象，而且与现实结合成为直接的妥帖的统一体的那种理念。"[②] 它包

---

① 黑格尔：《美学》第 1 卷，商务印书馆 1979 年版，第 142 页。
② 同上书，第 92 页。

含了：1. 概念（抽象的普遍性）；2. 体现概念的客观存在（个别具体的事物）；3. 这两者的统一。

黑格尔指出，"我们已经把美称为美的理念，意思是说，美本身应该理解为理念，而且应该理解为一种确定形式的理念，即理想。一般说来，理念不是别的，就是概念，概念所代表的实在，以及这二者的统一。概念与实在的这种统一就是理念的抽象的定义"①。

根据美的理念与感性形象的不同关系，黑格尔把艺术分为三种类型：1. 象征型艺术，理念还没有找到与自己完全符合的形象，因此使得形象离奇而不完美；2. 古典型艺术，理念与形象形成自由而完满的协调；3. 浪漫型艺术，有意突破理念与形象的完满关系，体现艺术的对象就是自由的具体的心灵生活，向心灵的内在世界显现出来。

美的理念是黑格尔美学的起点，他运用辩证法建构其美学体系：美的理念是正题（存在论），自然美是反题（本质论），艺术美是合题（概念论）；从整个艺术角度来看，美的理念是正题（存在论），三种类型的艺术美是反题（本质论），各种门类的艺术形态是合题（概念论）。

黑格尔美学的最大贡献在于：他在理念论的基础上，论证了经验论美学和唯理论美学的统一的必然性和真实性，最终形成客观唯心主义的、完善的美学体系。

第三节　"美"与审美活动的哲学实质

一　对美的本质的哲学探索

黑格尔在《美学》中把"美"定义为："美就是理念的感性显现。"他说："这个概念里有两重因素：首先是一种内容、目的、意缊；其次是表现，即这种内容的现象与实在；最后，这两方面是相互融贯的，外在的特殊的因素只显现为内在因素的表现。"②

在黑格尔的美的定义中包含着三个方面的内容：

一是"理念"。这是美的内容、目的和意蕴。黑格尔所说的理念是一个能动的创造万物的主体，其"本身包含各种差异在内的统一，因此它

---

① 黑格尔：《美学》第 1 卷，商务印书馆 1979 年版，第 135 页。
② 同上书，第 119 页。

是一种具体的整体"①。理念的内部差异、矛盾导致它自身的分裂和外化，使自己的本质在感性对象中实现、发挥出来。整个世界就是理念自我认识和自我实现的一个过程，是理念创造出来的。美和艺术也是理念自我认识和自我实现的一个方面，也是理念创造出来的。因此，美的本质就是理念。

黑格尔关于美是理念的看法，是对柏拉图的继承和发挥。柏拉图认为个别具体事物的美还不是美，只有美本身，即美的理念才是美。但是黑格尔认为柏拉图所说的理念是与客观存在相对立的，是抽象的，因而是空洞无物。黑格尔抛弃了这种抽象性。他说："我们对美这个逻辑理念必须更深刻地更具体地去了解，……我们却不应该固执柏拉图式理念的抽象性，因为那只是对美进行哲学研究的开始阶段的方式。"② 黑格尔指出："理念不是别的，就是概念，概念所代表的实在，以及这两者的统一。"③ 概念本身还只是理念的抽象状态，只有当概念否定了自己的抽象性和片面性，与实在的个别性统一起来时，一方面具有概念的普遍性，另一方面又有实在的具体性，这就是理念的形式和现象。黑格尔说："正是概念在它的客观存在里与它本身的这种协调一致才形成美的本质。"④

可以对美与理念的关系作出如下理解："美"是"真"而又不同于"真"。黑格尔说："美就是理念，所以从一方面看，美与真是一回事。""美本身必须是真的"；"但是从另一方面看，说得更严格一点，真与美却是有分别的"。⑤ 真是理念作为理念本身来看的，它依靠纯粹的思维来认识和表达，而美则要通过外在感性形象来表达理念的真理性。真与美的区别就在于前者是对理念的认识；后者是理念的显现。

二是"感性形象"的"显现"，这是美的外在形态。黑格尔说："美是理念，即概念和体现概念的实在二者的直接的统一，但是这种统一须直接在感性的实在的显现中存在着，才是美的理念。"⑥ 一方面，美的理念应该符合理念的本质，即应该是概念和实在的统一体；另一方面，美的理

①　《美学》第 1 卷，商务印书馆 1979 年版，第 137 页。
②　同上书，第 27—28 页。
③　同上书，第 130 页。
④　同上书，第 143 页。
⑤　同上书，第 142 页。
⑥　同上书，第 149 页。

念又必须显现为感性形象。当符合理念本质的理念在具体的感性形象中自我展开、自我实现的时候，理念就取得了客观存在的感性形式。作为艺术内容的美的理念，必须通过具体的现实形象表现出来。美就是"理念内容的感性化，感性形式的心灵化"①。

三是"理念与感性显现的统一"。黑格尔说，"理念出于自我认识的需要，它把自己显现为感性的形象"②，感性形象既是理念的对立面，又是理念自己的创造物。理念作为人的心灵的自由活动，它需要通过外在的感性形象来观照和认识自己。美的理念是理念内容与感性形式的完美的统一。黑格尔说："按照美的本质，在它的对象里，无论是它的概念以及它的目的和灵魂，还是它的外在的定性，丰富复杂性和实在性，都显得是从它本身生发出来的，而不是由外力造成的……各个部分也显出观念性的统一和生气灌注。"③

二 对审美活动的探讨

黑格尔认为美学探讨美和艺术。黑格尔称美学为"艺术哲学"。美的本质与艺术的本质虽然都是理念的感性显现，但美毕竟不等于艺术。从美到艺术还需要一个中间环节，那就是审美活动。黑格尔对审美活动进行了深入的阐释。

第一，审美具有令人解放的性质。

在黑格尔看来，人与现实之间有三种基本的关系。第一种关系是人"对外在世界起欲望关系"④，在这种关系中，人按照自己的个别冲动和兴趣去对待对象，用它对象维持自己；利用它们、吃掉它们甚至牺牲它们来满足自己。在这种情况下，主客体双方都是没有独立存在和自由的，"美"和"审美"根本无从谈起；第二种关系是"对于理智的纯粹认识性关系"，在这种认识关系中，主体对对象只作认识性的观照，这时对象对主体仍能保持独立自由，但主体却必须服从对象的抽象必然性和规律性，达不到自由自在的审美境界。黑格尔指出："美既不是困在有限里的不自

---

① 《美学》第1卷，商务印书馆1979年版，第243页。
② 同上。
③ 同上书，第147页。
④ 同上书，第45页。

由的知解力（译知性）的对象，也不是有限意志的对象。"① 在人同现实
发生审美关系时，对象只以自己个别的感性形象与主体发生观照关系，它
从外界转回到它本身，消除了对其他事物的依存性，把它的不自由和有限
变为自由和无限了；主体摆脱了欲望冲动和纯理智需要的片面性，把对象
看成独立自在、本身自有目的的存在，主体的不自由也消失了。因而，
"审美带有令人解放的性质"②，"我们一般可以把美的领域中的活动看作
一种灵魂的解放，而摆脱一切压抑和限制的过程"③。

第二，审美是一种认识性的观照。

黑格尔认为，在审美活动中，审美主体对对象不起物质欲望，"把它
只作为心灵的认识方面的对象"④。在这个意义上，审美活动居于认识活
动范畴。但黑格尔指出，审美活动作为一种认识活动，既不能够依靠单纯
的感觉，也不能依靠单纯的理智或知解力。单纯的感觉的即仅止于感官快
适的所谓娱乐不能算是美感。真正的美不只在以外形来悦耳悦目，而在于
它以内在性质来悦志悦神。同样，单纯的理智或知解力是一种抽象思维能
力，它以形式逻辑看待事物，只讲求对因素的区分和做出非此即彼的判
定，它把主体与客体、内容与形式等对立和分割开来，因而它无法把握上
述诸要素在审美活动中的统一，无法进入自由境界。

黑格尔认为，审美活动必须依靠"敏感"来进行。他说："在审美时
对象对于我们既不能看作理想，也不能激发思考的兴趣，成为和知觉不同
甚至相对立的东西。所以剩下来的就只有一种可能：对象一般呈现于敏
感。"⑤ "敏感"是介于感觉与思考之间的心理功能，"'敏感'一方面涉
及存在的直接的外在的方面，另一方面也涉及存在的内在本质。充满敏感
的观照并不把这两方面分别开来，而是把对立的方面包括在一个方面里，
在感性直接观照里同时了解到本质和概念。但是因为这种观照统摄这两方
面的性质于尚未分裂的统一体，所以它还不能使概念作为概念而呈现于意
识，只能产生一种概念的朦胧预感"⑥。黑格尔在这里用敏感表述了审美

---

① 《美学》第 1 卷，商务印书馆 1979 年版，第 144 页。
② 同上书，第 147 页。
③ 《美学》第 3 卷，商务印书馆 1979 年版，第 337 页。
④ 《美学》第 1 卷，商务印书馆 1979 年版，第 46 页。
⑤ 同上书，第 166 页。
⑥ 同上书，第 167 页。

的特点：其一，审美须依赖于感官，但并不停止于感官，而是要从对对象的感性把握上升到不确定的理性把握。其二，审美将对象的理性内容与感性形式作为统一的整体来观照，通过具体的形象来认识其背后的理念和本质。其三，在审美中获得的认识是一种朦胧的认识，这种认识既不是确定的概念形式，也不是纯粹感性的形式，而是在感性与理性的交融中通向某种普遍性的概念。因此，在充满"敏感"的审美活动中，审美主体必然会获得极大的愉悦，这种愉悦不只是感官上的快适，而是精神上的增益，更重要的是心灵上的升华。审美境界就是这样一种自由观照的境界。

第三，审美中的感觉。

黑格尔把审美的过程看成是认识的过程。由于美起于感性形象的显现，"美只能在形象中见出"①，美的这一特点决定了审美必须取感性观照的形式。黑格尔认为，审美最重要的感觉活动是视觉和听觉，而嗅觉、味觉和触觉与审美无关。这是因为视觉和听觉不能对对象直接起物质欲望或直接从物质性上使用和享受对象，故始终能使对象保持独立自由，并且能给人较为明确的表象。视觉与听觉二者的审美功能也不相同。在黑格尔看来，听觉要高于视觉。这是因为视觉的对象——颜色、形体之类依旧是物质性，而听觉感受的对象——声音则是观念性的。观念高于物质，听觉也就高于视觉。黑格尔还提出了审美感性观照的第三种形式："认识性感觉"，也称为"感性的表象功能"。这种功能是通过回忆使感官先前的印象再现。尽管这种表象已经经过了思维的加工，但它还是具体的表象而不是抽象的概念，主体借助于回忆和想象所进行的这种观照也可以获得审美享受。

第四节　艺术美与理想美

黑格尔常常将美和艺术等同起来，美的本质也就是艺术的本质。他虽然也承认自然美的存在，但他认为自然美只是一种低级的美，艺术美或理想美则是高级形态的美。因而，艺术哲学"要把自然美排除于美学范围

---

① 《美学》第 1 卷，商务印书馆 1979 年版，第 161 页。

之外"①。黑格尔的美学在简单地分析了自然美之后，很快就转入了对艺术美的阐述，以理念的自我运动的辩证法把艺术美的诸范畴编织成为一个完整的学说体系。

一 艺术美的基本特征

黑格尔认为，艺术的旨趣只在于显示绝对理念。艺术的价值在于它是精神进行自我认识、反思自身的一种方式。他说："艺术从事于真实的事物，即意识的绝对对象，所以它也属于心灵的绝对领域，因此它在内容上和专门意义的宗教以及和哲学都处在同一基础上。"② 但是，艺术和宗教、哲学有着根本的区别，艺术是用感性形象化的方式把真实呈现于意识，把概念与个别现象统一。艺术美的本质特征在于：

第一，感性与理性的统一

黑格尔认为艺术必须以感性世界为源泉，通过具体的、个别的感性形象来显现理念。因此，形象性是艺术最根本的特征。但是仅仅有感性形象并不构成艺术美，只有形象与理念结合成为一个完整的统一体，并充分体现理念时，形象才是"美的形象"。黑格尔肯定了艺术美中所蕴涵的真理和"心灵的性格"即理性内容，而这种理性内容是通过艺术形象表现出来的③，正是这种感性与理性的统一，才使艺术形象不同于普通的、直接的自然物。

第二，内容与形式的统一

黑格尔强调说："艺术的内容就是理念，艺术的形式就是诉诸感官的形象。艺术要把这两方面调和成为一个自由的统一的整体。"④ 艺术作品内容不应是现实生活的照搬，而是艺术家提炼的"显出特征的东西"。艺术形式必须符合形式美的规律（整齐律、平衡对称等）。艺术就是内容和形式结合成的自由统一的整体。黑格尔认为，艺术的内容本身不应该是抽象的，而应该有符合它的一种感性形式和形象。⑤ 所以，真正的艺术美在本质上就是内容与形式相辅相成、不可分割。

---

① 《美学》第1卷，商务印书馆1979年版，第6页。
② 同上书，第129页。
③ 同上书，第51—52页。
④ 同上书，第87页。
⑤ 同上书，第87—88页。

第三，普遍性与特殊性、一般与个别的统一

黑格尔认为艺术美显现了理念，而理念是一切客观事物的本质和真理，因而具有普遍性。但是艺术美包含的这种普遍性"须经过明晰的个性化，化成个别的感性的东西"[①]，普遍性必须与特殊性结合才构成艺术的美。因此，艺术美的理念一方面应该具有明确的定性，在本质上成为个别的现实；另一方面，它也就是现实的一种个别表现，使它本身在本质上正好显现这理念[②]。普遍性与特殊性的统一，才使艺术既具有理念的价值，又显现为美。

第四，必然与自由的统一

黑格尔认为，艺术活动作为观念性、精神性的活动，包含着对必然与理性的认识，因而是一种自由的活动。艺术家通过自己心灵的能力创造出一个"第二自然"，把自己对象化，把外物心灵化，在审美观照中认识自己并实现自己，因而艺术美是一种自由的美。黑格尔说："美的概念都带有这种自由和无限；正是由于这种自由和无限，美的领域才解脱了有限事物的相对性，上升到理念和真实的绝对境界。"[③] 但是艺术的自由不是任性妄为和主观随意，而是自由与必然的统一。

第五，理想与现实的统一

在黑格尔看来，艺术要源于生活素材，但又必须高于现实生活。在艺术作品中，个别的、感性的艺术形象注入了心灵的自由，体现出理性、普遍和必然的精神，艺术的真实高于现实的真实，"只有由于这个缘故，理想才托身于与它自己融会在一起的那种外在现象里，享着感性方式的福气"[④]。因此，理想性是艺术的根本特征之一。艺术应该摆脱现实的琐碎和庸俗，显示出和悦与宁静，达到超凡脱俗的境界。

二 艺术美的实现

艺术美作为一种理想的美，必须转化为具体的作品，才能被实现。[⑤]这个转化过程就是塑造具体感性形象的过程。黑格尔论述了实现这一过程

---

① 《美学》第 1 卷，商务印书馆 1979 年版，第 185 页。

② 同上书，第 92 页。

③ 同上书，第 148 页。

④ 同上书，第 202 页。

⑤ 同上书，第 223 页。

的状况。

第一，一般世界情况

所谓一般世界情况就是通常所说的时代背景。黑格尔指出，人和外在世界分别各是一个整体，这两个世界虽然互相隔开着，但它们之间保持着本质性的现实关系。表现这种现实就是艺术理想的内容。[①] 人通过艺术实践"把外在世界变成为他自己而存在的"世界，同时，人在"外在事物上面刻下他自己内心生活的烙印"[②]。黑格尔认为，只有古希腊的神话传说时代才最适宜于艺术的繁荣，因为那个时代的个体具有独立自足性并与整个社会统一在一起[③]。而现代社会不利于产生艺术理想，因为此时个人已经丧失了独立自足性而隶属于一套固定的秩序。

第二，情境和冲突

在黑格尔看来，"一般世界情况"只有通过具体化为人生活于其中的具体环境，才能看到环境对人的影响。所谓情境，就是指人物活动于其中，并得以展开各种矛盾冲突的具体环境。黑格尔强调："艺术最重要的一方面从来就是寻找引人入胜的情境，就是寻找可以显现心灵方面的深刻而重要的旨趣和真正意蕴的那种情境。"[④]

黑格尔认为情境有三种：1. 无情境。在这种情境中，一般世界情况虽然是个别化、具体化的，但艺术处于自禁闭状态，只是和它本身统一。[⑤] 古代艺术起源时代雕塑的神像就属于这种情况。2. 有定性但无冲突的情境。尽管人物和外界发生了关系，但他还没有更广泛的关系，它处于自禁闭状态[⑥]。古希腊雕刻和抒情诗属于这种情境。3. 冲突的情境就是理想情境。黑格尔说："只有在定性现出本质上的差异面，而且与另一面相对立，因而导致冲突的时候，情境才开始见出严肃性和重要性。"[⑦] 黑格尔认为这种情境才是理想的情境，才能给艺术美提供必要的背景。

黑格尔把冲突也分为三种：1. 物理的或自然的情况所引起的冲突，

---

① 《美学》第 1 卷，商务印书馆 1979 年版，第 313 页。
② 同上书，第 39 页。
③ 同上书，第 235 页。
④ 同上书，第 254 页。
⑤ 同上书，第 255 页。
⑥ 同上书，第 257 页。
⑦ 同上书，第 253 页。

如疾病、灾祸等。只有当它们涉及人事关系引起心灵的裂变，才能作为艺术描写的对象；2. 半自然半心灵性的冲突，指与自然紧密联系的血缘关系、个人出身以及人的天性等引起的冲突。这些冲突的原因依然是外在的自然力量，但其实质具有社会的普遍意义；3. 心灵性的社会冲突，是指心灵的各种差异引起的冲突，表现的是心灵中各种精神力量的斗争。黑格尔认为，这才表现了人类心灵的内在冲突，最适宜于艺术。在论述了情境与冲突之后，黑格尔指出，发现情境是一项重要的工作，但单有情境还不能铸成真正的艺术形象。"只有把这种外在的起点刻化成动作和性格，才能见出真正的艺术本领。"①

第三，情节和性格

黑格尔认为，情境中存在着冲突，冲突导致了人物的行动，而人物的行动就构成了情节，人物的性格就在行动和情节中展现出来。在黑格尔看来，艺术作品中的行动和情节有三个要素：

1. 引起动作的普遍力量。普遍力量是指各个时代的宗教、伦理、法律等方面的观念和理想，它们都是理念的具体化，都是人心的力量，都是符合理性的。黑格尔强调，冲突的各方都必须有自己行动的合理依据或所维护的某一方面的真理、权利。即使处于反对的一方，也是如此："反动作（即反对的一方）的必然性不能是由荒谬反常的东西所造成的，它必须是本身符合理性的有辩护理由的东西所造成的。"②

2. 发出动作的个别人物。在情节的展开中，普遍力量还必须转化到真正独立自主的人物身上，通过个别人物来实现。如果没有形象化为独立自主的个别人物，普遍力量就还只是一般思想或抽象观念，而不属于艺术领域③。

3. 情致。黑格尔指出，要使普遍力量转化为个别人物，就必须使普遍力量显现为人物所固有的心灵和性格，并成为人物行动的根源。普遍力量表现为人物性格，就是情致。如果说情境是一般世界情况的具体化，是推动人物行动的外在环境，那么情致则是作为理念的普遍力量具体化为人物内在的情感和思想。黑格尔强调说："情致是艺术的真正中心和适当领

① 《美学》第 1 卷，商务印书馆 1979 年版，第 267 页。
② 同上书，第 280 页。
③ 同上书，第 283 页。

域"；情致所打动的是一根在每个人心里都回响着的弦子，情致能感动人，因为它自在自为地是人类生存中的强大力量。在艺术里，感动的应该只是本身真实的情致①。情致形成艺术作品的感染力。黑格尔进一步论述了艺术的理想性格。各种外在环境因素和社会意识，作为普遍性的力量转化为情致，这些丰富的情致集中于个人的心灵之中，就形成了完整的性格。黑格尔认为，理想的性格必然具备三个条件：丰富性、明确性和坚定性。

黑格尔通过对情境、冲突、情致、性格等范畴和它们之间的复杂关系的论述，初步建立了"典型环境中的典型人物"的美学理论。

三　艺术家和艺术创造

在论述了艺术美的实现途径后，黑格尔探讨了艺术创造主体——艺术家的诸多特性以及艺术创造中主体的思维活动和情感活动的某些规律性。

第一，艺术想象

艺术家的活动是心灵创造活动，这种活动的最大特点就是想象。黑格尔写道："最杰出的艺术本领就是想象。……想象是创造性的。"② 想象是现实事物的形象在艺术家头脑中的再现。黑格尔认为艺术想象应是情与理的统一，艺术家一方面要求助于常醒的理解力，另一方面也要求助于"深厚的心胸和灌注生气的情感"。③ 这种情与理的结合就是艺术想象的本质。

第二，天才和灵感

黑格尔认为天才是进行艺术创作的一种特殊才能④。天才"确实包含自然的因素"，即天赋，能够把心灵性的东西通过生动的形象传达出来。但是黑格尔同时也强调后天教养和学习对艺术创造的重要作用。他认为艺术不是无意义的感性形象的堆积，它要显现理性的思想内容，要展示艺术家的心情和灵魂，"而这种心情和灵魂的深度都不是一望而知的，而是要靠艺术家沉浸到外在和内在世界里去深入探索，才能认识到"⑤。艺术天

---

① 《美学》第 1 卷，商务印书馆 1979 年版，第 296—297 页。
② 同上书，第 357 页。
③ 同上书，第 50 页。
④ 同上书，第 350 页。
⑤ 同上书，第 35 页。

才是先天资禀与后天学习结合的产物。

关于灵感，黑格尔说，"灵感就是这种活跃地进行构造形象的情况本身"①，"就是完全沉浸在主题里，不到把它表现为完满的艺术形象时决不肯罢休的那种情况"②。黑格尔指出，灵感来源于艺术家对现实生活的感触，认为灵感和天才一样，也应从感性与理性的统一中加以把握。

第三，艺术表现的客观性

从内容表现来说，黑格尔认为艺术表现不是指艺术对现实的单纯模仿，不是依样画葫芦，而是指将艺术家"得到灵感的那种真正的内容（意蕴）"完全揭示出来。艺术的目的在于揭示生活的内在真实和本质。从形式表现来说，艺术表现的客观性是指要通过个别、特殊去显现一般，使个别形象同普遍的客观精神、主观的情致同客观外在事物形象达到完美统一。黑格尔说："艺术家之所以为艺术家，全在于他认识到真实，而且把真实放到正确的形式里，供我们观照，打动我们的情感。"③

第四，风格和独创性

艺术作品作为艺术家创造性劳动的产物，总是主客观的统一，这种统一构成艺术的独创性。黑格尔并不把独创性仅仅看作艺术家个人的独特创造或创作个性的单纯体现，而是将艺术家的主体性与表现对象的客观性有机结合起来探讨独创性。他说："独创性是和真正的客观性统一的，它把艺术表现里的主体和对象两方面融合在一起，使得这两方面不再互相外在和对立。"独创性是从对象的特征来的，而对象的特征又是从创造者的主体性来的④。独创性是黑格尔对艺术创作的最高要求，也是他评价艺术家和艺术作品的最高尺度。

第五节　艺术史观

黑格尔的艺术史观是他对美学的重大贡献。黑格尔对艺术史的研究是在前人的成果的基础上进行的，但他的成就远远超过了前人，也超过了与

---

① 《美学》第 1 卷，商务印书馆 1979 年版，第 359 页。
② 同上书，第 354 页。
③ 同上书，第 352 页。
④ 同上书，第 373—374 页。

他同时代的艺术家。

一　艺术的起源

黑格尔将"理念"作为艺术的起源，并且表述了以下的基本观点：

第一，从主体方面看，艺术活动起源于人的"自由理性"的冲动，即反思的自我认识和认识外界的需要。黑格尔指出，人之所以要创造艺术，根本的原因是人追求自我意识。人在实践过程中和新创造的对象中追求对自己的认识和欣赏。这就是黑格尔所说的"自然的人化"过程。人通过改变外在事物来达到这个目的。人这样做的目的，在于要以自由人的身份，去消除外在世界的那种顽强的疏远性，在事物的形状中他欣赏的只是他自己的外在现实。[①] 人类在使自然之物人化、美化的同时，也使自身肉体人化、美化和精神化，这些活动就是艺术的起源。

黑格尔的"自我意识"所寻求的最高境界是独立自由。艺术创造只不过是人借助于外在事物实现自己、认识自己，以满足心灵自由的手段。黑格尔指出，艺术产生于人意识到和自然的对立，并努力消除这种对立的活动中，黑格尔说："艺术就是从这里开始：它就是按照这些观念的普遍性和自在本质把它们表现于一种形象，让直接的意识可以观照，使它们以对象的形式呈现于心灵。"[②]

第二，从客体或对象方面看，艺术的起源与宗教活动有直接关联。黑格尔认为，艺术活动与宗教活动有一个相似之处，就是两者都是把观念的普遍性与感性的个别形式融合在一起了。艺术有一种通过心灵来理解的内容意义，这种内容意义固然直接显现于外在事物，而这外在事物却不是现成的，它是由心灵创造出来的。只有艺术才是最早的对宗教观念的形象翻译[③]。

二　艺术的发展历程：三种艺术类型

黑格尔根据"美是理念的感性显现"的定义出发，确立了艺术类型

---

① 参见《美学》第 1 卷，商务印书馆 1979 年版，第 39 页。
② 《美学》第 2 卷，商务印书馆 1979 年版，第 23—24 页。
③ 同上书，第 24 页。

的划分原则。他认为，各种艺术类型都是美的理念在特殊化、个别化的过程中的具体显现。造成艺术种类差异的原因，就是美的理念的内容与形式在显现的过程中是否统一及其统一的程度。美的理念在不同历史发展阶段中的显现形式，就形成了不同历史时期的艺术类型。它们分别是：象征型艺术、古典型艺术和浪漫型艺术。

第一，象征型艺术

黑格尔把象征型艺术称为艺术前的艺术，是艺术的准备阶段而并不是真正的艺术。在这个阶段中，理念内容还是作为抽象的普遍性出现，显得模糊、有缺陷，并不具体明确。由于这些普遍的理念内容无法从具体的感性现象中找到适合的、确定的形式，无法得到恰当的表达，所以，"这种不适合就使得理念越出它的外在形象，不能完全和形象融成一体。这种理念越出有限事物的形象，就形成崇高的一般性格"①。在象征型艺术中，物质形式只是作为一种比喻来暗示内容，这形式并不是内容自身的形式，而是一种符号，一种象征。象征形象具有暧昧性，是"双关的或模棱两可的"。②

象征型艺术的发展要经过三个阶段：

一是不自觉的象征。此时"所用的形象还是直接的，还不是有意识地作为单纯的图形和比喻来处理的"③，因而内容与形式之间还处于"虽未分裂、而在结合之中、却仍有矛盾"的那种带有神秘意味的不巩固的统一。

二是崇高的象征。这时绝对精神跳出了个别外在事物的形式，与整个现象世界划分开来，它无法在有限现象中直接找到表现自己的形象，这就形成了"崇高的象征"。黑格尔说："崇高一般是一种表达无限的企图，而在现象领域里又找不到一个恰好能表达无限的对象。"④

三是自觉的象征，即比喻的艺术形式。在自觉的象征中，内容与形式之所以被联系在一起，主要"取决于诗人的主体性，取决于他的精神渗透到一种外在事物里的情况，以及他的聪明和创造才能"。⑤黑格尔强调，

---

① 《美学》第 2 卷，商务印书馆 1979 年版，第 9 页。
② 同上书，第 26 页。
③ 同上书，第 33 页。
④ 同上书，第 79—80 页。
⑤ 同上书，第 99 页。

自觉的象征并不能形成一种较高级的艺术形式，这是因为它既没有真正象征的那种秘奥的深度，又没有崇高的那种高度①。

在黑格尔看来，象征型艺术是内容与形式还没有达到完全互相渗透互相契合的一种表现方式，是人类艺术起源的最初形式。

第二，古典型艺术

古典型艺术是从象征表现方式的发展过程中发展出来的。它用恰当的表现方式实现了符合艺术概念的真正艺术，进入了真正的艺术时期。在古典型艺术里，理念在本身的概念里就已具有符合它的外在形象，它就可以把这个形象作为自在自为（绝对）地适合于它的实际存在而与它融成一体。美是古典型艺术的基本特征。

黑格尔认为古典型艺术中美的中心内容与人有关。首先，古典型艺术在表现内容上选择了人的形象。"因为只有人的形象才能以感性方式把精神的东西表现出来。"人的躯体是精神的住所，而且是精神的唯一可能的自然存在。② 古典型艺术使人的形象取得了最大程度的自由展现，又把自由个性确定为内容意蕴。其次，古典型艺术的创作主体是充分自由的③。在艺术创作技巧上，古典型艺术家处在技巧高度发达和成熟的阶段，通过自身的创造性活动产生出最完美的艺术作品。

古典型艺术在历史上的实现就是希腊艺术。因为希腊民族使他们精神方面的神现形于他们的感性的、观照的和想象的意识，并且通过艺术，使这些神获得完全符合真正内容的实际存在。希腊艺术和希腊神话中都见出这种对应，由于这种对应，艺术在希腊就变成了绝对精神的最高表现方式。④

古典型艺术的理想：古典型艺术的理想起源于艺术家自由的艺术创造。其最根本的性质在于艺术形象具有明确的个性，而且在显现形式上表现出精神的自由无拘、静穆祥和的本质，个性与精神普遍性达到统一。黑格尔把希腊雕塑所体现的艺术美尊崇为美的典范。

古典型艺术的解体：古典型艺术是伴随着希腊宗教和社会政体而产生

① 《美学》第 2 卷，商务印书馆 1979 年版，第 99—100 页。
② 参见书，第 165—166 页。
③ 同上书，第 171 页。
④ 同上书，第 170 页。

的艺术类型，希腊多神宗教的颓变和政体的衰亡导致了希腊古典型艺术的解体。

第三，浪漫型艺术

在古典型艺术中，精神借外在的感性形象得到了完美的实现，但"使感性现实符合精神存在的这种统一毕竟是和精神的本质相矛盾的，因而迫使精神离开它的肉体的和解（统一），而回到精神与精神本身的和解"①。精神离开外在世界而退回到它本身，这就产生了浪漫型艺术。浪漫型艺术崇尚内在主体性原则。

浪漫型艺术的真正内容是主体的"绝对的内心生活"，而要表现人的内心生活，就要表现整个现实世界与人的关系，包括尘世的旨趣、情欲、冲突、苦乐以及自然和它的个别现象领域的外在方面。浪漫型艺术对现实中的题材不再着力筛选、概括和理想化，不再回避冲突、丑陋和怪诞，而是尽量保持它们的原貌。浪漫型艺术使外在的东西变得无足轻重了。浪漫型艺术的基调是音乐的，而内容是抒情的。

浪漫型艺术是绝对精神向自我回归的一个具体步骤，因而它是比古典型艺术更高一级的艺术类型，它为绝对精神走向宗教和哲学以至最后达到自我完成准备条件。

黑格尔把浪漫型艺术的历史发展分为三个阶段：1. 宗教范围的浪漫型艺术，主要是中世纪的基督教艺术。它以表现基督的赎罪史、宗教团体的虔诚和宗教式的爱为主要内容。2. 中世纪的骑士文学。其突出的特点是内容题材的世俗化："由人从他自己的胸中，从纯粹凡人世界中取来的"，"以单纯的亲热的心情为内容，……以主体内心活动实现自我的世俗场所"②。它表现骑士风的三种情感：荣誉、爱情和忠贞。3. 文艺复兴后的资本主义文艺。它以表现世俗社会中的独立性格、平凡生活为题材。其特点是进一步转向有限的现实生活，写实原则与主观原则同时兴起。

主观主义的自我表现原则导致浪漫型艺术发展到顶点并开始走下坡路。黑格尔认为，浪漫型艺术由于片面地突出主体的内在性和自由任意性，导致了内容与形式的分裂。这种分裂和对立是脱离艺术的基础的，这

---

① 《美学》第 2 卷，商务印书馆 1979 年版，第 274 页。
② 同上书，第 317—319 页。

就必然导致浪漫型艺术的解体，也是艺术的最终解体。

第六节　艺术的系统分类

黑格尔认为，美的理念发展的逻辑历程分别显现为象征型艺术、古典型艺术和浪漫型艺术，但这三种历史类型还只是理念生发出的不同时代人"对神和人的各种美的世界观"，这些世界观还只是艺术理想"内在的艺术产品"，还没有通过感性材料显现为客观存在的艺术作品。而实际存在的艺术世界就是艺术作品所形成的各种艺术门类。

黑格尔说："正如各种艺术类型，作为整体来看，形成一种进化过程，……每一门艺术也有类似的进化过程，……每一门艺术都有它在艺术上达到了完满发展的繁荣期，前此有一个准备期，后此有一个衰落期。"① 与艺术观念发展的三阶段（象征型、古典型、浪漫型）相对应，每一门艺术也会经过形成期、完善期和衰落期。

黑格尔仍然依据理念显现说，按精神内容逐步克服物质形式的逻辑顺序，艺术作品被划分为五种门类：建筑、雕刻、绘画、音乐和诗，这五种艺术门类与前面谈到的三种艺术类型分别达到对应和统一：建筑艺术与象征型艺术相对应，雕刻艺术与古典型艺术相对应，绘画、音乐和诗与浪漫型艺术相对应。

1. 建筑

黑格尔认为建筑"无论在内容上还是在表现方式上都是地道的象征型艺术"，"建筑也是门最早的艺术"②。建筑艺术的特点是"它的形式是些外在自然的形体结构，有规律地和平衡对称地结合在一起，来形成精神的一种纯然外在的反映和一件艺术作品的整体"③。

建筑艺术本身经历了象征、古典和浪漫的三个发展阶段：

（1）象征型建筑。建筑艺术最早的形式是独立的、象征型建筑。这种独立的建筑的最切近的目的只在于建造出一件能表现一个或几个民族统

---

① 《美学》第3卷（上），商务印书馆1979年版，第4—5页。
② 同上书，第27页。
③ 同上书，第17页。

一的作品，一个能使他们团聚在一起的地点。① 这种建筑因而成为民族凝聚力的象征。

（2）古典型建筑。服务于精神性的目的，即是为了建造崇敬神的雕像这一目的。古典型建筑的总特征是既符合实用的目的性，又符合建筑美的规律性。

（3）浪漫型建筑。其显著特征的中心是中世纪的哥特式建筑艺术。它们具有对有限的超越和简单而坚定的气象，一方面，它具有宗教的使用目的，另一方面，在它的雄伟与崇高的静穆之中使自己提高到越出单纯的目的而显出它本身的无限。

2. 雕刻

黑格尔认为，雕刻是艺术家把人的精神和自己的理想灌注到物质材料中去而创造出来的，雕刻"处在精神离开有体积的物质而回到精神本身的道路上"②。

雕刻的本质表现在：（1）艺术家"用单纯的感性的物质的东西按照它的物质的占空间的形式来塑造形象。……表现于在本质上适宜于表现精神个性的肉体形象，而且使精神和肉体这两方面作为一个不可分割的整体而呈现于观照者的眼前"③。（2）雕刻要以人的形象作为它的造型的基本类型。黑格尔强调，雕刻所表现的只是人体形式中常住不变的、有普遍性的、符合规律的东西，同时又要求对普遍的东西加以个性化。（3）黑格尔认为雕刻只宜于表现精神的客观性，即具有实体性的，真正的，不可磨灭的东西。④ 它所表现的是"神和人身上的永恒的东西，脱净了主观任意性和偶然的自私的偏见"⑤。

黑格尔从三个方面论述了雕刻艺术的历史发展：（1）表现方式的历史发展，包括从单独的雕像到群雕，再到浮雕的过程。（2）使用材料的历史发展，包括从木料到象牙、黄金，再到青铜、大理石的过程。（3）风格和意蕴的历史发展，这一过程仍然体现出精神性日趋加强，最终使雕刻艺术被绘画艺术所取代。

---

① 《美学》第3卷（上），商务印书馆1979年版，第35—36页。

② 同上书，第109页。

③ 同上。

④ 同上书，第122页。

⑤ 同上书，第12页。

3. 绘画

黑格尔认为绘画、音乐和诗是与浪漫型艺术相对应的艺术门类，绘画艺术是浪漫型艺术中较低级的艺术门类。绘画抛弃了雕刻艺术中的人体空间形式，用平面空间代替了雕刻艺术中的三度空间，使精神性超越了雕刻艺术的单纯的物质材料。但是，绘画仍然要"在感性的可见性上"用形象对精神内容作"全部特殊具体的显现"。

绘画的本质表现在：（1）绘画内容的基本原则在于内在的主体性。画家通过主体情感渗透和注入对象，体现主体情感的自由无拘。（2）绘画所运用的感性材料及形式表现有其独特性。① （3）绘画能够全面地展示各种对象的形态的丰富性。绘画具有相当自由的、广阔的表现力。绘画中的情感是通过情境衬托下的动作来表现的②。

绘画的历史发展也分为三个时期：（1）拜占庭绘画用的是宗教题材，在安排上采用简单的建筑样式，色彩的运用还很粗糙。③ 艺术家的独创性很少，作品缺乏生气。（2）意大利绘画"在宗教情境里逐渐出现人物形象的现实性，个性和生动的美，内心生活的恳挚和深刻以及色彩的魔术和吸引力"④。（3）荷兰和德意志绘画代表了近代欧洲绘画的新潮流，题材逐步转向世俗方面，表现现实人物的深切情感和主体方面独立自主的精神，走向了现实主义创作道路。

4. 音乐

黑格尔认为，艺术门类从造型艺术开始，就是精神不断摆脱客观物质形式的束缚、争取独立自主的过程，音乐是这一发展的必然结果。音乐的基本任务在于反映出最内在的自我，音乐是心情的艺术。⑤

黑格尔比较了音乐和建筑、绘画与诗的区别：

音乐同建筑在内结构上都有着严格的量的比例关系，但是，"二者按照这种比例关系来造形的材料却是直接对立的"，"建筑用持久的象征形式来建立它的巨大的结构，……而迅速消逝的声音世界却通过耳朵直接渗

---

① 《美学》第 3 卷（上），商务印书馆 1979 年版，第 232—233 页。

② 同上书，第 287 页。

③ 同上书，第 307 页。

④ 同上。

⑤ 同上书，第 332 页。

透到心灵的深处，引起灵魂的同情共鸣"①。

音乐与绘画都是以表现内心生活为主，两者所使用的都是比较抽象的感性材料：抽象的颜色、线条和抽象的声音、节奏。但音乐比绘画更自由，音乐可以不受客体形状的影响，自由地表达内心情感。

音乐与诗都是通过声音来表现情感。不过音乐直接把声音加以塑造，使之与人的心情节奏契合；而诗中的声音只是表达思想的符号，是一种手段而不是目的。音乐所表达的情感是朦胧的、不明确的，而诗通过语言可以表达明确的想象和情感。

黑格尔认为音乐也存在内容与形式的关系："只有在用恰当的方式把精神内容表现于声音及其复杂组合这种感性因素时，音乐才能把自己提升为真正的艺术。"② 情感是音乐的内容。

5. 诗

黑格尔认为诗是浪漫型艺术的最高阶段，也是艺术发展的最高形式。诗调和了绘画和音乐的特点，它的精神性最强、物质性最弱。诗"从内心的观照和情感领域伸展到一种客观世界，既不完全丧失雕刻和绘画的明确性，而又能比任何其他艺术更完满地展示一个事件的全貌，一系列事件的先后承续，心情活动，情绪和思想的转变以及一种动作情节的完整过程"③。

诗的本质在于：（1）诗借助语言符号表达精神内容，因此诗具有内容上的客观性，形式上的无物质性的特点。④（2）诗用形象表现出思想的普遍性。⑤（3）"诗的观念功能可以称为制造形象的功能，因为它带到我们眼前的不是抽象概念而是具体的现实事物。"⑥（4）"诗是最丰富，最无拘碍的一种艺术。"⑦ 同时，诗的想象是所有艺术想象的最高形式。⑧ 因此，诗也可不局限于某一艺术类型，它是一种普遍的艺术⑨。黑格尔分

① 《美学》第 3 卷（上），商务印书馆 1979 年版，第 336 页。
② 同上书，第 344 页。
③ 《美学》第 3 卷（下），商务印书馆 1979 年版，第 4—5 页。
④ 同上书，第 5 页。
⑤ 同上书，第 6 页。
⑥ 同上书，第 56—57 页。
⑦ 同上书，第 19 页。
⑧ 同上书，第 17 页。
⑨ 同上书，第 13 页。

别论述了诗的三个主要门类：史诗、抒情诗和戏剧诗。

史诗：黑格尔认为，史诗的思想基础是全民族意识，是通过对客观世界发生的事迹的忠实描述来揭示民族精神。它是民族精神的展览馆。[①] 在黑格尔看来，史诗所表现的时代是"英雄时代"。史诗的发展也经历了三个阶段：东方史诗（包括印度史诗、希伯来史诗、阿拉伯史诗和波斯史诗）；希腊罗马史诗（主要以荷马史诗为代表）；浪漫型史诗（以基督教史诗为代表，主要是日耳曼和罗马系新兴民族的史诗）。黑格尔把现代小说也看作是史诗的一种新形态。[②]

抒情诗：抒情诗与史诗的展开和表现方式是相反的，史诗以客观世界为出发点，而抒情诗则要求诗人展示内心的感受和情怀，显示自己的表象能力和深刻思想，它打动人的情感。黑格尔指出，抒情诗产生的时代晚于史诗，这时人们对外在世界有了较自觉的认识，具备较高的文化教养水平，个人与社会开始分裂，并能自由地感受和思考外在世界与主体自身。

戏剧诗：黑格尔认为戏剧诗无论在内容上还是形式上都是艺术的最高层次。它"是史诗的客观原则和抒情诗的主体性原则这二者的统一"[③]。它是诗，乃至全部艺术的最高、最完满的形式。黑格尔指出："戏剧是一个已经开花的民族生活的产品。……必须已经达到自由的自觉性而且受过某种方式的文化教养，而只有在一个民族的历史发展的中期和晚期才有可能。"[④]

黑格尔比较深入地探讨了戏剧诗的特征和创作规律：（1）冲突矛盾是戏剧诗的核心。戏剧动作就是展现这样一个矛盾发展的过程。（2）戏剧包含着集中性原则。戏剧通过演员的表演方式展示复杂的事件冲突和人物性格。（3）戏剧最重要的原则是整一性原则，它包括地点、时间和动作的整一。戏剧的整一性实质上乃是戏剧冲突和动作的整一性。

黑格尔将戏剧诗分为三类：悲剧、喜剧和正剧。

悲剧：黑格尔认为，悲剧的关键在于揭示苦难和厄运的原因。理想的冲突应"由心灵的差异而产生的分裂"组成的，也就是普遍力量或伦理

① 《美学》第 3 卷（下），商务印书馆 1979 年版，第 113 页。
② 同上书，第 167—168 页。
③ 同上书，第 240—241 页。
④ 同上书，第 243 页。

实体产生的情感和责任之间的冲突。悲剧的实质就是伦理实体的自我分裂与重新和解；悲剧的功能在于审美主体在永恒正义的必然性胜利中，加强自己对于某种伦理实体的坚定信念。黑格尔认为悲剧的结局应该符合永恒的正义的法则。①

喜剧：黑格尔认为喜剧也包含着矛盾冲突。喜剧就在于指出一个人或一件事如何在自命不凡之中暴露出自己的可笑。喜剧的冲突是理性与愚蠢蒙昧之间的冲突，"在喜剧动作情节里绝对真理和它的个别现实事例之间的矛盾显得更突出更深刻"②。

就喜剧结局而言，黑格尔指出："喜剧性一般是主体本身使自己的动作发生矛盾，自己又把这矛盾解决掉，从而感到安慰，建立了自信心。"③绝对真理被显示为一种正义的力量。

正剧：正剧是介于悲剧和喜剧之间的一种戏剧形式，古代的林神剧、罗马的悲喜混杂剧，以及许多近代剧都是正剧。黑格尔把美学的终点定在喜剧而不是正剧上。

第七节　黑格尔美学的历史意义

黑格尔作为一个伟大的哲学家和美学家，他批判地继承了以往美学研究的重大成果，并最终形成了自己独特的、博大精深的美学体系，在美学领域中起到了划时代的作用。

1. 德国古典美学辩证思维的典范

黑格尔成功地把辩证法思想运用到美学中，使他的美学体系和他的哲学体系一样，成为完整而有鲜活的精神生命力的学说系统。

黑格尔用经验和理性的辩证阐明了"美"是理念的感性显现，即理念与感性经验形象的对立统一。同时，这是一个辩证的发展过程。人类艺术史的发展历程仅仅是"绝对理念"发展到绝对精神阶段中的一个小阶段。黑格尔力图通过对这些阶段的陈述来阐明艺术作为精神历史现象的发展规律。正如卢卡奇所说："黑格尔美学最大功绩之一在于它试图把美学

---

① 《美学》第3卷（下），商务印书馆 1979 年版，第 287 页。
② 同上书，第 293 页。
③ 同上书，第 297 页。

的基本范畴历史化。"①

黑格尔对艺术作品的分析也充满了深刻的辩证思想。例如，他根据矛盾的原则提出戏剧的"冲突"说，认为戏剧作品的真正使命，是描写充满了矛盾和斗争的生命过程。② 黑格尔还打破了关于"性格固定不变"的形而上学，对戏剧理论作出了重要的贡献。

此外，黑格尔把对艺术作品内容与形式的阐明提升到了辩证的高度。黑格尔之前的许多美学家往往把艺术作品中的内容与形式割裂开来。而在黑格尔看来，艺术的内容与形式是紧密相连的，"艺术的内容就是理念，艺术的形式就是诉诸感官的形象"。③ 它们不是机械地拼凑在一起，而是以辩证统一的方式达到艺术美的理念的。④

2. 实践美学观的萌芽

黑格尔辩证地综合了席勒和谢林关于美的实践观点和历史观点，从理念自身的生发和伸展之中，猜测到了艺术美本质上是人的实践活动的产物这个真理。

黑格尔认为，人不仅认识他自己，"人还通过实践的活动……在这些外在事物上面刻下他自己内心生活的烙印，而且发现他自己的性格在这些外在事物中复现了。人这样做，目的在于要以自由人的身份，去消除外在世界的那种顽强的疏远性，在事物的形状中他欣赏的只是他自己的外在现实"⑤。这种"自我复现"的活动体现了"人的自由理性，它就是艺术……的根本和必然的起源"⑥。因此美是在人的精神领域（心灵）之中自我实现的历史过程的产物。即使是自然美，也具有某种"心灵性"，"自然美只是为其他对象而美，这就是说，为我们，为审美的意识而美"⑦。

在上述论述中，黑格尔显然打破了理念论的唯心主义公式，把实践主体从抽象的超自然的理念移置到有"自然存在"的实在的人身上，并且

① 《卢卡契文学论文集》第 1 卷，中国社会科学出版社 1980 年版，第 424—425 页。
② 黑格尔：《美学》第 1 卷，商务印书馆 1979 年版，第 120 页。
③ 同上书，第 87 页。
④ 黑格尔：《历史哲学》，商务印书馆 1979 年版，第 111 页。
⑤ 黑格尔：《美学》第 1 卷，商务印书馆 1979 年版，第 29 页。
⑥ 同上书，第 40 页。
⑦ 同上书，第 5 页。

把理念的感性显现这种特殊意义上的"创造"活动变为人自觉地"改变外在事物"的感性活动。应该说，这种精神自生发和自伸展的历史性和心灵实践产生美和艺术的观点，为后来马克思主义辩证唯物主义美学实践观的萌芽提供了理论资源，是对西方近代美学优秀传统的继承创新。

西方美学从古希腊以来就分为两种基本思想倾向：一种以柏拉图为代表，偏重于理性运思，而忽视具体的艺术和审美经验，单纯追求"美本身"、"美的理念"的奥秘；另一种以亚里士多德为代表，侧重于对艺术创作经验的研究、总结、概括和提炼。到18世纪，逐渐形成了理性主义与经验主义两大流派。黑格尔之前的一些德国美学家就已开始致力于综合感性与理性的关系，到黑格尔美学，这个问题才得到了基本解决。

黑格尔提出了理性与感性经验相统一的观点。在黑格尔看来，理念的感性显现的运动，是理念本来所包含的理性因素与感性因素、内在概念与外在现象作为统一体而表现出来，并且直接呈现在意识之前，这是一种内在统一体的外形显现和放射光辉。这样，黑格尔就以"美是理念的感性显现"，综合了康德、席勒、谢林等的美学思想，在客观唯心主义的基础上把理性主义和经验主义的两大美学思潮结合了起来，结束了此前这两种思想形态长期对立的局面。

黑格尔对理性派和经验派两大美学思潮的综合，为美学研究提供了新思路，扩大了美学研究的领域：一方面，它用理念运动的规律去阐述、规定美和艺术创造的本质，即用理性法则去统率经验概括；另一方面，它又始终不排斥对具体艺术经验的描述，力图将经验性描述上升到理性规律的高度。《美学》的大厦虽以"感性地显现的理念"为其构架，但其中的建筑材料木石砖瓦，则全来自对现实的、具体的艺术门类及其实践的阐释。通过黑格尔的这种体系创新，美学一改此前的片面经验或者片面理性的偏颇，而成为思辨哲学与具体艺术理论有机结合的新学说，使美学在真正意义上成为一门既有相对独立性，又有系统性的新人文学科。

第二十一章

德国观念论美学的其他代表

第一节　谢林

谢林（Schelling，1775－1854）是德国古典思想时期的一位重要的哲学家，他在美学和"艺术哲学"方面也多有论著。在谢林的系统性的哲学著作《先验唯心论体系》中，他明确写道，"客观世界只是精神的原始的、仍然无意识的诗；哲学的工具总论和整个大厦的拱顶石乃是艺术哲学"。他还认为："哲学诚然获致了最高者，可是，它就好像只是把残缺的人带到这个地方；艺术则把完完全全的人如人所是的那样带到那里，也就是说，使其认识到了最高者，艺术与哲学间的永恒差别以及艺术所带来的奇迹都由此而来。"我们据此对谢林关于艺术哲学的重要性的观点可见一斑。

一　生平及著作

谢林，1775 年 1 月 27 日出生于符腾堡，这里的宗教派别是路德新教，这种新教氛围不仅影响了谢林的思想活动，也影响了谢林的生活方式。1790 年，15 岁的谢林进入图宾根神学院学习，室友是黑格尔和荷尔德林，但这两位要比他高两个年级。神学院的生活诚然是沉闷的，不过，包括谢林在内的许多年轻人都受到不远处的邻国正在进行的法国大革命的影响，为德国近些年来在哲学和文学方面的突破而激动不已。谢林与黑格尔和荷尔德林似乎有着一个共同的约定，就是要为自由的真理而奋斗。

1795 年由图宾根神学院毕业后，谢林在斯图加特找了一份家庭教师的工作。次年春天，前往莱比锡，谢林自此在莱比锡一直待到 1798 年的秋天。在这里写出了自己的自然哲学著作，即《自然哲学的诸观念》（1797）《论世界灵魂》（1798），同时和耶拿的《哲学杂志》以及耶拿的学人们保持着联系。主要是由于自然哲学方面的思想得到了歌德的赏识，年轻的谢林就进入耶拿大学任教，接任费希特的哲学教席，让耶拿大学继续保持自莱因霍尔德以来在康德哲学讲坛方面的名望。可是不久，谢林亦由于意外的麻烦而在 1803 年离开了耶拿。

在耶拿期间最引人注目的著作也许是他在艺术哲学方面的论述：在《先验唯心论体系》中他把艺术哲学称作是哲学体系的拱顶石，并且还专门开课教授《艺术哲学》。1803 年年底，谢林赴维尔茨堡大学任职。

1805 年秋天，谢林离开维尔茨堡大学，转而来到慕尼黑，1806 年 9 月，谢林成为慕尼黑科学院的院士。1807 年 10 月 12 日，谢林在科学院作了题为《论造型艺术与自然的关系》的演讲。演讲相当成功，之后谢林受托组建艺术科学院。

1826 年，谢林被聘为慕尼黑大学教授。次年，他出任巴伐利亚科学院院长。1841 年谢林受普鲁士国王威廉四世的邀请到达柏林，出任柏林大学的哲学教席，并任普鲁士政府的枢密顾问官。谢林在柏林讲授他自 20 年代以来一直潜心加以研究的神话哲学和启示哲学。1854 年去世。

二 诗与艺术

在《先验唯心论体系》中，谢林明确地写道："客观世界只是精神的原始的、仍然无意识的诗；哲学的工具总论和整个大厦的拱顶石乃是艺术哲学。"[①]

这里所说的"诗（Poesie）"，并不是通常所说的诗——无论是狭义的抑或广义的，而是指一种无意识的创造性活动：《先验唯心论体系》在对艺术哲学进行具体阐述时，从自我的无意识的活动与有意识的活动的会合来申说艺术创作，其中将无意识的活动中所找到的那个东西称作"诗"，而将有意识的活动中所找到的东西则称作"艺术"，后者是"经过深思熟虑而自觉地完成，既能教也能学，是能用别人传授和亲自实习的方法得到的"，而前者即诗则"只能是由那种天赋本质的自由恩赐先天地完

---

① 谢林：《先验唯心论体系》，梁志学、石泉译，商务印书馆 1976 年版，第 15 页，略有改动。

成的"①。正是由于这两种迥然不同的活动的会合，才成就了艺术；而既然客观世界即自然界从根本上并不具有艺术创作中的那种有意识活动，从而就只是"仍然无意识的诗"，于是，现实世界是无意识创造出来的，而艺术世界则是有意识创造出来的。但是，这并不意味着现实世界与艺术世界之间毫无共通处可言，因为那个在艺术世界中有意识地进行创造的活动同在现实世界中无意识地进行创造的活动实际上是同一种活动，都是涵在存在者身上的"自我"的活动，差别只在于人的"自我"在有意识活动的程度上要高于自然界。诚然，人是以有意识的活动为起始点进行自由行动的，但这种自由的行动同自然界中的活动并没有质的不同，只有量的差异；可是，如果我们单单只是考察人的种种理性行为，是很难直接发现这一点的，而艺术创作活动却恰恰能够在这方面给出极好的演示：艺术家们的创作虽然是在有意识中开始的，却常常仿佛在一种不由自主的状态中把它完成，或可说成是，艺术创作不啻是结束于无意识活动的，有意识活动与无意识活动的同一在艺术创作活动中最富于直观性。

既然艺术实现了有意识活动与无意识活动的会合，那么，艺术也就通过其自身记录了"哲学无法从外部表示的东西，即行动和生产中的无意识事物及其与有意识事物的原始同一性"，于是，出于这样一种独一无二的"记录"功能，就可把艺术称作是"哲学的唯一真实而又永恒的工具论和文件"。也就是说，艺术的优势是：以"外部存在物"的形式印证了哲学所指出的那个同一性的存在。

三 艺术哲学的重要性

在《先验唯心论体系》中，谢林在先验哲学的框架中率先道出了艺术哲学对于哲学体系的重要性。而随后，他在耶拿大学讲授有关学术研究方法的课程，在就艺术科学这一主题进行演讲时也明确提出："艺术哲学是哲学家的必然目标"，因为哲学家在艺术中可以明见到"哲学家自己的科学的内在本质"，对于哲学家来说，艺术不啻是"一面魔术般的、象征式的镜子"［Ⅴ，351］。这与《先验唯心论体系》中的相关思想是相呼应的。

---

① 谢林：《先验唯心论体系》，梁志学、石泉译，商务印书馆1976年版，第267页。

　　艺术哲学这个概念，把"相反设定的东西联结到了一起"，因为"艺术是实在性的东西，客体性的东西，而哲学是理想性的东西，主体性的东西"，于是乎，艺术哲学所做的事情就是"在理想性的东西中展现艺术中那实在性的东西"[Ⅴ，364]。而在谢林那里所谓"在理想性中的东西中展现"就是构造，从而，艺术哲学就是指对艺术的构造。

　　如同谢林哲学中其他许多重要的概念，"构造"成为谢林艺术哲学以及谢林整个早期思想中的核心概念之一，却是出自于康德哲学。康德在谈到哲学与数学之间的区别时曾说到，前者是"出自概念"的知识，后者则"出自概念的构造"，而所谓"构造一个概念"，意指把与这个概念相应的直观"先验地展现出来"，这样，对于概念的构造来说，就始终对应着一个直观，且是一个先验地被展现的直观，是一个纯粹的直观，而不是经验性的直观。而既然这是一个直观，诚然并不是经验性的，但作为直观它仍然是一个特殊者，只不过是一个并非来自于经验的特殊者。于是，数学是"在特殊者中，甚至在个别者中考察普遍者，但却仍然是先天的和借助于理性的"，而哲学则只是"在普遍者中考察特殊者"，因为概念是一个纯粹的普遍者。①

　　谢林非常看重康德的这一区分，并对其作了他自己所特有的改造。因为在他看来，康德的这一区分显然把普遍者与特殊者看作截然对立的两个东西：普遍者一定是不曾掺杂有特殊者，特殊者也一定是没有掺杂普遍者，可是在哲学的视野里，有没有一种东西既不是普遍的又不是特殊的？谢林认为，"绝对者"就是这样一个东西。绝对者是先于概念与直观的，只是出于绝对者自行生产自身的活动，被生产出来的是概念，而生产活动则是直观，也就是说，概念与直观之所以能够成为并作为两个相互对立的要素，只是由于在对立或分离之前存在着一个生产出它们这两者的"一"。这个"一"作为在先于分离或差异的东西，是"绝对的无差异点"。这正是哲学所要展示的。

　　哲学就是对绝对者的构造；是复现（或展现）绝对者自己对自己的构造，它既是构造者又是被构造者。艺术哲学既然是对艺术的构造，也就是要展现艺术中的绝对者。

---

　　① 　康德：《纯粹理性批判》，邓晓芒译，人民出版社 2004 年版，第 553 页。

四　艺术哲学的一般部分

既然艺术与哲学都是对绝对者的展现，接下来的问题顺理成章地就是：绝对者这个"自在的绝然作为一和单纯的东西，是如何过渡为多与可区分之物的"，单就艺术而言则是，它是如何"自普遍和绝对的美中产生出众多特殊的美的事物的"［Ⅴ，370］。谢林指出，哲学对于这个问题的回答是通过理念学说或原象学说。而艺术则是通过将这些理念以实在性的方式展现出来，从而将绝对者展现出来。如此展现的理念，都是一些"实在性的、鲜活的、实存着的理念"，它们就是诸神［同前］。因此谢林说，诸理念之于哲学犹如诸神之于艺术［Ⅴ，391］，哲学与艺术分别用诸理念和诸神使绝然的绝对者展现。而鉴于绝对者以诸神的方式展现在艺术当中，于是谢林又把诸神即被实在性地展现出来的绝对者（或无限者）称作是艺术的"质料"，不啻是艺术的"普遍和绝对的物质"［Ⅴ，370］。

既然艺术是以一种实在性的方式将诸理念展现，即在反象中（即在确定形态中）展现无限者的，于是就使得作为诸神的无限者或绝对者具有这样的特点：诸神必定是处于确定形态中，即处于限制中的诸神，而各自的"限制"本身则会使得诸神各自具有不同的个性。当然，限制之于诸神是不同于现实的自然存在者的：对于现实的自然存在者来说，正是由于自身是无限者与有限者的结合，才成其为生命，因为所谓生命就是处在限制中的无限者，故而限制对于生命来说具有一种极特别的本源性，生命始终处在与限制的争执中；可是，对于诸神这些处于想象世界中的存在者来说，限制之于他们来说只是"戏谑与游戏的永不可穷竭的源泉"，由此，对于诸神这些生命来说不存在"德性"问题，故而也就不能把"无德性"加在诸神身上，因为只是对于现实世界中的有限者来说，才存在着"有德性"这一要求，而这是由于有限者自身始终有着愿望要将自身消融于无限者之中，亦即要让自身荣升为无限者。与之相比，诸神则处在永恒的欢乐之中，或用谢林的话来说，"诸神是绝对有福的"，因为所谓"有福"就是指无限者消融于有限者或特殊者之中［Ⅴ，396—397］。

既然诸神都是"生命"，那么，它们作为众多生命，彼此之间总是要发生或是那样，或是这样的关系的，换言之，诸神自身必然是要"呈现出一个总体性、一个世界"［Ⅴ，399］的。但很显然，这个世界、这个诸神的世界，如果可以谓其具有某种实存性的话，那么，"实存"在这里所具有的意味就不同于人的实存所具有的,而是"一种对于想象来说才是独立存在的实存或是一种独立的、诗性的实存"[Ⅴ,399]。也就是说,这种实存之所以成其为实存是坚固的,只是由于它的土壤是想象,于是谢林指出,"任意一种让寻常的现实性或是现实性概念同它们相接触的做法,都必然会摧毁这些本质本身[引注:指诸神]所具有的魔力"[Ⅴ,399]。

对于诸神之间的这无穷无尽的关联进行表达的最佳方式,就是在他们之间编织出"生育关系"来,谢林亦称之为"神谱"[Ⅴ,405]。如果说,就诸神中的某一位神或诸神间所发生的某一个关系所作的言说可谓之为"神话故事",那么,就诸神间所必然呈现出来的这个总体性世界所作的言说则可称之为"神话"。这就是希腊人的神话,即希腊人是纯然出自于"想象"而把无限者直观为自然的。可见,神话的得来取决于两个因素,一是诸神(它们出自于自然),二是诸神之间的关系,而这种关系经由"神谱"式的构造就确实显现为历史性的关系。故而谢林说道,"希腊人的实在论神话并没有摒弃历史性的关系,而恰恰是在历史性的关系中——作为叙事诗——才真确地成为神话"[Ⅴ,448]。同样要看到的是,"神话"所指的是一种总体性,并且是一种逐渐形成的总体性。也就是说,那些构想出了个别的神话故事的个体,不啻是在不知不觉中为成就这一总体性而起着作用(谢林把这些个体的此种无意识的合作称作是"共有的艺术冲动"或"共有的艺术精神"[Ⅴ,415]),并且,出于这样一种对无限者进行考察,从而得有诸神的祈向,任何个别的神话故事本身是不具有独立价值的,它的意义必然只是由一个或许当时还只是潜在的总体性所赋予的。

通过诸神和神话,谢林回答了绝对者是如何过渡到艺术当中去的这个问题,并称诸神是艺术的质料,称神话和荷马史诗是诗、历史和哲学所共有的根本,是"原始质料"——所有的诗由它那里产生,是"海洋"——所有的河流从它那里流出来[Ⅴ,416]。但是,对于艺术质料的构造,将绝对者同限制综合在一起,这样所得到的仍然只是艺术的"理念世界"[Ⅴ,458]。

而特殊的艺术作品所关联着的,是创作特殊艺术作品的特殊的人。人出于涵在自己身上的理想性的东西,而将自己的这个理想性的东西即理念展现出来,赋予它以形式,从而创作出了艺术作品。普遍的质料就是这样过渡到特殊的艺术作品中的。过渡的中介就是创作者。而正是从这个意义上，谢林称"艺术本身是绝对者的流溢"[Ⅴ，372]。

五 谢林美学的意义

由于黑格尔的影响，谢林艺术哲学一直受到轻视。鲍桑葵在阐述谢林"艺术与美具有的客观性"、"对古今艺术所作的有力的历史的对比"、"对各种艺术的评价和分类所作的贡献"这三个方面之后，所作的评语是："很快地，读者就会发现他是一个不可靠的向导，急躁、没有条理、轻信，对艺术不能下权威的判断，经常倾向于感伤的东西和迷信的东西。黑格尔却坚毅，辛勤，始终一贯，对艺术有与众不同的健康而勇敢的判断，同时在内心里却是同情的，甚至是热情的。"[①] 而赫·库恩也并未给予谢林较高的评价。他认为谢林的艺术哲学是一种努力，要"把艺术这个有机体纳入永恒形式的领域时，艺术以思辨的艺术史的形式，处在超时间的绝对与在历史发展过程中运动着的从事哲理思维的心灵之间"，可是"实际上，这两方面是不能调和的。谢林所阐述的艺术的形而上学意义这一问题，在他的哲学体系中未能得到解决"[②]。

概而言之，在很长一段时间里一般看法是：康德是德国古典美学的奠基人，黑格尔是德国古典美学的集大成者，而谢林与费希特、歌德、席勒等一起则是从康德走向黑格尔的必然逻辑锁链的几个重要的中介环节。

而随着谢林后期哲学在 20 世纪日益受到重视，谢林的思想出现复兴之势，谢林早期思想包括其艺术哲学亦正在逐渐受到重视。伯恩哈特·巴特（Bernhard Barth）指出：对谢林《艺术哲学》的把握，至今仍然受黑格尔《美学》的主导，但是在谢林的艺术哲学中有很多具有独特价值的内容。为此他就想象力、作为艺术质料的神话这些概念，对比着其他思想家的相关阐述，对谢林的独到之处作了细致分析。[③] 而苏联学者古留加也对谢林的艺术哲学颇为看重，甚至认为谢林在某一重大方面甚至还超越了

---

① 鲍桑葵：《美学史》，张今译，商务印书馆 1985 年版，第 430 页。

② 吉尔伯特，赫·库恩：《美学史》，夏乾丰译，上海译文出版社 1989 年版，第 576 页。

③ Bernhard Barth（伯恩哈特·巴特），*Schellings Philosophie der Kunst*：*göttliche Imagination und ästhetische Einbildungskraft*（《谢林的艺术哲学：神性的想象与感性的想象力》），Freiburg/Breisgau：Alber，1991.

黑格尔的美学理论。①

概而言之，谢林身处批判哲学的时代，敏锐地抓住哲学、艺术等各个文化领域中的重要问题并积极从事思考，他的美学思想亦有相当的独特性和原创性。今人已越来越重视其艺术哲学中的神话思想、象征理论等，这并不是偶然的。

第二节 观念论美学的继承者和反对者

随着康德、黑格尔、谢林等几位大师的相继去世，标志着德意志观念论美学思想高潮已经过去，但他们的继承者不乏其人，尤其是对黑格尔和康德的继承，仍然是 19 世纪中叶和后半叶一段时间中德意志美学的重要学脉之一。后继者在大师们的体系的滋养之下，做着许多细致甚至琐碎的工作。同时，一些在不同程度上"衍义"以至反对观念论美学思想的流派在经典大师们去世后很快就出现。这就形成了"赞成"与"反对"两个方面的对立性的思想潮流。但不管是赞成还是反对，都是观念论美学大师尤其是康德黑格尔思想影响的结果。当然，在一些后继者和反对者们那里，也不只是对经典大师观点的赞成或者反对，而也有一些自己的新思想和新的体系构想。

一 黑格尔的后继者和反对者

黑格尔学派是由那些曾经受教于黑格尔并直接继承了他的哲学事业的门生所组成的，它在 19 世纪 20—40 年代的德意志思想界居于主流地位。黑格尔派的存在时间并不长，而且从一开始就存在着内部的分歧，并因为分歧的不断扩大而最终走向分裂，但它标志着德意志古典哲学从康德到黑格尔发展的终结，并为以后哲学思想的诞生提供了理论准备。黑格尔派美学的代表人物有费舍尔、罗森克朗茨、卢格等人。他们继承了黑格尔的哲学和美学体系，并在一些具体问题和表现方法的探讨上有所发展。

弗里德里希·特奥多尔·费舍尔（Friedrich Theodor Vischer，1807—

---

① 古留加：《德国古典哲学新论》，沈真、侯鸿勋译，中国社会科学出版社 1993 年版，第 198 页提道："谢林不仅预想到了黑格尔的美学理论，而且在某个重大方面超越了这一理论。对黑格尔来说，美是精神的发现，而对于谢林来说，美则是精神东西和物质东西的吻合。"

1887）是德意志 19 世纪后半期的美学家，他出生于德意志路德维希堡的一个牧师家庭。学业完成之后，于 1935 年开始在图宾根大学任名誉讲师，讲授美学和德意志文学，1855 年成为该校正式教授。但是，由于他在就职演说中有触犯政府的言辞而被当局停止教职两年。1866 年返回图宾根大学任教。费舍尔最主要的美学著作是其六卷本的巨著：《美学或美的科学》。该书完成于 1846—1857 年间。费舍尔直接继承了黑格尔的美学原则，同时将其进一步细化，认为美的本质就在于理念、形象及理念与形象的统一这样的正反合的矛盾运动过程中理念的自我实现。在这个过程中，理念是具有最高规定性的。美是理念在感性中的实现，是感性与理性的统一。"对象出现在主体面前，而通过现象的概念，主体也就基本上在对象中一起被提出来了，而且首先是作为有感官之物被提出的。感性的规定性，在被理念渗透的对象中出现，有感官之物，作为有生命的器官，便向对象提供了同一的感性的规定性。美是为某个人而存在的，它期待并要求观赏者。"① 美是绝对理念的显现，理念是立于自身之中的，它就是宇宙的最高规定者。凭借于此，美也有某种独立的意义和价值。费舍尔突出强调了感性的地位。感性具有某种规定性，通过它主体和客体的和谐融通才得以成为可能。"美的最初一个效果固然是感性的，但它只有在概念中才与第二个精神的效果可以分开，而在时间中却几乎没有分得开的瞬刻，以致第二个效果把第一个效果完全吸收在自身以内，从而关系也倒转过来了。于是感性的东西成了纯粹的中点，在客体和主体的精神，通过这个中心融合在一起。"② 费舍尔指出，对象的感性规定性只是理念的规定性的一种具体体现，主体和对象都是在感性规定性的形式中的真实理念。他同时也重新思考了美和艺术得以发展的动力，引进了"偶然性"这一概念，这是对于黑格尔绝对理念的完满性的批判。

约翰·卡尔·罗森克朗茨（Johan Karl Friedrich Rosenkranz，1805—1879）出生在马格德堡，曾在柏林大学、哈雷大学和海德堡大学读书。从 1837 年起，他一直在柯尼斯堡大学担任哲学教授，直到 1879 年去世。其主要美学著作是写于 1853 年的《丑的美学》一书。罗森克朗茨发展了

---

① 费舍尔：《美学·美的主观印象》，《西方美学史资料选编》下卷，杨一之译，上海人民出版社 1987 年版，第 508 页。

② 同上书，第 521 页。

"丑"的美学。他将"丑"看成一个重要的美学概念，并把它提到了较高的地位。他用辩证法中矛盾的观点来解释美与丑的关系，美与丑具有相互的规定性，美自身的肯定性规定正是由于对丑的否定性规定性才得以成为可能，并且美与丑可以相互转化，美在与丑的内在联系中毁灭自身，同时奠定了丑扬弃自身的可能性。

在当时的黑格尔的反对者中，路德维希·安德烈亚斯·费尔巴哈（Ludwig Andreas Feuerbach，1804—1872）是最有代表性的一位。费尔巴哈是唯物主义哲学家。他生于巴伐利亚的兰茨呼特，1823 年入海德堡大学学神学，1824 年转到柏林大学听黑格尔讲哲学，十分崇拜黑格尔的学问。1826 年转到爱尔兰根大学研究自然科学，1928 年完成博士论文《论唯一的、普遍的、无限的理性》的答辩，自 1836 年起，他隐居在布鲁克堡一个僻静的乡村长达二十多年，写下了许多哲学著作，主要有《基督教的本质》（1841）《关于哲学改造的临时纲要》（1842）《未来哲学原理》（1843）《从人类学观点论不死问题》（1846—1866）和《宗教本质讲演录》（1851）等。费尔巴哈试图在反对黑格尔唯心主义美学思想的同时，形成自己的美学思想。这其中最为根本的一个问题就是：什么是美或艺术的核心？"按照黑格尔，绝对精神是显现于艺术、宗教、哲学中。用直率的话来说：艺术、宗教、哲学的精神就是绝对精神。但是不能把艺术和宗教与人的感觉、幻想和直观分离开来，不能把哲学与思维分离开来，简言之，不能把绝对精神与主观精神或人的本质分离开来，而不重返旧的神学观点，而不将绝对精神当作另一种与人的本质有别的精神，亦即当作一种在我们以外存在着的幽灵而使自己迷惑。"① 在费尔巴哈看来，黑格尔的绝对精神是外在于人的本质的精神，它在自然、人和人的思维之外设定了一个抽象的本源的存在。然而，这样一种精神实际上却是人的主观精神，绝对精神与主观精神不可能分开。费尔巴哈将人作为其思考、探究的中心。他的人并不是完全孤立的人，而是自然中的人。自然是人得以活动的根据和对象、背景和世界，人只能在自然中才能理解自己、确证自己。

首先，人是感性的、有血有肉的存在物，感性不再从理念或其他永恒的存在中获得意义，感性自身即为意义，它让人成为人，并给予了人生存

---

① 费尔巴哈：《关于哲学改造的临时纲要》，《西方美学史资料选编》，马奇主编，洪谦译，上海人民出版社 1987 年版，第 553 页。

的意义。其次，人是现实的人，人所生存于其中的现实世界就是真实的存在，人们不应在现实世界之外去寻求某种彼岸的真实。费尔巴哈认为美和艺术的本质在于它们是人的本质的显现，是人的类本质的对象化。在黑格尔那里，对象化是指理念的对象化，其对象化的过程是理念实现自身的过程。而费尔巴哈与此不同，他的对象化是感性的直观的对象化。人作为对象性存在物，他与外在对象世界的关系并不是疏远的而是亲和的，人由对象来认识自己，人借对象来展示自身的本质，没有这样一个对象世界，人也就成为虚无性的。这个对象世界就是自然。人与自然沟通是通过感性直观来进行的。

费尔巴哈将艺术和宗教放在一起比较，艺术是人的本质的对象化，因而，人的本质以一种"本真"的方式存在于对象中，客体的存在是对人的本质的积极肯定；而宗教是人的本质的异化，人与对象是处于一种对立状态中。艺术和宗教都是人的创造物，它们都源于人的生活世界。在艺术中，人们将艺术品当作艺术品来把握，也即并不把它看作同于现实的东西。在审美活动中，人们所要把握的是艺术品的艺术形象，将这个形象看作是对于人的自身本质的积极肯定，从而获得某种审美愉悦。然而，宗教却将人的创造物当作最高的实在，认为宗教形象并不是人的本质的反映，它是活的实体，这种形象一旦产生出来，就对于人的生活世界起了支配作用，它规定着人的本质。费尔巴哈这样说道："艺术并不要求我将这幅风景画看作实在的风景，这幅肖像画看作实在的人；但宗教则非要我将这幅风景画看作实在的东西不可。纯粹的艺术感，看见古代神像，只当作看见一件艺术作品而已；但异教徒的宗教直感则把这件艺术作品、这个神像看作神本身，看作实在的、活的实体。"①

费尔巴哈的人本主义哲学思想是德意志古典哲学和马克思主义哲学之间的中间环节，对于后来以实践和生活作为核心的美学思想的产生起到了重要的作用。

二　康德的后继者

随着黑格尔主义在德意志的解体，新康德主义（New-Kantianism）在

---

① 费尔巴哈：《费尔巴哈哲学著作选集》下册，荣震华、王太庆、刘磊译，商务印书馆1984年版，第684—685页。

19世纪逐渐形成，并于19世纪下半期和20世纪初流行于德意志，在俄法英等国也有较大的影响。他们对康德批判哲学进行了重新解释。在美学上，他们反对以黑格尔主义为代表的形而上学美学和以各种心理学美学为主的经验科学美学，提出以康德的先验方法为基础的批判主义美学，他们批判性地考察了美的概念，试图弄清美的价值原则及审美活动中的规律。

马堡学派和弗莱堡学派是当时最有影响的学派。马堡学派的代表人物是柯亨。柯亨认为艺术的创造过程中所产生的审美意识是一种纯粹的情感。美学就是要寻找艺术中的纯粹情感的"逻辑"或者说规律。他将纯粹情感和一般愉悦或不愉悦的情感区分开来，认为后者只是一种感觉情感，它与某种感觉内容相伴随，并依赖于感觉内容，因而并不是独立自存的。纯粹情感是不涉及经验内容的先天的情感，在其中有意志和爱的作用。爱使伦理和情感的东西结合起来。这里的爱是人性中固有之爱，它所追求的终极目标是全人类的精神和道德的本质，因此是一种普遍意义上的爱。爱并不影响审美情感的纯粹性；相反，爱自身将自身转化为纯粹的审美情感。审美情感实际上正是人性对于自身的感觉，是人性中的爱的活动。柯亨将艺术品看作是意蕴和形式的结合。在艺术创作和欣赏中，意蕴与形式的辩证关系得以体现。

弗莱堡学派认为美学的任务是确定审美价值在文化价值系统中的界限和内容，其主要人物是科恩（Jonas Cohn，1869—1947），著有《普通美学》（1901）。他比较系统地创立了价值论美学。他从三个方面来考察审美判断的价值。第一，从作为判断主语的"被评价物"来看，他认为审美判断所要评价的是审美体验的"直观"。第二，审美判断的谓语所给予的价值不同于为了某种目的而给予的价值手段，其价值是内在于审美活动固有的内在意义的。在这里，科恩还进一步区分了美与真和善。审美价值和真、善一样都是内在于自身的价值，但它们仍然有所不同。真和善是指向于超越自身之外的整体的价值的，而美却是立于自身之中的，是存在于个别之中的价值。第三，审美价值具有对判断的准确性的要求，即要求普遍意义。同时，他指出审美价值是非逻辑的，应该坚持本学科共有的哲学方法来对它进行考察。审美价值是无法用概念来表达的直接体验，它直接产生于关系观照的过程中，在不涉及利害的状态中被知觉。

三 其他代表人物

爱德华·哈特曼（Eduard Hartmann，1842—1906）于 1865 年开始研究哲学。他创立了"无意识"哲学体系。吉尔伯特和库恩认为他是最后一位拟定了形而上学体系的德国人，称他为"唯心主义的尾声"。其主要的美学著作是《美学》。这部书共分为两编，第一编是讲历史，限于康德以后的德意志美学；第二编是"美的哲学"。哈特曼认为美可以分为内容美和形式美。具体美是美的较高等级，较低级的形式美如果要上升到较高级的显出特征的具体美需要牺牲其作为形式美的因素。哈特曼还讨论了"丑"的概念。他不仅仅是把丑作为与美相对的概念，而且还认为实在的丑遍布于自然之中。丑的概念当然要在与美的关系中来理解。

鲁道夫·赫尔曼·洛采（Rudorf Hermann Lotze，1817—1881）是德意志 19 世纪著名的哲学家、心理学家和美学家。他生于包岑，父亲是一位医生。他于 1834 年进入莱比锡大学，1838 年获得哲学和医学两个博士学位。1839 年开始在母校讲授医学和哲学。1844—1880 年在哥廷根大学担任教授，1881 年任柏林大学教授，同年 7 月去世。他的美学著作主要有：《美的概念》（1845）、《论艺术的条件》（1847）、《德意志美学史》（1868）和《美学原理》（1884，死后出版）等。主观方面的情感和客观方面的印象构成了洛采美学思想的两个基本方面，他认为至善在主客观世界中的显现所产生的某种程度上的共鸣，是美产生的原因，此外，洛采给予了审美直观某种不同于认识性活动的意义，肯定了审美直观通达超越于现实之上的某种最高原则的可能性。

索伦·克尔凯郭尔（Søren Kierkegaard，1813—1855）是丹麦哲学家、宗教思想家和作家。1813 年，克尔凯郭尔出生于哥本哈根一个富商家庭。1840 年 7 月，他以优异成绩通过了结业课程考试，次年完成论文《论反讽概念》，获得神学硕士学位。克尔凯郭尔终生未担任公职，靠着父亲留下的大笔遗产过着衣食无忧的自由撰稿人的生活。克尔凯郭尔早年曾受黑格尔美学思想的影响，后来则对黑格尔的思辨美学进行批判。把"审美"和"生存"结合起来，把"审美"作为生存的三种境界（或人生道路上的三个阶段）之一，与"伦理"和"家教"并列。在开辟出"生存美学"或者"生存感性学"（existential aesthetics）的审美维度的时候，他已经完全突破了古典美学的视阈而开显出了现代性的内容，成为后来 20

世纪存在美学的先声。

　　这些美学家对于德意志 19 世纪美学的发展也起到了继往开来的历史中介者作用。在一定意义上可以说，后来的价值论美学、心理学美学和生命美学等，都可以在这些人物的著作中找到其多少不等的思想渊源和联系。

第二十二章

德意志文学美学和其他流派导论

第一节　德意志经典思想是理性哲学与
浪漫主义的双重变奏

观念论哲学的美学并不是 19 世纪德意志美学的唯一内容。在 19 世纪前后百年多的时间中，德意志美学思潮迭起，众多流派纷沓衍变，经历了一个前启后承的发展过程。从 18 世纪末到 19 世纪初期（大约到 30 年代），德意志思想的主流是一种"二重奏"的情形：观念论哲学的理性主义和文学的浪漫主义彼此缠绕而彼此分立，又彼此相互影响。① 这两种思想潮流各自都形成了自己的美学思想。

浪漫主义作为一种文学艺术思潮的兴起，其背景是 18 世纪中叶以后德意志文学艺术的繁荣。在 18 世纪前半叶德意志的文学艺术还很落后。从高特舍特与苏黎世派的波特马和布莱丁格的争论中，我们就能够了解那时德意志文学自认为应该拜外国文学为师的情况。② 但是到 18 世纪中叶以后，德意志文学艺术领域出现了一个空前繁荣的局面。文学艺术界人才层出不穷。克罗普施托克（F. G. . Klopstock，1724—1803）从 1745 年开始着手写作大型史诗《弥赛亚》（28 年后在 1773 年发表），这表明抒情

---

① 参见文德尔班《哲学史教程》，商务印书馆 1998 年版，第 392 页及其后。

② 德意志文艺批评家高特舍特（1700—1766）崇尚法国古典主义；而苏黎世文学派的波特马（1698—1783）和布莱丁格（1701—1776）则力主以英国的弥尔顿为楷模，倡扬想象力的发挥。

诗的写作在这一时期已经成为德意志精神界兴起的热潮。莱辛（G..E.
Lessing，1729—1781）从 1759 年 8 月开始和莫泽斯·门德尔松及弗里德
里希·尼考莱一起出版《有关新近文学的通信》，推动着柏林的文学
事业。

　　一般认为，德意志浪漫主义思潮的源头，是狂飙突进运动。赫尔德
（J. G. Herder，1744—1803）在 1766—1767 年间发表的《论德意志近代文
学的断片》通常被人们看作是"狂飙突进运动"开始的标志。这应该说
是德意志浪漫主义思想运动的前奏。1770 年，赫尔德和歌德在斯特拉斯
堡会面，结下了思想友谊。1773 年，他们两人合编了《德国的风格和艺
术》，推崇本民族民歌的重要性，反对迷信教条和写作的清规戒律，强调
自然之美和人的真实情感，颂扬自由，为狂飙突进运动的美学纲领和文学
观点奠定了基础。魏玛四杰（维兰德、赫尔德、歌德和席勒）是狂飙突
进运动的奠基人和参与者。

　　歌德和席勒是狂飙突进运动的代表人物。这一时期他们的文学创
作都具有一种勇敢反抗旧世界的大无畏的叛逆精神，并表达对大自然
美景的热爱、对人生幸福和正义的理想的浪漫追求。歌德的代表作
《铁手骑士葛兹·冯·伯利欣根》《少年维特的烦恼》，诗作《五月花》
和《普罗米修斯》等，席勒的代表作《强盗》《阴谋与爱情》等，都以
其充满激情的浪漫主义精神，为狂飙突进运动谱写了主旋律，极大地鼓
舞了当时的德意志一代青年。由于歌德和席勒思想分别向古典主义和哲
学转变，到 18 世纪 80 年代，狂飙突进运动的浪漫主义逐步趋于尾声。

　　当然，歌德和席勒的美学思想在狂飙突进运动时期的浪漫主义，如歌
德本人所说，是"健康的浪漫主义"，而不是 90 年代初开始的耶拿浪漫
派的"病态的浪漫主义"（感伤主义）。在这一点上，歌德和席勒两个人
都与浪漫派有着清楚的思想界线，不应该混淆。同时我们应该看到，恰恰
是在耶拿浪漫派形成之前，歌德从意大利归来之后，歌德就已经钟情于古
典主义，而席勒也从研究康德美学步入了对审美进行哲学思考的道路。也
就是在这一时期及其后，他们两个人发起了对耶拿浪漫派的病态浪漫主义
的批判。

　　19 世纪德意志浪漫主义作为文学和美学思想潮流，起源于 18 世纪 90
年代初期。1793 年，浪漫派早期的著名诗人瓦肯洛德和蒂克携手游览了
德国南部的纽伦堡等文化名城。他们瞻仰了德国 16 世纪著名画家阿尔布

莱希特·丢勒和文学家汉斯·萨克斯的故居，从丢勒的绘画作品中感受到了德国古老的宗教文化和艺术精神，并将此作为本时代文化艺术的典范和理想。而美学史家一般认为，1798 年可作为浪漫派运动的正式开端之年。这一年，以诺瓦利斯、施莱格尔兄弟、蒂克、费希特、谢林、施莱尔马赫等文化名人在耶拿结成了文人社团，即耶拿浪漫派（早期浪漫派）；施莱格尔兄弟也于同年在此创办了著名的文学刊物《雅典娜神殿》（1798—1800），在当时文艺界产生了重要影响。

耶拿浪漫派的思想不但有文学方面的德意志传统，而且，思想史的实际情况说明，从康德开始的德意志观念论哲学中关于情感问题的论述以及人的存在的主体性学说，在浪漫派文学美学思想的形成和发展有着十分重大的作用。尤其是观念论哲学家谢林和费希特的哲学，直接为浪漫派提供了深层的思想资源。耶拿浪漫派在其活动的那段时间中，其主要成员先后有诺瓦利斯、施莱格尔兄弟，即奥古斯特·威廉·施莱格尔（1767—1845）和弗里德里希·施莱格尔（1772—1829）、蒂克、费希特、谢林、施莱尔马赫等人。他们以《雅典娜神殿》杂志为依托，倡扬浪漫主义的文学和美学思想。弗里德里希·施莱格尔的《雅典娜神殿·断片》成为浪漫主义文学美学思想的纲领"宣言"，它对当时德意志的文学界以至社会思想界影响很大，成为引领后来的浪漫派文学美学运动的思想先导。在18 世纪 90 年代末期，还有以拉爱尔·瓦尔恩哈根·冯·恩塞（Rahel Varnhagen von Ense，1771—1833）的家庭沙龙为中心的柏林浪漫派；1805 年，又出现了以 L. 阿尔尼姆（1781—1831）和 C. 布伦塔诺（1778—1842）为代表的海德堡浪漫派，还有南德意志的施瓦本（地区）的浪漫派。1809 年阿尔尼姆和布伦塔诺到柏林，在这里组织了名为"基督教德意志聚餐会"的社团，形成史称的"柏林浪漫派"。参加这个社团的 H. 克莱斯特（1777—1811）、A. 萨米索（1781—1838）和 J. 艾欣道尔夫（1788—1857）三人，以其作品的强大吸引力，很快就成为柏林浪漫派的中心成员。在各个浪漫主义社团中，都聚集了大批文人，形成了以浪漫主义美学思想为主导的，直到 19 世纪 30 年代的德国文学主流。在浪漫派运动后期，深受该派思想影响的格林兄弟（J. 格林，1785—1863 和 W. 格林，1786—1859）的带有神奇和幻象色彩的民间故事《儿童与家庭童话集》在 1812—1814 年出版，这是德意志文学在当时的重要成果，后来其影响及于全世界。当时还有一位浪漫主义的德意志文学家——E. T. A. 霍夫曼（1776—1822），他在荒诞离奇的故事中描绘了大量的浪漫幻象和诗意的热情美好，还有神秘和恐怖，揭示了他那个时代理想和现实、生活和艺术的尖锐矛盾。霍夫曼是对欧洲文学影响很大的德意志浪漫主义后期文学家。

到19世纪30年代，浪漫派作为一个美学思潮逐渐失去自己的思想余晖。同样，随着黑格尔在1831年逝世，德国观念论哲学及其影响也从高峰期开始衰退。从而，自18世纪末期到19世纪30年代的德意志经典思想的"二重奏"——观念论哲学思想和浪漫主义文学美学思想的相互激荡和相互影响的大格局就结束了。而代替这种格局的是一种新的格局：一些新的思想流派开始出现。这些思想流派大体包括两个方面，一方面是哲学，另一方面是从哲学分化出来而形成的崭新的社会科学的一些学科，例如心理学、社会学和艺术科学，等等。与当时的美学史的相关性而言，属于前一个方面的，是意志主义、形式主义和生命哲学；而属于后一个方面的，则是心理学、社会学和艺术科学。

通观德意志浪漫主义的历史，我们可以看到它的流变过程。如果把狂飙突进运动算作它的前奏的话，从18世纪60年代中期开始，德意志浪漫主义最初经历了倡扬"太初有为"的创造世界的积极向上的时期，但到1898年以后，各个浪漫流派都在两个方面表现了自己的美学特点：一方面，既有对不合理社会制度和人情习俗的反叛，有对真善美的执著，有对道德情感的呵护和珍重，有对内在审美意境的形式性的神奇开拓和天才营造，有对语言的唯美运用的考究，等等；但同时在另一方面，又有消极离世的逃避企图，有对缥缈幻想的主观玩赏和率性追逐，有对个人过度享乐和纵欲的鼓吹，以至对奢华挥霍的变态欣赏和对神秘朦胧之境的向往，等等。浪漫派的这种非理性主义趋向引起了不少人的非议和抨击。

第二节　意志主义取代理性启蒙

在浪漫主义美学之后，19世纪30年代出现了意志主义哲学的美学思潮，其主要代表人物是叔本华和尼采。

意志主义思想潮流以叔本华（1788—1860）为肇始者。叔本华于1819年（31岁时）出版了他的哲学巨著《作为意志和表象的世界》，开启了德意志哲学和美学的一个特殊的发展路向——意志主义。叔本华是使现代思潮从理性主义向非理性的意志主义转折的第一个推动者。

　　叔本华于 25 岁时在魏玛结识歌德，两人成为忘年之交。1819 年年初，叔本华的代表作《作为意志和表象的世界》出版，该书受到歌德的赞扬。歌德对叔本华思想的态度应该被看作叔本华思想与德意志经典思想的关系的一个重要方面，但这个方面并未引起研究者们的重视；而大家通常重视的是另一个方面，即叔本华与最后一个著名的观念论哲学家黑格尔的关系：叔本华本人从自己进行哲学研究之初，就对黑格尔哲学攻击不断，他极力反对并十分轻蔑黑格尔哲学，称黑格尔为"江湖骗子"；说黑格尔的哲学"有四分之三是胡说八道，有四分之一是陈词滥调"①。从他到柏林大学任课的第一天，就和黑格尔发生了争执。他向校方提出要把他的课都与黑格尔的课排在同一时间，有意要与黑格尔争听课者。但很不幸的是，黑格尔的课堂总是挤满学生，而叔本华的课堂是门可罗雀，最多时只有三个学生来听课。据统计，叔本华在柏林大学担任讲师 24 个学期，开课的时间总共只有半年多。从这种情况可以看出当时的时代精神：在 19 世纪 20 年代，理性主义在德意志如日中天，而与其截然相反的悲观主义的非理性意识在当时还很难得到思想界的呼应。

　　直到 19 世纪 50 年代，在欧洲 1848 年革命后，在整个德意志的民族意识变得消沉之后，著名的德意志音乐家瓦格纳对叔本华的音乐哲学大加称赞。同一时期，叔本华哲学的悲观的意志精神，得到了当时的一些法学家们和平庸哲学家们的称道和宣扬。其后，哲学家哈特曼对叔本华哲学进行了比较深入的研究，受其思想启发，形成了他自己的无意识哲学正如文德尔班所说："在 19 世纪下半叶的第一个十年中，在德国流行一时的悲观主义情调在政治关系和社会关系中有其普遍的基础，而叔本华学说由于作者卓越的品质常受到人们热切的欢迎，这是很容易理解的。更引人注目、更严重的是，这一情调延续到 1870 年以后，而且在尔后的十年中这一情调竟以通俗哲学的长篇空论潮水般地倾泻开来，曾一时完全控制了整个文学界。"②

　　叔本华哲学在 19 世纪后半期之所以能够在德意志思想界"大行其道"，确实如文德尔班所言，与当时的时代情绪十分相关。从 1848 年革命

---

　　①　《叔本华全集》，R. 施泰纳编辑，斯图加特和柏林，第 12 卷，第 292 页。

　　②　文德尔班：《哲学史教程》，商务印书馆 1997 年版，第 499 页。

失败之后，德意志的政治和社会就处于一个分崩离析的状态，启蒙的理性和理想烟消云散，人们看不见前途和光明，追求一种新的意义本体，在这种情况下，"意志"，而且是悲观的意志，给人们带来了一种与现实境况相关的新颖感，因而，其学说的流行就是顺理成章的了。如卢卡奇所指出"黑格尔主义、费尔巴哈和右边的谢林"，在 1848 年革命后就"日益被人遗忘"①了，而与他们的著作在同一时期，甚至早于他们的著作而出版的叔本华的著作《作为意志和表象的世界》，却成为 19 世纪后半叶的热门书籍。如叔本华本人所说，他的生命的暮色成了他的声望的朝霞。哲学史家 H. 格洛克纳在论述叔本华的影响的时候也写道："在 19 世纪最后的 20 年中，那些最有影响和思想最深刻的人们，都无法避免他［指叔本华——引者注］的学说所特有的情调。"②

叔本华的哲学思想对 19 世纪后半期和 20 世纪的西方哲学，都发生了深远的影响，除尼采之外，在柏格森和弗洛伊德的著作中，就有不少来自叔本华的思想；在詹姆士、维特根斯坦、马尔库塞、海德格尔、加谬和萨特等人那里，也都可以找到在叔本华思想中似曾相识的东西。

直接受到叔本华意志主义的影响，并把意志主义发展到一个新的思想空间的思想家是尼采（1844—1900）。

尼采自称他的先祖是波兰贵族，而母系以上三代都是德意志人。尼采从小就读于德意志文学史上出名的"普佛尔塔学校"（Pforta），这个学校是著名的启蒙诗人克罗普施托克、哲学家费希特、浪漫主义作家施莱格尔和著名历史学家兰克的母校。尼采最初接受的是被启蒙学者认为是最高级的学识的古典人文思想的教育。并且他作为优秀学生，深得他的老师——研究古希腊思想的著名教授里彻尔（Ritschl）的喜爱。尼采后来也是研究文艺复兴的著名学者布克哈特教授的学生。尼采在二十四五岁（1868—1869 年之交）时就被巴塞尔大学授予教授职位。这在当时确实是罕有之事，而紧接着莱比锡大学在并没有要求尼采提供学位论文的情况下就授予了尼采博士学位，这也说明尼采在青年时代就以自己的佼佼学识在学术界很有口碑。尼采和叔本华一样，他们都不仅熟悉西方思想的历史，而且也对东方思想有浓厚的学术兴趣。只不过叔本华对东方思想的兴趣集中在印

---

① 卢卡奇：《理性的毁灭》，王玖兴等译，山东人民出版社 1988 年版，第 171—172 页。

② 参见 Emge，C. A.（编）《在叔本华周围》，威斯巴登 1962 年版。

度古代的佛教，而尼采的兴趣则主要在波斯文化方面。应该说，这种跨文化的思想经历，既是叔本华也是尼采能够形成自己的、有别于西方传统风格的新思想的一个很重要的原因。

在尼采的思想历程中，他与瓦格纳的友谊以及后来的决裂，可以说是在社会文化交往中直接地表达了尼采对于艺术的总体性态度：他欣赏瓦格纳作品的自由和新奇，而对瓦格纳后来所创作的《帕西法尔》中透露出来的传统宗教的思绪和禁欲主义的情怀则表示不可忍受。同样，在对大卫·施特劳斯的批判中，尼采表达了对一切道德价值进行重估的迫切必要性。他以最激烈的词句陈述自己对本民族文化的庸俗性的否定，他认定，历史的发展和文化的进步，必然是新人（超人）生成后所创造的业绩。所以，关键在于造就优秀的、高贵的伟大人物。而高贵的伟大人物之高贵和伟大，全在于他们所具有的颠覆传统道德的强力意志。

第三节　19 世纪下半叶德意志美学的其他流派

19 世纪德意志美学的其他流派，主要是：形式主义美学、生命哲学的美学、心理学派的美学和艺术科学的美学。

第一个重要流派是形式主义美学。

19 世纪德意志形式主义美学确切地说应该是"客体形式主义"美学。赫尔巴特（1776—1841）于 1808 年继承了柯尼斯堡大学的康德教席，同时也继承了康德美学对形式的强调。在康德以至莱布尼茨哲学的影响下，赫尔巴特虽然坚持了关于物自体不可知的思想原则，但他研究的重点已经不是康德的先验领域，而是把研究的对象设定在客体形式上。赫尔巴特是费希特的学生，同时，他与瑞士（德意志区域）的学者裴斯泰洛齐过从甚密。因而，可以说赫尔巴特的思想与德意志观念论既有联系，又有区别。他对现代心理学的创建时期的贡献是很大的，他也是应用心理学的一个分支——赫尔巴特教育学的创始人。因而，在赫尔巴特的思想中，"心理力量"及其相互关系（作用）是很重要的内容；关于记忆、兴趣、经验关系、联想、比较和概括，等等，也都成为其思想系统中的重要概念。根据他的学说的这种"跨界"性质，从心理学的角度来看，赫尔巴特关于美的学说属于"心理学美学"的范围之中。赫尔巴特代表了从德意志先验哲学向现代"哲学—心理学"以至于心理学科学的转变时期的"过渡性"思想。

齐美尔曼和汉斯利克在不同的方面继承和发展了赫尔巴特的客体主义的形式美学的思想，但前者侧重于在"外在装饰"的意义上理解形式，而后者则把形式绝对化而排斥内容（即审美情感）。当然，他们两个人在各自的研究领域都把"形式"问题详尽化和精密化了。作为现代美学思想的早年开拓者，他们对 20 世纪美学思潮的影响很值得重视。

第二个重要流派是生命哲学的美学。

生命哲学是 19 世纪 80 年代至 20 世纪 30 年代德意志的一个重要的哲学潮流。它起源于浪漫主义，又受到意志主义的熏陶，具有强烈的非理性趋向。其代表人物是狄尔泰（1833—1911）和齐美尔（1858—1918），他们两个人都是新康德主义者。也可以说，生命哲学是康德哲学在 19 世纪末至 20 世纪初的一个新的变种。

狄尔泰酷爱文学和音乐，他先后是著名哲学史学者库诺·费舍尔教授和著名历史学家奥古斯特·兰克教授的学生，他对德意志观念论哲学家和启蒙学者的著作十分熟悉，并对历史研究（特别是中世纪历史）有浓厚兴趣。这些文化环境和条件使他在哲学、历史学和文化研究方面有综合的特长。狄尔泰在青年时期的学术思想发展上有从黑格尔的崇拜者向康德信徒转变的经历，他接受了康德的学术方法，但不是像康德那样来研究自然，而是来研究历史：他以"历史理性批判"来代替康德的纯粹理性批判。从而，人的"内在的生命体验"成为狄尔泰哲学的康德式的"纯粹理性"。这成为他的生命论哲学所描绘的整个人文科学的核心和本体。也正是在这个基础上，狄尔泰区分了自然科学和人文科学。这成为当代西方学术关于自然科学与人文科学的划界的开端。狄尔泰不满意人文学科以具体研究对象进行分科的情况，他力图在人的精神活动的普遍性意义的基础上把人文学科统一起来。而在他看来，"生命体验"及其历史性，作为人的精神活动的本质，就是一切精神学科的普遍基础。而对生命的描述和研究需要的不是实证和论证的方法，而是需要"体验"、"表达"和"理解"三者联系在一起的"解释"。从狄尔泰的这种哲学特色来看，他的美学思想无非就是从生命解释学的维度对人的生命及其历史活动进行理解的一种方式。

齐美尔（1858—1918）也是一个新康德主义者。尽管他年轻时代才华横溢、学习成绩优秀，研究成果突出，但他的学术道路却充满曲折和艰辛。在很长一段时间内，他在德意志学术界被置于一种边缘的境地。虽然他的著作吸引了很多人的注意力，但也常常引起不断的激烈争论。1918年9月，郁郁不得志的齐美尔永别人世。齐美尔的著作包括哲学、社会学和心理学等几个方面。一些著作是跨学科的研究，而作为社会学家，齐美尔很重视研究文化现象的社会学意义，例如他在论述柏林商贸展览会的文章中，从中古骑士在失去地位之后仍保持聚会的习惯来看商品展览会的意义，而且更深入探究这些展览会带给人们心理及感官层面的影响。三餐、装饰、流行、风格、金钱等都成为他进行社会研究的切入点。他著有《时尚的哲学》、《感觉社会学》、《饮食社会学》等，都直接与美学相关。他极力反对当时十分流行的实证主义社会学，反对实例的堆积，而从哲学高度围绕价值问题寻求社会学研究的普遍形式化方法。他提出了个人心灵及行为互动的社会意义，这对社会学的发展无疑是巨大的贡献，但在当时并不被认可。齐美尔的美学正是以他的如此广阔的思想视野为背景展开的，而生命被他作为艺术（形式）围绕、附着和表现的最终质料。艺术经常被他作为生命哲学和其社会"形式"研究的起点或者回归域。正是这样的思想大框架，才使得齐美尔有可能对抽象艺术进行生命哲学的解释，从而也才能使他成为现代艺术评论史上、具有首创地位的美学家。

第三个重要流派是心理学美学。

这其中包含了两个心理学流派：一个是实验心理学的美学流派，另一个是"移情说"美学的流派。

19世纪德意志心理学美学的思想潮流起点在70年代。其标志性著作就是莱比锡大学的教授费希纳（1801—1887）的《美学入门》，该书出版于1876年。而心理学美学的学术背景，是"心理学"作为一门人文科学的形成。费希纳本人就是这门学科的创始人之一。

费希纳1817年（16岁时）进莱比锡大学学医学，1822年获医学博士学位，此后便在莱比锡度过了他的一生。在完成医学学业之后，他对数学和物理学产生了浓厚的兴趣，并于1824年开始在莱比锡大学讲授物理学，后来他的兴趣又从心理物理学转向了哲学心理学，开始研究"心身关系"问题。他于1860年出版了《心理物理学纲要》，在书中提出了三种心理物理测量统计法，为创立科学的实验心理学奠定了方法论和技术基础。该书标志着心理物理学的诞生，被誉为心理学脱离哲学而成为科学的里程碑。1865 年他发表了第一篇美学论文，至 1872 年发表论文 12 篇，都从心理学角度研究霍尔拜因的两幅圣母马利亚画像，在此过程中确立了美学的实验心理学方法。

在《心理物理学纲要》出版 16 年之后，费希纳把自己的心理学研究成果应用于美学研究，写成了《美学入门》（1876）。而在此 3 年后的 1879 年，与费希纳在同一所大学工作的心理学家冯特教授才在费希纳研究的基础上，在莱比锡大学建立了第一个心理学实验室。这标志着西方现代"实验心理学"的诞生。德国成为西方现代心理学的发源地。心理学作为学科的形成，标志着西方人文研究力图摆脱思辨哲学的困扰，而把自身的研究自然科学化的倾向。与哲学相对而言，如果说哲学因其思辨是"自上而下"的学术探究的话，那么，试验心理学就因其实证而是"自下而上"的学问。由于费希纳的心理学美学也是应用自然科学的实验和实证的方法来解释美学中的基本问题和重大问题，因而也被称为"自下而上"的美学。

费希纳的实验心理学的美学主要被曾经作过冯特教授助手的屈尔佩所继承。屈尔佩是倡扬"无意象思维"的"维尔茨堡学派"的中坚人物，他不但在实验心理学的美学方面有重大建树，而且，其理论形成了从实验美学向 20 世纪"格式塔心理学美学"的过渡。同时，屈尔佩也受到审美移情说的影响，研究移情理论。

如果说实验美学发端于费希纳 1876 年的《纲要》的话，那么，在 7 年之后，心理学美学的另一个学派——移情心理学美学的思想流派则以李普斯（1851—1914）的《心理生活事实》的出版为标志而正式形成。

其实，移情心理学美学在此之前有自己的理论先驱，那就是费舍尔和洛采。费舍尔把人的审美情感借外在事物来表达看作"审美的象征性作用"，并认为这是对对象的"人化"；洛采在其名著《小宇宙》中也研究了生命物把其情感"外射"到无生命的事物中去的移情现象。

李普斯的思想受到康德、休谟、赫尔巴特、费希纳和冯特等人的多方面影响。1896 年他发起在慕尼黑成立了德国心理学会。李普斯的研究领域相当广泛，其研究领域涉及文学（主要是悲剧）、古植物学、伦理学、逻辑学，等等。在心理学学科内，他也开展了多方面的研究，包括对视错觉、幽默、催眠术、音乐的和谐与不和谐等的研究。李普斯是"奥地利学派"的外围成员，他把心理学看作是运用逻辑学方法科学化了的哲学，而逻辑学是心理学的一个特殊分支。他关于移情作用的理论主要在《空间美学》一书中得到了充分的表述。他认为，人的审美快感的特征在于审美主体对审美对象的"生命灌注"。

在李普斯之后，移情美学的主要代表人物还有伏尔盖特（1848—1930）和谷鲁斯（1861—1946）。

伏尔盖特的学说来源于浪漫主义和观念论哲学，他以心理学方法来重新解释和发展了这些学说。他强调移情作用的主体性、价值方面和无意识的（甚至于先验的）心理过程。

而谷鲁斯深受席勒的"游戏说"的影响，以"游戏练习"来解释艺术的起源，并把模仿看作游戏的主要内容。谷鲁斯特别强调"内模仿"即以知觉模仿为基础的审美模仿。

第四个重要流派是"艺术科学"研究思潮。

关于"艺术科学"的提法，应该追溯到出生于汉堡的建筑学家和艺术理论家哥特弗里德·塞姆佩尔（Gottfried Semper，1803—1879）。他把艺术看作"一个'艺术发展变化过程'"；美学家的任务就是对这一变化过程进行经验式的、发生学的研究（包括比较研究）。[①] 而康拉德·菲德勒（Konrad Fiedler，1841—1895）的著作《论艺术活动的起源》（1887）强调"美"与"艺术"的区分。菲德勒认为，美与愉悦的情感有关，而艺术则是对遵循普遍规律的感觉的认识，其本质在于审美形象的构成。因而，美学的根本问题与艺术的根本问题是判然有别的。菲德勒关于美与艺术的区别的思路，被德意志的人种学家和艺术学家格罗塞（1862—1927）作了进一步发挥。格罗塞正式提出了"艺术科学"的术语，他主张依照客观的经验科学方法，细致地研究艺术领域的社会经验事实。由上述学者倡导的这个"艺术科学"的研究潮流，侧重于考察艺术的发生和源起，强调艺术的社会条件和社会功用。K. 朗格（1855—1933）则从人种学和民族志学以及艺术史研究的角度，继承了"艺术等于自由游戏"的学说传统，把原始艺术看作当时已经构成了社会的人类的"幻觉游戏"。总之，"艺术科学"研究明显地受到了近代自然科学发展的影响，这是现代

---

① 参见 Semper, G.：Der Stil in den technischen und tectonischen Künsten, 2 Bände, 1860/1863. 塞姆佩尔：《工艺艺术和建筑构造艺术中的风格》二卷本，1860—1863 年版，第 1 卷，第 6—7 页。

性的人文研究实证化潮流在美学研究领域的具体反映。由于这个潮流有强烈的"艺术和社会"的关系意识,在很多情况下都是自觉不自觉地在现代社会学的学术框架中建构其理论,所以,这个潮流也可以被称为社会学的艺术研究或者"社会学的美学"。

上述四个重要的美学思想流派,都发生在德意志观念论哲学的美学之外或者之后,从其思想资源上看,他们都以不同的方式和联系路径,直接或者间接地继承、吸取或者扬弃观念论哲学的美学;把德意志(以至影响到整个西方)的美学向非理性主义路向和具体人文科学的路向两个方面推进。德意志美学就是以这两种形态进入了20世纪。这些路向,实际上也就是整个西方美学从19世纪走向20世纪的基本路向。

第二十三章

歌德和席勒及德意志浪漫主义

第一节　歌德

一　生平及学术贡献

约翰·沃尔夫冈·歌德（Johann Wolfgang Von Goethe，1749—1832），1749 年 8 月 28 日生于美因河畔的法兰克福。歌德先后在莱比锡大学和斯特拉斯堡大学学习法律，1771 年获博士学位，随后当过短期律师。但是歌德的志趣始终在文学创作方面，并且通过自己的努力成为著名诗人和欧洲启蒙运动后期最伟大的作家之一。

1775—1786 年，歌德应聘在魏玛公国工作十一年。在这里，他先后担任过枢密顾问、会计长官，以及企业总监、筑路大臣、军备大臣等职。他抱着改良现实社会的热情和理想，全身心投入到各种政务之中，但几年后，歌德逐渐发现，他所服务的朝廷充满了鄙俗之气，在这样的环境中，他不可能有所作为，而只能是一位按照朝廷庸俗原则和惯例办事的官员。1786 年 6 月他离开魏玛，化名前往意大利旅行，这次旅行给他的思想和生命注入了新的活力，他在日记里写道："现在我已经到了这里，心也就要定了，好像我的整个生命都感到欣慰。完全可以说，一种新的生活开始了，……"

1788 年，歌德结束了他的意大利之行，带着对人生与艺术的新的体验和理解，回到了魏玛，他发现他与那里的环境愈发格格不入，连旧日的朋友都使他感到陌生，歌德重新陷入了苦闷和孤独之中。他开始专心研究自然科学，从事绘画和文学创作，进入了政治上倾向保守、艺术上追求和谐的"古典"创作时期。1794 年歌德与席勒订交，开始了两人十年的友谊。他们的相互影响和激励使歌德创作了大量的优秀文学作品。1817 年，歌德被迫辞去魏玛的职务，在此后 15 年中，他潜心于写作，直到生命结束。

歌德多才多艺，既是诗人、文学家，又是自然科学家和政治家。他既表现了浮士德式的自强不息、追求超越的精神，同时他又乐天知命、深谙宁静致远的智慧。在哲学、自然科学方面，歌德基本上重视事实和现实；在艺术方面，他继承了希腊古典现实主义和欧洲文艺复兴的光辉传统。歌德一生创作了大量的文学作品，包括抒情诗、无韵体自由诗、组诗、长篇叙事诗、牧歌、历史诗、历史剧、悲剧、诗剧、长篇小说、短篇小说、教育小说、书信体小说和自传体诗歌、散文等各种体裁的作品。最著名的有小说《少年维特之烦恼》（1774）、诗体哲理悲剧《浮士德》（1774—1831）和长篇小说《威廉·迈斯特》（1775—1828）。歌德不喜欢抽象的理论思维，他也没有形成系统的美学思想，而他从艺术创作的实践活动中有很多自己独到的艺术哲理和美学体会。他的美学思想体现在他的具体作品之中，也散见于他的文学评论之中，其中比较集中的在爱克曼编辑的《歌德谈话录》中。

二 古典的与浪漫的

歌德在 1830 年 3 月 21 日谈话中说："古典诗和浪漫诗的概念现已传遍全世界，引起许多争执和分歧。这个概念起源于席勒和我两人。我主张诗应采取从客观世界出发的原则，认为只有这种创作手法才可取。但是席勒却用完全主观的方法去写作，认为只有他那种创作方法才是正确的。为了针对我来为他自己辩护，席勒写了一篇论文，题为《论素朴的诗和感伤的诗》。他想向我证明："我违反了自己的意志，实在是浪漫的，说我的《伊菲姬尼亚》由于情感占优势，并不是古典的或符合古代精神的，如某些人所相信的那样。施莱格尔兄弟抓住这个看法把它加以发挥，因此它就在世界传遍了，目前人人都在谈古典主义和浪漫主义，这是 30 年前没有人想得到的区别。"① 这段话揭示了德意志文学领域的古典主义与浪

---

① 爱克曼：《歌德谈话录》，朱光潜译，人民文学出版社 1980 年版，第 220 页。

漫主义分歧的起源，也表明了歌德本人的文学倾向。歌德赞同古典主义而反对浪漫主义，他认为古典主义和浪漫主义的基本区别有两点：

其一，古典主义从客观世界出发，浪漫主义则从主观世界出发。歌德所说的古典主义，不是法国 17 世纪的古典主义，实际上就是现实主义。他也直接使用过现实主义这个概念，曾说："由于寻求现实主义的欲望而产生的感觉上的各种错误倾向，总比那表现为寻找理想主义的欲望而产生的错误倾向要好得多。"① 他是从现实主义立场来捍卫古典主义、反对浪漫主义的。其二，古典主义是健康的，浪漫主义是病态的。歌德把现实主义和浪漫主义都当作文艺创作方法来看待。在歌德的心目中，现实主义比浪漫主义要好。他在 1829 年 4 月 2 日与爱克曼的谈话中说："我想到一个新的说法，用来表明这二者的关系还不算不恰当，我把'古典的'叫做'健康的'，把'浪漫的'叫做'病态的'。这样看，《尼伯龙根之歌》就和荷马史诗一样是古典的，因为这两部诗都是健康的、有生命力的。最近一些作品之所以是浪漫的，并不是因为新，而是因为病态、软弱；古代作品之所以是古典的，也并不是因为古老，而是因为强壮、新鲜、愉快、健康。如果我们按照这些品质来区分古典的和浪漫的，就会很清楚了。"② 这十分明确地表达了歌德反对浪漫主义文艺风格而褒扬现实主义文艺风格的美学立场。

歌德对浪漫主义的批判与他对当时德国现实的批判紧密结合在一起，他并不是一概反对浪漫主义，而是反对以耶拿小组为首的德意志浪漫派中"软弱的、感伤的、病态的"气质，认为这种气质不利于德国文学的发展，他希望唤起"新鲜的"、"健康的"古典主义气质，以挽救浪漫派的颓风。

同时，歌德对古典主义的认同也与歌德本人的审美性格有密切关系。歌德早年是"狂飙突进"运动的领袖人物，他充满热情，敢于反抗，并追求个人自由。后来，反抗的热情衰退了，那种静穆而又单纯的古典美成为他追求的方向和理想。歌德曾经说过，要想逃避这个世界，没有比艺术更可靠的途径；要想同世界结合，也没有比艺术更可靠的途径。歌德为逃

---

① 格尔维斯：《歌德的格言和感想集》，程代熙等译，中国社会科学出版社 1999 年版，第 87 页。

② 爱克曼：《歌德谈话录》，朱光潜译，人民文学出版社 1980 年版，第 188 页。

脱他所生活的庸俗鄙陋的现实环境，他只有沉浸在艺术之中，才能真正获得一种精神上的宁静和充实；但歌德又不愿意以浪漫派那样的方式来完全逃离现实世界而堕入主观主义的虚幻之中，因而他主张通过回到古典的文学艺术理想，以现实主义艺术思想来创造艺术的现实。

三　自然与艺术

一般来说，艺术和自然的关系就是作家的作品和他要反映的现实生活的关系，也就是主观和客观的关系，它关系到艺术和艺术美的创造途径、表现形态和性质风格等问题，因此，自然和艺术的关系，一直是西方美学史上的一个重要问题。

歌德不同意康德等美学家把世界分为现象世界与本体世界的看法，而把自然看成是一个客观存在于人的主观之外的有规律的整体，世界根本不可分，现象与本质并不相互矛盾，正是通过千差万别的现象可以揭示本体的本质规律。在《浮士德》中，他写道："万汇本一如，彼此相联带。相依为命，那可分开？"① 同时，歌德对自然的看法还具有辩证法因素，他认为它是变化发展的，是一个充满生命的每时每刻都在发展变化的过程。

在 1827 年 4 月 18 日与爱克曼的谈话中，歌德明确提出了艺术与自然的辩证关系：艺术既必须从自然出发，又必须高于自然。歌德说："艺术家对于自然有着双重的关系：他既是自然的主宰，又是自然的奴隶。他是自然的奴隶，因为他必须用人世间的材料来进行工作，才能使人理解；同时他又是自然的主宰，因为他使这种人世间的材料服从他的较高的意旨，并且为这较高的意旨服务。"②

所谓艺术家是自然的奴隶，即指艺术的创造应该从实际存在的客观自然出发，作家只有热爱自然，以自然为基础，在客观现实中，发现具有特征的事物，把它的特征充分地表现出来，才能创造美的艺术。

所谓艺术家是自然的主宰，是指艺术家必须超越自然，创造出一个高于自然和现实生活的艺术整体。歌德将艺术家的艺术创造视作类似于大自然中的各类神创造自然产品的一个具有主体创造性的特殊过程，这个过程当然必须从客观现实出发，是一个模仿自然的过程。但是，艺术的创造又

---

① 歌德：《浮士德》第 1 部，郭沫若译，人民文学出版社 1955 年版，第 24 页。
② 爱克曼：《歌德谈话录》，朱光潜译，人民文学出版社 1980 年版，第 137 页。

不能停留于对自然的单纯的模仿，必须体现出艺术家的主观能动性和主体创造性。

那么，怎样才能做到既从客观出发，忠实于自然，又高于自然，创造出第二自然的艺术作品呢？歌德做了一些具体的描述。

首先，艺术家必须仔细地观察自然，对自然中的事物进行适当的取舍。歌德从小就养成了观察自然的习惯。在他的自传《诗与真》以及谈话录中多次提到如何观察自然，观察树木、花鸟、天气、色彩、光线以及人类社会生活中的各种现象。歌德谈到他的气质之一，就是对周围事物具有敏感性。

其次，艺术家的心灵和人格在艺术创作中也起着重要作用。歌德认为仅凭对自然的观察是不够的，艺术还要调动起作家内心的体验和感悟去进行创造。歌德一贯强调，从事文艺创作的人一要拥有真诚的心灵，二要具备高尚的人格。歌德坚信艺术家个人的人格比他作为艺术家的才能对听众要起更大的影响。

最后，要依赖于艺术家丰富的知识积累和深厚的文化教养。歌德说："关键在于是什么样的人，才能做出什么样的作品。……谁要想作出伟大的作品，他就必须提高自己的文化教养，才可以像希腊人一样，把猥琐的实际自然提高到他自己的精神高度，把自然现象中由于内在弱点或外力阻碍而仅有某种趋向的东西实现出来。"[①] 知识积累和文化教养可以给艺术家提供开阔的视野，超越于平凡的现实之上去选取题材，创造优美和谐的艺术整体。

歌德对自然、现实生活在文学艺术创作中的根本性决定作用的强调，有力地遏制了早期浪漫主义脱离现实、歪曲生活、一味宣传宗教梦幻气息的不良倾向。歌德的现实主义美学主张，加上他自己的伟大创作实践，不仅促进德国乃至整个欧洲的审美趣味和艺术倾向由浪漫主义精神方面转向现实主义方面，而且还促进欧洲整个浪漫主义文艺思潮逐渐由病态向健康的状态发展演化。

四　美与艺术

在 1794 年 8 月 30 日歌德致席勒的一封信中，歌德附上了自己的一篇

---

① 爱克曼：《歌德谈话录》，朱光潜译，人民文学出版社 1980 年版，第 174 页。

论文，这篇论文既是歌德和席勒两次谈话的结果，也表述了歌德关于美的总的观点："美是有自由的完善境界。"① 歌德围绕这个总的观点，对其中的完善和自由概念进行了生动的论述。

歌德认为，所谓完善是指事物达到自然发展的顶峰，各部分都达到和谐和平衡，并且完全符合它的目的。歌德说："我们固然不能说，凡是合理的都是美的，但凡是美的确实都是合理的，至少是应该合理的。"② 合理也就是合乎规律。在歌德看来，当我们认为一个事物是美的时候，也意味着这个事物是自由的，"我们说一个完善的有机体是美的，如果我们在看见它时会想到，只要它愿意，它就能用多种多样的方式自由使用它的全部肢体；所以最高的美感是和信任和希望的感觉联系在一起的"。自由是指一个完善的有机体除了进行"满足需要的活动之外它还有充裕的力量和能力去作随意的、在一定程度上是无意义的行动"，在这种行动中，目的性和规律性、包括意志的支配都被隐藏起来了，也就是说，自由就是合规律与合目的性的统一，用哲学的话语来说就是，自由是运用规律来为一定的目的服务。

既然美是有自由的完善的境界，那么美的艺术作品也必然要体现出这种美的境界。歌德结合他的创作实践阐发了关于美与艺术的几个基本问题。

关于艺术的完整性的问题。歌德十分强调"艺术要通过一种完整体向世界说话。但这种完整体不是他在自然中所能找到的，而是他自己的心智的果实，或者说，是一种丰产的神圣的精神灌注生气的结果"③。歌德所说的艺术"完整体"，实质就是指艺术作品整体上的完美。其中包含了两层含义：

一是指艺术作品在表现形式上的完美，如艺术结构的完整，艺术风格的统一，部分或细节与整体结构的和谐，等等。

二是指作品的内容在整体上的完美，如情节内容的连贯统一、思想倾向性和时代精神的一致等。

关于艺术典型的问题。歌德根据自己以及在总结他人的创作实践经验

---

① 《歌德、席勒文学书简》，张荣易、张玉书译，安徽文艺出版社 1991 年版，第 5—6 页。

② 爱克曼：《歌德谈话录》，朱光潜译，人民文学出版社 1980 年版，第 134 页。

③ 同上书，第 137 页。

的基础上，认为文学典型创造的基本规律，是从现实生活出发，掌握和描述个别特殊的具有特征性的事物，在特殊中表现一般，创造出一个显出特征的、优美的、生气灌注的整体性形象，来反映世界。他的这一典型创造的理论无疑是具有独创性的，比前代人前进了一大步。

关于特征问题，歌德认为，作家在现实生活基础上艺术虚构出来的"显现着一般"的艺术典型，应是一个显出特征的，有意蕴的、优美的、生气灌注的整体性形象。艺术形象的"意蕴"是指一种外在的语言形式所指引到的内在的深层次的东西，是作家借助文字语言描述的艺术形象中所包孕的客观事物的内在特征，以及作家的灵魂、风骨和精神等。作品的语言层面是"意蕴"的外观，作品的思想内容是"意蕴"的内核，一般来说"意蕴"是含而不露的，它需要读者透过语言层和形象层去反复咀嚼、体味、玩赏才会得到。因此歌德所说的"我们要从显出特征的开始，以达到美"的观点，不单单指形式或者内容的美，而是内容和形式的完美结合。

第二节 席勒

在德意志 18 世纪末至 19 世纪初的民族文化大师中，席勒是一个很有思想个性的人物。他在 18 世纪 80 年代初期，就成名为剧作家（1782 年他创作的话剧《强盗》在曼海姆公演引起巨大轰动）。从这种情况来看，席勒无疑主要是文学家而不是哲学家。但是必须指出：席勒是康德的观念论哲学及其美学的最早的深入研究者和承接者。席勒从康德哲学的大视角对康德美学有整体性的和精到的理解，并且，在康德的旨趣方向上发展了康德的精神内在论、主体自由论、关于主体情感和意志的观念，发展了关于美的道德教化功能的理念，以至提出美的政治功能的论断，可以认为，席勒把康德判断力批判中许多没有说清楚的话都说清楚了，使判断力批判趋向于同实践理性批判的结合。在这些方面，席勒的哲学思想属于观念论，但因为他的文学家而非哲学家的"身份"，他的思想在很多方面超越于哲学领域，故我们把他放在本章中阐释。

一 生平及文学美学创作

约翰·克里斯托夫·弗里德里希·席勒（Johann Christoph Friedrich

Schiller, 1759—1805）于 1759 年 11 月 10 日出生在德国内卡河畔的马尔巴赫。1772 年，席勒 13 岁时被公爵强迫进入一所军事学校，这所学校采取极端压抑的军事化管理办法，不能有任何自由活动，出身不同的学生彼此之间严禁往来，进步书籍尤其不许阅读。席勒在这所学校里待了 8 年，切身的经历和体验使这个市民出身的青年产生了强烈的反封建意识，养成了他本能地反对专制暴君统治的进步思想。毕业后，席勒在斯图加特任助理军医。1782 年年初，在狂飙突进精神的影响下，写出了成名作剧本《强盗》，由于他参加该剧本的首演而被判处 14 天禁闭。席勒只好逃出斯图加特，六个月后，他成为曼海姆剧院的专职编剧。他的剧本《阴谋与爱情》演出成功。但由于重病和债务缠身，席勒只好于次年远走莱比锡和德累斯顿，在此居住两年多，继续进行文学创作，写出了《唐·卡洛斯》。1789 年席勒在耶拿大学任教，后定居魏玛，在这里与歌德进行了十年的合作。

席勒的剧作表现出强烈的反封建的叛逆精神。但同时，在席勒身上也反映出德国资产阶级的软弱性、两面性。他在对急风暴雨式的法国大革命产生不满和失望情绪后，逐渐脱离现实斗争，转向哲学沉思，逃向康德的理想，同时也受到歌德的深刻影响，继续创作诗歌和戏剧。他后期除创作剧本《华伦斯坦》《威廉·退尔》和一些诗歌外，还写了不少美学论著，如《论美书简》《审美教育书简》《论朴素的诗与感伤的诗》等，其中以《审美教育书简》影响最大。

席勒的天性富于哲学的沉思，他的思想多从抽象的概念出发，且始终徘徊于诗和哲学之间，深感感性与理性、现实与理想、诗意与庸俗的尖锐对立。席勒无论是在戏剧创作中、诗歌或美学思考中，都蕴涵着一个主旋律：关心人的现实困境，描述人性被分裂成碎片的境遇，探索人的生存价值和意义，从而使其美学思想具有丰富的人性内涵。他的美学克服和超越了康德美学和哲学思想的主观性局限，成为从康德美学到黑格尔乃至马克思美学思想发展的重要环节，在德国美学的发展史上作出了自己独到的贡献。

二　席勒美学概观

受康德美学的启发，席勒也从对人性的先验分析开始，他认为美的概念表面上来源于经验，实际上却植根于人性。假使我们要提出一个美的纯理性概念，那么，这个概念就必须在抽象的道路上去寻找，必须从感性理性兼而有之的人的天性的可能性中推论出来，"美只能表现为人性的一种必然条件"①。

席勒认为人性包含着两个基本方面：一个方面可以称之为"人格"，它是人身上持久存在着的东西；另一个方面可以称之为"状态"，这是人身上经常变化着的东西。这两者构成了"自我"及其规定性。二者在绝对存在（神）那里是同一的，而在有限存在（经验界）中则永远是两个。人格即自我，形式或理性，状态则是自我的诸规定，也就是现象、世界、物质或感性。人格的基础是自由，状态的基础是时间。这就是说，人既有超越时间的一面，又有受制于时间的一面；人既是有限存在又是绝对存在；既有感性本性又有理性本性。人总会受到两种相反力量的推动，一种是感性冲动，要求人成为一种"物质存在"，包括人的各种感官的物质的欲望；另一种是形式冲动（理性冲动），它来自理性本性，即要求感性世界获得理性形式，使变化多端的世界见出和谐、秩序和法则。

表面看来，这两种冲动是截然相反的，互相矛盾的，人的统一性似乎为它们的对立所破坏，但是实际上它们并不在同样的对象里发生矛盾。感性冲动要求变化，但并不要求把变化运用于"人格"及其领域，并不要求改变原理；形式冲动要求统一和稳定，但并不要求"状态"和"人格"一样保持不变，并不要求感觉的统一。因此，这两种冲突并不是本质上相互对立的，只要确定它们各自的界限，防备它们相互侵犯就行了。

当人们意识到这两种冲突并不是相互对立的，而是各有界限，各有原则时，也就意味着能够同时既意识到自己的自由，又感觉到自己的存在；既感觉到自己是物质，又认识到自己是精神。假如这种情况能在经验中出现，那就会在人身上唤起一种新的冲动——游戏冲动。所谓"游戏"，不是一般意义的嬉戏玩乐、打闹逗趣，而是摆脱了感性的物质需要和理性的道德纪律强制的自由活动，是与强制相对立的。不论感性冲动还是形式冲动，对人心都是一种强制。因为感性冲动要感受自己的对象，从而排除了自我活动和自由，而形式冲动要创造自己的对象，从而排除了主体的依附性和受动性。只有游戏冲动才能把这两种冲动的作用结合起来。

人在游戏中，既要从现实生活中取得素材作为"形象"，又能在形象

① 席勒：《美育书简》，徐恒醇译，中国文联出版社1984年版，第145页。

中体现生命精神，生命与形象的统一就是"活的形象"。"游戏冲动"实质上就是人的自由创造的审美活动。人通过审美活动把感性与理性、物质与精神、受动与能动结合起来，克服人性的分裂，实现人性的复归，成为完整的、自由的人。

在这些论述的基础上，席勒综合了博克、鲍姆加登等人的美学观点，提出了美是自由的形式的观点。①

他认为人的理性可以根据自己的法则将杂多的自然现象结合起来，并且表现为两种基本形式，一种是把表象和表象结合成为认识的理性，即理论理性；另一种是把表象和行动意志结合起来的理性，即实践理性。理论理性依赖于概念，不可能完成自我规定，因此，自由在理论理性中是根本不存在的。只有在实践理性中，才可以表现出自由，因为实践理性要求行动只由行为方式（形式）的缘故产生，这种行为方式或形式便意味着不是由外部，而是通过自己本身来规定自身，是自律地规定的，"表现出单纯由自身规定的那种形式就是自由"。美就存在于在这种自由的形式之中。

美总是表现出对目的与规则的独立性。但是美又必须表现出合目的性和规律性，即使"当人们证明美引导人由感觉达到思维的时候、那么这绝不应该理解为美能够填补划分感觉和思维被动性和主动性的鸿沟……美可能对人成为由物质转向形式，由感觉转向法则，由被限制的存在转向绝对的存在的手段，不是在它帮助思维（把明显的矛盾包含在自身之中的思维）的时候，而只是在美把符合于本身立法的显现之自由赐予思维能力的时候"②。正是因为美既独立于目的与规则，同时又符合目的与规则的特性，才使得美虽然寓居在现象领域，却可以表现出丰富的内涵和完整和谐的生命形式："美对于我们是一种对象，因为反思是我们感受到美的条件。但，同时美又是我们主体的一种状态，情感是我们获得美的概念的条件。美是形式，我们可以观照它，同时美又是生命，因为我们可以感知它。总之，美既是我们的状态，又是我们的行动。"③ 只要我们既不在形式之外寻找，也不被驱使着在它之外寻找它的根据，这种自由的形式就显得是美的。

---

① 席勒：《美育书简》，徐恒醇译，中国文联出版社 1984 年版，第 12 页。
② 同上书，第 102 页。
③ 同上书，第 130 页。

三　审美教育及其文化意义

《审美教育书简》是席勒最主要的美学著作，也是他美学思想最集中最系统的表现。在这本书中，席勒提出了审美教育理论，成为现代审美教育的创始人。

席勒的美育观的形成有其深刻的社会历史背景。席勒生活的时代，是一个酝酿着革命风暴的时代。政治经济落后的德国当时正处于灾难深重的屈辱中。德意志民族在腐朽的封建专制的统治下痛苦地呻吟着，资本主义在那里的发展受到严重的阻碍。富有叛逆精神的浪漫主义诗人席勒，曾同其他进步知识分子一样为法国革命欢呼。但是，当法国大革命进入雅各宾专政后，路易十六被送上了断头台，大规模的暴力镇压、流血的动乱、政局的变幻无常，使席勒深感失望和不满，美丽的幻想开始破灭，他又陷入更深刻的痛苦中。这一方面是当时德国思想家们政治上软弱和妥协的表现，因为当时德国政治的分裂和经济的落后状态，使德国资产阶级不能像法国资产阶级那样成为统一的、能够与封建贵族相抗衡的阶级力量，进步知识分子的革命也往往只是停留在观念上的一种理论和理想。另一方面，作为天才的思想家的席勒深刻地预见到法国大革命所建立起来的资产阶级社会并不能达到真正的"自由"。革命之后又一个新的矛盾重重的社会和更污浊的现实促使席勒思考：人怎样才能达到真正的自由？这是法国革命所提出来而并未得到解决的问题。席勒的最终答案是：采取超现实的方式来解决现实的问题，彻底摆脱现实的政治经济的要求，即通过美与艺术来改造人的灵魂，实现人的内在心灵自由，从而达到建立一个和谐完美的社会的目的。

在席勒看来，所谓审美教育指的是通过审美自由的中间状态使感觉的受动状态转变到意志的能动状态。美成为一种手段，使人由质料达到形式，由感觉达到规律，由有限存在达到无限存在。

席勒分别在现实历史和个体生存两个层面上论述了审美教育实现的道路。首先就历史层面而言，席勒指出，无论是个人或民族，都要经历自然、美和道德这三个阶段。人在自然的状态中，只是屈服于自然的力量，理性尚未出现。人在审美状态中则摆脱了自然力量，他与纯粹自然不再是一体，而是开始观赏和反思纯粹自然。最后是，人在道德状态中控制了自然力量，人成为真正自由和完全理性的人。那么，为什么道德的阶段只能通过审美阶段来发展，而不是从自然阶段中直接发展起来呢？这与审美活动能赋予人以自由有关。人在自然状态中只是被动接受感性世界，但是只有在审美状态中，当他去观照世界、陶醉于所观赏的对象时，世界才对他出现。这样，席勒终于找到了一条通向自由和真理的康庄大道。美已经证明人可以从感性依存过渡到道德自由，美的事实已经说明人与感性关联就是自由的，那么人如何从有限上升到绝对，在思想和意志中如何与感性对抗，使他从日常的现实达到审美的现实，从单纯的生活感达到美感，这也就是从个体层面的审美教育的道路。所谓个体层面的审美教育的道路就是游戏冲动的道路。把人从现实提高到审美的心境，依赖于两种感官：视觉与听觉。触觉是低级的，是被动接受的；而视觉与听觉的对象是我们创造的形式。当他一开始用眼睛来享乐，对他来说就获得了独立的价值，他立刻在审美方面成为自由的，而游戏冲动在它的身上也就开展起来。

在席勒看来，审美教育的任务在于，实现感性与理性的统一，提高人的心理素质和鉴赏能力，获得精神上的自由、解放，但这与科学理性、道德意志并不是对立的，审美活动可以为两者提供能力，并赋予自由的形式。他指出，经过教养的鉴赏力通常是同知性的明晰、情感的活跃、思想的自由以及行为的庄重联系在一起的。因此，在任何一个民族中审美文化的高度和极大普遍性与政治的自由与公民的道德、美的习俗与善的道德、行为的光辉与行为的真理都是携手并肩而行的。席勒的主导倾向是认为美育有其自身的目的和任务，但又绝不是为美而美的"纯审美"论者，而是主张真与善统一于美，把审美境界看作人生的最高境界。他承认教育的种类有很多：有促进健康的教育，有促进认识的教育，有促进道德的教育，还有促进鉴赏力和美的教育，这最后一种教育的目的在于，培养我们感性和精神力量的整体达到尽可能和谐。感性和精神力量的整体和谐，就是审美境界。席勒这个深刻论断既讲明了德、智、体、美的区别，又指出了它们的内在联系，审美从整体上统摄了德育、智育、体育的内容。所以，他不是一个纯审美论者，较之康德前进一步。

四　素朴的诗和感伤的诗

在《论素朴的诗和感伤的诗》一文中，席勒对素朴的诗和感伤的诗进行了比较分析，席勒所谓"素朴的诗"和"感伤的诗"实际上是现实主义和浪漫主义的代名词，与歌德所做的古典派与浪漫派艺术风格的比较分析的基本精神是一致的。

席勒把诗歌艺术分为两种：一种是模仿现实，另一种是表现理想，这两种诗都要从自然中寻找灵感。关键在于诗人采取何种方式对待自然，由此产生了素朴的诗与感伤诗的区别：诗人或者是自然，或者寻求自然。前者造就素朴的诗人，后者造就感伤的诗人。素朴的诗表现了人与自然的和谐统一，感伤的诗则是对人与自然分离之后对自然的追忆、寻求和感伤。

席勒认为，古代的诗人基本上是素朴的诗人，近代的诗人则是感伤的诗人，这是因为古代的诗人与周围现实还处于和谐的统一之中，所以诗人的作用就必然是尽可能完美地模仿现实；而近代的感伤诗人与周围现实经常发生激烈的矛盾冲突，和谐的观念不在现实生活而仅仅存在于理想之中，所以诗人的作用就必然是把现实提高到理想，或者换句话说，就是表现或显示理想。

席勒还对现实主义和浪漫主义的审美特征作了对比分析。

关于现实主义，他认为素朴的诗是生活的"儿子"，以客观真实性取胜，它引导我们到生活中去，素朴的诗人在感性的现实方面总是比感伤诗人占优势，但艺术的真实并非机械地模仿生活事实，所以席勒强调说："必须以极大的细心把实际的自然和真正的自然区别开来，真正的自然是素朴诗的题材，实际的自然到处都有，而真正的自然是非常罕见的，因为它需要有存在的内在必然性。"换言之，素朴的诗所要求的真实不是现实的局部事实，而是具有内在必然性的整体真实，否则，"素朴诗的天才有过分接近卑俗现实的危险"。

关于浪漫主义，席勒认为"感伤的诗"以激情和理想取胜，"他能够比素朴诗人提供给这种冲动以更崇高的对象"，但激情和理想不是脱离现实的主观空想，所以席勒着重指出："感情的对象可以是非自然的，但是感情本身却是自然的。"席勒还强调："单是想象的任意活动而没有内在的实质，是无法打动人心的。"因此，感伤诗的天才"也有它的危险"，感伤的诗是隐遁和静寂的产物，它招引我们求取隐遁和静寂，即使真正的感伤的天才由于有真正的理想不至陷入空虚，但他可能把别人（模仿者或读者）推入狂烈的空想的旋涡，所以"感伤诗的杰作后面紧跟着一些空想的作品"。

如果说歌德肯定现实主义而否定浪漫主义的观点有较大的片面性，那么席勒对现实主义和浪漫主义各有优越性和危险性的论述，就比较客观公正。受歌德现实主义精神的影响，席勒从总体上肯定了素朴的诗而贬低感伤的诗，认为素朴的诗是健康的，标志着人性与自然的和谐，而感伤的诗是病态的，标志着人性的分裂。但席勒同时也从历史发展的角度指出，近代感伤的诗相对于古代的朴素诗来说是一个历史的进步。古代素朴的诗人通过绝对地达到一种有限来获得他的价值，近代感伤诗人则通过接近无限的伟大来获得他的价值。在人类的进步中原始的自然的和谐必须由文化所代替，并通过文化去实现最终目的。因此，作为历史发展的一个环节，从素朴的诗发展到感伤的诗文学的任务还远远没有完结，更高形态的文学形式应该是素朴诗与感伤诗的结合，在这种结合中，完美的人性才能实现。这个过程也就是席勒在《审美教育书简》中所提出的从自然的人到审美的人，再到道德的人的进程，"自然可以使人成为整体，艺术则把人分而为二，理想又使人恢复到整体"。① 席勒始终将艺术的发展与人性的完善联系在一起，将艺术看作由必然王国向自由王国飞跃的必要环节。

第三节　19世纪德意志浪漫主义美学

德意志浪漫主义作为一场文艺思想运动，是德意志近代文化史上继狂飙突进运动和古典主义之后最后一个理想主义学术流派，从1793年兴起到1830年左右逐渐结束。经历了30多年的时间。其最著名的代表人物是诺瓦利斯、施莱格尔兄弟和蒂克。

一　对艺术本质的哲学思考

德意志浪漫主义美学深受康德、费希特、谢林等人的观念论哲学体系的影响，把对艺术本质的探讨放到了哲学的范畴之中。非常重要的是，这种哲学层面上的审美思考引申出了一系列关键的美学概念，由此奠定了德意志浪漫主义的理论基础。

1. 艺术与天才。德意志浪漫主义崇尚天才，推崇想象力，可以说是其美学思想的起点。浪漫主义者认为，艺术是完美和永恒的体现，尤其是人的主观精神的完美体现。人通向完美有两条途径：其一是通过外部的充

---

① 席勒：《秀美与尊严——席勒艺术和美学文集》，张玉能译，文化艺术出版社1996年版，第285页。

满生机的大自然，其二是通过内在的主观精神，即用艺术来开启心灵的大门，表现人内心所孕育的高尚和伟大的精神。但是要完成这一使命，并非一般常人力所能及，而必须由艺术家来担当此任，因为艺术家是天才，具有常人所不具备的非凡才能。这一思想可以回溯到康德的天才创造论。康德认为，艺术既不同于科学，也不同于手工艺；既没有固定的法则，也不可凭借逻辑推理而产生，因此艺术是天才的创造。天才是人与生俱来的心灵禀赋，是自然产生的，不可后天而得，自然通过天才给艺术制定法规。天才的创造既然是受命于天，那便是无法证明的。康德的天才论被其他哲学家和文艺理论家广泛继承并进一步发挥，不仅帮助了浪漫主义者对艺术本质的理解，而且对艺术家，即天才的禀性以及艺术创造的神秘性也作了说明。围绕天才这一概念，浪漫主义对艺术、艺术家的禀性和艺术创造作了深入的理论性探索和阐释。谢林运用了康德的天才论的观点，把艺术看作是对绝对的美的描绘，进而把艺术家的创作看成是天才的内心冲动所导致的艺术行为。早期浪漫主义诗人瓦肯洛德把艺术视为神灵对艺术家的特殊关照，在他看来，艺术家较之于常人不同的是具有非凡的特殊才能，并且能够凭借这种才能感受神灵的关照，用艺术把这种感受表达出来。瓦肯洛德的这一思想被大多数浪漫主义者所接受，并且在许多文学作品和理论学说中表现出来。

2. 艺术的主观性。基于天才论的学说，德意志浪漫主义者把对艺术本质的理解集中到了对人的主观能力的认识上来，具体地表现为，强调艺术创造的主观性，把情感和想象提到首要的地位。在这一方面，费希特的"自我"创造"非我"的思想以及审美自由等观点对德意志浪漫主义的影响是颇为明显的。由于费希特把自我放到了造物主的地位，那么对浪漫主义者来说，自我既是艺术产生的动力，也是艺术表现的对象，也就是说，艺术家的感受处于整个艺术的中心地位。早期浪漫主义理论家弗·施莱格尔认为，诗人应该尽可能运用自己的主观能力，充分发挥想象力，随心所欲地在梦幻世界里描绘美的理想。诺瓦利斯曾对费希特的哲学思想作过深入研究，并从中演绎出了一个魔幻世界。他把这种随心所欲的"自我"看成是一个奇迹创造者和魔术变幻者。"自我"创造了"非我"（即外部世界），并存在于"非我"之中，所以整个世界就是一个梦幻。如他所言："世界就是梦幻，梦幻就是世界。"梦幻是自我的自由世界，是艺术的无限空间，艺术家可以在这个空间里任意发挥想象力，创造出美的艺术。可见，费希特的"自我"概念在浪漫主义那里演变成了一种理想的主观世界。

当然，德意志浪漫主义者强调艺术的主观性还受其时代现实生活的影响。在他们眼里，他们所处的时代既是一个理性统治一切、社会趋于功利化、艺术丧失生存空间的时代，也是一个充满战乱、社会处于变革动荡的时代。理性压制情感使人忽略了美的理想，而社会变革的结果则破坏了社会的宁静。因此他们对现实表示不满，并认为，现实生活丑陋、庸俗，不能成为艺术描写的对象，高尚的艺术不在于反映外在的现实，而在于描写内心世界，描写人的内心追求和美的理想。于是，他们把目光从现实转入内心，力图通过幻想来表现美的艺术，以此与现实相抗衡。他们在这种思想背景下所创作出的文学作品大多都突出了主观幻想的成分，同时也富于感伤忧郁的情调。正是由于这一点，浪漫主义长期受到各方面的批评，被称为是消极的、复古的、颓废的，甚至是堕落的文艺。但是也应当看到，浪漫主义这种理想主义的创作方式是基于蔑视现实的态度之上的，因而不可能完全脱离现实。如果说诺瓦利斯在他的小说里所描绘的"蓝花"具有浪漫主义追求纯艺术的象征性意义的话，那么艾辛多夫塑造的"无用人"的形象则表明了诗人以艺术家的"无为"对物欲和功利社会的反叛态度。此外，弗·施莱格尔提出的著名的"浪漫主义讽刺"之说，意在表述浪漫主义对待主观艺术与客观现实之间关系的一种自觉意识。从某种程度上来说，浪漫主义者通过主观精神来展示纯艺术理想的做法是建立在哲学基础之上的，因而蕴涵着一定的审美意义。

3. 艺术创作自由。浪漫主义主张艺术创作自由，首先意味着要打破古典主义的一切清规戒律，反对用一个统一的创作原则和方法来规定和限制其他创作方法。浪漫主义在对艺术自由这一概念的探讨上更带有哲理性。康德、费希特等人对艺术活动的自由特征予以充分肯定，尤其是费希特的审美观更是离不开自由的概念。在他那里，自我是绝对的、无限的，因而具有自由的特性，外部世界是自我自由想象的产物，所以自由是人的一切审美活动的前提。有了自由，人才能够体验到自身的"美的精神"，才能够发现并感受到自然的美。浪漫主义者把艺术看作是创作主体自由个性的自由表现，艺术创作不受任何既定法则的限制，艺术家应该凭借主观能力自由想象，充分表现自己的个性，发挥自己的独创性。可见，艺术创作自由在很大程度上意味着艺术家想象的自由。想象力是一种创造力，浪漫主义者推崇想象力，正是对艺术创作自由的肯定。在这一方面，弗·施莱格尔的言论具有纲领性的意义：浪漫的艺术"不受任何物质利益和理想风尚的约束，能乘着诗的遐想的翅膀，游荡于表现对象与表现者中间，并不断激励着思绪，像镜子的一连串无限反射一样，让思绪无限地延伸。……唯有它是无限的，正如唯有它是自由的一样；它认定的第一条法则，就是诗人的为所欲为、不受任何约束的法则"①。

4. 艺术创造的神秘性。浪漫主义者非常看重艺术的神秘特性，并试图从各方面加以说明。康德的不可知论和天才创造论就对艺术的神秘性给予肯定。天才本身具有神秘的特点，主要表现在其艺术创造受命于天、不知所为之所以然，这就是说，天才是凭借灵感进行创造的，但在创造的过程中并不知道灵感是如何产生的，也无法对其加以控制。因此，艺术是一种精神产物，是不能通过逻辑推理和科学分析来把握的。谢林在提出了艺术创造是有意识活动和无意识活动的结合这一思想的前提下强调艺术的无意识的特性。他的"创造冲动说"把艺术看作一种"奇迹"，是由天才、即艺术家在一种"创造的冲动"的驱使下不由自主地创造出来的。这种"创造的冲动"是神秘的、不可理解的，由之而产生的艺术作品也同样带有神秘的性质。此外，强调艺术的神秘性也出自浪漫主义者的宗教意识。一方面，他们认为艺术是世界永恒、绝对的"美的原型"的反映，这种"美的原型"就是上帝，因此艺术就是上帝意志的体现，具有包容一切的整体性质，艺术家的使命在于通过艺术创造去发现美，由此不断接近这个"美的原型"，即美的理想。另一方面，他们从人与自然的关系出发，强调天人合一的思想，指出，人与自然之间最原初的关系表现为人对自然的敬畏和崇拜，人依靠一种朦胧意识把自然法则与神灵意志相联系。这种朦胧意识是艺术产生的本源，所以远古时代的神话和传说虽然大多含混不清，但人却能凭借情感领悟其中的寓意。在浪漫主义者眼里，民间神话传说是最淳朴的、最美的艺术。这也是浪漫主义者重视民族文化、积极收集整理民间文学的重要原因所在。还有，浪漫主义者从人的内在机能方面来说明神秘性对艺术的作用。他们认为，人的内在机能表现为两面性：理性与幻想。"理性追求绝对统一，幻想则乐于纷繁多样之中，两者都是人的

① H. J. 施密特主编：《浪漫主义》，斯图加特 1975 年版，第 22 页。

本性中共有的基本力量。"① 人凭借理性认识世界，但是却不能说明带有
情感的东西，因为情感是神秘的，是一种生命的力量，是诗的源泉，只能
凭接近去发现，而永不可用数字来说明。由此，浪漫主义者非常注重人的
幻想、朦胧意识等非理性的因素，诸如黑夜、梦境、灵感、人的心理活动
等成为德意志浪漫主义作家喜爱的创作题材。

二　反思理性与崇尚情感

　　像欧洲其他国家的浪漫主义文学运动一样，德国浪漫派也带有明显的
反理性主义倾向。它反对启蒙运动那种理性至上的原则，因为启蒙运动过
分强调文学的社会教化功用以至于走向功利化而忽略了人的情感作用；它
反对古典主义的艺术教条，因为古典主义的艺术教条使艺术变得死板、僵
化而没有生气。

　　德意志浪漫主义在形成的初期就对启蒙运动所倡导的理性主义提出了
质疑。他们认为，理性主义虽然崇尚知识与科学的进步，肯定了人认识和
把握世界的能力，但是理性的极端化却导致了人类价值观朝着实用化和功
利化的方向发展，从而滋长了人的物欲。另外，这种理性的功利化倾向实
际上充当了一种大众化的社会经济原则，迫使人的行为都以这个经济原则
为准绳，进而促使社会道德庸俗化，抑制了人的精神领域的发展，如个人
情感的发挥和审美活动的体验，等等。在理性与情感之间，浪漫主义更侧
重情感在审美活动中的核心地位。

　　早在浪漫主义之前，德意志的两位文艺理论家约翰·格奥尔格·哈曼
（Johann Georg Hamann，1730—1788）和约翰·戈特弗里德·赫尔德（Jo-
hann Gottfried Herder，1744—1803）就对启蒙运动所倡导的理性艺术提出
了异议。哈曼批评了理性文学美化自然的模仿形式，提出了文学是"人
类的母语"之说。赫尔德也在其理论著作《论语言的起源》（1772）中提
出"语言来自心灵"的说法。他还在《论德意志的方式和艺术》（1773）
一文中指出："我们几乎不再观察和感受了，而是一味地思考和冥想；我
们的创作既没有表现一个活生生的世界，也没有深入其中，更没有深入到
表现对象、即情感的洪流与交融之中，而是要么苦思冥想出一个题目，要
么议论处理这个题目的方式方法，或者甚至兼而有之，并且总是从一开始

---

① 　H. J. 施密特主编：《浪漫主义》，斯图加特 1975 年版，第 31 页。

就不断地矫揉造作，最后使我们几乎丧失掉自由的感情；试想一个残废人怎么能行走呢？"[1]赫尔德认为，启蒙运动所推崇的理性文学由于过分强调文学的形式规则和教育功能而忽视了文学艺术的真正意义。理性主义驱使人们只考虑文学的道德教化目的，却由此把艺术引入了矫揉造作的境地。在他看来，真正的艺术源于作家对生活的观察和感受，是真实情感的自然流露，因为人的情感是与生俱来的，是一个无法用理性把握的世界。

与赫尔德的观点相近，哈曼把文学、人类信仰和道德观念等一系列现象放到人的直觉层面上加以阐述，其观点与理性文学所主张的美化自然的模仿方式形成了明显对立。他指出："大自然的生机是通过感知和激情来体现的。如果谁伤残了器官，他怎能去感受呢？也可以说，麻痹的动脉还能运动吗？——你们那些充满道德谎言的哲学抹杀了自然，为什么还要求我们模仿同样的东西？——这样你们可以翻新花样，也让学生成为自然的刽子手。"[2]理性文学强调模仿自然，但其自然概念是一种道德意义上理性与自然的结合体。赫尔德和哈曼则注重感官与情感的自然性，认为艺术家对世界的直接感受促使创造力的产生。这种创造力不仅在狂飙突进时期被视为"天才"，在稍晚出现的浪漫主义时期也同样适用。由此看来，浪漫主义在对待个人情感和作家主观想象的问题上和狂飙突进运动是一脉相承的。

此外，德意志浪漫主义在反对古典主义的艺术教条方面也突出了情感的重要性，表现出强烈的反传统倾向。古典主义受理性主义的支配，强调人的自然本性，相信理性与感情的和谐、信仰与认识的结合是人性的完美体现，但是基于这种思想，古典主义不仅把艺术看作是对现实的合理模仿，更重要的是要通过艺术来体现普遍意义上人性的完美境界。为此，温克尔曼针对古希腊雕塑艺术提出的"高贵、单纯、静穆、伟大"的审美思想被古典主义奉为美的理想，追求和谐、典型化、理想化成为古典主义最重要的艺术原则。古典主义的文学作品，尤其是戏剧作品，大多以古希腊罗马艺术为典范，在人物角色分配、场景设计、剧情安排以及语言运用等方面遵循着一套严格的戒律，比如"三一律"等。浪漫主义则摒弃了

---

① 安内马利等：《作品与阐释——德意志文学史例解》，慕尼黑1983年版，第95页。

② 卡特豪斯·乌利希主编：《狂飙突进与感伤——德意志文学文本与描述》，斯图加特1977年版，第12页。

古典主义的审美学说和艺术信条，力求从整体意义上把握艺术的本质，主张艺术门类之间的融合与共通性，尤其强调对主观世界和情感世界的表现，这无疑为艺术开辟了内心世界和情感这一广阔的表现空间。显而易见，德意志浪漫主义文学的突出特点是强调艺术的主观性，主张个人情感的强烈抒发，在艺术创作手法上注重描写主观感受，提倡形式自由，崇尚艺术家的创造力，如弗·施莱格尔所言："一切古典艺术种类在其严格戒律方面都是可笑的。"[1]

德意志浪漫主义者普遍把艺术看作是艺术家的感受、思想和情感的共同体现，一切表现对象都要经过艺术家心灵的感应和情感的陶铸才具有诗意。蒂克指出："我所描写的不是这些植物，也不是这些山峦，而是我的精神，我的情绪，此刻它们正支配着我。"诺瓦利斯也说："诗所表现的是精神，是内心世界的总合。"此外，他的"世界必须浪漫化"的言论也足以说明情感在艺术中的核心地位。[2]

三　向往中世纪

德意志浪漫主义者把宗教改革前的中世纪基督教社会看成是理想的世界，认为在这个社会里人性的纯精神理想能得以充分的体现，艺术家的创作和想象力也能获得真正发挥。所以，不少浪漫主义诗人在其文学作品中均以理想化了的中世纪社会为表现对象，借以表达自己的理想。这种回到中世纪的思想直接起因于他们对现实的不满，尤其是对启蒙运动的反思和批判。在他们看来，启蒙运动萌发于宗教改革运动的务实精神，注重发扬人对外部世界的认识和理解能力，但却忽略了生命的意义和精神的因素，从而破坏了美的艺术，使世界变得没有诗意。与此相反，中世纪社会的理想表现在人与自然的和谐和人对上帝的崇拜，并且在此基础上建立起来的社会道德风尚如荣誉、友爱、宽容等都是上帝的意志在人的精神价值中的体现，没有任何外在的目的。因此他们认为，人类生命的意义在于实现上帝的意志，而只有通过艺术才能接近这个理想。所以，他们便用艺术编制出一个幻想世界来与现实世界相对立，把中世纪描写成理想世界的典范。值得注意的是，回到中世纪虽然表现出了浪漫主义者的复古倾向，但也不

---

[1]　拉什：《施莱格尔：评论集》，慕尼黑1971年版，第13页。

[2]　同上书，第57页。

完全意味着他们乐于接受中世纪封建制度和天主教会的统治，而是将这一时代的精神状况看作人的纯精神理想的体现，并把这种纯精神理想作为与本时代的功利化倾向相对立的一种途径。此外，对中世纪的向往也表明了浪漫主义在接受传统方面对中世纪民间文学的重视。当时一大批文人和学者积极从事民间文学的收集和整理，如赫尔德、格勒斯、阿尔尼姆、布伦塔诺和著名的格林兄弟等在这一方面都做了大量辛勤而卓越的工作。中世纪民间文学大多为神话、传说、诗歌、民谣、童话等，其特点为想象丰富、淳朴自然、情感真挚、语言通俗，完全迎合了浪漫主义的审美趣味，因而备受推崇。由此可见，对中世纪的向往，尤其是对民间文学的重视，明显地表现了德意志浪漫主义者的民族意识。

概括地说，德意志浪漫主义的产生是建立在深厚的文化底蕴之上的，其美学思想突出地表现在对艺术的本质和艺术创作规律的认识，以及由此而展开的关于天才、想象、情感、独创性等一系列核心概念的理论探索，强调了艺术的主观性。这种内倾化的审美倾向不仅奠定了这一文艺流派在西方美学史上的地位，而且也表现出丰富的现代审美意义。

第二十四章

叔本华

第一节 生平和其意志哲学

叔本华（Schopenhauer，1788—1860），1788年2月22日生于现为波兰的但泽。1809年秋，他进入哥廷根大学医学系学习，第二学期转入哲学系，研读柏拉图和康德的著作，1812年，他以论文《论充足理由律的四重根据》获博士学位，随后，他结识了大文豪歌德，并受到歌德的器重。1818年叔本华发表了《作为意志和表象的世界》一书，这本书分为四册，包括认识论、自然哲学、美学和伦理学，奠定了他的哲学体系，标志着他思想发展的顶点。在该书的序言中，叔本华宣称，他的哲学主要来自伟大的康德、神明的柏拉图和古代印度的智慧——佛教。自负的叔本华为这部悲观主义巨著作出了最乐观的预言，认为这部书是为全人类而写的，今后将会成为其他上百本书的源泉和根据。然而该书出版后的10年间，大部分是作为废纸售出的，直到他1860年离开人世。在叔本华去世前几年，他的哲学才受到重视，甚至被崇拜和赞扬，赢得了毕生期待的荣誉。

叔本华是唯意志论哲学的创始人，他远离德国古典哲学的理性传统，力图从非理性方面寻求新的路径，专注于对生存本体论的探求。他的思想对现代哲学产生了很大影响。

1. 世界之为表象。叔本华在批判地继承康德哲学的基础上建立了自己的哲学体系。他对康德十分推崇，以康德哲学的直接继承者自居。叔本华在康德的基础上提出了"主客体分立形式"，根据这一形式，客体被看成是与主体相对立的，但又不能离开主体而存在的东西，而整个实在世界只不过是表象世界而已。叔本华把作为表象的世界称为"客观的世界"或"在空间和时间中的直观世界"。这个世界是"完全实在的"，但它自始至终以主体为前提，并服从根据律。因此，"它有着本质的、必然的、不可分的两个半面。一个半面是客体，它的形式是空间和时间，杂多性就是通过这些而来的。另一个半面是主体，这却不在空间和时间中，因为主体在任何一个进行表象的生物中都是完整的，未分裂的"。① 主体和客体同样完备地构成这作为表象的世界，如果主体消失了，作为表象的世界也就没有了。所以主体和客体是共存共亡的。

在他的代表作《作为意志和表象的世界》中，他开篇即说："世界是我的表象。这是一条适用于一切有生命、能认识的生物的真理。"② 意思是说："对于认识而存在着的一切，也就是全世界，都只是同主体相关联着的客体，直观者的直观；一句话，都只是表象。"③ 这样，康德的自在之物在叔本华这里就消失了，世界只是表象的世界。

2. 世界之为意志。在指出了"世界是我的表象"之后，叔本华进一步探讨了世界的本质。在他看来，"世界是我的表象"固然是真理，但究竟是片面的，世界还有一个更为内在的本质方面，这就是"意志的世界"。所谓"自在之物"，在叔本华这里就是意志。"它还有着完全不同的一面，那是它最内在的本质，它的内核，那是'自在之物'。"④ 意志和表象不是两个东西，而是同一个世界的两个不同的方面，因此，二者的关系不是因果关系，而是本质和现象的关系。意志是世界的本质，表象、可见的世界只是反映意志的镜子，表象不可分离地伴随着意志，如影随形；哪儿有意志，哪儿就有生命，有世界。

叔本华认为，客观世界与人都是意志的客体化，是意志的产物；意志无所不在，无机界、动植物同样是意志的产物；而且，意志是不可分的，现实中的一切事物都是同一个意志的客体化，如果说它们有区别，只能是

---

① 叔本华：《作为意志和表象的世界》，商务印书馆 1982 年版，第 29 页。
② 同上书，第 25 页。
③ 同上书，第 26 页。
④ 同上书，第 63 页。

意志客体化程度的不同。从无机界到有机界存在着意志客体化的不同等级，人则是高居金字塔塔顶的意志客体化的最高级别。

3. 悲观主义人生论。叔本华以意志代替了康德的自在之物，将其作为一种终极存在，从而使传统哲学的本体论的旨趣发生了转化，叔本华不再用传统的认识论去规范本体论，而是用价值体系去说明与评判本体论，把本体论引入到人生世界中，去寻求、追溯人生世界的终极意义。这样，本体论不再单纯地关涉实在界，而且也指向生活世界。

那么，人生世界的终极意义又是什么呢？叔本华认为，人生注定是痛苦的，这是由作为本体存在的意志的本质决定的。在他看来，作为本体存在的意志就其纯粹自身来看，是一种无时间性、无空间性、无因而成的活动，是一种"不能遏止的盲目冲动"，是一种无目的、无止境的永不满足的欲求。但在表象世界中，这意志表现为对生命存在的渴望，欲求生命只是意志在现实生活中的一种表现而已。"意志所要的既然总是生命，又正因为生命不是别的而是这欲求在表象上的体现"①，因此，这意志也就是生命意志或生存意志。把世界的本质看做生命意志或生存意志，这是叔本华意志主义的一个特征。

叔本华把本体的意志看成是一种实体存在，人生的一切痛苦、悲观、失意都是由它派生出来的，以它为客观存在的根据，痛苦就是人生世界的终极意义。这样，他就为人生世界诊断出了产生痛苦的最终根源。作为一个悲观主义者，叔本华对乐观主义持激烈的否定态度。他认为，乐观主义是荒唐的、"丧德"的想法，是"对人类无名痛苦的恶毒讽刺"。因为在他看来，我们所生活于其中的世界实际上只是一个备受折磨的，提心吊胆的，只有一个吞食另一个才能生存下去的角斗场。而人类的历史则是永无终结的一连串的谋杀、劫夺、阴谋和欺骗；如果了解了其中一页，也就了解了全部。

叔本华认为，世界是悲惨的，人生是痛苦的，那么怎样才能摆脱痛苦呢？既然"意志的肯定"是一切痛苦的根源，因此彻底否定意志才是摆脱痛苦的根本途径。所谓意志的否定，就是要压制一切本能，磨灭一切激情，取消一切欲求，麻痹一切感情，使情绪绝对宁静下来，最终达到一种"无欲"的境界。禁欲的最终目的是要导致意志的"寂灭"，即达到涅槃

---

① 叔本华：《作为意志和表象的世界》，商务印书馆 1982 年版，第 377 页。

的境界。意志寂灭之后，一切因意志的冲动而产生的痛苦、恐惧和令人激动的永不死心的希望也都同归寂灭了。取而代之的将是那高于一切理性的心境和平，那古井无波的情绪，那深深的宁静和不可动摇的自得和怡悦。叔本华把这种彻底否定意志的人所达到的境界称之为"无"。

从意志主义导向悲观主义，又从悲观主义走向虚无主义，这就是叔本华哲学思想的最终结论和归宿。他的美学思想在此基础上，则企图给人们提供一把去除欲望、消灭意志，遁入无欲无为的审美静观境界的钥匙。

第二节　美学本体论

叔本华虽然没有明确地给自己规定抽绎美本身的哲学任务，但是在他的整个美学体系中，美学本体论实际上处于一个潜在的指导地位，他关于美的本原的回答是他意志本体论的一个逻辑必然。借鉴康德，他把世界一分为二：表象（相当于现象）与意志（相当于自在之物），前者是后者的表现和客体化，后者是前者的本体和源泉。而在意志和表象之间，叔本华从柏拉图那里借取了"理念"作为从意志到表象的一个驿站。

把理念作为与现象世界相对立的本体，是柏拉图最基本的看法。进入叔本华的哲学体系，理念仍具有本体论的意味。叔本华指出："一个理念既说不上杂多性，也没有什么改变。理念显出于个体之中，个体则所至无数，并不停地生生灭灭；可是理念作为同一个理念，是不变的，根据律对于它也是无意义的。"① 同柏拉图一样，他的哲学是以二元对立的方法将世界两重化：现象世界和本体世界。现象界服从于时间、空间、因果性，即所谓"一切有限事物、一切个体化的最高原则和表象的普遍的形式"②。现象可以生生灭灭，但是"理念"却不是这样，它不进入这一最高原则或普遍形式，因而它是永恒不变的，而且更重要的是，理念还是动力性的，它能够"通过时间和空间……自行增殖为不可胜数的现象"③。就此而言，叔本华确乎是沿用柏拉图曾赋予理念的本来意义。

但是在叔本华的本体世界中，理念不具有独立的、绝对的意义，它必

① 《叔本华全集》第1卷，第245—246页。
② 同上书，第245页。
③ 同上书，第201页。

须依存于更原始、更高级的意志本体，作为本体向现象过渡的跳板，既属于本体而又非绝对本体。理念是具体的抽象范本或模式："我理解理念就是意志客体化的每一固定不变的级别，只要意志是自在之物，因而不与杂多性相涉的话。而这些级别对于个别事物的关系就等于级别是事物的永恒形式（formen）或标准模式（musterbilder）。"①

作为模型的理念具有"承上启下"的作用。它所以能够"承上"，是因为它是属于本体世界，能够恰如其分地涵括意志本体，并作为意志的代表，达到与意志的统一。理念还能够"启下"，即肩负起沟通意志与现象的分立。由于理念，或经过理念，意志本体终于显现于现象的尘寰，终于成为可以认识的对象。

叔本华选择了理念与现象的统一，选择了理念在现象界的无处不在，这一方面意味着他与柏拉图在理念问题上的分道扬镳，另一方面也意味着他为自己的美学本体论找到了一个逻辑起点。他说：

> 既然一方面我们对任何既存失去都可以纯客观地，在一切关系之外加以观察；既然在另一方面意志又在每一事物中显现于其客体性的任一级别上，从而该事物就是一个理念的表现，那就也可以说任何一种事物都是美的——至于最微不足道的事物也容许人们作纯粹客观的、不带意志的观照，并且由此而证实它的美……②

这里最清楚不过地宣布了他的美学本体论：既然一切事物都表现理念，或者说都是理念的可见性，那么任何事物都是美的。如果这一简洁的推论进行再简化，我们必然会走向叔本华的本来意味：美即理念，是理念生发了美。

"美即理念"，在西方美学史上，这一理论源远流长。如果纯粹地从形式方面看，叔本华之前的柏拉图，和与他同时代的黑格尔都曾明白无误地肯定过这一公式，但他们的理解各不相同。

黑格尔批评柏拉图的理念空洞无物，因为它与实在相对立，超越和独立于现实世界之外。而黑格尔自己的理念则是理性与感性、内容与形式、

---

① 《叔本华全集》第 1 卷，第 195 页。
② 同上书，第 297—298 页。

主观与客观的统一。叔本华的理念介于柏拉图和黑格尔之间，在表现形态上，他强调的是如上所述理念与现象的合一，然而在审美认识论上，他又复归于柏拉图，把审美等同于求真。

第三节　艺术本体论

从美学本体论转向对艺术问题的考察，一条清晰可见的线索是，叔本华继续了柏拉图的哲学努力方向，即对超越具体艺术现象的终极本体的认证。他以简洁的格言形式确定："唯有本质的东西，理念，才是艺术的对象。"叔本华把表达理念作为艺术的最高目标，他明确提出："艺术的唯一源泉就是对理念的认识，它唯一的目标就是传达这一认识。"① 就对理念的传达而言，叔本华多次说过，艺术与哲学具有根本上的一致。

理念从来不赤裸裸地出现，它必须借助于一个客体化的过程，把自己显示于从自然到社会的万事万物之中。艺术以人为主要表现对象，而人的理念与其他任何理念一样，体现于个别的人物，个别的情欲，个别的行动，一切以偶然的形式出现。真正的艺术不是舍弃偶然，而直接步入必然，把对象从世界进程的洪流中抽取出来，把它从各种琐碎的、枝蔓缠绕的关系中孤立凸显出来，或者换言之，不是把对象当作生活世界的某一个别的人或物，而是当作普遍的"这一个"，即当作亘古如斯的理念注视，这时艺术便达到了自己的目的地。

对于艺术来说，除了需要穿越个别和偶然之外，还必须解除主观性的障碍。前者主要关乎对象，而后者则更多地属于主体方面的情况。第一，叔本华承认主体情状进入作品的权力。第二，叔本华看到，这类作品具有较强的主观色彩，其中以抒情诗为甚。第三，主观色彩的强弱并不影响这类作品的普遍性和可交流性。第四，他进一步展示抒情诗的特征，而这一点已经成为抒情诗的本质特征，即意志与无意志、意志主体与认识主体的混合与统一。

叔本华关于文学的主体情状的基本观点。简要说来就是：诗不是逃避情感，而是征服情感，使之成为对理念的表述，即达到情感与理念的融会

---

① 《叔本华全集》第 1 卷，第 265 页。

与统一。

以个别达到一般，以个人性达到普遍性，并形成个别与一般、个人性与普遍性即现象与理念的统一，这是艺术特有的表现世界的方式和面貌。但是就叔本华哲学之主观目的而言，他并不特别看重个别或个人性的东西，甚至现象与理念的统一体，他真正的旨趣在于论证现象背后的本质的存在。因为当他发现音乐这门高度抽象的艺术更接近他所理想的本质世界时，他简直欣喜若狂，他说，音乐完全不适合上面已经证明的艺术原理，然而音乐却又是最强烈、最直接地作用于人心的伟大而绝妙的艺术。

第一，在其哲学谱系中，音乐具有与哲学相类似的地位，都是对意志的直接客体化或摹仿，而就对于现象世界而言，又都是一种"事前普遍性"，因而可以看到，同一音乐可以适应于不同的许许多多的生活场景，可以被配以种种的诗章或被用以编写各种歌舞剧。第二，音乐表现出意志，而意志在具体的艺术化解释中又被他作为心灵、意绪、情感和欲望。第三，音乐表现情感都是抽象的，即抽象地表现情感和表现抽象的情感。第四，由于音乐所表达的是情感本体，是人性最内在的本质，是意志最秘密的历史，其每一激动，每一挣扎，每一活动，与听众的情感具有直接的关系，因而音乐的效果在各门艺术中是最强烈的，它无须如其他艺术那样，或写景以抒情，或咏物以明志，或叙事以寄慨，它不假任何外物而直达核心。

在具体解释艺术所要传达的即现代阐释学所谓的"意义"时，叔本华多次声明：艺术决不可用以传达一个概念，艺术唯一而真正的对象只能是理念（在音乐是意志）。显然，在叔本华的心目中，"意义"只能是理念，而决不可以是作为它的对立面的概念。

理念尽管具有超越个别事物、征服私人情感的普遍性，即如概念所同样具有的功能，但对于认识主体而言，它又呈现为直观的表象。艺术家当其作为艺术家即作为纯粹认识主体时，他从生活世界所获取的直观表象便不再是现象而是理念了。反过来说，他与理念的关系也就是与生活世界的关系。在他的直观印象中，理念等于生活世界，而生活世界与理念也是同一的。因而作为艺术家，他无须借助任何外在的理念作用或概念化运动，而只要忠实于自己对实在世界的直观印象，"从自己的感受出发，无意识地和本能地工作"①，让生活和世界本身直接使自己受孕怀胎，那么他就一定能够得到作为理念的生活和作为生活的理念；而且"只有从这种直接的感受之中才能产生真正的、拥有持久生命力的作品"②。

第四节　审美认识论

叔本华区分了两种认识主体，一种是认识个体，另一种是纯粹认识主体。

1. 认识个体即欲望主体。认识主体在其抽象发生学的意义上就是具有认识能力的生命个体，不管它是一只昆虫，抑或一只动物，甚或作为最高级认识的人类。这种认识主体首先是作为欲求着的主体而与周围世界发生交换活动的。放眼生命个体，满目是欲望横流的世界，飞禽走兽除了游戏冲动的片刻，基本上都是欲望的自我展开。

2. 双重自我及其转化。认识个体由于为欲望所困，为眼前的表象以及表象间的复杂关系所惑，这欲望和表象就是奥义书哲学所谓的蒙蔽凡人眼睛的"摩耶之幕"，于是对于世界的认识它就只能停留在表象层次或个别事物。而要认识那不受根据律决定的、隐蔽于普通表象形式和个别事物背后的理念或意志，那"只有通过我们自身的某种变化才有可能"。③ 主体自身的改造被描述为"一种自我否定行为"④，这种自我否定，叔本华认为，首先应该是对自我欲望的弃绝，即当审视某一具体事物时，不把它当作欲望的对象而当作与自我意志无涉的、纯粹客观的存在。

另一方面，"自我否定"还意味着一种认识方式的转变。叔本华说："如果一个人由于精神之力而被提高了，放弃了对事物的习惯看法，不再依照根据法律的诸形态去追究事物间的关系——这些关系说到底总是对于其意志的关系，汇集是说他在事物上考察的已不再是'何处'、'何时'、'何以'、'何用'，而仅仅是'什么'；或者进一步说，他不再允许抽象的思想、理想的概念占据着意识，而是相反，将全部的精神之力贡献于直

---

① 《叔本华全集》第 1 卷，第 330 页。
② 同上。
③ 《叔本华全集》第 2 卷，第 473 页。
④ 同上。

观，沉浸于直观，并使全部的意识充满对恰在眼前的自然对象的宁静观审，不管这对象是风景、树木、岩石、建筑或其他什么。"① 这便是纯粹认识。经过纯粹认识，作为客体的美才能向主体意识生成，才能为主体所感知和把握。这是在纯粹认识主体的审视下，客体是习染、社会抑或艺术品都是无关紧要的了，因为任何事物都是理念的客体化，尽管级别不同，而由于纯粹认识的作用，任何事物都可以是美的。

纯粹认识显然是叔本华心中的圣土，他不仅以此作为美所以产生的主体性前提，区别美与非美，而且即使在审美领域的内部，他也以此为尺度。对于同属审美的听觉和视觉，他居然试图划出等级：听觉由于距意志较近，因为所接受的声音可能造成感官的痛感或快感，所以应该居于视觉之后；而视觉由于不与感官的反应直接相关，不直接刺激意志，即属于纯粹认识方式，从而就较听觉为先。

如果说关于视觉与听觉的等级化有值得商榷之处，那么依据纯粹认识对传统美学所界划的审美形态优美与壮美的重新审定则具有更多的创造性和启示性。他认为，优美是这样一些对象的性质，它们仿佛主动向纯粹认识发出邀请，如自然风光、植物世界，纯粹认识因而无需斗争就摆脱了意志的束缚。而在壮美，对象与观赏者的意志首先处在一种敌对关系之中，而后只是由于纯粹认识的奋勉和争衡，才使观赏者摆脱了与意志的关系而专注于对象不在关系中的理念，结果他就产生了壮美感。

叔本华并不否认艺术是一种创造性活动，而且也不否认天才在这一活动中的决定性作用，但是他所谓的天才主要是指一种特殊的认识主体及其认识能力，因而天才的独创性不在于是否能够创造出某一艺术作品，而在于是否能够将认识推进到某一深度，或者说，艺术创作的独创只是认识性的而非表达性的。叔本华不止一次地说过艺术是对柏拉图理念的复制，是对主体认识的复制，而"复制"（wiederholen）按其德语原义就是重复，即对前此已有的某种观念或实体的再现和仿制。因此尽管他曾经强调过天才作家与平庸作家的天壤之别，前者从生活本身汲取灵感，而后者只能抄袭现成的概念或作品；前者的作品因而是永垂不朽的，而后者的只能是过眼云烟，但是就其创作活动本身而言，一个是复

---

① 《叔本华全集》第 1 卷，第 257 页。

制，一个是摹仿（nachahmen），① 其实本质并无区别。天才由于以傲视庸才之处不在于表达，这方面他们之间没有多少差异，而在于其独步幽深的认识。

那么天才的认识方式有何卓异之处呢？综观叔本华的从《作为意志和表象的世界》（1819 年出版）到《附录与补遗》（1851 年出版）有关天才的论述，其一贯的观点是：第一，天才是一种不依据规律的认识；第二，天才是一种弃绝了欲望的认识；第三，天才是对永恒理念的认识。前两条是天才认识的条件和要求，第三条是天才认识的对象或目的，而这三条又可以更为简明地概括为"直观的认识"。关于天才的直观，叔本华是这样说的："天才的性能就是能保持纯粹直观的本领，在这直观中遗忘自己，使原来仅仅服务于意志的认识摆脱这一苦役，即是说完全无视于其兴趣、欲望、目的，由此一时之间就放弃了其个性，以使之最终成了纯粹的认识主体，明澈的世界之眼。"② 关于直观，他还说："虽然天才特有的和根本的认识方式是直观，但是其真正的对象却决不是个别的事物，而是将自己显现于其中（柏拉图）理念，……在个别中发现全体正是天才的基本特性。"③ 他首先把科学家从天才中排除出去。科学家与天才关注的对象及方式都是不同的，激发科学家兴趣的是事物的客观规律，而燃起天才激情的却是人性中永恒的奥秘；前者依靠实验、推理等接近客观真理，而后者却是在直观、悟性中窥视人性的本真形象。

将天才与普通人相比较是叔本华天才论的又一重要内容。他明确地把天才与普通人的关系表述为双重智识之于单一智识："天才是这样一种人，他具有双重智识，一个是为自己，为其意志服役的；一个是为世界的，他由于以纯粹客观的方式掌握这一世界而成为它的一面镜子。……相反，普通人却只有单一的理智，相应于天才所具有的客观智识，它可以被称为主观的智识。这种智识虽然在敏锐性和完善性上可以达到极其不同的级别，但是它却永远无法企及天才的双重智识的层次。"④ 认识之于天才和普通人，在前者表现为不仅替意志服务，更主要的是能够摆脱这一苦

① 《叔本华全集》第 1 卷，第 331 页。
② 同上书，第 266 页。
③ 《叔本华全集》第 2 卷，第 489 页。
④ 《叔本华全集》第 5 卷，第 90 页。

役，成为纯粹的认识；在后者则是完全地委身于永不餍足的贪欲，作为意志的工具。对于这种关系，叔本华使用了一个形象的比喻："认识的能力，在普通人是照亮他自己道路的提灯；而在天才人物，则是普照世界的太阳。"①

第五节　想象的哲学功能和批判功能

关于想象叔本华的视角可以分作两类：一是哲学的，二是文艺的。

叔本华客观上怀有把想象纳入其认识论体系的意图，在被纳入认识论的想象论中，这想象论或可称作直觉—想象论，值得注意的是，第一，叔本华看重想象的物象性方面，因为物象乃思想之源，乃思想所以栖身之地，他说："如果我们要刨根究底的话，那么所有的真理、智慧，还有事物的诸种秘密，都是包含在每一真实客体之中的，而且的确也只能包含在这样的客体之中，正如金子蕴藏在岩矿里一样：问题在于如何把它抽取出来。"② 第二，因此就对物的具体性的依存来说，想象应该也是一种直觉活动。想象既为直觉，且想象之"象"即物象又隐含着物之全部真实，那么这直觉—想象论实际上就已经认想象作通向真知的必然途径了，甚或说，想象就是一种特殊的认知形态。

想象与哲学的关联如果说在其直觉论中还只是意向性的，那么在文艺论中则得到明确的阐说。叔本华把诗歌作为一种使想象力（Einbildungskraft）活动的艺术③，如果从阅读和接受的角度说，他的意思就是：首先诗人的创作应该以形象的语词将其得之于生活的意象表达出来，然后读者逆向性地沿形象的语词而入语系所传达的诗人初始直觉的图像或意境。叔本华认为，任何语词都是概念或抽象表象，无论它多么形象、生动，都不是可以直观的，因而在把本质上抽象的语词转化为具体可观的图像时，就必须充分发挥读者的想象力。

在将想象置身于作者的思维活动中予以考察时，叔本华的注意中心在于它与天才的联系。叔本华将想象称作天才的"伴侣"和"前提"，

---

① 《叔本华全集》第 1 卷，第 269 页。
② 《叔本华全集》第 2 卷，第 97 页。
③ 同上书，第 544 页。

或天才的基本性能。叔本华发现，在天才实现其作为天才的飞跃时，想象因其自身的特性天然地将赋有辅弼天才的功能：它首先是一种心理能力，将想象者的视野推延至遥远的时空。进而这种心理能力如果能够由此使想象者转变为纯粹的认识主体，那么它同时也就是一种哲学能力了。借助于想象这"不可或缺的工具"，天才进入了对于现实事物和意志关系的自由境界，叔本华描述说："有想象力的人就好像能够召唤到精灵似的，精灵们在适当的时机把真理展示给他，而在事物赤裸裸的实际存在中这真理的展示只是微弱的、稀少的，并且在多数情况下也是不合时宜的。所以那没有想象力的人与他相比，就如同黏附在岩石上的贝壳之与会自由移动的甚或会飞翔的动物一样，它只能等待那送上门的机会。"① 想象使天才的认识变得积极主动，他不必消极地等待客体自身的显示，也不必将视野局限于眼前的现实事物，他可以随时架着想象的翅膀从现实世界飞向理念世界。

但是另一方面，叔本华注意到，并非所有的想象都能导向理念的天国，他区别出两类想象，仅仅是心理功能的想象是幻想，而只有同时能够将心理功能提升为哲学功能的想象才是真正的想象，才配称为天才性质的想象。如同面对一个实际的客体，人们可以使用两种相反的观察方式，一种是纯客观的、天才的观照，另一种是在现象界根据律中、在个体生命欲念中的占有。直观一个"想象之物"也完全可以是这样相反的两种方式："用第一种方法观察，这想象之物就是认识理念的一个手段，而传达这理念的就是艺术；用第二种方式观察，这想象之物则被用以建造空中楼阁，这些空中楼阁是与私欲、个人意愿相投合的，在片刻间使人迷醉，使人欢喜。"叔本华不忽视想象作为心理的功能，但是他主要地是把想象作为哲学的和批判的功能，这是他的一个贡献。

叔本华的美学思想反对以黑格尔为代表的德国古典美学的理性主义道路，开辟了现代西方美学的新方向，即用意志取代理性，抬高直观，贬低反思，从而为美学的非理性主义化奠定了理论基础，成为现代西方美学非理性潮流的先驱。

---

① 《叔本华全集》第 2 卷，第 488—489 页。

第二十五章

尼　采

第一节　生平和《悲剧的诞生》

弗里德里希·威廉·尼采（Friedrich Wilhelm Nietzsche，1844—1900）是19世纪下半期德意志最重要的哲学家和思想家。他对现代西方哲学、美学以至社会思想的发展具有很大的影响。

1844年10月15日，尼采出生于德意志的吕肯的一个乡村牧师家庭，他的祖先直至他的父母双亲都以教会事务为职业。因此家庭里的宗教气氛十分浓厚，这可能造成这位未来的哲学家对宗教的强烈逆反心理不无关系。尼采于5岁丧父，由母亲抚育成人。1864年，尼采进波恩大学学习语文学和神学，但他很快就放弃了神学，同时也开始反思并日渐放弃基督教信仰。一年后，他转入莱比锡大学，以优异成绩毕业并获得博士学位。1869年，尼采被破格任命为瑞士巴塞尔大学古典语文学教授，他陆续发表了不少著作，但经常因病休养。至1880年，他终于因健康问题辞去教职，以后10年间他去意大利、法国和瑞士等国旅行、治病并继续从事著述。1889年尼采精神失常，被送进精神病院，后一直未能康复，在德国魏玛居住直到去世。

在西方近代思想史上，尼采一直是一个有争议的人物。人们从不同的观点对他的思想作出了各种解释和评价。他的主要著作有《悲剧的诞生》、《查拉图斯特拉如是说》和《权利意志》等。

《悲剧的诞生》是尼采的第一部正式出版的著作，发表于1872年1

月，从美学角度看，它始终是尼采最重要的一部代表作，阐述了他的最有
影响的美学思想。

　　《悲剧的诞生》一书的最独特之处是对古希腊酒神现象的极端重视。
这种现象基本上靠民间口头秘传，缺乏文字资料，一向为正宗的古典学术
所不屑。尼采却把它当作理解高雅的希腊悲剧、希腊艺术、希腊精神的钥
匙，还在写作此书时，一个朋友对他的酒神理论感到疑惑，要求证据，他
在一封信中说："证据怎样才算是可靠的呢？有人在努力接近谜样事物的
源头，而现在，可敬的读者却要求全部问题用一个证据来办妥，好像阿波
罗亲口说的那样。"[1]　在晚期著述中，他更明确地表示，在《悲剧的诞生》
中，他是凭借他"最内在的经验"理解了"奇异的酒神现象"，并"把酒
神精神转变为一种哲学激情"。[2]

　　那么，尼采所说的那种使他得以理解酒神现象的"最内在的经验"
是什么？其中最重要的因素有二，一是他对叔本华哲学的接受，二是他与
瓦格纳的亲密友谊。关于这一点，尼采当时的朋友海因利希·罗蒙德于
1869 年 5 月 4 日写给他的一封信也提供了一点消息。那时尼采刚开始酝
酿他的希腊悲剧研究，经常和朋友谈论自己的想法，这封信中列举了他们
之间谈及的话题，主要是：希腊悲观主义在叔本华哲学中的再现；索福克
勒斯在瓦格纳的未来戏剧中的复活；音乐之作为全部艺术哲学的钥匙。[3]
当时的尼采，既是叔本华哲学的信徒，又是瓦格纳的密友和追随者。是叔
本华哲学使他关注希腊悲观主义，是瓦格纳戏剧使他关注希腊悲剧艺术，
而对音乐作用的重视也是来自对叔本华理论的接受和对瓦格纳音乐的体
验。由此可见，在《悲剧的诞生》主导思想的形成中，叔本华和瓦格纳
的影响不容忽视。但后来尼采和叔本华、瓦格纳彻底决裂而走自己的路，
转而对悲观主义进行了尖锐的批判。

　　作为一个哲学家，尼采当时所关注的主要问题，一是生命意义问题，
二是现代文化批判。在《悲剧的诞生》中，这两个问题贯穿全书，前者
表现为由酒神现象而理解希腊艺术，进而提出为世界和人生作审美辩护的

---

　　① 转引自《尼采传记图文版》，慕尼黑/维也纳 2000 年版，第 247 页。
　　② 《看哪，这人》，《悲剧的诞生》2、3，见《悲剧的诞生——尼采美学文选（修订本）》，
周国平译，北岳文艺出版社 2004 年版，第 335、336 页。以下该书皆简称为《尼采美学文选》。
　　③ 参看《校勘研究版尼采全集》注释。KSA Bd. 14，S. 41.

艺术形而上学这一条线索，后者表现为对苏格拉底理性主义的批判这一条线索。尼采后来在回顾《悲剧的诞生》时总结说："书中有两点决定性的创新，第一是对希腊人的酒神现象的理解——为它提供了第一部心理学，把它看作全部希腊艺术的根源；第二是对苏格拉底主义的理解，苏格拉底第一次被认作希腊衰亡的工具，颓废的典型。"① 这一段话点明了《悲剧的诞生》的两个主题。当然，在这两个问题之间有着内在的联系。根本的问题只有一个，就是如何为本无意义的世界和人生创造出一种最有说服力的意义来。尼采的结论是，由酒神现象和希腊艺术所启示的那种悲剧世界观为我们树立了这一创造的楷模，而希腊悲剧灭亡于苏格拉底主义则表明理性主义世界观是与这一创造背道而驰的。因此，《悲剧的诞生》表面上是一部美学著作，实质上一部哲学著作。在这部著作中，尼采是在借艺术谈人生，借悲剧艺术谈人生悲剧，酒神和日神是作为人生的两位救世主登上尼采的美学舞台的。

综观尼采后来的全部思想发展，我们可以看到，他早期所关注的两个主要问题始终占据着中心位置，演化出了他的所有最重要的哲学观点。一方面，从热情肯定生命意志的酒神哲学中发展出了权力意志理论和超人学说。尼采在论希腊悲剧时说，希腊悲剧的唯一主角是酒神狄俄尼索斯，埃斯库罗斯笔下的普罗米修斯、索福克勒斯笔下的俄狄浦斯都只是酒神的化身。我们同样可以说，尼采哲学的唯一主角是酒神精神，权力意志、超人、查拉图斯特拉都只是酒神精神的化身。在他的哲学舞台上，一开始就出场的酒神后来再也没有退场，只是变换面具而已。另一方面，对苏格拉底主义的批判扩展和深化成了对两千年来以柏拉图的世界二分模式为范型的欧洲整个传统形而上学的全面批判，对基督教道德的批判，以及对一切价值的重估。尼采自己说："《悲剧的诞生》是我的第一个一切价值的重估；我借此又回到了我的愿望和我的能力由之生长的土地上。"② 我们确实应该把他的这第一部哲学著作看作他一生的主要哲学思想的诞生地，从中来发现能够帮助我们正确解读他的后期哲学的密码。

---

① 《看哪，这人》，《悲剧的诞生》1。《尼采美学文选》，第334—335页。
② 《偶像的黄昏》，《我感谢古人什么》5。《尼采美学文选》，第326页。

第二节 日神和酒神：世界的二元艺术冲动

在《悲剧的诞生》中，日神（Apollo）和酒神（Dionysus）——或者
日神因素和酒神因素——是一对核心概念。阿波罗和狄俄尼索斯是希腊神
话中两个神灵的名字。希腊神话中有名字的重要神灵将近三百个，尼采从
中单单挑出这两个名字，"借用"来做他分析希腊艺术乃至全部艺术问题
的核心概念。他认为，用这两个概念能够最准确地把握希腊艺术的精神，
正是通过这两位"艺术之神"，希腊人向我们传达了"他们的艺术直观的
意味深长的秘训"。①

无论日神冲动还是酒神冲动，都具有非理性的性质。经常有人把日神
解释为理性，把酒神解释为非理性，这显然是误解。事实上，就在《悲
剧的诞生》中，尼采本人业已与这种误解划清了界限。他批评欧里庇得
斯的戏剧用冷静的思考取代日神的直观，用炽烈的情感取代酒神的兴奋，
指出二者皆不属于"两种仅有的艺术冲动即日神冲动和酒神冲动的范
围"，并断言希腊悲剧恰恰死于"理解然后美"的理性主义原则。② 尼采
始终视理性为扼杀本能的力量，他谴责苏格拉底的理性哲学扼杀了希腊人
的艺术本能，被扼杀的既包括酒神冲动，也包括日神冲动。后来他对二元
冲动的非理性性质有更加清楚的说明："日神状态，酒神状态。艺术本身
就像一种自然的强力一样借这两种状态表现在人身上，支配着他，不管他
是否愿意；或作为驱向幻觉之迫力，或作为驱向放纵之迫力。"③ "日神的
醉首先使眼睛激动，于是眼睛获得了幻觉能力……在酒神状态中，却是整
个情绪系统激动亢奋……"④ 我们据此可以简明地把日神定义为外观的幻
觉，把酒神定义为情绪的放纵，二者都如同自然的强力一样支配着人，却
不为人的理性所支配。日神和酒神都植根于人的至深本能，前者是个体的
人借外观的幻觉自我肯定的冲动，后者是个体的人自我否定而复归世界本
体的冲动。

① 《悲剧的诞生》1。《尼采美学文选》，第 2 页。
② 《悲剧的诞生》12。《尼采美学文选》，第 48—49 页。
③ 《权力意志》798。《尼采美学文选》，第 340 页。
④ 《偶像的黄昏》，《一个不合时宜者的漫游》第 10 节。《尼采美学文选》，第 313 页。

　　日神和酒神作为两种基本的艺术冲动，表现在不同的层次上，尼采大致是从三个层次来分析的。首先，在世界的层次上，酒神与世界的本质相关，日神则与现象相关。其次，在日常生活的层次上，梦是日神状态，醉是酒神状态。最后，在艺术创作的层次上，造型艺术是日神艺术，音乐是酒神艺术，悲剧和抒情诗求诸日神的形式，但在本质上也是酒神艺术。

　　在西方传统美学中，美是一个中心范畴，艺术的本质往往借这一范畴得以说明。尼采之提出二元冲动的理论，是有意识地针对这个传统的。他明确地表达了这种针对性："与所有把一个单独原则当作一切艺术品的必然的生命源泉、从中推导出艺术来的人相反，我的眼光始终注视着希腊的两位艺术之神日神和酒神，认识到他们是两个至深本质和至高目的皆不相同的艺术境界的生动形象的代表。"① 单凭美的原则不能解释艺术的本质，在美的原则之外必须提出另一个原则，艺术的本质是由这两个原则共同决定的。如果说日神相当于美的原则，那么，酒神是与美的原则相对立的一个原则，日神冲动和酒神冲动有着完全不同的本质。因此，提出酒神原则就不仅仅是对传统美学的一个补充，用日神和酒神的对立面的斗争来解释艺术的本质就不仅仅是对这一本质有了更加全面的理解，而是作出了新的不同的解释。

　　日神与酒神的区别突出地表现在对于个体化原理的相反关系上。日神是"个体化原理的壮丽的神圣形象"，"美化个体化原理的守护神"，"在无意志静观中达到的对个体化世界的辩护"②，对个体化原理即世界的现象形式是完全肯定的。相反，在酒神状态中，"个体化原理被彻底打破，面对汹涌而至的普遍人性和普遍自然性的巨大力量，主体性完全消失"③。个人不再以认识的主体出现，不再恪守由认识的形式加于事物的界限，人与人之间、人与自然之间的分别不复存在。

　　与此相应，日神状态的鲜明特征是适度，酒神状态的鲜明特征是过度。日神本质中不可缺少这一个界限："适度的节制，对于狂野激情的摆脱，造型之神的智慧和宁静。"适度有两个方面，一方面是对个人界限的遵守，是伦理的尺度，另一方面是对美丽外观的界限的遵守，是美的尺

---

① 《悲剧的诞生》16。《尼采美学文选》，第 62 页。
② 《悲剧的诞生》1、16、22。《尼采美学文选》，第 5、62 页。
③ 《酒神世界观》1。KSA，第 1 卷，第 555 页。

度。这两个方面都是为了肯定个体及其所生活的现象世界。过度意味着一切界限的打破,既打破了个体存在的界限,进入众生一体的境界,也打破了现象的美的尺度,向世界的本质回归。"在酒神神秘的欢呼下,个体化的魅力烟消云散,通向存在之母、万物核心的道路敞开了。"所以,酒神状态的实质是人和世界最内在基础的统一,尼采有时直截了当地把这个最内在基础称作"世界的酒神根基"。①

既然酒神直接与世界的本质相联系,日神与现象相联系,那么,在两者之中,酒神当然就是本原的因素。"在这里,酒神因素比之于日神因素,显示为永恒的本原的艺术力量,归根结底,是它呼唤整个现象世界进入人生。"或者换一个诗意的表达就是:"从这位酒神的微笑产生了奥林匹斯众神,从他的眼泪产生了人。"② 酒神的本原性首先就表现在日神对于它的派生性质,日神冲动归根结底是由酒神冲动发动的。

在《悲剧的诞生》中,尼采常常用梦和醉来解说日神和酒神二元冲动。他不仅是在设譬,在他看来,梦和醉正是我们每个人都可以经验到的最直接的日神状态和酒神状态。作为日常生活中的二元冲动,梦和醉的位置处在世界与艺术之间,艺术家经由它们而得以领会世界本身的二元冲动。每个艺术家都是它们的"模仿者",根据所"模仿"的是梦还是醉,他们"或者是日神的梦艺术家,或者是酒神的醉艺术家,或者——例如在希腊悲剧中——兼是这二者"。③

梦和醉是日常生活中两种基本的艺术状态,但是,处在这些状态中的人还并不就是艺术家。一个做着梦的人还不能算是一个日神艺术家,一个喝醉酒的人也还不能算是一个酒神艺术家。艺术家区别于常人的地方在于,他不但处在某种冲动状态中,而且同时与此状态"嬉戏",不但被此状态所支配,而且能反过来支配此状态。尼采强调,冲动状态和对这冲动状态的醒悟不是交替的,而是同时的。"酒神仆人必定是一边醉着,一边埋伏在旁看这醉着的自己。并非在审视与陶醉的变换中,而是在这两者的并存中,方显出酒神艺术家的本色。"④ 艺术家仿佛是有分身术的人,他

---

① 《悲剧的诞生》16、25。《尼采美学文选》,第 62、99 页。

② 《悲剧的诞生》25、10。《尼采美学文选》,第 39、99 页。

③ 《悲剧的诞生》1、2。《尼采美学文选》,第 3、7 页。

④ 《酒神世界观》1。《尼采美学文选》,第 18 页。

梦的同时醒着，醉的同时也醒着，在一旁看着这个梦中和醉中的自己。正是这同时醒着的能力，使得他的梦不是纯粹的幻影，他的醉不是纯粹的发泄，而他因此能成为一个"模仿者"，用艺术来释梦和醉歌。

在艺术的层次上，日神和酒神作为大自然本身性质不同的两种冲动，从根本上划分了不同的艺术类别。在《悲剧的诞生》中，尼采从二元冲动出发，主要论述了造型艺术、音乐、诗歌和悲剧。他认为，造型艺术是纯粹的日神艺术，音乐是纯粹的酒神艺术。在诗歌中，史诗属于日神艺术，抒情诗和民歌接近于酒神艺术。悲剧求诸日神的形式，在本质上则完全是酒神艺术。

第三节　悲剧的本质

从希腊悲剧产生的历史过程来看，在以荷马史诗为代表的希腊神话与以埃斯库罗斯、索福克勒斯为代表的希腊悲剧之间，发生的一个重大事件是酒神音乐的兴起。日神性质的史诗神话之变化为酒神性质的悲剧神话，起关键作用的就是酒神音乐。根据尼采的阐述，在悲剧诞生之前，希腊人已经开始把神话历史学化，致使希腊神话濒临死亡。靠了酒神音乐的强大力量，荷马传说重新投胎为悲剧神话，神话在悲剧中再度繁荣。"酒神的真理占据了整个神话领域，以之作为它的认识的象征"，使得神话放射出了最灿烂的光辉，具有了一种形而上的深度。[①]

那种使得神话在悲剧中获得新生的酒神音乐，就是酒神颂（Dithurambos）。

事实上，关于悲剧的起源，亚里士多德在《诗学》第 4 章中已有两点重要的提示：第一，"悲剧起源于 Dithurambos 歌队领队的即兴口诵"；第二，悲剧的前身是萨提儿剧。[②] 然而，尽管有这两点提示，悲剧起源的问题仍然模糊不清。因为它们几乎是人们研究此一问题的全部依据，而对之的解释却莫衷一是。如果说悲剧产生于酒神颂歌队，那么，关键就是怎样解释歌队的作用。在这一点上众说纷纭，尼采提到并予以驳斥的就有歌队代表平民对抗舞台上的王公势力之政治解释，以歌队为"理想的观众"

---

① 《悲剧的诞生》10。《尼采美学文选》，第 40 页。
② 亚里士多德：《诗学》，陈中梅译，商务印书馆 1996 年 7 月第 1 版，第 48、49 页。

的 A. W. 施莱格尔的解释。尼采欣赏席勒的解释，认为席勒的这一见解极有价值：歌队是围在悲剧四周的活城墙，悲剧用它把自己同现实世界完全隔绝，替自己保存一个理想的天地。他据此认为："希腊人替歌队制造了一座虚构的自然状态的空中楼阁，又在其中安置了虚构的自然生灵。悲剧是在这一基础上成长起来的"。[①] 这就是说，歌队的基本作用是用音乐把人们与日常的现实世界隔离开来，置于一个虚构的审美世界之中。但歌队的作用并非到此结束，它的更重要的作用，那使悲剧得以产生的作用，就是发挥出音乐创造形象的能力来。尼采的贡献就在于对这个更重要的作用的阐述。

具体地说，悲剧诞生的过程可以分为三个阶段。一开始，连歌队也并不存在，它只是酒神群众的幻觉。酒神节庆时，酒神信徒结队游荡，纵情狂欢，沉浸在某种心情之中，其力量使他们在自己眼前发生了魔变，以致他们在想象中看到自己是自然精灵，是充满原始欲望的酒神随从萨提儿。然后，作为对这一自然现象的艺术模仿，萨提儿歌队产生了，歌队成员扮演萨提儿，担任与酒神群众分开的专门的魔变者。歌队是"处于酒神式兴奋中的全体群众的象征"，观众在这些且歌且舞的萨提儿身上认出了自己，归根结底并不存在观众与歌队的对立。这时候，舞台世界也还不存在，它只是歌队的幻觉。歌队在兴奋中看到酒神的幻象，用舞蹈、声音、言词的全部象征手法来谈论这幻象。"酒神，这本来的舞台主角和幻象中心，按照上述观点和按照传统，在悲剧的最古老时期并非真的在场，而只是被想象为在场。也就是说，悲剧本来只是'合唱'，而不是'戏剧'。"最后，"才试图把这位神灵作为真人显现出来，使这一幻象及其灿烂的光环可以有目共睹。于是便开始有狭义的'戏剧'。"[②] 这样，悲剧诞生的过程便是酒神音乐不断向日神的形象世界进发的过程。

在一定的意义上可以说，解开希腊悲剧之谜的愿望构成了尼采创立二元冲动说的潜在动机。在他看来，以美为中心范畴的传统美学之所以必须根本改造，主要的理由就是它不能令人信服地解释悲剧的本质。"从通常依据外观和美的单一范畴来理解的艺术之本质，是不能真正推导出悲剧性

---

① 《悲剧的诞生》7。《尼采美学文选》，第 26 页。
② 《悲剧的诞生》8。《尼采美学文选》，第 29—32 页。

的。"① 事实上，整部《悲剧的诞生》就是围绕着用二元冲动说解释希腊悲剧的起源和本质这个主题展开的。

关于希腊悲剧的本质，尼采强调的是二元冲动在悲剧身上的和解和结合，他用"奇迹行为"、"神秘的婚盟"、"兄弟联盟"这样富有感情色彩的语言来形容这种和解和结合，并视之为"两种冲动的共同目标"和"艺术的最高目的"。在他看来，悲剧正因为是二元冲动的完美结合，并在这种结合中把日神艺术和酒神艺术都发展到了极致，所以才成其为一切艺术的顶峰。②

在悲剧中，日神和酒神是如何缔结它们的兄弟联盟的呢？从观赏者的立场看，我们可以把悲剧分解为三个要素，一是音乐，二是观赏者自己，三是插在二者之间的舞台形象即悲剧神话。按照尼采的阐释，音乐是世界意志即世界原始痛苦的直接体现，而悲剧神话又是音乐的譬喻性画面。作为这样一种譬喻性画面，悲剧神话起到了两个方面的作用。一方面，它用日神式幻景把观赏者和音乐隔开了，保护具有酒神式感受能力的听众免受音乐的酒神力量的伤害。另一方面，悲剧神话作为譬喻性画面又向我们传达了音乐的酒神意蕴。悲剧神话的这种功能正是音乐赋予它的。

要阐明悲剧的本质，一个关键的问题是如何解释悲剧快感的实质。

那么，尼采自己是如何解释悲剧的审美快感的呢？概括地说，他认为这种快感是来自一种"形而上的慰藉"。我们可以分三个层次来理解尼采所说的形而上的慰藉。

第一，悲剧是酒神艺术，唯有从酒神世界观出发，我们才能理解悲剧快感，它本质上是酒神冲动的满足，即通过个体的毁灭而给人的一种与宇宙本体结合为一体的神秘陶醉。"作为一种酒神状态的客观化，悲剧不是在外观中的日神性质的解脱，相反是个人的解体及其同太初存在的合为一体。"③

第二，尼采强调世界意志的"永恒生命"性质，因此，悲剧快感实质上是对这宇宙永恒生命的快乐的体验，此时我们已与这永恒生命合为一体，已成为这永恒生命本身。通过个体的毁灭，我们反而感觉到世界生命

---

① 《悲剧的诞生》16。《尼采美学文选》，第 65—66 页。
② 《悲剧的诞生》21、24。《尼采美学文选》，第 1、4、12、21 页。
③ 《悲剧的诞生》8。《尼采美学文选》，第 31 页。

意志的丰盈和不可毁灭，于是生出快感。"每部真正的悲剧都用一种形而上的慰藉来解脱我们：不管现象如何变化，事物基础之中的生命仍是坚不可摧和充满欢乐的。"①

第三，尼采反对对悲剧快感的非审美解释，要求在纯粹审美领域内寻找悲剧特有的快感。那么，"形而上的慰藉"如何成其为一种审美解释呢？他的办法是把悲剧所显示给我们的那个永恒生命世界艺术化，用审美的眼光来看本无意义的世界永恒生成变化的过程，赋予它一种审美的意义。在悲剧中，我们在同时既要观看又想超越于观看之上，"这种情形提醒我们在两种状态中辨认出一种酒神现象：它不断向我们显示个体世界建成而又毁掉的万古常新的游戏，如同一种原始快乐在横流直泻。在一种相似的方式中，这就像晦涩哲人赫拉克利特把创造世界的力量譬作一个儿童，他嬉戏着叠起又卸下石块，筑成又推翻沙堆"②。总之，我们不妨把世界看作一位艺术家，站在他的立场上来看待个体的痛苦和毁灭，就能体会到他的审美游戏的巨大快乐了。

第四节　艺术形而上学

在《悲剧的诞生》中，尼采明确赋予艺术以形而上意义，谈到"至深至广形而上意义上的艺术"、"艺术的形而上美化目的"等，他把对于艺术的这样一种哲学立场称做"艺术形而上学"或"审美形而上学"。③十四年后，在为《悲剧的诞生》再版写的《自我批判的尝试》一文中，他又称之为"艺术家的形而上学"，并说明其宗旨在于"对世界的纯粹审美的理解和辩护"。④

艺术形而上学可以用两个互相关联的命题来表述：

其一："艺术是生命的最高使命和生命本来的形而上活动。"⑤

其二："只有作为一种审美现象，人生和世界才显得是有充足理由的。"⑥

---

① 《悲剧的诞生》7。《尼采美学文选》，第27页。
② 《悲剧的诞生》24。《尼采美学文选》，第97—98页。
③ 《悲剧的诞生》15、24、5。《尼采美学文选》，第17、58、97页。
④ 《自我批判的尝试》5。《尼采美学文选》，第267页。
⑤ 《悲剧的诞生》前言。《尼采美学文选》，第2页。
⑥ 《悲剧的诞生》24。《尼采美学文选》，第97页。

　　在这里，第二个命题实际上隐含着一个前提，便是人生和世界是有缺陷的，不圆满的，就其本身而言是没有充足理由的，而且从任何别的方面都不能为之辩护。因此，审美的辩护成了唯一可取的选择。第一个命题中的"最高使命"和"形而上活动"，就是指要为世界和人生作根本的辩护，为之提供充足理由。这个命题强调，艺术能够承担这一使命，因为生命原本就是把艺术作为自己的形而上活动产生出来的。

　　由此可见，艺术形而上学的提出，乃是基于人生和世界缺乏形而上意义的事实。叔本华认为，世界是盲目的意志，人生是这意志的现象，二者均无意义，他得出了否定世界和人生的结论。尼采也承认世界和人生本无意义，但他认为，我们可以通过艺术赋予它们一种意义，借此来肯定世界和人生。

　　在尼采眼里，艺术肩负着最庄严的使命。它决不是"一种娱乐的闲事，一种系于'生命之严肃'的可有可无的闹铃"，如一班俗人所认为的。[1] 面对世界和人生的根本缺陷，它也不是要来诉说和哀叹这缺陷，而是要以某种方式加以克服和纠正。"人生确实如此悲惨，这一点很难说明一种艺术形式的产生；相反，艺术不只是对自然现实的模仿，而且是对自然现实的一种形而上补充，是作为对自然现实的征服而置于其旁的。"[2] 自然现实有根本的缺陷，所以要用艺术来补充它，并且这种补充是形而上性质的。

　　尼采认为，对于人生本质上的虚无性的认识，很容易使人们走向两个极端。一是禁欲和厌世，像印度佛教那样。二是极端世俗化，政治冲动横行，或沉湎于官能享乐，如帝国时期罗马人之所为。"处在印度和罗马之间，受到两者的诱惑而不得不作出抉择，希腊人居然在一种古典的纯粹中发明了第三种方式"，这就是用艺术，尤其是悲剧艺术的伟大力量激发全民族的生机。[3] 在用艺术拯救人生方面，希腊人为我们树立了伟大的榜样。"希腊人深思熟虑，独能感受最细腻、最惨重的痛苦……他们的大胆目光直视所谓世界史的可怕浩劫，直视大自然的残酷，陷于渴求佛教涅槃

---

[1]　《悲剧的诞生》前言。《尼采美学文选》，第 2 页。

[2]　《悲剧的诞生》24。《尼采美学文选》，第 96 页。

[3]　参见《悲剧的诞生》21。《尼采美学文选》，第 84 页。

的危险之中。艺术拯救他们，生命则通过艺术拯救他们而自救。"① 在尼采看来，希腊人的这个榜样在人类历史上是独一无二的。由此也可以说明，他为何要如此认真地对这个榜样进行研究了。

尼采自己对于希腊人性和艺术的解释确实完全不同于启蒙运动的传统。他的基本观点是：希腊艺术的繁荣不是缘于希腊人内心的和谐，相反是缘于他们内心的痛苦和冲突，而这种内心的痛苦和冲突又是对世界意志的永恒痛苦和冲突的敏锐感应与深刻认识。正因为希腊人过于看清了人生在本质上的悲剧性质，所以他们才迫切地要用艺术来拯救人生，于是有了最辉煌的艺术创造。他如此写道："希腊人知道并且感觉到生存的恐怖和可怕，为了能够活下去，他们必须在它前面安排奥林匹斯众神的光辉梦境之诞生……为了能够活下去，希腊人出于至深的必要不得不创造这些神……这个民族如此敏感，其欲望如此热烈，如此特别容易痛苦，如果人生不是被一种更高的光辉所普照，在他们的众神身上显示给他们，他们能有什么旁的办法忍受这人生呢？召唤艺术进入生命的这同一冲动，作为诱使人继续生活下去的补偿和生存的完成，同样促成了奥林匹斯世界的诞生，在这世界里，希腊人的'意志'持一面有神化作用的镜子映照自己。"②

一方面有极其强烈的生命欲望，另一方面对生存的痛苦有极其深刻的感悟，这一冲突构成了希腊民族的鲜明特征。正是这一冲突推动希腊人向艺术寻求救助，促成了奥林匹斯世界的诞生。

尼采通过艺术形而上学所提倡的是一种审美的世界解释和人生态度，反对的是科学的和道德的世界解释和人生态度。他并不否认道德和科学在人类实际事务中的作用，但认为不能用它们来解释世界和指导人生。人生本无形而上的根据，科学故意回避这一点，道德企图冒充这种根据而结果是否定人生。所以，如果一定要替人生寻找形而上的根据，不如选择艺术，审美的意义是人生所能获得的最好的意义。

第五节　作为艺术的权力意志

叔本华以意志为世界的自在之物，尼采一开始就接受了叔本华的这一

---

① 《悲剧的诞生》7。《尼采美学文选》，第 27 页。
② 《悲剧的诞生》3。《尼采美学文选》，第 11—12 页。

世界解释，在《悲剧的诞生》中用作分析艺术现象的哲学框架。但是，正是在《悲剧的诞生》中，对于世界意志的性质，尼采已经表明了与叔本华截然不同的理解。在叔本华那里，意志是一种盲目徒劳的求生存的冲动，因而是必须否定的。相反，尼采经由希腊酒神现象来看这同一个世界意志，给了它以积极的解释和肯定的评价。他的着眼点不再是由痛苦和毁灭而显示的世界意志的虚幻性质，而是世界意志无视痛苦和毁灭而依然生生不息的创造力量，被如此理解的世界意志，也就是世界本身的酒神冲动。

在意志所欲求的是生存这一意义上，叔本华又把意志称作"生命意志"（或译"生存意志"），视两者为同义的概念。尼采在《快乐的科学》（1882）中，则明确提出了权力意志的概念。此后，尼采对生命意志概念越来越持否定的态度，而完全用权力意志取而代之了。在他看来，叔本华的生命意志说既误解了生命的本质，也误解了意志的本质。按照这一学说，生命仅是自保，意志仅是欲望。尼采则认为，生命的本质是自我超越，意志的本质是自我支配，而权力意志概念恰好同时表明了两者的本质。权力意志是尼采后期哲学的核心概念，这个概念所描述的仍是尼采曾用酒神冲动概念描述的宇宙间那个永恒的生成变化过程。不同之处在于，通过这个概念，除了生命的丰裕之外，更加突出了生命的力度。所谓"权力"，应作广义的理解，是指生命力的强盛，因为强盛而能够自我支配。权力意志说形成以后，尼采在美学中越来越把各类审美现象与生命力的强度联系起来，在主张审美的人生态度时更加强调人生的力度了。

在《偶像的黄昏》中，尼采写道："没有什么是美的，只有人是美的：在这一简单的真理上建立了全部美学，它是美学的第一真理。我们立刻补上美学的第二真理：没有什么比衰退的人更丑了——审美判断的领域就此被限定了。"[1] 这段话可看作尼采后期美学的一个中心命题，明确表达了他在美学上的人类本位立场。审美完全是一种人类现象，起决定作用的是人自身的权力意志状况。展开来说，主要有两层意思。

第一，事物本身无所谓美丑，人之对事物做出美或丑的判断，完全取决于对象是提高、激发还是压抑、挫伤了人的生命本能，是表达了本能类型的上升还是衰落。"人的权力感，他的求权力的意志，他的勇气，

---

[1]　《偶像的黄昏》，《一个不合时宜者的漫游》20。《尼采美学文选》，第315页。

他的骄傲——这些都随丑的东西跌落，随美的东西高扬……在这两种场合，我们得出同一个结论：美和丑的前提极其丰富地积聚在本能之中。"①

第二，既然是人身上的权力意志在做审美判断，那么，由此可以推知，审美能力之有无大小取决于权力意志的强弱。"'美'的判断是否成立和缘何成立，这是（一个人的或一个民族的）力量的问题。"② 在尼采看来，权力意志在不同的人身上绝非平均分布的，权力意志强盛、生命力充沛的人易于进入审美状态，权力意志衰弱、生命力枯竭的人则往往丧失对生活的美感。

一般来说，权力意志把提高、激发生命感的对象判断为美，把压抑、威胁生命感的对象判断为丑。但是，尼采认为，如果权力意志足够强盛，譬如在某些艺术家身上，丑也能产生激发生命感的效果，从而对之做出美的判断。在此情形下，它或者传达了艺术家"业已主宰这丑和可怖"的获胜的权力感，或者激发起残忍的乃至自伤的快感，从而是一种"凌驾于我们自身的权力感"，皆表达了权力意志的强大。③

按照权力意志学说，审美和艺术的根源都在于人的生命力的丰盈。如果说美感是把生命力的丰盈投射到事物上的结果，那么，艺术就是通过改变事物来反映自身生命力丰盈的活动。"在这种状态中，人出于他自身的丰盈而使万物充实：他之所见所愿，在他眼中都膨胀，受压，强大，负荷着过重的力。处于这种状态的人改变事物，直到它们反映了他的强力，——直到它们成为他的完满之反映。这种变得完满的需要就是——艺术。甚至一切身外之物也都成为他的自我享乐；在艺术中，人把自己当作完满来享受。"④ 不过，尼采强调，权力意志不仅是一种饱胀的生命力，更是一种支配强烈生命冲动并且赋予它们以形式的力量。如果只有强烈的生命冲动，但不能支配它们，赋予形式，就不会有艺术。

---

① 《偶像的黄昏》，《一个不合时宜者的漫游》20。《尼采美学文选》，第315页。
② 《权力意志》852。《尼采美学文选》，第371页。
③ 《权力意志》802。《尼采美学文选》，第343页。
④ 《偶像的黄昏》，《一个不合时宜者的漫游》9。《尼采美学文选》，第312页。

第二十六章

19 世纪英国美学和法国美学导论

19 世纪的英国与法国美学，尽管在一定程度上受到德国浪漫派思潮的波及，在直接或间接意义上受到观念论哲学的影响，但总体来说走的是一条不同的道路。在此期间，虽然没有创构出类似康德、黑格尔那样的哲学美学体系，但却在艺术实践过程中造就了世人称道的伟大作品、独特多样的文艺美学以及丰富鲜活的审美文化。可以说，古希腊人提出的美的基本理念，历经古罗马时期、中世纪时期、文艺复兴时期和启蒙运动时期的阶梯式传承与发展，在德国古典哲学美学中达到了理论体系化的高峰，进而在英国和法国审美意识与艺术实践中得到了广泛而有深度的发展。于是，随着人们的眼光更加敏锐、艺术杰作的不断涌现以及艺术鉴赏的普及流行，有关美、美感与趣味的种种学说及其审美反思，相应地从抽象走向具体，从玄思走向科学，用鲍桑葵的话说，则是"从形式过渡到特征，从画框的美过渡到绘画的美"。① 结果，人们从中获益良多，不仅大幅度地丰富和提高了自己的审美意识与趣味判断能力，而且使人比以往任何时候更加成之为人或更加富有人性了，同时也更有能力寻找到满足自身对于美的迫切需要的方法途径了。②

———————————

① 鲍桑葵：《美学史》，纽约 1957 年版，第 463 页，或参见张今译，商务印书馆 1985 年版，第 590 页。

② 鲍桑葵在总结英国 19 世纪美学时指出："尽管遇到这一切不利的条件，但人现在比以往任何时候都更加成之为人了，他定能找到满足自身对于美的迫切需要的方法途径。"这一结论不仅适用于 19 世纪的英国民众，而且也适用于当时的法国民众乃至欧洲其他国度的同时代人。

第一节　19 世纪英国美学的进展

一　实践过程中的文艺美学

在哲学美学领域，19 世纪的英国虽然没有可与同时期德国比肩量力的体系，但在文艺美学领域却取得了辉煌的成就。在承前启后的发展与流变过程中，浪漫主义的诗论，前拉斐尔画派（Pre-Raphaelitism）的画论，唯美主义的文论以及审美文化的理论等，逐一凸显出文艺美学注重实践与经验总结的特点。像华兹华斯的《抒情歌谣集序言》，柯勒律治的《文学生涯》，雪莱的《为诗辩护》，卡莱尔的《英雄即诗人》，罗斯金的《近代画家》，阿诺德的《当代批评的功能》，莫里斯的《艺术与社会主义》，布拉德雷的《为诗而诗》，王尔德的《谎言的衰朽》和《批评家即艺术家》等名篇佳作，均是在多年艺术创作实践与艺术批评鉴赏的基础上撰写而成。它们在积极倡导真、善、美、个性、心灵、情感、想象、幻想、天才、独创、超越与自由等学说的同时，还针对诗歌与艺术的本质、职能、价值等问题提出了独特、深刻且具有一定说服力的美学思想与艺术创作经验，这一切无论对当时还是后世、本国还是外国的艺术创作，均产生过巨大而深远的影响。

如果我们对华兹华斯与罗斯金等人的主要学说稍加回顾的话，就能窥知这种在艺术实践过程中发展起来的文艺美学思想的可贵之处。英国人对于自然的热爱是深沉的，对自然美的感悟是敏锐的，这与英伦三岛本身的优越自然环境和民族习性是密切相关的。在这方面，华兹华斯是最为杰出的代表。他所创作的那些抒情歌谣，总是以大自然为背景，凭借以大自然的真实来唤起读者共鸣和借助想象的色彩变化来引人入胜，表现出大自然的生命、精神与诗意，成功而有机地把形形色色的景致与深沉的情感和深邃的思想融合在一起，从而成为专门描绘英国自然风光的画师，甚至被罗斯金誉为他那个时期诗坛上的伟大风景画家。正是这位"画家"，基于自身诗歌创作的成功经验，撰写了《抒情歌谣集序言》这一代表浪漫主义诗学精粹的纲领性文本。其中，他对诗作了著名的界定："一切好诗都是强烈情感的自然流露……凡是有价值的诗，不论题材如何不同，都是由于作者具有非常的感受性，而且又沉思了很久。因为我们的思想改变着和指导着我们的情感的不断流注，我们的思想事实上是我们以往一切情感的代表；我们思考这些代表的相互关系，我们就发现什么是人们真正重要的东西，如果我们重复和继续这种动作，我们的情感就会和重要的题材联系起来。"① 显然，华兹华斯试图在情感与思想之间维系一种动态的平衡，一方面借助情感使观念具体化，另一方面通过沉思将情感强化和深刻化，而"自然的流露"则要求行云流水似的艺术表现手法和反映自然真实的观察入微能力。紧随着这一流布广泛的诗学理念，华兹华斯还根据自己的创作实践对写诗的能力进行了总结，他曾经罗列出如下五种能力，即按照事物的本来面目准确地进行观察和描绘的能力；知觉范围广阔而敏锐的感受能力；熟悉动作、意象、思想与情感之价值的沉思能力；有助于改变、创造和联想的想象与幻想能力；从观察所提供的材料来塑造人物的虚构能力。② 即使在今日看来，这种基于创作实践的经验总结，依然具有一定的借鉴价值。

深受华兹华斯和卡莱尔等人影响的罗斯金，日后成为了"浪漫主义的核心人物"，或者说是一位"拥有实际纲领的、把艺术同人们的社会条件和道德状况密切联系在一起的浪漫主义者"。③ 罗斯金不仅看到艺术的精神与审美功能，同时也发现了艺术的道德与经济意义。他认为艺术是民族美德的一种明显象征，因此把艺术同劳动者的生活、同社会上和政治上的善与恶联系在一起，在强调艺术中本能与情感的作用的同时，也强调艺术观察力的形而上学和宗教意味；在论述涉及无限、整体、静穆、对称与纯粹等特性的典型美的同时，也分析了基于生命表现的活力美；在揭示富有理性与秩序性或病态性与容易动情的两种知觉力的同时，也彰显了富有联想性、洞察性与凝思性等三种想象力。④ 这种想象力理论，对艺术创作实践的指导意义是非同寻常的，与康德的想象力学说相比，不仅更为明晰、具体和深入，而且更具有可操作性或应用性，这无疑体现了当时英国的文艺美学思想注重实践的特性，只可惜他没有继续深入下去予以更为系统的阐述。

① 参见华兹华斯《〈抒情歌谣集〉序言》，刘若端编《十九世纪英国诗人论诗》，人民文学出版社1984年版，第6页。
② 参见华兹华斯《〈抒情歌谣集〉一八一五年版序言》，刘若端编《十九世纪英国诗人论诗》，人民文学出版社1984年版，第36—37页。
③ 参见吉尔伯特、库恩《美学史》下卷，第545—546页。
④ 参见 J. 罗斯金《近代画家》，纽约1885年版，卷1—2。

二　物极必反的唯美主义运动

唯美主义（aestheticism）尽管与浪漫主义有着密切的联系，但也有诸多不同之处。简单说来，唯美主义运动的影响力远不及浪漫主义和后来的现代主义，因为它具有过渡期的一般特征。吉尔伯特和库恩在《美学史》一书中把"唯美主义"定义为："为艺术而艺术的思潮——幻想破灭的浪漫主义。"把唯美主义视为浪漫主义的后续形态的一个美学事件，是因为两者都强调人的感性经验，反对艺术中的常规老套，积极探索想象力和人的感觉世界，注重开拓艺术形式的表现力。康德的《判断力的批判》一书，以严密的逻辑论证了艺术的独立性和美在于形式的观念，其中有关美的超功利性或无利害的思想，直接成为唯美派的批判武器。唯美主义艺术家把"纯粹美"视为艺术追求的唯一目的，不像积极的浪漫主义那样注重艺术的社会作用并直接参与社会变革，因此也更不可能走上关注现实生活与揭露社会弊病的现实主义道路。他们对现实持着怀疑和抵触的态度，现实在他们看来是庸俗的。他们的见解和情趣在很大程度上带有贵族的气味，绝非大众所需要或所能理解的那样。他们反对资产阶级的庸俗和市侩作风，自视甚高，桀骜不驯，特立独行，只依靠圈内人士相互汲取生命和艺术的能量。因此背后缺乏民众的支持。另外，这群艺术家的性情通常不够稳定，视快乐为庸俗之物，喜与忧郁与厌倦为伴，有时不免矫揉造作，缺乏深意。他们的美学主张和艺术创作，通常缺乏强有力的现实内容。

唯美主义在英国如此兴盛，其原因大概有三个方面：一是英国文艺自15 世纪以来就以基督教和道德伦理方面的题材为主，维多利亚时代愈演愈烈，清教徒的种种严厉的教规阻碍了文艺的发展，使文艺沦为美化君主制度、宗教、道德的工具。结果，呆板、傲慢、因循守旧反被奉为贵族气质。物极必反。到了 19 世纪下半叶，时风开始转变。1855 年，法国举办国际博览会，规模宏大，影响空前，伦敦和巴黎的交往增多，来来往往的人群将海峡对岸鼓吹的"为艺术而艺术"观念带到英国，很受年轻人欢迎，产生了奇特的作用。二是 19 世纪中期以后，英国资产阶级工业革命迅猛发展，商业文化逐渐成为社会的主导精神，技术文明和城市发展是英国社会最为显著的发展标志。伦敦成为英国政治文化中心，大批移民涌向现代都市，各种各样的思潮和运动相继出现，冲击着旧的道德观念和艺术理念，构成世纪末喧嚣吵闹的文化景观，使保守势力也开始倾向于宽

容。所以，唯美主义一经进入英国，便很快找到它适宜生长的土壤。三是
英国的贵族阶级和中产阶级素有收藏的兴趣与财力，稳定的收入使艺术家
的生活有了保障，吸引不少才华横溢、观念前卫的艺术家定居伦敦，这在
客观上也促进了唯美主义运动的发展。诸如此类的现象直到 20 世纪 20 年
代才开始式微。

英国的唯美主义运动自有其独特性。此前，英国的前拉斐尔派在诗歌
和绘画领域开风气之先，表现出对形式、色彩和美的异乎寻常的热情。前
拉斐尔派的一些成员与唯美主义中的主干成员来往频繁，互相影响。其理
论上的支持者罗斯金的思想，也曾不同程度地影响了佩特和王尔德。不
过，罗斯金主张艺术应服务于道德和社会的目的，与唯美派的某些基本观
念相冲突，加之他与惠斯勒对簿公堂而失败，最后使他站在唯美主义运动
的对立面。影响英国唯美派的思想基础，除了法国的唯美主义思想之外，
还有本土浪漫主义诗人柯勒律治和济慈等人，他们的诗歌和艺术观有明显
的唯美倾向。此外，英国的丁尼生、阿诺德和美国的爱伦·坡的美学思
想，德国的康德批判哲学和叔本华的唯意志论哲学，皆汇集成为英国唯美
派的精神养料。

值得注意的是，英国唯美主义美学思潮具有反抗资产阶级虚伪的道德
观念和工业文明所带来的商业文化、功利主义、反人道主义、反艺术倾向
的性质。在冷酷和功利的现实面前，艺术家不甘心被世俗同化，喜好在远
离现实的艺术世界里放逐自我，求得美的安慰。所以，英国的唯美派比起
法国的唯美派更激进、更彻底，与保守的英国气质极不协调，最终使英国
的唯美主义运动在公众的眼中变成颓废的代名词。但是，英国的唯美主义
运动不全是负面的、消极的。除了它对艺术内部规律的深刻认识、振聋发
聩的美学批评以及对 20 世纪现代主义各个流派的启发作用之外，其影响
也从思想领域和狭义的艺术创作领域扩大到服饰、装饰、家具、纺织品、
书籍设计、壁纸等工艺设计领域，使生活走向艺术化。可以说，英国的唯
美主义运动对现代生活的影响力是十分广泛的，对现代艺术的启示也是巨
大的。

三　审美文化理想的追求

在启蒙运动的引领下，18 世纪的文化对中世纪所持的主要是否定性
的批判态度。但到了 19 世纪，在浪漫主义思想的感召下，对中世纪开始

进行重新的审视，赞颂与美化中世纪艺术的思潮悄然兴起。这里面涉及的原因颇多，工业革命所带来的机器时代的繁荣与机械生产的消极作用也是重要的因素之一。罗斯金就曾忧心忡忡地指出：机器时代的繁荣，源于对"利润女神"或"市场上的大不列颠联合王国"的顶礼膜拜。这不仅使许多人变成了奴隶，而且使国家变得丑陋。因为，随着代替手工劳动的机器的出现，所有人（特别是工匠与艺术家）的表现力、创造力、感情与力量，都因迎合其劳动产品的需要而衰退。另外，机器生产所导致的烟尘与污染，将会使明媚的大自然蒙上晦暗的色彩，将会破坏自然景观的天然之美，将会使那些与生俱来就拥有正确描写才能的人失去激发美感的必要食粮。

就哥特式的建筑而论，罗斯金基于自己多年悉心的研究，认为这种古建筑形式的粗野性表现了对自由的热衷，其多样性表现了对新奇的钟情，其严峻性表现了力量，其丰富性表现了大度，其整体性表现了工匠的生命与神圣的精神。因为，这种建筑值得钦佩的地方就在于接受了智力低下者的劳动成果，从而使在此之前还是一个活工具或一架机器的人成为真正意义上的人。当他开始想象、思考和尝试去做值得一做的事情的时候，机械式的精确性马上就会被搁置在一边，其全部粗糙性、迟钝性与无能为力的情况就会出现，但其全部威严也会随之出现。当云团降临到这位工匠身上的时候，我们才明白他的威严是多么崇高。你不妨看看那些古代教堂的正面，看看那些丑陋的妖魔、畸形的怪物和不合乎解剖学的刻板呆滞的雕像吧，但不要嘲笑它们，因为它们是每一位雕刻匠的生命和自由的象征，其中包含着自由的思想和高度的生命力，而这一切是依靠任何法则、任何特许状或任何慈善都无法达到的。如此看来，尽管罗斯金低估了建筑技术的重要作用，尽管在表述方式上夸大了工匠的劳动价值，但却在很大程度上抓住了一个不容忽视的历史事实。这一事实在中世纪思想家奥古斯丁的《忏悔录》中可以找到相关的根源，那就是广义上制造优美物品的艺术家（当然包括工匠）受到神性之大美的陶冶，随之将自己心灵中滋生的爱美之情通过自己的劳作投射在对象之中。

紧随罗斯金之后的便是其学生莫里斯。为了反对粗俗，为了抵消机器生产的呆板性，或者说为了恢复工匠的手艺和产品的艺术质量以及生命内涵，莫里斯也有意跨越历史的隔膜，把中世纪的艺术及其制作过程理想化与诗意化了，认为中世纪较好地体现了艺术与生活的结合，手艺人的自由，劳动中的愉快或幸福，社会的友善和质朴，是平凡人在平凡的劳动过程中取得艺术成就的有利条件。当然，莫里斯并没有掩盖中世纪艺术的短处，认为那是该时期的压迫和残暴造成的。因此他断言：真正自由时代的艺术一定会超越那个残暴时代的艺术。只可惜，现如今的艺术却如此贫乏，如此残缺不全，即便像这样的艺术，也是过去遗留下来的，也是个别人努力奋斗、耗尽心力而得来的，其中充满着怀旧情绪和悲观主义。① 另外，联系到英国当时的社会文化现状与富豪阶层的庸俗作风，莫里斯与斯宾塞等人极力倡导新的审美文化，而这种审美文化的目的主要在于发展人民艺术（people's art），在于提高整个社会大众的审美能力，在于改善人类生活的品质和创建美而雅的文化。

四　心理学美学中的科学因素

达尔文的进化论作为文化人类学的理论突破，在思想界引发了一场深刻的革命。其中有关物种起源、物竞天择、适者生存与遗传本原等问题，均成为当时的热门话题，波及和影响众多领域，其中包括美学领域，尤其是生理学—心理学美学领域。这种美学所包含的科学因素，主要是进化论思想开启的结果。

简单说来，达尔文在《论物种起源》与《人类的起源》等书中，主要是从遗传本原入手，通过对各种基本事实的探求与分析，最终认为美是性选择中的要素之一，假定美感并非是人类特有的东西。在他看来，当雄鸟在雌鸟面前炫耀自己的羽毛及其华丽的色彩时，我们绝不会怀疑雌鸟也会赞赏自己雄性伙伴的美。动物界的天然颜色之美，与人体上的那些人工装饰之美有着惊人的相似性。因此，达尔文通过多年的实地观测，最终再次确认了德国科学家洪堡（Alexander von Humboltd，1769—1859）早先所主张的下述原则：人类总是赞美甚至努力去夸大自然能够赋予它的任何一种特征。达尔文把人类与动物联系在一起的观点，使一些学者将艺术的起源与本能的表现联系在一起，并且断言：艺术植根于动物界中的一种本能的最高表现。斯宾塞进一步发展了这种思想倾向，而且还向其中灌注了一些新的成分。他从生理学和社会学以及心理学相互渗透的角度去研究艺术问题，也借用了德国思想家席勒的游戏说假设。斯宾塞基于适者生存的法

① 参见 R. 彼得《维多利亚时代的文学和艺术》。

则，认为我们人类身体的一切组成部分，譬如力量、智能、本能、嗜好与各种高尚的情感等，均受必然性的支配，抑或有助于个人的保护，抑或有助于人类的生活。但是，艺术与游戏则属例外。这两种活动能给其运用的感官带来益处，有助于增强这些感官的力量。任何一位为了生存而从事繁重劳动而需要稍事休息的人，都可以根据各自精力充裕的具体情况来享受一下游戏的乐趣。因此，艺术的生成与欣赏，与从事这种游戏的活动有关。在此基础上，斯宾塞还提出了精力节约原则或经济原则。该原则假定，美学上的美是以最少量的辛劳和精力消耗来引得最大的刺激或快感。这种对游戏理论所做出的生理学解释，在一定程度上也涉及心理学的因素，尽管未能说清艺术的基本问题，但随后却促进了各式各样的实验美学研究。

第二节　19 世纪法国美学的流变

一　不同阶段的不同焦点

在 19 世纪法国美学发展的三个主要阶段里，所关注的焦点是相对有别的。大体说来，第一阶段是世纪之初古典主义开始动摇与溃散、浪漫主义取而代之与蓬勃发展的时期。在德国和英国浪漫主义文艺思潮及其美学理论的影响下，提出"北方浪漫、南方古典"的史达尔夫人（Baronne de Staël-Holste），连同夏多布里昂（Vicomte de Chateaubriand）等人，试图摆脱过去的本国主义立场和打破古典主义的陈旧传统，从历史、风土、社会的角度来规定文艺作品的各种因素，从个性、情感、心灵、想象、虚构等方面来革新文艺创作活动，同时也试图从世界主义的视野来探索美的相对性。其后，在雨果、戈蒂耶、乔治桑、司汤达和德拉克罗瓦等艺术家那里，浪漫主义的时代精神与艺术实践达到了空前的高潮并取得辉煌的成果。第二阶段便是在德国观念论影响下的独断论时代，以库辛（Victor Cousin，1792—1867）、利维奎（Jean-Charles Lévêque）和拉莫奈（La Mennais）等人为代表的法国观念论思想家，通过他们的教学活动与著书立说，在 19 世纪前半期的法国美学界占有统治地位。尽管其美学理论中掺杂着某些心理学与社学会的倾向，但其主导思想是独断的方式把美的理念与唯灵论的有关因素混为一谈。在对真善美的论述中，库辛把美分为现实美和理想美两种，认为现实美源于主观与对象的融合，主观方面是由普遍的绝对判断和个别的相对情感所构成，对象则是由一般要素与个别要素所构成；要达到理想美的境界，就必须从对象的各个碎片中逐渐抽出一般要素，以此形成典型与完善的结构与形象。严格说来，现实美基于物质的、知识的和道德的美，而理想美位于现实美之上，其极限是神性美或神本身，因为神就是真善美融合为一体的唯一的最高存在，真善美三者只不过是神的绝对存在的属性而已。艺术的目的就在于弄清和表现现实美与理想美之间的象征关系，在于如何利用物质的或感觉的诸多条件再现出神性的事物或神性的美，因为只有这种美才是完善的、永恒的、绝对的、无限的。无疑，这种独断论美学理念，一方面与浪漫主义美学的指导思想相对立，另一方面也引起诸多的批判性反思，刺激了法国实证主义的发展。第三阶段是 1860 年以后美学理论在自然科学成就大力推动下的发展时期。该时期以丹纳为代表，在实证论与社会学方法的启示下，法国美学家将科学因素引入美学研究，逐渐显示出自己的特性，走上自己的道路。在圣佩韦（Charles A. de Sainte-Beuve，1804—1869）、孔德、蒲鲁东（Pierre J. Proudhon，1809—1863）、丹纳（Hippolyte A. Taine，1828—1893）与维隆（Eugène Véron）等人的合力打造下，借助当时欣欣向荣的艺术创作与艺术批评所提供的动力作用，使法国社会学美学界取得了丰硕的成果。另外，在实证论与社会学方法的影响下，在科学技术进步的推动下，自然主义、现实主义与印象主义等不同艺术流派及其理论主张，也随之应运而生，形成了法国文坛百花齐放的景观。

二　浪漫主义的地方色彩

浪漫主义除了推崇个性、天才、想象、心灵、虚构、无限与美的多样性等艺术创作要素之外，还特别看重异国情调。所谓异国情调，一般具有异国他乡、远古时代、异域风情与光怪陆离等特征。这些特征使法国浪漫主义者十分尊重所谓的"地方色彩"，十分向往遥远的国度与喜好历史的题材。为此，他们一度曾不遗余力地抨击法国的假古典主义，厌恶那种把所有时代和民族加以现代化和法国化的千篇一律的做法。他们为了真正理解和表现人类生活，力图把自己从自身的观念形态中解放出来，甚至不惜蔑视自己本国的优点，蔑视自己文学中清晰明净的特性，嘲笑拉辛与高乃依把人生割裂成破碎的片段，而是极力称赞莎士比亚和歌德，赞美司各特和拜伦。于是，在早先的文学题材方面，他们钟情于外国的传奇与远古的历史，例如使雨果一举成名的戏剧《艾那尼》，就取材于西班牙，描写的是绿林豪杰，赞颂的是高傲的英雄主义荣誉准则与争取自由的反抗精神。这出戏剧在 1830 年 2 月公演，在法国引起了一场为期百日的风暴。此一期间，倒彩声与欢呼声持续不断，敌对者与支持者互不相让。特别是那些受过优良教育的法国年轻人，他们的性格中沉潜着一条英雄气概和热情奔放的脉络，他们雄心勃勃，无所畏惧，愤世嫉俗，憧憬共和，仇视有权有势、俗不可耐的资产阶级，犹如剧中的主人公艾那尼仇视查理五世的专横暴虐一样。这些年轻一代中的大多数人是艺术的崇拜者，他们用雷鸣般的掌声欢迎新兴的浪漫主义；他们高呼着"雨果万岁"的口号，从戏剧表演中汲取了自由独立和英勇奋斗的精神。几个月后，他们发动和参加了七月革命，并在此后较短的时间内为法兰西创造了世界一流的文学和艺术。

有的西方文学史家曾经指出：法国浪漫主义尽管和欧洲一般的浪漫主义有很多相同的要素，但在许多方面却是一种古典主义的现象，是法国的古典绚丽词藻与豪言壮语的产物。[①] 这里所说的古典主义现象与法国的古典绚丽词藻的产物，可以说是另一层意义上的地方色彩或地方化色彩。这种色彩在法国本土及其文化语境中深入演化的结果便是：在法国浪漫主义艺术家的心灵里，丰富的想象、洒脱的性情、真诚的意愿与飘逸的变化等因素相互化合，在同一部作品中将美与丑、真与假、善与恶、光明与黑暗、诚实与虚伪、近处与远方、今日与古代、现实存在与虚无缥缈结合在一起，连接起神和人、天使和恶魔、民间传说和深刻寓意，从而塑造了一个富有象征意味的伟大整体。如果要将其概括为一种理论的话，我们不妨称之为美丑合一原则。该项原则兴许是法国浪漫主义文艺美学思想的独特贡献，它最早在雨果的《〈克伦威尔〉序》中有过明确而精彩的表述：在新的诗歌中，崇高优美将表现灵魂经过基督教道德净化后的真实状态，而滑稽丑怪则将表现人类的兽性。第一种典型，在脱尽了不纯的杂质之后，将拥有一切魅力、风韵和美丽；第二种典型则将收揽一切可笑、畸形和丑陋。美只有一种典型；丑却千变万化。因为，从情理上说，美不过是一种形式，一种表现在它最简单的关系中、在它最严整的对称中、在与我们的结构最为亲近的和谐中的一切形式。因此，它总是呈现给我们一个完全的，但却和我们一样有限的整体。而我们称之为丑的东西则相反，它是我

---

① 参见勃兰兑斯《十九世纪文学主流》，第 5 分册，第 26 页。

们所没有认识的那个庞然整体的一部分，它与整个万物协调和谐，而不是与人协调和谐。这就是为什么丑的东西经常不断地向我们呈现出崭新的，然而不完整的面貌的道理。举凡以真实为特点的诗歌和戏剧，其真实产生于上述这两种典型——即崇高优美与滑稽丑怪——的非常自然的结合。这两种典型交织在戏剧中，就如同交织在生活中和造物中一样。因为，真正的诗歌、完整的诗歌，都是处于对立面的和谐统一之中。① 看来，这种美丑合一原则，是以真实而自然的方式，将美与丑这两种典型有机而和谐地统一在一起。在诸如《巴黎圣母院》《悲惨世界》《红与黑》等不朽作品中，这一原则均得到了生动而感人的再现。

值得注意的是，法国浪漫主义还表现出三个主要倾向，即真、善、美的倾向。这里所言的"真"，旨在努力忠实地再现过去历史的某一片段或现代生活中的某一侧面；这里所言的"善"，旨在努力倡导宗教革新观念或社会革新观念，代表艺术的伦理目的；这里所言的"美"，旨在努力探索形式的完美，该形式抑或被视为仪态万千或历历如画的表现，抑或被视为精确与和谐的音律，抑或被视为简明单纯而不朽的散文风格。总之，这三种主要倾向规定了这个生气蓬勃、才华横溢的浪漫主义流派的性质，正如三条线度规定了面积一样。其中的每一种倾向都产生了价值伟大而持久不衰的作品。②

三　唯美主义的兴起与余响

依据传统的观点，唯美主义发源于法国，以"为艺术而艺术"（l'art pour l'art）这一术语为主要标志。不过，这一术语的缘起，与康德哲学美学中关于艺术的纯粹美、纯形式和无功利性等学说有一定关系。伊根（Rose J. Egan）曾在《"为艺术而艺术"理论的由来》一文中表示，这一口号不是法国一批作家的首创，而是最早出现在德国的哲学与文艺批评之中，与"自律的艺术"这一概念相关联。新的考证结果进而表明，"为艺术而艺术"的说法最早见于法国学者贡斯当（Benjamin Constant de Rebeque，1767—1830）的笔录文字。此人与史达尔夫人在旅居德国期间，与当地一些名士、学者、诗人、思想家和批评家如席勒、歌德和施莱格尔等

---

① 参见雨果《论文学》，柳鸣九译，上海译文出版社 1980 年版，第 36—37、44—45 页。
② 参见勃兰兑斯《十九世纪文学主流》，第 5 分册，第 68—69 页。

人时有交往，谈论的话题大多涉及美学与文艺问题。在 1804 年 2 月 10 日的日记里，贡斯当用法文写下了如下一段话：

> 席勒来访。在艺术中他是一个极其敏锐的人，完全是一个诗人。的确，德国人逃避现实的诗歌与我们的相比，从类型到深度都完全不同。我造访过罗宾逊，谢林的学生。他关于康德美学［研究］的论著有许多深刻的见解。为艺术而艺术，无目的性；因为任何目的都是对艺术的滥用。不过，艺术具有一种无目的的目的性。①

后来，专门研究过康德、谢林与费希特哲学的法国思想家库辛回国后，在介绍德国美学时于 1818 年也使用过"为艺术而艺术"这一短语，其用意在于强调艺术不是手段，其本身就是目的。艺术既不服务于宗教与道德，也不服务于快适感与实用性。可见，这一短语与德国古典美学，尤其是康德美学关系甚大。在某种意义上说，"为艺术而艺术"是在表述康德美学中相关学说时所采用的一种通俗而简略的方式，在传入法国后又经过波德莱尔和戈蒂耶等人的精心打造和刻意渲染，最终成为唯美主义运动的一面标志性的思想旗帜。

法国唯美主义是如何生成的呢？有的认为它是幻想破灭的浪漫主义变种；有的认为它是历史环境的产物，是宗教确定性崩溃与科学方法兴起的产物；也有的认为它是 19 世纪宗教信仰衰落的结果……但无论怎么说，基于"为艺术而艺术"这一主导思想的唯美主义，隐含着诸多的要素，譬如一种人生观，对美的崇拜，对独创性的热衷，对新奇情绪的追捧，对艺术自律性的空想，对道德规范与宗教目的的超越，对艺术反映生活及其社会教育作用的否定，等等。总之，唯美主义者认为，在艺术中，而不是在生活本身中，美是一种至高而绝对的价值。生活已经不再隶属于美，但艺术却在生活中赢得自律性或自主权。艺术以其特有的价值为自身而存在，一旦变成美的东西，就算达到了自己的目的，而不再是服务于他者的手段了。然而，这种把艺术美绝对化的做法，有可能与实际生活和社会现实脱节，导致大众的冷漠反应，陷入孑然孤立、孤芳自赏、自我沉吟乃至消极颓废的境地。事实上，在波德莱尔之后，"为艺术而艺术"原先拒绝

---

① 参阅周小仪《唯美主义与消费文化》，北京大学出版社 2002 年版，第 28 页。

为专制政权服务的积极作用，随着其意识形态本性的柔顺化而逐渐消失。它所倡导的那种关于美的理念，并非就是形式上的古典主义理念。但它往往清除掉所有其他内容，只剩下适合这一关于美的教条的那些东西，而这些东西是异常空洞和累赘的。①

　　值得一提的是，唯美主义思潮跨越海峡进入英国之后，在王尔德与佩特的积极倡导下，将其理论进一步系统化了。20 世纪 30 年代，这场运动宣告结束，但"为艺术而艺术"的思想仍然是余波荡漾，在其他艺术流派中时有表现。另外，在新文化运动前后，"为艺术而艺术"的思想传入中国，于文艺界引起反响，但也遭到"为人生而艺术"一派的反对和批评。在法国，继承唯美主义流风遗韵并试图将其加以深化的是象征主义。在波德莱尔的深刻影响下，马拉美（Stépnane Mallarmé, 1842—1898）成为这一流派的主导者，随后也波及德国和英国等地。象征主义主要表现在抒情诗方面，提出过"纯粹诗"和"自由诗"之类的主张，在反抗现实主义和自然主义文艺思想的过程中，它主要呈现出两个基本特色：在把握对象上，倾向于借助理智化的感受性，在内心世界和表面世界的照应中发现独特的现实；在表现方法上，试图打破传统的模式，不用语义联系来描写明确规定的内容，而是以象征和暗示作为创作手段，运用声音形象的韵律和想象心象的感情效果来体现艺术家与对象相应和的情思意趣。有成就的象征主义诗人除马拉美之外，还有瓦莱利、里尔克、叶芝和艾略特等，其代表作品有艾略特的《荒原》等。

四　实证主义的连锁效应

　　实证主义（positivism）由孔德首倡，是针对观念论提出的理论主张，认为哲学不应以抽象推理为依据，而应以"实证的"、"确实的""事实"为依据；认为人类只能认识事物的现象，而不能认识其本质，因此否定客观世界和客观规律的可知性，摒弃形而上学的臆测与玄想。孔德还是社会学的创始人。他于 1839 年提出社会学的名称，随之在《实证哲学讲义》里对社会学进行了系统化的尝试，因此，人们早先习惯于将实证主义与社会学方法相提并论。孔德依据实证主义哲学观点研究社会现象，将社会学分为社会静力学和社会动力学，前者旨在说明社会内部的和谐状态，后者

---

①　参见阿多诺《美学理论》，王柯平译，四川人民出版社 1998 年版，第 405 页。

旨在说明社会历史的发展。这实际上就是从秩序与进步两个基本概念出发，通过社会学研究来为社会寻求安定发展以及社会与个人的和谐局面，因此孔德主张阶级调和，积极倡导利他主义的伦理观，试图为法国革命后的市民社会提供一种有效的社会安定理论。

在美学方面，实证主义认为艺术具有两重性：其一，艺术是事实或各种事实的脉络。艺术同人类的其他技能一样，其研究不仅需要采用科学的方法，而且离不开具体的社会状况或时代环境。其二，艺术是帮助确立完善的社会秩序的一种手段。艺术家有责任用人类的伟大思想来鼓舞自己，有必要为实现上述理想贡献自己的力量。艺术家从事创作活动的心理机能，是智力机能与道德机能之间的一种媒介，可通过自己的作品来训练人们对媒介物的敏感性，来影响人们的智力状态与道德状态。孔德断言，人的审美能力是不断发展、不断进步的；甚至还预言，未来的艺术将充满真正的人性和无比的完美，以至使古代的艺术黯然失色。这似乎是受圣西门主义的感染，带有明显的理想主义空想色彩。

孔德本人在美学领域的建树尽管平平，但却影响了一连串法国美学家，后者在实证主义美学研究方面走得更远，成就更大。这其中的代表人物就包括维隆、丹纳与居约。维隆根据自然科学的方法研究审美快感，认为这种快感是植根于人的生理结构的自然需要；他所提出的艺术表现说，强调情感是艺术生产的决定性要素；他在研究雕塑、绘画与建筑这三种艺术的起源方面，始终重视社会因素在艺术发展演变中的作用。丹纳坚信艺术作为一种事实，必然与其他事实联系在一起，而且受到这些事实的制约。因此，他坚持从环境、时代与种族这三个社会性因素出发，来探讨艺术生成与发展的基本特征。他甚至断言，要了解一件艺术品、一位艺术家或一群艺术家，就必须清楚地了解他们所属的那个时代的社会方面与精神方面的一般情况，也就是他们所处的社会历史文化环境以及自然生态环境。因为在这里面，可以找到最终说明艺术真谛的钥匙，找到决定艺术品的基本原因，找到形成艺术之时代特性的最终根源。居约是艺术社会学的积极推动者，主张为人生而艺术。在美感研究方面，既强调审美的社会性因素，也突出主体意识在审美过程中的作用，同时还认为功利之美或美的功利性属于社会性范畴。她所提出的艺术审美的"社会同情说"，不仅是受实证主义美学思想的影响，也是受斯宾塞美学理论的启发。

除了上述情况之外，实证主义美学的连锁效应还体现在法国自然主义

（naturalisme）艺术理念之中。这一流派以左拉（Emile Zola，1890—1902）为代表，他们喜欢描写下层民众的生活现状，致力于揭露人生的丑恶与兽性。在主导思想上，他们企图使艺术成为自然的忠实模仿，主张以科学的方式来观察外在的现实，因此注重资料的调查与搜集，排除作者的主观态度，甚至不惜牺牲艺术效果而坚持采用广泛的社会视野来精密入微地分析相关事件，结果使艺术创作类似于实验室试验活动，使艺术家几乎变成了开辟知识新路之科学的先驱者。左拉本人就曾说过，小说家如同学者一样，可在一种预先设想好的或假定好的思路指导下从事创作，并把从这种假定中衍生出来的各种法则运用于所选择的情况之中。正如实验室工人一样，艺术家要确定他开始工作的条件和起点。这显然表露出实证主义科学方法对自然主义所产生的直接或间接的影响。

　　总体而论，19世纪的英国与法国美学，基本上是以浪漫主义为先导，随后出现了种种新的探索与不同的流派。与注重基础原理和哲学思辨的德国美学相比，英国与法国美学更注重于艺术创作实践与艺术鉴赏活动。但在英法之间也有一定区别，前者似乎更关注艺术的审美趣味，而后者似乎更关注艺术的社会影响。不过，正是由于这些差异，我们才有可能领略到如此多样的文艺美学思想以及不同风格的优秀艺术作品。

第二十七章

19 世纪英国浪漫主义美学

在英国文学界，浪漫主义发轫于 18 世纪 90 年代，以华兹华斯和柯勒律治所发表的《抒情歌谣集》为重要标志，该书的"序言"被视为英国浪漫主义的宣言。早期浪漫主义代表诗人中也包括威廉·布莱克（William Blake，1757—1827）等人。从 1805 年到 19 世纪 30 年代，随着浪漫主义进入第二阶段，文化民粹主义应运而生，民间歌谣、传奇故事以及相关的民俗风情成为文学描述的主要内容，其代表人物有司各特、济慈、拜伦和雪莱等作家。19 世纪 20 年代，浪漫主义几乎波及整个欧洲，受其文艺思潮影响的作家颇多，其中比较著名的有英国的勃朗蒂姊妹，法国的雨果、司汤达和大仲马，俄国的普希金和莱蒙托夫，意大利的曼佐尼和列奥帕蒂，波兰的米基维茨等。有关英国浪漫主义的文学与美学主张，主要见诸于柯勒律治、华兹华斯、济慈、拜伦和雪莱等人的诗学与文论之中。

第一节　柯勒律治

柯勒律治（Samuel Taylor Coleridge，1772—1834）是英国浪漫主义诗人与批评家，其诗歌想象奇特、情节怪诞，具有浓厚的超自然色彩，代表作有《忽必烈汗》与《古舟子咏》等。在英国美学史上，柯勒律治集诗人的天赋与哲学家的洞察力于一身，对康德美学做出了自己的解释，所涉及的其他领域包括政治、伦理、神学、诗学乃至自然科学等。

一　情感因素

无论是作为一位诗人、批评家，还是作为一位哲学家，柯勒律治毕生专注和追求的始终关涉人与自然的"真正知识"和现实生活的真正意义。在这方面，康德哲学中的认识论对他影响甚巨。柯勒律治比较看重康德哲学中的实践理性，认为这种至上的认识能力旨在获得永恒与绝对的知识或精神性真理，而这种知识是和道德（或善）密切联系的。不过，柯勒律治并不完全赞同康德在《实践理性批判》中关于道德律令的说法。

显然，柯勒律治认为，在理性对心灵真理（或善）的追求中，感情是一种不可或缺的重要因素。换言之，对真理的洞察必须依赖于主观的意志和情感。柯勒律治把这种意志与情感解释为爱和对上帝的信仰。

柯勒律治以自己特有的诗人气质与哲学洞察力对康德哲学的认识论做出了新的阐释。他对理性与情感的各自功能进行了富有启发性的阐发，这一方面得益于他对康德哲学的理解，另一方面又是他不懈追求真理的结果。同时，这种阐发又为他对艺术问题的思考奠定了一定的理论基础。

二　想象力与幻想

柯勒律治关于想象力的理论是其美学思想中最受关注、最具影响力的部分。比较而言，他在《文学传记》第十三章对想象力的描述，具有相当的概括性：

> 我把想象力（imagination）分作第一性和第二性的两种。第一性的想象力是一切人类知觉的活功能和原动力，是无限我在（the infinite l AM）中的永恒创造活动在有限心灵里的重演。第二性的想象力是第一性的想象力的回声，它和自觉意志（the conscious will）并存，其功用和第一性的想象力的功用在性质上相同，但程度和起作用的方式有异，不仅溶化、分解和分散，而且重新创造。如果这一点办不到，它还是不顾一切，致力于观念化（理想化）和统一化的追求。从根本上说，这种想象力是有活力的，尽管所有事物（作为对象而论）都是凝固的或死气沉沉的。
>
> 幻想（fancy）却相反。幻想只是搬弄些死的、固定的东西。幻想其实无非就是从时间和空间的秩序里解放出来的一种记忆。幻想和

选择交织在一起并受其修饰，而所谓选择，就是意志在实践里的表现。不过幻想和普通的记忆一样，其素材只能是依据联想的规律所产生的现成材料。①

柯勒律治对想象力和幻想的界定，与其对人类认识能力和绝对真理等哲学问题的思考是分不开的。在他看来，人类在获取关于世界的"真正知识"的过程中，想象力发挥着非常关键的作用。想象力赋予客观世界某种活力与生命，人认识客观世界的过程同时也是他在"有限心灵"里认识和体悟"无限我在"的过程。在这一点上，我们同样可以发现康德美学中的想象力理论对柯勒律治的影响。

柯勒律治把康德所谓的"再生产的想象力"称为"幻想"。这种"幻想"的对象只是些"死的、固定的东西"，所依据的是联想律，至多是"从时间和空间秩序里解脱出来的一种记忆"。作为诗人，柯勒律治赋予"审美想象力"更为重要的意义。康德认为这种想象力是"从实际自然提供的材料中创造出一个第二自然的能力"②，柯勒律治则更进一步，坚信"第一自然"与"第二自然"必然统一于"终极实在"。因此，作为认识能力的想象力在他这里获得了更为深刻的含义，被视为一种在"有限心灵"中体悟"无限我在"的能力，一种在客观世界中实现主体自我认识的能力，一种洞察"终极实在"并把主客体统一于此的能力。

三 美与美的艺术

柯勒律治在很大程度上接受了康德美学对审美与美的界定，同时，在康德美学的理论框架下，凭借自己的创作经验和深刻洞察力，丰富和发展了这一理论。

譬如，经过细致的分析，柯勒律治断言，"关于美，最保险、同时也是最古老的定义，就是毕达哥拉斯的'多样的统一'"③。对此，他作了如下解释："美感存在于对各部分之间关系、以及部分与整体之间关系的瞬

---

① 柯勒律治传记资料译文参照中国社会科学院外国文学研究所（编）《外国理论家作家论形象思维》，中国社会科学出版社 1979 年版，第 42—43 页。

② 参见《西方思想家全书》第 42 卷（伦敦 1952 年版）有吴康德《判断力批判》。

③ 参见《柯勒律治传记资料》，牛津大学出版社 1979 年版，第 238 页。

间直觉。这种直觉激起一种直接的、绝对的满足，这里没有任何官能的或智力的利益介入。"换言之，美感源于对各部分之间、部分与整体之间和谐关系的直觉。

上面的定义侧重美的形式，而柯勒律治更关注美的意义或功能。他就此指出，"美也是精神的，是表达真理的简约的象形文字——是联系真理与情感、头脑与心灵的媒介。美感是未言明的知识——是圣灵（the Spir-it）与自然之精神之间无言的交流，这里并非没有意识的参与，只是没有意识的明显表露而已"①。他认为美是真理的象征，这里的真理当然是指唯有理性才能把握的"绝对真理"。显然，这一论断与康德所谓"美是道德的象征"基本类似，表达了相近的意思。

在艺术问题上，柯勒律治也受到康德的直接影响，或者说他的艺术论是后者艺术论的延伸和应用。我们知道，康德是从三个方面来界定艺术的。第一，艺术不同于自然，属于"人工产品"。这意味着"制作"艺术过程有主体意志的参与，是有目的、有意图的活动。在柯勒律治对"第二性的想象力"所做的阐述中，我们可以发现有类似观点——作为艺术创作能力的"第二性的想象力"，是与"有意识的意志并存"的。第二，艺术不同于科学。首先，作为艺术之目的的真理，是唯有理性才可以把握的"绝对真理"，而作为科学（狭义的科学，即自然科学）之目的的真理，是关于自然诸现象的知识；其次，艺术的"技能"包含后天无法学到的天赋成分，即天才，而科学知识是可以传播和学习的。也正是在这种意义上，柯勒律治断言，天才的想象力，即"第二性的想象力"只属于少数幸运者。最后，艺术不同于手工艺。艺术是"自由的游戏"，其目的是愉快的感受，而手工艺以赚钱为目的，是不自由的活动。

第二节　华兹华斯

威廉·华兹华斯（William Wordsworth，1770—1850）是英国浪漫主义诗人的杰出代表，1843 年获"桂冠诗人"称号。在"湖畔派"诗人当中，华兹华斯的成就最大，一生创作了大量的优秀诗篇，其中艺术价值最

---

①　缪黑德：《作为哲学家的柯勒律治》，布里斯托 1992 年版，第 195 页。

高也最能体现其诗歌风格的是吟诵湖光山色、乡村生活的田园风景诗。在诗歌理论方面，华兹华斯针对古典主义诗学传统，提出了一系列新的创作原则，形成了自己较为系统、完备的诗学理论。其理论主要见诸于《〈抒情歌谣集〉序言》（1800）《〈抒情歌谣集〉序言附录》（1802）《论墓志铭》（1810）与1815年版《序言》等，其中《〈抒情歌谣集〉序言》被视为英国浪漫主义的理论宣言。

一　诗的艺术本质

在《〈抒情歌谣集〉序言》（简称《序言》）中，华兹华斯围绕诗的本质提出了许多重要的论断。其中最为著名的是"一切好诗都是强烈感情的自然流露"，[①] 这与古典主义文艺理论对理性的崇拜全然不同。也正是在此意义上，华兹华斯被尊为"浪漫主义的革命者"[②]。值得注意的是，华兹华斯对情感与主观表现的强调远不同于表现主义艺术思想。后者认为，直觉即表现，艺术即直觉，艺术家的直觉与情感是艺术的唯一源泉；华兹华斯虽然也强调诗是诗人情感激发的产物，但他所说的情感具有更为深刻的含义。如他所言：

> 虽然这一点［一切好诗都是强烈感情的自然流露］是真理，但凡有一点价值的诗篇，并不是可以随便拿一类主题来创作的，而都是出于一个具有异乎寻常的官能感受力，而且曾经过深思熟虑的诗人之手。感情的不断之流是受我们的思想所规定、所支配的，而这些思想其实是我们过去一切感情的象征，而且因为我们默察这些一般性象征彼此间的关系，便可以发现对于人类何为真正重要者，所以如果反复并继续这动作，我们的感情就会联系到重要的主题。[③]

对华兹华斯而言，情感与思想之间存在一种辩证的关系。一方面，诗人的情感不是无源之水，也决不只是一时的情绪冲动，相反，它是以诗人

---

① 华兹华斯：《〈抒情歌谣集〉序言》（1800）；参见章安祺编订《缪灵珠美学译文集》第3卷，中国人民大学出版社1998年版，第6页。

② 华兹华斯：《散文选》，纽约1988年版，前言第9页。

③ 华兹华斯：《〈抒情歌谣集〉序言》（1800）；参见章安祺编订《缪灵珠美学译文集》第3卷，中国人民大学出版社1998年版，第5页。

对世界、对人生的深刻思考为前提的；另一方面，诗人"具有异乎寻常的官能感受力"，其深刻思想的产生又是基于他对生活超出常人的敏锐感受能力。基于此，诗歌作为"强烈情感的自然流露"，都有"一个可贵的目的"，其主题必然是严肃深刻的，是对于人类的"真正重要者"，绝不应当是诗人自恋式的无病呻吟，更不应当是为了获取所谓的诗人称号而对前人的辞藻进行机械的模仿。

二　诗的功能

华兹华斯断言："我的每一首诗都有一个可贵的目的。"① 这一点与"一切好诗都是强烈情感的自然流露"并不矛盾。诗是诗人强烈情感的"自然流露"，而"每首诗都有一个可贵的目的"，并非指诗人在动手创作之前脑海中已有了明确的计划与目的。鉴于诗人具备超乎常人的敏锐感受力，生活中乃至大自然中许多在常人看来平淡无奇的事物往往会引发诗人的深思，而诗人创作诗歌时所必需的激情或者说"强烈情感的自然流露"，一般是以其沉思习惯为前提的。因此，诗人在这种激情状态下所创作的作品必然带有某种"可贵的目的"。

就诗的社会功能而言，诗的目的不仅局限于探索真理，更为重要的是传达真理，在《序言》中，华兹华斯指出，诗人应致力于通过其作品使读者的理解力得到启发，情感得到强化和净化。同许多其他浪漫主义诗人一样，华兹华斯认为当时工业文明与城市的迅速发展极大地损害着人们的"心灵辨别能力"，社会上流行的是对强暴刺激与低级趣味的堕落性追求。在这样一个时代，诗人应当担负起启发人们理解力、净化人们情感的神圣使命。

继亚里士多德之后，在居于主导地位的西方传统文艺理论中，艺术的社会功能往往被阐述为利用"知觉"和"范例"进行的"直接说教"。华兹华斯所提出的则是一种"间接教化"的原则。后者对文艺理论的发展产生了巨大而深远的影响。

在诗歌的题材上，他主张"从日常生活中选取一些事件和情景"；在语言上，他主张"尽可能选择人们实际运用的语言"，反对滥用所谓"诗

---

① 华兹华斯：《〈抒情歌谣集〉序言》（1800）；参见章安祺编订《缪灵珠美学译文集》第3卷，中国人民大学出版社1998年版，第5页。

的词藻"。这些主张都是基于他对诗的本质与目的的理解。在华兹华斯生活的时代，古典主义只描写伟大人物与重大事件的清规仍然颇具影响，这便使他关于诗的题材与语言的主张和实践在当时引起极大反响。因此，后来的批评家们对华兹华斯在这一方面的贡献格外关注。

三 诗人的禀赋

在 1815 年的《序言》中，华兹华斯列出诗人需具备的六种禀赋，并对这些禀赋在诗歌创作中的作用做了具体的阐述。

1. 观察和描绘的能力。华兹华斯认为，诗人在观察与描绘现实生活中的事物时，要依据事物的"本来面目"，不应当因受到自己头脑中已有热情或情感的影响而无视事物的本来面貌。

2. 超常的感受能力或敏感性。诗人的感受能力越敏锐，他观察事物的视野就越宽广。

3. 反思的能力。诗人反思的能力赋予各种行为、形象、思想和情感以真正的意义与价值，同时也使诗人能够洞察、感受各种事物、情感相互之间内在的联系。

4. 想象和幻想的能力。在华兹华斯的诗论中，对想象力与幻想的阐述占有非常重要的位置。

5. 虚构的能力。此项能力是指在创作过程中对材料进行选择与加工的能力。这些材料可能来源于诗人对外在世界与自然的长期观察，也可能源于诗人对自己内心情感和思想的深刻反思。华兹华斯认为，诗人对材料进行选择与加工，是为了使之最大限度地适合诗人从事诗歌创作的最终目的。

6. 判断的能力。此项能力是指诗人如何协调、使用上述各种禀赋的能力。

以上六种能力实际上涵盖了诗歌创作的整个过程，涉及感性思维与理性思维两个方面。由此可见，华兹华斯在强调"诗是强烈情感的自然流露"的同时，并不否认理性思维在诗歌创作中的重要作用。

华兹华斯非常重视想象力在诗歌创作中的突出作用。他认为，只有发挥想象力，诗人才能"把寻常的事物以不寻常的样子呈现给读者"，也只有借助想象力，诗人才能在日常事物与思想及其相互之间的内在联系中探索人类"天性的根本规律"。

在 1815 年的《序言》中，华兹华斯结合诗歌创作与欣赏的实践，对想象力与幻想做了详细的探讨。首先，他批评了把想象力与幻想只看作一种记忆形式的看法。他指出，想象力绝不仅仅是对不在眼前的事物之意象的忠实复制，相反，它有着更为深刻的含义。它意味着大脑依据某种内在规律对客观对象的改造和重塑，是一种创造性的活动。

从诗的本质、目的到功能，从诗的题材、语言到诗人的禀赋，华兹华斯的诗论是一个有着严格内在逻辑的理论体系。其中既有对西方传统文艺理论的继承，更有突破传统的创新与发展；既坚持"诗的目的是真理"，又强调"诗是强烈情感的自然流露"，并把二者有机地统一了起来。更为重要的是，作为一个伟大诗人，华兹华斯在诗歌创作中，无论是在诗的题材与语言上，还是在诗的本质与目的上，都充分实践了他的诗学理论，他的诗论正是他本人创作实践的理论结晶。

第二十八章

19 世纪法国浪漫主义美学

在英、德浪漫主义的影响下，法国浪漫主义形成于 19 世纪 20 年代。由于浪漫主义的理论根源来自法国的思想界（如卢梭等人），而法国正好直接经历了法国大革命前后激烈的思想震荡，因此，法国浪漫主义表现出更为鲜明的革新精神和政治色彩。在文学界，浪漫主义的代表作家有史达尔夫人、夏多布里昂和雨果等人；在绘画领域，主要的代表人物有德拉克洛瓦等艺术家。

法国浪漫主义美学的基本思想，大多融合在浪漫主义文学家和艺术家的创作实践与文评画论中。他们对个性的张扬，对想象力的推崇，对本土文化的热衷，对真善美的歌颂，对假恶丑的鞭挞，尤其是对封建教会的揭露与批判，对文学与环境之关系的比较分析和研究，对色彩和构图所进行的大胆尝试，都呈现出各自的独到之处，继而对新古典主义、唯美主义以及社会学美学思潮均产生了直接或间接的影响。

第一节　史达尔

史达尔夫人（Madame de Staël，1766—1817）原名安尼·路易丝·日尔曼尼·奈凯尔（Anne Louise Germaine Necker），为法国知名批评家兼作家，是法国浪漫主义运动先驱。

史达尔夫人所撰的《论文学》（De la littérature，1800）和《论德国的文学与艺术》（De l'Allemagne，1810）这两部文艺理论著作，为她奠定

了浪漫主义运动先驱的地位。不仅如此，这两部作品还对 19 世纪的文学
批评和日后实证主义流派的发展产生过巨大影响。

一　南北文学与环境论

史达尔夫人认为，欧洲文学"存在着两种完全不同的文学，一种来
自南方，一种源出北方；前者以荷马（Homer）为鼻祖，后者以莪相
（Ossian）为渊源"[①]。史达尔夫人将英国、德国、丹麦和瑞典的作品归北
方文学，认为北方文学源自苏格兰行吟诗人、冰岛寓言和斯堪的纳维亚诗
歌，而把希腊、意大利、西班牙和路易十四时代的法国作品划归南方文
学。史达尔夫人认为，莪相是 3 世纪传说中的苏格兰行吟诗人，他之所以
堪与荷马齐名，被奉为北方文学的渊源，是因为他是最早一位具有北方诗
歌特点的诗人。诗歌的特点可以反映出民族的不同性情。在史达尔夫人看
来，北方民族感情强烈，崇尚想象，富有理性，气质忧郁；南方民族崇尚
古典，情调欢快，贪图安逸。史达尔夫人在文中毫不掩饰她对北方文学的
偏爱，尽管她声称不能泛泛地将两种类型诗歌进行优劣之分。她盛赞北方
诗歌中最为显著的忧郁特点，认为忧郁的诗歌是和哲学最为协调的诗歌；
与其他任何气质相比，忧伤对人的性格和命运有着更为深刻的影响。史达
尔夫人对于北方诗歌的分析，表明了她的浪漫主义倾向。

史达尔夫人对南北文学分类的理论依据，是她所推崇的环境决定文
学的思想。受阴沉的大自然和恶劣气候的影响，北方各民族具有丰富的
想象力。北方文学喜爱海滨、风啸和灌木荒原的形象，因此自然而然地
会在这些图景上产生哲学思考。她认为，莪相诗歌的魅力就在于能够对
想象引起震撼，并因此引起人们的深刻思考；而南方诗人则乐于将清新
的空气、繁茂的树林以及清澈的溪流这样一些形象与人的情操结合起
来。甚至在欢乐的时候，他们也不忘感谢使他们免受烈日照射的阴影的
仁慈，周围生动活泼的自然界在他们身上激起的情绪往往会超过在他们
心中引起的感想。因此，她认为，在南方，人们的兴趣更为广泛，但思
想的强烈程度却远逊于北方，因为耽于安逸的诗歌与富有理性的思想是
格格不入的。

[①]　华兹华斯：《〈抒情歌谣集〉序言》（1800）；参见章安祺编订《缪灵珠美学译文集》第
3 卷，中国人民大学出版社 1998 年版，第 145 页。

二　介于古典与浪漫之间

在《论文学》中，史达尔夫人主要以北方文学与南方文学的划分来分析文学的差异。在十年后发表的《论德国的文学与艺术》一书中，她则从古典主义文学和浪漫主义文学的比较出发，进一步阐述了《论文学》中提出的南北文学的观点，更加明确了她作为一名浪漫主义者的立场。

在"论古典诗与浪漫主义诗"一章中，史达尔夫人首次批评了古典主义文学，赞扬了浪漫主义文学。她认为浪漫主义诗歌的兴起，是受中世纪行吟诗人、骑士精神和基督教教义影响的结果，而古典主义诗歌出现在基督教盛行之前，是以希腊和罗马为渊源的多神论的古代诗歌。史达尔夫人抨击古典主义诗歌一味遵循诗歌的规则，缺乏思想，只是停留在简单地叙述事件上，风格刻板而单一。而现代诗歌丰富多彩，更富有艺术表现力。她断言，就艺术性来说，古代诗更为纯粹，现代诗更为伤感。与南北文学划分的理论依据一致，史达尔夫人认为时代与宗教的不同导致了浪漫主义文学与古典主义文学的不同，但在新的时代不应再墨守古代文学僵死的规则：

> 对我们来说，问题并不是要在古典诗与浪漫诗之间作抉择，而是在机械模仿和自然启示之间作抉择。古代文学对今人而言是一种移植的文学；浪漫文学或曰骑士文学却是在我们自己家里土生土长的，使浪漫文学桃李竞放的乃是我们自己的宗教与制度。拟古的作家顺从趣味方面最严厉的戒律；根据此等戒律，古人的杰作便可顺应我们今日的意趣，虽然产生这些杰作的政治、宗教环境俱已变迁。但这些拟古诗，无论如何完美精湛，却不甚得人心，因为它们在当今毫无民族特色。①

史达尔夫人在这里重申文学受社会、宗教等因素制约的观点，并以法国诗歌和英德诗歌为例作了进一步的比较。她认为，法国诗歌之所以不能在民间普及，是因为它是现代诗歌中最古典的诗歌，它并非是在法国

---

① 史达尔夫人：《德国的文学与艺术》，丁世中译，人民文学出版社 1981 年版，第 12 页。

"土生土长"的东西，只有少数有较高文化素养的人才能够欣赏；而莎士比亚的诗歌被英国各阶层的人欣赏，歌德的诗歌更被德国人谱成曲到处传唱。史达尔夫人的结论是，如果对古典诗进行模仿，那么既不会获得古代人在古代特有的环境下拥有的原始力量，还可能会失去我们的心灵在当代社会所能感受到的亲切复杂的感情。因此，在当时的社会环境下，浪漫主义文学是唯一具有生命力的、可以充实完美的和富有包容性的文学，它可以表现自己的宗教，可以引起人们对自己历史的回忆，是法国土生土长的文学，有着古而不老的根源。

在比较德国作家与法国作家的过程中，史达尔夫人断言：在法国，是读者指挥着作家，因此作家不敢违背社会规则进行创作；而在德国，作家我行我素，置读者于不顾，作品富有个性。她赞赏康德、席勒等人的作品中所承载的理想主义和理性精神，批评法国作家对低级趣味的迎合；赞美德国作家所具有的自由浪漫主义风格，批评法国人对德国文学所抱有的成见。她认为不同民族的文学各有特点，但她同时也批评德国文学内容隐晦、风格单一、缺乏风趣。史达尔夫人比较德、法两国文学在鉴赏趣味、文笔和风格等方面的不同和各自优劣时指出：德、法两个民族在文学、艺术、哲学和宗教领域之所以存在差异，主要是因为莱茵河的永久疆界分开了两个文化地区，使不同的文化就像两个国家一样互不相干。从德国人"孤独的头脑"和从法国人"社会的头脑"中形成的思想，外在事物给予人们的印象和由内在回忆而来的印象，以及抽象思维和理论的不同，等等，可以使人们得出完全相反的结论。毫无疑问，史达尔夫人的这一观点与文学的社会环境决定论一脉相承。

总之，在史达尔夫人的南北文学观背后，存在一种基本的思想。该思想认为若要彻底地理解任何一种文学的历史，就必须把这种文学与创造这种文学的民族及其所处的社会环境和精神状态联系起来，并且要把这种文学置于当时的历史环境背景之下。这种思想虽源于孟德斯鸠，但是史达尔夫人开创性地将其运用于文学领域。此外，由于深受德国浪漫主义的影响，史达尔夫人在文学批评方面通常采用了历史主义和社会学的分析方法，这不仅奠定了浪漫主义的文艺理论基础，而且对后来西方文学理论的发展产生了深远的影响。

第二节　夏多布里昂

夏多布里昂（Vicomte de Chateaubriand，1768—1848）出身于布列塔尼的一个没落贵族家庭。一度立志从事教会之职，后又放弃而从军，于 1786 年获海军上尉之职，从此有机会踏入巴黎的沙龙和文艺圈子，甚至有机会出入宫廷。1798 年，他成为基督教信仰的积极维护者，并开始写作《基督教的真谛》（*Le Génie du Christianisme*，1802）。由于迎合了拿破仑复兴天主教的意图和巴黎民众在大革命之后对恢复宗教生活的要求，该书一经出版，便大受欢迎。为夏多布里昂在浪漫主义文学史上奠定了地位。

一　文学主张

《基督教的真谛》共分四个部分。第一部分《教理和教义》，以自然的完美论证上帝的存在和信仰的必然。第二部分《基督教的诗意》，通过对比基督教影响下的文艺作品和异教作品、古代作品和现代作品，甚至荷马的作品与圣经，赞美基督教孕育下的文艺作品。第三部分《美术和文学》，通过描述绘画、音乐、雕刻、建筑、诗歌等，论证基督教的和谐。第四部分《信仰》，描述教堂装饰、祈祷、宗教仪式等，借以说明教会、传教对社会的有益影响。夏多布里昂试图以哲学论述、考证、旅行回忆、艺术评论和小说等丰富的写作形式，来说明基督教的完美和无处不在的巨大影响力，其美学思想和美学主张也在此书中得以充分彰显。

夏多布里昂主张文学源于宗教，文学应服务于宗教。这是他美学思想的出发点。在他看来，世界的一切都得之于宗教，几乎所有的科学和文艺，甚至于文明的进步都来自于宗教，其中基督教是最富有诗意、最人道、最有利于文艺发展的。他在论述文艺创作时指出：基督教促进了天才，纯净了趣味，活跃了思想，美化了情感，并赋予作家以崇高的写作形式和完美的楷模。

二　论美

夏多布里昂最突出的美学思想是关于理想美的文学主张。他将理想美分为两种：理想的精神美和理想的物体美。所谓理想的精神美，是指在文学作品中通过掩饰人心某些弱点来实现的美；所谓理想的物体美，则可以通过巧妙掩藏物体的缺陷部分来实现。

关于作品中理想的美的体现，夏多布里昂指出，艺术家应对事实进行不断地隐藏和挑选，删除或增加，以逐渐找到一些不再同自然一样，但比自然更完美的形式，最终实现理想的美。

夏多布里昂尽管推崇超越现实的美，但也没有勇气完全脱离真实，于是转而解释说：如果在各方面都过分脱离实际和宗教，就不能忠实地表现生活和内心的奥秘。在夏多布里昂眼里，真实与理想是诗的两个来源，而理想只有通过基督教才能实现。这样，他对艺术及美的论述最终又归于他颂扬基督教的目的。如他所言：一个社会只有达到理想的精神美的境地，才能实现道德的充分发展，而实现这一切的前提是接受基督教精神的影响。这种把真实与虚构巧妙结合起来的文艺主张，虽然具有一定的合理性，但有关理想美的总体论述则基于逃避现实缺陷、完全将精神奉献于基督祭坛的消极浪漫主义思想。

三 创作实践与思想特点

同史达尔夫人一样，夏多布里昂反对在文学创作中遵从古典诗学的绝对标准。不同的是，在文学的题材和内容方面，夏多布里昂反对资产阶级启蒙运动所倡导的理性，而是提倡文艺描写心灵活动，因为来自心灵的神秘远远高于理性。在《论神秘的性质》一章中，夏多布里昂声称，再没有比神秘的事物更美丽、动人和伟大的东西了。他认为感情、友谊、道德、思想、天真，甚至空旷的原野等美丽动人和伟大的东西，都包含着看不见的奥秘，而上帝是自然界中最伟大的神秘，神秘则是信仰的基础。可见，夏多布里昂所宣扬的基督教的超自然力量，无非是想将基督教摆在绝对的位置上，让人们感到信仰基督教是生活中再自然不过的事情。

同史达尔夫人一样，夏多布里昂也崇尚忧郁，认为忧郁是文学的第一要素。不同的是，史达尔夫人将忧郁视为受到北方民族所处的自然环境和气候之影响的结果，而夏多布里昂则认为是基督教促动了忧郁的倾向，忧郁是人们内心向往与追求上帝与天国的外在表现。他主张美的文学作品应是对忧郁心理的描述，应追求对孤独感的刻画。在他自己的作品中，主人公常常喜欢独自在古堡、旷野和废墟间徘徊冥想，文字间流露出作者对坟墓、废墟、人生虚无和命运无常之感的喜好和欣赏。作为消极浪漫主义的开创者，夏多布里昂所提出的忧郁、孤独和复古情调，后来演变为兴盛一时的消极浪漫主义文学的典型特征。

夏多布里昂的作品刻意追求文体的多样和辞藻的华美，喜欢以异国的故事背景来衬托故事情节的神秘性，无疑开创了浪漫主义文学新的文风。有许多同时代的写作者以夏多布里昂为榜样，纷纷效仿他的写作风格，甚至青年时代的雨果也曾对夏多布里昂的作品很是着迷。由此可见，夏多布里昂对浪漫主义文学运动的影响是十分广泛的。

第三节　雨果

雨果（Victor Hugo，1802—1885）出生在法国的贝尚松，是法国浪漫主义文学运动的领袖，也是法国文学史上最负盛名的作家之一。作为浪漫主义文学运动的领袖，雨果并没有专门的著作来阐述他的文学思想，其相关思想观点主要见于他为自己众多作品所写的序言中。其中，1827 年的剧本《克伦威尔》（Cromwell）的长篇序言被看作浪漫派文艺宣言和雨果本人作为浪漫主义运动忠实拥护者的声明，由此奠定了雨果在浪漫主义运动中的领袖地位。

一　文学创作中的对照原则

《〈克伦威尔〉序》较为集中地体现了雨果的浪漫主义文学创作思想。在这篇序言中，雨果批评了新古典主义教条的法规，提出了著名的文学创作的对照原则。

首先，雨果肯定了滑稽丑怪在文学艺术表现中的地位。他指出，滑稽丑怪作为崇高优美的配角和对照，是大自然为艺术提供的最丰富的源泉。因为在现实世界中，不仅大自然中存在美丑的并存和对照，而且在人的生活中，从始到终、无时无刻存在着充满对立和斗争的敌对原则。

其次，对于艺术的接受者而言，雨果指出滑稽丑怪在艺术表现中的运用也是必然的：

> 古代庄严地散布在一切之上的普遍的美，不无单调之感；同样的印象老是重复，时间一久也会使人生厌。崇高与崇高很难产生对照，人们需要任何东西都要有所变化，以便能够休息一下，甚至对美也是

如此。相反，滑稽丑怪却似乎是一段稍息的时间，一种比较的对象，一个出发点，从这里我们带着一种更新鲜更敏锐的感受朝着美而上升。鲵鱼衬托出水仙；地底的小神使天仙显得更美。①

　　另外，雨果还批评了新古典主义严格划分悲喜剧的做法。他反其道而行之，认为浪漫主义在舞台上对悲喜剧的结合，把新古典主义剧院中被分为两部分的药剂整合成一道美味而精致的菜肴。

　　雨果提出的对照原则，阐明人和事物都是在对立面的和谐统一之中的存在的，从而为艺术全面地反映社会生活提供了理论根据，对于文学创作的一般规律而言，更有重要的理论价值。但对于美与丑之间比照的无处不在，雨果却从宗教的角度予以最终解释。在他看来，近代戏剧的产生与基督教的影响有直接的关系：

　　　　基督教对人类这样说：你是双重的，你是由两种成分构成的，一种是易于毁灭的，一种是不朽的，一种是肉体的，一种是精神的，一种束缚于嗜好、需求和情欲之中，一种则寄托于热情和幻想的翅翼之上，前者始终俯身向着大地，他的母亲，后者则不断飞向天空，他的故国。自从基督教说了这些话的那天起；戏剧就创造出来了。②

　　他认为，近代诗之所以能够运用对照原则，正是由于基督教向人们指示了这样的真理：生命有暂时与不朽、尘世与天国之分；人本身是兽性与灵性、灵魂与肉体的结合体。正是在基督教对美丑与善恶并存的普遍人性的揭示下，诗最终走向了真理。

　　雨果提出的对照原则与他追求文学真实性的思想是分不开的。他指出，诗人的创作应服从自然和真理。正是从这一原则出发，雨果对新古典主义所倡导的"三一律"（地点一致、时间一致、情节一致）提出了批评。他指出：新古典主义者声称"三一律"是建立在"逼真"的基础上的，但恰好是真实否定了他们的规则。例如，他们为了坚持地点一致的规则，总是违反情理地将悲剧安排在过道、回廊和前厅这类场景里，或是把

①　史达尔夫人：《德国的文学与艺术》，丁世中译，人民文学出版社1981年版，第35页。
②　雨果：《〈克伦威尔〉序》，《论文学》，第44页。

剧情勉强地纳入 24 小时之内，而对不同的事件竟然规定同样长短的时间，就像一个鞋匠给大小不同的脚做同样大小的鞋一样。雨果指出，一切情节都应该有特定的过程，就像有特定的地点一样，新古典主义者们盲目坚守规则，全然违背了真实性的原则，而坚守迷信教条最终会摧残艺术，将历史上活生生的东西关在"一致"的笼子里，变为枯骨。雨果明确提出，艺术创作的思想应该与时代合拍，作品应只遵循翱翔于整个艺术之上的普遍法则和特定主题之下的特殊法则，而非固有的规则与典范。

雨果虽然坚持艺术应真实地表现自然中的美丑，但他同时又把自然真实与艺术真实加以区分。他指出，艺术的真实并非是绝对的现实，自然真实与艺术真实绝不可以等同，二者是相辅相成、缺一不可的。如果将艺术真实理解为绝对真实，理解为对原型的照搬，那将会走到十分荒谬的地步。

在浪漫主义的文学运动中，雨果的美丑对照原则的提出，无疑明确了反对 17 世纪以来只表现王公贵族的崇高伟大而舍弃平凡粗俗的新古典主义的立场，尤其肯定了喜剧在艺术表现中不可或缺的地位，对扩大文学表现范围有积极的推动作用。毋庸置疑，雨果将基督教的启示作为解释文学一般规律的原因与资产阶级人性论的观点是一致的，即通过戏剧的艺术表现形式实现将灵魂注入肉体、将理性赋予兽性的宗教目的。显然，雨果对滑稽丑怪在艺术表现中审美价值的充分张扬，与浪漫主义摆脱古典主义的清规戒律，追求自由、生动、真实的根本宗旨是一致的。

二 文学史论与艺术特征

与此同时，雨果分析了文学发展的历史，试图借此论证对照原则是文学发展到近代所必备的特征。

受实证主义的影响，雨果根据社会发展的不同时期，将文学的发展进程划分为三个不同阶段：原始时期——抒情短诗；古代——史诗；近代——戏剧。他认为，原始人生活在完全的自然和自由的状态中，没有私有财产，没有阶级，也没有冲突、战争和法律，他们的诗歌主要是以淳朴的感情歌颂造物主的神奇与自然的永恒之美，就如《圣经·创世记》所展示的那样：上帝、心灵和创造三位一体的思想蕴涵着万象，这是他们诗与歌的主题；社会发展的第二阶段开始出现种种充满着冲突与矛盾的社会事件，诗歌的内容由感情的抒发转而成为对历史事件的记录和描写。荷马的史诗是这一时期的代表作，因此，荷马又堪称是一位可与希罗多德相提并论的历史学家；第三时期，宗教开始在社会生活中扮演重要角色，受基督教的启发，戏剧作为诗歌的最高表现形式诞生了，它的主要内容是描绘人生，以莎士比亚的戏剧最具代表性。在这三种诗歌中，抒情短歌中的主要描述对象是伟人，它的特征为淳朴；史诗中是巨人，特征为单纯；戏剧中是凡人，特征为真实。因而，抒情短歌靠理想而生，史诗借雄伟而存在，戏剧则以真实来维持。文学的发展进程从纯朴的抒发情感到歌颂理想的伟大，直至文艺复兴时期的戏剧开始描写真实、丰富的人的生活。雨果通过对文学发展的概括，论证了文学在描写人的真实生活的阶段运用对照原则的必要性。

雨果的一生都在为浪漫主义事业而奋斗。他通过作品来唤起人们的良知和对弱者的同情，并能够勇于对那些束缚想象和自由、扼杀创造性的教条进行挑战。他并不主张"为艺术而艺术"的唯美主义主张，而是十分强调艺术的社会功用。他看到了他所生活时代的弊端，但却从宗教出发，将之归结为人性的恶，认为艺术可以使社会得到进步，因而将改良社会的希望放在对理想的宣扬上，希望通过改善人性来实现改良社会的目的。不难看出，雨果的思想包含着一定的唯心论观点，有时代的局限性。但他提倡艺术为人民服务，艺术促进社会发展的观点又是进步的。无疑，浪漫主义在雨果这里又向现实主义迈进了一大步。

第四编

二十世纪美学

本编以整个 20 世纪西方美学为考察对象。它以哲学史和美学史为基本构架，力图展现本世纪美学思想的独创性、丰富性和多样性。尽管西方现代美学思潮滥觞于 19 世纪末，但是在 20 世纪初叶才崭露头角。以弗洛伊德为代表的"无意识美学"和以贝尔和弗莱为代表的"形式主义美学"率先登场，暗示了 20 世纪美学的两个方向。以柏格森为代表的"生命美学"和以布洛为代表的"距离美学"伴其左右，或有补充，或有深化。以克罗齐和柯林伍德为代表的"表现主义美学"可视为对"无意识"和"形式"的美学综合和提升。进入世纪中叶，以桑塔耶纳、杜威为代表的"实用主义美学"，以卡西尔和苏珊·朗格为代表的"符号论美学"，以盖格尔、英伽登、杜夫海纳为代表的"现象学美学"，以海德格尔、萨特为代表的"存在美学"，百花争艳，充分演绎了该时期的美学图谱。20 世纪 40 年代以后，发源于卢卡奇并以本雅明、阿多诺、马尔库塞为代表的"社会批判美学"，以阿恩海姆为代表的"格式塔美学"，以伽达默尔、利科为代表的"解释学美学"，以姚斯、伊瑟尔为代表的"接受美学"，代表了欧陆美学的正统。而发源于维特根斯坦并以比尔兹利、古德曼、丹托、迪基为代表的"分析美学"，则在英美美学界取得了主流位置。20 世纪 60 年代以来，西方美学步入了后现代的阶段，福柯、利奥塔、波德里亚等人的思想开始得到了人们的关注，这也是该世纪美学的终结期。本编正是按照这个线索，选择具有代表性的美学思潮和美学家进行介绍和分析，以便将该世纪整个美学发展的历史趋势和思想成就呈现了出来。

第二十九章

无意识美学

我们不说人们通常所谓的"精神分析美学",而是把这个学派的美学思想称为"无意识美学",是因为:第一,"无意识"(the unconscious)处于精神分析学派的核心位置,没有对"无意识"的系统研究和独特标识,就不会有这个学派的存在;第二,"无意识"不是精神分析学派的发明,在它之前和之后许多学者和思想家都对"无意识"研究作出了贡献;因此,"精神分析"不能涵盖"无意识",相反,它只不过是"无意识"研究的一支。

弗洛伊德是精神分析学派和无意识美学的主要代表。其"无意识"学说的主要特点是:第一,将"无意识"置于其关于心理的描述系统之中,即心理是由潜意识、前意识和意识三个层次所构成。第二,将"无意识"内容化、实体化,即"无意识"就是不能被意识的那部分内容。第三,弗洛伊德可能最具特色的是,他进一步将"无意识"或"本我"解释为被压抑的性本能。第四,将"无意识"、"本我"和性本能作为人的心理或人格及其外在表现的终极决定性因素。

弗洛伊德无意识学说与美学的相关性,至少应有以下三个方面:

首先,它是关于艺术本质的一种非理性主义界定,或者说,它是一种非理性主义的美学或艺术本体论。按照这一理论,艺术应该被理解为无意识的外显,更具体地说,艺术是被压抑的性欲的升华。纯粹的无意识或性本能当然与艺术和美无关,但当它被呈现出来给人观看时,它们便具有审美的性质。弗洛伊德对美本质研究的历史性贡献不在于"呈现"方面,而在于是什么东西被呈现出来。至于"呈现"的性质，它主要不是理性主义的，而是无意识的倾诉与流露；在一定程度上可以断言，它是对无意识的无意识呈现。艺术表现过程的无意识特性在弗洛伊德这里得到了特别的强调。

第二，弗洛伊德的无意识学说也规定了艺术的目的或功能。依据作为一种治疗的精神分析，无意识的长期被抑制是精神病的根源；病人要恢复到精神常态，就需要在精神分析师的帮助下将此无意识宣泄出来。对艺术家来说，创作即是一种自我宣泄形式，而欣赏者亦借着艺术品而得到相应的宣泄。弗洛伊德非常欣赏亚里士多德关于悲剧效用的情感净化说，认为他所谓"引起怜悯与恐惧"就是指通过艺术形式对被压抑的无意识愿望的表现和满足，例如一个在舞台上扮演英雄的演员，"他可以尽情享受当'伟人'的乐趣，可以心安理得地放纵自己平时在宗教、政治、社会和性的方面压抑着的冲动，在舞台上表现的生活中的各个重大场景里任意地'发泄'"①。又如作家，他以"美学的"方式显现他的"白日梦"，同在普通人那里一样，其中有不少是他羞于启齿、因而被封闭于无意识之中的东西，作家的功劳在于他"能够使我们享受到自己的白日梦，而又不必去自责或害羞"②。

第三，无意识理论经常被用于揭示艺术家的心理构成，尤其是其童年记忆在此中所扮演的重要角色，从而揭开艺术本文的奥秘，因而可以说，无意识学说就是一种本文解读的方法论，归属于如杰姆逊所称的"深度解释学"。这种方法在弗洛伊德那里的一个典型运用是对画家达·芬奇的童年记忆如何决定其创作的展示和分析。如今由弗洛伊德所开创的无意识解释学已成为当代文艺批评最基本的方法之一。

第一节　弗洛伊德

作为精神分析学派的创始人，奥地利精神病医生弗洛伊德（Sigmund Freud，1856—1939）可以说重塑了西方世界的人性观和文化观，其对 20

---

① 弗洛伊德：《戏剧中的变态人物》，《弗洛伊德文集》第 7 卷，长春出版社 2004 年版，第 3 页。

② 弗洛伊德：《作家与白日梦》，同上书，第 65 页。

世纪思想界的影响极大。虽然他说不上是十分严格意义上的美学家，但回顾 20 世纪的美学发展史，他对美学的思考无疑占据了十分重要的位置。

一　弗洛伊德的美学著作

弗洛伊德论及艺术的著作可以粗略地分为四类：

第一类包括一系列以某一美学范畴为分析对象的文章。《诙谐及其与潜意识的关系》（1905）是对"喜剧"范畴的分析；《戏剧中的变态人物》（1942）涉及剧场幻觉；《恐惧》（1919）是对恐惧体验的描述，这种体验与审美有一定关系。第二类是关于创作过程中心理动机问题的文章。这类文章有时采用总体性的论述方式，如《作家与白日梦》（1908），是"元心理学"的本文；但更多时候则是以某个具体艺术作品为基础而分析心理动机，如《达芬奇的一个童年记忆》（1910）、《〈诗与真〉的一个童年记忆》（1917）等。第三类本文是对例如小说中的一个人物的某种虚构形象的精神分析学阐释。其中最重要的是《詹森的〈格拉迪沃〉中的幻觉与梦》（1907）。第四类是用文艺作品阐发某些特殊的精神分析概念。毫无疑问，最著名的例子就是《释梦》（1900），其中索福克勒斯《俄底浦斯王》的主人公被用来解说和命名儿童性欲发展的某一阶段，这就是所谓的"俄底浦斯情结"或"恋母情结"。尽管严格说来，这类本文并不属于美学，但它们确实表明艺术是弗洛伊德重要的灵感源泉（GW Ⅶ：33）①。

二　对艺术的精神分析研究

在弗洛伊德那里，"精神分析"（psychoanalysis）一语具有多重含义：一是作为一种对于心理过程的特殊阐释方法；二是对于精神错乱的治疗；三是将这阐释和治疗及其发现进行体系化的一种理论。这种在精神分析阐释和治疗基础上发展出来的理论，致力于揭示意识"背后"所发生的心理过程；它带有反思的特性，因此被弗洛伊德称之为"元心理学"。

在弗洛伊德的理论中，"无意识"概念有两层意思。第一，它是指那种我们没有（或不再）意识到却可能在任何时刻（再次）意识到的内容。

---

① S. Freud, *Gesammelte Werke*（《弗洛伊德全集》），Frankfurt a. Main 1968, Ⅶ, S. 33. 以下引此版本者，随文注，简写为 GW，接着是卷和页码。

"一个表象——或者不同的心理要素——可能现在出现于我的意识，而在下一瞬间则遁逃无形；它也可能经过一段时间又原原本本地浮现出来，而且如我们所指出的，从回忆之中，即不是作为一种新的感觉的结果。"（GW Ⅷ：430）所以，我们尽管可以在描述意义上使用"无意识"概念，但它在原则上又是可以在任何时刻变成意识或被带到意识跟前的。在这类情况下，弗洛伊德通常宁愿说"前意识"而不说"无意识"。但是，第二，他也确实承认有从未直接成为意识的无意识思想，他称这样的思想为"无意识"。尽管无意识在本性上是不被意识的，但它仍活跃于我们的思想、行为和艺术创作过程之中。他认为他的医疗实践已经证明了这一点。

弗洛伊德认为，意识和前意识是一方，无意识是另一方，它们是两个不同的心理过程。他称无意识的机制为"初始过程"，而前意识和意识的机制则是"次生过程"。他指出，如果从发生学的角度看，无意识的初始过程最古老，其特征是"快乐原则"："这些过程以快乐为目标，奋力求取；而心理作用则从此类可能招致不快的活动中抽身退出。"（GW Ⅷ：231）弗洛伊德说，我们晚间的梦以及白日梦倾向即表明了这些初始过程的存在。无意识的特征是以某种幻觉的形式寻求其内在和外在需求的满足。例如，当饥饿感产生时，无意识对它的满足就是想象出一种能够将此感觉带走的某物。但是想象性满足的问题是，它并不能真正带走饥饿的煎熬。这就是说，心理早晚都会将其目光投向现实，"现实原则"将接替"快乐原则"。心理必须决定如何"去表象与外部世界的真实关系，并力争真实的改变。由此一种新的精神能力原则被引入；它不再表象什么是快乐的，而是表象什么是真实的，即便这真实的东西有可能带来不快"（GW Ⅷ：231）。按照弗洛伊德的理论，这一过渡将带来重大的心理后果。除对快乐和痛苦的感受而外，感知和思维过程也将有所发展。唯当语言出现，这种思维才被提升到意识水平。意识唯起始于语言出现之时。"思维似乎原初是无意识的，因为它超越纯粹表象，转向诸客体印象之关系，进而还通过与语词相联结为意识获取了可把握的品性。"（GW Ⅷ：233）这就是说，对事物的无意识再现唯与语词相联结，方可成为前意识的，并进入意识（GW Ⅹ：300）。

但是从快乐原则过渡到现实原则并不意味着快乐原则的瓦解。情况正相反：现实原则稳固了快乐原则。它暂时推延了满足的实现，而这又是在一个较大的时段保证了它的安全。遵从快乐原则且可能在较大时段招致更大痛苦的表象，被挤进了无意识。但是在我们全部本能领域，从快乐原则到现实原则的过渡却未能以同样典型的方式发生。本能，即弗洛伊德所指定的自我本能（它们服务于个体的自我保存，如饥渴本能），被迅速带入现实原则的控制之下，但对性本能（它们服务于种族的延续）的驯化则引发出更多的问题。按照弗洛伊德的理论，由压服性本能导致的问题表明人类在心理上普遍倾向于对快乐原则的坚持不放（GW VIII：233）。弗洛伊德将这一存在于次生过程的初始思维活动比作美国的黄石公园，即存在于被都市化的文化中的自然公园。"这一活动即是想象，它早在儿童的游戏中就发生了，而后又在白日梦中得以继续，它抛弃了对现实客体的依赖。"（GW VIII：235）

　　幻想和白日梦，恰如通常做梦一样，可以解释为无意识与意识之间的妥协。前文曾论及某些思想从未穿透过意识，这是因为意识的力量过于强大；但也完全可能的是这类思想以伪装的形式通过意识的稽查。《释梦》（1900）一书对这种过程进行了全面分析。它指出，梦是无意识欲望与（前）意识稽查机制的和解。伪饰之所以能够通过严格的稽查，是由于初始过程的特殊性质。初始过程的主要特点是凝缩、移置、视觉化和象征化。压缩是指在无意识中多个表象被合成为一个形象。例如在梦中，一个人可以是几个人的集成。一个无意识形象因而便具有多重规定性，它是多种意义的接合点，由于经过了凝缩而不可能被一次看透。移置是指一个表象的心理价值被转移到另一表象上，二者的结合是联想性的。进一步说，引用弗洛伊德认同于尼采的一句格言，这意味着发生了"对一切心理价值的重估"（GW II/III：334）。例如，梦里对某人的攻击欲可以表现为将一个经过联想作用而与他相关的对象碎为齑粉。视觉化机制允许一个抽象的思想被表现为具体的形象。最后，某些从文化史上流传下来的象征经常被用来伪饰深藏不露的无意识欲望，弗洛伊德推测，它们属于集体无意识。由于各种初始机制协同作用，被它们创造出来的形象便殊难解读。由于初始过程的伪装，无意识思想才能穿透意识，但另一方面，那进入了意识的表象，其意义是深不可测的。为此，弗洛伊德将其比作字谜，"一种象形书写，其文字被个别地转入梦幻思维的语言"（GW II/III：283）。通过对和解形式例如梦、口误、玩笑或神经症候的破译，解释学的阐释就能够重建潜在的无意识欲望或恐惧。

这样一来，我们就不难抓住几乎贯穿弗洛伊德所有艺术论著的主线索了。在他看来，也可以把艺术设想为无意识欲望与意识稽查之间的妥协，或者换言之，快乐原则与现实原则的妥协。在这里，他以升华为例，认为它就是将无意识欲望转化成文化上人们可以接受的产品。值得注意的是，弗洛伊德把他自己与浪漫主义美学紧密地联系起来，后者相信艺术能够调和自然与理性间的对立。但同样值得注意的是，弗洛伊德并未追随浪漫主义美学而将艺术神圣化，其态度是清醒的和平静的："艺术以其特有的方式带来两项原则的和解。艺术家原本上是这样一种人，他逃避现实，因为他不甘于自己所暂时需要的对本能满足的放弃，而让其情色和精神尊严的愿望在幻想生活中得到满足。不过，他借着特殊的禀赋将自己的幻想建构成为一种新的现实，这种现实允许人们视其为对于真实世界的有价值的摹本，于是他便找到了一条从这种幻想世界返回现实的通道。"（GW VIII：236）这就是说，艺术家尽管身处幻想世界，但仍旧是令人艳羡的英雄或情人。"他之所以能够获得这些，只是因为就像他自己一样，其他人对于现实需求的放弃也同样不甘心；再者，伴随现实原则取代快乐原则而生的这种不甘心本身就是现实的一个部分。"（GW VIII：237）弗洛伊德进而评论说，艺术家控制事物的能力不如他人，换言之，他们的艺术想象力主要靠对无意识幻想的某种程度的容忍。

对于正确把握弗洛伊德美学来说，指出如下三点也许是十分必要的。第一，要看到艺术作品和那作为和解的幻梦一样，也受控于凝缩、移置和视觉化等初始机制。这意味着，第二，对艺术作品的阐释需要借助精神分析的方法来破解同样的"字谜"。但必须记住，由于和解形式的多重规定性，任何阐释都不可能成为对谜底的最终性揭示。严格说来，和解形式的意义是无穷无尽的。这一点也同样适用于从精神分析那里获取灵感的对于艺术作品的阐释。我们必须时刻注意，不要认为我们的阐释就是最后阐释。第三，与此密切相关：弗洛伊德的基本倾向是，一切都要最终归结到对于性本能的无意识愿望。因为按照弗洛伊德，性本能在快乐原则的支配下持续得最久；这尤适用于艺术作品，他认为："由于这一情况，在一面是性冲动和幻想与另一面是自我冲动和意识活动之间就建立起了一种密切的联系。"（GW VIII：235）排他性地专注于性本能究竟能够使精神分析美学结出多少硕果，其实是一个非常不确定的问题。

三　以达芬奇为精神分析实例

现在我们来讨论弗洛伊德的一个典型案例研究，即 1910 年完成并出版的《达芬奇的一个童年记忆》。这项研究的分析对象是列奥纳多·达芬奇（1452—1519），所依据的主要资料是列奥纳多本人的日记、笔记，还有他两幅很著名的画作《蒙娜丽莎》与《圣安妮与麦当娜和孩子》，这两幅作品均画于 16 世纪的第一个 10 年。在这里，弗洛伊德对列奥纳多的研究是以勾勒其性格轮廓而开始的。

他首先指出，这位文艺复兴巨人身上表现了艺术家与科学家那令人迷恋的混合关系。列奥纳多不仅被认为是西方绘画传统中一位伟大的艺术家，而且，由于其科学探索精神及科学智慧，他也享有"意大利浮士德"的美名。就其所做的科学实验而论，他堪称是培根和哥白尼的先驱。弗洛伊德还发现，在列奥纳多的人生履历中有着一个十分清晰的从艺术向科学的转向。列奥纳多对宗教和世俗权力的怀疑态度也相当引人注目。弗洛伊德指出，列奥纳多的另一个特点是他的创作慢得出奇，例如，《蒙娜丽莎》尽管篇幅不大，而竟耗时四年有余（从 1503 年到 1507 年）。特别是这之后，他的许多作品最终都未能完成。列奥纳多的第三个特点是他对人类性生活的极度厌恶。这一点上弗洛伊德不惜笔墨，重彩探究。弗洛伊德认为，种种迹象都可证明达芬奇怀有同性恋情感。在学画时期，达芬奇曾被控有那时所禁止的同性性行为。后来，他曾经常使用一个声名狼藉的青年男性作模特。他的周围总是簇拥着许多漂亮的男生，其中多数实在不是因为有才华才被选来作学生的，达芬奇就像母亲一样照顾这些年轻人。但是也无铁证表明他们师徒的友谊有何越出柏拉图式友谊的地方。

在列奥纳多的一则科学笔记中，有一段关于秃鹫飞行情状的描述，列奥纳多在其中突然插进他童年的一个记忆："似乎我前生就注定了与秃鹫如此深厚的缘分，因为我想起我很早以前的一件往事。当我还在摇篮里的时候，一只秃鹫朝我飞来，用其尾翼撬开我的嘴巴，并多次用它这个尾翼撞击我的口唇。"（GW，VIII：150）不管这件事是真实地发生过抑或只是一个幻想，按照弗洛伊德的分析，都毫无疑问地指涉了将男性器官放入口腔的同性恋想象。弗洛伊德坚持，这类想象的起源必须追溯到儿童发展的口腔期，儿童在此阶段最大的快感可能来自吮吸母亲的乳房。弗洛伊德进一步佐以对"秃鹫"词源及该物象征意义的探究。他说，古埃及人曾在其象形文字中用秃鹫形象表示"母亲",该词读为"母特"(Mut),与德语发音近似。另外,他们所敬拜的一位女神,其形象也含有秃鹫的头,这位女神的名字同样叫"母特"。在中世纪,人们通常认为秃鹫只有雌性而无雄性,它受风而孕。这种奇异的无性生殖现象,常常被中世纪的宗教本文援以证明圣母玛丽亚纯洁受胎的真实性。对此,弗洛伊德推测,博学的列奥纳多不可能没有所闻。秃鹫想象表明,列奥纳多把自己看作一个为秃鹫所生的小秃鹫,也就是说,他没有父亲。

在列奥纳多的想象里,雌性秃鹫具有男性生殖器,这在弗洛伊德看来并不矛盾,因为许多男童想当然地以为母亲也有阳具。这种假定在弗洛伊德的俄底浦斯情结理论中至关重要。一旦小"俄底浦斯"发觉母亲并无阳物,他会感到非常恐惧,认为阳物是可以被父亲拿走以作惩罚的东西。这就是"阉割焦虑",它使小孩自觉与母亲拉开距离,而认同于父亲的权威。具体来看列奥纳多的例子,因为没有父亲在场,在他就不存在来自阉割焦虑的折磨。这既意味着他无须抽回对母亲的欲望,同时也意味着他不可能发展出对权威的深深的敬畏。父亲缺席的另一个后果是,列奥纳多不能将自己等同于父亲,而是以母亲为榜样。弗洛伊德认为,这可以解释列奥纳多对男生的同性恋选择:他认同于母亲,即是说,他也认同于她对儿子的爱和关怀。

弗洛伊德认为,他可以依据列奥纳多童年时期与父亲的关系,来解释其创作的其他一系列特征。前文已经提到过,列奥纳多早年跟随母亲的经历使他不能认同于父亲,现在更准确地说,使他只能否定性地认同父亲。在弗洛伊德看来,在列奥纳多的案例中,这种经历对其以后的发展既是好事也是坏事。其不好的影响在于他的许多作品都是未完成的。这些作品是他的精神产儿,他就像父亲对待他那样早早地遗弃了这些"孩子"。而好的影响则表现于他的科学研究工作。由于列奥纳多未能肯定性地认同于父亲,所以他也就不把自己内化为一个道德权威。这可以解释他何以不怎么在乎一般而言的权威。当时科学通常被认为就是教会和哲学家如亚里士多德的不可挑战的权威,列奥纳多将自己与时人相区别,他不相信道听途说,只认可自己从实验研究中发现的真理。显然,他没有公开表露自己的怀疑,他不想为此而危及自己的生命,但他的日记可以证实他对世俗和教会权势持有不同寻常的批判姿态。

按照弗洛伊德的分析,在列奥纳多身上所表现的鲜明的科学求索精神，是其幼儿时期性好奇的升华。例如为建造一架能使他飞翔的机器，他苦心孤诣，几致迷狂。弗洛伊德解释说，这种情况就是他潜在性欲的象征性表现。

第二节　荣格

荣格（Carl Gustav Jung，1875—1961），瑞士心理学家、精神病学家。荣格与弗洛伊德齐名，为精神分析学派的主要代表之一。荣格一生著述宏富，近两百种，主要者为：《精神分析学理论》《无意识心理学》《心理类型》《心理学与宗教》《分析心理学》《心理学与文学》《原型与集体无意识》《寻求灵魂的现代人》等。

一　美学的心理学基础

作为一位心理学家，荣格的美学思想完全衍生于他的心理学理论，既是他运用心理学理论分析神话乃至文学艺术的成果，又是其心理学理论的重要支柱。在他的创见中，最重要的是"集体无意识"、"原型"或"原始意象"等观念的提出与阐释。

（一）集体无意识

荣格开创性的学术贡献是他首倡"集体无意识"学说，这也标志着荣格与他的老师弗洛伊德分道扬镳，创立了自己的精神分析理论。作为弗洛伊德的学生，荣格与其老师一样，都致力于研究人类无意识、潜意识或曰深层心理，但荣格的思想与弗洛伊德的思想却逐渐形成了两大分歧：其一，弗氏认为无意识完全是性本能，荣氏则认为无意识远远不仅是性本能，它包含着更广泛的精神领域（荣格曾说："弗洛伊德最初只知道性欲为唯一的心灵推动力等，到后来我和他决裂了，他才承认，其他的心灵活动亦有其地位"[①]）；其二，弗氏认为无意识主要是个人无意识，容氏则认为无意识还有更深、更重要的领域，即集体无意识。

集体无意识学说构成了荣格心理分析学的核心，也构成了荣格美学思想的基石。荣格认为无意识产生于人类没有文字记载情况下未形成文字的历史之中，他指出："从理论上讲，不能为意识范畴设置什么界限，因为

---

① 荣格：《现代灵魂的自我拯救》，工人出版社 1987 年版，第 186 页。

它有无限扩大的可能。但从经验上看，每当它遇到未知事物（the un-
known）时，我们就看到它的界限。所谓未知事物由一桩桩我们不了解的
事所组成，因此，它们与作为意识领域中心的自我（ego）无关。未知对
象可以分成两类：一类对象是外在的，并且可以通过感觉经验到；另一类
对象是内在的，可以直接感受到。第一类包括外部世界的未知事物；第二
类是内部世界的未知事物。我们称这后一领域为无意识。"① "所有我知
道、但眼下并未思考的事，所有我曾经注意到、现在却已忘记了的事，所
有我通过感觉接受过、但并未受到我有意识头脑关注过的事，所有我无意
或没有专心去感受、去思索、去记忆、去向往或去做的事，所有未来将在
我头脑中具体化、终于呈现在意识面前的事，所有这一切都是无意识的
内容。"②

荣格对无意识的界定，显然是对这个精神分析学的核心命题作了不同
于弗洛伊德的重新阐释。在弗洛伊德那里，无意识仅仅是人类个体童年期
遭到压抑从而遗忘的心理本能，这种心理本能就是广义的性欲，由此形成
的无意识内容是后天的、个人的。荣格对无意识的理解则宽泛得多。在荣
格这里，无意识不仅是个人的、后天的，也是集体的、先天的。荣格由此
突破了老师的理论，将无意识区分为"个人无意识"与"集体无意识"，
并进而认为前者依赖于后者："这种个人无意识有赖于更深的一层，它并
非来源于个人经验，并非从后天中获得，而是先天地存在的。我把这更深
的一层定名为'集体无意识'。选择'集体'一词是因为这部分无意识不
是个别的，而是普遍的。它与个性心理相反，具备了所有地方和所有个人
皆有的大体相似的内容和行为方式。换言之，由于它在所有人身上都是相
同的，因此它组成了一种超个性的心理基础，并且普遍地存在与我们每一
个人身上。"③ "它是彻头彻尾的客观性，它与世界一样宽广，它向整个世
界开放。"④

（二）"原型"（"原始意象"）

"原型"或说"原始意象"构成"集体无意识"的基本内容："原型

---

① C. G. Jung, *Collected Works*（《荣格著作集》），Vol. 9，p. 2.

② C. G. Jung, *Collected Works*（《荣格著作集》），Vol. 8，p. 382.

③ 荣格：《心理学与文学》，三联书店 1987 年版，第 52—53 页。

④ 同上书，第 72 页。

是一种巨大的决定性力量，它导致了真正的事件的发生。……原始意象决定着我们的命运。"① 那么，什么又是"原型"或"原始意象"呢？荣格认为它们是"最古老、最普遍的人类思维形式。它们既是情感又是思想"；他进一步阐释道："生活中的一些重大问题，例如性的追逐，总是和集体无意识的原始意象有关。原始意象是我们在现实生活中碰到问题时出现的相应平衡和补偿的因素。这是毫不奇怪的，因为这种意象是几千年生存斗争和适应的经验的沉积物，生活中每一种意义巨大的经验、每一种意义深远的冲突，都会重新唤起这种意象所积累的珍贵贮藏。"②

特别值得注意的是，荣格认为原型并非由遗传得来的观念，而是一种原始形式和心灵倾向，此即荣格所说的集体无意识并不提供"天赋的观念"，而是提供"观念的天赋的可能性"。荣格进一步阐释道："生活中有多少典型情境就有多少原型。这些经验由于不断地重复而被镂刻在我们的心理结构中。这种镂刻，不是内容充实的意象形式，最初只是作为内容空白的形式，仅仅代表一定类型的知觉和行为的可能性。当一种与特定原型相对应的情境出现时，这种原型就被激发，并不可抗拒地显现出来。它像一种本能的冲动，冲破一切理智和意志而前进。"③ 作为原型的形象表征，最典型的就是神话形象。荣格就此指出："原始意象或者原型是一种形象（无论这形象是魔鬼，是一个人还是一个过程），它在历史进程中不断发生并且显现于创造性幻想得到自由表现的任何地方。因此它本质上是一种神话形象。"④

荣格列举的阿利玛、智慧老人乃至尼采笔下的查拉图斯特拉、歌德笔下的浮士德等，便都是原型的化身或象征，也都是荣格所说的"特殊表象"。集体无意识的原型与原始宗教与神话具有内在联系。不仅如此，在荣格的阐释中，集体无意识的原型还是人类全部精神生活的决定性动力，一切哲学、科学概念都不过是原型概念的变种。

① C. G. Jung, *Collected Works*（《荣格著作集》），Vol. 18，p. 183.
② C. G. Jung, *Collected Works*（《荣格著作集》），Vol. 16，p. 373.
③ C. G. Jung, *The Archetypes and the Collective Unconscious*（《原型与集体无意识》），Princeton，1969，p. 44.
④ 荣格：《心理学与文学》，三联书店 1987 年版，第 120 页。

二　荣格的美学思想

荣格的精神分析理论，特别是集体无意识学说，经常以神话作为重要论域，远古时代的神话成了荣格阐释原始的集体无意识的最佳范例，而远古的神话往往同时也是重要的文学艺术现象的来源，以它们为载体流传下来的大量艺术形象成了荣格所认定的原型（原始意象）。荣格由此进一步地倾注了大量精力来分析文学艺术，提出了许多宝贵的美学见解。

（一）艺术论

荣格从其集体无意识学说出发系统地考察了艺术现象，他的考察涉及艺术家、艺术作品、艺术功能等诸多方面，从而形成了自己独特的艺术理论。首先应该指出，作为一位心理学家，作为一位关注人类精神问题的精神分析学家，荣格不倦地探寻着人类精神问题产生的原因及其解决之道，他对艺术问题的探讨，目的就在于此。他认为："既然心理学是一门研究精神历程的科学，其影响文学的可能性当然是不成问题的，因为人类的心灵本是一切科学与艺术之母。我们期望，心理学的研究一方面可解释一件艺术作品是如何形成的，另一方面亦可揭开促使一个人产生艺术创作才华的因素。"①

而对艺术的这种期望的最终目的，恰巧是通过艺术来解决人类精神问题。荣格认为，文明社会导致人的个体性与社会性、意识与无意识相冲突，从而使人发生精神分裂，为了解决人的精神分裂问题，必须使个体性与社会性、意识与无意识和谐交融，而个体性与社会性、意识与无意识的和谐交融，需要通过集体无意识之潜能的充分发挥，艺术就正是充分发挥集体无意识之潜能的重要手段或途径：艺术就是一种特别的灵丹妙药，对艺术的分析表明这种看法是真实的。

"潜意识的内涵"就是集体无意识的原型，当它体现于艺术作品中时，能发挥出一种强大的、深刻的、莫名的原始生命力，它能纠正时代的情感偏向，医治时代的精神病症，使我们的心灵获得解脱，从而实现人性完满性的复归。最著名的例子就是荣格对乔伊斯的代表作《尤利西斯》的分析。荣格认为，乔伊斯在《尤利西斯》中所渲染的阴暗、冷酷、衰败、怪诞恰好是对该作品诞生之时多愁善感、萎靡柔弱的时代风气、没落

_____

① 荣格：《心理学与文学》，三联书店 1987 年版，第 231 页。

情感的震撼与反拨。他说："《尤利西斯》通过对统领至今的那些美和意
义的标准的摧毁，完成了奇迹的创造。他侮辱了我们所有的传统情感，他
野蛮地让我们对意义与内容的期待归于失望。"① 荣格认为《尤利西斯》
正是在这种震撼与反拨中救治了时代的精神病症，这种救治是对人类精神
片面发展的纠偏补弊，体现了人性完满性的要求。他指出："人类精神史的
历程，便是要唤醒流淌在人类血液中的记忆而达到向完整的人的复归……
这个'完整的人'由于当代人在他们的单面性中迷失了自身而被遗忘，
但却正是这个完整的人在所有动荡、激变的时代曾经并将继续在上流世界
中引起震动。"②

　　荣格关于艺术功能的阐释应说是别开生面，他对艺术精神作用的强
调固然出自对集体无意识之原型的神秘力量的渲染，如他所说："人类
文化开创以来，智者、救星和救世主的原型意象就埋藏和蛰伏在人们的
无意识中，一旦时代发生动乱，人类社会陷入严重的错误，它就被重新
唤醒。……每当意识生活明显地具有片面性和某种虚伪倾向的时候，它
们就被激活——甚至不妨说是'本能地'被激活——并显现于人们的梦
境和艺术家先知者们的幻觉中，这样也就恢复了这一时代的心理平衡。"
"它不停地致力于陶冶时代的灵魂，凭借魔力召唤出这个时代最缺乏的
形式"③，但荣格也指出，艺术可以通过精神的震撼，情感的激励来深刻
地影响社会、引导时代、重塑人性，这一见解无疑是积极的、值得重
视的。

　　荣格美学思想中最具开创性的见解，是他对艺术家、艺术品、艺术创
作与时代、社会之关系的分析。荣格的分析当然还是从集体无意识的基本
理论出发，他由此十分重视艺术的社会意义："艺术的社会意义在于继续
不断地培养时代精神，召唤时代所缺乏的各种形式，……艺术家抓住了这
种从最深的无意识中产生出来的原型意象，把它纳入到与意识价值的关系
之中，并按照当代人的接受能力，使这种意象通过变形而为人们所能接
受。"④ 由于强调集体无意识对艺术创作的决定性作用，荣格在谈到作家

①　荣格：《心理学与文学》，三联书店 1987 年版，第 155 页。
②　同上书，第 176 页。
③　同上书，第 143、122 页。
④　C. G. Jung, *Collected Works*（《荣格著作集》），Vol. 15，p. 130.

与作品的关系时，提出了一种惊世骇俗的见解："不是歌德创造了《浮士德》，而是《浮士德》创造了歌德。《浮士德》是什么？它本质上是个符号。这意思并不是说它所指出的东西都是众所周知的隐喻，而是说它所表现的只是早就存在于德国人的灵魂中的一些深奥的东西，歌德只不过是帮助他产生出来而已。"①

荣格是美学史上第一位从心理分析的独特视角出发，阐释艺术活动中时代精神、文化积淀、集体心理、历史传统决定性作用的思想家，也是第一位十分明确地否定艺术家创作个性对艺术影响的思想家。其见解的片面性是显而易见的，神秘性也是毋庸讳言的。但荣格从"集体无意识"学说出发对艺术创作活动与艺术影响的独到阐释，却可说是前无古人，具有重大的开创性意义与价值，因此在美学史上理应占有独特的一席之地。

（二）审美论

作为心理学家的荣格尝言：美学实质上是"应用心理学"。除了艺术论之外，荣格对审美问题的研究亦从心理类型入手做了重要论述。荣格认为，人类具有两种基本的心理类型，此即内倾型与外倾型。内倾型关注内心的幻想世界，外倾型则关注外在的社会关系。与这两种心理类型相对应，人类也具有两种审美态度，此即抽象与移情。具有内倾心理类型的人一般地讲审美态度是抽象的；具有外倾心理类型的人一般地讲审美态度则是移情的。换句话说，抽象的审美态度是内倾的，移情的审美态度则是外倾的。就社会成因来说，抽象的内倾审美态度产生于人们对外在世界的恐惧、躲避，移情的外倾审美态度则产生于人们对外在世界的信任、亲和。作为一位具有重大影响、在心理学的许多方面都作出了开创性贡献的思想家，荣格美学思想亦充满了宝贵的独创性。他的美学思想最突出、最富有个人特征的贡献，就是从"集体无意识"理论出发，对艺术活动、审美活动集体的、历史的、民族的决定性作用的深刻分析。他的分析直到今天仍富于启发意义。例如当代中国的美学家就曾从荣格对集体无意识的界定与分析中受到有益启示，并将其与"积淀"理论相结合，从而提出了实践美学的重要思想。

---

① 荣格：《心理学与文学》，三联书店 1987 年版，第 143 页。

第三十章

形式主义美学

所谓"形式主义美学"（formalistic aesthetics），更准确地说，"视觉形式主义"（visual formalism），是 20 世纪初最早在欧洲成熟的美学流派之一；它将形式从审美对象当中"纯化"出来，并置于美学体系的至高无上位置，甚至宣称艺术即是"纯形式"。

真正意义上的"形式主义美学"，出现在 20 世纪头 10 年间。从贝尔（Clive Bell）到弗莱（Roger Fry）皆从某种"形式主义理论"（theory of formalism）出发构建自己的美学观念。随着该美学思潮 20 年代在欧洲盛极一时，贝尔和弗莱都成了国际知名美学大家。然而，更使他们名噪一时的，是他们一道为"后印象派"所作的著名辩护。这是因为一方面，他们集中在"视觉形式主义"而迥异于音乐形式学的探索，另一方面也因为他们为具有现代倾向的艺术潮流摇旗呐喊，从而与传统意义上的"形式主义美术史学"拉开了距离。

众所周知，借助于塞尚等艺术家的艺术实践，贝尔提出了著名的"有意味的形式"（significant form）假说，他认定一件艺术品的根本性质在于"有意味的形式"；与此同时，这种有意味的形式是某种特殊的现实情感的表现。弗莱也提出了"双重生活"论；在他看来，艺术只是对"想象生活"的表现，抑或对于"想象生活"的刺激，这种生活显然不同于"现实生活"，它是一种面对形式的"纯形式反应"。因此，形式主义美学的基本理论主张是建立在以下哲学前提之上的：

首先，形式主义美学始终建立在一种"二元论"的基石之上，这表现为形式与内容、艺术与生活的截然二分。贝尔与弗莱的共同理论倾向是，贬低艺术中的本来存在的任何内容要素，而将独立自主的形式提升到美学知识论的首要地位。进而，只有形式与内容相分离，形式才能为艺术品提供内在的支撑意义。而且弗莱明确主张，人们要过一种艺术的生活而蔑视现实的生活，从而顺应了美学上的主观主义与个体主义的倾向。然而，正如麦克维利（Thomas McEvilley）所批评的，形式和内容之间的区别仅仅是"一种幻想"，或者说只是"理论的想象"，① 形式和内容显然不能独立于对方而单独存在，这种两分似乎完全是不合逻辑的假定。同时，生活也不能被机械地划分为艺术与非艺术两极，因为生活本来就是一个流动的整体，这样做只能割裂生活与艺术的本然关联，压缩审美经验的本有疆域。

其次，形式主义美学难逃"循环论证"的指责，因为在贝尔与弗莱那里，形式与情感始终具有"内在的张力"，它们是相互支撑从而彼此成就的。形式与意味是"有意味的形式"的两面，形式是由艺术品构成因素组成的纯形式，意味则是不同于一般情感的审美情感。如此一来，纯形式来自于审美情感的物化，而审美情感则仅仅来自于纯形式的激发，循环往复，互相佐证。弗莱后来自己也清醒地意识到这不过是在兜圈子而已。② 照此而论，形式主义者倒并不是"为形式而形式"的，他们不能完全排除形式之外的因素，审美情感要素反而成了"形式价值"的另一种基础。正因为这种审美情感具有完全自律的特性，所以，与之相对而出现的形式也具有了某种自为存在的品格。形式主义尽管最初想克服心理主义，但最终往往沦为心理主义的某种变体。况且，对于"何为审美情感"的问题，形式主义者向来语焉不详，这种对情感的含糊解读显然是以个人的审美体验为基础的。因此，形式主义者的两难境遇在于：主观上想将形式从艺术当中"纯化"出来，但客观上却为形式提供的另一种支持反倒是形式之外的情感要素，所以形式与情感只能彼此"循环论证"。

---

　　① 　Thomas Mcebvilley, *Art & Discontent*：*Theory at the Millennium*（《艺术与不满：千禧年中的理论》），Kingston & New York：McPherson and Co. , 1991.

　　② 　Roger Fry, " A New Theory of Art"（《艺术新论》），in Christopher Reed（ed. ）, *A Roger Fry Reader*（《罗杰·弗莱读本》），Chicago：The University of Chicago Press, p. 159.

再次，从更深层的观念上看，形式主义者基本上持"非历史的"立场，他们仅从"共时性"维度来理解形式。这种基本立场显然来自形式主义者的"本质主义"哲学观念，因为他们要在一切视觉艺术品的背后找到一个固定不变的本质，从而试图在 20 世纪初建构出一套并不完善的艺术本体论。当他们笃信纯形式具有普遍的"形式价值"时，便忽略了对艺术史的历史解读，从而将后印象派之前与以后的艺术史统统纳入到自己的"形式价值观"的狭隘视野中来考察，这从贝尔和弗莱对艺术史的非历史性的阐释中可见一斑。这种哲学立场不仅使形式主义者在接受维度上严格将审美经验局限于形式，忽视了审美经验的"历时性"维度；而且在艺术创造维度上认定艺术家的创作目的仅是构造形式，从而丢弃了艺术创造的完整性和全面性。实际上，无论后印象派还是抽象艺术，如果被认为仅仅是纯形式的作品而毫无内容，那都是一叶障目，因为即使形式再抽象也不可能是绝对"纯粹"的，生活经验都以各种潜在的方式被融会在其中。

简而言之，在 20 世纪现代美学的第一波浪潮里，首先出现的就是"形式"研究。形式主义美学作为 20 世纪的早期形态的美学，既继承了康德以降欧洲古典美学对形式的一贯关注，也在前现代迈向"现代主义"的艺术激变时刻，在阐释艺术新潮的同时，开拓了自己的理论空间。

第一节　贝　尔

贝尔（Clive Bell，1881—1964）早年在剑桥三一学院研修历史，后来成了享誉国内外的艺术批评家和艺术哲学家，他还是当时英格兰著名的学术团体"布卢姆斯伯理集团"（Bloomsbury Group）的主角。他最重要的美学专著，就是 1914 年以来至今一再出版、阅读者甚众的《艺术》（Art）。不仅理论家将之视为 20 世纪初的美学必读文献，而且它也为从后印象派至今的大量的艺术家所津津乐道。《艺术》这部著作不仅是形式主义美学的"奠基石"，也是形式主义美学的"拱心石"。它直接受到了两个方面的影响：一个是后印象派乃至整个现代主义艺术的发展，另一个则是英国"新实在论"哲学。

一　《艺术》的来源

先来看《艺术》的艺术之源。"后印象派"艺术的确是"有意味的形式"假说的激发者。当然，贝尔主要关注的还是诸如塞尚这样具有美学意义的"后印象派"艺术家。从 1914 年《艺术》首版开始，直到 1934年撰写《欣赏绘画》，在两部阐述其理论思考的著作之间，贝尔写得更多的是艺术史和艺术批评类的专著，包括《自塞尚以来的绘画》（1922）《19 世纪法国绘画的里程碑》（1927）《法国绘画简介》（1932）等。但他的夙愿是要为"后印象派"张目。他对塞尚这些艺术家的评论已经成为西方艺术批评史上的经典之作。众所周知，在视觉艺术领域，早期印象主义成了反叛古典主义和欧洲造型艺术"求似"传统的开始，发展到"后印象派"更是走向了对"纯形式"的探索，塞尚就是以一种绝对理性的精神来呈现对象形式的。按照贝尔的评论来看，塞尚是发现"形式这块新大陆的哥伦布"，他"创造了形式"，走向了"对形式意味感的表现"，在艺术取向上站到了印象派这正确的一方。①所以，整整一代艺术家都能从塞尚的作品中吸取灵感，后印象派这场新型运动也是从塞尚那里发源的。

再从理论关联角度来看，贝尔显然认同康德的哲学和美学观点，②或者说，从康德到贝尔的理论发展具有共同的趣味纯化和精英取向，他们都把对某种对象的"审美鉴赏"与其他各种具有利害关系的"看"区分、分离开来。在这种判断的基础之中，只有当"审美之维"被摒弃一切诉诸利害的关联时，"形式因"才能被抽象出来。所以，贝尔始终强调一种特定的、独特的、单纯的、必然的"审美感情"是实际存在的。然而，与贝尔更直接的哲学关联，则来自同时代英国新实在论的奠基者摩尔（G. E. Moore）的影响，或者说，当时一种曾占据主导地位的"伦理直觉说"深刻影响了形式主义美学的建构。根据摩尔的《伦理学原理》（1903），"善"是事物本身具有的一种品质，人们是通过"直觉"才认

---

①　Clive Bell, *Art*（《艺术》）, London：Chatto & Windus, 1949, pp. 207 – 212.

②　McLaughlin, T. M., "Clive Bell's Aesthetic：Tradition and Significant form"（《贝尔的美学：传统与有意味的形式》）, in *Journal of Aesthetics and Art Criticism*（《美学与艺术批评杂志》）, 1977, p. 35.

知到事物的善的。①这种"直觉"是对某一物或者某一事件状态所做出单纯的凝思，它使人直接意识到"这就是善"。贝尔对这一点极为赞同，但却并没有受到把直觉与审美画上等号的克罗齐美学的影响，而是从伦理哲学那里直接获取资源，认定真正的"审美价值"就应该是这种善的"直觉形式"之一。

二　"有意味的形式"假说

在艺术观照和哲学思考的基础上，贝尔的"有意味的形式"便被提出来。这种美学假说可以被分解为两个方面：

第一方面是"在一件艺术品里的根本性质是有意味的形式"。这显然是从"欣赏者"角度出发做出的规定。这是视觉形式学的核心假说，贝尔对此深信不疑。当然，这种形式就是线条、色彩这些基本的形式元素，按照某种组合规律进行搭配而形成的"某种形式"与"形式与形式之间的关系"，亦即某种"动人的组合和排列"。

第二方面是"有意味的形式是对感受到的关于现实的特殊感情的表现"②，或者说，"艺术是对某种终极实在的感情的表达"③。这是显然从"创作者"角度出发所做的规定，也被称为"形而上学"假定，贝尔对这个补充性假说并没有多少自信。所以，他的重点在于对"形式"的基本界说。

在他看来，只有具备了"第一假说"的性质，尽管是在最小程度上具有这种性质，艺术品便不会毫无价值。可见，"有意味的形式"不仅仅是艺术的基本规定，也是最低意义上的规定。假若一件艺术品缺失了这种性质，那么，它是否能成为艺术就变得十分可疑；贝尔甚至认定这样的艺术品不可能存在。必须补充说明的是，这里的艺术主要是指"视觉艺术"，但诸如有某种韵律的诗歌、有组织结构的情节化小说，其实也可以用这种基本规定来衡量。

为了论证这种观点，《艺术》所举的例子主要是视觉艺术及各类的视觉审美对象，贝尔因此将"有意味的形式"视为一切视觉艺术的性质。

---

① G. E. Moore, *Principia Ethica*（《伦理学原理》），Cambridge University Press, 1903.

② Ibid. .

③ Ibid. , p. 103.

他连续举出的例子是：圣索非亚教堂，卡尔特修道院的窗子，墨西哥的雕塑，波斯的古碗，中国的地毯，帕多瓦的乔托的壁画，普桑、弗朗西斯卡和塞尚的作品；那么，这些东西的共同性质究竟是什么呢？答案就是"有意味的形式"。"在各种不同的作品中，线、色以某种特殊的方式组成了某种形式或者形式之间的关系，从而激起了我们的审美感情。这种线、色的关系与组合，这些审美地动人之形式，我想称之为'有意味的形式'。所谓'有意味的形式'，便是一切视觉艺术的共同性质。"①质言之，从形式主义视角来看，一切视觉艺术都是由于具有某种"有意味的形式"才成其为艺术；贝尔对艺术的基本界定就是这样从"形式"的维度做出的，但这还不全面。他的艺术观念不仅仅是由"形式"规定的，因为这种"形式"还必须是"有意味"的。因而，他就试图继续从"感情"的角度来继续规定，力求通过"两面夹击"来确定艺术的本质。

三 "审美感情"论

贝尔反复使用"审美感情"（aesthetic emotion）这个术语。"有意味的形式"恰恰具有能激发出这种"审美感情"的能力，在享受艺术的过程中，每个人都能感受到这种特殊的感情。这种独特的"审美感情"是被不同的视觉艺术激发出来的，贝尔认为，这种独特的感情的激发物，既包括绘画、雕塑、建筑这些主流艺术，也包括工艺品、雕刻和纺织品这些西方艺术界所谓的"次要艺术"。这种"审美感情"一方面具有一定的"普遍性"，有可能使每个观赏者都表示普遍赞同；另一方面也具有"必然性"，因为对于任何有能力感受它们的人来说，这种感情都是毋庸置疑的。所以，在这"第二假说"的意义上，贝尔试图在一切视觉艺术品上都"发现"这种感情，试图由此发现一切视觉艺术品的根本性质，从而依据这种性质将艺术品同其他对象区分开来。如何规定"审美感情"的问题甚至被贝尔视为"美学的核心问题"。只有这个问题解决了，美学的问题才能迎刃而解。但是，他毕竟注意到了感情之间的差异。他认为，"审美感情"会因为不同个体而出现变化，是"因人而异"的，因为"一切审美判断都是个人鉴赏力的结果"②。即便如此，艺术还是有共通的规

---

① G. E. Moore, *Principia Ethica*（《伦理学原理》），Cambridge University Press, 1903, p. 8.

② Ibid. , p. 8.

律可寻，它就是"形式的结合"；与此同时，审美的形式也有共同的心理依据，它就是"审美感情"。

但无论"形式"还是"感情"，在贝尔那里都不是割裂的存在，而是始终结合为一体的。换言之，在他那里，一切艺术问题都必然涉及某种特殊的感情，同时，这类感情一般也是通过形式而被知觉的。他最终确定的是"感情和形式这两个方面，实质上就是同一的"。①这样，"形式"与"感情"就被联结起来了。谈"形式"时所说的是富有"审美感情"的形式，谈"审美"同所说的则是被赋予了某种形式的"审美感情"。这样一来，"有意味的形式"主张就难逃被指责为"循环论"的宿命：对形式的审美来自于意味，或者说形式就因为"有意味"才"美"；而"美"则取自形式，因为各种感情都是经过形式的媒介生发出来的。正如贝尔所主张的那样，只有诉诸于一种内心的乌托邦即"对终极实在的感情"，这种矛盾才能得到解决。因此，形式也就成了"某种对'终极实在'之感受的形式"！②显然，当他谈到真正的艺术必须超越现象存在、通过纯形式显示出"隐藏在事物表象后面的并赋予不同事物以不同意味的某种东西，这种东西就是终极实在本身"时，其实他所说的不正接近康德的"物自体"吗？但是，因为这种类似于准宗教的体验并不是直接建立在实际审美经验的基石上的，所以，贝尔对此持将信将疑态度，将"有意味的形式"始终看作为"假说"。

总而言之，"意味的形式"包括意味和形式这两个方面。"意味"就是审美感情，是不同于一般感情的特殊的感情；"形式"则是视觉艺术品的构成因素所组成的纯形式，这两方面本质上是同一的。因此，贝尔难以摆脱循环论证的困境：意味或审美感情来自于纯形式，而纯形式则来自于意味或审美感情的物化。

第二节　弗莱

与贝尔同时代，另一位形式主义美学家是弗莱。他们就像"双子星

---

① G. E. Moore, *Principia Ethica*（《伦理学原理》），Cambridge University Press, 1903, pp. 65 – 66.

② Ibid. , p. 54.

座"，为形式主义美学奠定了基础。

一　"纯美学标准"

弗莱（Roger Fry，1866—1934），是英国的美学家和艺术批评家。贝尔和弗莱一道为"后印象派"艺术的合法性做出了理论论证。由于1906年直接开始与塞尚交往，这种经验使弗莱的生活道路发生了变化。他开始印刷出版后印象派和野兽派艺术家的画作，并把后印象派在色彩方面的创新和拓展整合到对艺术的基本理解中。在1906—1910年担任"大都会艺术博物馆"馆长期间，他发现了"后印象派"的艺术价值。他在1910年11月组织了两个重要展览，将法国的"后印象派"艺术介绍到英国。这两个画展居然使英国美学获得了"革新"，"马奈与后印象主义者"展更是引起了轰动。恰恰是这种对法兰西艺术的介绍使"后印象派"得到了理论上的说明，或者说，这两次展览成了"形式主义形成"的转机。从20世纪头10年起，弗莱就被视为英国"现代艺术的使徒"之一。欧洲艺术史上公认的事实是，"后印象主义"（Post-Impressionism）这个词就是由弗莱首创的。

弗莱的美学可以从首发于1909年春《新季刊》杂志的《论美学》谈起，这篇文章甚至被贝尔赞誉为"自康德时代以来对这门科学（指美学）所做的最有益的贡献"。《论美学》充分展开了弗莱对形式主义的探索，这种探索运用解剖的方式，将形式要素亦即构图的"情感要素"解析出来："第一个要素是用于勾画形式的线条的节奏。所画的线条是一种姿势的记录，通过直接传达给艺术家的情感使姿势得到修正。第二个要素是体积。我们认识一件物体，是因为它具有使我们感觉到的对抗运动的力量，或将它自己的运动传达给另一物体时产生的惯性，当它被这样表现出来时，我们对它的想象反应由我们在现实生活中关于体积的体验所控制。第三个要素是空间。在用非常简单的方法在两张纸上制作同样大小的正方形，看起来既可以像两三英寸高的立体，也可以像几百英尺高的立体，我们对空间的反应是按比例变化的。第四个要素是光与形。我们所看到的物体被强光照射冰衬以黑色或深色的背景，会使我们对同样的物体产生完全不同的感觉。第五个要素是色彩。这个有直接情感效果的要素明显出自与色彩相关的一类词——欢快、阴沉和忧郁等等。"①弗莱的"纯形式的情感反应"包含了"形式"与"意味"的双重成分。可见，形式主义始终处于试图融合"二元论"的状态之中。无论"形式"还是"意味"，无论"纯形式"还是"情感"，都可以视为一枚硬币的两面。

二　"双重生活"论

弗莱认定，人具有过"双重生活"的可能性，一种是"现实生活"，另一种是"想象生活"。因此，"艺术是这种想象生活的表现，也是对想象生活的刺激。这种想象生活由于缺乏行动，而与现实生活相脱离。在现实生活中，这种反应行动包含着道德责任。在艺术中，我们没有这种道德责任——艺术显示一种生活，这种生活不受我们实际存在的需要的约束"②。简单说来，艺术是想象生活的表现、而不是现实生活的摹本的这一观念的凸显，是要肯定想象生活是一种"纯形式反应"。这种思路不仅忽视了艺术与现实生活的关联，而且，对艺术的伦理关怀层面的摒弃也的确容易走向"为审美而审美"的另一极端。

弗莱与贝尔的内在逻辑是一样的：艺术要通过纯形式表现想象生活的情感，或者说表现审美情感。审美情感就是关于形式的情感，艺术作品的基本性质是形式。由此而论，后印象派"这个现代运动基本上是对形式观念构图的复归"。③这样看来，弗莱的最终结论是艺术是想象生活的"主要器官"。想象生活通过艺术才能刺激和支配我们，这是由于想象生活的"更清晰的知觉"、"更纯粹和更自由的"的情感而区别于现实生活。现实生活中的情感与人的关系过于密切，"在想象生活中则相反，我们既能够感受到情感，又能够观照到这种情感。当我们真正为戏剧所感动时，我们总是既在舞台上，又在观众席上"④。可见，他不仅从创作者的角度看待情感，也涉及到接受美学的问题。总之，按照形式主义的美学观念，不能再用艺术品对生活的反应来评价艺术品，必须将艺术品看作是以自身为目的的情感的表现，亦即"艺术是想象生活的表现"。但弗莱最终还是试图

---

① 弗莱：《论美学》，《视觉与设计》，江苏教育出版社 2005 年版，第 21 页。
② 弗莱：《论美学》，《二十世纪西方美学名著选》（上卷），蒋孔阳主编，复旦大学出版社 1987 年版，第 178 页。
③ 同上。
④ 同上书，第 182 页。

与贝尔的观点有所区分，他赞同后者所说的"有意味的形式"同"令人愉悦的形式处理与和谐的图案"不同，然而，具有了"有意味的形式"的作品却并不是"创造令人愉悦的对象的结果"，而是一种"思想"的表达。[①]或者说，"有意味的形式"并不是"为了形式而形式"，而是"为了思想而形式"！这就接近于《艺术》对"终极实在"的领悟，因此，形式主义很容易导出另一种神秘主义的出现。

[①]　弗莱：《论美学》，《二十世纪西方美学名著选》（上卷），蒋孔阳主编，复旦大学出版社1987年版，第196—197页。

第三十一章

表现主义美学

表现主义美学是西方现代美学思潮出现较早、影响较大的美学流派，其创始人是意大利著名哲学家克罗齐，另一位代表人物是英国著名哲学家科林伍德，因此美学史上又称该学派为"克罗齐—科林伍德表现说"。此外，属于表现主义美学一派的美学家，还包括意大利的金蒂雷、英国的鲍桑葵、卡里特以及阿诺·里德哥。表现主义美学基本观点是以情感表现为核心构建美学体系，最具代表性的是克罗齐以"直觉"为核心，提出"直觉即表现，艺术即直觉"的基本命题，建构起一整套表现主义美学体系。

表现主义美学产生在20世纪初叶是历史的必然。第一，19世纪末20世纪初美学的实证主义和自然主义直接培养了一批反对者和批判者。表现主义美学就是其中之一，表现主义美学把"直觉即表现"作为其核心概念，究其思想渊源，其来源之一就是生命本体论哲学和美学。第二，表现主义美学产生的思想渊源和文化氛围是以英国的柯勒律治、华尔华兹，法国的波德莱尔，德国的施莱格尔为代表的浪漫主义美学。该美学流派突出的特点是贬低理性、高扬主体。不过，对"克罗齐—科林伍德表现说"影响最大、最直接的是意大利哲学家维柯和德国哲学家康德。表现主义美学正是在这股崇尚主观情感的表现，追求形式美和纯粹美的艺术浪潮中应运而生的。

第一节 克罗齐

克罗齐（Benedetto Croce，1866—1952）意大利著名哲学家、美学

家。克罗齐一生著述甚丰，其主要著作有《精神哲学》四卷本，这四部书是《美学——作为表现的科学和一般语言学》（1901），《逻辑学——作为纯粹概念的科学》（1905）、《实践哲学——经济学和伦理学》（1908）、《历史学的理论和实际》（1912），此外还有《美学纲要》（1912）等，其中尤以其美学论著影响最大。

克罗齐的哲学思想展示着他对世界的认知，世界在他心目中就是一个心灵（又译"精神"）的世界；他把心灵作为世界的本原和基质，认为"心灵是现实，没有一种不是心灵的现实"，"心灵主要是活动，而心灵的活动是全部的现实"。他在此基础上构建了"心灵的哲学"，把人类的心灵活动分为认识活动和实践活动，又把认识活动和实践活动各分为两个阶段，前者为直觉活动和概念活动，后者为经济活动和道德活动。这四个阶段的活动各有其正负价值。直觉产生个别意象，其正价值为美，负价值为丑；概念活动产生普遍概念，其正价值为真，负价值为假；经济活动产生个别利益，其正价值为利，负价值为害；道德活动产生普遍利益，其正价值为善，负价值为恶；与此相对应的是四种科学，依次为美学、逻辑学、经济学和伦理学。这四种活动是一个循环圈，而后者包容前者。认识是实践赖以产生的基础，认识可脱离实践而独立，实践则不可脱离认识而独立。由此可见，克罗齐和美学思想是其整个哲学体系中不可分割的组成部分。

克罗齐的美学思想大体分为两个阶段，前期的美学思想集中体现在《美学》一书中，随着时间的推移，他后期的美学思想进一步系统、完善，又做了一部分的补充和修正，集中体现在《美学纲要》一书中。

一　美的本原

克罗齐把美学界定为表现（表象、幻想）活动的科学。他认为："美学只有一种，就是直觉（或表现的知识）的科学。这种知识就是审美的或艺术的事实。"[①] 因此，他把美学的核心命题界定为"艺术即直觉，直觉即表现"。直觉是心灵活动的起始点，是感性认识的最低层面的心理活动，它无须理性"借眼睛给她，她自己就有很好的眼睛，"[②] 人们凭着直

---

① 克罗齐：《美学原理·美学纲要》，外国文学出版社 1983 年版，第 21 页。
② 同上书，第 8 页。

觉就能把握单纯的个体形象。克罗齐认为直觉就是表现，直觉给予无形式的物质以形式就是表现。之所以如此，是因为"没有在表现中对象化了的东西就不是直觉或表象，就还只是感受和自然的事实"①。也就是说，表现就是心灵赋予物质的形式、使其对象化生成具体形象的心理过程。所谓直觉，只有这些"感受"或直觉线以下"无形式的物质"，凭借心灵的主动性，对其"铸造"、"赋形"表现出来才能称其为直觉。因此，克罗齐认为："在这个认识过程中，直觉与表现是无法可分的。此出现则彼同时出现，因为它们并不是二物而是一体。"②

他认为艺术与美具有统一性。艺术即直觉，直觉即表现，美也应作为表现的价值来界定。"艺术是纯粹的直觉或纯粹的表现"③；美也是如此，美是成功的表现，丑是不成功的表现，然则不成功的表现不能称为表现，因此简单来说美就是表现。

二　艺术即直觉

克罗齐把艺术的本原界定为心灵的直觉，直觉即表现、心灵创造性的表现，并在此基础上建构起表现主义美学体系。克罗齐称艺术的本原及其美学特征为"美学的核心"。④他和其他美学家一样，把美和艺术本原的界定放在首要位置上。他把艺术的本原视为直觉，即"艺术即直觉，直觉即表现"，前者是指艺术的存在形态，后者是指艺术质的规定性。他把直觉活动与逻辑思维区分开来，并概括为以下几层含义。

第一，"对实在事物所起的知觉和对可能事物所起的单纯形象，二者在不起分别的统一中，才是直觉。在直觉中，我们不把自己认成经验的主体，拿来和外面的实在界相对立，我们只把我们的印象化为对象（外射我们的对象），无论那印象是否关于实在。"⑤也就是说，直觉起于审美主体的想象活动，面对一个事物，心灵不加思考、不生分辨、不审意义，也不生成语言称谓或其他形式的表述，只凭借着直觉赋予直觉界线之下的"印象"或"感受"以形式，使其从黑暗中升华成鲜明的意象或形象。

---

① 克罗齐：《美学原理·美学纲要》，外国文学出版社 1983 年版，第 14 页。
② 同上书，第 15 页。
③ 克罗齐：《美学或艺术和语言哲学》，中国社会科学出版社 1992 年版，第 56 页。
④ 同上书，第 1 页。
⑤ 克罗齐：《美学原理·美学纲要》，外国文学出版社 1983 年版，第 10 页。

第二，"直觉在一个艺术作品中所写的不是时间和空间，而是性格，个别的相貌。"① 也就是说，直觉所体验的内容是个别事物的特殊性相，而不是从诸个体中抽象出来的共相或普遍性。直觉的对象是审美主体对个体事物的观照，而不是探究诸个体之间的关系。直觉所体验到的是意象或形象，而不是抽象的概念。

三　直觉即表现

他首先论述了"艺术即直觉"的核心问题——直觉，接着又把直觉与表现等同起来，成为艺术本原的完整的命题。

第一，直觉就是凭借心灵综合对直觉界线之下杂乱无章的"感受"或"印象"赋予形式的心灵活动。在克罗齐看来，直觉不等于感受，感受是指"感官领受"，是一种被动的心理活动，指一种对感官的刺激，仍处于直觉线以下的一种无形式的物质。直觉不等于感受，但又离不开感受。感受是直觉界线以下无形式的质料，只有与直觉心灵活动"合为一体"、凭借心灵赋予其形式，才能生成为意象。所以，物质通过直觉心灵活动才有其质的规定性，它只能是心灵活动的产物。

第二，克罗齐把直觉与表现合而为一，认为直觉即表现。他说："直觉是表现，而且只能是表现（没有多于表现的，却也没有少于表现的）"；② 又说："每一个直觉或表象同时也是表现。没有在表现中对象化了的东西就不是直觉或表象，就还只是感受或自然的事实，心灵只有借造作、赋形、表现才能直觉。"③ 如前所述，在心灵未赋予形式之前，直觉界限之下无形式的"感受"或"印象"对心灵来说是不存在的。直觉只有在表现中、经过心灵的综合将其对象化生成意象，才能完成心灵活动的全部运行过程。克罗齐认为，艺术活动中表现本身就是动因和目的，当审美主体直觉体验起始时，表现作为心灵活动的过程亦相随启动了。因此，直觉与表现合而为一。

四　艺术与语言同一

《美学》一书的副标题是《作为表现的科学和一般语言学》，可见克

---

① 克罗齐：《美学原理·美学纲要》，外国文学出版社 1983 年版，第 11 页。
② 同上书，第 18 页。
③ 同上书，第 14 页。

罗齐把美学和语言学统一起来，明确提出语言学就是美学，语言哲学就是艺术哲学的论断。他说："人们所孜孜以求的语言的科学，普通语言学，就它的内容可转化为哲学而言，其实就是美学。任何人研究普通语言学，或哲学的语言学，也就是研究美学的问题；研究美学的问题，也就是研究普通语言学。语言的哲学就是艺术的哲学。"① 克罗齐把艺术与语言等同起来、把美学与语言学合而为一的理由如下：

第一，语言学与美学都是表现的科学。语言学之所以也被视为表现的科学、克罗齐之所以把这两个看似截然不同的学科等同起来，原因在于它们所研究的对象是相同的，即都是研究表现的科学。他指出："如果语言学真是一种与美学不同的科学，它的研究对象就不会是表现。表现在本质上是审美的事实；说语言学不同于美学，就无异于否认语言为表现。但是发出声音如果不表现什么，那就不是语言。语言是声音为着表现才连贯，限定，组织起来的。"②第二，克罗齐从"语言在其主要方面是从幻想当中产生的"出发，来探讨语言与艺术的同一。他说："最初的语言并不是一种符合所指事物自然本性的语言（像当初由亚当所创造的那种神圣的语言，上帝曾赋予亚当以神圣的命名功能，即按照每件事物的自然本性来给事物命名的功能），而是一种幻想的语言，运用具有生命的物体的实体，而且大部分是被想象为神圣的。"③ 也就是说，幻想的语言所用的材料是有实体的事物，或者说："把有生命的事物的生命移交给物体，使它们具有人的功能。"第三，他还从"语言学的一切科学问题和美学的问题都相同；两方面的真理与错误也相同"④ 的视角，来论证美学与语言学的统一。

第二节　科林伍德

科林伍德（Robin George Collingwood，1889—1943）是英国著名的哲学家、美学家和历史学家。科林伍德毕生著作甚丰，其主要著作有《宗

---

① 《朱光潜全集》第 11 卷，安徽教育出版社 1989 年版，第 282 页。

② 同上。

③ 《朱光潜全集》第 18 卷，安徽教育出版社 1989 年版，第 372 页。

④ 克罗齐：《美学原理·美学纲要》，外国文学出版社 1983 年版，第 162、244 页。

教与哲学》（1906）、《心灵的思辨》（1924）、《艺术哲学新论》（1925）、
《历史哲学》（1936）、《艺术原理》（1938）、《自然观念》（1945）和
《历史观念》（1946）等。他的美学思想集中体现在《艺术哲学新论》和
《艺术原理》两部著作中。他后期的美学思想主要表现在《艺术原理》
中，以克罗齐的"艺术即直觉、直觉即表现"的理论为基点，全面阐释
了"作为表现的真正艺术"、"作为想象的真正艺术"、"作为语言的艺
术"，以及艺术与非艺术等艺术本质及其美学特征的基本命题。因此，人
们才常常把克罗齐与科林伍德联系起来，称其为"克罗齐—科林伍德表
现理论"。在艺术的本质问题上，科林伍德承袭了克罗齐的艺术本体论的
基本思想，认为艺术即表现，即艺术作为情感的表现是审美主体的一种想
象活动，而艺术要想具有表现性和想象性的美学特征，则"艺术必然是
语言"，即作为语言的艺术。

一 艺术是情感的表现

在科林伍德那里，审美情感的美学特征可概括为以下几个方面：

1. 艺术是情感的表现，而不是情感的唤起，二者有质的区别。科林
伍德在论述艺术是情感的表现时，首先把艺术区分为表现艺术和再现艺
术，接着又重点解释了两种再现艺术，即巫术艺术和娱乐艺术。他说：
"再现总是达到一定目的的手段，这个目的在于重新唤起某种情感。重新
唤起情感如果是为了它们的实用价值，再现就称为巫术；如果是为了它们
自身，再现就称为娱乐。"① 娱乐艺术与巫术艺术不同，其目的是在娱乐
过程中释放自我情感，而不是把自我情感导向实际生活。也就是说："娱
乐所产生的情感也像任何其他情感一样，必须加以释放，但是它们是在娱
乐本身的过程中释放的。事实上，这就是娱乐的独特性。"与巫术艺术
不同，娱乐艺术是非功利性或娱乐性的。但科林伍德认为，娱乐艺术是
再现艺术，目的是在虚拟情感中发泄情感，仍然不能称为真正的艺术。
真正的艺术是情感的表现，他认为情感的表现，单就表现而言，并不是
对任何具体观众而发的；它首先是指向表现者自己，其次才指向任何听
得懂的人。

2. 艺术的情感表现是一种个体化的活动。它不同于描述情感，后

---

① 科林伍德：《艺术原理》，中国社会科学出版社1985年版，第58页。

者是一种思维概括活动，他说："描述一件事物就是认为它是这样一个事物和这样一类事物，就是把它置于一个概念之下并加以分类。"反之，表现情感是一种情感个性化的活动，例如表现愤怒的情感，"它是一个特殊的愤怒，与我先前感受到的任何愤怒都不太相像，也许与我今后感受到的任何愤怒也不太相像"①。也就是说，情感表现是独特的个体化表现活动。

3. 艺术的情感表现是一种非选择性的情感表现。科林伍德认为，情感不能区分为适宜于艺术表现的情感和不适宜于艺术表现的情感，所以，艺术家也就不能对情感进行挑选，因为有选择的表现某种情感是出于某种目的、为了唤起观赏者生发某种情感，这是再现性艺术基本特征。表现性艺术则恰恰相反，在其情感表现过程中，艺术家尚不知道他所体验到的是何种情感。因为表现性艺术在表现过程运行之前，没有什么实施目的，也就无须去选择情感类型，凡是可以表现的都可以用来作为艺术表观的情感。所以科林伍德说："任何要表现这种情感而不表现那种情感的决定，都是非艺术的。"

4. 表现情感决不是暴露情感。科林伍德这种论点直接承袭了克罗齐的"艺术不是直接情感"或者情感的自然流露不是艺术的观点；这种个人情感无节制的自然流露必然导致观赏者唤起相类似的情感。

表现与艺术一样，也有表现与非表现之分。所谓表现，一是指艺术家既表现一种情感，又能意识到这种情感。心灵尚未加工过的情感经过想象活动转化为观念化的情感，这种情感并不是在表现之前就存在的，而是在表现过程中生成的。因此可以说："真正的表现的特征标志是明了清晰或明白易懂"，亦即表现者在表现情感的过程中就意识到他所表现的情感，观赏者也能意识到表演者所表现的情感。例如一个演员明确知道自己的职责是表现情感而不是为了娱乐，他就会"凭借着一整套表现手段，或通过半属口语半属手势的语言去探测自己的情感，去发现他尚未察觉的他自己上的种种情感，同时允许观众也目击这种发现，从而使他们在自己身上也做到同样的表现"②。所谓非真正的表现，即暴露情感只是展示情感的种种征状，例如一个人受到惊吓，会呈现出脸色发白、张口结舌，并伴随

---

① 科林伍德：《艺术原理》，中国社会科学出版社 1985 年版，第 80、114、115、116 页。
② 同上书，第 126 页。

着畏惧而生发的种种自然情感的流露，但他"并不因此而意识到自身情感的确切性质"；"如果表演不是艺术而是一种技艺，如果女演员在那种场面的目的是在观众身上产生悲哀的情感"①，也不能称其为真正意义上的情感表现，亦属于情感自然流露或暴露情感而已。

二　艺术是整体想象性经验

艺术是想象性经验，这是科林伍德对艺术的本质问题的重要界定。在他看来，想象是艺术本体论中的核心概念，正如他在《艺术哲学新论》中所说的："艺术的特殊本质：理论上作为想象的艺术。"他在这里进一步发展了这种理论，认为艺术是情感的表现，是一种总体想象性经验。所谓"想象性经验"是与所谓"特殊性的感官经验"相对而言的。科林伍德指出："从一件艺术品中获得东西总是可以分为两部分。（1）存在一种特殊化的感官经验，它是看到的经验还是听到的经验要依据具体情况而定。（2）还存在一种非特殊化的想象性经验，它不仅包括（按照其想象方式）与构成特殊化感官经验的东西同属一类的因素，而且还包括与之相异的其他因素。这些想象性经验与其感官基础上的相应的特殊化经验相去甚远，于是我们只好称它们为总体活动的想象性经验。"② 这里的"特殊感官经验"是指人们凭借视觉或听觉器官，就可从一幅画面上感受到其色彩、构图或形态，或者从一曲交响曲中聆听到其节奏、旋律及全部音响，然而这不能称为审美经验；与此相对应的是"想象性经验"，它不是指审美主体凭借视听感官在作品中所发现的东西，而是审美主体为了进入真正的审美阶段（或艺术创作）、获取美感经验，不能停留在特殊感官经验阶段，必须凭借其丰富的想象力，把储存头脑中的经验或感受注入到作品中去。科林伍德说："一种是我们在艺术作品中所发现的东西，即艺术家赋予作品的实际的感性性质；另一种严格讲是我们在作品中不能发现的东西，倒不如说它们是由我们自己储存经验和想象力注入到艺术作品里去的。前者被设想为是客观性的，真正属于艺术作品本身；后者被设想为是主观性的，并不属于艺术作品，而是属于我们观照

---

① 科林伍德：《艺术原理》，中国社会科学出版社 1985 年版，第 125 页。
② 同上书，第 152 页。

艺术作品时我们身上所进行的各种活动。"① 也就是说，审美观照的特殊
价值不在前者而在后者，前者是感觉给予的，后者是审美主体在想象活动
中所建构的。艺术是总体想象性经验，这是科林伍德对艺术本质的又一个
重要界定。

---

① 科林伍德：《艺术原理》，中国社会科学出版社 1985 年版，第 152—153 页。

第三十二章

符号论美学

　　"符号论美学"（Symbolist Aesthetics），是 20 世纪 20 年代中期在欧洲获得主流地位的美学思潮，第二次世界大战后到 20 世纪 50 年代又开始风靡美国，后来逐渐产生了世界性影响，至今在国际美学界尚有影响。符号论美学的奠基者是德国哲学家卡西尔（Ernst Cassirer），其符号理论和文化哲学研究为整个符号论美学提供了哲学基础，此即"符号形式哲学"。

　　从时间上看，"符号理论"在欧洲美学界取得"统治地位"大约是在 1925 年前后，"符号的概念成了核心"，在这一时期，激发出更大理论热情的，是将艺术视为一种"形成符号和符码"的人类卓越能力的新思路。[①]卡西尔的符号论就在这时应运而生。他的理论又可以被看作一种"文化现象学"[②]或者"哲学人类学"[③]，因为符号的"文化形式"被视为人类"创造性活动和表现"的各种类型，以至于符号形式本身构成了"组织精神现象学的真正原则"。这便为整个符号论美学的建构奠定了广泛而深厚的基础。在纯美学领域，美国女哲学家和美学家朗格（Susanne K. Langer）继续发扬这种符号论原则，在美国美学界继续拓展了符号论，

---

　　① Katharine Everett Gilbert & Helmut Kuhn, *A History of Esthetics*: *Revised and Enlarged* （《美学史·增订版》），London: Thames and Hudson, 1956, p. 556.

　　② Mikel Dufrenne, *Main Trends in Aesthetics and the Science of Art* （《美学和艺术科学主要趋势》），New York: Holmes & Meier Publishers, 1979, p. 169.

　　③ Monroe Beardsley, *Aesthetics from Classical Greece to the Present*: *A Short History* （《从古希腊到当代的美学简史》），New York: Macmillan, 1966, p. 348.

形成了庞大的思想谱系。当然，最明显的"符号论美学"的发展线索是从卡西尔到朗格的思想传承，这也是德国思想在美国的生根发芽和开花结果。

第一节 卡西尔

一 "符号形式哲学"的奠基

"符号论哲学"的奠基者是卡西尔（1874—1945），他创建了著名的"符号形式哲学"。这种哲学的逻辑起点，就是对人的功能性界定：人基本上是"符号的动物"。这种"符号宇宙"也就构成了在人们自身与世界之间的符号系统或者表现系统，卡西尔的哲学主旨，就在于通过各种各样的差异性和丰富性，阐明与"文化事实"相匹配的可能性条件，所有"文化形式都是符号形式"。[①]这种符号系统，就是在（人与动物共有的）感受器系统和效应器之外（或者说介于前两种之间）的"第三系统"，它是人所独有的能力，只有人才具有"符号化的思维和符号化的行为"。

"符号"，一方面必定是具有某种形式的"符号"，另一方面还要与某种"意义"相关，当然，意义是为"知觉"所揭示的。"一切以某种形式或在其他方面能为知觉揭示出意义的现象，都是符号。"[②]在卡西尔那里，"符号意义"凸显了出来。"符号意义"的最基本和首要的类型，就是"表现性"意义，日常生活以人们为中心而形成的经验就是情感性的意味，这就是所谓的"表现功能"。这种类型的意义为"神话意识"奠定了基础。与"表现功能"对应，还有一种"再现功能"，呈现了某种"再现性符号意义"。这种意义帮助人们区分表象与现实，康德意义上的时间、空间等由此获得了"表象"的构形。在表象与现实之间，人们还会遭遇一种第三种或最终的功能，那就是"符号性功能"。这种功能最重要的展现就是"关系的纯范畴"。

《符号形式哲学》所描述的这些不同的功能，相应地形成了一种"符号活动能力"，人正是通过这种符号形式来"劳作"，而构成了语言、神

---

① 卡西尔：《人论》，上海译文出版社 1985 年版，第 33 页。

② Ernst Cassirer, *Philosophie der symbolischen Formen. Erster Teil: Die Sprache*（《〈符号形式的哲学〉第一卷：语言》），Berlin：Bruno Cassirer, 1923, S. 109.

话、宗教、艺术、科学和历史的人类活动体系的"扇面"。换言之，"语言形式"、"艺术想象"、"神话符号"、"宗教仪式"等"符号形式"都构成了人为媒介的中介，从而在不同的层次上历史性地展开了"生命一体化"。

二　艺术作为"符号体系"

按照卡西尔的符号论，艺术，包括视觉艺术，都属于符号体系。"艺术确实是符号体系，但是艺术的符号体系必须从内在的而不是超验的意义来理解。……艺术的主题不是谢林的形而上学的无限，也不是黑格尔的绝对。我们应当从感性经验本身的某些基本的结构要素中去寻找，在线条、布局，在建筑的、音乐的形式中去寻找。可以说，这些要素是无所不在的。它们显露无疑，毫无任何神秘之处：看得见，摸得着。……就人类语言可以表达所有从最低级到最高级的事物而言，艺术可以包含并渗入人类经验的全部领域……因为没有任何东西能抵挡艺术的构成性和创造性过程。"①显然，这便从人类最切实的经验出发，将艺术作为符号的本质呈现了出来，然而，单单将艺术定位为一种"符号语言"还远远不够。这种对艺术的定位，只是规定了艺术属于哪些"共同的类"，并没有描述出"种差"。

那么，艺术之为"符号体系"或者"符号语言"的具体化规定又在哪里呢？在此，卡西尔对启蒙时代以来科学、道德、艺术的"三分天下"是深表赞同的，"启蒙运动断定这两门学问（指系统哲学与文学批评）的本性是统一的，并寻求这种统一。系统美学便是从这种认为哲学和文学批评是相互依存和统一的看法中脱颖而出的"②。系统化的美学诞生于欧洲启蒙运动，"美学之父"鲍姆加登的创建工作功不可没。科学只能通过"思想"给人以秩序，道德只能通过"行动"给人以秩序，然而，艺术则是通过"可见、可触、可听的把握"给人以秩序。如果说，"概念的深层"只能由科学来发现、科学帮助人们去理解事物，那么，"纯形象的深层"则是由艺术展现，帮助人们"洞见事物的形式"。因此，艺术并不仅仅是（来自美学原本的）"感性"意义上的把握，而是有"一种直观的结

---

① 卡西尔：《人论》，上海译文出版社 1985 年版，第 200—201 页。
② 卡西尔：《启蒙哲学》，山东人民出版社 1996 年版，第 269 页。

构，而这就意味着一种理性的品格"。①可见，就像科学能直接发现实在一样，艺术亦能洞见到"实在的形式结构"。科学（还有语言）只是对实在的"缩写"，而艺术则是对实在的"夸张"。艺术不是对实在的"摹仿"，而是对实在的"发现"！

关键在于，无论创造还是欣赏"活生生"的艺术（如遵循视觉语言的绘画），都会使人进入一个新的领域，它"不是活生生的事物的领域，而是'活生生的形式'的领域。我们不再生活在事物的直接实在性之中，而是生活在诸空间形式的节奏之中，生活在各种色彩的和谐和反差之中，生活在明暗的协调之中。审美经验正是存在于这种对形式的动态方面的关注之中"②。这意味着，生活在形式之中，并不是生活在周围的直接经验对象的领域里，而且，"艺术的形式并不是空洞的形式"，它们在人类经验的构造和组织方面发挥了重要作用。③但另一方面，艺术并不是超出生活结构之外的东西，或者说不是某种"超人的"东西，它表示"生命本身的最高活力之一"得到了实现。所以，艺术在塑造人类的世界过程方面，承担了重要的"构造力量"，这是一种把握符号的"构成力量"。

"艺术家的眼光不是被动地接受和记录事物的印象，而是构造性的，并且只有靠着构造活动，我们才能发现自然事物的美。美感就是对各种形式的动态生命力的敏感性，而这些生命力只有靠我们自身中的一种相应的动态过程才可能把握。"④具体来说，当人们的情感被赋予"审美形式"时，这种情感就变成为积极而自由的状态，欢乐与悲伤、希望与恐惧、狂喜与绝望之间的摆动过程，展现出生命本身的动态过程。在这里，艺术家的创造性自不待言，观众也不被视为纯粹被动接受者。进而言之，如果想要理解一件艺术品，就必须"重复和重构"一件艺术品借以产生的那种创造过程。

总之，卡西尔尽管不是专门致力于艺术研究的纯粹美学家，但却在"符号学"方面贡献巨大。因为他就是符号学领域的开拓者，"符号形式哲学"所播下来的种子，在美学和艺术领域结出的硕果分外显眼。在这

①　卡西尔：《人论》，上海译文出版社 1985 年版，第 213 页。
②　同上书，第 193 页。
③　同上书，第 212 页。
④　同上书，第 192 页。

里，把艺术本身当作符号、把艺术当作对自然形式的发现和定型就是历史性突破，后代美学家正是沿着这条道路前进的。

第二节　苏珊·朗格

一　"情感符号的形式创造"

朗格（Susanne K. Langer，1895—1985）可能是有史以来最重要的女性美学家兼哲学家。"艺术是人类情感符号形式的创造"——这是朗格对艺术的符号学总定义。这里面的关键词，分别是"情感"（feeling）、"符号"（symbol）、"形式"（form）和"创造"（creation）。当然，"符号"无疑是该定义的内核，也是朗格符号学美学有别于以往美学形态之处。整体看来，朗格所探索的是艺术形式、艺术话语和符号意义的表现性和情感性这样的美学问题。

（一）关于"符号"——"艺术符号"（art symbol）

先从"符号"谈起。如果要对"符号"加以定位的话，那么，就必须将之同日常用语对"符号"的一般理解区分开来。在很大程度上，"符号"首先就是指"人的语言"，这里必须将"语言"与"符号"首先界分开来：符号≠语言。的确，朗格也认为"语言即符号"，而且，人类与动物的分界线最终就是语言的分界线。必须承认，人类也说"动物语言"，言说的开始是源自动物行为，但不能反过来说：动物也说属人的"语言"。如此看来，语言是人类的标志，它与人共同被创造了出来。

然而，一般语言所构成的只是"逻辑符号体系"，朗格真正关注的是作为"表现符号体系"的艺术。换言之，她对语言的"推论"符号与艺术的开放"呈现"符号做出了明确划分，认定前者不能直接折射经验的主体方面，而后者则能："艺术符号展现的意味不能由话语来释义"，[①]艺术绝对是非推论性的。谈到"符号"的另一种含义，往往指的是"信号"，比如马路上的交通指示就是"信号"。"符号"与"信号"更不能混为一谈，前者远远比后者高级：符号≠信号。如果从内在构成角度看，"信号系统"一般仅由主体、信号、客体三者构成，这种系统是封闭的，

---

① Susanne K. Langer, *Problems of Art*：*Ten Philosophical Lectures*（《艺术问题：哲学十讲》），New York：Charles Scribner's Sons, 1957, p. 68.

不能指向外部资讯，否则就会产生歧义。简单地说，"信号就是指令行为的某物或某种方法"。①然而，"符号系统"则包含主体、符号、概念和客体四个元素，而且不是简单的量的增加，而是产生了质变。关键就在于"符号"的特质：一方面并不是"内指"的，而是往往指向外部，不仅与对象构成单维关系，也包孕了更丰富的外指内涵；另一方面，更重要的是，符号还包含"概念活动"，因为符号具有某种抽象能力（而并不如信号那样停留在物的表面），因此，符号与符号化的对象具有共同的逻辑形式。在这里，朗格回到了卡西尔，认为只有这样的"符号行为"与"符号系统"才是为人所独具的。

（二）关于"形式"——"活的形式"（living form）

再来看"形式"。朗格的形式早已突破了"为形式而形式"的单纯内涵，强调了艺术形式是"活的形式"。按照朗格的意见，要想成为"活的形式"，就必须符合如下的条件："其一，它是能动形式，这意味着，那持续稳定形式必须是一种变化模式。其二，它是有机建构的，它的要素并不是独立的，而是相互关联的……其三，整个系统是由有节奏的过程结合而成的。这就是生命统一体的特质……因而活的形式是神圣的形式。其四，活的形式的规律，是那种（随着特定历史阶段）生长和消亡活动的辩证法。"②在朗格看来，只有当某种艺术形式与活的形式相类似时，艺术才能用某种隐喻的形式表现人类意识。或者说，艺术就是在用各种各样的手段去创造和加强"活的形式"。"艺术形式"与生命形式尽管并不同一，但前者却具有后者那样的逻辑形式，具体凸显在"运动性"（生命的新陈代谢）、"有机统一性"（生命的每个部分的紧密结合）、"节奏性"（生命的周期性运动）和"生长性"（生命的发展和消亡的规律）上面，从而显现出永不停息的变化和永久形式的"生命的本质"。

（三）关于"情感"——"符号性情感"（symbolic feeling）

理解了"生命"就能更好地解释"情感"，因为"情感"也是活的生命的显现和表露。其实，早在《哲学新解》里，朗格就吸取了"符号

---

① Susanne K. Langer, *Philosophy in a New Key: A Study in the Symbolism of Reason, Rite and Art* （《哲学新解：关于理性、仪式和艺术的符号论研究》），London: Oxford University Press, 1953, p. 63.

② Susanne K. Langer, 《艺术问题》, New York: Charles Scribner's Sons, 1957, pp. 52 - 53.

逻辑"的观念，竭力为美学奠定理性的基础。后来，朗格美学分析的艺术门类也从音乐开始，扩展到了绘画、诗歌、舞蹈等。但是，《哲学新解》对待音乐的理解却被继承了下来：音乐的作用不是"情感的刺激"，而是"情感的表现"；不是音乐家情感的"征兆性表现"，而是感觉形式的"符号性表现"。这便是对人类的"内在生命"的理解。从符号学角度来看，音乐既不是情感的引发也不是情感的治疗，它是逻辑的表现，音乐能表达某种符号性的情感、表达我们不能感觉到的情绪和以前或许不知道的激情。朗格对音乐的推崇与叔本华类似（音乐被定为一切艺术里面的皇冠之珠）。按照符号学的观点，音乐形式是同"人类情感形式"最接近的逻辑相似物，音乐是心理过程的"呈现性符号"，其音调结构最接近情感形式。

（四）关于"创造"——"幻象的创造"（the creation of apparition）

还有最后一个关键词："创造"，它与"幻象"的生成直接相关。这是由于在朗格看来，创造与生产活动的那种制造决不相同，因为制造基本上是在实物层面上操作的。然而，诸如绘画却并不是单纯的"色彩加画布"，当色彩被涂上画布时，绘画的特定"空间结构"便通过可见的形状和色彩浮现出来，亦即被"创造"了出来。这种创造过程的关键就是这种"空间结构"转化了"虚的空间"或者"虚幻空间"（virtual space）。

简言之，艺术家创作出的视觉对象就是"幻象"。音乐创造的是时间性的听觉构成，亦即"虚的时间"或者"虚幻时间"（virtual time），绘画则以"虚的空间"或者"虚幻空间"作为"首要幻象"，诗歌则创造出关于事件、个人、情感活动等的表象，亦即"诗的表象"或者"诗意类似"。拿绘画来说："从装饰画的第一根线条，到拉斐尔、达·芬奇和鲁本斯的各类作品，全都说明绘画艺术的同一个原则：虚幻空间的创造以及通过感觉和情感样态的形式（即线条、体积、交叉平面、明与暗）对虚幻空间进行的组织。绘画空间，不论感觉为二维还是三维（或平面还是立体）都从现实的空间，亦即画布或其他物质承担者存在的那个空间分离出来。……同样，绘画中的空间吸引我们的视线，也完全因为它自身包含的意味，因为它不是周围空间的一部分。……纯视觉空间的创造确实也引起了视觉上类似的转变：无论是实物再现还是图案形象，都以一种富于表现力的姿态——有意味的形式出现在我们前面。"①

二　关于"虚幻"观念

综上所述，在朗格的"情感符号"美学中，属于"虚幻空间"的绘画、雕塑、建筑，属于"诗意表象"的诗、属于"虚幻的经验和历史"的戏剧，属于"虚幻的时间"的乐曲，属于"虚幻的力"的舞蹈，本身都是"一个个别符号"，而这个符号本身则是一种"混合的生命和情感的意味"。②实际上，"在朗格的美学之中"，这种"虚幻"的观念既是指"一种创造的原则"又是指"对某种艺术品的领会"。③当然，在所有诉诸视觉的所谓"可塑性艺术"之中，朗格还是青睐绘画。甚至关于"虚幻的创造"的观念也是通过分析绘画得出的，进而才推广到音乐、舞蹈等其他艺术类型。绘画是直接诉诸于眼睛的，"绘画，简而言之，就是一种幻象。它可以被眼睛看到……由于它们仅存在于视觉之内；整幅画都是某种纯虚幻空间。绘画只是幻象，不是别的什么"④。更简练地说，绘画就是"位于虚空内的虚幻之物的幻象"⑤，这是视觉符号学的必然结论。

那么，"虚幻空间"究竟是何种空间呢？是绘画所展示的空间？是鉴赏者观照它的空间？还是艺术家创造的空间？朗格的回答是："一幅绘画里的某种空间幻象是最基本的创造。这种空间既不是绘画所挂的空间，也不是观赏者所处的空间。挂绘画的墙并不在绘画当中，也不是绘画空间的一部分。观赏者同样也不在绘画空间之中。画家所创造的空间是全新的。色彩和画布，这些艺术家工作的材料在被使用之前就存在于画室里面，它们只是依凭画家的努力才挪动地方。然而，我们所见的作为新发展结果的空间，却是前所未有的。绘画就是一种被创造的幻象。"⑥照此而论，绘画生成的"虚幻空间"决不能从物理空间的角度来理解，而是超离于物质

---

①　朗格：《情感与形式》，中国社会科学出版社 1986 年版，第 98—99 页。Susanne K. Langer, *Feeling and Form*: *A Theory of Art*（《情感与形式：艺术论》），New York: Charles Scribner's Sons, 1953, p. 83.

②　Susanne K. Langer,《艺术问题》，New York: Charles Scribner's Sons, 1957, p. 68.

③　Ranjan K. Ghosh, *Aesthetic Theory*: *A Study in Susanne K. Langer*（《朗格美学理论研究》），Ajanta Publications, 1979, p. 118.

④　Susanne K. Langer,《艺术问题》，New York: Charles Scribner's Sons, 1957, p. 28.

⑤　Ibid. , p. 29.

⑥　Ibid. , pp. 143 – 144.

空间的另一种空间。这种空间的生成并不是在线条和色彩之前产生的，而是伴随着线条和色彩的被运用而"共时"生成的。按照朗格的理解，绘画作为"虚幻空间"的"虚幻"意指两重的意味：一方面是指创造出以往并未出现的"三维空间"，另一方面则是指创造出"一个纯粹的视觉事件"。当然，这两方面是同时出现的，它们皆构成了"虚幻方式"的基本要素。与"虚幻方式"相对的则是"现实方式"，当绘画通过视觉以二维方式被给定时就属于这种方式，但是当"三维空间"通过视觉被给定时，就进入到了"虚幻方式"当中，与此同时所谓的"视觉事件"也就完全发生了。

三 关于"艺术知觉"

通过对艺术的整体性把握，"艺术感知"（artistic perception）问题就被突出出来。有趣的是，朗格在这里"偷换了概念"——"艺术感知"就是一种"直觉"或者"一种直觉活动"[1]！这样一来，朗格就反击了以往对"直觉"的片面理解，因为大部分艺术家和艺术爱好者都持一种直觉到的"直觉观"。也就是说，他们也把艺术视觉当作"直觉"，但却认定这种视觉既无需通过推理，也无需经由逻辑，而是完全诉诸情而直接自发的。照此而论，他们眼里的"直觉"当然就是非理性的、是通过情感而非思想达到的，甚至能达到某种"形而上的触知"。然而，这类非理性的抑或神秘主义的取向，被朗格拒绝了，因为艺术直觉"并不涉及信仰，也不能导致对任何命题的接受。但它既不是非理性的，也不是特殊天才对现实做出的神秘而直接的触知。我认定，艺术直觉是一种理解活动，并以一种个别符号作为媒介，这种符号是被创造出来的视觉、诗歌、音乐或者其他的审美印象——这是通过艺术家活动而获得的幻象"[2]。

在朗格看来，这种对"艺术意味"和"表现性"的感知就是直觉。"艺术感知总是从直觉到艺术品整体意味开始，随着被关注的形式表现的意义逐渐明显，直觉到的意味便随之增加。"[3]这种整体而富于动态的描述解决了这样的问题：在观照一件艺术品时，我们究竟是从内容里感觉到意

---

① Susanne K. Langer，《艺术问题》，New York：Charles Scribner's Sons，1957，pp. 60 – 61.

② Ibid.，p. 61.

③ Ibid.， p. 68.

味，还是从形式里面感知到意味，哪个更加重要？其实，在对优秀艺术的
"直觉"时，这两方面通常难分伯仲，即使可以衡量出那一方占主宰，亦
难以区分出水乳交融的两方面。更何况，艺术的"意味"并不是通常意
义的内容所展现出来，符号与形式本身都能表露出一种更广义、更有深度
的"意味"。可见，朗格的"直觉"理论基本上是一种符号学的直觉理
论，因为直觉所直面的对象是以符号为本质的艺术。这里必须指明，尽管
一件特殊的艺术品被称之为符号，但却并不是由"符号体系"构成的，
也不是由传统意义上的符号系统构成的。

第三十三章

现象学美学

　　现象学美学的基本阵容主要由莫里茨·盖格尔、罗曼·英伽登和米凯尔·杜夫海纳所组成。从历史和学理的双重角度来看，现象学美学都是理论体系完整严密、学术内容丰富的美学流派。

　　真正构成现象学美学的起源和基本学术依据的，却是继承了布伦塔诺"意向性"理论基本意旨的胡塞尔（E. Husserl, 1859—1938）所创立的现代现象学哲学理论。毋庸赘言，胡塞尔对现象学哲学的创立，就是直接从进一步开发"意向性"这个概念所具有的理论内涵开始的。胡塞尔认为，"意向性"概念所指的，是人类精神现象既包括主体方面的"意向作用"，同时也包括客体方面的"意向对象"，是这两个方面的有机统一——对于所有各种精神现象来说，情况都是如此。因此，在考察和研究人类认识活动的时候，通过运用现象学悬置方法，把"自然态度"和"历史态度"放到括号里，研究者就可以"直接面对事情本身"——这种所谓"事情"也就是作为"纯粹意识"，亦即作为现象学的研究对象而存在的"现象"。在此基础上，继续进行把客观事物看作是呈现在感性意识之中的现象的"现象学还原"、从直观个别现象之本质的意识过渡到直观相应本质观念的"本质还原"，以及把对象彻底还原成为纯粹先验意识构造的"先验还原"，研究者就可以最终看到"纯粹的先验意识"，或者叫做"纯粹的先验自我"，从而找到使人类的所有各种知识及其有效性成为可能的、终极性的、绝对可靠和普遍有效的基础。胡塞尔认为，关于探讨和研究所有这些思维操作过程和方法的学问，就是他所谓的现象学，亦即他所创立的现代现象学哲学理论。这样一来，现象学就变成了探讨和研究这种知识基础的"科学的科学"，变成了关于"纯粹意识本身"的一般性科学。显然，胡塞尔所创立的这种现象学哲学理论，以及其所表现出来的所谓西方哲学的第四次革命，实际上是从彻底批判扬弃西方哲学传统的二元分裂对立思维方式入手，最终把自己的落脚点放到了绝对主观的"纯粹先验意识"或者"纯粹先验自我"之上，亦即"以主体性追求绝对有效性"。

　　起源于胡塞尔现代现象学哲学理论的现象学美学，就基本出发点和学术依据而言具有以下特征：第一、就其学术研究的基本出发点而言，现象学美学研究者都秉承了"意向性"这个基本概念所具体规定的基本立场、基本思维模式和思维方法——也就是说，它的三个著名代表人物都是从主体客体有机结合、有机统一出发，对审美活动的各个有关方面进行具体研究，而不是像以往的美学研究那样，从主体客体二元分裂对立的基本思维模式出发，通过具体界定"美"在"主观"，还是"美"在"客观"来进行美学研究，这就为他们从全新的角度研究审美活动开辟了非常广阔的前景。

　　第二、这些美学家基本上都运用了"现象学悬置"这种基本方法：这既表现了他们对现象学基本观点的坚持，实际上也为他们对审美活动具体进行"现象学描述"直接奠定了基础和前提，因为这种基本方法不仅使他们有可能"悬置"以往美学家所采用的"认识论"出发点或者"价值论"出发点，真正从审美主体本身的审美活动诸方面入手进行研究和论述，而且也有助于他们做到把以往的美学理论、研究方法及其各种缺陷"悬置"起来，探讨现象学美学的方法并具体进行现象学美学的研究。

　　第三、与当代西方其他严格意义上的美学流派所运用的研究论述方式判然有别的是，虽然盖格尔、英伽登和杜夫海纳的现象学美学理论各具特色，但他们都运用了"现象学描述"这样一种为现象学所特有的、基本的研究和论述方法。这种方法并不像自然科学理论研究和传统的哲学认识论研究所做的那样，通过下定义和进行逻辑推理进行研究和论述，而是试图通过对"事情"进行"直观"、进行"现象学描述"而揭示其本质。实际上，作为一个美学流派的现象学美学，恰恰是通过这样的基本观点和方法才取得了非常引人注目的成果，才在当今西方美学、艺术哲学和文艺理论研究界独树一帜的。

第一节　英伽登

对现象学美学作出过重大贡献的罗曼·英伽登（Roman Ingarden，1893—1970），是胡塞尔的学生，他是作为第二代现象学家而开始其学术探索的（第一代主要是莫里茨·盖格尔）。英伽登的现象学美学研究集中在文学艺术作品方面，特别是集中在对文学艺术作品的本体论存在结构及其认识方面。下面，我们就分"文学艺术作品的本体论"、"文学艺术作品的认识论"和"审美价值和艺术价值"三个部分，概括考察一下英伽登的现象学美学思想。

一　文学艺术作品的"本体论"

英伽登在《文学的艺术作品》一书中指出，就其存在方式而言，文学艺术作品既不同于真实存在的物质客体，也不同于存在于作者或者读者内心之中的观念性客体，而是"纯粹意向性客体"，或者叫做"纯粹意向性形成过程"；它产生于作者有意识的艺术创作活动过程，通过作者的书写过程、以书面印刷品的形式（或者其他物质复制形式）出版出来而摆在读者或者欣赏者面前，从而在一定程度上把作为艺术家的作者的艺术观念和审美情趣展示了出来。因此，文学艺术作品既有物质的一面，又不能完全等同于纸张墨迹等纯粹的物质要素；既有精神观念的一面，又不能完全等同于作者和读者的纯粹的主观心理体验，而是这两者的有机统一。而且，从作者和读者通过文学欣赏活动在一定程度上形成精神性的审美沟通的角度来看，读者对文学艺术作品的欣赏所形成的，恰好就是胡塞尔现象学所强调的、以意向性为核心特征的人类精神活动——这也就是说，文学艺术作品本身就具有现象学研究者一直非常重视的"主体间性"特征①。

就其基本结构特征而言，英伽登指出，文学艺术作品是一种由四个性质不同的层次组成的分层有机整体结构，其中这四个层次分别是："语音

---

① 参见 Roman Ingarden，*The Literary Work of Art*（《文学的艺术作品》），Northwestern University Press，1973，"Preface"，Part I，"Preliminary Questions"。

形成层"（stratum of linguistic sound formations）①，"意义单位层"（stratum of meaning units），"再现的客体层"（stratum of represented objects），以及"图式化的方面层"（stratum of schematized aspects）②。他指出，这些层次虽然构成成分不同，其在文学艺术作品整体结构中所处的地位和所发挥的作用也都不相同，但是，文学艺术作品的有机整体性正是以这些层次所分别具有的独特性为前提的，因为正是这些性质截然不同的层次共同构成了文学艺术作品的有机整体结构。

具体说来，英伽登指出，任何文学艺术作品都是由语词、语句和复合句组成的，其中最基本的是语词，它实际上就是负载意义并在读者阅读过程中得到具体化的语音；由于语句和复合句都是由这样承载意义、各不相同而又前后相连的语音构成的，所以，语句和复合句就会在读者的阅读过程中形成节奏、韵律和准韵律等语音现象，从而与其意义一起在读者的心目中导致"欢乐"、"忧愁"等各种不同的情调和心态。这样一来，"语音形成层"就成为文学艺术作品存在的物质基础——它不仅是具体意义的载体和物质基础，而且也是具体体现作品情调的基本手段；正是从这种意义上说，"语音形成层"是文学艺术作品最基本的结构层次，如果它受到干扰或者被取消，作品就会由于其所包含的意义受到破坏而失去存在的前提。

建立在"语音形成层"基础之上的是"意义单位层"。英伽登指出，与语音同时存在的语词的意义，就是其通过意向性所表达的客体对象，即"意向性对应物"；而由语词构成的语句和复合句也因此而表达出其相应的意向性对应物，后者就是它们所表现的"事态"——由于这样的"事态"与实际生活中客观存在的"事态"有所不同，英伽登称之为"纯粹意向性事态"或者"纯粹意向性语句相关物"。另一方面，就文学艺术作品在这个方面与其他文字作品之间存在的区别而言，英伽登指出，存在于文学艺术作品之中的语句所表达的貌似真实的"事态"，其实是一种由作品本身表现出来的幻象，所以，这种语句不是诸如科学著作之中的语句那

---

① 有必要指出的是，我们在这里没有像国内其他学者那样，把这里的"formation"翻译成"结构"或者"构成"，而是为了译文严谨准确并突出其所具有的"促成""具体化"的意味，用"形成"来翻译它。

② 参见 Roman Ingarden，*The Literary Work of Art*（《文学的艺术作品》），Northwestern University Press，1973，"Preface"，Part II，"The Structure of the Literary Art"。

样的严格的"判断",而是"准判断";但恰恰是这样的"准判断"通过其所表现的、非现实的"事态",构成了文学艺术作品活生生的、独具特色的"世界"。所以,他强调指出,对于文学艺术作品的有机整体结构和艺术效果来说,"意义单位层"具有决定性的作用。

文学艺术作品的各种"准判断"所描绘的"世界",是由各种"再现的客体"构成的;这些"再现的客体"就组成了文学艺术作品的"再现的客体层"。英伽登指出,由于文学艺术作品的"纯粹意向性客体"都是由这样的判断表现出来的,所以,这些客体所具有的实际内容都经历了一定的转化——它们虽然具有包括时空连续性在内的某些实际时空的特性,但是,这里的时空都是想象性的,它们只通过其所描绘的客体对象的部分特征而不是全部特征,把这样的"世界"展现出来,并没有完全彻底地把被描绘对象的所有各种细节都表现出来。这样一来,作为文学艺术作品之"纯粹意向性客体"而存在的"再现的客体",就成为包含着许多"不确定的点"的、需要进行想象的对象——也就是说,它们要求读者在自己的阅读欣赏过程中充分发挥想象力,不断随着自己的阅读进程和这种"世界"之中的各种"事态"的"发展",运用自己的想象消除这些"不确定的点",填补其原来存在的各种"空白",从而使文学艺术作品得到"具体化",使这些"再现的客体"变成具有生机和活力的具体审美对象。

英伽登认为,作为文学艺术作品的最后一个独立层次而存在的"图式化的方面层",实际上是通过以纲要的形式表现作者的创作结果,使这种作品成为一种概括展现"世界"的图式结构;因此,它实质上是文学艺术作品表现"再现的客体"的手段。英伽登指出,它为读者通过阅读把作品"具体化"奠定了物质基础,并因此而在具体体现出作品本身所特有的审美价值属性的同时,展示作品所表现的具体情境和事件的精神意味,如崇高、悲怆、恐惧、哀怜、妩媚、神圣、怪诞等;因为这些精神性意味能够揭示人类生存的深层意义,所以,它们都是文学艺术作品所能够具体展示的、最高的审美价值。

二　文学艺术作品的"认识论"

在《文学的艺术作品》中,英伽登回答了"作为认识对象的文学艺术作品究竟如何构造出来、究竟如何存在、其具体形式结构如何"的问题。在《对文学艺术作品的认识》这部著作中,他则研究和论述了"究竟什么导致了对文学艺术作品的认识、如何对文学艺术作品进行认识，以及通过这种认识可以获得什么结果"的问题。

他指出，虽然人们对文学艺术作品可能采取各种各样的态度和观点，但是，与人们形成对文学艺术作品的认识密切相关的基本态度主要有以下三种：第一，前审美态度，这种态度的基本目的是获得有关文学艺术作品本身，而不是有关这种作品的具体化的知识，其核心是形成关于文学艺术作品的客观认识，并且确定人们对这种作品进行的重构究竟是不是忠实于原作品；第二，审美态度，即读者在通过具体的阅读过程把文学艺术作品具体化、使之形成审美对象的时候，所采取的基本态度；这是英伽登论述的重点，我们下面还会概括地加以论述；第三，后审美态度，即人们在进行过审美活动的基础上试图获得的、有关文学艺术作品具体化和审美对象的具体知识①。这样，他就从自己所坚持的、按照认识对象的存在方式和基本形式结构考察认识的基本倾向出发，开始具体论述他对他所谓的"对文学艺术作品的认识"的观点。

就文学艺术作品的有机整体性结构层次这个方面而言，英伽登指出，文学艺术作品的功能就是为审美主体形成审美经验发挥基础作用，它那每一个具体层次都包含着"不确定的点"的有机分层整体结构，具有作为"艺术价值"而存在的、与审美相关的价值属性——正是这种属性从一开始就以某种方式影响主体的情绪，使之忘记其在日常生活中所具有的各种实际关心之事，开始集中精力关注这种属性本身。这样，读者便通过阅读过程、通过文学艺术作品的语音层次、通过理解其所承载的意义，进入了"意义单位层"。在这里，所谓理解语句的语义，也就是使其中所包含的意义变成现实的、可以理解的东西；英伽登指出，作为读者而存在的主体，是通过"积极阅读"而参与到文学艺术作品所概括展示的"世界"之中的②。在这样的过程中，读者通过进行"积极阅读"，不断调动自己以往获得的各种有关经验、充分发挥自己的想象力，从而逐步消除文学艺

---

① 参见 Roman Ingarden，*The Cognition of the Literary Work of Art*（《对文学艺术作品的认识》），Northwestern University Press，1973，"Introduction"，以及 Ch. 4，"Varieties of the Cognition of the Literary Work of Art"。

② 参见 Roman Ingarden，*The Cognition of the Literary Work of Art*（《对文学艺术作品的认识》），Northwestern University Press，1973，Ch. 1，"The Process Entering into the Cognition of the Literary Work of Art"。

术作品表现的对象所包含的"不确定的点"、逐步填补作品的"再现的客体层"之中所包含的各种"空白",就可以使文学艺术作品的四个层次之间形成具体的相互影响和相互作用,把文学艺术作品"图式化的方面"具体化、把其语句所描述的"事态"具体化,最终使文学艺术作品变成一个活生生的有机整体、具体化为审美客体。在这种情况下,读者就可以在把文学艺术作品所具有的"艺术价值"具体化为"审美价值"的同时,使其终极性的审美价值最终显示出来。显然,这样一来,作为认识者而存在的主体,就可以因此而为其出于"前审美态度"和"后审美态度"所进行的认识活动,奠定坚实的基础。

另一方面,就读者阅读文学艺术作品的过程所具有的时间维度而言,英伽登指出,虽然文学艺术作品是一个已经完成了的、由多种层次构成的有机整体结构,但是,读者的阅读却必定经历一个循序渐进的时间过程,而不可能一蹴而就——也就是说,读者必须一方面依次涉及文学艺术作品的上述四个由低到高的形式结构层次、不断发挥其想象力进行相应的"具体化"精神活动,从而经历一个时间过程;另一方面也会同时随着文学艺术作品所描绘的"事态"的进程而不断前进、不断经历这样的"事态"所具有的"时间视角"及其变化;因而这里也同样存在某种时间维度。在这种情况下,读者虽然在某一个时间点上所面对的,只是作品所生动地呈现出来的部分"事态"或者"世界",但由于其本身所发挥的"积极记忆"的作用,由其不断具体化的"再现的客体"便不断与其以往的阅读经验所包含的"再现的客体"融合起来,通过阅读过程所具有的动态性时间视角活生生地呈现在读者的面前①。在这个过程中,读者最初由文学艺术作品在其心目之中激起的"初始情绪",便接下来与文学艺术作品所具有的"艺术价值"相互作用、相互结合,使读者在把作品具体化的同时体验这些审美情感,最终使文学艺术作品变成审美对象、达到审美经验的极致,并且因此而使读者获得审美享受和相应的人生启迪。

三 审美价值和艺术价值

和研究论述"对文学艺术作品的认识"所使用的基本模式一样,英

---

① 参见 Roman Ingarden, *The Cognition of the Literary Work of Art* (《对文学艺术作品的认识》), Northwestern University Press, 1973, Ch. 2, "Temporal Perspective in the Concretization of the Literary Work of Art"; Ch. 4, "Varieties of the Cognition of the Literary Work of Art"。

伽登晚年从现象学价值哲学的角度出发对"艺术价值和审美价值"之间的基本关系的研究和论述，也是以其对文学艺术作品存在方式和基本形式结构的研究成果为基础的；同时，从其学术研究的总的发展趋势角度来看，这个方面的研究也表明了他从研究艺术作品的"本体论"、"认识论"，开始走向研究艺术作品的"价值论"。

在此基础上，从现象学价值哲学的角度出发，英伽登进一步对审美价值和艺术价值进行了分析论述。他指出，从价值哲学角度考察艺术作品和审美活动，可以把两类价值因素区别开来：第一类是"无条件性价值因素"，其中既有艺术作品中所包含的、直接引发审美感受的"审美因素"，也有虽然并不直接引发审美感受，但却构成审美因素之基础的"艺术因素"；它们虽然本身并不是价值，但是却从肯定或者否定的角度构成了艺术作品价值结构的基础，因为艺术作品的价值就是由于它们以特定的方式组合起来而产生的——其中，某些价值因素决定了艺术作品在审美、道德等方面具有的一般价值，使艺术作品的价值类型与其他价值类型区别开来；另一些较高层次的价值因素，则通过决定艺术作品的审美价值独特性而决定了一个艺术作品所特有的艺术价值和审美价值。第二类是"条件性价值因素"，指的是包括艺术作品的审美价值因素和艺术价值因素之外的、所有各种价值因素——诸如一种艺术作品所具有的门类特征、艺术语言特征、艺术语言构成特征等；它们虽然从价值哲学的角度来看是中性的，但却与艺术作品的艺术价值因素和审美价值因素共同构成作品的价值结构，发挥着对艺术作品的艺术价值因素和审美价值因素进行排列组合的框架性作用。英伽登认为，只要这些因素与艺术作品的艺术价值因素和审美价值因素恰当地结合起来，它们就可以在获得并呈现出某种审美价值的同时，使艺术作品的艺术价值因素和审美价值因素更加鲜明突出地体现出来。[①]

综上所述，我们可以说，英伽登是一个具有独创性的理论家。他在批判扬弃胡塞尔现象学哲学理论研究成果的基础上，通过以文学艺术作品的存在方式和分层有机整体结构为突破口，对文学艺术作品及其审美方式、认识方式，以及价值因素结构进行的一系列探索和研究，乃至其后来对音

---

① 参见 Roman Ingarden，"Artistic and Aesthetic Values"（《艺术价值和审美价值》），in *British Journal of Aesthetics*（《英国美学杂志》）4，No. 3，1964，pp. 198–213.

乐、绘画、建筑等具体艺术作品门类的研究，在具体结论和方法论探索方面，都给后来的美学研究者留下启发借鉴意义。

第二节 杜夫海纳

在 20 世纪 60 年代，杜夫海纳（Mikel Dufrenne，1910—1995）是法国美学界的代表人物，其影响广为传布。到了 20 世纪 80 年代，随着新一代现象学家的崛起和分析哲学的深入发展，杜夫海纳的名字在巴黎学术界逐渐淡出。但在法国之外，他的思想依然影响巨大。近年来，也就是在新旧世纪之交，他在法国再次受到读者的推崇。

杜夫海纳经常到世界各地参加学术会议和应邀讲学，并曾在法国主编《美学杂志》。从 1971 年到 1994 年，杜夫海纳一直担任法国美学会主席。在文集《标杆》[①] 或三卷本的《美学与哲学》[②] 中，杜夫海纳除了专论哲学的文章之外，其余大部分专论艺术家和现实专题的论文也都充满纯粹的哲学反思；另外，他还有两部专论先验问题（a priori）[③] 的著作，侧重政治哲学反思[④]以及哲学和美学反思[⑤]。杜夫海纳的这些著述是在其 50 岁到 70 岁之间完成的。自从 1962 年出版了唯一的英文著作《语言与哲学》[⑥]之后，直到 1968 年他才发表了《为了人类》一书。

一 现象学美学的锚地

杜夫海纳的《审美经验现象学》于 1953 年问世。该著作不仅参考了

[①] Mikel Dufrenne, *Jalons*（《标杆》），La Haye，Nijhoff，1966.

[②] Mikel Dufrenne, *Esthétique et philosophie*（《美学与哲学》），Paris，ed. Klincksieck，t. 1：1967，t. 2：1976，t. 3：1981.

[③] Mikel Dufrenne, *La notion d'a priori*（《论先验概念》），Paris，P. U. F.，1959 et *L'inventaire des a priori*（《关于先验的清查》），Paris，ed. Christian Bourgois，1981.

[④] Mikel Dufrenne, *Pour l'homme*（《为了人类》），Paris，Le Seuil，1968；*Art et politique*（《艺术与政治》），Paris，U. G. E.，col. 10/18，1974；*Subversion，perversion*（《颠覆，倒错》），Paris，P. U. F.，1977.

[⑤] Mikel Dufrenne, *Phénoménologie de l'expérience esthétique*（《审美经验现象学》），Paris，P. U. F.，1953；*Le poetique*（《诗学》），Paris，P. U. F.，1963；*L'œil et l'oreille*（《眼与耳》），Montreal，L'hexagone，1987，repris aux ed. Jean-Michel Place，Paris.

[⑥] Mikel Dufrenne, *Language and Philosophy*（《语言和哲学》），Bloomington：Indiana Univ. Press，1962.

此前出版的一系列现象学著作，而且在其中与萨特、梅洛—庞蒂和胡塞尔展开了对话。杜夫海纳在此书中开宗明义地指出："人们将会发现，我们并非勉强地迫使自己去追随胡塞尔的文本，而是在萨特和梅洛—庞蒂将现象学这一术语引入法国的意义上来解悟现象学。描述的目的在于把握本质，在于界定和给出现象的内涵。要想发现本质，就需要揭开面纱，而不是不懂装懂。"① 他的美学反思对象是梅洛—庞蒂的知觉哲学和萨特的政治哲学，想借此摆脱其在萨特与梅洛—庞蒂之间徘徊的困扰，并试图调和一元论与二元论之间的矛盾，其目的是为了同时身兼两职，"既做原创诗人，又当历史艺匠，并认为这种模棱两可的身份一方面隶属于大自然，另一方面又是大自然欲加分离的对象"②。

在普通美学领域，杜夫海纳采取了现象学的研究方向。他不是从美学史的角度出发来研究美学，也不是从探讨美或趣味这类常见的范畴或主题角度来研究美学，而是从描述"审美经验"的角度入手，认为观众的立场观点要比作者的立场观点更为重要。在界定审美经验的相关导言中，杜夫海纳解释说：与社会学、人类学对艺术的反思以及黑格尔式的艺术灵感说不同的是，现象学观点要求研究创造性活动的人们，去探讨类似具体体验形态这种审美关系的本质，也就是凭借凝神观照之类的传统对其加以辨别。有趣的是，这一建议并不是要分析凝神观照这一概念及其历史，而是试图揭示审美关系所展现出的一种存在于人类主体中的世界意义的本原联系。审美经验融合了某一客体与审视该客体的意识，显现出该审美经验与其表示物和相关态度与该客体之间的关联。现象学方法专门用于研究意向作用—意向对象的关联，并彰显影响凝神观照过程的具体意向性。通过揭示现象学与美学的关系，可望超越主体性理论与客观论学说之间的种种冲突。审美经验的意向性表明，审美客体与审美经验具有相互联系的特性。

1. 审美客体

审美经验要求这位现象学家采用一个合适的概念，用以表明艺术作品作为审美意向性的关联物。然而，有人认为艺术作品与审美经验无关，因

---

① Mikel Dufrenne, *Phénoménologie de l'expérience esthétique*（《审美经验现象学》），op. cit., p. 4. 下引该书随文注，书名简写为 Ph，接着是页码。

② Mikel Dufurenne, *Pour l'homme*（《为了人类》），op. cit., pp. 149 – 150, note 3.

为"审美客体乃是以审美的方式所感知到的客体，也就是人们所说的审美感知客体"（Ph：9）。"审美客体"概念是杜夫海纳美学的支点；正因为如此，审美经验的本质方可得以彰显出来，而这样一来，根据历史来解释本相也就不会是徒劳的了。审美客体表明，感知与其客体是一致的。"审美感知设立审美客体，为其立法，令其归顺；审美感知以某种方式获得审美客体，但并不创造审美客体。以审美的方式感知（客体），也就是以忠于事实的方式去感知（客体）。"（Ph：9）艺术作品的客观结构发人深思，让人去研究客体，而不是感知客体。

《审美经验现象学》是通过探讨"审美客体的现象学"而展开的，其目的在于表明这个客体所许下的那些承诺及其理应遵守的那些承诺，"因为该客体的本质对自身来讲属于一种规范"（Ph：22）。审美客体需要审美感知，因为"审美经验即感知体验"（Ph：46）。在此体验中，人们会发现下列常见的循环现象，即："审美感知的目的就在于揭示感知客体的构成因素。不过，如果我们想要界定审美客体，就必须理所当然地假定昭示这一客体的典型感知方式。"（Ph：25）梅洛—庞蒂在详尽表述美学与哲学的方面所做的研究工作，经由杜夫海纳而得到进一步的发展。审美感知对艺术作品来讲是名副其实的称谓，这种感知是"特别的感知，纯粹的感知，其唯一的目的就在于客体本身"。（Ph：25）

审美客体也是逐步确立的，其感知在一开始既无须活动，也无须反思。该客体只是引起我的感知，并不要求我确定什么，"只是单纯地感知，也就是让我敞开接受感性事物"（Ph：127）。审美客体这种貌似无根据的在场，由于客体的物性得到强化和感性事物在那里赢得自身神圣的光辉，而显得格外引人注目。审美客体的形式就是其内在的意义，"也就是作品的实体本身，那感性的事物也只出现在当场"（Ph：41）。由于内在意义存在于感性事物之中，即所指内在于能指之中，因此，"意义正是从这种感知就是感知的对象中生成的"（Ph：42）。换言之，"这就是审美客体对我言说的东西，它通过自身在场来自言自语，这一切都隐含在感知客体的深处"（Ph：44）。杜夫海纳尽管坚持这种感知方式，但也承认融合作品及其接受方式的那种本质关系，同时也分析作品的技巧、作品的展览以及公众的反映等。然而，究其本质，这些契机的意义源自下述这一经常得到反复强调的断语："艺术作品的存在，与其感性在场密切相关，后者使人能够领悟作为审美客体的艺术作品。"（Ph：79）

2. 表现性与情感

审美客体要比一件事物意味着更多的东西。这种客体富有表现特征。"艺术在真实地再现感性事物形象的同时，也表现或传达某种情感，借此使得再现的客体活灵活现，栩栩如生。这首先意味着客体富有表现力。"（Ph：187）根据其表现力，审美客体便具有自身的价值，从而与主体的关系更为亲近，以致达到"准主体"的程度（Ph：197）。这样一来，审美客体便在此世界中打开另一世界，而其自身则"包含着那个属于它的世界"（Ph：207）。审美客体非但不受周围世界的污染，反倒使其发生变化并审美化。"审美客体行使的是具有支配力量的帝国主义手法，在将现实审美化的同时也将其非现实化。"（Ph：207）主体对审美客体这一特质的回应就是情感。"富有表现力的审美客体给人这样一种印象：它所展现出的某种特质难于言表，但却在传达过程中激发人的情感。"（Ph：235）该情感正是"理解被表现的那个世界的一种特殊模式。"（Ph：257）

描述审美客体需要系统化，而且涉及本体论的问题。倘若杜夫海纳急于批评那些他所接触到的、视审美客体为想象产物或理智产物的立场观点的话，那就得返回到这一感知客体的本质特征上来，同时也要探讨感知客体的存在形态。在分析梅洛—庞蒂的思想时，杜夫海纳从感知客体那里看到一种"内在的超越性，……也就是说，虽然感知作用让人经常看到客体本身，但客体依然想要脱离感知作用"（Ph：285）。在这里，情感中的直接感悟会转化为一种对知识和真理的需求，而真理则涉及到概念。然而，这一转化过程无助于从本体意义上去确定审美客体。要知道，只有普通客体使人抛弃感知作用，"而审美客体则容易使人恢复感知作用"（Ph：286），因为"其存在本身就是一种显形"（Ph：287）。这种审美客体在场时的显形所包含的启示表明：它使观众承认"我自己已被异化的事实。感性的事物会引起我的反应，否则，我只不过是其显现的场所与其力量的回声而已"（Ph：290）。研究审美客体所得出的结论，似乎隐含着客体至上的倾向。虽说如果没有我，审美客体无从谈起，"但我只是成全客体的工具罢了，因为处于主导地位的是客体。所以，若从情感的角度来看，审美感知属于异化结果"（Ph：296）。考虑到"异化矫正意向"的告诫，"我只能说我构成了审美客体，我在我审视客体的活动中被纳入客体之中，因为我在审视客体时，完全专心致志于客体，而不是把客体仅仅摆在我的面前随便看看"（Ph：296）。换言之，就像杜夫海纳身后那些关注艺术的现象学家所一致认为的那样，审美意识并非是构成的结果。①

　　3. 作为过程的审美经验

　　为了弄清审美经验的过程特征，杜夫海纳自己尽管心知肚明，但他依然需要在哲学的系统化中借助想象来确保从感知阶段进入到思维阶段。想象带来超越的可能性，以此可以取得或断定时空的距离。与萨特笔下的想象不同的是，杜夫海纳所说的想象并不否认现实事物，而是以预见或前瞻为特征。就是说，想象先于现实，而非否定现实。然而，在杜夫海纳的《审美经验现象学》一书中，类似的观点并未得到充分的发展。该书一味强调想象的超越作用，但却以牺牲体验活动为代价。事实上，若从体验角度看，由于想象通过各种意象使已知的东西变得更为丰富多彩，因此，对审美感知而言，想象并非是必不可少的条件。想象自身足以表明："想象能够引发感知活动，但无须丰富感知活动。"（Ph：448）　必要的想象会专注于感知活动。"举凡想象活动与感知活动合作的地方，就能唤起想象，这不同于形象意识的关系，因为这种关系想在放弃感知活动的同时取消审美客体。"（Ph：452）只要设法发展审美经验，就能更好地克制全凭体验的想象。"真正的艺术作品能帮助我们节约想象的各种花费。"（Ph：457）

　　再现的契机开启了一种希望，但却没有引起任何反响。这就需要入乎其内，进行深入的调查研究。任何中介都不能删除作品的神秘性或消减作品的独特性。因此，我们务必回归到感知活动，只有这样，我们才能与作品进行真正的交感。非审美的感知活动越是把人引向深入的研究，审美感知活动就越使人相信那不是本质所在。问题不在于简单地复归到最初的肉体关系中去，"而在于在保留这种关系的同时改变审视的方式，以此来开创一种新的存在关系，这样既不取消再现，也不单纯回到在场，而是需要

---

　　①　杜夫海纳再次徘徊于马尔迪尼（Henry Maldiney）所开辟的道路与他自己极力开拓的原创性美学发展道路之间。我们不妨回顾一下，杜夫海纳曾在1985年出版了《艺术与生存》（Art et existence）这部专论马尔迪尼美学的文集。他在文中这样写道："（一幅绘画的）视象并没有意向性的结构。那它为什么是审美性的呢？如果感性美学（l'esthétique-sensible，l'αισθητιϛ）在艺术作品中进入其本质意义上的真理性，那是因为艺术美学（l'esthétique-artistique）除了感知方式的差异和客观化的目的之外，还假定感觉的无意向性。感觉与人世沟通。这里所言的'与'（avec）表示其自身的审美维度，具有会通的内涵。所有意向性目的均趋向于客观性。这一目的本身与人世或作品相抵触，并且借此拒绝或删除会通的契机，因为其自身属于现实的契机。"

区别开新的现时性与在场的现时性"（Ph：469）。杜夫海纳绝不一笔勾销历史学家或各种社会科学专家所做的研究工作。他们的"所有思想方法都不是无足轻重的，个个都好像是出于某些非审美的目的在利用作品，个个都有助于丰富和促进感知活动，同时也有助于培养感情，即培养一种使感知活动得以完成的情感"（Ph：521）。杜夫海纳相信，这方面的自然洞察力不久就会显山露水。他本人继续研究进入情感的两条途径：一是某种探讨再现与反思的经济途径，二是经过上述阶段以后，从所理解的在场意义上改变确确实实的在场（Ph：514）。杜夫海纳就此指出："审美态度并不那么简单，它不仅可能排斥有利于情感的判断，而且始终游移在可以称之为批判的态度与情感的态度之间。"（Ph：524）事实上，而且经常如此，应当把审美经验视为一种需要时间的复杂历程或过程："这实际上是对审美客体本身的另一称谓，这种客体会同时引发反思活动，因为其内容结构是连贯而自律的，是乐于承载客观知识与情感的，更何况它不会凭借这种知识来消耗自身，而是激发出一种更为密切的关系。"（Ph：525）通常，这依然需要回到具体有效的感知活动上来："审美情感会在审美客体消失以后依然幸存下来。"（Ph：531）迫切而强烈的情感让我们欣喜若狂，会使审美经验形成自己的特点，并且在此使其多样性具有独特性，同时充当重新认识作品的标准。面对作品，无论是从文化的范畴还是不稳定的历史范畴来说，审美经验就在此时发生了。

二　现象学之后的先验转向

《审美经验现象学》中的大部分现象学描述似乎面面俱到；但是，杜夫海纳依然认为有必要展开对审美经验的"批判"，以便从现象学研究转入先验论研究。这一决定主要是受康德的影响和理性要求的制约。其目的在于，通过反思探讨审美经验之所以可能的相关条件。杜夫海纳提出的假设是：日常的具体经验涉及到某些先验的情感性真实事物。"同样，康德所言的那些先验的东西，正是使已知或思维客体得以成立的条件，这里所说的条件也正是人们可能感觉到的那些条件。"（Ph：539）

杜夫海纳与康德的分歧是显而易见的。他感兴趣的主体并非是先验主体，而是实实在在的主体，也就是"能与世界保持一种活生生的关系"（同上页）的艺术家或观众。情感敏锐的主体，在主观认识中会发觉一种物质性的意义。杜夫海纳发现，先验性的东西并非是逻辑性或形式性的，而是物质性的。诸情感性范畴依然具有意向性价值（valeur noétique），情感在这里充当了主客体之间的连接点。"情感对我的影响不同于它在客体中的情况。只有感觉才能体会到情感，这不同于我自己的存在状态，而是类似于客体的属性。情感对我来说只是某种情感结构的一种反应而已。"（Ph：544）在这里，杜夫海纳援引拉辛的悲剧加以佐证。他说，就拉辛与拉辛的艺术世界而言，我们仅能确定其前后连接关系，这两者"均从属于人们所说的一种前拉辛时代的情感特性"。（Ph：560）这种情感特性有赖于原先一种截然不同的真实性，也就是它所表现的那种真实性。可是，这种表现方式会创设一种与主客体相对立的意向作用—意向对象关系。

与康德的另一分歧也是相当明显的。先验具有两重性，既包含显现在客体中的结构，又意味着主体对诸结构的实际认识。另外，由于情感无权要求自行产生或初步尝试，所以，主客体之间共享的先验性，便将主客体统一在双方皆大欢喜的共谋关系之中。我们身上的那些情感范畴，能使新作品引起反响。"倘若我们能够感受达到拉辛剧作的悲剧性、贝多芬音乐的悲怆性或巴赫音乐的宁静性，那就意味着我们在情感产生之前就有某种关于悲剧、悲怆或宁静的理念，也就是说，我们从此以后既能唤起这些具有一般或特殊情感特性的情感范畴，同时也清楚先验之为先验的相关道理。"（Ph：571—572）因此，确定先验涉及三种要素："首先，先验存在于客体之中，它使客体成之为客体，所以具有构成作用。其次，先验存在于主体之中，该主体具有某种接纳客体和预先理解客体的能力，这种能力也使主体成之为主体，所以先验是关乎存在本质的。最后，先验可以形成一种认识的客体，而这种认识自身是先验的。"（Ph：546）

杜夫海纳对先验问题的研究发轫于1953年发表的那部著作，此后在1959年和1981年分别发表的两部著作中，他又对此问题进行了具体而深入的论述。只有先验的构成作用与存在本质两个方面发展到审美经验研究的水平，它们才会踏上"在不违背客观性的同时充分考虑主体性的思路。"（Ph：547）舍勒（Max Scheler）的影响使康德的影响发生转向。情感特性被当作价值，由此造成复杂性体验与上述过程性体验的统一。只要根据人与现实来反思，那么，相关的批判立刻就会采取"一种本体论的表达方式"。"先验之所以在决定客体的同时又决定主体，是因为它作为一种先前的存在属性，在属于主体的同时也属于客体，并且使主客体之间的亲和关系成为可能。"（Ph：561）在对先验问题的思索中，杜夫海纳或多或少地依然坚守本体论的锚地，认为人类与世界的亲密关系不允许我们排除现实的根本相异性。超越性的体验主义使杜夫海纳与胡塞尔的唯心主义哲学保持着一定距离。事实上，正是联系人类与世界的契合点，促使这位哲学家进行思想冒险活动，同时也促使他最终放弃了思索，但这表明他是一位艺术家，尤其是一位诗人。

第三十四章

存在主义美学

存在主义作为一场思想运动兴起于 20 世纪 40 年代。它所涉及的核心人物包括：海德格尔、雅斯贝尔斯、萨特、波伏娃、加缪、马塞尔、乌纳慕诺、奥尔特加·加塞特和蒂利希等。这是一批联系相当松散、有着不同宗教信仰、不同政治立场，甚至不同思路的哲学家，之所以被划归在存在主义名下，是因为他们共同具有如下一些共同特征：首先，他们都深切关怀现代人的精神处境，希望能够为人的生存寻找到意义的根基；其次，他们大都不认为现成的范畴体系可以穷尽个人具体的生存体验，也不相信仅靠纯粹的理性反思就可以确定生存的意义。通过追溯这一思想运动的源流我们可以发现，在西方思想史中，这种对个体生存体验的推崇和对于个体生存意义的追问，作为一个被理性主义遮蔽的潜流，是始终存在的。无论在古希腊思想家那里还是在犹太—基督教的传统中，我们都可以找到它的渊源。然而，存在主义最晚近的先驱当数 19 世纪的两位思想家，即克尔凯郭尔和尼采。

第一节　海德格尔

海德格尔（Martin Heidegger，1889—1976）是 20 世纪影响最深广的哲学家。他对存在问题的不懈追问，对人在世界中实际生存的分析，对西方形而上学传统的克服，以及对前苏格拉底时期古希腊思想的回归，极大地改变了 20 世纪西方思想的走向。事实上，海德格尔最关注的是存在本身的问题，人的生存分析只是达到这一目的的途径，而不是海德格尔一生贯彻始终的途径。在海德格尔哲学生涯的后期，随着他与先验主体主义的决裂，他基本放弃了借考察人的生存方式来通达存在本身的企图。但就存在主义运动的发展而言，海德格尔在《存在与时间》中有关人的生存的思想无疑具有里程碑式的重要意义。另一方面，这些思想也构成了他 30 年代思考艺术作品之存在的背景。

一　存在主义的哲学根基

海德格尔认为存在与存在者有着根本差异，他将其称为"存在论差异"。为把自己对存在本身的追问与传统本体论区分开来，他将前者叫做基础存在论。"存在"一词的德语原文是 Sein，存在者（Seiende），即存在的或所是的东西。一方面，存在的东西以如其所是的方式存在，因而，说某物存在无异于说某物是一个对象。另一方面，所是的东西总要是个什么。当我们要把握一个东西时，我们首先要问："……是什么？"而当我们回答："……是 A"时，我们就以 A 确定了这个什么，也就是给出了这个存在的东西所是的本质。

那么，我们又如何理解存在本身呢？照海德格尔的说法，存在决不是存在者，存在（是）既不是指对象也不是指本质，更不是指某种特定的本质，某个具体的什么。[①]然而，"使存在者之被规定为存在者的就是这个存在；无论我们怎样讨论存在者，存在者总已经是在存在已先被领会的基础上才得到领会"[②]。对于存在与存在者的差异，亚里士多德已经有所察觉。他指出，存在的普遍性是类比的普遍性，而不是类的普遍性。只是他未能深入追问这一问题，以至后世都无一例外地将存在混同于存在者，即将存在当作一个类概念或形式范畴。

那么，我们如何能够接近这个晦暗不明的存在本身呢？在这里，我们接触到海德格尔哲学的另一个重要命题：存在总是存在者的存在。这意味着，我们必须借存在者来接近存在本身。海德格尔说："只要问之所问是存在，而存在又总意味着存在者的存在，那么，存在问题中，被问及的东

---

① 西奥多·基希尔：《海德格尔〈存在与时间〉的起源》，加州大学 1993 年版，第 165—170 页。

② 海德格尔：《存在与时间》，三联书店 1999 年版，第 8 页。

西恰恰就是存在者本身。不妨说，就是要从存在者身上来逼问出它的存在来。"①对此，海德格尔自己给出的答案是，那种能够追问存在问题的存在者，也就是我们每个人以各自具体的方式所是的那种存在者。海德格尔将其称为此在（Dasein）。所有存在者的本质品格都源于存在，但此在与其他存在者的不同之处在于，它会追问这种使它成为它自己的存在本身，而它的这种追问就属于它的存在方式。以追问存在为自己特有的存在方式的此在，实际上总是已经对存在本身有所理解、有所领会，并且基于这种领会而对遭遇到的存在者有所作为。

　　在开始具体的生存分析之前，海德格尔对人生存的实际状态给出了基本描述：此在存在的基本建构是在世界之中存在（In-der-Welt-sein）。海德格尔在这里首先要呈现的，是此在在世界中的日常状态。日常状态虽然不属于此在本真的生存，但却是实际生活中的人绝对难以摆脱的、最活跃的生存状态。此在在世界中存在的方式，不是如一个现成存在者在空间上处于另一现成存在者之中，而是"操劳"，是"居而寓于…"、"同…相熟悉"，是同某某东西打交道，是制作、安排、利用、放弃某某东西以及诸如此类。可以说，此在以这种"在之中"的方式与之发生关系的存在者就是世界。

　　海德格尔对此在在世界之中存在的现象学描述，从世界的方面来进行进而转向了对于"此"的分析。然而，对此在存在的描述还要针对此在的"此"，也就是此在所在的"这里"或"那里"。但这里要关注的不是此在在"此"对存在者的揭示活动，而是"此"之在如何"展开"其存在的整体。也就是说，我们在这里要集中搞清，此在如何敞开决定着其揭示活动的，但在揭示活动中又没意识到的东西——它存在的整体。此在如何展开其存在整体？不是靠理论思辨，不是靠专门的研究考察，而是靠它的"此"之在。实际上，此在在其实际生活中从不有意识地展开什么，但在其"此"之在中，此在总是已经展开了其存在。如果我们把此在对存在的展开叫做"展开状态"，那么可以说"此在就是它的展开状态"。这种展开状态就是此在之"此"的生存论建构，包括：现身情态、领会和言谈。此在在世界中生存于"此"，也把世界带到"此"。世界作为指引关联由"为何之故"最终指向这个在"此"的存在。领会根据"为何

---

　　①　海德格尔：《存在与时间》，三联书店1999年版，第8页。

之故"与世界的意蕴相熟悉,作为此在的展开状态,领会也就展开"为何之故"和意蕴。而当这些方面被展开的时候,此在便意识到它的在世界中存在是为它自己的存在之故。领会就此将此在的存在展开为"能存在"。就是说,此在能够生存,并且此在依其生存可能性去是它所能是。此在的可能性不是逻辑的可能性而是生存的可能性。

二　艺术作品的存在与真理的发生

(一)艺术作品与艺术家互为本源

海德格尔于 1935 年至 1936 年作了一系列关于艺术作品的讲演。这些讲演后来以"艺术作品的本源"为题收入他于 1950 年出版的《林中路》一书。可以说,《艺术作品的本源》是海德格尔在追寻存在之真理的道路上奋力前行的一个重要里程碑,在这里关于艺术、艺术作品的讨论始终是围绕着真理问题而进行的。

在《艺术作品的本源》的开始,海德格尔首先对问题的结构做了梳理:所谓"本源"就是某事物从它而来并凭借它而是其所是的东西。如果将某事物的如其所是的什么称为它的本质,那么它的本源就是它的本质的来源。这样,艺术作品的本源问题就可以转化为艺术作品本质的来源问题。是谁给了艺术作品如其所是的本质?这一问题自然会使我们想到艺术家,是艺术家创造了艺术作品,从而成为其主人。然而,从另一方面来看,我们同样可以说,是艺术作品使其作者成为艺术家。可见,艺术作品和艺术家是互为本源的。追问至此,我们被迫使转向一个比这二者更为原始的第三者,是它扮演了二者共同起源的角色,它就是艺术。于是,对于艺术作品本源的追问就进一步变为对艺术为何的追问。但是,我们到哪里去寻找艺术的本质?恐怕还是要到艺术的显现之处去寻找,这自然又将我们引回到艺术作品。

我们在这里陷入了某种循环。然而在海德格尔看来,进入循环并不是徒劳无功的:"因此我们必得安于绕圈子。这并非权宜之计,亦非缺憾。走上这条道路,乃思之力量,保持在这条道路上,乃思之节日——假设思是一种手艺(Handwerk)的话。不仅从作品到艺术和从艺术到作品的主要步骤是一种循环,而且我们所尝试的每一具体的步骤,也都在这种循环之中兜圈子。"①

　　为了揭示艺术的本质，海德格尔必须走上这条循环之路，而他所选定的循环的入口是现实的艺术作品。当他考察艺术作品的时候，他所运用的方法仍是现象学方法，他所关心的问题仍是存在——艺术作品的存在方式，尽管这里已经少了从此在在世的生存理解出发的解释学色彩。

　　居于纯然物与艺术作品之间，这使得用具成为我们探明纯然物及艺术作品之本性的关键环节。海德格尔在《存在与时间》中对用具的分析让我们了解到它们是如何被此在的操劳所揭示，它们的用向关联以及它们存在方式的世界性；在《艺术作品的本源》的开始，海德格尔又让我们看到，哲学长久以来不加区分地用于谈论所有存在者的质料—形式概念，实际上只适合于规定用具的存在。然而，要把这些关于用具的理解转化为揭示艺术作品及物的本性的资源，还需要在与艺术作品及物的联系中对用具进行考察，而这样做也将有助于我们进一步认识用具的本性。

　　（二）存在者的真理作为无蔽发生于艺术作品之中

　　海德格尔选择了呈现在凡·高的名画中的农鞋作为进一步追问的入口。当我们随着海德格尔的目光去打量这件眼前的东西时，我们发现自己是在以现象学的方式来看它。我们没有涉及任何艺术理论的现成术语，没有用到什么哲学的基本范畴，我们甚至没去理会它作为著名艺术作品的事实，我们仅仅是根据实际的生活经验去理解画中呈现的东西。如此这般，我们看到了什么？我们看到，这是一双破旧的农鞋；虽然，画面中没有出现它的主人，但其磨损程度却无疑宣告了使用着它的农妇的辛劳。在我们的理解中，农鞋作为用具，其存在在于它的有用性，而这又使它处于一个关联整体之中。但对此，"上手地"使用着它的农妇本人却并不专门留意，农妇熟悉她的世界，但对此她却并不意识。她穿着农鞋踏在田野上，它回响着大地无声的呼唤。"这用具属于大地，它在农妇的世界里得到保存。"②现在，我们遇到了比有用性更加根本的用具之存在："虽说用具的用具存在就在其有用性之中，但有用性本身又植根于用具之本质存在的充实之中。我们称之为可靠性。凭借可靠性，这用具把农妇置于大地的无声

　　①　海德格尔：《林中路》，上海译文出版社 1997 年版，第 2 页。

　　②　同上书，第 17 页。

的召唤之中，凭借可靠性，农妇才把握了她的世界。"①

　　对农鞋这种用具的用具性认识，无需借助对其制作过程的记录。我们曾经把用具看作是出自把形式加于质料的制作活动，但进一步分析使我们懂得，这种活动受到用具的有用性的引导。然而，有用性却仅仅把我们引向世界。我们说过，"此在在世界中的生存"只是海德格尔以前关注的核心问题。现在，他通过对用具之存在的更深刻的理解，发现了用具的可靠性，而可靠性不仅关联着世界，而且还关联着与世界相对的大地。"用具之用具存在即可靠性，它按照物的不同方式和范围把一切聚于一体。……用具的有用性只不过是可靠性的本质后果。"②

　　然而，这一切我们是怎么看到的呢？不是通过对鞋的制作过程或使用情况进行实地考察，也不是通过仪器对它进行测量分析。是艺术作品把农鞋作为用具的存在以及由此开启的其他存在者的存在展现在我们眼前。"这里发生了什么？在这作品中有什么在发挥作用呢？凡·高的油画揭开了这用具即一双农鞋真正是什么。这个存在者进入它的存在之无蔽之中。希腊人称存在者之无蔽为 aletheia。我们称之为真理，但对这个字眼少有足够的思索。在作品中，要是存在者是什么和存在者如何是被开启出来，作品的真理也就发生了"，"在艺术作品中，存在者的真理已被设置于其中了"。这里说的"设置"（Setzen）是指被置放到显要位置上。一个存在者，一双农鞋，在作品中走进了它的存在的光亮里。存在者之存在进入显现的恒定中了，那么，艺术的本质就应该是："存在者的真理自行在作品中发生作为。"③

　　"作为存在者之无蔽的真理在作品中发生"，"存在者在作品中走进了它的存在的光亮里"，"存在者的真理将自身设置于作品之中并自行在作品中发生作用"，这些说法听上去似乎太过诗意，似乎难以把握，但只要我们明白，在海德格尔那里，真理和存在的意义基本是一致的——存在者的真理就是作为存在者之无蔽的存在；而且，只要我们明白，海德格尔在此关注的核心问题是存在者的存在以及让存在者如其所是地存在的存在本身，那么理解这些说法就有了可能。可以说，"存在者之真理"显现存在

---

① 海德格尔：《林中路》，上海译文出版社 1997 年版，第 18 页。

② 同上。

③ 同上书，第 19—20 页。

者的真是（Wahrsein），它让存在者如其所是地存在"存在者如其所是地存在"又是什么意思？对这个问题，没有一个可以用某个抽象理论把所有存在者"一网打尽"的回答。我们已经看到，此在、世界、用具、作品等存在者各自有着不同的存在方式。存在者如其所是地存在，就是存在者对我们显现出来，它们在以属于自己各自本性的存在方式存在。这不仅意味着，人不被强行认做以用具的方式存在；用具不被强行认做以普通物的方式存在……诸如此类，而且还意味着，这些不同的存在者的存在不被不加区分地强行套入思想事先准备好的统一框架之中。而在海德格尔看来，只有在艺术作品中我们才能够看到存在者不被强占，并能如其所是地存在的情况。

"艺术作品以自己的方式开启存在者之存在。"然而，又是什么让存在者如其所是地存在呢？在《存在与时间》中，海德格尔主要谈论的是，此在的本真或非本真的生存揭示着存在者的存在。而在这里海德格尔则强调，是作为存在者的无蔽的真理让存在者存在。海德格尔所说的真理不是什么前后一致的思想性的原则，不是与事实相符合的命题。真理是存在的事件性发生，它包括了命题"所指向的东西"、"这个'指向某物'（Sichrichten nach etwas）的活动发生于其中的整个领域，以及使命题与事实的符合公开化的东西"，① 它的发生使个别命题的真成为可能。事实上，这就是希腊人的真理概念（aletheia）的本义，即存在者的无蔽状态。而这样的事件有时会作为艺术而发生。"艺术就是自行设置入作品的真理。"②而它又总是在作品这个存在者借自己的存在所敞开的领域中发生的。

（三）艺术作品的作品存在实现世界与大地的争执

作品不仅确立世界。在作品开启的领域中我们不仅看到一个世界，我们还看到默默地支撑着作品的岩石、强劲地席卷着作品的风暴、猛烈地不断拍打着作品的海潮，还有光芒四射的太阳和不可见的空气。所有这些方面的存在，都因作品的存在而被带到眼前——"作品的坚固性遥遥面对海潮的波涛起伏，由于它的泰然宁静才显出了海潮的汹涌。树木和草地，兀鹰和公牛，蛇和蟋蟀才进入它们突出显明的形象中，从而显示为它们所

---

① 海德格尔：《林中路》，上海译文出版社 1997 年版，第 36 页。
② 同上书，第 23 页。

是的东西。"① 很清楚，这些方面并不属于世界，它们属于希腊人叫做
phusis 的东西。Phusis 长久以来一直被译成 natura，也就是自然，而海德
格尔在此强调它在希腊人那里的本义——"露面、涌现本身和整体"。他
把这称为大地（Erde）。作品在确立世界的同时把大地也带到我们眼前。
作品建立着大地。大地究竟意味着什么？海德格尔解释道："在这里，大
地一词所说的，既与关于堆积在那里的质料体的观念相去甚远，也与关于
一个行星的宇宙观念格格不入。大地是一切涌现者的反身藏匿之所，并且
是作为这种涌现把一切涌现者反身藏匿起来。在涌现者中，大地现身而为
庇护者。"②

大地的庇护体现在，它对于侵入以及将其吸纳到可控制范围的企图的
拒绝和逃避，无论这种暴力行为是通过直接作用的方式还是仅仅在思想中
发生。"要是我们砸碎石头而试图穿透它，石头的碎块却决不会显示出任
何内在的和被开启的东西。石头很快就隐回到碎块的负荷和硕大的同样的
阴沉之趣中去了。要是我们把石头放在天平上，以这种不同的方式来力图
把捉它，那么，我们只不过是把石头的沉重带入重量计算而已。这种石头
的规定或许是很准确的，但只是数字而已，而负荷却从我们这里逃之夭夭
了。"③大地似乎指作品材料的方面，但对作品使用"材料"这个概念，我
们又在冒以同一个范畴不加区分地对待不同存在者的危险。我们通常称为
材料的东西在作品中的显现方式与用具中完全不同。材料在用具的存在中
没有独立的"尊严"，它不拒绝、不逃避，只一味地服从用具的有用性目
的。用石头来制作石斧，"石头于是消失在有用性中。材料愈是优良愈是
适宜，它也就愈无抵抗地消失在用具的用具存在中"④。与此相反，"材
料"在作品之中格外引人注目，"金属闪烁，颜料发光，声音朗朗可听，
词语得以言说"⑤。准确地说，它们在作品中属于和世界相对的大地，而
作品"让大地成为大地"。

现在，发生于作品之中的事情渐渐清晰：世界被确立起来，大地被建
立起来。"确立一个世界和建立一个大地，乃是作品之作品存在的两个基

---

① 海德格尔：《林中路》，上海译文出版社 1997 年版，第 26 页。
② 同上。
③ 同上书，第 30—31 页。
④ 同上书，第 29—30 页。
⑤ 同上。

本特征。"① 然而，这还不是事情的全部。在作品之中，被确立的世界和被建立的大地不是毫不相干的。世界与大地彼此依赖，"世界建基于大地之上，大地穿过世界而涌现出来"②。但另一方面，世界与大地也处于对立之中，世界总试图侵入大地，将其纳入自己的指引网络；"世界不能容忍任何锁闭，因为它是自行公开的东西。但大地是庇护者，它总是倾向于把世界摄入它自身并扣留在它自身之中。"③ 海德格尔称这样的对立为一种争执。我们在日常的忙碌中从不注意这种争执，它只是在作品中才变得如此显眼。作品确立世界，建立大地，这还不够，它还让世界和大地彼此争执，并把这种争执保持在自身之中。"作品之作品存在就在于世界与大地的争执的实现过程之中。"

（四）作为艺术作品之本源的艺术与真理的历史性发生

现在，作为艺术之本质的诗被进一步理解为创建（Stiftung），而创建又有三重含义：亦即作为赠予、建基和开端。其中，赠予是指"在作品中开启自身的真理决不能从过往之物那里得到证明并推导出来"④。艺术所创建的东西总是溢出现存有效的东西；建基是指确立在作品中的真理对于一个历史性的民族被抛于其中的、自行锁闭的大地的敞开。作为赠予则意味着，诗意创造可以理解为源于无——"它决不从流行和惯常的东西那里获得其赠品。"⑤ 而创建作为建基则表明，诗意的筹划又并非从无中产生，"因为由它所投射的东西只是历史性此在本身的隐秘的使命"⑥。那么，作为创建的第三重意义，开端又指什么？实际上，开端的特性已经包含在赠予和建基之中。开端既是一切非同寻常之物的开启，又并非是无中生有。突然向前一跃的奇特性孕育于长久的悄然准备之中。然而，开端中还有更深一层含义，"真正的开端作为跳跃（Sprung）始终是一种领先（Vorsprung），在此领先中，凡一切后来的东西都已经被越过了，哪怕是作为一种被掩蔽的东西。开端已经隐蔽地包含了终结"。⑦ 而作为诗的艺

---

① 海德格尔：《林中路》，上海译文出版社 1997 年版，第 32 页，原译文略有改动。
② 同上。
③ 同上书，第 32—33 页。
④ 同上书，第 59 页。
⑤ 同上书，第 58—59 页。
⑥ 同上书，第 59 页。
⑦ 同上书，第 60 页。

术就是此意义上的创建，它引发"真理之争执"。从这个意义上讲，艺术本质上是历史性的。这显然不是在通常艺术史的意义上理解的历史性，而是说"每当艺术发生，亦即有一个开端存在之际，就有一种冲力进入历史之中，历史才开始或者重新开始……真正说来，艺术为历史建基；艺术乃是根本性意义上的历史。"①在海德格尔看来，存在的历史的每一个新的起点都有赖于历史性艺术的创建："每当存在者整体作为存在者本身要进入敞开性的建基时，艺术就作为创建进入其历史性本质之中。在西方，这种作为创建的艺术最早发生在古希腊。那时，后来被叫做存在的东西被置入作品中了。进而，如此这般被开启出来的存在者整体被变换成了上帝的造物意义上的存在者。这是在中世纪发生的事情。这种存在者在近代之初和近代进程中又被转换了。存在者变成了可以通过计算来控制和识破的对象。上述种种转换都展现出一个新的和本质性的世界。每一次转换都必然通过真理之固定于形态中，固定于存在者本身中而建立了存在者的敞开性。每一次转换都发生了存在者之无蔽状态。无蔽状态自行设置入作品中，而艺术完成这种设置。"②

从艺术作品的作为作品的现实存在出发，"真理自行置入作品之中"又进一步被理解为作为创作和保存的艺术，它本质上属于诗意创造，这种诗意创造将无蔽抛向存在者中间，通过道说命名诸神，从而开始一个民族的历史性此在的新起点，而这之所以是可能的，正在于艺术本质上是历史性的。追问至此，我们终于可以看到艺术作为艺术作品之本源的真正含义了。

第二节 萨特

一 "想象"现象学

让—保罗·萨特（Jean-Paul Sartre，1905—1980）是20世纪法国无神论存在主义哲学家，也是著名的文学家、剧作家和左翼社会活动家。萨特的哲学思想发展过程大致可分三个阶段。在写作《存在与虚无》之前，萨特的研究工作偏重于现象学心理学，而在《存在与虚无》中其哲学理

---

① 海德格尔：《林中路》，上海译文出版社1997年版，第61页。
② 同上书，第60—61页。

论的重心则转移到现象学存在论，最后在《辩证理性批判》里萨特将他的哲学理论扩展到社会历史领域，并试图把他的存在主义思想与马克思主义结合起来。他的美学思想也随着其哲学思想的发展而不断演变，逐渐从心理学领域深入到存在论领域，进而扩展到社会历史领域，他的"介入"观念也从最初的理论探讨逐步发展到社会政治的实践。

早在 1940 年出版的《想象物：想象的现象学心理学》一书中，萨特就发展了一种关于想象的理论，并在此基础上阐述了一种关于文学与艺术的美学观点。他首先指出，唯有关于意识与存在的现象学才能正确地探讨想象问题，从而以存在的方式把想象对象与被感知的现实对象区分开来。被感知对象是面对意识而现实在场的，想象对象则可以设定为非现存的、不在场的、存在于别处的，或被中立化的（即不被设置为现存的），这四种情况的共同之处在于它们都包含了否定或虚无，这种本质上的虚无足以使想象对象与知觉对象区别开来。根据现象学的意向性理论，意识总是对于某物的意识，知觉与想象则是意识对于其对象的两种主要的基本态度，知觉以现时存在的东西为对象因而是被动的，相反，想象则以不在场或非现实的东西为对象因而具有自由的创造力。

然而，为了使意识能够想象，意识必须具备什么本性呢？萨特认为，意识只有把现实的东西构成一个整体的世界，同时又虚无化地退出这个现实世界，才能在现实世界之外创造性地想象出非现实的东西（即想象物）。因此，想象活动是构成性的、孤立化的和虚无化的。与此相关，萨特在"没于世界中的存在"和"在世界中的存在"之间做出了一个重要的区分。前者是指意识如同一个对象那样与世界混为一体，后者则是指意识虽然不可避免地介入世界（因为意识是对某物的意识，还因为我们具有身体），但在它与世界之间仍然有一个虚无化的分离（它能非设置地意识到自己不是那个被意识到的对象），这样它才有摆脱世界的自由。作为"没于世界中的存在"的意识根本不可能创造出一个想象的世界，只有作为"在世界中的存在"的意识才具有想象的自由。他由此引出想象活动的一个前提条件，即每一个特殊意识所面对的具体现实世界中的特殊处境是意识得以构成非现实世界的动因。因此，想象必须以它所否定的处境为依据，而处境也必须以它与想象的关系来规定。所以，意识总是自由的，但又总是在一种处境之中。总之，"非现实的东西是由一种停留在世界之中的意识在世界之外创造出来的；而且，人之所以能够进行想象，正因为他先验地是自由的"①。萨特在此得出的结论是："没有一种想象的意识，就不可能有展开的意识，反之亦然。因此，想象决不是意识的一种偶然特征，它实际上是意识的一种本质的和先验的条件。设想一个不进行想象的意识是荒谬的，这就如同设想一个不可能实现我思的意识一样。"②

最后，萨特在这种想象理论的基础之上，初步阐述了他对文学与艺术的美学观点。他认为，艺术不应当再现或摹仿现实，而应当本身就构成一种对象。无论在绘画中还是在小说、诗歌与戏剧中，审美对象都是某种非现实的东西，它是由想象性意识所构成和把握的。艺术家只是将他的美的心理意象通过创作构成一种物质性的近似物（画布与颜色、语词、演员的身体等），欣赏者则以想象的方式通过这些近似物的媒介去把握审美对象。我们常常体验到从戏剧或音乐的世界向日常生活世界过渡的困难与不快，其原因并不是从一个世界向另一个世界的过渡，而是从想象态度向现实态度的过渡。审美观照是一种经诱导而产生的睡梦，而向现实的过渡实际上则是清醒过来了。萨特由此断定，现实的东西绝不是美的，美是一种仅仅适合于意象的东西的价值，这种价值的基本结构是对世界的否定。因此，将道德与审美混淆起来是愚蠢的，因为善的价值被假定为存在于世界之中并作用于现实，而美的意象却是非现实的。应当注意的是，萨特此时对文学艺术的论述着重强调的并不是"介入"，而是绘画、诗歌、小说和戏剧共同具有的想象的性质，同时，他刻意将审美意识与道德判断区分开来，因而具有明显的脱离现实的倾向。这与他在战前作为一个自命清高的历史旁观者的立场以及他个人主义的抽象自由的思想倾向是一致的。

二　处境中的"自由"

萨特存在主义哲学的奠基之作《存在与虚无》出版于二战期间的1943 年 10 月，该书的副标题是"现象学存在论论文"，这表明其思想主题是以现象学方法去描述人的存在的存在论问题。这部著作所表述的哲学思想成为他战后提出的介入文学的重要的理论基础。通过对意识的存在论结构的初步描述，萨特进一步提出了自在存在与自为存在的概念和两者的

---

① Jean-Paul Sartre, *The Psychology of Imagination*（《想象心理学》），Methuen & Co. Ltd.，1978，p. 216.

② Ibid.，pp. 218 – 219.

区别。他认为自在存在有三个特点：第一，存在是自在的；第二，存在是其所是；第三，自在的存在存在。概言之，所谓自在存在就是一种既无空间关系又无时间关系，既无内在关系又无外在关系和变化的孤立自存、充实而未分化的惰性实体。因此，自在存在决不能主动与自为存在发生关系，因为它是冷漠的死物；同时，它虽然能被动地接受自为强加给它的关系，但那样一来，它就不再是自在存在，而是为我的存在，即现象了。从外延上讲，自在存在就是一切没有被意识所触动或已被意识所遗弃、没有被意识作为对象或当成工具和障碍的存在，也就是没有被人化（即没有被虚无化）、没有被人赋予意义的存在。

他认为，与自在存在相反，自为存在则是指人的意识的存在，它正好具有与自在存在截然相反的特征，自为存在正是以对自在存在的内在否定来规定自身的。如果自在是存在，那么自为就是虚无。因此，自为存在不是一个独立存在的实体，它只能凭借自在存在而被存在，它只有一个借来的存在。这不是说自在存在产生了它，而是说自为只是存在中的空洞，是对自在存在的否定和虚无化，自为使自在存在显现为现象，同时使自身显现出来。无论从逻辑上还是从存在上，存在都先于虚无，即自在优先于自为。作为自为的人的实在虽然不能消除它面前的存在团块，但它能从这个存在逃脱而获得自由。萨特说："人的实在分泌出一种使自己孤立出来的虚无，对于这种可能性，笛卡尔继斯多葛派之后，把它称作自由。"① 不过，使自为存在从根本上区别于是其所是的自在存在的存在论特征是：自为存在是其所不是，不是其所是，或说意识应是其所是②。这是自为存在最基本的存在论原则，它几乎概括了自为存在自身（面对自我在场、价值、可能、时间性）及其与自在存在的关系（面对世界在场：认识、行动）甚至为他存在的一切存在论结构的特征。

萨特将自为的存在论结构分为三类，其一是自为的直接结构，其二是时间性，其三是超越性。在自为的直接结构中，首先是前面已经论述过的面对自我在场，其次是自为的事实性（facticité），即纠缠着自为并使自为得以存在的自在偶然性。它使原本无人称的意识被抛入一个并非它选择的世界和一个特殊处境中，并使它具有了特定的身份。自为的事实性就是指

---

① Jean-Paul Sartre, *L'être et le néant*（《存在与虚无》），Gallimard, 1988, p. 59.
② Ibid., p. 32.

被给定的存在、过去、身体。在《存在与虚无》的最后部分，萨特又赋予自由的事实性以另一种更深刻的含义，即不能不是自由的这一事实就是自由的事实性，意即人的自由不是自己自主地给予自己的，而是被判定给人的，人只能承受自由而不能选择不自由。总之，事实性的这两种含义都是讲自为的被抛的偶然性方面。

自为的直接结构中更为重要的是价值与可能。价值是自为所不是但又应该是的自在存在，可能则是自为为了在实现价值的同时与自身重合而欠缺的自为。价值是超越性的根源，人的实在之所以超出自身，就是因为它向着它所欠缺的价值而超越，并在这种超越中使自身存在。最高价值就是统一的自在—自为，即宗教称为上帝的自因的存在。从可能方面来说，由于可能的实现而达到的自为将重新使自己成为自为，也就是同时面临新的可能，自为不断地向前抛出它自己设立的意义（可能），因而永远不能与自身重合。因此，人的实在就是被作为自在—自为整体的价值纠缠的存在，自为为了存在就必须追求这个最高价值，但又永远不能达到它。

把自为与自己的可能（将来的自我）相分离的东西，从一种意义上讲是虚无，从另一种意义上讲就是与这虚无相应的世界上的存在者整体，自为必须越过它才能与可能的自我相汇合。萨特把这种自为与自为的可能之间的关系称为"自我性的圈子"，而世界是被自我性的圈子所穿越的。这里所说的世界不是自在存在，而是被自为的可能所纠缠并被它赋予了意义和统一的世界，即由不在场的自为所揭示的现象：事物—工具的世界。人的实在向着自己的可能超越这作为中介物的世界，从而使它成为实现可能的手段或障碍；同时，人的实在的可能也在它所揭示的这个世界的那一边的地平线上显现出来。因此，萨特说："没有世界，就没有自我性，就没有人；没有自我性，没有人，就没有世界。"①

萨特把自为的自由看作自为的存在，但这种自由不是一个给定物，也不是一种属性，它只能在自我选择时存在。自为的自由总是已介入的，而不是先于它的选择而存在的。自为就是正在进行的选择。人的实在能够按照他所希望的去进行自我选择，但不能不进行自我选择，不选择实际上就是选择了不选择，这就是自由的荒谬性、事实性或偶然性。萨特认为，事物的敌对系数不可能是反对我们的自由的论据，因为正是通过我们预先设

① Jean-Paul Sartre, *L'être et le néant*（《存在与虚无》），Gallimard, 1988, p. 144.

置的目的，这种敌对系数才显现出来。也正是由于自由在天然的自在事物中揭示的这种抵抗，自由才成其为真正的自由，即介入抵抗的世界之中的自由；也正是由于这一点，实在的自由才能使自身区别于纯粹设想的、使世界如在梦中那样随我的意识的变化而变化的、封闭于主观性内部的自由。萨特进而指出，他所提出的关于自由的专门哲学概念也不意味着"获得人们所要求的东西"的自由，而是"由自己决定自己去要求（广义的选择）"的自由，即选择的自主。

他进一步指出，自由的经验的和实践的概念是完全否定的，自由只有从一个给定的处境出发并通过对这种处境的虚无化的逃离，才能自由地追求自己的目的，自由的涌现只是通过对他所是的存在（自为的身体、自为曾经是的本质的过去）和他没于其中的存在（世界）的双重虚无化而形成的。所以，自由原始地就是对给定物的关系。自由既是对处境的否定性脱离又是介入处境的，作为给定物的处境已不是天然的自在存在，它是作为自为进行防御或进攻的动因而被揭示出来的。因此，处境是自在的偶然性和自由的共同产物。"于是，我们开始看到了自由的悖论：只在处境中才有自由，也只通过自由才有处境。人的实在到处都碰到并不是他创造的抵抗和障碍，但是，这些抵抗和障碍只有在人的实在所是的自由选择中并通过这种选择才有意义。"① 萨特认为，处境就是通过向着一个自由设置的目的超越自在的给定物和我自身的给定物而揭示出来的包围着我的工具性和敌对性的世界。这些给定物包括：我的位置、我的过去、我的周围、我的邻人、我的死亡，等等。

三　介入就是揭露

在阐述其"介入文学"的理论之前，萨特就已开始使用这一概念了。比如，他在 1945 年写作的《被捆绑的人——关于儒勒·勒那尔的〈日记〉的札记》一文中就曾说过："当代作家首先关心的是向读者展示人的状况的完整形象。这样做的同时，他就介入了。今天人们多少有点蔑视一本不是介入行为的书。至于美，它是附加的，如果有可能办到

---

① Jean-Paul Sartre, *L'être et le néant*（《存在与虚无》）, Gallimard, 1988, p. 546.

的话。"① 1947 年，萨特的美学名著《什么是文学？》在《现代》杂志上发表。它既是萨特对别人指责的有力回击，也是他所主张的介入文学的一篇充满激情的宣言。

《什么是文学？》共分四章："什么是写作？"，"为什么写作？"，"人们为谁写作？"，"1947 年作家的处境"。他在该书中一方面通过对传统文学观点的抨击回答别人对他的指责，另一方面试图指出文学为什么是"为了改变而揭露"从而为介入文学奠定了理论和实践的基础，同时，他还试图对 1947 年作家的处境做出具体分析。尽管这篇长文仍然存在一些错误和不足，但它长期以来一直被奉为文学批评的经典著作。

为了回答许多人对他的介入文学的责难，萨特认为应当首先对各种艺术形式进行区分，从而界定写作艺术的性质和作用。在第一章"什么是写作？"以及另一篇文章《艺术家和他的良心》中，萨特指出，我们不能强求绘画、雕塑和音乐也介入，至少它们不是以同样的方式介入的。因为色彩、形体、音符都不是符号，它们都是由于其自身而存在的物，它们不指向它们自身之外的意义，比如乐句就不确指任何客体，它本身就是客体或者意境，但意境毕竟不是意义，因而人们不可能画出意义，也不可能把意义谱成音乐，音乐归根结底是一种无所指的艺术。相反，作家是与意义打交道的，只有语言才能带来明确的意义。然而，散文和诗歌虽然都使用文字来写作，但诗歌使用文字的方式与散文不同。诗人并不是利用语言作为工具去发现和阐述真理，也不是去给世界命名，诗人对待语言的态度是把词看作物而不是看作工具或符号，词语对诗人来说也并不是把他抛向世界的指示器。因此，就其性质而言，诗歌与绘画、雕塑、音乐同属一类，我们不能要求诗歌也是介入的。

按照萨特的理解，在任何一项事业中，语言都是行动的某一特殊瞬间，我们不能离开行动去理解它。"因此，当我说话时，我通过我要改变某个处境的谋划本身去揭露这个处境；我向我自己也向其他人揭露它，以便改变它；……通过我说出的每一个词，我都使我进一步介入世界，同时我也进一步从世界里显现出来，既然我向着未来超越它。因此，散文作家

---

① 萨特：《被捆绑的人》，《萨特文集》第 7 卷，沈志明、艾珉主编，人民文学出版社 2005 年版，第 91 页。

是选择了某种次要行动方式的人，人们可以把这种方式称为通过揭露而行动。"①于是，人们就有理由向散文作家提出第二个问题：你要揭露世界的哪一个面貌？你想通过这个揭露带给世界什么变化？揭露并不是为了随便的某种改变，萨特强调指出，"'介入'作家知道说话就是行动：他知道揭露就是改变，知道人们只有在谋划改变时才能揭露"②。介入作家放弃了不偏不倚地描绘社会和人的状况这种不可能的梦想，他也不能看到某一处境而不改变它。这就如同勃里斯—帕兰所说的那样，词是"上了子弹的手枪"。如果他说话，就等于在射击，既然他选择了射击，就应该像个男子汉那样瞄准目标。因此，萨特得出结论说："作家选择了揭露世界，特别是向其他人揭露人，以便这些人面对被如此赤裸裸呈现出来的客体负起他们的全部责任。"③ 就像法律向人们揭示出罪行，如果谁触犯了法律就要承担罪责一样。萨特指出，作家的职能就是要使无人不知道世界，无人能说世界与他无关。一旦作家介入语言的世界，他就再也不能假装他不会说话了。沉默本身也是语言的一个环节，沉默不是不会说话，而是拒绝说话，所以仍然是在说话。如果一个作家选择对世界的某一面貌沉默不语，那么，人们就有权质问他为什么谈论这一点而不谈论那一点，或说为什么想改变这一点而不是那一点？萨特在此的意思无非是说，沉默仍然是介入，而作家的选择则表明了他的立场，他必须为此负责。总之，介入就是揭露，揭露就是改变——这就是萨特所理解的介入原则的实质内容。

四　写作要求自由

在回答为什么写作这一问题时，萨特从"人是存在的揭示者，但不是存在的生产者"这一哲学思想出发，试图发掘作家选择写作的存在论上的深层动机。他指出，虽然我们确信自己起着揭示作用，但也确信自己对于被揭示的东西而言不是主要的。因此，艺术创作的主要动机之一就在于我们需要感到自己对于世界而言是主要的。通过艺术品的创作，我就能意识到自己产生了它们，从而感到我自己对于我的创造物而言是主要的。

---

① Jean-Paul Sartre, *Qu'est-ce que la littérature?* （《什么是文学?》），Gallimard, 1986, pp. 29 – 30.

② Ibid. , p. 30.

③ Ibid. , p. 31.

　　萨特从他对知觉与想象的一贯区分出发，指出在知觉过程中，客体居于主要地位而主体不是主要的；而在创造中，主体寻求并且得到主要地位，客体却变成非主要的了。为了满足这个辩证关系的要求，就需要一个阅读行为。虽然写作行为与阅读行为辩证地相互依存，但这两个相关联的行为需要两个不同的施动者。既然作者不可能既创造作品又像读者那样阅读自己的作品，那么就需要有另一个人的阅读行为才能使作品真正存在。他由此进一步指出，世上根本没有为自己写作这一回事，"正是作者和读者的联合努力才使这个具体的和想象的客体即精神产品涌现出来。只有为了他人并且通过他人才会有艺术"[1]。

　　他认为，阅读既确定主体的主要性，又确定客体的主要性，因为阅读是知觉和创造的综合，读者在创造过程中进行揭示，在揭示过程中进行创造。读者必须在作者的引导下，不断越过作品的词句而去重组美的客体或发明作品的主题，即作为有机整体的意义。一句话，阅读是引导下的创作，文学客体除了在读者越过词句而达到的想象中的存在之外没有别的实体。既然创造只能在阅读中完成，既然艺术家必须委托另一个人来完成他开始做的事情，既然他只有通过读者的意识才能体会到他对于自己作品而言是最主要的，因此任何文学作品都是某种召唤。写作就是召唤读者，以便读者把作者借助语言着手进行的揭示转化为客观存在。既然读者在作者引导下的重新创造是个绝对的开端，那么它就是由读者的自由来实施的，因此，作家就是向读者的自由发出召唤，他只有得到这个自由才能使他的作品存在。不仅如此，他还要求读者承认他的创作自由，也就是反过来召唤他的自由。这就是阅读过程中的另一个辩证关系：我们越是感到我们自己的自由，我们就越承认别人的自由，反之亦然。"因此，阅读是作者与读者之间的一项豪迈的协议；每一方都信任另一方，每一方都依靠另一方，每一方都在要求自己的同等程度上要求对方。……这样，我的自由在显示自身的同时揭示了他人的自由。"[2] 令人惊讶的是，萨特在《存在与虚无》中谈到的我与他人之间无法共存的"主—奴关系"在这里几乎完全消失了，取而代之的是作者的自由与读者的自由之间相互依存的和谐共在。而且，在《存在与虚无》中，他虽然

---

[1]　Jean-Paul Sartre, *Qu'est-ce que la littérature?* （《什么是文学?》）, Gallimard, 1986, p. 55.

[2]　Ibid., p. 70.

也谈到他人对于我的存在和自我认识的重要性，但其重点仍然是"主—奴关系"的冲突，所以他在这里所做的转变不能不说是其哲学思想在美学领域中的一个突破。

萨特认为，作为审美对象的任何艺术作品都是对自然关系的颠倒，因此，我们的审美过程就具有由浅入深的三个层次："穿过现象的因果性，我们的目光触及到作为客体的深层结构的目的性，而越过这一目的性，我们的目光触及到作为其源泉和原始基础的人的自由。……正是在物质的被动状态本身中我们遇到了人的深不可测的自由。"① 不过，艺术作品并不局限于已经创造出来的有限客体，实际上，创造活动的目标是通过它产生或重现的有限对象去完整地重新把握世界。因此，艺术的最终目的是依照其本来面目把整个世界提供给观众或读者的自由，并且通过观众的认可显示出世界的根源就是人的自由，从而挽回世界。

因此萨特说："自由被它自己辨认出来便是愉悦。"② 这种审美愉悦具有三重结构，第一，在创作过程中，创作者因其从事创造而获得审美愉悦；在阅读过程中，读者通过创造性的阅读去享受审美对象，这种享受同样是审美愉悦的一个主要结构；而且作者的愉悦是与读者的愉悦融为一体的。第二，审美愉悦来自于意识到我通过审美方式挽回并且内化了那个非我的世界，把给定的东西变成了命令，把事实变成了价值，把世界变成了向人的自由提出的一项任务，即把通常情况下作为工具和障碍的世界（即《存在与虚无》里的处境）变成了人的自由力求达到的一个价值。萨特将这种改变称为人的谋划的"审美转变"，也就是把面对世界的现实态度变成了审美态度。第三，这里存在着人们的自由之间的一项协定，即读者的自由不仅是对作者的自由的承认，读者的审美快感还要求所有自由的人产生同样的审美快感。这样，在审美愉悦里，全人类以其最高的自由支撑着一个世界的存在，这个世界既是人类的世界又是外部世界，既是应当存在又是存在，既完全属于我们自己又完全是异己，而且它越是异己就越属于我们自己。同时，这里也包含着所有人的自由的和谐整体，这个和谐整体既是一种普遍信任的对象，又是一项普遍要求的对象。这个世界也就

---

① Jean-Paul Sartre, *Qu'est-ce que la littérature?* （《什么是文学?》），Gallimard，1986，pp. 71 – 72.

② Ibid.，p. 74.

是《存在与虚无》里所说的以自为（自由）作为基础的自在存在，即作为最高价值的统一的自在—自为——自因的存在。而这个人类自由的和谐整体也可以被看作是自为存在与为他存在的统一。在这里，萨特曾认为永远实现不了的那个最高理想在美学领域中重新出现了，至于它只是作为一个理想目标还是作为可以实现的现实，萨特似乎并没有给出明确的指示。

第三十五章

分析美学

　　"分析美学"（analytic aesthetics），或者更准确地说"语言分析美学"，是 20 世纪后半叶在英美及欧洲诸国占据主流位置的重要美学流派，也是 20 世纪历时较长的美学思潮之一。它秉承了 20 世纪哲学的"分析"视角，在面对美学问题时采取语言研究方法，力图将美学理论问题当作语言问题来解决。

　　就范围而言，可以对分析美学思潮做出狭义和广义两种限定。从狭义来看，分析美学思潮指发端于 20 世纪 40 年代末期，在 50 年代后期达到高潮，并步入 60 年代继续发展的欧美美学的成就，在这个意义上，诸如比尔兹利（Monroe C. Beardsley）这样的美学家都作出过自己的贡献。

　　但是，如果将视野扩大到整个 20 世纪，那么分析美学就会得到更广阔的理解。从 20 世纪 50 年代向前看，可以将维特根斯坦等诸家的美学纳入其中，因为维特根斯坦在哲学家里面对分析美学的影响可谓最大（恰好相反的是哲学家莫尔虽专论过美学，但却对分析美学影响寥寥）；从 50 年代向后看，原本并不属于狭义分析美学序列的沃尔海姆（Richard Wollheim）、古德曼（Nelson Goodman）和丹托（Arthur C. Danto）就会被纳入其中，他们将"后分析美学"推向了高潮，70 年代才真正是分析美学攀到高峰的时期。从时间上看，分析美学亦具有一定的滞后性，它是在分析哲学过了鼎盛时期之后（哲学上的所谓语言分析革命自 30 年代就已发生）才开始崭露头角的，这也是大陆美学传统在当时影响很大的结果。但分析美学对分析哲学的贡献也很大，它在某些方面可以对分析哲学的倾向（如非历史主义的倾向）产生"纠偏"作用，并由此而成了分析哲学的一个分叉很远的支流。

如果从狭义来看，所谓"分析美学"就是"20 世纪对哲学的分析方法……引入美学的结果，这种方法是由莫尔和罗素最早引入的，后来被维特根斯坦和其他人继承了下来，经过了逻辑原子主义、逻辑实证主义和日常语言分析的各个阶段"。[①]正如罗素所认定的、哲学的目标是"分析"而非构建体系一样，分析美学的目标也是"分析"，但却也可能会构建新的美学体系，诸如古德曼的建构主义的思想路线就是这样。

应该说，从整个历史趋势上看，分析美学从早期的祛除语言迷雾、厘清基本概念的"解构"逐渐走向了晚期富有创造力的、各式各样的"建构"。前者可以称之为"解构的分析美学"，后者则可以被称作"建构的分析美学"，它们都是在比尔兹利所谓的"重建主义"（reconstructionist）和"日常语言"形式的基础上生长出来的。[②]当然，其分析方法还是万变不离其宗的，既包括"还原性定义"（reductive definition）分析，也包括旨在澄清模糊和有争议的观念的分析。[③]其实，"讲求精确的定义还原"与"综合澄清"这两种分析方法，就像日常语言分析与卡尔纳普派的合理建构之间的张力一样，在美学理论建设那里也始终保持着某种张力。

按照分析美学的基本原则，其最一般特征和最显著特点，是所谓"关于艺术的反本质主义"和（特别通过对语言的密切关注）"追求明晰性"。[④]这意味着，分析美学暗合了 20 世纪美学的两种新取向：一种是将美学视角彻底转向"艺术"，乃至 20 世纪主流的分析美学基本可以同"艺术哲学"画等号；另一种则植根于新实证主义的科学理论和符号逻辑理论，将美学学科视为一种富有精确性的哲学门类。在集中研究对象与确立方法论的前提之下，迄今为止的整个分析美学大致被分为五个历史阶段：

第一阶段：20 世纪 40、50 年代，利用语言分析来解析和厘清美学概

---

①　Richard Shusterman（ed.），*Analytic Aesthetics*（《分析美学》），New York：Basil Blackwell Ltd，1989，p. 4.

②　Monroe Beardsley，"Twentirth Century Aesthetics"（《20 世纪美学》），in *Contemporary Aesthetics*（《当代美学》），ed. Matthew Lipman，Boston：Allyn and Bacon，1973，p. 49.

③　Richard Shusterman（ed.），《分析美学》，New York：Basil Blackwell Ltd，1989，pp. 4 – 5.

④　Ibid.，p. 6.

念，主要属于"解构的分析美学"时期，维特根斯坦的哲学分析为此奠定了基石，最早一批分析美学家开始草创这个学派的工作，而此后的三个阶段均属于"建构的分析美学"时段。

第二阶段：20 世纪 50、60 年代，是分析艺术作品语言，形成了"艺术批评"的"元理论"，比尔兹利可以被视为这个时期的重要代表人物。

第三阶段：20 世纪 60、70 年代，是用分析语言的方式直接分析"艺术作品"，取得成就最高的是古德曼，他通过分析方法直接建构了一整套"艺术语言"理论，为分析美学树立起一座高峰。

第四阶段：20 世纪 70、80 年代，则直面"艺术概念"，试图给艺术以一个相对周延的"界定"，这也是分析美学的焦点问题，从丹托的"艺术界"（art world）理论到迪基（George Dickie）的"艺术惯例论"（the institutional theory of art）都得到了广泛关注。

第五阶段：20 世纪 90 年代至今是分析美学的反思期。自 20 世纪 80 年代开始，分析美学就开始了对自身的反思和解构，各种"走出分析美学"的思路被提出来，在美国形成了分析美学与"新实用主义"合流的新趋势。

第一节　维特根斯坦

分析美学最重要的开拓者，无疑是英国数理逻辑学家、分析哲学的创始者维特根斯坦（Ludwig Wittgenstein，1889—1951）。在美学方面，维特根斯坦给了后代很多启示，除了《逻辑哲学论》《哲学研究》之外，他的主要美学思想被辑录在《美学、心理学和宗教信仰演讲与对话集》之中。[①] 此外，诸如《1914—1916 年笔记》《文化与价值》《色彩论》等也包含着一些美学观点。

今天看来，维特根斯坦这种启示有两个方面：一方面是严格的"语言分析"哲学方法论，对于美学要澄清语言迷雾来说，无疑具有"正统"的影响作用，早期分析美学基本上是在这一轨迹上运作的；另一方面，维特根斯坦的"语言游戏"等一系列"开放性"概念，却在后来的分析美

① Ludwig Wittgenstein, *Lectures and Conversations on Aesthetics*, *Psychology and Religious Belief*（《美学、心理学和宗教信仰演讲与对话集》），ed. C. Barrett, Oxford：Blackwell，1996.

学那里得到"误读性"的继续阐发，从而丰富了分析美学的系统，并偏离了分析哲学的传统思路。

一 "美学"与其概念使用

面对作为学科的美学，维特根斯坦曾直言"这个题目（美学）太大了，据我所知它完全被误解了。诸如'美的'这个词，如果你看看它所出现的那些句子的语言形式，那么，它的用法较之其他的词更容易引起误解。'美的'[和'好的'——R]是个形容词，所以你要说：'这有某一种特性，也就是美的'。"①这样，维特根斯坦就轻易地把美学问题转化为语言问题，特别是语言使用问题。他于 1938 年到 1946 年的《美学演讲录》里表述的这种基本思想取向，与其晚期"意义即用法"的语用转向是一致的。

从表面上看，维特根斯坦对于美学学科采取了某种"取消主义"态度。他自己明确地认定，当人们谈论一种"美学科学"时，他就立即想到美学究竟是意指什么？如果美学是告诉我们"什么是美"的科学，那么就语词而论它显得非常荒谬可笑。② 然而，不能就此认定维特根斯坦拒绝美学，他反对的是传统美学理解美学的方式，比如认定美学从属于心理学分支的传统观念就是错误的。这是由于美学问题（特别是艺术的一切秘密）不能完全通过心理学实验来解决，"审美问题与心理学实验毫不相干，它们以完全不同的方式被解答"。③

显然，维特根斯坦的美学问题，是首先要直面诸如"美的"这些语汇在日常生活中究竟是如何被使用的。"显而易见，在现实生活中，当进行审美判断时，诸如'美的'、'好的'这些审美形容词（aesthetic adjectives）几乎起不了什么作用。这些形容词在音乐评论中被使用吗？你会说：'看这个过渡。'或[里斯]'这小节不协调'。抑或你在诗歌评论中会说：[泰勒]'他对想象的运用很准确。'这里你所用的语词更接近于'对的'和'正确'（正如这些词在日常说话中所用的那样），而不是

---

① Ludwig Wittgenstein, *Lectures and Conversations on Aesthetics*, *Psychology and Religious Belief*（《美学、心理学和宗教信仰演讲与对话集》）, ed. C. Barrett, Oxford: Blackwell, 1996, p. 1.

② Ibid., p. 11.

③ Ibid., p. 17.

'美的'和'可爱的'。"①由此得出的重要启示是，美学研究不能再如德国观念论哲学那般玄思，也不能再如心理学派那样诉诸实验，而是要切实深究各种美学概念在日常用语中究竟是如何运用的。因此，维特根斯坦的美学居然具有了一种实用操作化的取向，重要的是审美语词是如何被用的、在具体语境里是如何具体化的。这才是美学真正要做的工作，亦即美学也要实现至关重要的"语言学转向"。

实际上，早在《逻辑哲学论》那里，维特根斯坦就对美学做出了如下著名论断："伦理显然是不可言传的。伦理是超越的（伦理与美学是一回事）。"②依此推论，既然美学与伦理是同一的，伦理又是超越的，那么，美也自然就是超越的了。这种观点受到他的老师摩尔的很大启发，摩尔不仅认为善无法定义，而且美的享受和伦理的善同样是生命的最有价值的事。维特根斯坦正是将美的问题置于生活意义上来理解的，伦理问题也是一样。维特根斯坦也曾疑惑过：以幸福的眼光观察世界，这是否就是以艺术的方式观察事物的实质？但他还是明确地宣布："艺术的目的是美，这个概念肯定是有道理的。而美是使人幸福的东西。"③ 因而，在"幸福"的意义上，伦理与美学才是一回事。如果对康德来说，"美是道德善的象征"④、善与美关联的根基在于"超感性"的话，那么，在维特根斯坦看来，这种关联的母体则转换为"幸福"。质言之，维特根斯坦的早期观点可以归纳为——"美是幸福"，对生活而言是"幸福地生活"或"幸福的生活"。正是基于这种观念，美与伦理的目的是一致的，它们都是使人幸福的东西，属于神秘世界因而不能言说。

二 "生活形式"及其文化语境

"生活形式"（Leben Form）是后期维特根斯坦在《哲学研究》中使用的著名术语。这是他从前期《逻辑哲学论》的人工语言分析回到日常

---

① Ludwig Wittgenstein, *Lectures and Conversations on Aesthetics*, *Psychology and Religious Belief*（《美学、心理学和宗教信仰演讲与对话集》）, ed. C. Barrett, Oxford: Blackwell, 1996, p. 3.

② Ludwig Wittgenstein, *Tractatus Logico-Philosophicus*（《逻辑哲学论》）, trans. G. K. Ogden, London: Routledge & Kegan Paul Ltd, 1955, 6. 421.

③ Ludwig Wittgenstein, *Notebooks* 1914 - 1916（《1914—1916 年笔记》）, ed. G. H. von Wright and G. E. M. Anscombe, Oxford: Basil Blackwell, 1961, p. 86.

④ Kant, *Critique of Judgment*（《判断力批判》）, Hackett Publishing Company, 1987, p. 228.

语言分析之后提出的概念。"生活形式"是根据语言分析和意义的功能理论的逻辑提出的，维特根斯坦论述"生活形式"的那几节话曾被反复引用和解释：（1）"很容易去想象一种只是由战争中的命令和报告所组成的语言……想象一种语言就意味着想象一种生活形式。"① （2）"在此，'语言游戏'这个术语的意思，在于使得如下的事实得以凸显，亦即语言的述说是一种活动的一个部分，或者是生活形式的一个部分。"② （3）"'因而你是在说，人们一致同意何为真，何为假？'——真与假乃是人们所说的东西；而他们在所使用的语言上是互相一致的。这不是观点上的一致而是生活形式的一致。"③

在这个意义上，"生活形式"通常被认定为是语言的"一般语境"，也就是说，语言在这种语境范围内才能存在，它常常被看作是"风格与习惯、经验与技能的综合体"；但另一方面，日常语言与现实生活契合得非常紧密，以至于会得出"想象一种语言就意味着想象一种生活形式"这类结论。但是，人们赋予了这些论述以太多的文化内容的阐释，其实在很多方面维特根斯坦是语焉不详的，他仅仅指出："命题是什么，在一种意义上是被语句的形成规则决定的……在另一个意义上则由语言游戏中的记号的使用所决定。"④根据这种"语用学"的视角，人们所说的是由他们所使用的语言约定的，而更进一步来说，这种规定是在"生活形式"上的协定。所谓"生活形式的一致"就是维特根斯坦所能退到的最后的底限。这是由于，"私人用语"被无可置疑地证明是不可能的，只有使用的语言具有一致性，我们才能进入到"语言游戏"之中，才能通过遵守共同的规则相互交流和彼此沟通。既然语言活动只是"生活形式"的一部分，那么，"语言的一致性"最终还是取决于"生活形式的一致性"，语言的运用终将决定于与之相匹配的生活形式，它才是人类存在的牢不可破的根基。可以说，只有"生活形式"才是坚不可破的，语言正是由于同"生活形式"契合才没有丧失其基本的功能。无疑，人们是在以某种"共同"方式生活的，在语言交往中必然"共同"遵守游戏规则。这种"生

① Ludwig Wittgenstein, *Philosophical Investigations*（《哲学研究》），trans. G. E. M. Anscombe, Macmillan Company, 1964, 8e.

② Ibid. , 11e.

③ Ibid. , 88e.

④ Ibid. , 53e.

活形式"是人们所无从选择的,是最原始、最确定的,因而也是不证自明的。"所以,维特根斯坦反复强调,生活形式就是我们必须接受的东西,就是所给予的一切;而生活形式上的一致性,就是我们存在方式上的一致性。这种生活形式和存在方式,最终决定着我们的生活世界和文化氛围。"①

同样,审美判断也是为文化语境所规定的。"我们所谓的审美判断的表达语词扮演了非常复杂、也是非常明确的角色,我们称之为一个时期的文化。描述它们的用法,就需要描述你所谓的文化趣味,你必须描述文化。"②这样,在维特根斯坦那里,"为了说清审美语词,就必须得描述生活方式"③。可见,维特根斯坦主要关注的是审美与文化之间的关系,后者对于前者无疑具有重要的规定作用,但其独特之处却在于,他所聚焦的是审美语词及其在具体文化语境中的运用问题。

三 "语言游戏"与"家族相似"

"语言游戏"不仅归属于"生活形式",而且具有自身的特质。当维特根斯坦通过探讨词语的意义开始美学沉思的时候,"游戏"便作为一个特别突出的概念而被提出来,对于后来的分析美学影响深远。那么,究竟何谓"游戏"?

按照维特根斯坦的意见,必须考虑一下在日常生活中我们惯常称之为"游戏"的东西,他指的是诸如棋类游戏、牌类游戏、球类游戏和奥林匹克游戏等。进而,必须追问,对于这一切被称之为游戏的东西,什么是共同的呢?维特根斯坦首先否定了"对普遍性的追求",亦即认定它们之所以被称为"游戏"是由于具有共同的东西。所以,在仔细观看究竟有无共同的东西之后,结论只能是:"如果你观看它们,不能看到对于所有一切而言的共同的东西,但是却可以看到一些类似(similarities)、亲缘关系(relationships)以及一系列诸如此类的关系。"④比如看看牌类游戏的"多

① 江怡:《维特根斯坦:一种后哲学文化》,社会科学文献出版社 1996 年版,第 116 页。

② Ludwig Wittgenstein, *Lectures and Conversations on Aesthetics*, *Psychology and Religious Belief*(《美学、心理学和宗教信仰演讲与对话集》), ed. C. Barrett, Oxford: Blackwell, 1996, p. 8.

③ Ibid., p. 11.

④ Ludwig Wittgenstein, *Philosophical Investigations*(《哲学研究》), trans. G. E. M. Anscombe, Macmillan Company, 1964, 31e.

样性关系"就会发现，在任何两个牌类游戏之间必定有某些对应之处，但是，许多共同的游戏特征却在它们那里消失了，然而，也有一些其他特征被保留下来。这样，俯瞰和浏览一个又一个游戏，我们看到的真实现象就是——许多"相似之处"是如何出现而又消失的。

维特根斯坦把这种"游戏"现象比喻成为"网络"（network），更准确地说，是"相似关系的网络"。这种"错综复杂的相互重叠、彼此交叉的相似关系网络：有时是总体上相似，有时则是细节上相似"①。维特根斯坦的本意是说，"语言运用的技术"②就好比这诸种游戏一样，不同语词的作用不同，即使相近，如果被置于不同语境中也会发生变异，语言的使用就是这样复杂多样而难以捉摸。这便是"语言游戏"的真实内涵。然而，这种表面上的游移、变动、重合、胶合特征，又不能抹杀"游戏"之为"游戏"的"明确规则"的存在，维特根斯坦还是强调了在"游戏实践"中所见的规则，就犹如"自然律"一般统治着游戏，使得游戏实际存在。③与此同时，这种规则又是不稳定的，因为经常会出现一边玩一边"改变规则"的情况。④所以，"游戏规则"也被通过流动性而被加以探讨。

在将"语言游戏"比作网络之后，维特根斯坦又提出了一个更为精妙的比喻——"家族相似"（Familienähnlichkeiten，family resemblances）。在此，如果不只用"家族相似"来描述"语言游戏"的特征，而是将之移植到艺术问题的考察，那么，分析美学便获得了广阔的运思空间，难怪"家族相似"被分析美学家们反复引述。

维特根斯坦自己也很满意提出了这个范畴："我不能想出较之'家族相似'这种相似性特征的更好的表达；对于同一家族成员之间的各种各样相似性：体态、容貌、眼睛的颜色、步态、气质等等，以同样的方式相互重叠和相互交叉——我要说：'游戏'形成了一个家族。"⑤实际上，"家族相似"集中论述的是游戏之间的关系。两个不同游戏之间具有某种类似性，就好似同一家族的两个成员之间的鼻子相似那样，然而，并不能

---

① Ludwig Wittgenstein, *Philosophical Investigations* （《哲学研究》），trans. G. E. M. Anscombe, Macmillan Company, 1964, 32e.

② Ibid., 23e.

③ Ibid., 27e.

④ Ibid., 39e.

⑤ Ibid., 32e.

由此推导出这两个游戏与第三个游戏之间一定相似，就像第三位家族成员与前两位并不是鼻子像，而可能眼睛只与其中一位相似，而与另一位毫无相似之处。然而，当人们拉开视野、看到作为整体的游戏的时候，就像整个地看到一个"大家族"一样，不同家族成员之间的相似就将整个家族维系起来。

这些独特观念直接激发了分析美学对艺术的分析，人们将维特根斯坦的"家族相似"概念应用到艺术定义中，认为艺术是"开放"的概念。最早的分析美学在质疑传统美学概念含混不清的同时，亦杜绝了给任何艺术下定义的可能性（诸如肯尼克认定艺术不可定义）。但后来，随着分析美学对分析哲学方法的逐渐偏离，给艺术下定义的事业又被继承下来，诸如齐夫（Paul Ziff）这样的美学家在 1953 年便较早提出了这个问题。①这样，分析美学家们就提出了"开放的概念"来界定"难以界定"的艺术，认定艺术定义就是一个家族相似概念，先行者当然就是韦兹。他较早引用了维特根斯坦的"语言游戏"和"家族相似"理论，用以说明"'艺术'自身是一个开放的概念"，"美学的首要任务并不是寻求一种理论，而是阐明艺术概念"。②

因此，如果考虑到维特根斯坦经常引用的"游戏"例子，并且考虑到整个游戏的范围，从足球到单人跳棋，从跳房子到捉迷藏，我们不能发现任何对每一个游戏都适用的特征。这样一来，游戏这个概念可能就没有普遍的特质。但这些活动却无疑都属于游戏范围，这真是个悖论。这又好似一个"工具箱"，其中可谓应有尽有：锤子、斧子、扳子、钳子、螺丝刀、起子、钉子、胶，等等。然而，这些恰恰都统称为"工具"。艺术概念就好似工具箱概念，又好似宽泛的"游戏"概念一样，是一个"开放的体系"，从而可以直面未来的无限可能性。

---

① Paul Ziff, "The Task of Defining a Work of Art"（《关于定义一件艺术作品的任务》）, in *Philosophy of Art and Aesthetics：From Plato to Wittgenstein*（《从柏拉图到维特根斯坦的艺术哲学和美学》）, ed. Frank A. Tillman and Steven M. Cahn, New York：Harper & Row Publishers, 1969, pp. 524 – 540.

② Morris Weitz, "The Role of Theory in Aesthetics"（《理论在美学中的角色》）,《从哲学看艺术：当代美学读 本》, ed. Joseph Margolis, New York：Charles Scribner's Sons, 1962, pp. 55 – 56.

第二节　迪基

在分析美学潮流当中，当代美国美学家乔治·迪基（1936—　）占据着特别重要的位置。其著名的"艺术惯例论"，一方面由于对当代艺术疆域具有巨大的解释力而被广为接受，另一方面却由于自身的内在矛盾而不断进行自我调整，但无论褒与贬，这种理论都已成为分析美学历史的重要环节。他的重要著作包括《艺术与价值》（2001）《美学导论：一种分析方法》（1997）《趣味的世纪》（1996）《评价艺术》（1988）《艺术圈》（1984）《艺术与审美》（1974）和《美学导论》（1971）。

一　"艺术惯例论"的出场

分析美学主要以艺术为对象，在对当代艺术本质问题的解答方面功不可没。迪基一直进行这样的解答工作。受到丹托"艺术界"理论启示[①]，迪基通过《艺术与审美》对"艺术惯例论"做了初步总结。迪基强调他从来没有对"艺术界"进行明确的定义，只是指出相关的表达被用以指代什么。换言之，迪基从未在丹托之后为"艺术界"下过定义，只是对表达所指的东西加以描述。[②]正如"惯例"原本也应是一个描述性概念一样，迪基将对"艺术"的直接界定建立在"艺术界"这样"约定俗成"的描述性观念之上。简单地说，"惯例论"包含着某种与"艺术界"的内在关系。

"惯例论"认定，一件艺术品必须具有两个基本条件，它必须是："（1）一件人工制品（an artifact）；（2）一系列方面，这些方面由代表（艺术界中的）特定社会惯例而行动的某人或某些人，授予其供欣赏的候选者的地位。"[③]

首先，就条件（1）而言，"人造性"成为了艺术基本意义的一个"必要条件"。迪基要明确的是，艺术品的首要条件是要成为人工制品，

---

①　Arthur C. Danto，"The Artworld"（《艺术界》），in *The Journal of Philosophy*（《哲学杂志》），Vol. 61，No. 19（Oct. 15，1964），pp. 571 – 584.

②　George Dickie，*Art and Aesthetic*（《艺术与审美》），Ithaca and London：Cornell University Press，1974，pp. 29 – 30，footnote 10.

③　Ibid.，p. 34.

进而才能成为艺术品。关键是条件（2），它揭示的正是一种"非显明的"特征。要理解它，需要回到丹托的"艺术界"理论。迪基认为，丹托的《艺术界》尽管没有系统地为艺术下定义，但却开辟了为艺术下定义的正确方向。迪基之所以在此援引丹托的"艺术界"，目的是指代"一种广泛的社会惯例，艺术品在这种社会惯例中有其地位"。①

当迪基描述"艺术界作为一种惯例"时，他实际上说的是"一种业已存在的惯例"。正如惯例（institution）的多义性所示，迪基指的是一种内在的约定俗成的规矩，而非那种外在的团体或者组织机构。他想说的是，这种惯例体系无论如何都存在。一切"艺术系统"所共有的核心特质是，每一个系统都是特定的艺术品借以呈现自身的"构架"。这个构架不是纯形式的，而是有丰富内涵的。所以，艺术界诸多系统的丰富多样性导致了艺术品没有共同的外现的或显明的特性。

关于艺术条件（2），迪基继续将之解剖为彼此不同并相互关联的四个观念："（1）代表某一种惯例；（2）地位的授予；（3）成为一个待选者；（4）欣赏。"②显然，这种分析哲学态度将"艺术授予活动"置于典型的西方割裂式思维的手术台上，大致形成了前后相继的逻辑关系。

通过逐层解析，可以看到其包含的实际内涵是：

（1）"代表惯例"或者"形成惯例"的核心载体是创作艺术品的艺术家，他们作为艺术品的"呈现者"离不开那些作为艺术品接受者的"座上客"。这样，呈现者与"座上客"就成为了艺术整体系统中的少数核心成员，在他们推动了这个系统运作之后，批评家、史学家和艺术哲学家作为艺术界的成员也被卷入其中。（2）"地位的授予"，通常由创作人工制品的艺术家来实现，这种活动一般都是个人行为（当然也有一批人去授予的），这种个人要代表艺术界来实施行动，从而授予人工制品以供人欣赏的待选资格。（3）由上面的含义可以看出，所谓"候选资格"就是艺术界某位成员授予供欣赏的待选者的地位。（4）这里"欣赏"并非传统的审美欣赏，而是指一种认可人工制品有价值的态度，是惯例的结构（而非欣赏的类分）造成了艺术欣赏与非艺术欣赏之间的区别。

---

① George Dickie, *Art and Aesthetic*（《艺术与审美》）, Ithaca and London：Cornell University Press, 1974, p. 29.

② Ibid., p. 34.

　　显然，迪基面临的第一个指责就是"循环论证"。的确，从"艺术"
到"艺术界"，再从"艺术界"回到"艺术"：从逻辑上说，迪基实际上
说的还是"A 是 A"或者"艺术是艺术"。迪基自己也不避讳这一点，但
他努力为自己辩护说：这种定义的循环是"非恶意的循环"，它所强调的
是与"艺术界"的某种关系。可以认为，他强调的是约定俗成的内容的
注入和嵌入，所以艺术方能在历史上成立，难怪这种理论又被称为"文
化学理论"（culturological theory）。但另一方面，迪基又强调"惯例论"
是无涉内容的，这就是《何为艺术?：一种惯例论分析》一文之终篇，迪
基又绕回到对模仿说和表现说的批判。从已经建构起来的"惯例论"来
看，无论模仿说还是表现说都被误认为是艺术理论了，其实它们论述的只
是"艺术能做些什么"，而"惯例论"也并未揭示出"艺术所能做的一
切"。在某种意义上，"惯例论"成了迪基心目中"最具理论色彩"的艺
术理论。

二　对"惯例论"的修正

　　由于"艺术惯例论"提出了一套适用于当代艺术的"艺术定义"，从
而获得了相当大的反响，赞同者大有人在，反驳者更是节节反击，"逼
得"迪基不断地修正自己的理论。

　　"惯例论"引起了两种截然相反的反应。一方面，它为美学在当代艺
术前沿赢得领地，用惯例论去解释新兴的极少主义、偶发艺术、观念艺术
似乎再合适不过，因而在艺术领域获得了普遍的赞同。但是，另一方面，
这种本来充满矛盾色彩的理论由于自身不能自洽，遭到了美学界的纷纷
置疑。

　　反击的关键在于迪基所用的"授予"概念。的确，"授予"活动是
"惯例论"最精华的部分。究竟是谁在"授予"？如果确定下来，又是
"谁"赋予了这个"授予者"以授予权？是否会导致对授予权的滥用？如
果这样，那么，就会出现无所不是艺术，一切皆非艺术的可能。

　　迪基虚心接受了对"授予"的尖锐批评。他对"惯例论"进行了修
正，区分出"早期看法"和"晚期看法"。他反思说：的确，早期艺术惯
例论的视角好像说一个人造物是艺术品，只需有人说"我命名这个东西
为艺术品"就万事大吉。依据这种视角来分析，并没有指明究竟是人

工制品如何"成为艺术",① 而单单是命名而已,这是很明显的问题。

对早期"惯例论"的批评,迪基明确接受了两点:第一是关于艺术条件(1),以前他认定诸如杜尚的《泉》这样的人造物都是被"授予"艺术地位的,这显然不正确。而今他相信人造制品并不是被授予的。人造物只是通过两个物结合、削掉一些物、塑造物等对"前存在物"的转化。当这些物被如此转化之后,便能明确地适用于"艺术"的定义——"一个人造物,特别要带有一种随后被使用的视角"。②比如一块浮木,被置于艺术界语境当中,就会按照绘画和雕塑的方式而被选择和陈列出来。它被作为艺术媒介来使用,因而成了更复杂的对象的一部分。这样,这个复杂物就成了艺术界系统内的人造物。

第二,迪基接受了比尔兹利涉及艺术条件(2)的批评。在早期视角中,迪基将艺术界视为一种"已建构的实践"和非正式的活动。比尔兹利择出迪基的两个术语"被授予的地位"和"代表而做"(acting on be-half of),认定它们都在正式的惯例中被使用,但迪基错误地用正式的惯例语言来描述非正式的惯例。③迪基接受这一批评、放弃了这两个术语,认为成为艺术品就是获得地位,也就是在艺术界的人类活动里占据一个位置,这是正确的。换言之,按照晚期的视角,艺术品成了地位或者位置的结果,这个地位或者位置是在一个"已建构的实践"亦即"艺术界"里面被占据的。

显然,迪基最终放弃的是"授予"这个公说公有理、婆说婆有理的说法,从而避免了人们对他的指责。这样,晚期的"惯例论"就被修订为艺术品:(1)它必须是人工制品;(2)它是为提交给艺术界的公众而创造出来的。④进而,迪基的四个附加说明条件(其实是自我辩护)是:"艺术家"是参与理解艺术品的制作过程的人;"公众"是一组人,这些成员在某种程度上准备去理解要提交给他们的物;"艺术界"是整个艺术界系

---

① George Dickie, *Introduction to Aesthetics*: *An Analytic Approach* (《美学导论:一种分析方法》), Oxford: Oxford University Press, 1997, p. 86.

② Ibid., p. 87.

③ Ibid., p. 88.

④ George Dickie, *The Art Circle*: *A Theory of Art* (《艺术圈:艺术理论》), New York: Haven Publications, 1984, pp. 80, 44; George Dickie, *Introduction to Aesthetics*: *An Analytic Approach* (《美学导论:一种分析方法》), Oxford: Oxford University Press, 1997, p. 92.

统的整体；"艺术界系统"就是一个艺术家将艺术品提交给艺术界公众的构架。① 2004 年，迪基在《定义艺术》一文中似乎更突出艺术惯例是一种文化实践，艺术活动本身就是一种文化实践活动，②这基本上是还在强调其晚期说的文化维度。遗憾的是，当迪基将"授予"抽掉时，也就抽掉了这一理论的文化与历史的内涵，表面上似乎八面玲珑了，但却因此失去了理论的原创性。无论如何，这个著名的"惯例论"都可谓是从美学角度对当代艺术所做出的解答之一。

第三节　丹托

一　"艺术界"理论

丹托（Arthur C. Danto, 1924— ）是一位有影响的当代分析哲学家、美学家和艺术批评家，自 20 世纪 80 年代开始，他的"艺术的终结"思想对国际美学界的影响非常大，而今仍回响不断。1981 年出版的专著《平凡物的变形：一种艺术哲学》是丹托从哲学转向美学的转折之作。他的美学观念也是逐步展开的，此后的专著《哲学对艺术特权的剥夺》《艺术终结之后：当代艺术与历史樊篱》《超越布利乐盒子：后历史视野中的视觉艺术》《遭遇与反思：处于历史性当前的艺术》更是使得这位哥伦比亚大学教授声名日盛，逐渐成为国际型的学者。

丹托独创的"艺术界"理论对当代分析美学作出了重要贡献。同时，这一理论的提出也为传统的"艺术以审美为支撑"的观念画上了句号。因此，关于如何授予某物以艺术地位的问题，就从原来的由审美规定，转化为"艺术界"本身的约定俗成。

1964 年，在美国哲学学会东部分会的第 61 届年会上，丹托宣读了《艺术界》的论文。这个发言后来被发表在 1964 年的《哲学杂志》第 61 号上③，

① George Dickie, *The Art Circle: A Theory of Art*（《艺术圈：艺术理论》），New York: Haven Publications, 1984, pp. 80 – 82.

② George Dickie, "Defining Art: Intension and Extension"（《界定艺术：内涵和外延》），in *The Blackwell Guide to Aesthetics*（《布莱克韦尔美学指南》），ed. Peter Kivy, Blackwell Publishing Ltd, 2004, pp. 45 – 62.

③ Arthur C. Danto, "The Artworld"（《艺术界》），in *The Journal of Philosophy*, Vol. 61, No. 19（Oct. 15, 1964），pp. 571 – 584.

此后，它就成了分析美学的"经典文本"。丹托开始转向分析美学的主题"语言分析"。从非艺术品中区分出作为艺术品的对象，首要的是能正确使用"艺术"这个词、使用"艺术品"这个短语。然而，理论对现实的建构作用以往的语境下被忽视了。这不仅是由于艺术品与其他物品难以区分，而且按照传统观念，"艺术理论"在确定"何为艺术"方面并没有多大作为。这或许是因为，人们并没有反思他们置身其中的艺术领域，没有意识到"什么是艺术"与"什么不是艺术"所需要的理论反思，仍以为在既定领域内所确定的"这是艺术"是约定俗成而无需再证明的。这样，"艺术理论"的作用便呈现了出来。这不仅表现为这种理论可以帮助人们区分艺术与非艺术，而且还可以用其自身的力量"使艺术成为可能"！

在提出著名的"艺术界"理论之前，丹托是如何导出这一概念的呢？在此之前，他还提出过一个引导性的概念，即"艺术确认"或"艺术认定"（identification）。这个概念指明了一种活动，它可以使人们把艺术的名义授予某物。通过详细论证，他说明了由一个给定的确认所决定何为艺术品，艺术品可以包含多少个元素，而且，一个艺术确认往往能引出另一个艺术确认。然而，一般来说，这些艺术确认之间彼此非常不一致，每一种都能构成彼此不同的艺术品。

在丹托看来，要确认作品就要将这个作品归属于某种氛围，归属于历史的一部分。当然仅仅有这种归属还不够，还要将这种"历史的氛围"与"艺术理论"结合起来加以理解，前者是历史的，后者是理论的。也就是说，最终使现实物同艺术品区别开的是艺术理论，是这种理论将现实物带到艺术界里面，并确定它为艺术品。

简而言之，"为了把某物看成艺术，需要某种肉眼所不能察觉的东西——一种艺术理论的氛围，一种艺术史的知识：一个艺术界（an art-world）"。① 进而言之，如果没有艺术界的"理论"和"历史"，现实物就不会成为艺术品。

需要补充的是，由此出发，丹托对整个艺术风格形态做出了哲学解释。他为我们列出了一个逻辑性极强的"风格矩阵"，其中，"F"意指"是再现主义的"，"G"意指"是表现的"，"＋"代表一个给定的谓项

① Arthur C. Danto，"The Artworld"（《艺术界》），in *The Journal of Philosophy*，Vol. 61，No. 19（Oct. 15，1964），p. 580.

P，"—"则代表对立项非 – P。为了便于理解，可以图示如下，左半部分是丹托原来的图示，[1] 右半部分则是我们的进一步解释：

丹托的"风格矩阵"		对应风格类型	相关艺术例证
F	G		
+	+	再现的表现主义的 representational expressionistic	野兽派 Fauvism
+	—	再现的非表现主义的 representational nonexpressionistic	安格尔 Ingres
—	+	非再现的表现主义的 nonrepresentational expressionistic	抽象表现主义 Abstract Expressionism
—	—	非再现的非表现主义的 nonrepresentational nonexpressionistic	硬边抽象 hard-edge abstration

如此看来，这个矩阵在哲学意义上包含了各种艺术风格类型，矩阵中的每一行都具有合法性。也就是说，"再现的表现主义"与"非再现的表现主义"具有同样的合法性，不能因为在 20 世纪 60 年代后高举"抽象表现主义"的旗帜，就抹杀了"野兽派"的价值。同时，这个矩阵并不是封闭的，丹托认定当代艺术的突破在于给这个既定的矩阵增加了列的可能性，这正是当代艺术的特征。无论从理论上还是实践上，随着艺术相关谓项多样性的越来越大，艺术界能容纳的个体成员就越来越复杂，全面把握了整个艺术界的人们越多，这些人同其他任何成员的经验就越丰富。最后，丹托总结道，无论艺术的相关谓项是什么，它们都使非艺术获得了成为艺术的资格，艺术界的其他各个部分都有可能获得对立谓项，并使这种拓展开来的可能性适用于其成员，这样艺术界才能获得更大的丰富性。

二　"平凡物的变形"

应当视丹托 1974 年提出"平凡物的变形"说为"艺术终结论"的前

---

① Arthur C. Danto，"The Artworld"（《艺术界》），in *The Journal of Philosophy*，Vol. 61，No. 19（Oct. 15，1964），p. 583.

导性学说①，后来这个提法被扩充为一本专著的正标题②。此后，丹托思想的美学取向越来越明显，美学方面的建树有目共睹。丹托是以沃霍尔（Andy Warhol）1964 年展览的《布利乐盒子》系列作品为契机提出新说的。可以说，沃霍尔的艺术品一直是丹托所认为的"哲学化"的艺术品。这个著名的系列作品其实很简单，是沃霍尔从美国超级市场购买到印有"Brillo"商标牌子的肥皂包装盒，再用木板之类复制而成，或者单个摆放，或者叠码在一起，然后直接拿到美术馆展示，便成了最重要的波普艺术品之一。它也总被视为对传统艺术的颠覆、讽刺甚至揶揄，也曾使得按照传统"惯例"定位艺术的人们感到十分不悦。

　　但丹托却在这种"破天荒"的艺术实践里，看到了丰富的哲学意义和美学价值。显然，沃霍尔《布利乐盒子》的出现使丹托的艺术定义成为可能。因此，在《布利乐盒子》与艺术终结之间存在着特殊的关联，或者说，丹托在其中洞见到了哲学与艺术的冲突。他的观点是认定"传统艺术定义那种不可避免的空洞，就来自每个定义都建立在某些特征的事实之上，而沃霍尔的盒子却使这些特征与这样的定义毫不相干。……随着布利乐盒子的出现，（力求界定艺术）的可能性已经被有效地封闭了，而艺术史也以某种方式走到了尽头。它不是已停止、而是已终结了……在 20 世纪 60、70 年代的前卫艺术那里，艺术与哲学相互作好了准备。为了把艺术和哲学彼此分开，事实上它们突然变得彼此需要对方了"③。可见，沃霍尔的展览是以"纯哲学形式"提出了问题，对这个问题的回答只能来自哲学。④

　　在丹托看来，"惯例"正如后来迪基所示并不能成为艺术家创新的"枷锁"，相反，阻止《布利乐盒子》"衰变"为一个"平凡物"的正是"艺术理论"。丹托总是将自己与迪基的"惯例论"划清界限。这样，他这样的理论家就大有可为了，因为恰恰是"艺术理论"使《布利乐盒子》

　　①　Arthur C. Danto, "The Transfiguration of the Commonplace"（《平凡物的变形》），in *The Journal of Aesthetics and Art Criticism*（《美学与艺术杂志》），1974，Vol. 33，No. 2（Winter, 1985）.

　　②　Arthur C. Danto, *The Transfiguration of the Commonplace: A Philosophy of Art*（《平凡物的变形：一种艺术哲学》），Cambridge: Harvard University Press, 1981.

　　③　Ibid., p. viii.

　　④　Arthur C. Danto, *Encounter & Reflections: Art in the Historical Present*（《相遇与反思：处于历史性当前的艺术》），Berkeley: University of California Press, 1990, p. 343.

可能成为艺术，或者说是理论在指定《布利乐盒子》——"这是艺术"。所以，当某物被当作艺术品时，"边缘性"（aboutness）成了《布利乐盒子》与布利乐牌肥皂盒之间的隔离空场。实际上，它所获得的无非是"艺术理论"的指定和肯定。这种"艺术理论"无疑总是由丹托的"艺术界"造就的，是"艺术理论"授予了某物以艺术的地位，而不是如传统观念所认为的"艺术理论"只是艺术在观念上的衍生物。实际上，丹托探索了两种不可见的（非显现性）的《布利乐盒子》，一种是超市里的布利乐盒子，另一种则是沃霍尔创作的《布利乐盒子》。他把其中一种视为"仅仅是真实的物"，另一种视为处于艺术品的位置上。他更关注的是一种深入的转换，即从前者向后者的转换，从平凡物向艺术的"变形"。这些思考都成了当代"艺术终结论"的前奏曲。

三　"艺术终结论"

艺术终结论的最早提出者是黑格尔，出自他的学生霍托（Heinrich Gustar Hotho）编辑整理的《美学讲演录》。其实，在黑格尔那里，将艺术逼向"终结之途"的是两种东西：一个是思想体系方面的"内在背谬"，这是其所"思"的；另一个则是他身处时代的整体艺术和文化状况，这是其所"感"的。这便构成了双重张力，一面是"时代与艺术"的张力（"市民社会"对艺术不利），一面是"艺术与观念"的张力（艺术向"观念"转化），黑格尔则试图将这两者融会在一起。

在黑格尔宣判"艺术解体"之后，丹托重提了这个命题，遂被称之为"二次终结论"。他在 1984 年出版了两篇文章，先是《哲学对艺术的剥夺》，它并没有吸引多少关注，但《艺术的终结》出版后却引起轩然大波。这两篇文章的内容并不相同——前者说的是"遭受哲学压制的艺术"，后者则是说"艺术逐渐演变为艺术哲学"。尽管它们表面上是矛盾的，但实际上后者恰恰是对前者的认可，算得上是对艺术的权力的"最全面的剥夺"，而且使用的策略亘古未有。①就连黑格尔也没有这样彻底过，所以，丹托的终结理论之引发非常大的争议和反响实属必然。

---

① Jane Forsey, "Philosophical Disenfranchisement in Danto's 'The End of Art'"（《丹托〈艺术的终结〉之中的哲学剥夺》），in *The Journal of Aesthetics and Art Criticism*（《美学与艺术批评杂志》），Vol. 59, No. 4（Fall, 2001）.

　　《艺术的终结》的原型是作者为一次艺术界研讨会提交的短文。后来，他应"沃克当代艺术研究所"之邀，又在关于未来的讲座中做了"艺术终结"的演讲。这个演讲对于 1980 年代中期艺术界的沉闷状态就好像引爆了一颗炸弹，随后朗（Berel Lang）编辑了著名的美学论集《艺术之死》，①找了许多人对丹托此文的主题进行回应，从而将这个问题越炒越热，也在接受者那里混淆了"艺术的终结"与"艺术的死亡"之间的区别，但这却不是丹托的原意。

　　在丹托看来，他也是在"历史地预测艺术的未来"，这同黑格尔不谋而合。这样就不必只囿于艺术去思考"何为未来艺术品"的问题，甚至完全可以去假定"艺术本身并无未来"。因此，无论黑格尔还是丹托，都不认为"艺术从此没有了"，而是指"艺术动力"与"历史动力"之间不再重合。这正是黑格尔给予丹托的"历史性"启示：艺术与历史的发展不再方向相同，或者说艺术根本失去了历史方向、历史维度里将不再有艺术。在这个意义上，丹托倒像是在重复同样的命题："而现在，历史与艺术坚定地朝不同方向走去，虽然艺术或许会以我称之为后历史的样式继续存在下去，但它的存在已不再具有任何历史意义。现在，几乎无法在某种哲学史框架外思考这一命题了，如果艺术未来的紧迫性并不以某种方式出自艺术界本身的话，那就很难认真看待它了。在今日，可以认为艺术界本身已丧失了历史方向，我们不得不问这是暂时的吗？艺术是否重新踏上历史之路，或者这种破坏状态就是它的未来：一种文化之熵。由于艺术概念从内部耗尽了，即将出现的任何现象都不会有意义。"②

　　可见，丹托所宣告的是：既然艺术自身的能量耗尽了，那么，它不走向死亡还能走向何方？可以肯定的是，艺术已经走出历史樊篱③，这是丹托"艺术终结后的艺术"的核心理念，也是其"艺术终结"立论的基本前提。

　　的确，丹托指出了这样的事实，现代主义艺术的内在动力因日益被"耗尽"而枯竭，花样翻新的现代主义艺术史成了过去时。于是，他在这

---

　　①　Berel Lang（ed.），*The Death of Art*（《艺术之死》），New York：Haven Publishers，1984.

　　②　丹托：《艺术的终结》，江苏人民出版社 2001 年版，第 77—78 页。

　　③　Arthur C. Danto，*After the End of Art：Contemporary Art and the Pale of History*（《艺术终结之后：当代艺术与历史樊篱》），Princeton：Princeton University Press，1997.

里划定一个界限："在历史之内"与"在历史之外"。"在历史之内"的是终结前的艺术；"在历史之外"的则是终结后的艺术，或者说是"后历史"的艺术。

那么，所谓"后历史的艺术时期"究竟是什么样的时期？在丹托看来，这一时期的艺术就是没有"历史意义"的时期。"后历史"并不是没有历史，而指没有"历史意义"。如此可见，丹托恐怕难逃"循环论证"的指责。总之，他所要说的是，根据艺术的发展走向，艺术超出了历史发展的阈限而走向所谓的"后历史"阶段。

那么，"艺术终结后的艺术"究竟应保持何种存在状态？后来丹托才给出了明确的答案。他在 1997 年出版的专著《艺术终结之后》中指出，"后历史艺术时期"的标志就在于这个时代的一切东西都是可能的；或者说，任何东西都是可能的。丹托希望，后历史艺术是按照"客观多元主义"的条件而创造的，所谓"客观多元主义"是指"艺术不再有必须走的历史方向"，至少对艺术史而言正是如此；"没有比其他任何东西更真实的历史可能性"，这便是所谓"艺术熵"或"历史无序时期"。于是，丹托从某种历史哲学的视角重新透视艺术史，以"你可以做一切事"的原则来建构了一种关于艺术史哲学的思考。

按照丹托的观点，既然艺术"终结"了，那么，"作为艺术"的艺术究竟"终结"在何处？答案是终结在"哲学"之中。丹托相信，他关于"艺术终结"的观点其实是"一种剥夺艺术权利的形式"。但无论怎样，艺术终结在哲学之中了，或者说，艺术被"哲学化"了。这样，艺术就终结于自身身份的"哲学化"的自我意识中。从现代的情况来看，艺术无疑已经被哲学渗透了，使我们无法将艺术和哲学区分开来，从而把艺术从美学使之陷入其中的冲突中解脱出来。这样，丹托实际上是在完成柏拉图的计划——"永远以哲学取代艺术"！

丹托将西方艺术史划分出三段，亦即三个主要时期，第一个时期大约从 1300 年左右开始，第二个时期大约是从 1600 年开始，第三个时期大约是从 1900 年开始。[①]这是他研究整个西方艺术史的结论。如果从艺术发展史角度来看，可以看到丹托的艺术史叙事的基本构架：

---

①　Arthur C. Danto, *Encounter & Reflections*: *Art in the Historical Present* (《相遇与反思：处于历史性当前的艺术》), Berkeley: University of California Press, 1990, p. 340.

历史阶段	前现代时期	现代主义时期	当代时期
时间次序	从 1300 年到 1880 年	从 1880 年到 1965 年	从 1965 年至今
艺术史时段	模仿的时代（Era of imitation）	意识形态的时代（Era of ideology）	后历史时代（尚不明确的当前时代）
艺术史大师叙事	瓦萨里时段	格林伯格时段（后瓦萨里时段）	当代时段（没有大师叙事的时段）
艺术的历史趋势	艺术使得自身意识到作为"美的艺术"（fine art）而存在。"模仿—艺术"（mimetic-art）为了更忠实于活生生的可见经验而努力，乃至要准确地再现视觉经验。	"后—模仿艺术"（post-mimetic art）从"视觉向内心"转换，通过一系列的风格，来寻求"表现"和"自我探求"而非制造错觉。现代主义是被宣言所标识的时代，具有进步和历史必然性的意义。	这是多元文化的艺术（multicultural art）时代，艺术的本质被看作是一个对可能性开放的领域。这是一个不再有"大师叙事"的艺术时代，缺少制作艺术的风格而只有对风格的借用。

　　关于"艺术终结论"，与丹托论争的学者非常多，以至于对艺术终结的问题的探讨至今绵延不绝。①争论主要是在理论界与艺术界之间展开的。因为"艺术终结"这个命题之所以产生巨大影响，是因为其在艺术界所导致的巨大震动。其次，这种论争又可以分为两个支脉。其中之一主要围绕艺术界这个中心展开，将焦点聚集在"艺术死亡了吗？艺术史结束了吗？艺术家死了吗？艺术理论完结了吗？"论争的前提是"终结就是死亡"。另一支脉则遵循了丹托的本意"终结不等于死亡"。在这个前提之

---

① Mark Rollins（ed.），*Danto and His Critics*（《丹托及其批评者》），Oxford：Blackwell Publishing，1993；*History and Theory*（《历史和理论》），Vol. 37，No. 4，*Theme Issue 37：Danto and His Critics：Art History，Historiography and After the End of Art*（Dec.，1998）；刘悦笛：《艺术终结之后：艺术绵延的美学之思》，南京出版社 2006 年版。

下，从学理的角度来论证"艺术终结了吗？艺术史终结了吗？艺术家终结了吗？审美经验终结了吗？美学理论终结了吗？"这主要来自理论界的声音，质疑的是以丹托为主的理论的内在缺陷。无论如何，"艺术终结论"的确构成了 20 世纪末美学界的最强音，而今仍在世界各地得到回应。①

①　Noël Carroll（ed.），*Theories of Art*（《艺术理论》），London：The University of Wisconsin Press，2000.

第三十六章

社会批判美学

　　"社会批判美学"是以"西方马克思主义"思想为基本思想取向和哲学原则的西方美学思潮，是几乎贯穿了整个 20 世纪美学主潮之一。从起源来看，在西方马克思主义的奠基之作《历史与阶级意识》（1923）出版之前，匈牙利哲学家和美学家卢卡奇"就已经确立了自己作为一个美学家的声望，其代表作有《心灵与形式》（1910）《小说理论》（1971），后一部著作贯穿着黑格尔主义，写于 1916 年"①。实际上，可以用马尔库塞在《新感性》中所谓"审美之维作为一种自由社会的尺度"② 来概括"社会批判美学"的主要原则；这种美学思潮的取向，是在衡量社会自由度时以审美为批判标准，在评判审美价值时又以社会性的自由为准则。

　　有学者认为"西方马克思主义"这个概念最早出现在 20 世纪 20 年代末，是由哲学家马萨贝克率先提出的，也有人认为前苏联学者在指责西欧马克思主义的黑格尔化倾向时最早用了这个术语。③ 比较公认的说法是，这个范畴在德国哲学家科尔施（Karl Korsch）1930 年的《〈马克思主义和哲学〉问题的现状——反批判》一文中被公开使用。1955 年，法国

---

　　① 莱恩：《马克思主义艺术理论》，湖南人民出版社 1987 年版，第 62 页。

　　② Herbert Marcuse, "Neue Sensibilität" ［New Sensibility］（《新感性》）, in *Versuch über die Befreiung* ［Essay on Liberation］（《论解放文选》）, Frankfurt a. Maim：Suhrkamp Verlag, 1980.

　　③ Douglas Kellner, "Western Marxism"（《西方马克思主义》）, in *Modern Social Theory：An Introduction*（《现代社会理论引论》）, ed. Austin Harrington, Oxford：Oxford University Press, 2005, p. 155.

现象学家梅洛—庞蒂在《辩证法的历险》（1955）一书中设专章论述"西方马克思主义"，此后这个概念开始被广泛接受。实际上，1923 年具有标志性，因为卢卡奇的《历史与阶级意识》和科尔施的《马克思主义和哲学》同年出版，奠定了"西方马克思主义"的思想基石。

按照当代英国评论家佩里·安德森的看法，就"形式的转移"而言，"整个西方马克思主义传统的指针不断摆向当代资产阶级文化"；如果就"主题的创新"而论，"西方马克思主义逐渐由经济和政治问题转向哲学、美学和艺术问题的研究"，而且这种转向对于西方马克思主义主题创新而言居于"首要地位"。①

西方马克思主义的两个基本特征皆呈现在其美学形态中。"社会批判美学"的两翼，一是对资产阶级社会的积极批判，其具体采取的哲学立场是：或者使用把马克思主义上溯到以前的黑格尔方向的方法，或者应用将马克思主义向精神分析派、存在主义和结构主义等各种方向发展的方法，从而确立不同的立足点；另一面则是对"审美之维"的持续关注，一种"审美乌托邦"的观念始终被置入西方马克思主义的灵魂深处。

因而，根据"社会批判美学"来看，艺术既是社会的产物，又是社会中的独立力量。这种美学形态也始终在"自律—他律"的两极状态之间摇摆，"自律"的一面是审美方面，而"他律"的一面则是社会方面，二者在"社会批判美学"那面得到了有机融合。因而，在艺术问题上，"社会条件"与"艺术自律"始终构成了马克思主义美学的艺术之两维。②应该说，从卢卡奇开始，马克思主义美学理论的主流都努力确立艺术的"解放能力"的基础，从而赋予了艺术以"启蒙的"现代性功能。③当然，在这种思想发展过程中，"具有特别重大意义的是重新发展早期马克思——'诗人'马克思、皈依犹太教的马克思、凡人马克思、救世主马克思、人道主义者和心理学家马克思……敌对的思想体系和新的知识学科对僵化的马克思主义结构不断施加难以容受的压力；弗洛伊德派、语言

---

①　安德森：《西方马克思主义探讨》，《西方马克思主义美学文选》，漓江出版社 1988 年版，第 150、164 页。

②　Adolfo Sánchet Vázquet, *Art and Society：Essays in Marxist Aesthetics*（《艺术与社会：马克思主义美学文选》），New York：Monthly Review Press，1973，p. 98.

③　Pauline Johnson, *Marxist Aesthetics*（《马克思主义美学》），London：Routledge & Kegan Paul，1984，p. 1.

哲学、结构主义和存在主义所提出的问题迫使马克思主义重新评估它的智力生存能力，迫使它再度成为创造性的和'马克思主义的'"①。

从历史角度看，整个 20 世纪的西方马克思主义可以分为三个阶段：第一代西方马克思主义阶段，法兰克福学派阶段，20 世纪 60 年代之后的西方马克思主义阶段。西方马克思主义美学史的分期，也相应地可以大致分为"早期形态"、"中期形态"和"晚期形态"三个阶段，但是，这种区分并不严格，比如法兰克福学派的美学思想就已跨越了早、中、晚的三个时期。西方马克思主义美学的"早期形态"主要出现在 20 世纪上半叶，是以西方马克思主义的奠基者卢卡奇的美学思想为源头的。西方马克思主义美学的"中期形态"，主要出现在 20 世纪中叶以后，以第一代法兰克福学派的美学思想为主导。西方马克思主义美学的"晚期形态"主要从 20 世纪 70 年代开始到该世纪末，这个时期的美学形态出现了变异性发展，同时，西方马克思主义思想被逐渐在各个学科当中"泛化"。特别是进入 20 世纪 80、90 年代，这种美学思潮被逐渐卷入所谓"跨学科"的"文化转向"浪潮之中。

总之，如果一定要在 20 世纪纷繁复杂的西方马克思主义美学诸流派之间找到共同特质，那么可以说，"社会批判美学"的主导方面就是"社会批判"，因为法兰克福学派的早期领衔人物霍克海默在 1937 年正式提出要建立"社会批判理论"，并将之完全与"马克思主义"一词等同起来。然而，这种"社会批判"的品格并不仅仅囿于法兰克福学派内部，它在整个 20 世纪西方马克思主义美学思潮中都是贯穿始终的。

第一节　卢卡奇

著名匈牙利哲学家、美学家、文艺理论家卢卡奇（György Lukács，1885—1971），是一位具有强烈自省意识和与时俱进品格的马克思主义思想家。1923 年，卢卡奇的《历史和阶级意识》一书在柏林出版。从《历史和阶级意识》开始，卢卡奇就尝试着按照马克思的思路，运用总体性思想来重建马克思主义哲学。他认为，马克思主义哲学的核心在于本体论，而不是认识论。实践作为社会存在的构成方式，成为本体论的基石。

---

① 所罗门：《马克思主义与艺术》，文化艺术出版社 1989 年版，第 270 页。

1971 年 6 月，卢卡奇因患癌症去世。他的一生经历了世界观的根本性转折，虽在政治风云的激荡和变幻中多次身处逆境，理论观点备受争议和批评，但矢志不移地坚持马克思主义的哲学和美学研究，并取得了丰硕的成果。

一 《审美特性》的美学观

《审美特性》一书是卢卡奇美学研究的集大成著作，也是他建立马克思主义美学体系的尝试。在卢卡奇看来，马克思主义是关于人的解放的学说，而马克思主义美学正是马克思主义哲学的有机组成部分。美学作为研究审美活动及其规律的人文学科，哲学观念的取向是决定其世界观和方法论的基础。该书的哲学观体现在三种不同的视角中，构成了反映论的、实践论的和生存论的研究视野。

反映论是马克思主义认识论提出的一个命题，但是它并不局限于认识论的领域。物质和社会存在的第一性与精神和社会意识的第二性构成了哲学唯物主义与唯心主义的一个重要分水岭。正如马克思和恩格斯所指出的："意识在任何时候都只能是被意识到了的存在，而人们的存在就是他们的现实生活过程。"① 卢卡奇正是把审美作为人们对现实反映的一种独特方式，由此确立了"审美反映"的概念，并把审美反映与科学反映作为人的精神活动的两极。审美反映"是由人的世界出发并且目标就是人的世界"，② 这就决定了"审美构成的拟人化特性，它是指向情感激发的，因此具有趋于主观性的倾向"。③ 相反，科学反映是非拟人化的，它要摆脱个体感官和情绪因素的影响而趋向客观性。审美反映与科学反映的这种单一性特点与日常生活的反映形式构成了明显的区别，但是它们却是由日常生活的需要形成的。

卢卡奇正是通过日常劳动和思维的分析，来把握审美反映的形成及其从日常生活中分化出来的契机的。作为人的一种自我意识，审美是以对客观现实的意识达到一定高度为前提的，并且只能在与这种意识的相互作用过程中发展。在这里，日常生活、劳动中的训练和习惯，人们共同生活和

---

① 《马克思恩格斯选集》，第 1 卷，人民出版社 1972 年版，第 72 页。
② 卢卡契：《审美特性》，第 1 卷，中国社会科学出版社 1986 年版，第 13 页。
③ 同上书，第 25 页。

共同工作中的传统和习俗以及这些经验在语言中的固定，都发挥了某种中介作用，即把这些意识所把握的世界转化为直接性的新世界，从而形成审美的感性直接性的特点。正是从反映论的观点对人的思维发展过程的分析，才为揭示审美的精神特性提供了具体途径。

坚持反映论的观点并非把审美等同于认识。卢卡奇明确指出，既不能像莱布尼兹或黑格尔那样，把审美降低为认识的前期形式；也不能像谢林那样，把认识作为审美的前期形式。审美和认识作为两种迥然不同的行为取向，导致了艺术和科学这两种不同的精神成果。

从反映论出发，卢卡奇把摹仿原理看作是审美和艺术形成的重要根源。他认为情感激发和摹仿在人的日常交往中的密切结合，是人的感官形成的基础。与亚里士多德的摹仿说不同，他肯定摹仿中的能动性和主观创造性，认为审美主观因素表现在拟人化的特征中，因为审美是以人为中心的，艺术的对象是人的世界。例如反对音乐的映象性曾经是反对反映论的主要论据。卢卡奇指出，不能把艺术的反映特性与表现性完全对立起来，那种完全排斥反映论的表现说完全否定了外在世界的客观性，否定了外在世界的作用是构成人的感觉和情感的基础。把主观反映与主体所处的具体环境完全隔离开来，把主观性作为完全独立的东西与它的基础及真正的内容分离开来，就使表现成为唯我主义的东西了。音乐反映的对象与其他艺术在性质上的不同之处在于，音乐反映的是人的内心生活，即情感生活。但是，音乐不是情感表现本身，而是情感表现的艺术再现。

坚持马克思主义的实践论是《审美特性》一书的重要特色，实践作为人的本质的存在方式，说明人不仅是社会实践的主体，也是社会实践的历史产物。人的主体性，包括人的认识能力和审美能力，都是在从事对象性的实践活动的历史过程中形成和发展的。在此，卢卡奇提出了哲学本体论的方法，他以人的日常生活和劳动为基点，从历史与逻辑相统一的方法中揭示出审美发生学的机制。在追溯人的意识形成和发展的过程时，卢卡奇特别强调了劳动工具作为一种中介在形成主体—对象关系中的作用，以及语言作为一种中介使人的直观和表象获得新的规定性和明确性。处于与概念不断转化中的直观和表象与没有这种转化过程的直观和表象具有质的不同，这是审美形成的意识前提。

二　若干审美原理的诠释

1. 审美是一种人类的自我意识

对于审美活动性质的研究，卢卡奇是从人的审美需要的产生入手的。克罗普斯托克曾经说过，存在着一种人的根本性需要，这种需要不仅表现在日常生活本身之中，而且表现在由日常生活以极其不同的方式产生出来的对象化活动中，如在宗教、神话、文学艺术、哲学等之中。"诗的最深奥的秘密在于，它使我们的心灵处在活动中。一般说来，活动对于我们是最重要的满足。"① 卢卡奇认为，从理解作为艺术存在基础的需要而言，使人的整个心灵活动起来是至关重要的，它反映了人对自己的整体性和完整性的渴望。然而，社会劳动分工却造成对人性的压抑和肢解，只有当生产力的发展及其在生产关系中的实现为人的个性的整体性和完整性提供了最大的可能，并且在主观上表现出对人的发展的明显威胁时，才产生出这种需求意识。在这种需求的背后，存在着人自身主观性的一种对本质与非本质事物的分离。也就是说，对现象与本质的相关性构成了一种基本的、无法排除的体验，它的根源要比对个性的意识化更深远。因此，审美需要"是对世界进行体验的需要，它是实在而客观的，同时与人（人类）的存在的最深刻的要求相适应"②。

审美作为对世界的一种人性的审视，在其活动的背后却隐藏着这样一个问题：这个世界实际上到多大程度是人的世界，他能够肯定这个世界适合于他自己、他的人性到什么程度。因此看来，"没有主观就没有客观"这一命题，在认识论领域具有纯粹唯心主义的性质，而在审美领域却是恰当的表述。作为审美的存在，它必须能创造出一种独特的主—客观关系。这意味着"意识的对象"必须被转化为"自我意识的对象"。自我意识作为主观与意识相对立，表征出与科学反映不同的审美反映的特性。这里所表现出的主—客观关系，正如黑格尔《精神现象学》所提出的，经历了一个外化及其向主观的回复。外化意味着由主观通向客观世界的道路，回复则表现为由此形成的对象性完全融合在主观的特定质之中。由此形成主观性与客观性不可分割的联系，并在它们的结合之中相互得到强化。也就

① 卢卡契：《审美特性》，第 1 卷，中国社会科学出版社 1986 年版，第 4 页。
② 同上书，第 23 页。

是说，审美反映一方面始终是在与人的主观性的不可分割的联系中去把握每一客体及其整体性，另一方面又将客观世界不仅按其本质而且以其直接的表现形态固定下来并加以显现。

人们在日常生活中所面对的对象性，其事实和价值判断是相互独立的，这里始终存在着客观事实和主观判断在根源上的二重性。而在审美形象中，情况就完全不同了。审美对象性本身已经包含了赞同与否的鲜明态度，从而排除了日常生活的这种二重性，这是作为主观经过外化又回复到主观的结果，即客观完全融合于主观。所以，经主观加工的摹仿现象只有提高到审美的特有的客观性，才能超越主观的独特性。由此，这种摹仿形象不再作为对主观未接触过的外在世界的一种纯粹主观的反映而与外在世界相对立，而是构成一种特殊的独立的客观性。因而没有任何活动像在审美领域中那样，个人的因素对于构成各种对象性、对于各种关系具有如此决定的意义。同时，经审美改造的生活世界成为世界的一面镜子，在这里，正确地认识世界的深度和正确地自我体验的深度融合成一种新的直接性。审美反映的辩证法就是通过主观性与客观性的相互关系的分析，来揭示艺术作品所具有的真实性和深度、它的真理性和丰富性以及具世性和情感激发的力量所在。

2. 内容与形式——审美的内在和外在因素

卢卡奇认为，内在与外在的绝对相关性和它们趋向同一的倾向，本身就是生活的一个事实，它们之间的差异或对立同样也是生活的事实。如果内在与外在的相关不是辩证的和交叉扩展的，那么，人们相互之间的交往就是不可能的，因为人际交往就是以内在与外在的本质联系为前提的。对现实的审美反映的决定性特征是，一切客观性都与人的最本质、最内在的存在相关联。一切属人的、与人相关联的东西都是内在的，它们只有转化为特定的形式，即以纯粹感性的外在形式表现出来，才能成为审美的存在。在审美中，只有通过形式才能引导和激发接受者的情感体验。因此，审美形式总是具有一定内容的形式。

针对席勒关于内容与形式的关系论述，卢卡奇指出：当席勒说，只有形式作用到人的整体，而内容只作用于个别的功能，内容不论怎样崇高和范围广阔，它只是有限地作用于心灵时，他陷入了康德对形式与内容的形而上学（非辩证）的割裂。他的初衷包含了对资本主义的社会生活歪曲了内容—形式关系的社会体制的批判，但是，日常生活与艺术在内容—形式关系上却具有质的不同。席勒在论述中没有经过对形式与内容之间一般对立的各种中介的分析，而直接跳到艺术中形式与素材之间的特殊对立。其实，素材已经包罗分化了的内容要素，素材正是诗人要转化为作品内容的那部分，因此包含了与创作目标和情调相适应的东西。素材选择已经带有前期创作的性质，而创作过程应该像是由提取的素材自身有机地生长出来的。因此，诗人所采用的形式从一开始就已经内在地隐含在素材中了。

如果席勒的意思是说，内容的世界实际上是某种自在的不定形的东西，它只能赋予形式一种明确的对象性，所以实际的意义只是包含在形式中，那么，他这个著名公式肯定是对的。但是，因为在客观现实中，因而在各种对现实的正确反映中，充满了内容与形式的不可分割的统一以及两者的相互转化，所以这个公式失去了支承点。艺术的成就并不在于把某些自身无形式的东西提高到具有形式性，而是打破生活直接构成的素材形式，并为它在这一作品中所显示的核心内容找到相适应的审美形式，即一种确定内容的形式、一种新的激发直接性的形式。所以，素材的内容在这种形式的规定中具有决定性的意义，这种意义是就素材选择中诗人的意向和素材的客观意向性而言的。这里的矛盾在于：一方面要打破素材的形式，因为现实本身在审美上是中性的，现实的结构与审美范畴的结构是不同的；另一方面，审美反映又是现实的一种再现，因此打破现实给定的形式还要包含在其中忠实于现实的要素。这种打破是一种辩证的扬弃，这样才能实现作品内容与形式的统一。所以，对席勒所说通过形式消除素材的命题，还要用"被描绘的素材消除形式"来补充。因为艺术形式要创造出一个自在存在的"世界"，它具有相互联系的、自身完整的、经过组织的各种内容的有机统一。

创作过程实际上是由特定素材到完成它的形式转化的过程。素材所具有的带生活气息的内容—形式关系，要通过艺术加工转化为对素材单纯化的本质内容相适应的形式，即特定内容的形式，它对接受者的激发作用已经具有一种内容性质。

在审美中，形式的独特功能是集中在使人们可以体验到对于人类富有意义的内容，因此这种形式是要适应人的感受性和体验需求。艺术形式必须是具有一定内容的形式，如果缺少这一点，即使最富有技巧的形式处理也只能取得过眼云烟的效果。艺术作品通过同质媒介对人的整体发挥作用，就是在于这种形式与内容的同一性、本质与现象的统一、内容的普遍性和内涵无限性以及艺术的陶冶作用。

3. 对审美心理学和艺术符号学的探索

《审美特性》一书虽然是从哲学角度对美学原理的系统性探索，但是，卢卡奇并没有忽视心理学对美学研究的重要性。他以巴甫洛夫的反射学说为切入点，从第一信号系统与第二信号系统（语言）的关系中，提出了介于两者之间的一种符号系统，他称之为第1'信号系统。这里已经接触到艺术符号学的问题，但是，受所处时代和环境语境的局限，卢卡奇这一理论的研究空间还比较狭窄，未能完全深入艺术符号学的理论领域，但在心理学上却很有启发意义。

巴甫洛夫曾经提出人的类型学说，把思想家类型和艺术家类型作为两极，认为艺术家类型的活动不是基于第二信号系统，而是基于第一信号系统，这就等于把艺术家的活动置于动物的水准。卢卡奇指出，不能把艺术家类型的活动以及艺术的创作和感受的心理归结为单纯的条件反射。反射学说作为联想心理学的生理—心理基础，充分揭示了第一信号系统的活动机制。而语言（符号）的出现在人的感觉与人的行为反应之间建立了一个以理解为基础的中介系统，从而发展了人的思维并打开了人的意义世界。只有借助语言的表达，才能使外部世界的对象、过程等的映象由它直接引发的客观动因中分离出来，并能普遍地应用。在语言与人直观的相互作用下，条件反射、联想机制等成了人的想象力的素材，使想象力中的表象构成了一种"信号的信号"。其实在人的日常生活中已经出现了这种在直观层次上的"信号的信号"，卢卡奇将其称作"第1'信号系统"，这实际上就是表象符号系统。

在20世纪50年代末，心理学研究还没有揭示出人的大脑两半球功能的特化，但是，卢卡奇从精神病理学资料的研究中已经肯定："各种精神病患者，首先是精神分裂症患者，虽然他们的思维能力和语言表达能力，因之第2信号系统完全受到了损害，但是却能用造型的手段去表达，也就是说他们的第1'信号系统并不像其他高级反射系统那样，产生同样的瓦解和畸变。这里对于我们重要的只是证明了这种可能性。因为，由此进一步得出了第1'信号系统的反射作用具有独立性这一论据。"[1] 这说明，

---

[1]　卢卡契:《审美特性》第1卷，中国社会科学出版社1986年版，第397—398页。

精神分裂症患者所失去的是语言和逻辑思维能力，而右脑的表象思维能力仍然在起作用。绘画和造型能力不属于第一信号系统，因此这种第1'信号系统正是表象符号系统。卢卡奇指出：艺术是第1'信号系统的相应的客观化。艺术的同质媒介的形成和发挥作用，使条件反射和第二信号系统都从属于第1'信号系统之下，第1'信号系统在审美领域里取得了主宰权。这也可以说明艺术形象的不可言传的特点。

　　作为表象符号的传达特性，卢卡奇举了许多例证，其中包括笑和环境氛围。对人说来，笑一般是作为无条件反射而存在的。但是，笑的高度发展的形式包含了许多特殊的人的东西。笑同时可以成为不用语言媒介而对人的感情、态度、行为方式等的普遍性的表达手段（即符号）。人们出于赞同或反对的态度而对人发出善意的或敌意的、赞赏的或轻蔑的笑。从不同的笑中可以表现出人的正直或狡猾、纯朴或奸诈、开朗或抑郁。从笑所表现的情感方式可以看出它的社会—历史的特性。这些反映了第1'信号系统所包含的丰富内涵。同样，在人际交往和环境感受中，其氛围比语言表述具有更强的情感激发作用。氛围的形成是作为由各种个别印象和联想组合成的具有统一激发作用的一种具体系统。在许多情况下，这种氛围要给人一种自发性的印象，而非故意为之。例如一个房间使人感到有人居住或无人居住、有个性特色或毫无特色、舒适或不舒适，这主要不在于设施的华贵或低廉，因为华美家具装修的房间也可能给人一种冷漠和令人厌恶的印象。

　　受第1'信号系统支配的精神现象与受第二信号系统（即语言）支配的精神现象有三方面的不同：其一，其激发的体验返回到现实，现实在这里是作为一个具体的整体而被体验的，并且它包含了不同的情感侧重。其二，这里所完成的客观化包含了它的主体相关性，而在语言中各个词汇所反映的事物是独立于主体的。其三，在审美的感受性中包含了主体的社会性体验。所以，由艺术作品所获得的体验是作为社会一员所获得的那种感受。即使在艺术中所塑造的孤独感，都是与人的社会性不可分割地联系着。这确证了马克思所说，只是由于属人的本质的客观地展开的丰富性，那些能感受人的快乐和确证自己是属人的本质力量的感觉才发展或产生出来。

第二节　本雅明

本雅明（Walter Benjamin，1892—1940），德国现代著名批评家。本雅明著述极丰，其德文版全集达 14 册之多。他在美学方面的代表著作有：《德国浪漫派的艺术批评概念》《论歌德的〈亲和力〉》《德国悲苦剧的起源》《夏尔·波德莱尔：发达资本主义时代的抒情诗人》《经验与贫乏》《讲故事者》《小说的危机》《摄影简史》《作为生产者的作家》《机械复制时代的艺术作品》《文学史与文学学》。

一　从经验到体验

本雅明找到了一个能够体现和谐的术语：经验。经验在西方哲学中有两种理解：一是占主流地位的认识论概念，它是主客体分立、人从世界中抽身后对他物性质进行逻辑概括后的认知；二是心灵哲学的观念，它是蕴含着人之经历、内省、感悟等多种物质和心理成分的实在—信念的复合体。本雅明对认识论哲学相当反感，他反对把理解、认识和活生生的生命割裂开来，变成抽象的概念知识或信息，而他所说的经验恰恰是心灵哲学范畴，不能从认识论层面对之进行分析解释，对此本雅明强调："没有比尝试分析经验更荒唐的错误了——这种分析通常建立在精确的自然科学模式之上。"[1] 本雅明的全部美学思想，正是以这个观念为基础展开的。

本雅明对经验的理解接近心灵哲学的概念，但又不同于后者的内涵，按照他的说法，"经验""是存在于集体和个人生活中的传统物"[2]，"经验是活的相似性"[3]，"经验……是记忆中积累的经常是潜意识的材料的汇聚"[4]。显然，这些说法只具有描述性，而非规范性的逻辑概念，本雅明正是以此显示了他话语方式的独特性：他的哲学不同于以概念为认识特征

---

①　Walter Benjamin, *Selected Writings*（《本雅明文选》），Vol. 2, Massachusetts & London：The Belknap Press of Harvard University Press, 1999, p. 553.

②　Walter Benjamin, *Gesammelte Schriften*（《本雅明全集》），Frankfurt a. Main：Suhrkamp Verlag, 1974, Band I. 2, S. 608.

③　Walter Benjamin, *Selected Writings*（《本雅明文选》），Vol. 2, Massachusetts & London：The Belknap Press of Harvard University Press, 1999, Vol. 2, p. 553.

④　本雅明：《发达资本主义时代的抒情诗人》，三联书店 1989 年版，第 126—127 页。

的"具体化的哲学"①，"他的哲学尤为重视具体物"②。具体化的哲学拒绝对经验作思辨化的概念推演，更乐意对之作寓言式的形象化描述。正如哈贝马斯所说，"本雅明的艺术理论是一种经验的理论（然而不属于反思经验）"③，本雅明自己也说："拒绝判断是批评的首要形式"④，对此我们不难理解本雅明为什么不给经验加以定义式的说明了。

　　本雅明所说的"经验"（Erfahrung/experience）其实就是积淀在人们心理结构中的文化传统，它是一个前认识论概念，它是灵肉合一的人在遭遇、亲历、感受相关的人、物、事件后，经过内省、感悟后而得的智慧，是理智与情感、理解与领悟、机智与教训、记忆与想象诸多因素的统一体，包含亲知、理解、教导、训诫等多种成分，是先人的智慧，是真理，是教养，是希望。它不同于认识论哲学中的经验概念，后者剥离了一切主观成分，是抽象的概念、知识或信息的汇集。经验在被传承时通常通过耳提面命的方式，并伴随一个生动的传说或故事。经验这种实践类型尚未被理性整合，也未被知识、信息、技术渗透、切割、掌控，本雅明试图以此说明人与世界之间精神、心理的联系以及生命活动的完整性，传统的连续性，人与人之间的亲和性，以及人类族群建基于交往能力之上的集体性。

　　经验要求人们在不同实践类型之间建立非同寻常的联系，在极不相同的事物之间发现亲和性，对人们习焉不察的对象会产生特殊的感觉，从不把具体事物贬低为概念的一个事例，甚至也不把它贬低为一个象征性意向。在20世纪西方哲学越来越趋向于画地为牢的研究方式时，本雅明却以他令人注目的异端行为扩大和拓展了哲学的研究范围，跳出一般认识论研究，加强人之认识能力与宗教经验和哲学神秘主义之间的联系。

　　本雅明认为，经验世界即人与人、人与自然之间的和谐境况被迅速发展的机器工业社会打破；口耳相传的经验交流能力随着故事艺术的终结而

――――――――――

　　① Michael W. Jennings, *Dialectical Images: Walter Benjamin's Theory of literary Criticism*（《辩证想象：本雅明的文学批评理论》）, Ithaca: Cornell University Press, 1987, p. 84.

　　② T. W. Adorno, *Introduction to Benjamin's Schriften*（《本雅明〈全集〉导论》）, in Gary Smith（ed.）, *On Walter Benjamin*（《论本雅明》）, p. 7.

　　③ Jürgen Habermas, *Consciousness-Raising or Rescuing Critique*（《意识提升或拯救的批评》）, in Gary Smith（ed.）, *On Walter Benjamin*, Massachusetts: The MIT Press, 1988, p. 109.

　　④ Walter Benjamin, *Selected Writings*（《本雅明文选》）, Vol. 2, Massachusetts & London: The Belknap Press of Harvard University Press, 1999, Vol. 2, p. 372.

萎缩乃至消失了；现代社会，"非常明显，经验已经贬值"①。这种情形一方面使得人们愈益关注对外部空间的开拓和对物质世界的占有，把现实利益的满足视为生存的目标；另一方面又使得人们放弃了对属灵世界的追求，情感和精神的交流被人们视为可有可无的鸡肋置之身外。本雅明这一认识从传统到现实都有丰厚的思想土壤。自卢梭以降，西方人反对技术的呼声从未间断，工具理性与价值理性的紧张状态持续存在；现代思想家对此认识不乏回应，在恩斯特·布洛赫、马丁·海德格尔、马克斯·韦伯的著作中不难发现类似的观念。不过，本雅明并没有因此机械抵制现代社会的存在，他只是痛心人们为了换取进步而付出的牺牲传统的现代化的代价。

　　本雅明从审美活动的本体类型与人类生存境况之间异质同构的关系角度，考察了现代人的生存特征，并用体验这一术语描述其特征。体验（Erlebnis/lived experience）是"人用经验的方式越来越无法同化周围世界的材料"时的境况。② 尽管本雅明对体验没有像对经验那样作出明确的界定，但它在本雅明美学思想中的位置却是十分重要的。安德鲁·本雅明指出，"本雅明的现代性思想在他对体验和经验的区分中得到了充分的表述"③。当然，本雅明对体验和经验的区分采用的是描述而非概念性的反思方式。体验的社会基础是机器大工业和信息生产体制，其生活表征人之生存已经成为断片，从自然到社会再到个体的感觉、意识和记忆，一切和谐均被打破。体验的实质是意识内容被分割成条块般的心理碎片，个体的情感、想象、意志被摘除，经验的连续性陷入分裂、片面之境。体验这一生存特征表明人类经验的结构已发生整体上的转变，如果说，经验体现的是事物性质的完整性、统一性，体验体现的则是破裂性、断片性。本雅明也知道，技术时代削去了经验传承的根基，经验的失去无可挽回："大多数人不再愿意通过经验学习了，他们的信念阻止他们这样做。"④

　　① Walter Benjamin, *Selected Writings*（《本雅明文选》），Vol. 2, Massachusetts & London：The Belknap Press of Harvard University Press, 1999, Vol. 2, p. 731.

　　② Walter Benjamin, *On Some Motifs in Baudelaire*（《论波德莱尔的几个主题》），in Hannah Arendt（ed.），*Illuminations*（《启迪》），New York：Harcourt Brace & world, 1968, p. 158.

　　③ Andrew Benjamin（ed.），*The Problems of Modernity*（《现代性问题》），London & New York：Routledge, 1989, p. 134.

　　④ Walter Benjamin, *Selected Writings*（《本雅明文选》），Vol. 2, Massachusetts & London：The Belknap Press of Harvard University Press, 1999, Vol. 2, p. 553.

二　从口传到媒介

本雅明一边着手审美本体模式的转换考察，一边考察促成这种转换的社会因素，提出了他的艺术生产理论。不可否认，本雅明有关艺术生产的构想受到马克思艺术生产观的影响和启发，但在具体考察思路上又与后者迥然不同，因为马克思在考察人类审美活动的规律时，以经济决定论为逻辑起点，比较关注审美活动与经济基础、上层建筑乃至意识形态的关联，本雅明则以生存论、文化论的分析为思想起点，较多关注审美活动与人的精神、心理的关联。他的美学焦点集中在艺术生产力的诸因素：生产者、技术和媒介，这一点与海德格尔多有相似。本雅明的《机械复制时代的艺术作品》与海德格尔的《艺术作品的本源》同时成文于 1935 年，这应该是一个有趣的巧合，但是，他们对"传统"、"起源"、"技术"、"艺术"等问题的思考和分析不谋而合，并且他们的探索都以现代语境中的日常经验本质的分析为基础，恐怕不是巧合，而是思想家都无法回避的时代问题了。

本雅明采用马克思的政治经济学思路，对艺术生产、流通、传播、消费的诸环节进行透视，对现代艺术生产者的处境和现代大众的接受状态进行了精神生态学的精彩描述，对于艺术生产力中的主观因素（作者、技巧）和客观因素（技术、媒介），都给予了唯物主义的解释。

本雅明认为，艺术生产的状况取决于社会物质生活条件，在资本主义市场经济中，作家成为出卖劳动力换取报酬的精神生产者，由此决定艺术产品不可避免地带有商品的性质。高明的作家犹如熟练工人一样，和报刊、出版商签订工作合同，他们与报业主之间以及作家与读者之间无疑是雇员与雇主、售货员与顾客之间的关系。

作家所从事的艺术生产主要是靠"技巧"实现的，因此，技巧被本雅明视为艺术生产力的组成部分，他认为在艺术研究中，"技巧概念提供了辩证出发点，它超越了内容与形式的空洞对立"，"文学技巧的进步与衰退"[①]，也直接影响着文学作品的质量与倾向。如何超越、如何影响，本雅明对此语焉不详，这一不足在他对艺术生产力客观因素技术和媒介的

---

① Walter Benjamin, *Selected Writings*（《本雅明文选》），Vol. 2, Massachusetts & London：The Belknap Press of Harvard University Press, 1999, Vol. 2, p. 770.

分析中被弥补了。

本雅明认为，艺术形式总是同一定的生产力水平相适应，艺术的产生和发展不可能脱离科学技术及相应的实践的影响，技术革新导致艺术媒介和载体形式的变化，这种变化必然影响艺术的存在乃至改变艺术观念，因此，"技术是某种特定的艺术形式的先声"①。印刷技术和纸张导致史诗、故事的衰落，却导致小说的产生；电子技术和胶片导致小说的没落，但又促使摄影、电影等艺术新形式的出现。艺术发展中的技术进步不仅会改变智力生产方式的功能，最终会改变艺术形式的功能，因为技术的发展必然改变乃至破坏传统的艺术观，这正是技术的革命性表现，本雅明据此提出，在艺术活动中，"艺术的技术水准是最重要的水准之一，研究它，可以弥补通常的精神史中模糊的艺术概念（福克斯自己有时也是如此）所造成的某些损害"②。也就是说，本雅明把技术进步视为衡量文学作品革命功能的标准。

媒介研究是本雅明美学中的亮点，也是 20 世纪后期风靡世界的"文化研究"的先声。因为在本雅明之前，还没有哪位美学家把媒介作为专门的审美研究对象。本雅明在《经验与贫乏》一文中强调，艺术美不仅"是作为形式的连续性之美"，还是"作为媒介的美"，艺术进步不仅是"不断改善的创作"，也"是文学形式的不断全面的发展与提高。这一过程运行于时间的无限性之中，这种无限性同时也是媒介的无限性"③，"艺术及其作品实质上既不是美的现象，也不是直接的激情冲动的表现，而是形式的自处静态的媒介"④。本雅明认为，媒介状态直接改变了艺术存在的方式，他在《讲故事者》《小说的危机》《摄影简史》《机械复制时代的艺术作品》等文中，表达了这样一种认识：故事是口传艺术，在以纸张为媒介的小说产生以后，故事艺术走向了它的终点；胶片（卷）媒介的出现又使小说艺术走向穷途末路，因为电影、摄影艺术不仅抢占了小说艺术的叙事对象、叙事空间，而且在传播速度和范围上为小说所不及，这是小说产生危机的直接原因。他在《单向街》中写道："现在所有的迹象

---

① 本雅明：《经验与贫乏》，百花文艺出版社 1999 年版，第 285 页注①。
② 同上书，第 335 页。
③ 同上书，第 107 页。
④ 同上书，第 121 页。

表明，书籍这种传统形式已经走向末路。"① 本雅明如果看到后来的电视与网络，那么他对大众文化的研究会更加精彩。

三　从魅灵到复制

经验的衰退和技术发展、媒介变化导致艺术生产类型的变化，这种变化主要体现在古典艺术与现代艺术的特征变化上。本雅明对这两种艺术的特征分别用"魅灵"（aura）② 和"机械复制"加以命名。"魅灵"是本雅明美学思想中的一个核心概念，他最初在《摄影简史》（1931）一文中提出这一概念，把它界定为"一种特殊的时空交织物：独有的距离外观，无论它有多近"③。不过这时的魅灵概念只是被作为摄影过程中的一个特殊现象看待，并不涉及对艺术发展的经验反思。而在其后的几年，他又不断对之修正，从不同角度加以描述。在《机械复制时代的艺术作品》中，本雅明描述了魅灵的多重特征：魅力、神秘、权威、膜拜、仪式、原创、本真、永恒、独一无二、不可重复，它是此时此地的唯一，是神圣，是秘密，它既在场又缺席，既无处不在又无迹可求。在《论波德莱尔的几个主题》中，本雅明"把魅灵界定为在'非愿意记忆'中自然地趋于围绕感觉对象的联系"④，认为"魅灵经验建立在人与人之间的关系及人与无机的或自然的对象之间的关系之反应的转换上"⑤。

本雅明认为，艺术作品因其魅灵成分而与欣赏者保持一定的距离，从而具有一种"膜拜价值"（cult value），即作品由于距离而对接受者保有一种神秘性，从而使接受者产生一种崇奉和敬仰的感情。接受者要对之理

---

①　本雅明：《本雅明文选》，中国社会科学出版社1999年版，第361页。

②　Aura 一词在中文中有多种译法："韵味"、"灵韵"、"灵光"、"辉光"、"光环"、"光晕"、"氛围"、"气息"等。Aura 本指生命机体放射的能量场，有人认为人可以通过各种颜色亮光的形式察知它。在通灵术中，aura 与"空灵物"（ectoplasm）非常接近，是一种环绕生命的彩色放射物，通过中介可以被人认识。中国古代文论中的"氤氲"、"空灵"比上述译词更接近 aura 的原意，也更典雅，只是少了一层本雅明强调的神圣、敬畏、不可接近的成分，因此不如采用"魅灵"作为译词更为恰切。

③　Walter Benjamin, *Selected Writings*（《本雅明文选》），Vol. 2, Massachusetts & London：The Belknap Press of Harvard University Press, 1999, Vol. 2, p. 518.

④　Hannah Arendt（ed.），*Illuminations*（《启迪》），New York：Harcourt Brace & world, 1968, p. 186.

⑤　Ibid., p. 188.

解就要充分调动积极的无意识联想，这样就在不同时空的人们之间建立起了一种特殊的感情联系。

　　与魅灵相对的是"机械复制"的概念。本雅明用机械复制指通过某种技术手段和器械对某种对象实施批量生产，通过机械复制手段批量生产艺术作品是技术时代特有的文化景观，照相术和电影被他视为机械复制技术的代表。本雅明充分肯定了机械复制的历史意义和作用："艺术作品的机械复制体现着某种新的东西。"① "对复制技术的研究所开启的是接受的重要意义，这一点几乎没有任何一种其他研究方法可以做到。"② 这表现在：复制艺术是艺术创造活动的技术化和扩大化，它使艺术接受突破了时空限制，人们可根据需要即时即地的进行艺术欣赏，从而大大增加了艺术作品流布的范围和影响，使艺术活动走出了宫廷、沙龙和艺术精英们的"象牙塔"，成为大众共享的对象。不过，本雅明同时意识到技术所具有的两张面孔：它既敞开又遮蔽，技术扩大了艺术的接受范围，使艺术创造的神秘性、独特性、不可重复性被一扫而光；同时它也使艺术失去深度，变得平面化、标准化、程式化、规范化，对复制作品的接受也是由一系列有意识可控制的公众回应所构成的，复制艺术给人们提供的只能是一些文化快餐，而这正是有魅灵的艺术与机械复制艺术之间的区别："我们的眼睛对于一幅画永远也没有厌足，相反，对于相片，则像饥饿之于食物或焦渴之于饮料。"③

　　魅灵意味着神秘，复制意味着透明，它是对艺术神秘色彩的剥离，也是对宗教或世俗权威、膜拜成分的剥离。复制艺术品犹如玻璃制品，因为"玻璃制品没有'魅灵'。一般说来，玻璃是秘密的敌人，也是占有的敌人"④。在本雅明看来，魅灵艺术的衰落与复制技术的繁盛是经验萎缩为体验的必然结果，也是世界祛魅的必然结果。现代艺术家使出浑身的解数，使其作品显得难以解释或不可解释，正是让人摆脱透明性，回到世界的不可知与神秘。只是在一个日益技术化的世界，这种努力虽然悲壮但是

　　① Walter Benjamin, *Gesammelte Schriften*（《本雅明全集》），Frankfurt a. Main：Suhrkamp Verlag，1974，Band I. 2，S. 474.

　　② 本雅明：《经验与贫乏》，百花文艺出版社 1999 年版，第 309 页。

　　③ 本雅明：《发达资本主义时代的抒情诗人》，三联书店 1989 年版，第 160 页。

　　④ Walter Benjamin, *Selected Writings*（《本雅明文选》），Vol. 2，Massachusetts & London：The Belknap Press of Harvard University Press，1999，Vol. 2，p. 734.

徒劳，因为魅灵艺术的衰退意味着艺术的内容和形式在新的历史条件下发生了变化和转折，"这是一个持续很长时间的过程，只在其间看到一种'衰败的症候'——更不用说只看到一种'现代'症候，没有比这更浅薄的了。确切地说，这只是世俗历史生产力的伴随症候，一个把叙事从生命言语领域逐渐彻底清除的伴随物，同时它使我们在即将消亡的东西中看到一种新的美成为可能"①。复制艺术的出现标志着技术时代艺术的进一步存在，只是以另一种物质、另一种形式和功能存在。新的艺术形式的生长成为可能。

第三节　阿多诺

一　早期思想

阿多诺（Theodor Wiesengrund Adorno，1903—1969）是法兰克福学派第一代的重要代表人物，与霍克海默共同开创了"批判理论"的思想传统。

阿多诺早期的哲学兴趣和克拉考尔（Siegfried Kracauer）有紧密联系。第一次世界大战结束时，阿多诺和克拉考尔就相互认识并结为好友，他们每个周六都要一起研读《纯粹理性批判》，这段友情对阿多诺的影响不容低估。阿多诺曾撰文《了不起的现实主义者：论克拉考尔》，以纪念这位具有原创性的思想家。克拉考尔对阿多诺的启发在于不要从总体和同一的角度看待经典本文，而要把经典本文看作是一种符号写作，是"力场"（Kraftfelder），要透过封闭作品的表面来看其内在。按照拉考尔的理解，康德是反对新康德主义者的主体主义认识论批判的，因为后者强调体系性，而康德所要做的不过是分析科学判断的条件。

另一个对阿多诺早期思想产生重要影响的是克尔凯郭尔。早在中学时代，他就系统而认真地阅读了克尔凯郭尔的著作；对克尔凯郭尔的兴趣让他有可能从不同于他所处时代的角度去读解克尔凯郭尔那带有神学特征的哲学，揭示克尔凯郭尔在宗教哲学和神学之外的美学内涵。在阿多诺看来，不能把克尔凯郭尔的美学思想隔离开来单独考察，而通过对克尔凯郭

---

① Hannah Arendt（ed.），*Illuminations*（《启迪》），New York：Harcourt Brace & world，1968，p. 87.

尔充满歧义的美学思想的分析，可以帮助我们进入其整个理论体系当中。在阿多诺看来，克尔凯郭尔既不是诗人也不是艺术家，而是一位唯心主义哲学家，其目的在于建立一种主观的本体论。他对主体存在的追求以失望告终，由此，他通过神秘主义一跃而转向先验性。

阿多诺认为，研究克尔凯郭尔的关键是要把握其哲学唯心主义实质。为此，他用黑格尔来阐释克尔凯郭尔："相对于黑格尔而言，克尔凯郭尔错过了历史的具体化，走向了盲目的自我，遁入了空洞的领域；但因此而放弃了哲学的核心真理要求。"[①]但是，阿多诺对克尔凯郭尔和黑格尔又有所批评：他支持克尔凯郭尔反对康德的抽象和黑格尔的同一性，同时又反对克尔凯郭尔用工具论来批判唯心论。可见，阿多诺对黑格尔同一性哲学的源头的批判，与其对本体论的批判是一致的，两者共同构成了阿多诺哲学的核心内容。我们在这里也可以找到阿多诺修正黑格尔辩证法的根源：阿多诺和克尔凯郭尔一样反对综合和中介，也反对调和。但阿多诺由于受到内在性学说的影响并没有遁入克尔凯郭尔的先验性，而是转向时间性（未来）。在阿多诺看来，调和只有在未来才有实现的可能，而这里的未来不是历史意义上的，而是弥赛亚意义上的。

此外，阿多诺还深受本雅明的影响。阿多诺和本雅明的友谊开始于1923年。他们的友情虽然经历过一些波折，但仍堪称思想史上的一段佳话，限于篇幅，我们在这里只选择阿多诺的两篇文章作为例证：《哲学的现实性》和《自然史观念》（Die Idee der Naturgeschichte）。

《哲学的现实性》是阿多诺就任法兰克福大学教授时发表的就职演说。从他与本雅明的通信来看，这篇演讲是打算发表出来并献给本雅明的，但遗憾的是由于历史原因，这篇文章未能及时发表。文章首先批判了当时盛行的存在主义和现象学，接着阐明了自己的哲学立场。在阿多诺看来，当代所有哲学家都试图克服唯心主义危机，但肯定都会以失败告终，因为他们还是在坚持总体性，而这正是唯心主义危机的根源。我们在这篇文章中可以看到，阿多诺在同一性之外确立了另一个批判对象：总体性。

阿多诺在这篇演讲中借用了本雅明的两个图像：一个是书写的图像，是不能直接加以阅读的图像，因为其中充满了不完善、矛盾以及断裂。因

---

① T. W. Adorno, *Kierkegaard*: *Konstruktion des Aesthetischen*（《克尔凯郭尔：审美的建构》），Frankfurt a. Main, S. 168.

此，要想理解它就必须加以解释，以打开其中的密码。第二个是星丛（Konstellation）图像。在阿多诺看来，哲学是作为一种解释力量而存在的，他给哲学下的定义是："分析使得各个环节处于分裂状态，哲学要通过把这些环节组合起来，对无意向性的内容加以解释，并依靠解释的力量揭示现实。"① 那么，作为解释的哲学需要一个特殊的形式：小品文（Essay）。这种形式表达了思想与作为总体性的存在之间的不对称性，以及解释与对象之间的紧张关系。

1932 年 7 月，应法兰克福"康德学会"的邀请，阿多诺做了题为《自然史观念》专题报告，集中阐释了康德的历史哲学。这篇文章的主题后来在《否定的辩证法》的"世界精神与自然历史"中又一次得到阐发。他在这篇演讲中还是继续批判胡塞尔哲学，特别是批判其历史性范畴。他明确指出，他批判胡塞尔所依靠的思想资源主要是卢卡奇和本雅明。阿多诺主要引用的是卢卡奇的《小说理论》一书中有关第二自然的论述。卢卡奇虽然阐述了这个概念并阐明了其特征，但没有找到具体的解释工具。到了本雅明，第二自然才真正成为哲学解释的对象。本雅明引入了Vergängnis（暂时性）来思考自然与历史之间的具体一致性。因此，他实际上是想把本雅明的断片思想加以系统化。

二　文化产业批判

讨论阿多诺对文化产业的批判，要从"广播研究计划"说起。1937 年 10 月，由于霍克海默的大力举荐，阿多诺加入了美国社会学家拉扎斯费尔德（P. Lazarsfeld）主持的"广播研究计划"。这个计划的本意是要从经验社会学的角度、用传媒理论研究广播作为媒体所发挥的社会作用，目的是搞清楚广播在人们日常生活中的地位、人们听广播究竟是出于什么概念和动机、哪些节目最受欢迎、哪些最不受欢迎。按照拉扎斯费尔德的要求，阿多诺承担其中的音乐部分。1938 年年初，阿多诺起草了详细的研究提纲，认为把音乐转移到广播中改变了音乐的音色，这样，广播音乐人为的声音与音乐会上自然的声音就形成了鲜明对比。

阿多诺完成的第一个研究成果是《广播中的音乐》，试图为广播音乐

---

① T. W. Adorno, Die Idee der Naturgeschichte（《自然史观念》）, in *Gesammelte Schriften*, Band 1（《全集》，第一卷）, Frankfurt a. Main, 1997, pp. 325 – 344。

社会学理论提供一个基础，并且要把它与一个特殊的理论概念联系起来研究广播。随后，他又发表了一系列研究成果，诸如《广播交响乐》、《广播音乐的社会批判》、《论流行音乐》、《NBC音乐欣赏时间的分析研究》等，其中以《论流行音乐》最重要，于1941年发表在最后一期《哲学与社会科学研究》杂志上。《论流行音乐》也是阿多诺最清晰的一篇文章，它借用本雅明的概念来分析大众文化，揭示其基本的策略特征，认为消费音乐表面上看来不断制造新颖，但实际上却始终是和听众的习惯吻合的，重复的不过是过去的一些音乐片段而已。根据对流行音乐客观性、生产、市场化和结构的分析，阿多诺还阐明了一种关于听众的理论，其要点是：在流行音乐中，理解的高峰在于对部分的重新认识，而对于好的严肃音乐，理解超越了重新认识，把握住的是一种基本的新。

阿多诺参与"广播研究计划"总共只有两年时间，在研究中总是试图把自己的理论思考与具体的个案分析结合起来。这一做法遭到了拉扎斯费尔德的批评。拉扎斯费尔德指出，阿多诺的研究存在两个缺陷：首先是从一种带有偏见的、精英主义的立场出发，这使他无法对广播使用的不同可能性展开思考；其次，阿多诺提出的是一个完全错误的社会研究图景，与研究实践背道而驰。阿多诺努力为自己辩护，为此还发表了两篇著名的文章：《论音乐中的拜物教特征与听觉的退化》和《关于瓦格纳的断片》，试图把马克思主义的分析方法与精神分析方法结合起来，阐明音乐的拜物教化是整个商业文化的一个部分。[1] 不难看出，虽然与拉扎斯费尔德摩擦不断，但阿多诺依然坚持自己的理论立场，初步形成了自己的社会理论概念，更为自己的文化产业批判奠定了经验基础和理论框架。

在《启蒙辩证法》中，阿多诺结合他和霍克海默对于西方主体性哲学的批判以及他们在美国语境中的经验感受，把他在"广播研究计划"中积累起来的关于大众文化的研究成果进一步加以提炼，提出了文化产业范畴用以诊断以美国为代表的发达资本主义社会。在阿多诺看来，文化产业具有四个方面的特征。首先，文化产业具有反人本主义的性质。在资本主义绝对权威的控制之下，"普遍性和特殊性已经假惺惺地统一起来了"[2]。文化产业通过技术使社会劳动和社会系统这两种不同的逻辑的区

---

① T. W. Adorno, *Dissonanzen* (《不和谐音》), Frankfurt a. Main, 1997.

② 霍克海默、阿多诺：《启蒙辩证法》，上海人民出版社2003年版，第135页。

别不复存在，最终实现了标准化和大众生产，取消了个体的独立自主性。① 其次，文化产业将人类同一化。"整个文化产业把人类塑造成能够在每个产品中都可以进行不断再生产的类型。"②文化产业在所有艺术作品中形成了统一的风格，社会中的人也必须遵从文化产业的这种风格。在工业社会中，风格就是"对社会等级秩序的遵从"，而"文化已经变成了归类活动"。③ 再次，文化产业通过其娱乐消遣功能欺骗大众，通过其娱乐成分宣传着统治阶级的意识形态，在不断地改变着的享乐活动之中，文化产业在向大众许诺幸福的同时欺骗着大众。在文化产业中，启蒙成为大众欺骗和愚昧大众的一种意识形态工具。最后，文化产业的所有目的都在于赤裸裸的赢利。现代社会中文化商品生产的最终目的在于获得市场效益和巨额利润。文化商品的价值、使用价值和交换价值被彻底等同了起来。在交换规律的支配下，广告变成了纯粹的艺术，成为社会权利的集中表现。

三　否定的辩证法

1966 年，阿多诺出版了其集大成之作《否定的辩证法》，对自己的哲学做了集中论述。按照他自己的观点，否定的辩证法是一种反体系的哲学，目的是用主体力量打破主体性的神话，把特殊与一般调和起来。换言之，否定的辩证法试图系统地阐明意识哲学所理解的调和问题，由此对以康德、黑格尔、费希特为代表的德国观念论哲学展开尖锐的批判。他采用的方法是一种内在批判，针对的则是同一性哲学。因此，人们也把阿多诺的否定的辩证法称为批判话语的逻辑学。

阿多诺的思路非常明确，首先对传统辩证法的同一性范畴进行批判，然后用"星丛"和"力场"的形象概念提出否定的辩证法的核心范畴："非同一性"，并阐明其具体运作模式；最后以否定的辩证法为前提，强调客体的优先性，阐明一种异质性的经验理论。因此，要想了解否定的辩证法，了解他对于"非同一性"的理解，首先就必须知道他对于"同一性"的批判。

在阿多诺看来，"同一性"是意识的首要形式，由于其形式化而具有

① 霍克海默、阿多诺：《启蒙辩证法》，上海人民出版社 2003 年版，第 139 页。
② 同上书，第 142 页。
③ 同上书，第 146—147 页。

某种肯定的性质。所谓"同一性"主要有四种含义：首先，它标志着个人意识的统一性，也就是笛卡尔"我思故我在"中的"我"，假设了主体在它的所有经验中都是同样的。其次，同一性是作为逻辑普遍性的思想。第三，同一性标志着每一思想对象与自身的等同。第四，同一性在认识论上指主体和客体的和谐一致。而同一性思想的形成主要有三方面原因：第一，作为主体的同一性原则的思想根源是与人类中心论共生的。在人类征服自然的强权统治下，"同一性的圆圈——它最终只是使自身同一——是由一种不宽容自身之外的任何东西的思维画出的"①。在这种同一性思维的控制下，每一种不等同的事物都被等同起来。第二，人类文明的形成之初，概念就成为同一，它将感性现象的"多"归结为"一"，并寻求建立某种不变的秩序。从爱利亚学派到赫拉克利特、巴门尼德、柏拉图、黑格尔，所有哲学体系都在试图建立"同一性"的不变秩序。其中，所有的非同一的事物都被同一化了。第三，"同一性"思想在现代资本主义社会中的现实基础是商品交换的等价原则。商品的等价交换原则将人类劳动抽象为社会平均劳动时间，通过交换，不同一的劳动和商品成了可通约的和同一的。这一原则的扩展最终使得整个世界成为同一的和总体的。

阿多诺批判"同一性"思想针对的主要是认识的物化实践。阿多诺指出，真正的认识倾向于用认识来拯救现象，而不是对现象加以分类。换言之，"同一性"思想将个别事物抽象为一般性的概念，形成了一种完全拜物教的概念观。概念通过自在存在的外表摆脱了它的现实性基础，被当作某种自足的总体，使哲学失去了对其支配的权力。阿多诺反对这种"概念拜物教"，认为要摆脱"概念拜物教"，就要意识到概念的实质对概念自身说来是内在的、即精神的，同时又是先验的、即本体的。

因此，阿多诺所阐明的否定的辩证法的关键就在于改变概念对实体的脱离，使其趋于"非同一性"。阿多诺认为，"辩证法是始终如一的对非同一性的意识"②。这是因为客体作为思维对象本身就是非同一的，它作为个别的、特殊的事物存在于一定的时空之中并受其制约。哲学的真正兴趣就在于黑格尔所忽视的"非概念性、个别性和特殊性"③。传统思维的

①　阿多诺：《否定的辩证法》，重庆出版社1993年版，第170页。
②　同上书，第3页。
③　同上书，第6页。

错误恰恰就在于将"同一性"作为目标，忽视了客体的"非同一性"。但他并没有简单地放弃"同一性"的理想，而是认为"非同一性"是在"同一性"中的"非同一性"。作为"同一性"中的异质因素，"非同一性"是一种客观的矛盾性。

否定的辩证法所强调的"非同一性"涉及的另一个重要主题，在于主体与客体之间的关系。阿多诺反对主体中心论，主张客体的优先性。需要注意的是，阿多诺所说的客体优先性，虽然也源于对唯心主义的内在批判，但并不意味着对唯心主义所强调的主体的优先性的简单颠覆，或者说不能简单地被理解为对主体与客体的经典关系的颠倒。相反，客体的优先性以自我为中介，也就是说，认识不能没有任何中介就同对象发生联系。他认为，主体事实上从来都不是完整的主体，客体也从来都不是完整的客体；尽管如此，二者都不能从超越它们的第三者那里摆脱出来。可见，阿多诺在认识论层面上强调客体的优先性，并不是要在主体与客体之间重新建立起等级秩序，而是要通过反思，打破主体与客体之间的不对称关系。

第四节　马尔库塞

马尔库塞（Herbert Marcuse，1898—1979）出生在柏林一个家资丰盈、颇有名望的犹太资产阶级家庭。早年在哲学和历史学方面深受德国传统文化熏陶，并对社会现实有着特殊的敏感。1922 年，完成博士论文《论德国艺术家小说》。1928 年成为海德格尔的助手，在其指导下研究哲学。由于对哲学与政治之间的内在关系感兴趣，1933 年加入法兰克福社会研究所，之后成为法兰克福学派的核心成员。希特勒上台后，随该社会研究所移居美国。后在美国政府部门和多所大学任职，直至 1970 年代退休。

由于身处发达资本主义的最前沿，以及对法兰克福学派社会批判理论的忠诚与捍卫，马尔库塞在对经典马克思主义、政治和社会斗争的态度等方面，要比法兰克福学派的其他成员更加激进。1960 年代后期，他因被看作是新左派运动和学生运动的精神领袖而声名远播。在很大程度上，法兰克福学派对当代资本主义社会政治、经济、文化诸领域的批判，是通过马尔库塞的理论与实践，特别是通过他的通俗化阐释才广为人知的。

马尔库塞一生著述甚丰，从他为获博士学位提交的第一篇论文起到

1979 年逝世前出版的《无产阶级的物化》为止，共出版论著、论集、论文、谈话录近百篇（部）。影响较大的有：《历史唯物论的现象学导引》（1928）《辩证法的课题》（1930）《黑格尔本体论与历史性理论的基础》（1932）《历史唯物论的基础》（1932）《理性与革命》（1940）《爱欲与文明》（1955）《苏联的马克思主义》（1958）《单向度的人》（1964）《文化与社会》（1965）《革命伦理学》（1966）《否定》（1968）《论解放》（1969）《反革命与造反》（1971）《审美之维》（1978）等。

一 政治哲学：对技术理性的批判

马尔库塞的学术生涯是从哲学开始的，但与法兰克福学派其他研究哲学的成员不同，他一开始就对政治充满了浓厚的兴趣。从政治进入哲学，然后又从哲学反观政治与社会，使他具有了不同常人的视角，也使他的学说获得了更多的走向现实的机会。

1941 年，马尔库塞出版了他的《理性与革命》。在谈到该书的写作动机时，他指出："写作此书是希望为复兴作点贡献；不是复兴黑格尔，而是复兴濒临绝迹的精神能力：否定性思想的力量。"[①] 在他看来，"否定"是辩证法的核心范畴，"自由"是存在的最内在动力。而由于自由能够克服存在的异化状态，所以自由在本质上又是否定的。否定、自由、对立、矛盾构成了黑格尔"理性"的基本元素。然而，"随着经济、政治和文化控制的不断集中与生效，所有领域中的反抗已被平息、协调或消灭"[②]。于是，当技术文明进程使人们在自己的言论与行动中只剩下承认，甚至肯定现实或现状的能力时，呼唤、拯救并强调黑格尔辩证法中的否定性思想便显得特别重要。马尔库塞强调"否定性力量"的功能，这暗示了他以后的批判方向，因为有无否定性，既是区分批判理性与技术理性的主要标志，也是衡量社会与人是否"单向度"的重要尺度。

从这个意义上看，《现代技术的社会含义》是一篇承前启后的重要文章。马尔库塞通过它描绘了个人主义在一个特殊历史时期（从资产阶级

---

① 马尔库塞：《理性与革命》，《马克思主义与艺术》，梅·所罗门编，文化艺术出版社 1989 年版，第 569 页。

② Herbert Marcuse, *Reason and Revolution：Hegel and the Rise of Social Theory*（《理性与革命：黑格尔和社会理论的兴起》），N. J.：Humanities Press，1983，p. 434.

革命时代开始到现代技术社会出现为止）由盛到衰的过程。在他看来，个体理性在反对迷信、非理性和统治的过程中取得了胜利，并由此确立了个体反对社会的批判姿态。批判理性（critical rationality）因此成为一种创造性原则：它既是个体解放之源，又是社会进步之本。当资产阶级意识形态在18、19世纪形成之后，新生的自由—民主社会确保了这样一种价值观的流行：个人可以追求自己的切身利益，同时也是为社会的进步加砖添瓦。然而，现代工业与技术理性（technological rationality）的发展却暗中破坏了批判理性的基础，并让个体在潜滋暗长的技术—社会机器的统治面前俯首称臣。而随着资本主义与技术的发展，发达的工业社会又不断滋生着调节于经济、社会机器，屈服于总体的统治与管理的需要，结果，"顺从的机制"扩散于整个社会。个体逐渐被技术/工业社会的效率与力量所征服，也就逐渐丧失了批判理性的早期特征（比如自律、对社会持有异议、否定的力量等），而正是由于个性的衰落才导致了马尔库塞后来所谓的"单向度社会"和"单面人"的出现。①

可见，原来在《理性与革命》中并不突出的"技术"已经开始浮出水面，从而成为马尔库塞的一个新的学术视角，因为在他的后期著作中，技术以及由此带来的一切问题，是他对极权主义社会进行判断、认识和批判的主要依据之一。虽然他在此文中并没有一味否认技术，而是在"工艺"（technics）的层面论述了技术给人带来的自由和解放，但相比较而言，他实际上更重视技术所带来的负面效果。因为现代社会实际上就是靠技术维持和装备起来的官僚体制社会，技术把法西斯主义武装到了牙齿，从而导致了战争；而建立在技术基础之上的技术理性，一方面维持了统治的合理性，另一方面又摧毁了个体的反抗欲望。

马尔库塞始终把"技术理性"放在批判理性的对立面，以此来认识它在资本主义社会中扮演的角色。在其1964年发表的《马克斯·韦伯著作中的工业化与资本主义》一文，他对韦伯合理性的"价值中立"观点进行了批判性的清理。韦伯认为，价值判断不可能是合理的，因为根本不

---

① Herbert Marcuse, *Technology, War and Fascism*（《技术、战争和法西斯主义》），ed. Douglas Kellner, London and New York：Routledge, 1998, pp. 41 – 65. 此处主要依据凯尔纳的归纳，见凯尔纳为该书写的长篇导读 "Technology, War and Fascism：Marcuse in the 1940s"（《技术、战争和法西斯主义：1940 年代的马尔库塞》），第4—5页。

存在客观的或"真实的"价值。马尔库塞则坚持貌似客观的技术实际上也是人对人的统治："这种技术理性再生产出了奴役。对技术的服从变成了对统治本身的服从；形式的技术合理性转变成了物质的政治合理性。"①

马尔库塞对技术的思考是对当时美国社会现实的挑战。1960 年，保守主义者丹尼尔·贝尔出版了他的社会学专著——《意识形态的终结》。该著在对 50 年代的美国进行了全方位考察之后认为：技术治国是历史的必然，大众社会的出现是进步的标志，工人阶级普遍满足于社会现状，而"接受福利国家，希望分权、混合经济体系和多元政治体系"已经成为普遍共识。"从这个意义上讲，意识形态的时代也已经走向了终结。"而对于激进的知识分子来说，所谓意识形态只不过是他们制造出来的一种政治话语。"这些飘浮无根的知识分子有一股使自己的冲动变成政治冲动的'先天'冲动"，然而，随着商业文明的来临，"旧的意识形态已经丧失了它们的'真理性'，丧失了它们的说服力"②。马尔库塞显然不同意这种意识形态终结论。因为随着麦卡锡主义时代的结束，恐怖的政治统治虽然终结了，但是随着"富裕社会"来临，极权主义的统治却以一种更隐蔽的方式开始了对人们身心世界的全面管理与操纵。这种潜在的东西就是技术理性对社会各个领域的渗透。从这个意义上说，意识形态没有终结也不可能终结。

二　激进美学：解放爱欲与建立新感性

对于马尔库塞来说，寻找否定性一直是他追寻的目标，但遗憾的是，他在无产阶级大众和 1968 年的大学生中并没有发现这种否定性。于是，如何培养并发展人的这种否定性就成了他必须解决的重要课题。正是在这种背景下，他选择了艺术和美学。概括说来，他在美学方面的突出贡献有二个：第一，把爱欲引入审美活动；第二，提出了建立新感性的具体构想。

马尔库塞激进美学的逻辑起点是解放人的本能。由于人的身心在技术统治的世界里已遭到全面异化、变成了单向度的人，所以，若要把人从这

---

① Herbert Marcuse, *Negations: Essays in Critical Theory*（《否定：论批判理论》），trans. Jeremy J. Shapiro, Harmondsworth: the Penguin Press, 1968, p. 222.

② 贝尔：《意识形态的终结》，江苏人民出版社 2001 年版，第 461—464 页。

个物化的世界里拯救出来，使人走出工具理性的沼泽，首要任务就是挽救人的爱欲、灵性、激情、想象、直觉这些感性之维。于是，在马尔库塞的构想中，审美解放成了人的历史使命，本能革命则成了审美解放的必由之路。

马尔库塞这一构想的灵感首先来自马克思的《手稿》。把人的感觉从"粗陋的实际需要"中解放出来，进而让人带着"人的感觉"在对象世界中肯定自己，是马克思《手稿》中的核心命题。然而，在马尔库塞看来，人们对这一命题的意义却多有忽略。于是，他根据马克思的论述进一步发挥道："所谓'感觉的解放'，意味着感觉在社会的重建过程中有'实际作用的'东西，意味着它们在人与人、人与物、人与自然之间创造出新的（社会主义的）关系。同样地，感觉也成为一种新的（社会主义的）理性的'源泉'：这种新的理性摆脱了剥削的合理性。而当这些解放了的感性摒弃了资本主义的工具主义的理性时，它们将保留和发展这种新型的社会的成就。"① 显然，在马尔库塞看来，这种感觉的解放应该在变革现实的斗争中发挥关键性作用。

马尔库塞思想灵感的第二个来源是康德—席勒的美学理论。受康德思想的影响，席勒通过对近代工业社会的考察发现，劳动与享受相分离、手段与目的相分离已成了早期资本主义社会中一个触目惊心的事实，原本完整、和谐、统一的人已变成了资本主义机器大生产中的一个小小零件。席勒认为，这一切都根源于人性的分裂与堕落，而造成这种堕落的原因则是近代以来日益严密化的科学技术分工割裂了人性中原本处于和谐状态的感性与理性、自由与必然。因而要克服现代社会中的不合理现象，唯一办法就是走审美之路，通过游戏活动即审美活动，使人性中分裂的因素重新合而为一，消除一切压迫，使人在物质—感性方面与精神—理性方面都恢复自由。

席勒把审美活动放到了核心位置上，这是马尔库塞非常感兴趣的；但让他不能满意的是，审美活动在席勒那里最终依然只不过是沟通纯粹理性与实践理性、调和感性冲动与形式冲动的桥梁。席勒虽然认识到现代科技理性的发达对人类生存状况的多重影响，但他并不反对理性本身。恰恰相

---

① 马尔库塞：《审美之维——马尔库塞美学论著集》，三联书店 1989 年版，第 135—136 页。

反，他所设想的未来社会正是要恢复遭到破坏的人类理性。所以在论述审
美之路时，席勒虽然也认为要限制理性的权利，但并没有对理性与感性的
任何一方有所偏爱，而是极力强调二者的调和，以期建立一种不与感性直
接对立的理性社会。然而，在马尔库塞看来，文明发展的历史就是人类的
感性逐渐淡出、理性逐渐占据历史舞台的历史；而近代以来，由于这种理
性过分发达，人类已丧失了原本完整美好的生存状态，劳动变成了苦役，
人的存在已沦为理性的工具。因此，若要建立新的文明秩序，首要任务是
必须清除理性施加于感性的暴政，恢复感性的权力和地位。于是，当马尔
库塞谈到审美时，这种审美已不是桥梁而是归宿，不是手段而是目的
本身。①

把审美活动看作是感性获得新生的途径，把感性解放看作是人类解放
的必由之路，这是贯穿于马尔库塞美学思想的主线。马尔库塞认为，艺术
之所以能成为审美的依托，关键在于艺术可以凭借幻想和回忆创造出直觉
的而非逻辑的、感性的而非理性的审美形式，建构出受"享乐原则"而
非"现实原则"支配的新的感性世界。这种孕育着"新感性"的艺术世
界与审美形式，可以打破人们的日常生活经验，把沦落的感性之维从工具
理性的泥沼中揭示出来，把禁忌的爱欲从被压抑的文明中解放出来。也正
是在这一意义上，马尔库塞提出了他的"艺术即大拒绝"的著名命题：
"艺术无论仪式化与否，都包容着否定的合理性。在其先进的位置上，艺
术是大拒绝，即对现存事物的抗议。"②

马尔库塞相信，立足于"新感性"的审美世界一旦成型，即意味着
人们拥有了与现实世界分庭抗礼的资本；从本能革命到美学革命的道路一
经贯通，也就可以踏上人类解放的征途了。——这就是马尔库塞所构想的
美学方案，也是他设计的人类解放的宏伟蓝图。

三 大众文化理论：从"整合"到"颠覆"

与阿多诺等人的大众文化理论相比，马尔库塞有哪些新思想呢？

---

① 朱立元主编：《法兰克福学派美学思想论稿》，复旦大学出版社1997年版，第217—218
页。

② 马尔库塞：《单向度的人——发达工业社会意识形态研究》，上海译文出版社1989年版，
第59页。

第一，他更多地集中注意通过消费领域来论述大众文化的整合功能。阿多诺等人主要从生产方式的角度对大众文化进行批判，虽然其批判理论无疑也涉及到消费领域，但由于更多借助马克思的商品拜物教理论来思考大众文化，而马克思又主要是从生产方式、生产关系角度来考察资本主义制度的。马尔库塞从消费角度对资本主义世界所进行的批判，例如在其《单向度的人》所表现的那样，既是对马克思理论的进一步扩充，也是对阿多诺的大众文化批判理论的充实与发展。

第二，指出了"虚假需要"与大众文化的关系。马尔库塞认为，那些为了特定社会利益而从外部强加在个人身上的需要，使艰辛、侵略、痛苦和非正义永恒化的需要，以及休息、娱乐、按广告宣传来处世、消费和爱恨的需要都属于虚假需要。[①] 而真实的需要则是指自由、爱欲、解放、审美等需要。在他看来，作为他律的虚假需要是由大众文化和大众传媒制造出来的。当统治者的文化产业机器开动起来之后，它实际上是要推销其意识形态，并对消费者进行控制，但它又打着为大众着想的旗号，于是文化产业首先向大众输出的是一种虚假意识。

但是，马尔库塞在大众文化中发现对虚假意识形态的颠覆功能。

在《单向度的人》中，马尔库塞对语言领域的革命已不抱任何希望，因为政治与商业联手把这个世界彻底征服了。然而在《论解放》中，他却发现了一个没有被征服的地方——亚文化群体，因为这一群体创造了属于他们自己的语言。在嬉皮士对 trip, grass, pot, acid 等语词的变形使用中，尤其是在黑人的"污言秽语"中（如 fuck, shit 等），他发现了语言的否定性和颠覆性功能。他是把"污言秽语"放在一个与官方话语相对立的语境中来展开自己的思考的，因此，"污言秽语"的革命性在于，它能打破虚假的意识形态话语的垄断，并通过对某个国家领导人的"秽称"和"淫骂"（如 pig X，Fuck Nixon）剥去其神圣光环。[②] 此外，马尔库塞对爵士乐、摇滚乐也发表了肯定性的评论，认为它

---

① Herbert Marcuse, *One-Dimensional Man*: *Studies in the Ideology of Advanced Industrial Society*（《单向度的人：发达工业社会意识形态研究》），London：Routledge，and Boston：Beacon Press，1991，pp. 4 – 5.

② Herbert Marcuse, *An Essay on Liberation*（《论解放》），Boston：Beacon Press，1969，p. 35. See also Herbert Marcuse, *Counterrevolution and Revolt*（《反革命和造反》），Boston：Beacon Press，1972，p. 80.

们是革命的武器。

　　需要说明的是，虽然对大众文化的肯定性评价并不是他的最终立场，但是与阿多诺相比，马尔库塞毕竟向前迈了一大步。这一大步的含义并不是因为从"整合"到"颠覆"而必然意味着观念的更新换代和与时俱进，而是说马尔库塞所看的大众文化要比阿多诺更为丰富：阿多诺只看到了大众文化那付"整合"面孔，而马尔库塞却看到了大众文化"整合"与"颠覆"时的两面。

第三十七章

解释学美学与接受美学

解释学（Hermeneutik）一词直接来源于希腊语动词 hermeneuein（解释）以及相应的名词 hermeneuia，这两个词本来都是以神的信使赫尔墨斯（Hermes）的名字为词根而形成的，在希腊语中有表达、解释、翻译这三重含义。无论在希腊传统中还是在犹太—基督教传统中，解释概念都由来已久，然而作为明确学科的解释学却是到 17 世纪才逐渐形成的。

在解释学的发展史上，唐豪尔（J. C. Dannhauer）首先把解释神圣经典的理论方法称为"解释学"。施莱尔马赫致力于建立一门"总体解释学"，其对象不仅是神圣文本，也包括世俗文本，其根本任务是理解（Verstehen）和解释（Auslegung）。狄尔泰将解释作为人文科学的普遍方法，而人文科学的研究对象则是人类的历史性生命活动。海德格尔的解释学，如同其哲学，是一种存在论。伽达默尔哲学解释学的一系列标志性概念，如理解的前结构、前见（成见）的积极意义、视阈融合等都是从海德格尔的思想中发展而来的。

伽达默尔解释学在文学理论或文学研究上一个最丰硕的成果是姚斯和伊瑟尔在康斯坦斯大学所发起的接受美学。没有哲学解释学的理论准备，或许就不会有接受美学的诞生。后者的"读者"就是前者的"理解"。然而它们毕竟各有侧重和特点，例如说，"理解"指向"存在"，而"读者"则指向"文本"；前者坚守传统和历史，而后者则意在突破传统和历史，从而具有较强的现实政治意图。

哲学解释学在国际哲学界曾有广泛的讨论，它使"解释"成为 20 世纪哲学和美学最重要的话题之一。接受美学的影响虽然主要在文学研究界和批评界如美学的读者反应批评，然而随着文学与文化界限的模糊，它也成为当代文化研究（如受众研究）的一个重要资源。

第一节　伽达默尔

伽达默尔（Hans-Georg Gadamer，1900—2002）是 20 世纪最重要的解释学哲学家。他于 1900 年 2 月生于德国的马堡。中学毕业后，他先在布雷斯劳大学学习文学，后入马堡大学攻读哲学并成为海德格尔的学生。取得博士学位和教师资格后，他任教于莱比锡大学，战后（1949）又接替雅斯贝尔斯在海德堡大学的教席，一直工作到退休（1968）。在退休以后的几十年中，他一直没有中断思考和著述，而他的影响力也在 20 世纪接近尾声的时候达到高峰。他的主要著作包括：《真理与方法》（1960）《美的现实性》（1977）《柏拉图与诗人》（1934）《美学与解释学》（1964）等。

一　伽达默尔的解释学概念

（一）解释学与人文科学的关系

伽达默尔为自己的解释学制定的目标是，恢复人文科学本来具有的经验的真实完整性，并从中辨识被狭隘的方法论意识剪裁掉的存在之真理的经验。伽达默尔虽深受海德格尔影响，但他的解释学与后者强调在世界中存在的关于事实的解释学（hermeneutics of facticity）有着明显区别。这种区别主要在于，伽达默尔的解释学明确地以人文科学的经验为关注的焦点。在《真理与方法》中，他主要考察了三类经验：哲学经验、历史经验和艺术经验。

我们对历史传统的经验贯穿于所有人文科学的活动之中。在历史主义那里，历史传统被当作外在于我们历史批判意识的客体；我们作为研究者，被假定为可以置身于历史传统之外，是不受其“污染”的超历史的观察者，这种研究者能以绝对客观的方式获得关于历史传统的知识。在伽达默尔看来，这种观点不仅是幼稚的，也是有害的。在人文科学中，实际发生在研究者身上的历史经验远不只这种把历史当成研究对象的经验。历史不仅是我们以理解的方法处理的对象，在更根本的意义上，生存性的理解活动或理解事件本身就是历史性的。这样，历史经验就不是其真假有待证明的判断，而是存在之真理的实际发生。

在哲学的经验中，我们都意识到自然科学所提供的标准的局限。当代哲学越来越重视哲学史这一事实就证明了这一点。任何从事哲学思考的人都知道，古代大师的思想自有其无法超越的真理性。这种真理性只有通过阅读这些大师的作品才能感受得到。认为可以站在一个超越前人的高度将他们的思想全部抛弃，只会使哲学本身变得贫弱。

特别值得关注的是，艺术的经验提供了真理显现的独特方式。艺术经验所包含的东西是关于艺术的科学研究无法穷尽和超越的。在艺术作品的经验中，真理以无法替代的方式被经验，这一事实本身就使艺术成为哲学必须面对的重要问题。

具体来说，伽达默尔的哲学解释学的任务是，面对人文科学所关涉的历史经验、哲学经验和艺术经验，展现这些经验中理解作为生存性、历史性的事件之实际发生，以便使我们能够看到真理被经验的原始方式。这样，也就同时证明了科学方法的非本原性，以及方法论迷信的肤浅与幼稚。

（二）哲学解释学经验概念的若干要素：效应史、语言、他者

传统解释学企图通过作为方法的理解消除历史距离的影响，达到对解释对象的绝对客观的认识。在伽达默尔看来，这实际上是对理解本身之历史性的无知。真正的历史思考必须将自身的历史性考虑在内。伽达默尔将隐含于理解之中的历史的实际效应称为效应史。他说："理解按其本性乃是一种效应史事件。"① 效应史普遍地存在于经验之中，这是因为："在一切理解中，不管我们是否明确意识到，这种效应史的影响总是在起作用。凡是在效应史被天真的方法论信仰所否定的地方，其结果就只能是一种事实上歪曲变形了的认识。"② 另一方面，由于理解活动的反思性，人们在所有的理解中都以这样或那样的形式包含对效应史的意识，只不过，它在很多情况下是以曲折的形式表现出来。

与传统解释学不同，伽达默尔的哲学解释学要求人们具有明确的效应史意识。"这一要求，即我们应当意识到这种效应史，正是在这里有其迫

① 伽达默尔：《真理与方法》，上海译文出版社 1999 年版，第 385 页。
② 同上书，第 386 页。

切性——它是科学意识的一种必不可少的要求。"① 然而，伽达默尔解释学的本体论性质又使他与黑格尔的精神历史概念保持距离，他拒绝将这种对效应史的反思归结为可以充分客观化的知识。虽然伽达默尔所说的效应史意识是具有反思性的意识，但它"首先是对解释学处境的意识"②。处境不是我们面对的认识对象，而是任何认识都无法超越的制约条件。

理解与理解的发生实际上是一回事。一方面理解本身就是处境性事件，另一方面，即使理解有意反思自身的发生，也永远不可能是充分的。伽达默尔说："这种不可完成性不是由于缺乏反思，而是在于我们自身作为历史存在的本质。"③

语言问题在伽达默尔的哲学解释学中占有核心位置。他主张语言与世界的同一性："语言相对于它所表述的世界并没有它独立的此在。不仅世界之所以只是世界，是因为它要用语言表达出来——语言具有其根本此在也只是在于，世界在语言中得到表述。"④ 伽达默尔强调，拥有世界意味着通过语言而与用具性的周围世界（环境）保持距离，这标志着"超越环境"并"跃向世界"的自由，而这实际上已包含了对海德格尔后期所强调的"物"之尊严的尊重。以共同的世界经验为基地，语言总是共同体的语言。"语言按其本质乃是谈话的语言。它只有通过相互理解的过程才能构成自己的现实性。因此，语言决不仅仅是达到相互理解的手段。"⑤

在真正的对话中，对方必须被看作一个"他者"，一个真正的"你"。这个"你"有着与"我"同样的高度。用康德的话说，他同样是目的而不只用来证明"我"的正确性的手段，因而"我"对你提出的问题，必当是真正的求教性的问题，而不是早有答案的只等进一步确证的修辞性问题。只有这样，对话中的"你"才是一个真正的他者，而我们只有经由他者才能达到更好的自我理解。

然而，对话中的"你"不仅是现实的人，而且可以是流传物。"流传物（Überlieferung）就是可被我们经验之物。但流传物并不只是一种我们通过经验所认识和支配的事件，而是语言，也就是说，流传物像一个

---

① 伽达默尔：《真理与方法》，上海译文出版社 1999 年版，第 387 页。
② 同上书，第 384 页。
③ 同上书，第 387 页。
④ 同上书，第 566 页。
⑤ 同上书，第 570 页。

'你'那样自行讲话。"① 把流传物真正当作可与之对话的 "你"，意味着不是像历史主义那样企图通过所谓超脱一切历史处境限制的意识去绝对客观地认识过去，而是深刻地认识我们自身的认识的效应史，并基于这种认识对传统保持开放。后面我们会看到，在艺术作品的解释学经验中，这种把流传物真正当作一个 "你" 来与之对话的理解活动如何达成视阈融合。

二　以解释学阐明艺术经验中的真理

（一）贯穿于审美经验中的、不为主体性美学所知的生存性理解

按照伽达默尔的看法，只有从前认识论的、前主体—客体二分的生存性理解出发，才能显明艺术经验的真实存在。艺术的本质既不是由作为创造者的天才的无意识体验表示的，也不是由作为接受者的天才的体验追加的。这两者的共同点在于，它们都试图通过回溯到主体不含 "杂质" 的审美体验，来为艺术寻找试金石。但由于这种体验过于纯粹、缺乏内容，因而符合这种标准的 "艺术" 无世界、无历史、脱离共同体、飘忽不定，也没有根基。从本体论解释学的立场出发，伽达默尔强调认识论起点的非原始性：无论我们的主体显得多么纯粹，我们对认识对象进行多么客观的描述，这些描述都不可避免地基于总已发生在世界中的生存性理解；正如海德格尔早就指出的，这种理解是历史性的，它具有 "先行" 结构。

伽达默尔在审美经验中看到了其作为一种自我理解方式的真实存在，而这是不为审美意识本身所知的。他进一步强调："但是所有的自我理解都是在某个于此被理解的他物上实现的，并且包含这个他物的统一性和同一性（Selbigkeit）。只要我们在世界中与艺术作品相遇（Begegnen），并在个别艺术作品中与世界相遇，那么这个他物就不会始终是一个我们刹那间陶醉于其中的陌生宇宙。我们其实是在他物中学会理解我们自己，这就是说，我们是在我们存在的连续性中扬弃体验的非连续性和瞬间性。"② 黑格尔的影响在这里格外明显：直接性不是自足的，它要经过中介，上升为普遍性，这种普遍性不再是抽象的普遍性，而是具体的普遍性。这种中介在伽达默尔看来就是历史性的生存理解，它有着辩证性。只是与黑格尔的精神的辩证统一概念不同，生存理解的辩证发展是无限开放的。

---

① 伽达默尔：《真理与方法》，上海译文出版社 1999 年版，第 460 页。
② 同上书，第 124 页。

　　唯一能够接近艺术经验的实际存在的做法，就是从在世生存性理解开始解释。传统美学热衷谈论的所谓审美体验归根结底也只是自我理解的一种样态。艺术品无法与世界割断联系：我们在世界中将某物理解为艺术品，而艺术品又向我们敞开一个世界。艺术的统一性和连续性就在于在世界中的历史性理解的连续性。艺术经验与审美体验不同，它不是一个本质主义的封闭概念，而是一个与在世界中存在相互交织的开放性概念。它牵连着在世界中的实际历史性生活的各个维度，包括宗教的、政治的、伦理的维度等。然而，必须看到，伽达默尔并不想抹杀艺术生活的特殊性，他只是拒绝从认识论的所谓主体纯粹性出发去粗暴地为艺术切割出自己的领地。在他看来，艺术经验的真实存在的勘测要靠解释学来完成。在另一篇重要文章《美学与解释学》中，他更加明确地指出，解释学所能覆盖的现象极为普遍，它包括自然和艺术中的美的经验。所有的世界经验都贯穿着人的此在的历史性理解，因而所有传统也都属于它。传统包括一切体制和生活形式，与艺术作品的相遇本身就在传统中发生。①

　　伽达默尔竭力挖掘美学领域中的理解因素，而这些因素是只关注想象力与知性的和谐游戏的美学所没有意识到的。他这样做是要恢复美学与世界、历史、语言、他者的联结，而这项工作的完成，是通过展现审美活动、尤其是艺术经验之中的理解事件之发生。理解不同于知性，知性是无世界、无历史、非对话式的孤独心灵的纯粹思想形式，而理解则是生存性的，因而具有世界性、历史性，而且理解总是在语言中发生，而语言首要的存在方式是与他者的对话。艺术的实际经验并非像审美意识所抽象出的经验概念，而是艺术作为语言发生于在世界之中理解着的人的开放性的事件。他在美学中发现了不为美学本身所知的理解的发生，这有双重效果：第一，批判了传统美学的抽象对实际艺术经验的歪曲；第二，将美学重新显现为理解性的，从而使美学获得了与世界、历史、语言、他者的关联，这样，美学就由于自身贯穿着解释学的经验而被奠基于本体论之上。主体性美学长久以来一直为自己没有领地、缺少客观性而焦虑。现在，这种焦虑由于伽达默尔的工作被消除了。

　　（二）从本体论的游戏概念到艺术作品的本体论

　　自从康德将审美判断奠基在心灵诸能力的自由游戏之上以后，"游

---

　　①　伽达默尔：《哲学解释学》，上海译文出版社 1994 年版，第 96—97 页。

戏"（Spiel）概念在德国古典美学中一直占据重要位置。显然，这种概念是认识论抽象的主体概念的衍生物。伽达默尔对此十分清楚。但在批判这种认识论理解的偏颇及派生性的同时，他并不打算放弃游戏概念本身。相反，他敏锐地看到，实际的游戏活动在原初意义上（而不是在心灵能力的意义上），具有深刻的本体论意义。它恰恰能够彰显艺术作品的真实存在。

从本体论的层面考察游戏本身真实的存在方式，可以使我们清楚地看到认识论的主体主义立场在把握游戏本性上的先天不足。从这一狭隘的视点出发看游戏经验，必将造成无法修正的歪曲。从游戏者的所谓纯粹主观体验的角度，我们永远也不能达到对游戏的真实发生的理解。游戏不是游戏者面对的对象，而是将游戏者卷入其中的存在事件。这意味着，任何游戏者的体验或认识都总已经是这一事件的一部分，但这一事实却并不为体验和认识包含。

游戏的实际存在方式是：游戏者不是游戏的主体，相反游戏只是通过游戏者达到它自身的实际呈现（Darstellung）。"游戏的存在方式并没有如下的性质，即那里必须有一个从事游戏活动的主体存在，以使游戏得以进行。……游戏的真正主体……是游戏本身。"① 可以说，自身在那里的呈现（Selbtdarstellung）标志着游戏最根本的存在方式。"游戏最突出的意义就是自身呈现。"②

艺术作品的存在方式是伽达默尔艺术作品本体论的核心问题。他认为，艺术作品既不存在于作者的创作意图之中，也不存在于观众的经验之中。同一般游戏一样，艺术作品的存在方式是现实地呈现。现实地呈现意味着作为被呈现者的艺术作品不是发生在心灵里的主观体验，而是要实际存在。

为了更好地说明艺术作品的时间性存在，伽达默尔转向节日庆典活动。这种活动具有的时间结构是它总是重复出现，也就是说，它存在于一次次的重返中。当然，每一次庆祝活动发生的年份和参加的人，以及其他很多因素都有变化，但是节日却总是同一个节日。"重返的节日庆典活动既不是另外一种庆典活动，也不是对原来的庆典活动的单纯回顾。……节

---

① 伽达默尔：《真理与方法》，上海译文出版社 1999 年版，第 133—134 页。

② 同上书，第 139 页。翻译时略有改动，Darstellung 原译为"表现"，本文中试改译为"呈现"。

日庆典活动的时间经验，其实就是庆典的进行，一种独特的现在。"① 节日存在于庆祝活动中，但这并不意味着它存在于庆祝者的主体中。从庆祝者与节庆存在的相属上来说，它对于节日庆典活动的关系是"同在"（Dabeisein）。"'同在'的意思比起那种单纯的与某个同时存在在那里的他物的'共在'（Mitanwesenheit）要多。同在就是参与（Teilhabe）。谁同在于某物，谁就完全知道该物本来是怎样的。"② 这种同在的本质实际上是由节日庆典活动的"同时性"规定的。

第二节　姚斯

姚斯（Hans Robert Jauss，1921—1997）不仅是接受美学的发轫者、最重要和最突出的理论代表之一，同时也因其基本态度比较激进，不断通过运用新概念提出新观点来强化接受美学的学术影响，因而他比这个流派的其他人物要更加引人注目。具体说来，自 1967 年发表堪称接受美学宣言书的《作为向文学科学挑战的文学史》以后，他所发表的接受美学主要著作有：《文艺学范式的转变》（1969）《审美经验小辩》（1972）以及《审美经验与文学解释学》（1977）。如果说在创立接受美学之初，姚斯主要侧重于以"进攻"的姿态大造声势，努力尽快为接受美学在国际学术界赢得一席之地，那么，随着这种地位的基本确立、这种影响的逐渐扩大，姚斯也逐渐使自己的注意中心转向更加平实的、作为读者"接受史"而存在的文学史研究，力求因此而使接受美学的历史研究维度得到进一步的深化和充实。

姚斯的思想大体可分为两个阶段：一是作为前期的、以《作为向文学理论挑战的文学史》为代表的"挑战"时期；二是作为后期的、以《审美经验与文学解释学》为代表的"审美经验"时期。

一　"挑战"时期

1967 年，姚斯发表《作为向文学理论挑战的文学史》③。在这篇文章

---

① 伽达默尔：《真理与方法》，上海译文出版社 1999 年版，第 159 页。
② 同上书，第 161 页。
③ 此文原为姚斯就职演讲，收入德文版《作为向文学科学挑战的文学史》（康斯坦斯 1967年版）。本节论述依据为英文版《走向接受美学》（明尼苏达大学出版社 1982 年版）第 1 章。

中，姚斯集中批判了以往一直存在并发挥重要作用的四种思潮，即实证主义历史观、唯心主义的"精神史"历史观、形式主义文学史观，以及以卢卡奇为代表的马克思主义反映论。他认为这些思潮的一个重大缺陷是将文学与社会、文学史与一般社会历史、美学思考与历史思考统统割裂和对立起来；所以，他强调必须重建文学与历史之间的本质关联，并由此而展开他对文学的历史性的基本主张。

实证主义文学史观力求从纯粹理智的角度出发，以编写自然科学编年史的方式编写文学史，因而把文学史变成了根据年代系列堆砌起来的一堆事实；这种做法竭力追求"描述的客观性"，把文学史视为纯粹客观的历史性因果链条。而这样一来，不仅艺术家用于进行艺术创作的主观意图及其特征受到了忽视，而且，对于撰写文学史来说至关重要的读者及其具体的阅读和接受过程，也完全被抛到脑后了，因而形成了一种由一系列封闭的"事实"构成的"伪文学史"。

以目的论为基本特征的"精神史"历史观主要包括以杰文努斯（Georg Gottfried Gervinus，1805—1871）为代表的目的论历史观，以及以兰克（Leopold von Ranke，1795—1886）为代表的客观主义历史观。前者认为社会历史有某种终极性的根本目标，全部历史都是走向这种目标的前进过程；后者虽然反对这种观点，但主张每一个时代都是独立自足的、循环发展的，因而和前者一样，也具有从非理性、反评价的角度看待和研究历史的特点。所以，它们都不可能把文学与社会现实、美学思考与历史思考有机结合起来。

姚斯指出，形式主义文学史观虽然把文学发展的历史描述成为新旧文学形式相互斗争、不断更替演进的历史，因而即使相互封闭的文学作品系列得以联系起来、体现为某种"动态的历史"过程，也克服了"精神史"历史观所具有的唯心主义色彩，突出了文学史所具有的"史"的特征；但是，由于它把文学的发展完全归结为各种文学"形式"的发展和变迁，没有充分考虑文学与社会现实和其他文化形态所具有的本质联系，所以，这种文学史观仍然是片面的、封闭的。

最后，姚斯还批判了以卢卡奇为代表的马克思主义反映论。他指出，马克思主义虽然强调艺术生产也是人类征服自然的过程的有机组成部分，必须以人所进行的物质生产和社会实践为根本前提，因而从根本上把文学与社会现实统一了起来，使文学史变成了人类一般历史的有机组成部分，但是，以卢卡奇为主要代表的马克思主义美学理论却仍然从"反映论"的角度出发，仅仅着眼于文学对现实进行的反映；因此，这种观点仍然是不加任何区别地对待作家和读者，既没有对读者的阅读和接受过程予以充分的重视，更没有深入探讨和研究读者的接受过程与艺术作品的审美特征、与社会作用之间的有机联系，所以，它也是一种类似于实证主义文学史观的类型学研究。

在对这四种观点进行批判的基础上，姚斯所做的进一步工作就是"在文学和文学研究之间插入了历史"①，亦即把"历史"引入文学和文学理论研究。具体说来，他从以下七个方面提出了自己独特的文学史观点：

第一，传统的文学理论和文学史研究，都把作家，特别是把作品视为文学欣赏和文学研究的核心对象，进而认为作品的思想内容和艺术价值是客观的、既定的和永恒不变的，因此，研究者和读者都可以用同样的、进行客观认识的方式来对待文学作品，以寻找和把握其中所包含的内容要点，进而在此基础上确定其艺术价值为目的。姚斯认为，这种基本倾向和具体做法，完全抹杀了读者在所有各种具体的阅读过程中所具有的重要地位、所发挥的能动作用，而实际上，文学艺术作品的艺术效果和艺术价值，乃至其相应的作者所获得的历史地位和荣誉，都是以读者对文学艺术作品的具体阅读和接受过程、以读者由此而获得的审美经验和审美体验为前提的。所以，必须以读者对文学艺术作品的审美接受和审美体验为基础，重新研究、建构和撰写文学史。

第二，从接受美学的角度来看，迄今为止的文学史一直都是关于作家和作品的历史，从其中几乎根本不可能找到读者的任何地位和影响。实际上，文学史是文学艺术作品被读者阅读、接受并且产生效果的历史。因此，文学史应当是、实际上也是文学作品被读者接受的历史；从这种意义上说，它应当是由作家、作品和读者的关系及其演变的历史构成的。

第三，站在历史的高度鸟瞰这种文学史，可以比较清楚地看到，读者并不像其面对认识对象那样，消极被动地面对文学作品并因此而进行接受活动，而是以其特定的"期待视界"，亦即由其自身所具备的以往阅读经

---

① H. R. 姚斯：《审美经验与文学解释学》，上海译文出版社 1997 年版，"英译本导言"，第 1 页。作者人名和译文均有变动，下同。

验和知识、对文学形式和技巧的熟悉程度、进行艺术欣赏的能力和趣味，乃至个人生活经历和文化水平共同构成的条件系统，作为基本前提的。因此，一方面，从共时性的角度来看，研究者可以根据文学作品与"期待视界"的关系来研究和确定其艺术价值；另一方面，从历时性的角度来看，由于"期待视界"会随着历史的发展而不断转变和更新，文学作品的艺术效果和审美效果也会因此而不断发生变化。

第四，就读者对文学作品的接受过程而言，它本身就是"历时性"和"共时性"的统一——从"历时性"角度来看，文学作品之所以在不同的时代和社会文化背景下产生不同的效果，既是因为读者所具有的"期待视界"发生了一定的变化，同时也是由于读者对文学作品本身具有的内在含义的发现，也有一个循序渐进的过程。

第五，从"共时性"角度来看，即使处于同一个时代和社会文化背景之中的不同的读者，由于其所特有的"期待视界"的不同，他们对同一部文学作品的阅读、理解和审美接受过程也会有所不同；另一方面，读者对不同风格的文学作品的阅读和接受，实质上也可以从文学的历史发展变迁角度来研究，因为这些作品都从这样的角度具体地体现出它们自身的"历时性"。

第六，基于上述理由，不应当在脱离读者对文学作品的具体阅读接受及其历史变迁来研究和探讨文学史，而应当把文学史当作读者的接受史来进行研究——这意味着，不仅应当把文学史与具体读者的全部生活经验、与其特定的世界观结合起来，而且还必须把它置于社会的一般现实背景和历史文化传统之中。

第七，文学对社会的"塑造"功能是以具体作品通过读者的阅读和接受而产生的审美反应、艺术效果乃至社会效果为基础的，因此，它们都是通过读者的特定的阅读和接受过程，通过因此而改变作为社会个体的读者的视界，最终实现对社会的"塑造"和"变革"，进而达到改变世界的目的的。

姚斯如上所阐述的关于文学史的基本观点，不仅把所有文学理论研究都归结为文学史研究，同时也把文学史归结为由读者进行的阅读、接受、欣赏、消费文学作品的过程所构成的历史，因而把读者的地位和作用提到了前所未有的高度和重要地位。此举不仅极大地拓展了文学理论研究的视野、开辟了新的研究领域，而且也通过推动文学理论研究重心的转移，亦即由以往的文学作品和作家向读者及其接受和解释过程的转移，实现了文学理论研究角度的根本转变。

二　"审美经验"时期

究竟怎样才能把文学史当作由读者进行的阅读、接受、欣赏、消费文学作品的过程所构成的历史来研究，从而揭示文学作品和读者接受活动对现实社会的"塑造"作用呢？姚斯是通过对读者审美经验的基本特征及其历史演变的考察和研究，来把他前期的基本观点进一步具体化的。这些工作主要表现在他的《审美经验与文学解释学》一书。

姚斯虽然也力主艺术欣赏必须发挥"塑造"社会的作用，但他并不同意阿多诺的"否定性美学"。阿多诺认为，艺术只有通过彻底否定使之得以从中产生出来的社会现实，才能真正发挥其应有的社会作用；因此，艺术只有彻底斩断其与具有习惯性的各种语言和意象的种种联系，才能成为真正的艺术。而这样一来，不仅大量肯定社会现实、讴歌时代进步的作品在他那里没有任何立锥之地，而且，艺术也因为这样的"否定性"而与审美享受、审美快感毫不相干了。姚斯认为，这种观点只是单纯地强调艺术的否定性特征，既没有充分展示社会现实的存在根据，也将流于艺术上的禁欲主义，使艺术失去大量观众而不可能充分发挥其社会作用。因此，无论要使文学艺术真正发挥其社会作用，避免流于这种以偏概全的审美禁欲主义，还是试图对审美经验进行实事求是的研究和论述，都必须重新引进审美享受和审美快乐，并将其当作审美经验的实质性核心。从这种角度出发，姚斯通过分别论述"诗意性创造"（poiesis）、"审美"（aisthesis）和"净化"（catharsis），对审美经验做了较为系统的研究和论述[1]。

首先看其"诗意性创造"（poiesis）。在姚斯看来，该词主要表示审美经验所具有的生产和创造作用，亦即作为欣赏者而存在的主体，通过发挥自身的创造能力而获得的审美快乐。姚斯认为，从古希腊直到中世纪，poiesis都是首先表示人们进行的生产性的制造活动，同时也具有"诗"的含义；此后至18世纪，它开始不仅指人们对真理进行的完善的模仿和再现，而且也表示用于创造"美的外观"的艺术创造力；到了19世纪，

---

[1]　H. R. 姚斯：《审美经验与文学解释学》，上海译文出版社1997年版，第10页以下。

特别是在青年马克思那里，poiesis 变成了扬弃异化的主要手段；而在 20世纪，它则既表示艺术家把诗意创造出来的能力，同时也指读者通过发挥自己的创造力而获得审美快乐的过程。

其次看"审美"（aisthesis）。由于姚斯用 aisthesis 表示审美经验所具有的接受侧面，含有"感觉"、"愉悦"等与传统的 Ästhetik（审美、美学）所具有的含义大致相当的意思，故这里译为"审美"。姚斯看到，在古代，人们通常是既领会对象的意义又感知对象的形象，因而在那时，aisthesis 表示审美好奇心与认识好奇心混合在一起的状态；到了中世纪，它虽然逐渐与认识好奇心分离开来，但同时完全受到了基督教艺术的支配；到了文艺复兴时期，它开始表示人的内在灵魂与外在自然的完满契合状态；此后，浪漫主义虽然通过 aisthesis 进一步强调人们对自然的静观和皈依，但是，他们同时则失去了对于过去的追忆和思恋；进入现代以来，aisthesis 既表现出以福楼拜等人为代表的、发挥艺术作品对社会的批判和破坏功能的发展趋势，也表现出以波德莱尔等人为代表的、强调通过使审美主体体会某种"宇宙感"而调节其感知性回忆，从而使之能够进行审美的发展趋势。姚斯指出，为了反抗现代工业文明对人所造成的全面异化，必须强调后一种发展趋势，亦即以 aisthesis 重新确立审美经验的地位，并通过使主体在阅读和接受过程中形成 aisthesis 而最终达到"塑造"社会的目的。

最后看"净化"（catharsis）。姚斯认为，作为审美经验的交流方面，catharsis 指的是读者在进行阅读接受的基础上出现的，由于改变和解放自己的心灵而得到的情感性审美快乐——这种快乐不仅因为能够使审美主体摆脱日常实利和琐事、通过自由地享受他人而得到富有自由色彩的心灵升华，另外更加重要的是，作为基本的沟通性审美经验，它还能够发挥传达、开创、证实各种社会规范的社会功能；显然，这样一来，姚斯之所以突出强调 catharsis，其根本取向就昭然若揭了。他指出，作为审美经验的三个基本范畴——poiesis、aisthesis 和 catharsis 之间既没有任何等级差别，也不构成某种层次不同的结构；它们虽然不能相互还原，但作为具有独特功能的结构体，却可以以不同的方式加以理解。

我们认为，姚斯关于审美经验的如上论述，一方面确实围绕着其关于"读者对文学艺术的接受可以塑造社会"这个主题思想，进行了比以往更加全面的发掘和建设性论述；但另一方面，他由此而认定审美经验由于其

catharsis 功能便可以发挥现实的社会作用，显然不乏天真和浪漫的色彩。
这是一切席勒以来一些审美现代派的通病。

第三节 伊瑟尔

伊瑟尔（Wolfgang Iser，1926—2007）是接受美学的另一位最有影响
的代表人物，与姚斯一起构成该学派的"双子星座"。1969 年，他以在康
斯坦茨大学的演讲《文本的召唤结构》一举奠定其作为接受美学创始人
的地位，翌年出版同名专著。其代表作为《阅读行为》（德文版 1976，英
文版 1978）。晚年继续拓进，出版有《虚构与想象：文学人类学的疆界》
（1991）等书。

伊瑟尔对于接受美学的独特贡献在于，第一次从现象学角度全面、系
统和发人深省地揭示了意义的生成过程——阅读行为——的本质和特点。
下面我们就来领略一番伊瑟尔的阅读理论。

一 隐在读者

在伊瑟尔看来，意义不是柏拉图主义的"理式"，或黑格尔的"概
念"，因为这种理式或概念先验地假定了凌驾于读者之上的精神客体，设
定艺术是真理的某种媒介；相反，文本的意义只能是一种效果，一种读者
对文本的反应。自然，反应既非读者方面的一厢情愿，亦非文本方面的
自动发生，而必然是文本和读者之向的动力作用。为了说明文本是如何
过渡到读者头脑之中，而读者又是如何接受文本信息，以及文本和读者
之间的控制和反控制的错综复杂的关系，伊瑟尔引进了"隐在读者"
这一概念。

所谓"隐在读者"，并不是一个现实的或历史的、有血有肉的读者，
伊瑟尔的读者是一种"超验范式"，一种"现象学的读者"。他无意像姚
斯那样为了构建文学的接受史而重新描摹历代读者形象，伊瑟尔当然不忽
视历史，不过这不是他的兴奋焦点，他关心的是通过什么方式来描述文学
文本的结构效能。起初他选择了"召唤结构"，最后他撷取了布斯《小说
修辞学》中的"隐在读者"，当然已经经过了脱胎换骨式的改造。伊瑟尔
指出："在这一概念中，存在着两个基本的、相互关联的方面：作为一种

文本结构的读者角色，与作为结构化行为的读者角色。"[①] 说明白点，隐在读者包括了两方面的含义：一是潜在的文本条件，二是使这些条件得以实现的阅读过程。

我们先来观察作为一种文本结构的隐在读者。人们普遍认识到，文学文本只有通过阅读才能呈现出它的现实；这反过来意味着文本一定预先包含着某些可以实现的条件，这些条件允许文本的意义被聚合在读者的反应头脑之中。因此，隐在读者就是一种文本结构，一种"反应邀请结构"，期待而且必然要求一个接受者的出现。代表文本结构的读者角色由三个部分预构而成。一是被表现在文本中的各种不同透视角度，例如在叙事性散文中，存在着四种主要的透视角度：叙述者、人物、情节与虚构读者。其中任何一个都不会独自等同于文本的意义。这里顺便指出，有人以为伊瑟尔的隐在读者概念就是作者为了作品的接受而设计的蕴含于文本的读者，它不断地与作者进行对话、交流。其实这种读者，即虚构读者，仅仅是隐在读者的一个构成部分，决非代表隐在读者的全部内涵，虚构读者只是文本的一种透视角度，作者至多希望通过它而引起其他透视角度的积极活动，以及它们之间的相互修正。二是能够将各种透视角度从中联结起来的有利位置，即所谓"移动视点"，由于它不拘泥于任何一个透视角度，并且在具体的阅读流程中不断发生变化，所以它能够同时抓住文本透视角度的不同出发点与它们的最终交接。三是各种透视角度汇聚的交接点，意义由此诞生。可以说，隐在读者概念牢牢地植根于文本的结构之中，它体现了所有那些对一部文学作品发挥其作用来说必不可少的先在倾向。在此意义上，隐在读者极其接近其早年提出的"召唤结构"。

作为文本结构的读者角色，还只是潜在的决定性力量，文学文本也没有在语言上赋予它一个明晰的形式，因而它要行使自己的职能，就必须经过读者的结构化行为和想象活动。这样，隐在读者概念就必然包括了另一方面的内容，即文本结构的现实化过程。

这一现实化过程，实质上就是潜在文本与实际读者的双向交流。显然，把握文本现实化过程的特点，不研究隐在读者与实际读者的交互关系是不行的。布思把处于接受活动中的实际读者一分为二：文本提供的角色

[①] 本节引语凡未注明出处者，均引自或转引自沃·伊瑟尔著《阅读行为》，金惠敏等译，湖南文艺出版社 1991 年版。

（譬如，虚构读者）和实际读者的个人意向。在阅读流程中，实际读者逐渐远离个人的世俗自我，而步入甚或化入文本的世界："这就是最成功的阅读：被创造出来的自我、作者和读者从中能够找到完全的一致。"伊瑟尔不同意这一点，他认为，文本和读者从来不会达成完全的一致。在阅读过程中，读者尽管会陷入作者所设定的情境，流泪、叹息、欢笑、歌唱，但读者的现实信仰、情感也从来不会全都遁隐，相反它构成前台阅读的背景和参照框架，并时时跳出来干预阅读的流程和深化。因而，文本结构的"实现过程总是一个选择过程"，其中每一实现都代表着对隐在读者的一次选择。

二　不确定性

把隐在读者加以放大，使之容纳了通常以为并不属于阅读活动的文本结构，这典型地表现了伊瑟尔文学理论的主色调：把文学和文学活动的一切要素都置于交流的视野之中。取自波兰哲学家罗曼·英伽登现象学美学的"不确定性"概念，便是这样一个被改造过的交流概念。

英伽登将文学文本视作一个与真实客体、想象客体有所不同的意向客体，它没有真实客体清晰可见的确定性，也不具备想象客体的自主性，它仅仅是一个图式化结构，其中充满了有待读者具体化的多种多样的不确定性。对于文学作品来说，不确定性的产生是不可避免的。首先，语言是有限的、相对稳定的，它不可能毫无遗漏地捕捉到无限的、变动着的现实对象的每一个层面和瞬间，在这个意义上把艺术与现实相比，前者永远显得疲惫不堪，力不从心。然而，文学不需要巨细无遗地抄录生活，它可以依照自己的法则剪裁对象，有择取，有舍弃，有突出，也有淡化。因而经作家魔手的文本便充满了空隙和粗线条轮廓，读者要创造一个审美对象，首要的前提就是把作者所忽略的文本中的断裂弥补起来，使各层次的结构呈现出一种多声部和谐。例如，假使一部小说讲述了一位老人的命运而只字未提他的头发是何种颜色，那么读者就完全可以把它具体化为灰白色的。

伊瑟尔肯定了英伽登的"不确定性"概念——它打破了把艺术作为纯粹描绘的传统观念，使人注意到制约作品接受的结构；但同时又指责这一概念存在着严重的缺陷：具体化仅仅是文本中不确定因素的现实化，而非文本和读者之间的相互影响，它导致的是静态的完成，而非动力的相互作用。简言之，英伽登不能把"不确定性"及其具体化当作一种交流概念来使用。与英伽登相左，伊瑟尔认为"不确定性"是文本发挥其交流功能的先决条件和出发点，一件文本如果把一切都进行完整系统的表述，即不存在不确定点，那么它便没有交流的必要，因为交流的动因概在于一方并不十分熟悉另一方所要交流的内容。一般说来，一部作品所包含的不确定性愈多，便愈是能够激发读者对作品的参与，他不是用自己的知识和经验去填塞文本中的空隙，在文本世界中寻找自我宇宙的等同，而是与之积极地交流、比较、反思和选择。当然，一部作品的不确定性如果过于浓密，读者就不可能进入作品，因为交流还必须具有共同的符码。不确定性产生于文学的交流功能，而这一功能又是通过文本中系统表述的确定性发挥出来，所以产生于确定文本的不确定性便不能没有一个结构，伊瑟尔认为，空白和否定就是不确定性的两个基本结构，它们不仅诱发而且控制着文本与读者的交互作用。

空白对于日常语言交流和系统阐述的文本也许是致命的死敌，通常信息发出者总是希望接收者能够准确无误地得到他的信息，而接受者也需要在一个个信息之间建立意义的联结。空白中止了语句序列的连续不断，妨碍读者对信息的把握。然而对于文学交流来说，正是以其造成语言流程的嘎然停顿这一特点，它一跃而变为文学阅读不可或缺的积极动力。在阅读过程中，读者总是渴望发现形象之间、情节之间、陈述角度之间的一致，或用心理学术语说——格式塔联结。文本的图式化结构框架使他或多或少地如愿以偿，但空白随时会粉碎他已经建立起来的联系，他不得不重新审视自己所拥有的格式塔是否合理、真实，初级形象是否客观可靠，并从而建立新的格式塔或二级形象。这种构建和重建循环往复，直至文本阅读的终点。空白由此取得了审美的意义。

文本的作品系统是对实际规范的否定，用托洛茨基的话说，是对现实的歪曲和变形，不过伊瑟尔的否定更偏重内容方面。文学并不指示真实存在的对象，它必须粉碎选择规范的原始框架，重新构造一个陌生的世界。阅读由此面临着一个被否定过的实体。读者感到诧异，这个向来见惯不惊的熟悉世界究竟存在哪些不尽人意之处？如果说他从前一直与现实和睦共处，那么现在他与现实发生了冲突，他以挑剔的目光打量这千孔百疮的对象，不满于先前对这一对象的看法。他渴望从文本的否定性暗示中谋求新的发现和认识。文本对现实的否定仅仅是初级的，它最终还必须引起二级否定，即不但否定了否定性文本的某些方面，也部分地否定了读者的习惯趋向。当然由二级否定所产生的新发现只是暂时性的，它还要不断地变化发展。发现与意向的冲突，必须在第三者——意义——出现时才能消除。

三　读者经验的重构

意义的生成不是一个无拘无碍的自由流程，它既受制于文学文本的结构，同时也决定于阅读主体的存在性。阅读不可能在真空中进行，主体亦非不染尘俗的赤子，因而任何对文本的理解都不能不打上由特定时代、社会而来的先入之见：个人经验，审美习惯，文化传统，阶层趣味，等等。伽达默尔不无夸张地断言："与其说是我们的判断，毋宁说是我们的成见构成了我们的存在。"① 既然理解永远无法逃避构成文本评价准则的主体成见，那么剩下的问题就只能是如何看待成见及其在阅读活动中的作用。伽达默示将成见奉为理解的不可或缺的积极力量，没有成见，便不可能理解任何文本。但是如果阅读文本仅在于印证自己的成见，不管这种成见是否合理，那么阅读就几乎不可能带来任何新的东西，或者有可能陷入阐释的恶性循环，加深固执的偏见。显然，具有强烈的反传统倾向的伊瑟尔是不会允许成见在阅读中完好无损，甚至像滚雪球似地逐渐增大的。

文学文本是一种特殊的符号，它并不指示确定的现实对象，如前所述，文本甚至是对人们普通信仰的主导思想的反叛。因而因袭的成见便无法在文本世界里仍然保持其高高在上的暴君地位，它不仅受到作者所构想的虚构读者的直接攻击，而且也受到隐在读者内部其他各种透视角度的挑战。读者从文本里获取的不是成见得到印证之后的踌躇满志，而是成见遭到挫折所生的痛苦绝望。文本的快乐，如罗兰·巴特所说，由此而生，这种快乐近似于受虐狂所得到的餍足，读者在文本的鞭笞之下，分崩离析，痛哉快哉，既痛且快。不过伊瑟尔从自我折磨之中看到的是读者涅槃式的再生，经验的重构，或者说，意义的诞生。读者无法在陌生的文本和自己过去经验之间寻找一一对应，他不得不在对肆虐的文本报以回击的同时，努力发现自身容易招致攻击的弱点，在文本的新和自我的成见之间作出反应、思考和取舍。读者与文本永远达不成一致的契约。文本的狂轰滥炸可以摧毁读者的经验结构，但绝不会完全消除它的每一个元素。相反，被摧

① Hans-Georg Gadamer, *Philosophical Hermeneutics*（《哲学解释学》），trans. & ed. by David E. Linge, Berkley: University of California Press, 1976, p. 9.

毁的旧有经验转入地下，潜在地决定着新经验的选择。伊瑟尔洞悉二者的辩证运动："过去的经验决定着新的经验的形式，而新的经验则选择性地再构造着过去的经验。读者对文本的接受不是建立在等同两种不同的经验（过去的对新的）而是二者的相互作用之上。"这种相互作用导致了新和旧的双向否定和超越，最终创造出一种不同于文本的新，也有别于读者的旧的第三种经验。

　　阅读创造出一种崭新的经验构成，或部分地改变了实际读者的信念和行为方式，这已是千百年来的老生常谈了，所有相信艺术教育功能的理论从古希腊的"净化"说到 20 世纪马克思主义文艺理论都曾如是说。但伊瑟尔与此不同，他不仅系统分析了阅读造成新经验的具体过程，而且在此基础上提出：经验的重构只能是各种透视角度综合作用、谁也无法完全支配谁的结果。伊瑟尔十分讨厌宣传文学包括中世纪神秘剧和"社会主义现实主义"创作，这倒不是由于它把艺术贬为观念的附庸，而是因为它既剥夺了读者的自由创造，也把文本的接受理解为作家把意图埋入作品、读者从中发掘出来这样一个简单的线性过程。作家意图，作为一种透视角度，它的实现是相当艰难的。它不仅受到文本其他各种透视角度的掣肘，而且也依赖于读者的具体化行为。读者的视点总是置身于特定的透视角度之中，但它不可能长久地羁留于任何一个透视角度。读者频频变换自己的视点，他不断地构筑一致性格式塔，而后便立即摧毁它；他一刻不停地进行形象构建，同时也忙不迭地粉碎它。任何一种"主题"包括作家意图都不可能单独进入读者经验，它必须经过一番痛苦磨难和殊死搏斗，最后才可能英雄似地凯旋，但决非大获全胜，夺得帝位，而是进入了一种自由的民主共和国，大家都是平等的公民，都是共和国的有机组成部分。重构的经验便是这样一个各种因素共处的综合体。不过，这里综合体只是一种暂时的平衡，新的阅读还会使它解体、再生。人类经验的长河由此而源远流长。

第三十八章

后现代美学

德国学者沃·威尔什指出："'后现代'作为一个口号固然尽人皆知，但它作为一个概念，含义却既丰富又模糊。"[①] 因而与其勉强去确定、落实"后现代"，毋宁让我们历史地考察几种比较流行的看法。

美国学者哈桑在《后现代主义概念初探》一文中曾以与现代主义做比较的方式一口气列出了"后现代主义"的 33 个特征，如"反形式"、"偶然性"、"无序"、"缺失"、"弥散"、"反阐释/误读"、"反叙述/微观历史"、"精神分裂"、"差异——延异/踪迹"、"反讽"、"不确定性"和"内在性"，等等。哈桑认为，后现代主义的世界就是"文化"即"人化"的世界。由于一个外部参照框架如上帝、真理或物本身的缺失，我们的世界便再无确定性可言，我们进入了一个以不确定性为标志的"后现代主义"的时代。[②]

哈桑之前虽不乏对"后现代主义"一语的使用，但只是从 1950 年代早期开始，"后现代主义"才逐渐形成了自己的理论身份，即成为具有事件联系性和理论相关性或历史性和思想性的运动。这个理论身份或这场运

---

① 沃·威尔什：《我们的后现代的现代》，章国锋译，载让—弗·利奥塔等著《后现代主义》，社会科学文献出版社 1999 年版，第 45 页。

② 以上引文出自于伊·哈桑著《后现代主义概念初探》，盛宁译，载《后现代主义》，第 111—129 页。原文见 Ihab Hassan, *The Postmodern Turn*, *Essays in Postmodern Theory and Culture*（《后现代转向——后现代理论和文化论文集》），Columbus：Ohio State University Press, 1987, pp. 84—96，引文据此略有改动。

动的主旨是对于表现于"现代主义"文学中西方文化的主体性、人文主义或人类中心主义、理性主义的反抗姿态。奥尔逊（Charles Olson）抨击在古希腊体系上发展出来的西方文化自居于"理性王国"而刻意排除人类真实的经验和生命的本真性。所谓的"理性"将人类的一切经验都无情地理智化了，将人类置于自然的对立面和主宰位置，贬后者为客体。为了回到原初的经验，奥尔逊倡议一种海德格尔式的诗意实践，在此实践中语言不再受控于一个工具主义的主体，而是越过这样的主体向原始的世界经验开放。①

利奥塔曾公开承认过哈桑对他的影响。不过比较来说，哈桑的影响主要在文学批评方面，而利奥塔，当然也包括哈贝马斯、罗蒂等，将"后现代主义"引入哲学版图，并将它推向整个知识世界。在这一后现代主义的"哲学转向"中，利奥塔的《后现代状态——关于知识的报告》（1979）无疑是具有里程碑意义的一个本文。它对"后现代主义"的界定即使算不上典范，那也是为许多人所称引和接受的。这个界定就是将"后现代"作为"对元叙事的怀疑"，而积极地说则是"对差异的敏感性"和"对不可通的承受力"。在此所谓"元叙事"是指那些使西方科学或知识得以合法化的基本哲学理念，即启蒙运动以来所确立的那些理性主义法则，因而亦称"启蒙叙事"，"诸如精神辩证法、意义阐释学、理性主体或劳动主体的解放、财富的增长等"②。

非常清晰的是，当杰姆逊（Fredric Jameson，1934—）在为利奥塔的《后现代状态》英文版撰写序言时，他很想将利奥塔的"科学""叙事"引向他所关注的社会文化问题。如他的论文《后现代主义，或者，晚期资本主义文化逻辑》所表示的，"后现代主义"在他的语汇中就是"晚期资本主义文化逻辑"。资本一如既往，以其自身的增殖为目的，在晚期资本主义阶段，它令人绝望地占领了从前不能被商品化的领域即神圣的、精神的文化领域。文化被纳入经济序列，因而就必须服从商品的逻辑。文化不能再是精英的、意义的、深度的，而必须适应资本的逻辑，即宜于流通

---

① 参见 Hans Bertens, *The Idea of the Postmodern：A History*（《后现代观念史》），London & New York：Routledge，1995，pp. 20 – 21。

② 让—弗朗索瓦·利奥塔尔：《后现代状态——关于知识的报告》，三联书店1997年版，第1—4页。

和消费，因而当代文化的特色就是它的通俗化、平面化和无深度，就是它的无个性、无特色，或者在各种时尚中所表现出来的伪个性、伪特色。这确实不同于现代主义者为标榜其个人风格而刻意编织的例如晦涩和荒诞等。

"后现代主义"还有许多其他不同角度的论述和定义，例如福柯从话语构造主体的角度，德里达从意义"延异"的角度，波德里亚从消费社会和图像增殖的角度，女权主义从性别差异角度，美国"建设性后现代主义"从神学角度，还有英国文化研究学派的、后殖民主义的、耶鲁修辞式解构论的、接受美学和读者反应批评的、新历史主义的、后马克思主义的，等等；但是在所有这些理论中，尤以法国"后结构主义"从哲学上说最原创、最深入、最精密，因而最具可阐发性和启示性，这就是我们何以把它作为后现代主义及其美学的核心理论来研究的一个重要原因。

第一节　福柯

福柯（Michel Foucault，1926—1984），法国哲学家，法兰西学院教授，20世纪公认的最重要思想家之一，代表作有《临床医学的诞生》（1963）《词与物》（1966）《知识考古学》（1969）《规训与惩罚》（1975）和《性经验史》（1984）等。一些遗著正在整理中。

福柯以研究"权力"著称，这是我们都知道的，但他晚年在总结自己的思想时，他说他的主题不是权力，而是主体。福柯在不同时期、不同阶段探讨了四种不同主体的形成：

第一阶段探讨疯癫主体的形成。第二阶段探讨作为一种观念的主体的形成。第三阶段探讨权力对主体的造就和生产。第四阶段考察自我如何造就自身的主体性。如果说权力是从外部来支配、造就主体的，那么，主体自身，也就是说，自我也可能在自身内部造就某种主体性，主体既是被外在权力生产的，同时也可能是自我主动选择的结果。这就是福柯的自我技术观点，即自己将自己作为艺术品来创造的观点。在某种意义上，这也是他的美学思想的核心，即生命作为美的伦理学，也就是他的美学—伦理学。

一　牧师权力

什么是福柯的美学—伦理学，或曰，伦理—美学？必须把这种思想同福柯晚年关注的启蒙和理性问题联系起来。在这里，福柯注意到法兰克福学派和韦伯所研究的理性化问题。韦伯关注的是理性化如何导致集中的政治权力、如何导致现代国家的行政管理和官僚制之类问题，而福柯想讨论的是另一种权力，它表面上并不演变为集中式的国家权力，也不发展成组织性和集中性的政权，而是"针对着个体，意在以一种连续的、持久的方式来统织个体"①。它始终针对着个体，福柯将它称作个体化权力，即"牧师权力"（pastoralpower）。如果说法兰克福学派的整体性国家权力通常对个体视而不见，或者说只简单地造就了"单面人"，福柯的个体化权力则创造了多种主体：疯癫主体、罪犯主体、疾病主体、性主体等。在福柯看来，法兰克福学派的理性化批判过于抽象，虽然它有效地揭示了集中政权、体制和法律的形成，但是，它无法说明人类主体的多样形成，无法说明丰富的个体类型，无法说明多种多样主体各自的形成途径，而这正是他所要致力的工作。

"人使自身变为主体的方式"② 是福柯研究的一个重要转向。它表明，人可以通过某种自我技术来构造和创立自身的主体性。人可以选择、可以创造一种主体模式和个人化模式，人可以创造一个自我形式。这种新的主体不再是屈从性的，既不屈从于各种现代权力，也不屈从于这种权力施加于他的各种真理、法则和同一性，不屈从于国家对个体的强制而巧妙的塑造。福柯寄希望于这种新型的选择性主体来反对那种屈从性的被动主体，他认为这是今天哲学的重要斗争任务："或许今日之目标不是去发现我们之所是，而是去拒绝我们之所是。我们必须去想象、去构造我们可能之所是，从而根除掉那种政治性的双重束缚，即现代权力结构同时性的个体化和总体化。"因此，他的结论是，"我们今天的政治、伦理、社会和哲学问题就不是将个人从国家、从国家体制中解放出来，而是将我们从国家和

①　*Politics*, *Philosophy*, *Culture*: *Interviews and Other Writings*, *1977 - 1984*（《政治、哲学、文化：访谈和其他著述，1977—1984》），ed. Lawrence D. Kritzman, London: Routledge, 1990, p. 60.

②　Hubert L. Dreyfus and Paul Rabinow, *Michel Foucault*: *Beyond Structuralism and Hermeneutics*（《米歇尔·福柯：超越结构主义和解释学》），Brighton: Harvester Press, 1986, p. 208.

与国家相关联的个体化类型中解放出来，通过拒绝几个世纪以来强加于我们的这种个人性形式，我们必须促发新的主体性形式"①。

二　自我的技术与快感

在福柯看来，古希腊和罗马很少提及道德准则和规则体系，既没有法律也没有权力机构要求人们遵守道德规则，人们也很少对违反道德准则者进行惩罚。相反，实践性的行为道德却十分活跃。大量的文献表明了丰富的自我实践，个体为了实现其某种理想的存在模式，为了使自己品质完善、德行高尚而不断对自己施加影响，对自己进行不断的监督、改造、考验、塑造。个体对自己的这种反复实践，这种自我反省、自我认识、自我检查、自我理解，正是行为道德的表现形式。

在古希腊，道德行为就是"生存艺术"（arts-of-existence）。"生存艺术"指的是"那些意向性的自愿行为，人们既通过这些行为为自己设定行为准则，也试图改变自身、变换他们的单一存在模式，使自己的生活变成一个具有美学价值、符合某种风格准则的艺术品"②。这样的生存艺术不是妥协，不是在界线或权力的抑制下被迫进行的侥幸挣扎，相反，它是个体主动的自我塑造、自我锤炼、自我锻造，最终是个体主动将自己造就成符合某种理想的存在模式、某种伦理主体、某种具有审美价值和风格的作品、某种伦理—诗的作品。这种道德行为本身就具有某种创造性，它是主动的实践、是自我改造的技术、是与艺术实践类似的自我实践。"这种伦理学的主要目的是美学目的，它主要是个人选择问题。"③ 这样，自我就成为自我的对象，自我就为自我所决定、控制和创造。这正是福柯所研究的主体形成模式之一：主体是自我技术创造和生产的。

在福柯看来，希腊人的自我技术，也可以说，他们的行为道德和伦理学实践关注的是性。自我技术为什么对性产生兴趣？它如何关注性？这种关注的内容、方式、结果是什么？这正是构成自我技术和行为道德的领

①　Hubert L. Dreyfus and Paul Rabinow，*Michel Foucault：Beyond Structuralism and Hermeneutics*（《米歇尔·福柯：超越结构主义和解释学》），Brighton：Harvester Press，1986，p. 216.

②　*The Use of Pleasure*，*The History of Sexuality*，Vol. 2（《快感的运用》，《性经验史》第 2 卷），London：Viking，1988，p. 29.

③　*The Foucault Reader*（《福柯读本》），ed. Paul Rabinow，New York：Pantheon，1984，p. 341.

域，是构成古希腊伦理学的领域，同时也是《快感的运用》的主旨。福柯在古希腊人那里发现的生存美学和道德关注与性和快感密切相关，作为艺术品的生活是在性这个领域得以完成和实践的。生存美学正是在性和快感的运用方面发挥功能。"希腊人将享受快感的方式视为伦理问题"①，也就是说，希腊人在对待性的态度上充分展示了其美学选择。成为性的主体的过程也就是自由实践的过程。性就是希腊人的日常生活、道德、伦理学、生存美学和自我技术得以实践和驰骋的地盘。

福柯提到的希腊人的自由，是个人主动选择意义上的自由。生存艺术同这种自由密切相关，尽管采用的是控制形式，但这种艺术仍然是主动的自我控制、是自我对自我的主动风格化锻造。在一个有禁律的地方，自由通常表现为个体的主动放纵；在一个没有禁律的地方，自由通常表现为个体的主动节制。希腊人对性进行反思的伦理学实际上是自我控制的伦理学，生存艺术是自我控制的艺术，道德是自我控制的行为道德，美学是自我控制的美学。在福柯看来，希腊人的道德、生存艺术、美学、伦理学都是近义词，它们的共同性质和内核是自我—控制的自由。

福柯发现，在苏格拉底、柏拉图、伊索克拉底、亚里士多德和色诺芬等人的希腊的以快感为内容的伦理学中，自我技术、生存美学的标准主要运用于他们的四个日常生活领域：身体的养生法；婚姻；成年男子与男孩的爱情；智慧。在这四个领域中，生存美学一直在发挥作用。对快感进行控制和节制的自我技术在这四个领域中，都是以某种风格化的自我存在形态为目标的，并且都是个人的主动选择。比如，在养生法中，人们之所以主动节制，对性行为进行调节和安排，并非因为性行为是邪恶的、是人们固有的污点，而既是因为人们担心过度的性消耗会危及身体健康，使人精力锐减，甚至威胁生命，同时也是为了保持道德主体的完整性，保持因能控制自己精力而获得的美名。在婚姻关系中，男人对妻子保持忠贞，并非因为这是他必须履行的义务，也不是婚姻的内在本质对他的规定，更不是妻子对他有这样的要求，而是他的主动自愿选择，只有进行这样主动的节制，"他的声名，他和别人的关系，他在城邦中的威望，他获得一种至善存在的意愿才能取得"②。这里，节制同样是因为某种审美存在目的而做

---

① *The Use of Pleasure*（《快感的运用》，《性经验史》第 2 卷），London：Viking，1988，p. 36.

② Ibid.，p. 183.

出的刻意选择。成年男人同男童的恋爱关系情况稍稍复杂一些，因为对这种同性恋关系的节制比养生法和婚姻中的节制更严厉、更紧迫，但是，并不能因此说同性恋在希腊文化和伦理中是非法的，相反，"希腊人赋予它合法性，我们也乐于将其看作是希腊人在这个领域享有自由的证据"，虽然他们对此采取了最严格的节制态度，但"除了几种情况外，他们并不对之谴责和禁止"。① 那么，这种节制或者说这种"苦行"的目的是什么？当然，它并非取消对男孩的爱情，而是"让这种爱情风格化的手段，并因此为这种爱情赋形，让其赋值"②，同时，也让这些男孩更具有男子气，使他们将来可能享有自由人的地位，"这已不单单是男人控制其快感的问题，它还是这样一个认知问题：在个人对自己的控制，在个人的真正爱情中，他如何允许别人的自由？"③ 也就是说，这种极其严格的自我控制不仅使自身、使这种爱情风格化，它还担当着让别人获取自由的责任。在这里，爱情、快感和真理的复杂关系得以确认。

三　生活的艺术

希腊人的节制式自由实践是我们今天的样板吗？不，福柯坚决认为希腊人不是榜样，也不值得赞赏。而且，"古代道德还存在这样一种矛盾：一方面是对某种生存风格的不倦探索，另一方面又努力地使这种风格适用于所有人。"④这种不倦探索也许是福柯所推崇的哲学气质，但建立一种普遍性的风格原则就接近于宗教原则，而这则是一个"深刻的错误"。"在我看来，过去某些特殊人群开始追求存在风格的原则之一即是探究每个人彼此不同的存在风格，这也是我们今天要勉力以求的，而追求一种每个人都接受的，也就是说每个人都要服从的道德，在我看来，那是一场灾难。"⑤ 也就是说，少数希腊人那奠基于差异性和独特性的批判气质是现代人所需要的，而普遍性的道德规范则是令人厌恶的。对希腊人而言，福

① *The Use of Pleasure*（《快感的运用》，《性经验史》第 2 卷），London：Viking，1988，p. 245.
② Ibid.
③ Ibid. , p. 252.
④ *Politics，Philosophy，Culture*（《政治、哲学、文化》），ed. Lawrence D. Kritzman，London：Routledge，1990，p. 244.
⑤ Ibid. , pp. 253 – 254.

柯推崇的是那种以风格化为旨归的态度、是追求生存艺术的气质，而不是这种风格化的技术本身、不是对节制的具体运用、不是自我实践的内容，也不是有可能模式化的存在艺术形态，尤其不是那种普遍适用的道德。

在福柯看来，古代的伦理大任决不能在今天被重续，当代的问题和答案也绝不可能在古代找到，但是，在时间长河中，在有着巨大差异的古希腊和今天之间，有一张纸牌"在一只全新的手中重现：一张牌——自我对自我的精雕细琢，主体的审美化——在两种迥异的道德体系和迥异的社会中"①。这张牌就是自我实验中蕴含的哲学生活，就是因为渴望自由而进行的耐心劳作。不要问如何进行反复的自我实践和检验，而要保持这种不断自我实践和检验的态度和意志。

实验自己是尼采的要求。尼采在《曙光》中说："我们重新鼓起了勇气。正由于此，个体或一代人现在都紧紧盯住一些伟大的、在前人看来有些疯狂的任务，这即是对天堂和地狱的嘲弄。我们可以试验我们自己！是的，人有权这样作！我们尚未为知识做出最大牺牲。"② 对天堂和地狱的嘲弄就是对既定的普遍道德的嘲弄，就是义无反顾地甩掉我们身上的道德界线和历史包袱，甩掉包围着我们的善恶纠缠、发现我们身上的无限可能性。这就是存在艺术的真谛：不是去承认和接受既定的主体现实，而是将自己作为不定的可塑性对象，不断考验它、试验它、创造它，将它作为一个艺术品来创造。

尼采在《悲剧的诞生》中指出，在酒神的魔力之下，人轻歌曼舞，"他陶然忘步忘言，飘飘然乘风飞"，此时"人不再是艺术家，而成了艺术品……在这里被捏制和雕琢"③。作为艺术品的人是在希腊的酒神艺术中出现的。对尼采来说，人不是艺术的创造者，更不是艺术和现实的中介，相反，他就是艺术品本身，他等待着被创造；在酒神精神的作用下，人和艺术混然交融。人的价值就是他作为艺术品的价值，就是他的审美价值，"因为只有作为审美现象，生存和世界才是永远有充分理由的"④。也就是说，审美态度在生活的一切领域都是决定性态度，要以审美眼光打量

---

① 维尼：《福柯的最后岁月和他的伦理学》，《重写现代性》，社会科学文献出版社 2001 年版，第 105 页。

② F. Nietzsche, *Daybreak*（《曙光》），Cambridge University Press, 1982, p. 204.

③ 尼采：《悲剧的诞生》，三联书店 1992 年版，第 6 页。

④ 同上书，第 21 页。

一切、以审美标准评价一切，要将整个世界、整个日常生活审美化。正是在酒神的宇宙艺术那里，尼采发现了世界置身于审美的狂欢节日之中。

在与尼采的呼应中，我们可以看出福柯选择生存艺术的原因。这种生存艺术同样是出于挣脱自我的奴役界线的目的而设想的。自我的界线一方面是外在的规训权力，它同理性的漫长发展历程相关——实际上，福柯远远超出了启蒙运动，将它追溯到了希腊的城邦制；另一条界线与个人内在道德相关，福柯对牧师权力的探讨就是对这条界线的谱系学追溯。显然，设置于个人头上的界线同样有理性界线和道德界线，它们的最初源头仍然可以在希腊城邦制和基督教起源中找到。生存的艺术，以美学为标准的生存、自我实践和日常生活，当然不可能像尼采指望的那样在希腊悲剧中复活，福柯只寄希望于自我的极限体验、自我对自我反复尝试，寄希望于各种各样的僭越性实验。在这方面，他并非一个说教者，而是践行者，同时，因为这种唯一的、身体力行的美学目标，他完全是个艺术家。他经历了各种僭越带来的危险；在这样的危险面前，他既不退缩也没有恐惧，因为他铭记着尼采的教训：对真理的热爱是危险的。就福柯本身而言，僭越性实验导致了他的死亡。

第二节　利奥塔

在后现代主义研究中，利奥塔（Jean-François Lyotard，1924—1998）无疑是受到广泛关注的哲学家之一。他的《后现代状况：关于知识的报告》在哲学层面上回答了什么是后现代的问题，为西方影响日益广泛的后现代思潮提供了理论支持，他本人也因此产生了世界范围的影响力，被公认为"最出色的后现代理论家"①。在他的后现代哲学思想中，美学艺术问题占据着举足轻重的位置。

一　什么是后现代？

20 世纪 70 年代末，利奥塔开始使用后现代一词表述自己的观点。我们注意到，他有关后现代的讨论总是从现代这个命题开始，在他看来，它

---

① S. Best and D. Kellner, *Postmodern Theory*, *Critical Investigations*（《后现代理论：批判性研究》），Macmillan, 1991, p. 16.

们更像一对孪生兄弟，后现代并非旨在超越现代，而是对现代性的重写：讨论哲学问题时如此，讨论艺术问题时更是如此。

利奥塔认为，自柏拉图以来的西方思想一直是靠哲学话语为科学知识提供合法性基础，他把这样的话语模式称为"宏大叙事"（grand narrative）或"元叙事"（meta-narrative），并把它看作现代性的标志，利奥塔说：

> 我用现代（modern）这个术语指称所有根据某种元话语为自己立法的科学，它们明确地求助于一些宏大叙事，如精神辩证法、意义的阐释学、理性或劳动主体的解放以及财富的创造说。①

他认为，德国思辨哲学和法国启蒙主义是最典型的元叙事，前者试图将全部知识统一在"精神"概念之下，并且将科学原则和道德理想统一起来；后者则将科学的合法性寓于平等自由的政治理念当中。尽管它们形式不同，但两种叙事的功能相同，都试图把科学知识纳入一个总的、普遍性的社会理想当中，并以此方式"使社会和政治体制、法律、伦理、思想方式合法化"②。

元叙事是用一种普遍原则统合不同的知识领域，认知的、指示性的、实践的、规定性等不同话语被统合在一种总体性叙事框架之下，这种统合导致总体性的产生，其中一种话语总是压迫另一种话语。后现代哲学的任务便是向这种具有压迫性的总体性开战。利奥塔说："简言之，我把后现代（postmodern）定义为对元叙事的怀疑。"③后现代哲学所要做的，就是"以诧异的目光凝视话语种类的多样性，就像观看千姿百态的动植物一样"④。

他借用维特根斯坦的"语言游戏"概念来描述后现代知识状况，它

---

① J-F. Lyotard, *The Postmodern Condition：A Report on Knowledge*（《后现代状况：关于知识的报告》），University of Minnesota Press，1984，p. 27.

② 利奥塔：《后现代性与公正游戏：利奥塔访谈、书信录》，上海人民出版社1997年版，第167页。

③ J-F. Lyotard, *The Postmodern Condition：A Report on Knowledge*（《后现代状况：关于知识的报告》），University of Minnesota Press，1984，p. xxiv.

④ Ibid.，p. 34.

不以追求总体性为旨归，而是分裂为各式各样的语言游戏单元，而且，单元之间并不存在通用准则，而是分别表现为真、善、美、效率等原则。科学只进行自己的游戏，它既不依赖更高的话语为之立法，同时也不再担当知识典范的角色，规范和约束其他知识。简言之，利奥塔的后现代意味着总体性的解体以及与之相关的合法性危机。

二 现代艺术的本质

利奥塔对现代艺术和后现代艺术界定的论述都与总体性解体这个核心命题相关。与其他后现代理论家不同，他并不在现代与后现代之间划出一道鸿沟；他认为二者没有本质的区别。在讨论艺术问题时，他指出，本质性的区别存在于现代与古典之间："与现代相对立的不是后现代而应该是古典时期。"①

利奥塔以是否存在着一个趣味共同体来划分古典艺术与现代艺术。在古典主义时期，写作者与读者之间联系紧密，作者就像了解自己那样了解其听众，他们遵循着共同的内化规则和标准对作品进行判断和筛选。事实上，作者与读者共享同样的价值体系和文化空间，形成了稳定的趣味共同体。在现代性中，这种共同的、循环封闭式的文化生存空间被打破了，趣味共同体解体了。作家们不再知道他们"为谁写作"。利奥塔这样描述现代作家的处境：作者的写作恰似向大海掷出的瓶子，不知道它要漂向何方，不知道谁会将它打捞起来。他说："严格地讲，写作是不负责任的，因为它不是为回应某个问题而作。"②

如果从合法性角度看，古典主义艺术的合法性来自作者与读者一致认同的原则体系，而现代艺术则逃离对共识体系的依赖，其合法性来自这种逃离本身。值得强调的是，利奥塔所说的现代与后现代概念不是线性的时间概念，它们指的毋宁是一种模式或状态，即缺乏共识约束的未定状态、缺乏固定的接受者状态、缺乏创造原则和判断标准的状态。因此，利奥塔认为，古希腊哲学家安提西尼是现代的，法国17世纪哲学家帕斯卡是现

---

① J-F. Lyotard, *Inhuman：Reflections on Time*（《非人：时间反思》），Polity Press, 1991, p. 25.
② J-F. Lyotard, *Just Gaming*（《公正的游戏》），The University of Minnesota Press, 1996, p. 9.

代的，处于古典主义和浪漫主义之交的狄德罗也是现代的，因为他们或者回避断定和定义，或者触及到判断的标准问题，或者徘徊于新旧公众的交替之间。比如狄德罗一方面意识到传统的贵族社会的公众在消失，另一方面又对形成新的具有同样素质的公众表示疑虑。正是这种不确定性使狄德罗一度处于现代状态。

　　因此，现代艺术的核心精神便是它的无规则状态。它无须遵循任何创作原则，同时无须考虑接受公众的趣味，不追求对公众的认同。换言之，现代艺术的特质正在于逃避规则、趣味和认同。利奥塔对现代艺术的这种规定，为普遍存在于现代艺术中的艺术实验提供了理论支持。他也反复强调当今艺术语言中实验是最关键的。他指出，实验实际上是创造一种前所未有的"语用情形"，它发出了信息，但事先没有信息的接受者，这种性质决定现代艺术必然经历难堪的孤独："交流根本就不存在，因为标准体系不够稳定，作品无法找到它指定的位置，确保得到受公众赏鉴的机会。"① 因此，"实验"意味着对已知的突破、对未知的探索，意味着不确定性，意味着一种尚未到来的、尚未成型的将来，也就是说，它意味着"现实缺位"（lack of reality）。

　　利奥塔认为，"现代性不是一个历史时期，而是以接纳高频率的偶然性的姿态来组织时间顺序的方式"②。以偶然性、不确定性为特质的现代性正与综合性的、总体性思想方式相对立，如此理解的现代性正是利奥塔后现代的实质所在，正因为如此，他才会说现代性"体制性地、不断地孕育着后现代"③，后现代无疑是现代的一部分。

三　不可表现性与先锋艺术

　　利奥塔对后现代艺术的张扬是针对现代主义的衰败而来。他认为，西方当代文化停滞不前，处于某种极平庸的生存环境之中。当年激进、铿锵的先锋派宣言已成为只待追忆的旧梦，各种主义、流派相继陨落，从先锋派到后先锋派、从表现到新表现主义、从现代主义到后现代主义，层出不

　　① 利奥塔：《后现代性与公正游戏：利奥塔访谈、书信录》，上海人民出版社 1997 年版，第 19 页。

　　② J-F. Lyotard, *Inhuman: Reflections on Time*（《非人：时间反思》），Polity Press, 1991, p. 68.

　　③ Ibid., p. 25.

穷的"新"派、"后"派正以繁多的名目掩盖着先锋精神的衰落。先锋派的遗产遭到清算，其独立品格遭到遗弃，而形形色色的流派正在抛弃现代艺术的"实验"精髓，转向屈从于流俗趣味的压力，他们厌倦了实验所带来的非整体感、破碎感，渴望回归某种统一性和秩序，渴望认同感。利奥塔用"折中主义"来描述这个时代的文化：

> 折中主义是当代总体文化的基准点：人们听雷盖（牙买加民间音乐，20世纪60年代中期始流行），看西部片，午饭吃麦当劳、晚饭吃地方菜，在东京用巴黎香水，在香港穿"怀旧式服装"；知识变成了电子游戏。折中主义作品与公众一拍即合。艺术成了庸俗之作，迎合取悦资助人的"趣味"。艺术家、画廊老板、批评家和公众都安于"什么都行"，这是一个懈怠的时代。①

"什么都行"指的并不是拒绝、否定和批判，而是接纳与融汇，是对现实的臣服。利奥塔认为，这种对现实的认同实际上意味着认同现实中的经济原则和消费原则。他指出："这种折中主义唤起的是杂志读者的习惯，是标准的工业形象的消费者的需要——是超级市场顾客的精神。"②因此，这种趣味上的迎合是以利润为尺度的，不管是什么倾向和需要，只要具有购买力，这种折中主义就会去迎合，就像资本迎合需求一样。利奥塔将这种文化现实概括为"金钱现实主义"，可谓一语中的。

实际上，利奥塔所关注的问题是现代艺术面临着被现实所蚕食和同化的危险，但由于他拒绝批判哲学的方法，所以，他几乎不讨论在现实层面上资本主义社会对现代艺术的整合作用。我们认为，资本主义社会与现代艺术具有双重关系，一方面资本主义体系催生了现代艺术，另一方面它又是现代艺术的毁灭者。这是因为资本主义本身所固有的矛盾和危机对人类心灵造成的创伤，资本主义商品生产和市场规律对艺术家创作的导向与制约，资本主义的扩张和繁衍本性所包含的对无限性的追求，以及新技术手

---

① J-F. Lyotard, *The Postmodern Condition: A Report on Knowledge* (《后现代状况：关于知识的报告》), University of Minnesota Press, 1984, p. 76.

② J-F. Lyotard, *Inhuman: Reflections on Time* (《非人：时间反思》), Polity Press, 1991, p. 127.

段对新的表现方式的催生等，都为现代艺术提供了生存土壤；但另一方面，资本主义本身的整合特性最终将任何原创性规范化、标准化，任何超越规则的新形式、新观念都将迅速被消费而失去先锋性。

利奥塔后现代美学的宗旨，就在于为摆脱这种日趋平庸的文化现实提供新的发展动力，而他所选择的道路就是重新擦拭先锋艺术这把利剑，使它重新射出炫目的锋芒。那么，如何重返先锋之路呢？利奥塔说："我尤其认为正是在崇高美学中现代艺术（包括文学）找到其动力，先锋逻辑找到其公理。"①

"崇高美学"是指康德在《判断力批判》中对崇高感的论述，"动力"和"公理"指的是"不可表现"概念。康德提出了"美"和"崇高"两个美学范畴。所谓美，如花、自由的图案等，给人带来的是知性与想象力的和谐一致，其中与知性相对应的是概念能力，与想象力相对应的是表现（present）能力，即赋予材料以形式的能力。因此美感体现了形式与内容的完美结合，使人产生优美、愉悦之感。但在崇高感中，想象力遭遇到无法把握的巨大，在无限、绝对的数量与力量面前，想象力无法提供相应的形式，在这种情况下，康德引入"理性理念"，这种理念要求把无限的力与量作为一个总体把握。康德说，想象力的无能给我们以痛感，但"理性理念"对整体的要求和它所蕴含的使命感、道德力量又给我们以快感。美感是单纯的愉悦，而崇高是痛感与快感并存的矛盾情感。如果说美感是形式与内容的和谐统一，那么在崇高感中，内容则大大超出形式，表现能力陷入无能为力的境地。因此康德指出，我们可以理解无限大或绝对的力量，但无法在有限的时空中表现它们和再现它们。同时康德又指出，我们可以用某种方式暗示它们的存在，让人们看见不可见的东西，这个方式就是"无形式，即形式的缺乏"，或者说是负表现（negative presentation），如犹太教禁止偶像崇拜，因为它将视觉表现几乎降至零点，通过这样的"负表现"，它召唤信徒对神明无限性的沉思。

利奥塔继承了康德对崇高的分析，他说："理念的对象是不可表现的，人们无法援用例子、事件甚或象征来显示（表现）它。宇宙是不可表现的，人性、历史的终结、瞬间、空间和善等等概莫能外。也就是康德

① J-F. Lyotard, *The Postmodern Condition*：*A Report on Knowledge*（《后现代状况：关于知识的报告》），University of Minnesota Press，1984，p. 77.

所说的，普遍的绝对。倘若表现它们，就会把它们相对化，把它们置于表现过程的情境和条件下。所以说表现不出绝对本身。但是人们可以表现出存在着某种绝对，这就是'负'（康德有时也说'抽象'）表现。自 1912 年以来，'抽象'绘画的潮流应对的正是这种用可见的形式，间接又明白无误地暗示出不可表现性的要求。"①

这样一来，作为先锋派艺术特征之一的抽象形式，便成了见证那个不可表现的、整体的理念的重要方式。正如利奥塔在谈论乔伊斯的《尤利西斯》时所说的，艺术家和作家不是要创造美，而是要见证那个吸引我们的声音，它在我们人中间，但却超越人、自然以及两者之间那种古典式的和谐一致。这个超越一切表现形式的声音就是理性理念的对象。那么，现代艺术就是以抽象形式呼唤无法让人目睹的东西（invisible）。正是由于这种特殊使命，先锋派艺术家为自身找到合法性基础，他们才能在公众拿起相机轻松拍摄画面时，花上一年时间绘制一个白色方块。

现代艺术存在的前提，便是通过表现展示不可表现性（puts forward the unpresentable in presentation itself），"让人们看到存在着某种可以被构想、但不能被看到、也不能让它可见的东西：这就是现代绘画的关键所在"②。

这种不可表现性引导着某种不断超越的行为，所有昨天被接受的都要受到质疑，利奥塔目睹了现代艺术不断超越的事实：塞尚挑战了印象派对空间的表现，毕加索和布拉克则攻击塞尚；杜尚曾在 1913 年与立体派过从甚密，但后来却与之决裂，原因是杜尚反对艺术家必须提供一幅绘画作品的说法；而布伦则质疑杜尚……因此，利奥塔指出，现代性本身就包含着一种超越其自身状态的冲动。

后现代艺术是现代艺术中最活跃、最革命、最富有突破性的部分，它彻底放弃对和谐、统一、整体性的向往，一味放纵知性的构想能力，寻求对边界的逾越。正如利奥塔所说：后现代艺术"拒绝优美形式的抚慰和趣味的一致——这种一致会使公众共同缅怀那不能获得的东西，它寻求新

---

① J-F. Lyotard, *Inhuman*: *Reflections on Time*（《非人：时间反思》），Polity Press, 1991, p. p. 126.

② J-F. Lyotard, *The Postmodern Condition*: *A Report on Knowledge*（《后现代状况：关于知识的报告》），University of Minnesota Press, 1984, p. 78.

的表现形式，目的不是获得愉悦感，而是产生一种更强烈的不可表现感"①。因此，正是通过表现不可表现性，先锋艺术才能避开认同现实和公众趣味的诱惑、保持先锋状态，就像包裹在黑暗当中的欧律狄克一样，她诱惑、吸引着俄耳浦斯的追寻，但同时拒绝着他的目光。

第三节　波德里亚②

波德里亚（Jean Baudrillard，1929—2007），当代法国思想家，后现代文化理论的杰出代表，出生于法国东北部阿登那省兰斯的一个普通农民家庭。1966 年，波德里亚进入南特禾（Nanterre）大学，成为列斐伏尔助手。他一生笔耕不辍，出版著作 30 余种，较著名者有《物体系》（1968）《消费社会》（1970）《符号政治经济学批判》（1972）《生产之境》（1973）《象征交换与死亡》（1976）《忘却福柯》（1977）《诱惑》（1979）《拟像与模拟》（1981）《致命的策略》（1983）《美国》（1987）《酷记忆》（1987）等。主要讨论消费社会的本质以及图像向拟像的演变，以符号相贯穿，以结构主义为方法，形成了十分突出的理论个性。

一　消费社会

波德里亚在《物体系》《消费社会》《生产之镜》《物的符号体系》《象征交换与死亡》等论著中，系统地提出了关于"消费社会"的理论，并以这一理论为基础集中展开了两方面的批判：一方面是对西方"消费社会"的各种怪异病症进行批判，另一方面则是批判唯物史观中的生产概念。马克思从司空见惯的"商品"入手，以劳动、使用价值、交换价值、剩余价值等一系列概念，把资本主义生产关系的剥削实质揭露无遗。波德里亚对资本主义商品经济的批判基本上是在马克思主义政治经济学和结构主义的大框架中进行的。他也选择了资本主义生产的产品作为他研究的突破口，然而与传统政治经济学所不同的是，波德里亚接受了当代那些具有结构主义、后结构主义倾向的思想家如马尔库塞、

---

① J-F. Lyotard, *The Postmodern Condition*：*A Report on Knowledge*（《后现代状况：关于知识的报告》），University of Minnesota Press，1984，p. 81.

② 本节为张聪撰写。

麦克卢汉、罗兰·巴特的影响，成功地将结构主义语言学原理运用于社会文化意义的开发和重构，不是从社会物质生产的层面去考察产品、考察社会生产关系，而是在"消费"的意义上对作为"符号"的商品进行考察，即他考察的是当代发达资本主义社会的消费活动的意义结构。

消费通常看来就是人对物的占有、使用和消耗。物之所以能被消费，正是因为其具有功能价值，也就是具有使用价值。而在当代社会，消费已不是传统意义上对物品的购买、拥有和消耗，其本质是在物中并通过物而建立的人和人之间的象征关系。"要成为消费的对象，物品必须成为符号，……被消费的东西，永远不是物品，而是关系本身——它既被指涉又是缺席，既被包围又被排除——在物品构成的系列中，自我消费的是关系的理念，而系列便是在呈现它。"[1] 符号价值的出现意味着抽象的符号取代了真实而成为一种拟像，消费社会不仅仅是一个商品和物的世界，它已经成为一个符号的王国。现代人在消费时往往忽略了商品本身的使用价值，而相对看重商品中被赋予的身份、地位与威望，即这些物品的符号价值。人们通过消费各种具有符号价值的物品来获得各自的身份认同，从而进一步确认其主体性的存在。

波德里亚的消费社会理论还包含对消费过程中所产生的异化现象的批判。在他看来，异化问题在 20 世纪非但没有解决，反而愈发严重。不仅统治人的异化力量从有形的政治、经济力量向无形的文化力量转化，而且异化机制已经深入和内化到人的生存方式之中。首先，人的主观幻觉、麻醉、游戏等态度成为消费社会的主要异化模式。"一切超越异化的理想解决办法都被无情击碎。异化是无法超越的：它就是与魔鬼交易的结构本身。它是商品社会的结构本身。"[2]更为可悲的是，现代人已经沉浸到物的符号世界的秩序中去，个体的自反性思维能力趋于消失，个性的张扬逐渐转向玩世不恭。其次，消费社会的形成改变了人的日常生活和意识形态。物的丰盛推动了炫耀性消费，物承载着人们对品味、地位、荣誉、职业、性别、个性等各方面的差异化要求。消费不但成功地对家庭生活模式进行了商品化改造，还走出家庭范围，改变了人们日常生活的时空结构，将人

---

① 斯蒂文·贝斯特、道格拉斯·凯尔纳：《后现代转向》，南京大学出版社 2002 年版，第126 页。

② 让·波德里亚：《消费社会》，南京大学出版社 2000 年版，第 159—160 页。

们引向一种新的关系网络，各种人际关系包括婚姻、性乃至死亡都可以作为商品提供给市场。整个消费社会的基本结构，不是以人为本，而是以受人崇拜的物以及由从属于各种系列中的物所组成的物体系为中心，社会的运转模式演变为以对物的礼拜形式为基本动力的拜物化过程。

二　媒介、“内爆”与超真实

从 1970 年代开始，波德里亚对马克思主义的态度逐渐从笃信变为怀疑。1972 年他在《符号政治经济学批判》里有一篇名为《媒介的挽歌》的文章批评马克思的所谓经济还原论或“生产力论”，开始发展他的媒介理论。他认为马克思片面地将物质生产视为社会发展的决定性因素，而很少在生产之外思考语言、符号和交流的意义，因此早与当代社会的变革不相符合。在《生产之镜》（1973）出版之时，他对马克思主义的批判达到顶点，并最终与之决裂。

在波德里亚之前，媒介理论家麦克卢汉突出了在电子时代媒介技术推动人的社会行为和人际结构所发生的积极变革，提出“媒介即信息”的命题，指出媒介本身在某种程度上具有决定意义。波德里亚批判地继承了麦克卢汉的观点。他认为，传统的媒介被看作再现真实和社会交流的工具，而今天媒介本身发生了根本性的变化，这种变化不仅体现在媒介的功能上，更多是体现在目的和效果上。现代媒介通过一种任意的、人为的方式，将一些彼此之间没有任何逻辑和意义关联的高度形式化了的信息拼贴在一起，形成了一种超越人们日常经验的非本真的时空结构，彻底颠覆传统的真实概念。在波德里亚看来，伴随着符号和拟像在社会和日常生活各个领域的快速传播，广播媒介，特别是电视媒介，成为后现代性的一个构成要素。波德里亚将媒介阐释为模拟的机器，这台机器大量产生出形象、符号、代码，以取代真实的日常生活和社会活动。如果说在消费社会中货币成为一种自由漂浮的能指，脱离政治经济学的原则而独立存在，那么在媒介社会中与货币具有相似的“自主化生存”特点的意象便是广告。1940 年之后，电影、电视等现代媒介在西方开始盛行，这使得电影、电视能够将死的物体变成活生生的图像，并直接送进人们的眼帘，使之成为吸引人的跳动的幽灵。当这种幽灵与广告相结合时，物的图像就优先于具体的物而发挥作用，这就为组织大众消费提供了技术基础。广告通过自己的“零度”写作，仿佛建构出一整套物体自我表达的语言，并成为吸收人的价值的"黑洞"。"面对信息的无休止的狂轰滥炸，面对各种意图使人们去购买、消费、工作、选举、填写意见或参加社会活动的持续不断的鼓动和教唆，大众已经感到不堪其扰并充满了厌恶之情，一切意义、信息和教唆蛊惑均内爆于其中，就好像被黑洞吞噬了一样。社会也因此消失了；各个阶级之间、各种意识形态之间、各种文化形式之间以及媒体的符号制造术与真实本身之间的各种界限均告内爆。"①波德里亚声称，随着模型与真实之间差别的消失，能指与所指之间的确定关系内爆了，我们进入了彻底能指化的世界，被形象或符号所包围。能指与所指之间的内爆从根本上导致了比真实还要真实的"超真实"世界的诞生，拟像正在宣告自己的合法性，宣称自己就是世界，虽然它的本质只不过是一个镜像世界，一个仿真世界。

波德里亚曾举过这样一个例子。1971年，美国进行了一次电视直播的实验，对一个家庭进行了7个月不间断的录像，并连续播放300小时，以此展示一个美国家庭的日常生活。然而波德里亚认为，这实质上是在制造一种超真实，因为一切都是经过挑选的：家在加利福尼亚，有3个车库和5个孩子，精心打扮的家庭主妇，一个标准的上等之家。而恰恰是这些被刻意制造出来的媒介符号成为了人们心中对美国生活的真实感受。

在《拟像与拟真》中，波德里亚还举了迪斯尼乐园的例子，他把迪斯尼看作是一种"超真实"的具有拟像特征的文化："迪斯尼乐园被表现为一种想象之物，是为了让我们相信其余一切都是真实的。事实上，它周围的洛杉矶和美国已经不再是真实的，而是属于超真实和仿真序列。这不再是一个对现实的虚假加以再现的问题，而是掩盖现实已经不真并因此挽救现实原则的问题。"②迪斯尼乐园作为美国的消费文化的模型，显得比现实中的美国还要真实，它以微缩的方式概括了美国的生活方式，凸显了美国消费主义的价值观，同时也置换和美化了美国的现实矛盾。

---

① 道格拉斯·凯尔纳、斯蒂文·贝斯特：《后现代理论》，中央编译出版社1999年版，第153页。

② Mark Poster（ed.），*Jean Baudrillard*，*Selected Writings*（《波德里亚文选》），California：Stanford University Press，1988，p. 172.

三 审美泛化

在媒介社会和消费社会中，个体面对着压倒一切的形象、编码和模型的浪潮，所谓的"现实"已经无处寻觅。娱乐、信息和通信技术所提供的经历比乏味的日常生活景象更紧张也更诱人。"我们应该把超真实颠倒过来：当下的现实其本身就是超真实的。当艺术和想象发挥了作用的某些特殊时刻，现实主义的秘密在于可以将最平庸的现实变成超现实的东西。当下的日常现实，包括政治、社会、历史和经济，从现在起都与超真实的仿真维度合为一体，我们的生活处处都已经处于对现实的'审美'幻觉之中。"① 正是在"仿真"理论的基础上，波德里亚提出了"超美学"这一概念。

"超美学"意味着在后现代社会中，实在与影像之间的差别消失了。而且，在这种对现实的审美幻觉中，艺术与实在的位置颠倒了，日常生活以审美的超真实方式呈现出来。在后现代社会，现实已经与它的影像混淆在一起，我们生活的每个地方，我们的日常生活，都为现实的审美光环所笼罩。"超美学"的实质就是"美学已经渗透到经济、政治、文化以及日常生活当中，因而丧失了其自主性与特殊性。艺术形式已经扩散渗透到了一切商品和客体之中，以至于从现在起所有的东西都成了一种美学符号。所有的美学符号共存于一个互不相干的情境中，审美判断已不再可能"②。于是我们看到，后现代社会的最显著的特点就是生活对艺术的戏谑，也即审美泛化。

波德里亚在关注审美化与图像化的关系。他不是将图像在日常生活中的巨量增殖作为审美化的一种表征，而是将图像化等同于审美化，换句话说，波德里亚将图像化视为日常生活审美化如果不是唯一也是最重要的推动者。"艺术不是被纳入一个超越性的理型，而是被消解在一个对日常生活的普遍的审美化之中，即让位于图像的单纯循环，让位于平淡无奇的泛

---

① Jean Baudrillard, *Simulacra and Simulation*（《拟像与模拟》）, trans. Sheila Faria Glaser, Michigan: The University of Michigan Press, 1995, p. 28.

② 道格拉斯·凯尔纳、斯蒂文·贝斯特：《后现代理论》，中央编译出版社 1999 年版，第175 页。

美学。"①波德里亚区分出两类艺术、两类美学、两类图像：前一类建基于结构主义能指与所指之间的二元对立图式，其中艺术营造一个不同于现实的世界从而干预现实："艺术之作为冒险，艺术之持有其幻想的力量，其否定现实以及建立与现实相对立的'另异场景'的性能"②；而"美学"则就是关于和支持这类艺术的哲学。最后，图像作为一种符号也一定是有所指的和有意味的。然而由于艺术的增殖、图像的增殖、美学的普遍化，那个支撑传统艺术、美学和图像的二元对立图式便被"内爆"了，现实或任何其他指涉物被悉数撤除，唯有能指在漂浮着，这也就是说，一切都成了艺术、美学和图像，但它们毫无疑问与前一类的艺术、美学和图像根本地不同，在这一意义上波德里亚宣布"艺术消逝了"，艺术变得无所内涵，无所指涉，我们进入了一个"泛美学"的时代。

波德里亚在《邪恶的透明性》一书中宣称，我们已经进入超政治、超性别、超美学的彻底混乱状态。一方面，日常生活的过度审美化，使现代艺术的乌托邦抱负不再可能。因为，"艺术已经在日常生活的审美化过程中消解了，让位于纯粹形象的循环，一种陈腐的超美学"③。另一方面，在符号逻辑的操纵下，艺术也陷入高速运转的自我消解状态。艺术和日常生活甚至现代工业不断的互换符号，以便成为一架繁殖机器（波德里亚曾高度评价以机械生产式的复制为主要创作方法而闻名的波普艺术家安迪·沃霍尔，认为这位现代英雄将艺术消失的伤感通过商品世界的冷嘲呈现得淋漓尽致④）。各种风格矛盾、怪异的艺术混杂在一起：新几何主义、新抽象、新表现主义、新原始主义、新现代主义等，共存于彻底无差异的"拼贴"之中。艺术的花样翻新已经到了尽头，"冷酷的数码宇宙吞噬了隐喻与转喻的世界，模拟原则战胜了现实原则和快乐原则"⑤。同时，过高索价的现代艺术市场，也诱惑艺术世界卷入商品化的旋涡，从而威胁到

① Jean Baudrillard, *The Transparency of Evil*, *Essays on Extreme Phenomena*（《邪恶的透明：论极端现象》）, trans. James Benedict, London & New York: Verso, 1993, p. 11.

② Ibid., p. 14.

③ Douglas Kellner, *Baudrillard: A critical Reader*（《波德里亚批评读本》）, Cambridge: Basil Blackwell, 1994, p. 221.

④ Jean Baudrillard, "Beyond the Vanishing Point of Art"（《艺术的灭点之外》）, in Paul Taylor (ed.), *Post-Pop Art*（《后波普艺术》）, Cambridge: The MIT Press, 1989, pp. 178–179.

⑤ Mark Poster (ed.), *Jean Baudrillard*, *Selected Writings*（《波德里亚文选》）, California: Stanford University Press, 1988, p. 147.

现代艺术的生产。于是，随着作为指涉物的现实的消失，在"普遍的审美化"中，艺术、美学以及以之为基础的图像不复存在，如波德里亚断言，我们成为偶像的破坏者。

　　波德利亚对当代社会的认识和描述不乏精辟之论，但其夸张和偏颇之处亦随处可见，更严重的是，他轻率地告别了马克思，这是要付出理论代价的。

编 后 记

　　中国人对西方美学的研究和介绍已有一百余年的历史，然而真正把西方美学史作为一门独立的现代学科进行系统性的研究，从它的历史发展、人物流派，按学术思想线索诸方面寻踪辨析的，是以 1963 年出版的朱光潜先生的《西方美学史》与汝信先生的《西方美学史论丛》为标志而开先河的。1990 年代蒋孔阳和朱立元主编的《西方美学通史》七卷本，是我国第一套大型的全面介绍西方美学史的著作，在这一研究领域作了有益的尝试。

　　汝信先生主编的四卷本《西方美学史》，从 1999 年开始启动，至 2008 年 6 月完成，历时近 9 年由中国社会科学出版社出版。这四卷的内容为：

　　第一卷　古希腊罗马至中世纪美学
　　第二卷　文艺复兴至启蒙运动美学
　　第三卷　19 世纪美学
　　第四卷　20 世纪美学

　　《简明西方美学史读本》是在汝信主编，彭立勋、李鹏程副主编的四卷本《西方美学史》基础上，进一步研究写成的。《读本》的写作班子成员均是国内著名学者，他们都能熟练地使用多种外语进行阅读和写作，都曾翻译过国外学术名著，在国内外进行过相关领域的研究和著述。这个写作队伍保证了《简明西方美学史读本》质量上的可靠性。尽管如此，主编汝信先生还是多次组织编撰人员讨论研究写作中的难点、疑点，并亲自修改稿件，由此使书稿凸显了明确的指导思想，那就是用马克思历史唯物主义观点，全面、系统而辩证地审视自古希腊罗马直到当代西方的美学思想和理论，普及西方美学史的知识，为广大非专业读者和高校学生提供一部内容丰赡、观点新颖、文字通顺的简明专业读物。按照这个指导思想，金惠敏研究员对读本第四编即 20 世纪美学部分作了较大的增删修正。

汝信先生通晓多种外语，中西文化学养深厚，治学严谨，有他主持、指导此书的编撰，使我们受益诸多。

我要衷心感谢参加编写《简明西方美学史读本》的学者们，他们是彭立勋、李鹏程、凌继尧、徐恒醇、邱紫华、吴予敏、王柯平、周国平、金惠敏、霍桂桓、赵士林、刘悦笛等。他们以其各自卓越的学术特长和丰厚的学术积累为本书作了多次重大改动，不断充实和完善书稿，尽心尽力，确保了《读本》的完成。

我特别要感谢深圳市美术学院孙振华院长为本书精选全部抒图，使西方美学史引人瞩目。

我还要感谢徐恒醇先生为本书作了不少编辑工作，为提高本书编辑工作质量，与读者早日见面赢得可贵时间。

最后要感谢复审《简明西方美学史读本》的郭沂纹主任，她对书稿提出了有益的意见，为《读本》的出版付出了辛勤劳动。

黄德志

2013 年 8 月 5 日